建筑焊工实用教材

张应立　主编

中国石化出版社

内 容 提 要

全书共十章。主要介绍了焊工基础知识，焊接工艺基本知识，焊接材料，焊接设备，焊接方法及工艺技术，常用金属材料焊接，建筑钢结构及其管道的焊接生产，钢筋的焊接工艺，焊接质量管理与产品质量检验，焊接安全管理及防火防爆等焊接技术与管理知识。

本书文字流畅，深入浅出，图文并茂，通俗易懂，资料新颖、翔实，适合作为建筑焊工的培训教材与自学用书，亦可供焊工工长、焊接技术人员、管理人员及相关专业职业技术院校师生及科研人员参考。

图书在版编目 (CIP) 数据

建筑焊工实用教材 / 张应立主编 . —北京：中国
石化出版社,2018. 8
ISBN 978 - 7 - 5114 - 4996 - 2

Ⅰ . ① 建… Ⅱ . ① 张… Ⅲ . ① 建筑工程 – 焊接 – 技术
培训 – 教材 Ⅳ . ① TU758. 11

中国版本图书馆 CIP 数据核字(2018)第 194013 号

中国石化出版社出版发行
地址：北京市朝阳区吉市口路 9 号
邮编：100020 电话：(010)59964500
发行部电话：(010)59964526
http://www.sinopec-press.com
E-mail：press@sinopec.com
北京柏力行彩印有限公司印刷
全国各地新华书店经销

*
787 × 1092 毫米 16 开本 31. 25 印张 779 千字
2018 年 9 月第 1 版 2018 年 9 月第 1 次印刷
定价：128. 00 元

前　言

随着国民经济持续健康地发展，建筑业(包括城市房屋、地铁、桥梁、隧道、电站、机场、大坝等)也得到飞快发展，建筑焊接结构及物件越来越多，质量要求也越来越高。因此，在建筑行业里电气焊受到高度重视，把造就一支强大的焊工队伍已放到了重要的位置。

随着形势的发展需要，我们在企业公司领导和专家的大力支持与帮助下，针对建筑焊工队伍的实际需要，根据国家最新颁布实施的有关标准、规范、规程及现行行业标准、技术规程与各地的成功经验，编写了此书。本书可作为建筑焊工的培训教材与自学用书，相信会受到广大读者的欢迎。

本书由张应立主编，参加编写的还有周玉华、张峥、张莉、文玉鋆、贾晓娟、刘军、周玉良、谢美、吴兴莉、梁润琴、王正常、周琳、周玥、耿敏、李家祥、邓尔登、张军国、王登霞、陈洁、吴兴惠、程世明、杨再书、王丹、车宣雨、钱璐、薛安梅、徐婷、李守银、王海、王美玲、郭会文、方汪键、陈明德、张举素、张应才、唐松惠、唐猛、韩世军、王仕婕、连杰、罗栓、李新民、杨忠英、夏继东、王祥明等，全书由高级工程师张梅审定。在编写过程中曾得到贵州路桥工程有限公司、地方建筑行业的领导、专家和审定者的大力支持与帮助，值此本书出版之际，特向他们表示衷心感谢！

由于作者水平有限，经验不足，书中不妥之处在所难免，恳请专家和读者提出批评和建议。

目　　录

第一章　焊工基础知识

第一节　焊工职业道德

职业道德是社会道德要求在全社会各行各业的职业行为和职业关系中的具体体现，也是整个社会道德生活的重要组成部分。它是从事一定职业的个人，在工作和劳动的过程中，所应遵循的、与其职业活动紧密联系的道德原则和规范的总和。

一、职业道德的意义

（1）有利于推动社会主义物质文明和精神文明的建设。

（2）有利于企业的自身建设和发展。

（3）有利于个人的提高和发展。

二、焊工职业守则

（1）遵守国家政策、法律和法规；遵守企业的有关规章制度。

（2）爱岗敬业，忠于职守，认真、自觉地履行各项职责。

（3）工作认真负责，吃苦耐劳，严于律己。

（4）刻苦钻研业务，认真学习专业知识，重视岗位技能训练，努力提高劳动者素质。

（5）谦虚谨慎，团结合作，主动配合工作。

（6）严格执行焊接工艺和岗位规章，重视安全生产，保证产品质量。

（7）坚持文明生产，创造一个清洁、文明、适宜的工作环境，塑造良好的企业形象。

第二节　焊工识图

一、正投影的基本原理

1. 投影的基本知识

通常把空间物体的形象在平面上表达出来的方法称为投影法，而在平面上所得到的图形称为该物体在此平面上的投影。要获得物体的投影图，必须具备光源、被投影对象和投影面。

1）中心投影

投影线从投影中心点出发，投影线互不平行，被投影对象在投影面上得到的投影叫中心投影，如图 1 - 1 所示。用中心投影法得到的图形不能反映物体的真实大小，故机械图样不采用中心投影。

2）正投影

当投影线互相平行，并与投影面垂直时，物体在投影面上所得到的投影，称正投影，如

图 1-2 所示。由于用正投影法能获得物体的真实形状，且绘制方法也较简单，已成为机械制图的基本原理与方法。

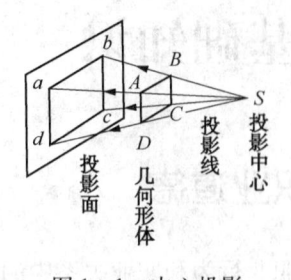
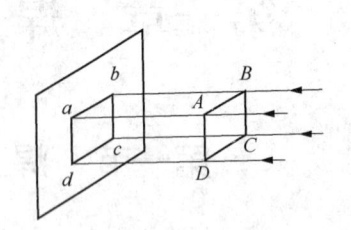
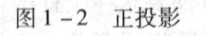

图 1-1　中心投影　　　　　　　图 1-2　正投影

2. 三视图

1）一面视图

如图 1-3（a）所示，将长方体的前后两面平行于投影面放置，从前往后看，即可在投影面上得到一个矩形的视图，这个视图为主视图。由图 1-3（b）可知，三棱柱同样可得完全相同的一面视图。因此，只根据物体的一面视图，不能确切地表达和区分不同的物体。

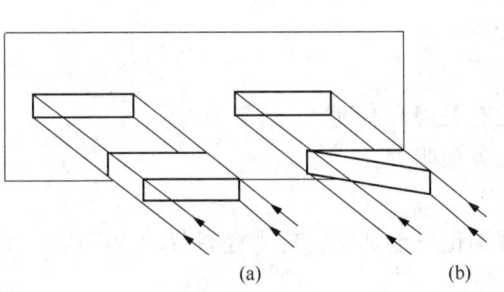
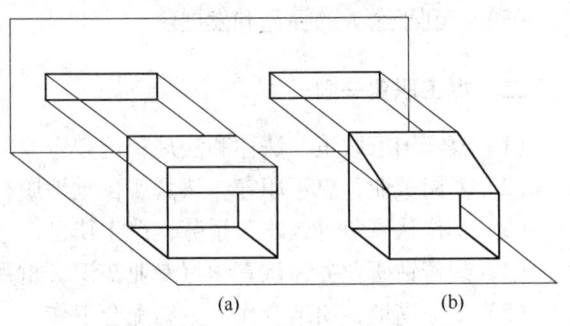

（a）　　　　　　　（b）　　　　　　　　　（a）　　　　　　　　（b）

图 1-3　长方体与三棱柱的一面视图　　　　图 1-4　长方体与三棱柱的两面视图

2）两面视图

在图 1-3 的基础上再增加一个与原投影面垂直且水平放置的新投影面。由于在新投影上的视图位于主视图的下方，故称为俯视图。因此图 1-3 所示物体在新投影面上的投影：长方体的投影为矩形，而三棱柱的投影为三角形，所以两面视图比一面视图更容易区分出物体的形状，但在某些情况下仍难区分出物体的空间形状，如图 1-4 所示。

3）三面视图

在机械制图中，通常采用三面视图，即主视图、俯视图和左视图来表达物体的形状，如图 1-5 所示。

三视图之间的关系如下：

（1）位置关系。以主视图为准，俯视图在主视图下面，左视图在主视图右面。

（2）三视图之间的度量对应关系。主视图能反映物体的长度和高度，俯视图能反映物体的长度和宽度，左视图能反映物体的高度和宽度，所以主视图和俯视图长度相等，主视图和左视图高度相等，俯视图和左视图宽度相等。这是三视图度量的"三等"关系。

（3）三视图之间的方位对应关系。主视图反映了物体的上、下和左、右方位；俯视图反

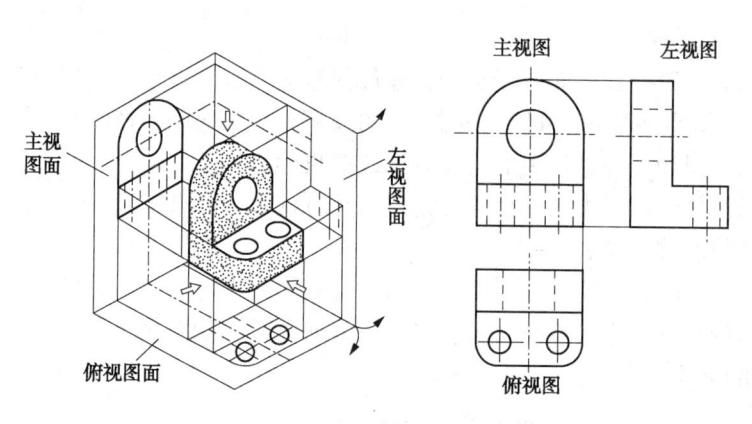

图 1-5　三视图

映了物体的左、右和前、后方位；左视图反映了物体的上、下和前、后方位。俯、左视图靠近主视图的为物体的后面，远离主视图的为物体的前面。

二、简单零件剖视图、断面图的识读

1. 剖视图

1）剖视图的形成

在视图中，对零件内看不见的结构形状用虚线表示，当零件内部结构比较复杂时，在视图上就会有较多的虚线，如图 1-6(a)所示，有时甚至与外形轮廓相互重叠，使图形很不清楚，增大了看图的困难。为了解决这个问题，可假想用剖切面将零件剖开，移去观察者和剖切面之间的部分，将余下部分向投影面投影[图 1-6(b)]，所得到的视图称为部视图，如图 1-6(c)所示。

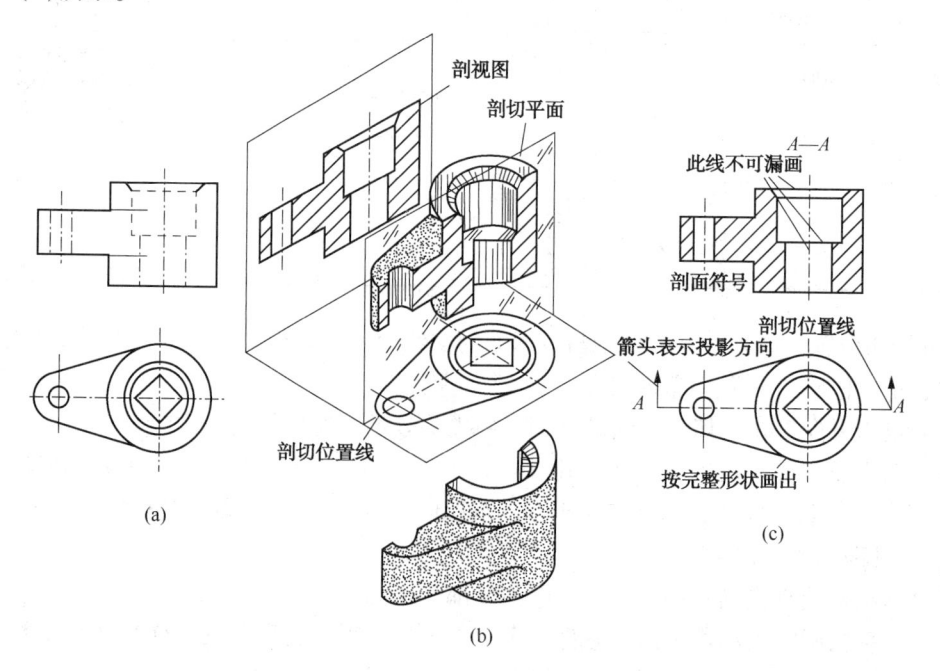

图 1-6　剖视图的形成及画法

2）看剖视图的要点

（1）找剖切面位置。剖切面位置常选择零件的对称面或某一轴线，如图1-6（c）所示。

（2）根据剖切位置两端标注的箭头指示方向及字母找对应的剖视图。

（3）明确剖视图是零件剖切后的可见轮廓线的投影。

（4）看剖面符号。当图中的剖面符号是与水平方向成45°的细实线时，则零件是金属材料。常用材料的剖面符号见表1-1。

（5）识读剖视图时，可能会遇到剖视图与对应视图完全没有标注的情况。这说明剖切面位置所在视图与剖视图有直接投影关系，且剖切面通过零件的对称平面。

3）剖视图的标注

表1-1　常用材料的剖面符号

金属材料（已有规定剖面符号者除外）	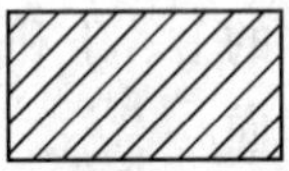	木材	纵剖面	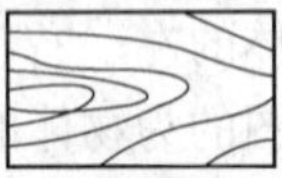
线圈绕组元件			横剖面	
转子、电枢、变压器和电抗器等的叠钢片	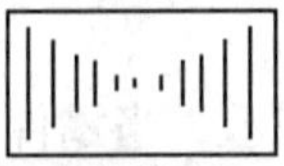	木质胶合板（不分层数）		
非金属材料（已有规定剖面符号者除外）		基础周围的泥土		
型砂、填砂、粉末冶金、砂轮、陶瓷刀片、硬质合金刀片等	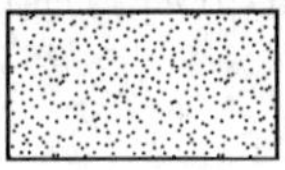	混凝土		
玻璃及供观察者用的其他透明材料	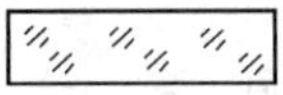	钢筋混凝土		
格网（筛网、过滤网等）		液体		
砖				

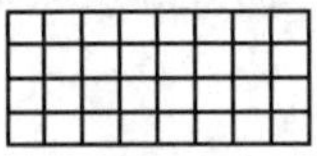

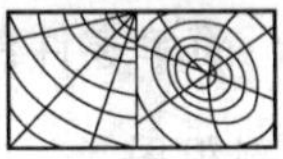

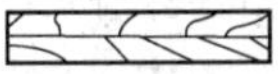

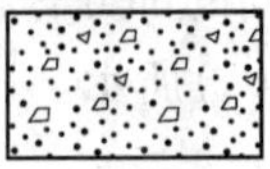

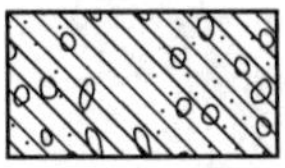

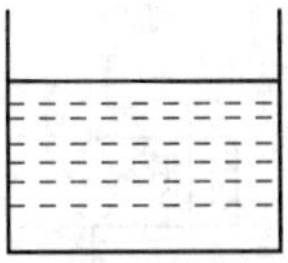

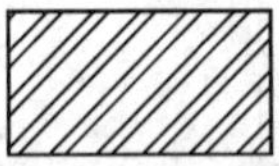

（1）剖切位置。通常以剖切位置与投影面的交线表示剖切位置。在它的起讫处用加粗的短实践表示，但不与图形轮廓线相交。

（2）投影方向。在剖切位置线的两端，用尖头表示剖切后的投影方向。

（3）剖视图名称。在尖头的外侧用相同的大写拉丁字母标注，并在相应的视图上标出"×-×"字样，若在同一张图上有若干个剖视图时，其名称的字母不得重复。

4）常见剖视图的识读

常见的剖视图有全剖视图、半剖视图和局部剖视图。

（1）全剖视图。用剖切平面把零件完全地剖开后所得到的剖视图，称为全剖视图，如图1-6（c）所示。不同的剖切面位置可得到不同的全剖视图。

（2）半剖视图。在具有对称平面的零件上，向垂直于对称平面的投影面上投影所得的图形，可以对称中心线为界，一半画成剖视图，另一半画成视图的剖视图，称为半剖视图。

（3）局部剖视图。在零件的某一局部，用剖切面将零件的局部剖开，表达其内部结构，并以波浪线分界以示剖切范围，这种剖视图称为局部剖视图，如图1-7所示。

2. 断面图(剖面图)

1）断面图的概念

假想用剖切面将零件处切断[图1-8(a)]，只画出该剖切面与物体接触部分的图形，并画上剖面线，这个图形就叫断面图，如图1-8(b)所示。剖面只画断面形状，而剖视还必须画出其余能看见的轮廓的投影。如图1-8(c)所示。

根据断面配制的位置不同，可分为移出断面图和重合断面图。画在视图轮廓之外的断面称为移出断面；画在视图轮廓之内的断面称之为重合断面，重合断面的轮廓线用细实践画出。

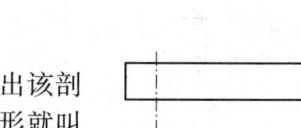

图1-7　局部剖视图

2）断面图的识读

（1）找剖切位置及字母，对应字母找断面图。不对称的剖面必须用尖头表示投影方向，对称的平面可不画投影方向，如图1-8(b)所示。画在剖切位置延长线上的断面图，可不加标注，如图1-8(b)所示。

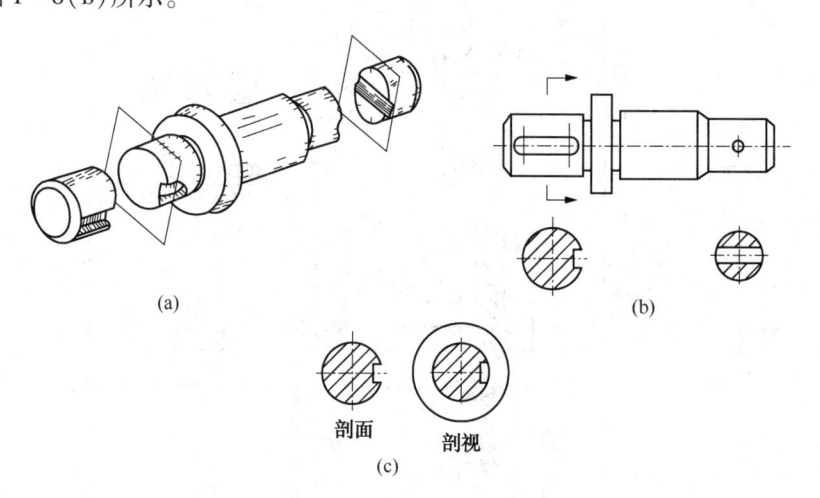

(a)　　　　　　　　　　(b)

剖面　　剖视

(c)

图1-8　断面图的形成及画法

（2）当剖切平面通过回转面形成的孔或凹坑的轴线时，其断面应按剖视绘制，如图1-8(b)所示的轴小孔及凹坑，图1-9所示为断面分离时其断面应画成封闭的图形。

（3）当视图中轮廓线与重合断面的图形重叠时，视图中的轮廓线仍应完整画出，不能间断，如图1-10所示。

（4）重合断面当图形不对称时，需用箭头标注其投影方向；如图对称，一般不必标注投影方向。

三、简单装配图的识读

1. 装配图的作用和内容

1）装配图的作用

装配图是表达机器或零部件的工作原理、结构形状和装配关系的图样。图1-11是螺旋千斤顶的装配图。

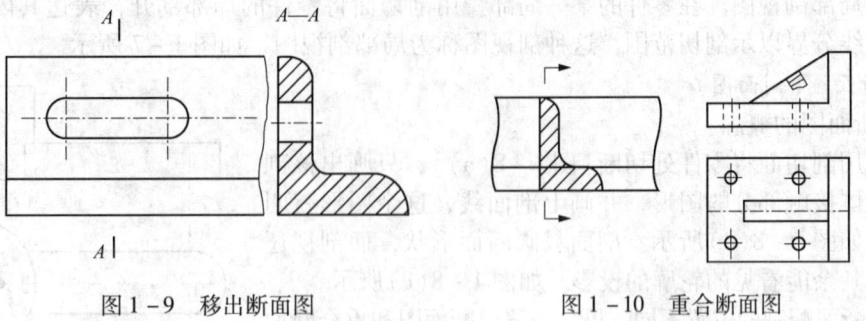

图 1－9　移出断面图　　　　　　　图 1－10　重合断面图

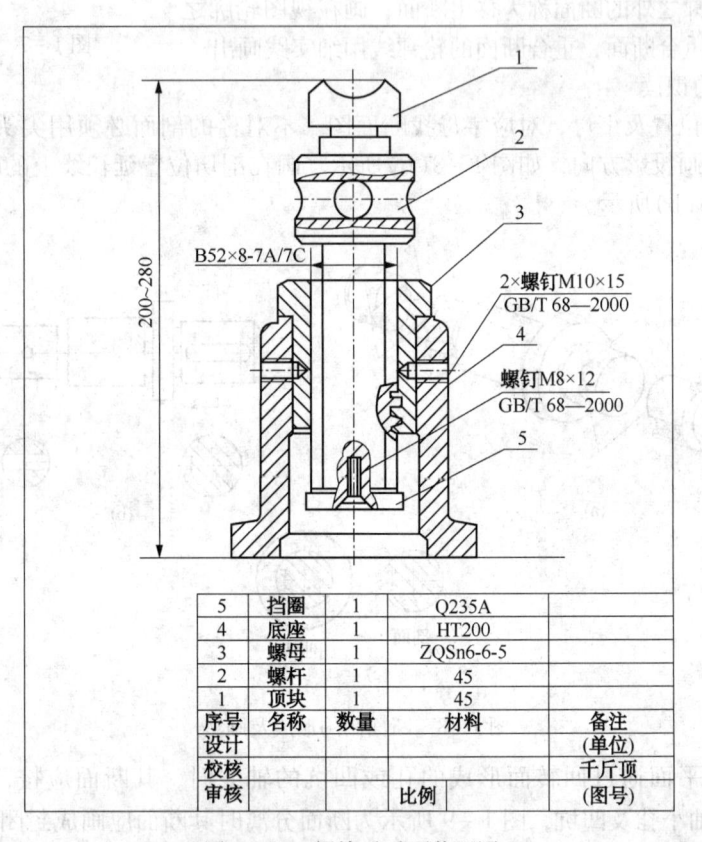

5	挡圈	1	Q235A	
4	底座	1	HT200	
3	螺母	1	ZQSn6-6-5	
2	螺杆	1	45	
1	顶块	1	45	
序号	名称	数量	材料	备注
设计				(单位)
校核				千斤顶
审核			比例	(图号)

图 1－11　螺旋千斤顶装配图

在设计新产品或更新改造旧设备时，一般都是先画出机器或部件的装配图，然后再根据装配图画出零件图。在产品制造中，装配图是制定装配工艺规程，进行装配和零部件检验的技术依据；在使用或维修机器时，需要通过装配图了解其构造；进行技术交流、引进先进设备时，装配图更是不可缺少的技术资料。

2）装配图的内容

一张完整的装配图应包括如下内容：

（1）一组视图。用以表达机器或部件的工件原理、结构特点、零件之间的相对位置、装配连接关系等。

（2）必要的尺寸。注明机器或部件规格性能以及装配、检验、安装时必要的尺寸。

（3）技术要求。说明机器或部件的性能，是装配、检验、调试和使用时必须满足的技术条件，一般用文字符号标注在图中适当的位置。

（4）标题栏、明细表和零件序号。说明机器或部件所包含的零件名称、序号、数量和材料以及厂名等。

2. 装配图的视图表达方法

零件图中视图的各种表达方法都适用于装配图，但装配图还有其他规定画法和特殊表达方法。

1）装配图的规定画法

（1）剖视图中实心件和连接件的表达。对于连接件（螺钉、螺栓、螺母、垫圈、键、销等）和实心件（轴、手柄、连杆等），当剖切面通过基本轴线或对称面时，这些零件均按不剖处理。当需要表达零件局部结构时，可采用局部视图。

（2）接触表面和非接触表面的区分。凡是有配合要求的零件的接触表面，在接触处只画一条线来表示。非配合要求的两零件接触面，即使间隙很小，也必须画两条线。

（3）剖面线的方向和间隔。用剖面线倾斜方向相反或一致、间隔不等来区分表达相邻的两个零件。剖面厚度在 2mm 以下的图形，允许用涂黑来代替剖面符号。

2）装配图的特殊表达方法

（1）假想画法。在装配图中，当需要表示某些零件运动范围或极限位置时，可用双点画线画出该零件的极限位置图；当需要表达本部件与相邻部件间的装配关系时，可用双点画线假想画出相邻部件的轮廓线。

（2）零件的单独表示法。在装配图中，可用视图、剖视图或断面图单独表达某个零件的结构形状，但必须在视图上方标注对应的说明。

（3）拆卸画法。当需表达的结构或装配关系被某些零件遮住时，可假想将某些零件拆去后再画出某一视图，或沿零件结合面进行剖切，结合面上不画剖面线，并应注明拆去"××"。

（4）展开画法。为了展示传动机构的传动路线和装配关系，可假想按传动顺序沿轴线剖切，然后依次展开，将剖切平面均旋转到与选定的投影面平行的位置，再画出其剖视图。

（5）简化画法。装配图中若干相同零部件组，可只画出一组，其余用细点画线表示出其位置即可。装配图中，当剖切平面通过某些标准件的轴线时，可只画外形。装配图中的滚动轴承，允许一侧采用规定画法，另一侧按简化画法绘制。装配图中，零件的某些较小工艺结构如倒角、沟槽等，可省略不画。

（6）夸大画法。装配图中，当图形上孔的直径或薄片的厚度（≤2mm），以及间隙、斜度和锥度较小时，允许将该部分不按原比例而夸大画出。

3. 识读装配图的方法及步骤

识读装配图的目的主要是了解机器或部件的名称、用途、性能、结构和工作原理，以及零件之间的装配关系、传动路线、装拆顺序和技术要求等。识读装配图的一般方法和步骤是：

（1）看标题栏和明细表，作概括了解。了解装配体的名称、性能、功用和零件的种类名称、材料、数量及其在装配图上的大致位置。

（2）分析视图。分析弄清楚整个装配图上有哪些视图，采用什么表达方式，表达的重点是什么，反映了哪些装配关系，零件之间的连接方式如何，视图间的投影关系等。

（3）分析零件。了解零件的主要作用和基本形状，以便弄清楚装配的工作原理和运动情况（是移动还是转动）。

（4）分析配合关系。根据装配图上标注的尺寸，区别哪些零件有配合要求，属何种基准制、何种配合类别及配合精度等。

（5）定位与调整。分析零件之间的面，是否有加工面，怎样选择定位面，有没有间隙需要调整，怎样调整。

（6）连接与固定。分清零件之间是用什么方式连接固定的，是可拆还是不可拆。

（7）密封与固定。要弄清楚运动件的润滑、储油装置、进出油孔和输油油路，采用什么方式密封。

（8）装拆顺序。在看懂全部装配图后，弄清楚装配顺序，将先加工的零件加工后再装，否则整体装配后不容易加工。

（9）了解技术要求，包括组装后的检测技术指标、使用时对工作条件的要求等。

通过上面的分析，总结出装配体的工作原理等。

四、焊接装配图的识读

1. 焊接装配图的特点

通常所指的焊接装配图与一般装配图的不同，在于图中必须清楚表示与焊接有关的问题，如坡口与接头形式、焊接方法、焊接材料型号和焊接及验收技术要求等。

对焊工来说，要能正确识读焊接装配图，除了掌握前述有关机械识图知识外，还必须懂得焊缝符号表示方法的有关国家标准，识读焊接装配图的方法和步骤也与上节基本相同，但对图样中有关焊接技术条件应详细分析，并严格执行。通常图中涉及的焊接工艺文件有：

（1）典型工件制造的工艺守则。

（2）焊接方法的工艺守则。

（3）施焊的工艺评定编号。

2. 焊接装配图的作用与内容

（1）焊接装配图是用来表达金属焊接件的图样，如图 1 – 12 所示。它用来指导焊接件的加工、装配、施焊和焊后处理，并能清楚地表达出焊接件的结构形状、焊缝位置、接头形式和尺寸及焊接要求等。

（2）一张完整的焊接装配图应包括以下主要内容：

① 表示焊接件结构形状的视图。

② 焊接件的定型、定位尺寸及焊后加工尺寸。

③ 焊缝的接头形式、焊缝符号及焊缝尺寸。

④ 焊接件的装配、焊接方法及焊后处理等技术要求。

⑤ 标题栏及明细表等。

3. 识读焊接装配图的方法和步骤

识读焊接装配图的方法和步骤与识读机械装配图基本相同，但也有其自身的特点，现简要介绍如下：

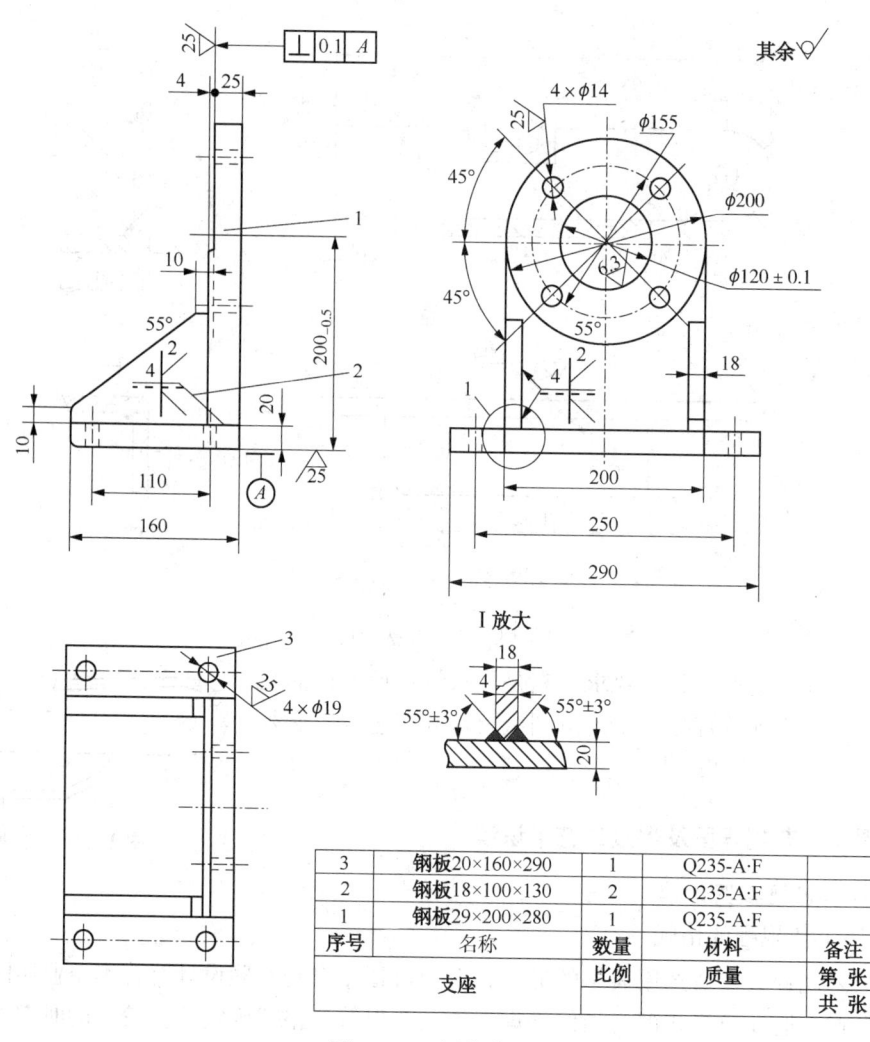

图 1 – 12　焊接装配图

3	钢板20×160×290	1	Q235-A·F	
2	钢板18×100×130	2	Q235-A·F	
1	钢板29×200×280	1	Q235-A·F	
序号	名称	数量	材料	备注
	支座	比例	质量	第　张
				共　张

（1）看标题栏和明细表，了解焊接装配图的名称、性能、作用和零部件的材质、质量、件数等，其中包括由多少零件或多少部件组成。另外，要求对零件或部件有个概括的了解。

（2）看懂有关视图。从主视图中首先看出零件的大致几何形状，再通过其他辅助视图得到零件或部件的立体概念。如图 1 – 13 是一个角钢形的焊接件，从主视图中可以看出，它是由两块板组成，其中一块较长，一端带半圆形，中间是一个长方槽，半圆形状处有孔；而另一块板较短，从俯视图上看出较短板上有两个圆孔，两斜线为两倒角。而且从俯视图上看焊口的位置，还可以看到垂直板上缺口的底是倾斜的。从另一视图上还可以卡到短底板上两个孔在底面有120°的倒角。由以上可以构想立体图的形状，如图 1 – 14 所示。

（3）分析视图。从主要基准出发，逐步认清零件的大小和各部分之间的位置关系。如图 1 – 14 所示，以主视图出发，逐个分析主、俯、侧等其他视图，分析各部位尺寸要求，认真读懂视图。同时读图应看清各部位的公差配合和表面粗糙度等要求。如竖直板的长度允许 + 2mm，而底板上两孔距误差是 ±0.5mm，$\phi15$ 孔的表面粗糙度要求达到 $Ra6.3$，$\phi15H9$ 表示基本尺寸为15mm，公差等级为9级的基准孔。

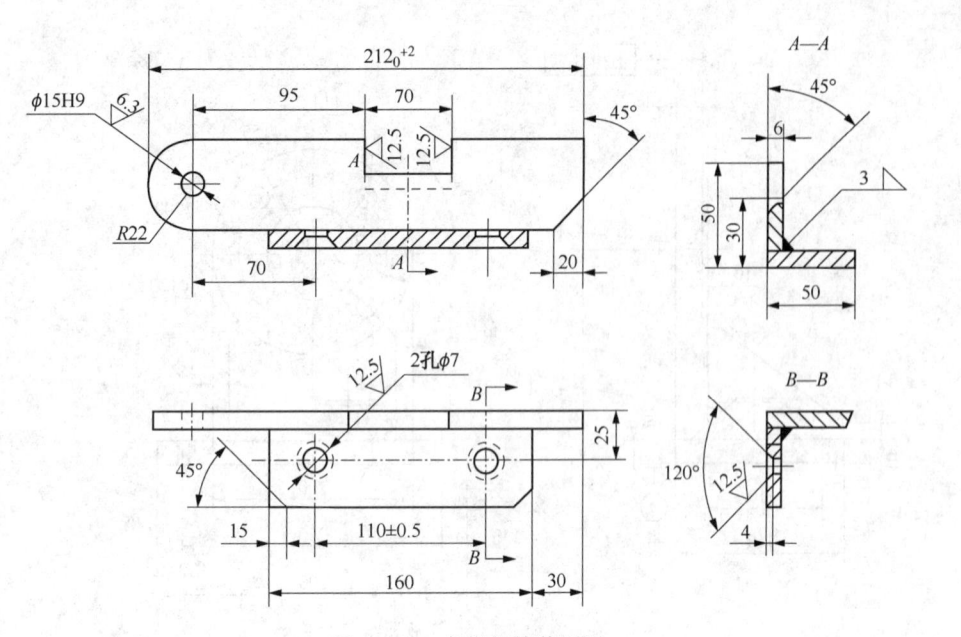

图 1 – 13　角钢焊接装配图

（4）看图样上注明的技术要求。它是用来说明此项产品是否需要退火，是否加热焊接等。理解图纸要求和工艺卡，必须看懂焊接符号。

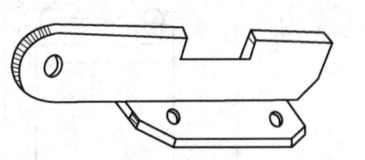

图 1 – 14　角钢

五、焊接工艺规程图及焊接工艺卡识读

1. 焊接工艺规程图识读

1）焊接工艺规程的格式

焊接工艺规程大多数选用表格的形式，企业可根据自身经验设计符合本企业实际需要的工艺规程格式，但任何格式都必须便于焊工使用和保管。格式确定后在较长的时期内不会做改动，可将其铅印成空白表格。

2）焊接工艺规程的内容

（1）焊接方法。焊接方法是焊接工艺的重要参数之一，其名称必须填写正确，并注明焊接过程自动化的等级，注明手工、机械化或自动焊接。

（2）母材金属类别、钢号。

① 采用标准材料。当采用国家标准所列的材料时，则可填写标准钢号或牌号及其所属的分类号。

② 采用 ASME 法规材料。当采用 ASME 法规材料时，则可填写该种材料的标准号、牌号及其所属的 P 类别号和组别号。

③ 采用非标准材料。当采用非标准材料和非法规材料时，除了填写材料牌号外，还应列出该种材料的化学成分和力学性能。

（3）母材金属厚度范围。为合理扩大焊接工艺评定报告的使用范围，在母材金属厚度一格中应当填写厚度范围，但厚度范围不是任意选定的，可按工艺评定试板的厚度及焊接工艺评定标准规定的母材金属厚度有效范围而定。

（4）焊接材料的种类、规格与牌号。焊接材料包括焊条、气体保护焊丝（实心或药心）、埋弧焊焊丝、焊剂及可熔衬垫等，应详细注明各种焊接材料的种类、规格、牌号等内容。

（5）热处理方法和制度。对于焊后需热处理的接头，应注明：焊后热处理的名称（固溶处理、调质、正火、正火与回火、消除应力处理、时效处理等），热处理温度范围以及保温时间范围，对升温速度和降温速度有特殊要求的焊件，也应特别注明。

对于要求严格控制热处理温度的焊件，除规定热处理温度容许偏差外，还应注明热处理时焊件温度实测方法及要求。

（6）焊接工艺参数。

（7）接头形式及坡口形式。

（8）操作技术。此栏应列出焊接位置、焊接方向、焊接顺序、运条方式、焊丝摆动参数、焊丝伸出长度、焊道层次、焊丝根数、焊前清理和层间清理方法、焊缝背面清根方法、锤击方法、焊件及焊枪倾角、丝间距离等。

（9）焊后检查方法及要求。

2. 焊接工艺卡识读

焊接工艺卡是指导生产的细则，其中规定了加工该产品的焊接工艺。

一般来说，一种类型（同种材质、同样厚度、同样的接头形式、同种焊接方法、同样的技术要求）的接头，应编制一份焊接工艺卡，使工人能够根据工艺卡的内容，生产出合格产品。

焊接工艺卡主要包括如下内容：

（1）根据产品焊接结构装配图和零部件加工图以及技术要求，确定母材钢号和厚度、焊接方法、焊接位置，找出相对应的焊接工艺评定，绘制接头简图。

（2）焊接工艺卡的编号、图号、接头名称、接头编号、焊接工艺评定编号和焊工持证项目。

（3）焊接顺序。由焊接工艺评定和实际的生产条件及技术要求、生产经验确定焊接顺序。

（4）焊接工艺参数。由焊接工艺评定提供参数，包括每一层道的焊接方法、填充材料的牌号和直径、焊接电源的极性和电流值、电弧电压、焊接速度等内容。

（5）其他相关参数。由焊接工艺评定给出的包括预热温度、层间温度、焊后热处理、后热，钨极直径、喷嘴直径、气体成分和流量等内容。

（6）产品的检验。根据产品图样要求和产品标准确定检验机关、检验方法和检验比例。

第三节　焊接安全生产

一、焊接作业前的安全检查

为确保焊接生产安全顺利地进行，防患于未然，在焊接作业前应进行与焊接作业有关的安全检查。

1. 焊接作业现场的安全检查

（1）检查焊工是否穿戴好符合国家有关标准规定的防护用品，严禁穿化纤工作服、不符合绝缘要求的工作鞋和戴绝缘不合格的手套上岗。

（2）焊接与切割作业现场的设备、工具、材料是否排列有序，现场不得有乱堆乱放现象。

（3）焊接作业现场是否有安全通道，要求车辆通道宽度≥3m，人行通道≥1.5m。

（4）焊接作业现场面积是否宽阔。要求每个焊工作业面面积≥4m²，且要干燥；工作场地要有良好的自然采光或局部照明设施，工作面照明设施的照度应在 50～100lx。

（5）检查焊接作业现场的气焊胶管与胶管之间、电焊电缆线之间或气焊（割）胶管与电焊电缆线之间是否相互缠绕。

（6）检查焊机接线是否正确、电流调整是否可靠。

（7）检查焊机是否装有独立的专用电源开关，其容量应符合要求，控制开关应用封闭式的自动空气开关或铁壳开关，禁止多台焊机共有一个电源开关。

（8）检查焊机外壳是否可靠接地（或接零）保护，接地（或接零）是否符合要求。检查时应注意，当接地电阻＜4Ω时，接地线固定螺栓的公称直径不得小于 M8。

（9）检查焊接电缆与电焊机接线柱的紧固情况。

（10）焊接作业现场 10m 范围内，各类可燃、易爆物品是否清除干净。

（11）室内作业通风是否良好，多地点焊接作业之间是否有弧光防护屏。

（12）室内登高焊接作业现场是否符合要求；安全网、登高梯、脚手板是否符合规定；在池沟、坑道、检查井、管段和半封闭地段等处焊接作业时，检查有无爆炸和中毒危险。

2. 焊接作业所用工具的安全检查

（1）焊钳。焊前，要检查焊钳的导电性、隔热性、夹持焊条是否牢固、更换焊条是否方便。检查焊钳与电缆的连接是否牢靠，接触是否良好，且不得外露。

（2）焊接面罩和护目镜片。检查面罩下弯司、头箍是否松脱；护目镜遮光号是否符合要求，有无罩在黑玻璃上的无色透明玻璃片。

（3）角向磨光机。检查时，主要看砂轮转动是否正常，有无漏电现象，砂轮片是否安装紧固牢靠，是否有裂纹、破损，杜绝在使用过程中砂轮突然破碎伤人。

（4）锤子。检查锤头是否松动，杜绝在使用中锤头抡出伤人。

（5）錾子。在使用前先检查边缘是否有飞刺伤手，有无裂纹。

3. 焊接作业所用夹具的安全检查

焊接夹具是在焊接过程中，用以保证焊接尺寸、提高装配效率、防止焊接变形的工具。焊接夹具主要有夹紧工具、压紧夹具、拉紧工具和撑具 4 种。

（1）夹紧工具。焊前检查夹紧力、焊件装卡是否方便。

（2）压紧夹具。检查其压紧力，特别是带有螺钉的夹具，要检查夹具上的螺钉是否转动灵活，若有锈蚀，则应除锈。

（3）拉紧工具。拉紧工具有杠杆、螺钉、导链等，焊前检查是否完整、好用。

（4）撑具。撑具是利用螺钉或正反螺杆来扩大或撑紧装配件的一种工具，应检查其是否可靠好用。

二、焊接作业防止触电的安全措施

（1）经常进行电气安全教育，使焊接作业人员懂得安全用电的基本知识，掌握安全用电的基本方法。

（2）作业现场用电必须满足焊接作业的用电负荷。现场作业用电必须严格执行国家、行业的电气安全工作规程和施工用电规程。非电气人员不得随意操作。

（3）作业时要严格执行安全操作规程，如切断电源时，应先断开负荷开关，然后再断开隔离开关；合上电源时，应先合上隔离开关，再合上负荷开关。

（4）要防止电气绝缘部分损坏和受潮，以免发生触电事故。不可用湿布去擦抹电器设备，更不能用潮手去摸灯座、插头、开关等用电装置。使用的电气设备和电动工具的绝缘必须完好，并定期测试绝缘电阻值是否符合要求。

（5）电气设备的金属外壳、金属构架等，应检查其保护接地（或接零）是否良好，定期检测其接地电阻值是否符合要求。

（6）不准用金属丝绑捆电线，不准在电线上悬挂物件，输电电缆排放要避免与金属件相接触。作业现场堆放的设备和材料，应与带电设备和输电线路保持一定的安全距离。作业现场的各种用电设备、供电线路要定期检查，发现破损、老化现象时，要及时修理和更换。

（7）国家规定在潮湿的工作环境中工作时，应采用安全电压供电。安全电压为 36V 和 12V。在高压电源、高压装置和高压线路附近作业，必须保持安全距离，并设专人监督。高压电源、装置周围应设围栏、遮栏，并有"高压危险"明显标志，无关人员，不得靠近，防止高压触电事故的发生。

（8）防止跨步电压触电，应尽量远离接地故障处或导线落地处 20m 以外；若发现已进入跨步电压区，应尽量缩小脚步或单脚、双脚跳离危险区。

三、高处焊割作业的安全措施

在高度 ≥2m 以上的地方进行焊割作业，称为高处（高空）焊割作业。高处焊割作业时，除遵守一般焊割作业的安全规定外，要特别注意高空触电、火灾、高空坠落和物体打击等。

1. 防止高空坠落的安全措施

（1）参加高空作业的人员必须经医生检查，身体合格者才能进行高空作业。凡患有高血压、心脏病、癫痫病、手脚残疾、深度近视等病症者，禁止登高作业。

（2）登高作业前，应先检查所用的登高工具和安全用具，如安全帽、梯子、跳板、爬杆脚板、脚手架、安全网等，若不符合要求，应禁止使用。

（3）登高作业时，应使用符合标准的防火安全带，使用前要认真进行检查，并定期进行合格试验。安全带应高挂低用，并系紧戴牢。如使用安全绳，其长度不可超过 2m。

（4）高处焊割作业的脚手板，应事先经过检查，不得使用有腐蚀或机械损坏的木板或铁木混合板，脚手板单行人行道宽度不得小于 0.6m，双行人行道宽度不得小于 1.2m，上下坡度不得大于 1∶3，板面要钉防滑条，脚手架的外侧应按规定加装围栏防护或扶手，工作时要站稳把牢。

（5）登高梯子应牢固支撑在固定的物件上，中间不得有断档。梯脚必须放置稳当，防止滑倒或倾倒。单梯与地面夹角在 60° 左右。使用人字梯时，两梯夹角为 45° 左右，并用限跨铁钩挂牢。不准两人同在一个梯子上或在人字梯的同一侧上作业，不准在梯子的顶挡上作业。

（6）安全网的架设应外高里低，铺设平整，不留缝隙，随时清理网上杂物，安全网应随作业点升高而提升，发现安全网破损应按要求更换。

（7）登高作业要穿好防滑鞋。严禁穿拖鞋、硬底鞋及塑料鞋，并遵守施工现场特定的安全操作规程。登高作业地点，应画出安全禁区，并设置明显的标志，禁止无关人员进入。必须清理高空作业下方场地，禁止堆放杂物。

（8）在进行高空作业时，除有关人员外，其他人员不许在工作地点的下面停留和通过。工作地点下面应设拦网绳等，以防落物伤人。禁止蹲在不牢固的结构上进行高空作业，为了防止误蹬，应在这种结构的地点挂上警告牌。高空作业站立在脚手板上工作时，不应站在脚手板两端，避免脚手板翘起，人从高空坠落。

（9）高空作业时，不应把工具、器材等放在脚手架或建筑物边缘，防止坠落伤人。严禁将电缆线、乙炔或氧气胶管缠在身上或搭在背上作业。露天下雪时不宜作业，下雨或有 6 级大风时禁止高处作业。

（10）在登上机车、锅炉、煤水车、车辆等工作时，需先检查所攀登物是否牢固，然后再登。登高作业必须背工具袋，带安全麻绳。不应使用高频引弧器，防止万一麻电、失足坠落摔伤。

（11）操作时严禁说笑打闹，必须听从地面指挥人员的指挥。登高作业前严禁饮酒，凡饮酒者禁止登高作业。学徒工在没有专职师傅的带领下，禁止单独登高作业。

（12）采用吊篮、吊筐登高时，必须由专人指挥升降，指挥信号要准确可靠。吊篮、吊筐在空中不得碰撞，必要时，应设保险装置。

（13）工作结束后，必须清点所带工具和安全用具，不要遗留在作业点上。

2. 防止物体打击的安全措施

进入高空作业区，必须戴安全帽。高空作业时，随手使用的小工具、小零件应装在工具袋里，防止掉落伤人。焊条应装在焊条筒或工具袋里，更换后的焊条头不应随手往下扔，防止砸伤或烫伤下面的人。禁止在高空相互抛掷材料、工具等，只能用安全麻绳吊、放。

3. 防止触电和火灾的安全措施

（1）电焊工应穿胶底鞋，手提灯应使用 12V 电源。

（2）在高空接近高压线或裸导线排时，应停电检查确无触电可能时才能工作。切断电源后，应在电闸上挂写着"有人工作，严禁合闸"的木牌。

（3）工作现场 10m 以内要设栏杆挡隔。高空作业的下面，火星所及范围（至少 10m）内应清除所有易燃物品，防止火花及熔渣飘落引起火灾。作业现场必须配备有效的消防器材。

（4）高空焊割必须设监护人，电源开关设在监护人近旁，如遇危险，立即拉闸，进行抢救，同时注意观察火情。

四、野外（或露天）焊接作业的安全措施

（1）焊接处必须设置防雨、防风棚和凉棚。应注意风向，不让吹散的铁水及熔渣伤人。应设置简易屏蔽板，遮光挡板，以免弧光伤害附近人员。

（2）雾天、雨天、雪天不准露天电焊。在潮湿处工作时，焊工应站在铺有绝缘物品的地方，穿好绝缘鞋。夏天工作时，应防止氧气瓶、乙炔瓶直接受烈日暴晒，以免发生爆炸。冬天若瓶阀、减压器冻结时，应用热水解冻，严禁用火烤。

五、焊接作业的防火、防爆安全措施

焊接作业在施工中需要用电、乙炔焊接金属材料，有产生火灾的可能。所以，作业现场应有消防制度和措施，火灾发生后要做好灭火、报警、逃生三步工作。焊接作业人员应具备下列知识。

（1）作业现场应建立防火检查制度，强化焊割防火领导体制，建立应急防火队伍。作业人员积极参加消防安全培训教育，以增强防火安全意识。

（2）甲、乙、丙类生产车间、仓库及厂区、库区内严禁动用明火。若焊接生产必须动火时，应经单位的安全保卫部门或防火责任人批准，并办理动火许可证，落实各项防范措施。动火前要清除附近易燃物，配备看火人员和灭火用具。用火证当日有效，动火地点变更，要重新办理用火证。

（3）作业现场严禁吸烟，未经保卫部门批准不得使用电热器具。

（4）氧气瓶与乙炔瓶安全工作间距不小于5m，两瓶与明火作业距离，与易燃、易爆车间、仓库、油罐、堆垛等火灾危险场所距离，必须不小于10m，禁止在工作时使用液化石油气钢瓶和乙炔发生器作业。

（5）焊接作业地点的可燃物要清除干净，不能清除的要用水浇湿，或用铁板、石棉等不燃物体遮挡，防止火花飞溅引起火灾。

（6）盛装过易燃、可燃液体的受压容器，在焊接作业前，必须进行检查，并经过冲洗、置换、解除容器压力、消除容器密闭状态（敞开口，掀开盖）等技术处理，经分析确无燃烧爆炸危险后再行作业。若中途停止作业，应重新进行技术处理后才能作业。

（7）焊接易燃液体、可燃气体的管道时，应将该段拆卸到安全地方，或用金属盲板隔绝，防止发生燃烧爆炸。积存可燃气体、蒸气的管沟和坑道，在未消除火险前不能作业。

（8）在易燃、易爆车间、场所或煤气管附近焊接时，必须取得消防部门的同意，并与煤气站联系好，工作时应采取严密措施，防止火星飞溅引起火灾。电焊机接零线及电焊工作回线都不准搭在易燃、易爆的物品上。

（9）检查气焊（割）设备、附件及管路漏气，只准用肥皂水试验。试验时，周围不准有明火，不准抽烟，严禁用火试验。禁止用易产生火花的工具去开启氧气或乙炔气阀门。

（10）焊接时要严守操作规程，回火器要合乎安全要求，经常检查焊具、气瓶和乙炔发生器，防止发生事故。电石灰应经过处理倒在安全地方。

（11）在进行焊接及切割操作的地方必须配置足够的灭火设备。其配置取决于现场易燃物品的性质和数量，可以是水池、沙箱、水龙带、消火栓或手提灭火器。有喷水器的地方，在焊接或切割过程中，喷水器必须处于可使用状态。如果焊接地点距自动喷水头很近，可根据需要用不可燃的薄材或潮湿的棉布将喷头临时遮蔽，而且这种临时遮蔽要便于迅速拆除。

（12）防火间距不得随便占用。安全疏散通道、出口不得堵塞。尤其是在焊接工作过程中必须全部打开，在疏散通道内也不得摆放任何影响安全疏散的物品。

（13）在建筑结构或材料中的易燃物距作业点10m以内；在墙壁或地板有开口的10m半径范围内（包括墙壁或地板内的隐蔽空间）放有外露的易燃物时；在靠近金属间壁、墙壁、天花板、屋顶等处另一侧易受传热或辐射而引燃的易燃物时；在油箱、甲板、顶架何舱壁进行船上作业时，应设置火灾警戒人员。

（14）一旦发生电气火灾，应迅速切断电源，以免事态扩大。切断电源时应戴绝缘手套，使用有绝缘柄的工具。应急剪断电线时，火线和零线应分开错位剪断，以免在钳口处造成短路，并防止电源线掉在地上造成短路使人员触电。当电源一时无法切断时，一方面派人去供电端拉闸，另一方面在灭火时，人体的各部位与带电体应保持一定的距离，并穿戴绝缘用品。

（15）扑灭电气火灾时要用绝缘性能好的灭火剂，如干粉灭火机、二氧化碳灭火器、1211灭火器或干燥沙子，严禁使用导电灭火剂进行扑救。对施工现场无法自我扑救的火灾，应及时报警，以免措施不力，造成更大的损失。当现场作业人员被困在高处或浓烟笼罩处时，应采取正确防护方法等待救援，不得乱跑或跳楼逃生。

第四节　焊接劳动保护

一、焊接有害因素的来源及危害

1. 弧光辐射

焊条电弧焊的电弧温度高达3000℃以上，在此温度下可产生强烈的弧光，主要是强烈的可见光线和不可见的紫外线、红外线。

（1）可见光线。焊接电弧的可见光线亮度，比正常情况下肉眼所承受的亮度要大1万倍以上。眼睛受到可见光照射时，有疼痛感，一时看不清东西，通常加电弧"晃眼"，短时间丧失劳动力，但不久即可恢复。

（2）紫外线。紫外线的波长为 $180 \sim 400mm$。焊条电弧焊形成的紫外线波长一般在230nm左右；氩弧焊时紫外线辐射光谱在390nm以下。紫外线的作业强度，钨极氩弧焊比焊条电弧焊大5倍；熔化极氩弧焊比焊条电弧焊大 $20 \sim 30$ 倍，产生强烈生物作用的短波紫外线（290nm以下）的强度最强；中波紫外线可以透过人体皮肤角化层，被深部组织吸收和真皮吸收，产生红斑和轻度烧伤，并能损坏眼结膜和角膜。眼睛短时间内受强烈的紫外线照射会引起电光性眼炎，这是明弧焊焊工和辅助人员常见的职业病。紫外线对眼睛的伤害，与照射时间成正比，与电弧至眼睛的距离平方成反比。

（3）红外线。红外线的波长是 $760 \sim 15000nm$。焊条电弧焊时，可以产生全部上述波长的红外线。红外线波长越短，对人体的作用越强，长波的红外线被皮肤表面吸收，使人产生热的感觉。短波红外线被皮肤组织吸收后，可使血液和深部组织加热，产生灼伤。眼睛长期在短波红外线的照射下，可产生红外线白内障和视网膜灼伤。

2. 焊接烟尘

在焊接、切割作业中会产生各种烟尘。烟尘是在焊接、切割过程中，被焊接、切割材料与焊接材料熔融中产生的金属、非金属及其化合物的微粒。烟尘是烟与尘的统称，其直径 < $0.1\mu m$ 的微粒称为尘。

焊工长期接触焊接烟尘会产生焊工尘肺、金属热和锰中毒等病症，而尘肺是焊接安全卫生工作中影响面最大的一个主要问题。尘肺的发病一般比较缓慢，其症状多表现为气短、咳嗽、咳痰、胸闷和胸痛，也有的尘肺患者出现无力、食欲减退、肺活量降低、体重减轻等症状。

3. 有害气体

焊接、切割作业会产生各种有害气体，主要有臭氧、氮氧化物、一氧化碳、二氧化碳和氟化氢等。

（1）臭氧。是由于紫外线照射空气，发生光化学作用而产生的。臭氧具有刺激性，是一种淡蓝色的有毒气体。当臭氧浓度超过允许值时，往往引起喉干、咳嗽、胸闷、乏力、头晕、全身酸痛等，严重时可引起支气管炎。

（2）氮氧化物。是在焊接高温作用下引起空气中的氮、氧分子重新组合而形成的。点焊烟气中的氮氧化物主要是二氧化氮和一氧化氮。一氧化氮不稳定，很容易氧化成为二氧化氮。氮氧化物属于刺激性气体，能引起激烈咳嗽、呼吸困难、全身无力等。

（3）一氧化碳。焊接、切割作业产生的一氧化碳是一种毒性气体，经呼吸道由肺泡进入血液，与血红蛋白结合成碳氧血红蛋白而阻碍血液携氧，使人体组织缺氧，造成一氧化碳中毒。

（4）二氧化碳。是一种窒息性气体。人体吸入过量二氧化碳可引起眼睛和呼吸系统的刺激，重者可出现呼吸困难、知觉障碍、肺水肿等。二氧化碳气体保护焊及气焊作业都会出现和产生二氧化碳。

（5）氟化氢。是由碱性焊条药皮中含有的萤石（CaF_2），在电弧高温作用下分解形成。氟化氢极易溶于水而形成氢氟酸，具有较强的腐蚀性。吸入较高浓度的氟化氢，除了强烈刺激上呼吸道外，还可引起眼结膜、鼻黏膜、口腔、喉及支气管黏膜的溃疡，严重时可发生支气管炎、肺炎等。

4. 放射性物质

氩弧焊使用的钍钨极烧损后以气溶胶的形态扩散到操作现场空气中，常以测量现场空气中长寿命 α 放射性密溶胶浊度和各种物件表面 α 放射性沾污情况来评价其危害程度。

在采用钍钨极焊接、切割过程中，焊接、切割时产生的放射性剂量对健康尚不足造成损害。但钍钨极磨尖时，放射性剂量超过卫生标准，大量存放钍钨极也应采取相应的防护措施。否则，人体长期受放射线照射，或放射性物质经常少量进入并积蓄在体内，则可造成中枢神经系统、造血器官和消化系统的疾病。

5. 噪声

使用风铲、碳弧气刨及敲打焊接结构件会产生噪声。噪声强度超过国家卫生标准［工业企业噪声不超过 85dB（在 8h 连续工作）］时，对人体有危害。人体对噪声最敏感的是听觉器官。无防护情况下，强烈的噪声可以引起听觉障碍、噪声性外伤、耳聋等症状。长期接触噪声，还会引起中枢神经系统和血液系统失调，出现厌倦、烦躁、血压升高、心跳过速等症状。此外，噪声还会影响内分泌系统，有些敏感的女工可发生月经失调、流产和其他内分泌腺功能紊乱现象。在噪声作用下，工人对蓝色、绿色光的视野扩大，而对金红色光的视野缩小，视力清晰度减弱。

6. 其他有害因素

在非熔化极氩弧焊时，常用高频振荡器来激发引弧，有的交流氩弧焊机还用高频振荡器来稳定电弧。人体在高频电磁场作用下，能吸收一定的辐射能量，产生生物学效应，主要是热作用。

高频电磁场强度受许多因素影响，如距离振荡器和振荡回路越近场强越高，反之则越低。此外，与高频部分的屏蔽程度有关。人体在高频电磁场作用下会产生生物学效应，焊工长期接触高频电磁场能引起自主神经能紊乱和神经衰弱。表现为全身不适，头昏、头痛、疲乏、食欲不振、失眠及血压偏低等症状。如果仅是引弧时使用高频振荡器，因时间较短，影响较小，但长期接触是有害的，所以，必须对高频电磁场采取有效的防护措施。高频电会使焊工产生一定的麻电现象，这在高处作业时是很危险的，所以高处作业不准使用高频振荡器。

焊接、切割过程中都会发生金属飞溅现象，这是焊接熔池冶金反应和溶滴过渡所产生的，是所有明弧焊所共有的危害因素。它很容易引起灼伤或烧坏衣服及存在失火的可能性。

二、焊接作业场所的卫生标准

焊接作业场所的烟尘、有害气体和辐射的焊接卫生标准见表 1-2。

表 1-2　烟尘、有害气体和辐射的焊接卫生标准

有害物种类		国家标准	国际标准	备　注
焊尘/ mg·m^{-3}	低毒粉尖	10	10	
	氧化钙		5	有熔渣的焊接
	锰及其化合物（换算成 MnO_2）	0.2	5	金属蒸发
	氧化铁	10	10	金属蒸发
	氧化锌	1	2.5	金属蒸发
	镍		1	金属蒸发
	铬		1	金属蒸发
有毒气体	NO	—	25	紫外线照射产生
	O_3（臭氧）	0.3	0.1	紫外线照射产生
高频辐射	高频辐射电场强度/V·m^{-1}	20		高频引弧产生的 10000~30000Hz
	高频辐射磁场强度/A·m^{-1}	5		
噪声/dB	每个工作日接触时间/h	8	85	最高不超过 115
		4	88	
		2	91	
		1	94	

三、改善安全卫生条件的焊接技术

焊接结构生产中，在焊接结构设计、焊接材料、焊接设备和焊接工艺等环节中，应该考虑改善焊接劳动条件，以减少对焊工的危害。推荐选用改善安全卫生条件的焊接技术措施见表 1-3。

表 1-3　改善安全卫生条件的焊接技术措施

目　的	措　施
全面改善安全和卫生条件	① 提高焊接机械化和自动化水平；② 对重复性生产的产品，设计程控焊接自动生产线；③ 采用各种焊接机械手与机器人
取代手工焊，以消除焊工触电的危险和电焊烟尘的危害	① 优先选用安全卫生性能优良的埋弧自动焊和摩擦焊、电阻焊等压焊工艺；② 对适宜的焊接结构，推广采用重力焊工艺；③ 选用电渣焊
避免焊工进入狭小空间（如狭小的船舱、容器、管道等）焊接，以减少触电和电焊烟尘对焊工的危害	① 对薄板和中厚板的封闭和半封闭结构，应优先采取利用各类衬垫的埋弧自动焊单面焊双面成形工艺；② 对适宜结构，推广采用躺焊工艺；③ 对管道接头，选用能单面焊双面成形的各种焊条，如低氢型打底焊条、纤维素型打底焊条和管接头立向下焊条等
避免手工焊触电	每台手弧焊机均应安装防电击节能装置
杜绝乙炔发生器爆炸	淘汰各种乙炔发生器，采用溶解乙炔气瓶
降低氩弧焊的臭氧发生量	在氩气中加入 0.3% 的一氧化氮，可使臭氧的发生量降低 90%，西欧称此种混合气为 Mison 气体，已推广使用
降低电焊烟尘	① 采用发尘量较低的焊条；② 采用发尘量较低的焊丝；注意此为辅助措施，选用焊接材料首先应保证其工艺性能和力学性能，在连续焊接生产中积累的电焊烟尘，仍需靠通风除尘解决

四、焊接物理危害因素的防护

1. 弧光防护

焊接电弧温度高，产生强烈的弧光，主要是强烈的可见光和不可见的紫外线和红外线，可采取以下防护措施。

（1）设置防护屏或防护室。防护屏一般可用不燃材料（玻璃纤维布及薄铁板等）制成，其表面应涂刷成黑色或深灰色。其高度应不低于 1.8m，下部留有 25m 流通空气的空隙。防护屏一般装置如图 1-15 所示。

（2）减少弧光反射。采用能吸收光线而不反光的材料做墙壁饰面，以减少弧光反射。

（3）隔离防护。对焊接弧光强烈的焊接区采用密闭罩加以隔离。采用密闭罩不但可以防护强烈的弧光辐射，也可排除烟尘和有害气体。

（4）采用个人防护。包括穿工作服，戴面罩、护目镜等。

2. 热污染防护

焊接电弧及余热工件的高热，会造成施焊场所的热污染，尤其在容器、狭小舱室等的内部焊接时更甚。其主要防护措施是通风，改革工艺，隔热，采用送风面罩等。

3. 射线防护

在一般的焊接方法中，不存在放射性防护问题，只有当采用射线探伤时，才应重点防护射线对人体的伤害。其主要防护措施是屏蔽防护，在钨极氩弧焊作业时，如果采用不含放射性钍的钨棒，就可以防止射线的危害，否则，在集中存放钨棒时，要装入有盖的铅盒内；打磨钨棒时要防止吸入放射性粉尘而引起内辐射。

4. 高频防护

当焊接或切割采用高频振荡器引弧时，可能产生高频电磁辐射的危害，其主要防护措

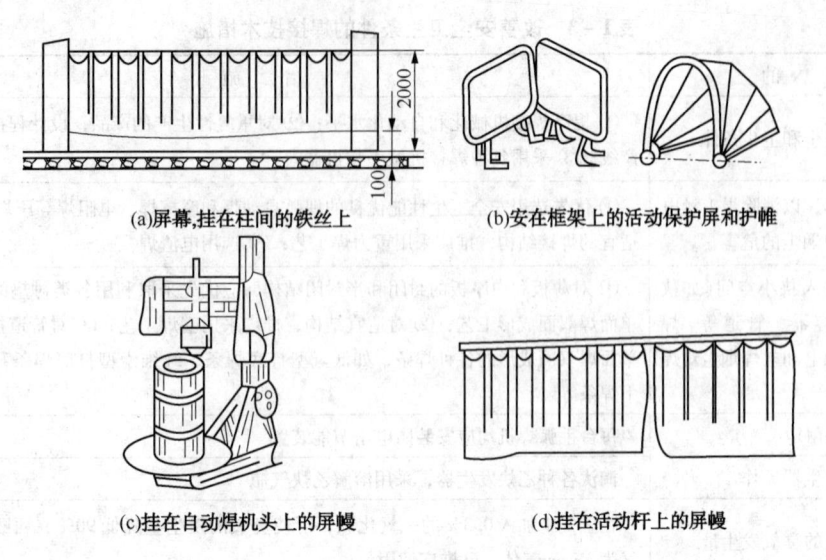

(a)屏幕,挂在柱间的铁丝上　　　　　(b)安在框架上的活动保护屏和护帷

(c)挂在自动焊机头上的屏幔　　　　　(d)挂在活动杆上的屏幔

图 1 - 15　防止电弧辐射用的装置

施是:

(1) 工件必须良好接地,以降低电磁辐射强度,接地点与工件愈近,接地作业愈显著。

(2) 正确选择振荡频率,从安全卫生学角度看,引弧性能最佳的频率是 20 ~ 60kHz。

(3) 减少高频电的作用时间。通常在引弧后瞬间(10s 以内)切断振荡器电路,可以使高频电磁辐射减少到"危害性不大"的程度。

(4) 降低作业现场的温度、湿度。

5. 噪声防护

焊接作业中噪声主要来自旋转式直流弧焊机、碳弧气刨、风铲铲边、锤击钢板及振动消除应力等。其防护措施首先是隔离噪声源,如采用专门的工作室等;其次是改进工艺,如采用矫正机代替锤击钢板;第三是采用个人防护用品,如耳塞、耳罩等。

五、焊工个人劳动防护用品

焊工所需各类防护用品应选用符合有关国家标准技术性能规定的产品。焊工个人劳保防护用品见表 1 - 4。

表 1 - 4　焊工个人劳保防护用品

措　　施	保护部分	适用范围及用途
护目镜	眼	气焊、气割、电弧焊以及它们的辅助工作,防止弧光伤害
头盔	眼、鼻、口、脸	电弧焊及切割、碳弧气刨,防止弧光伤害,同时能减少焊接烟尘及有害气体的危害
口罩	口、鼻	电弧焊、非铁金属气焊、打磨焊缝、碳弧气刨及切割,减少烟尘吸入
护耳器	耳	风铲清焊根,防止噪声伤害
通风头盔	眼、鼻、口、颈、胸、脸	封闭容器内焊、割、气刨时,减少烟尘吸入
工作服	躯干四肢	一般焊接、切割用白色棉帆布,气体保护焊用粗毛呢或皮革面料;全位置焊焊工用皮制工作服;特殊高温作业时用石棉服,防止焊接时被烫伤及体温增加

续表

措 施	保护部分	适用范围及用途
工作帽	头	防止头部伤害
毛巾	颈	防止颈部烫伤
手套	手、臂	防止焊接时触电及烫伤
鞋盖	足	飞溅强烈的场所，防止脚部烫伤
绝缘底工作鞋	足	防止触电、烫伤

注：高空焊接作业尚应具有相应的防护装备，如戴安全帽、安全带等。

（1）护目镜，又称为眼镜。焊工的护目镜必须符合 GB 3609·1—1994《焊接护目镜和面罩》的规定，护目镜的遮光号是由可见光的透过率大小来决定的，可见光透过率越大，遮光号越小。遮光号从 1.2 到 1.6 共分 19 挡，推荐使用的遮光号见表 1 – 5。

表 1 – 5　焊接滤光片推荐使用的遮光号

遮 光 号	电弧焊接与切割	气焊与切割
1.2		
1.4, 1.7, 2	防侧光与杂散光	
2.5, 3, 4	辅助工种	
5, 6	30A 以下的电弧焊作业	
7, 8	30～75A 电弧焊作业	工件厚度为 3.2～12.7mm
9, 10	75～200A 电弧焊作业	工件厚度为 12.7mm 以上
11, 12, 13	200～400A 电弧焊作业	
14	500A 电弧焊作业	
15, 16	500A 以上气体保护焊	

（2）头盔、防护面罩。常用的焊接防护面罩如图 1 – 16 和图 1 – 17 所示。面罩用厚 1.5mm 钢纸板压制而成。

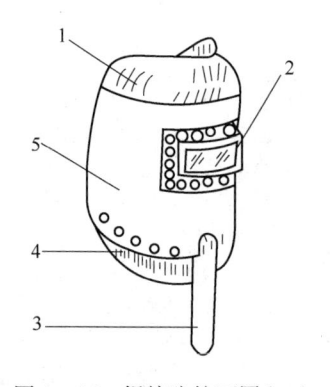

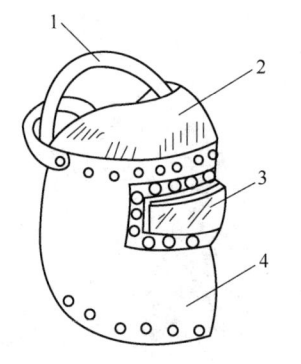

图 1 – 16　焊接防护面罩（一）　　　　图 1 – 17　焊接防护面罩（二）
1—上弯司；2—观察窗；3—手柄；　　　　1—头箍；2—上弯司；
4—下弯司；5—面罩主体　　　　　　　3—观察窗；4—面罩主体

（3）防护工作服。焊工常用帆布工作服或铝膜防护服。防火阻燃织物工作服已有使用。

（4）电焊手套和工作鞋。电焊手套常采用牛绒面革或猪绒面革制作。焊工工作鞋一般采用胶底翻毛皮鞋。

（5）防尘口罩。佩戴防尘口罩可以减少焊接烟尘和有害气体的危害。自吸过滤式防尘口罩如图 1 - 18 所示。

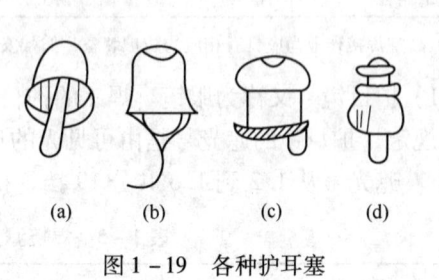

图 1 - 18　　自吸过滤式防尘口罩　　　　　　图 1 - 19　　各种护耳塞

（6）护耳塞。护耳塞一般由软塑料和软橡胶制成，形状如图 1 - 19 所示。

第二章 焊接工艺基本知识

第一节 焊接工艺符号、焊接方法与缺陷代号

一、焊接工艺符号

焊接工艺符号见表2-1。

表2-1 焊接工艺符号

焊接方法	符号	焊接方法	符号
氧乙炔焊	OAW	电阻焊	RW
焊条电弧焊	SMAW	扩散焊	DFW
埋弧焊	SAW	爆炸焊	EW
二氧化碳气体保护电弧焊	CO_2W	超声波焊	USW
钨极惰性气体保护电弧焊	TIG	硬钎焊	B
熔化极惰性气体保护电弧焊	MIG	软钎焊	S
活性气体保护电弧焊	MAG	热切割	TC
钨极脉冲氩弧焊	TAW-P	氧乙炔气割	OFC-A
熔化极脉冲氩弧焊	MAW-P	等离子弧切割	PAC
气电立焊	EGW	激光切割	LBC
等离子弧焊	PAW	火焰喷涂	FLSP
电渣焊	ESW	电弧喷涂	EASP
电子束焊	EBW	等离子弧喷涂	PSP
激光焊	LBW	焊态	AW
热剂焊	TW	母材	BM
高频电阻焊	HFRW	焊缝	WM
闪光对焊	FW	热影响区	HAZ
摩擦焊	FRW		

二、焊接方法的代号

焊接方法在图样上的表示代号见表2-2。数字标注在尾部符号中，此数字代号均可在图样上作为焊接方法来使用。焊接方法代号标注示例见表2-3。

表 2 - 2　焊接及相关工艺方法代号（摘自 GB/T 5185—2005）

代　号	焊接方法	代　号	焊接方法
1	电弧焊	24	闪光焊
101	金属电弧焊	241	预热闪光焊
11	无气体保护电弧焊	242	无预热闪光焊
111	焊条电弧焊	25	电阻对焊
112	重力焊	29	其他电阻焊方法
114	自保护药芯焊丝电弧焊	291	高频电阻焊
12	埋弧焊	3	气焊
121	单丝埋弧焊	31	氧燃气焊
121	带极埋弧焊	311	氧乙炔焊
123	多丝埋弧焊	312	氧丙烷焊
124	添加金属粉末的埋弧焊	313	氢氧焊
125	药芯焊丝埋弧焊	4	压力焊
13	熔化极气体保护电弧焊	41	超声波焊
131	熔化极惰性气体保护电弧焊（MIG）	42	摩擦焊
135	熔化极非惰性气体保护电弧焊（MAG）	44	高机械能焊
156	非惰性气体保护的药芯焊丝电弧焊	45	扩散焊
137	惰性气体保护的药芯焊丝电弧焊	47	气压焊
14	非熔化极气体保护电弧焊	48	冷压焊
141	钨极惰性气体保护电弧焊（TIG）	5	高能束焊
15	等离子弧焊	51	电子束焊
151	等离子弧 MIG 焊	511	真空电子束焊
152	等离子弧粉末堆焊	512	非真空电子束焊
18	其他电弧焊接法	52	激光焊
185	磁激弧对焊	521	固体激光焊
2	电阻焊	522	气体激光焊
21	点焊	7	其他焊接方法
211	单面点焊	71	铝热焊
212	双面点焊	72	电渣焊
22	缝焊	73	气电立焊
221	搭接缝焊	74	感应焊
222	压平缝焊	741	感应对焊
225	薄膜对接缝焊	742	感应缝焊
226	加带缝焊	75	光辐射焊
23	凸焊	753	红外线焊
231	单面凸焊	77	冲击电阻焊
232	双面凸焊	78	螺柱焊

续表

代　号	焊 接 方 法	代　号	焊 接 方 法
782	电阻螺柱焊	915	盐浴硬钎焊
783	带瓷箍或保护气体的电弧螺柱焊	916	感应硬钎焊
784	短路电弧螺柱焊	918	电阻硬钎焊
785	电容放电螺柱焊	919	扩散硬钎焊
786	带点火嘴的电容放电螺柱焊	924	真空硬钎焊
787	带易熔颈箍的电弧螺柱焊	93	其他硬钎焊
788	摩擦螺柱焊	94	软钎焊
8	切割与气割	941	红外线软钎焊
81	火焰气割	942	火焰软钎焊
82	电弧切割	943	炉中软钎焊
821	空气电弧切割	944	浸渍软钎焊
822	氧电弧切割	945	盐浴软钎焊
83	等离子弧切割	946	感应软钎焊
84	激光切割	947	超声波软钎焊
86	火焰气刨	948	电阻软钎焊
87	电弧气刨	949	扩散软钎焊
871	空气电弧气刨	951	波峰软钎焊
872	氧电弧气刨	952	烙铁软钎焊
88	等离子所刨	954	真空软钎焊
9	硬钎焊、软钎焊及钎接焊	956	拖焊
91	硬钎焊	96	其他软钎焊
911	红外线硬钎焊	97	纤接焊
912	火焰硬钎焊	971	气体纤接焊
913	炉中硬钎焊	972	电弧钎焊接
914	浸渍硬钎焊		

注：旧标准（GB/T 5185—1985）中下列焊接方法在新标准（GB/T 5185—2005）中已被删除，这些焊接方法仍可能用于特殊场合，或出现在以前的各种文件中。

113	光焊丝电弧焊	322	空气丙烷焊
115	涂层焊丝电弧焊	43	锻焊
118	躺焊	752	弧光光束焊
149	原子氢焊	781	电弧螺柱焊
181	碳弧焊	917	超声波硬钎焊
32	空气燃气焊	923	摩擦硬钎焊
321	空气乙炔焊	952	刮擦软钎焊

表 2 - 3　焊接方法代号标注示例

标注例	含义
(两面对称焊缝符号) 5 / 5 ⊲ 111	两面对称的焊脚尺寸 5mm 的角焊缝，在工地上用焊条电弧焊施焊
(带钝边 V 形焊缝符号) 12/15	带钝边 V 形焊缝，先用等离子弧焊打底，后用埋弧焊盖面

三、焊缝缺陷的代号

在工程图样中，有时必须在尾部符号中用代号标注出焊缝缺陷的种类（GB/T 6417·1—2005）和缺陷的要求等级（GB/T 12469—2005）。熔化焊焊缝缺陷代号见表 2 - 4。

表 2 - 4　熔化焊焊缝缺陷代号（GB/T 6417—2005）

代　号	缺陷名称	代　号	缺陷名称	代　号	缺陷名称
100	裂纹	202	缩孔	5013	缩沟
101	纵向裂纹	2024	弧坑缩孔	506	焊瘤
102	横向裂纹	300	表面夹渣	507	错边
103	放射状裂纹	302	熔剂或焊剂夹渣	510	烧穿
104	弧坑裂纹	304	金属夹杂	511	未焊满
105	间断裂纹群	401	未熔合	517	焊缝接头不良
106	枝状裂纹	402	未焊透	601	电弧擦伤
201	气孔	5011	连续咬边	602	飞溅
2017	表面气孔	5012	间断咬边	608	层间错位

第二节　焊　接　位　置

一、焊接位置的种类

熔焊时，焊接件接缝所处的空间位置叫焊接位置。一般用焊缝倾角和焊缝转角两个参数来表示。焊缝倾角，焊缝轴线与水平面之间的夹角，如图 2 - 1 所示；焊缝转角，通过焊缝轴线的垂直面与坡口的二等分平面之间的夹角，如图 2 - 2 所示。

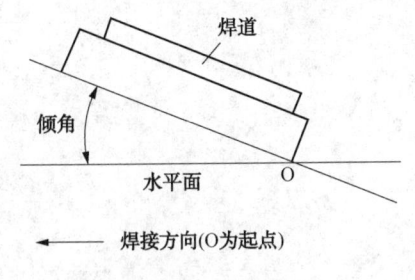

图 2 - 1　焊缝倾角

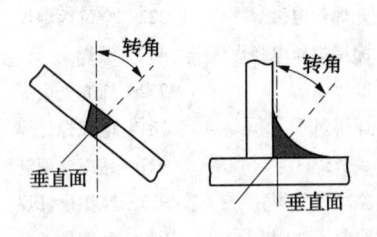

图 2 - 2　焊缝转角

（1）平焊位置。指焊缝倾角 0°～5°、焊缝转角 0°～10°的焊接位置。

（2）横焊位置。指对接焊焊缝倾角 0°～5°、焊缝转角 70°～90°；角焊焊缝倾角 0°～5°、焊缝转角 30°～55°的焊接位置。

（3）立焊位置。指焊缝倾角 80°～90°、焊缝转角 0°～180°的焊接位置。

（4）仰焊位置。指对接焊焊缝倾角 0°～15°、焊缝转角 165°～180°；角焊焊缝倾角 0°～15°、焊缝转角 115°～180°的焊接位置。

在上述位置上进行的焊接分别成为平焊、横焊、立焊和仰焊。

二、常见的几种焊接位置

1. 板－板的焊接位置

常用的有板平焊、板立焊、板横焊、板仰焊和船形焊 5 种位置。板－板焊接位置如图 2－3 所示。

2. 管－管的焊接位置

如图 2－4 所示，常见的有管－管对接边转动边焊、焊缝熔池始终处于水平焊位置，分别称为管－管水平转动焊、管－管垂直固定焊、管－管水平固定焊、管－管 45°固定焊 4 种焊接位置。若焊接过程中，把管子固定不动，焊工变化焊接位置，习惯上称为全位置焊。

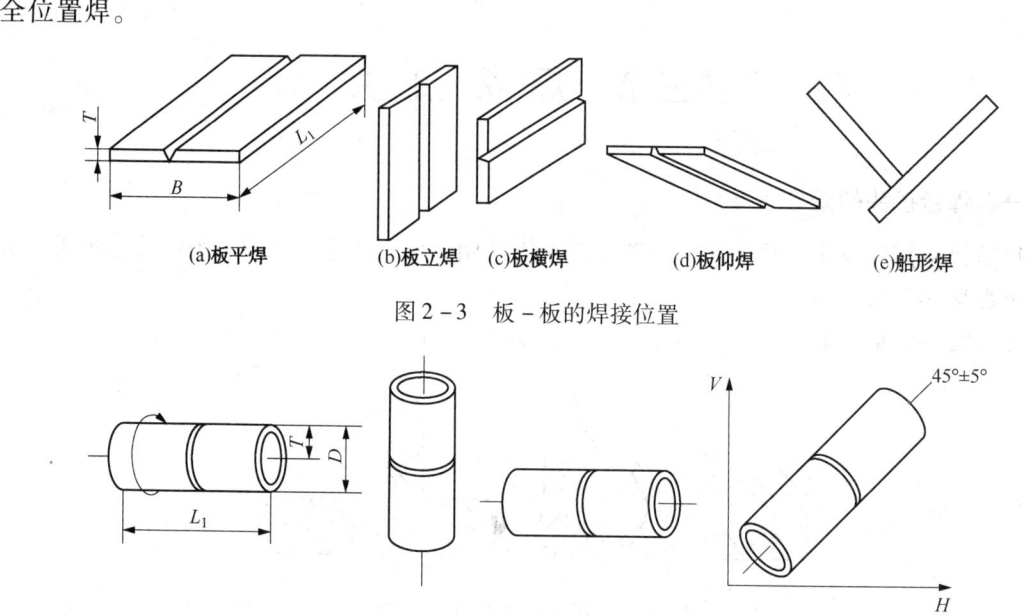

图 2－3 板－板的焊接位置

图 2－4 管－管的焊接位置

3. 管－板的焊接位置

如图 2－5 所示，常见的管－板焊缝有插入式管板角焊焊缝和骑座式管板角焊焊缝两种形式；对应的管－板角焊焊接位置有管－板竖直俯位、管－板竖直仰位、管－板水平固定和管－板 45°固定 4 种，如图 2－6 所示。

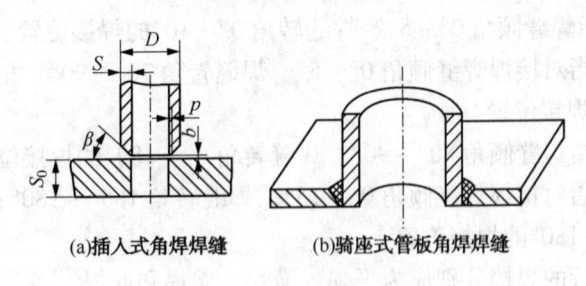

(a)插入式角焊缝　　　　(b)骑座式管板角焊缝

图 2 – 5　管 – 板焊缝形式

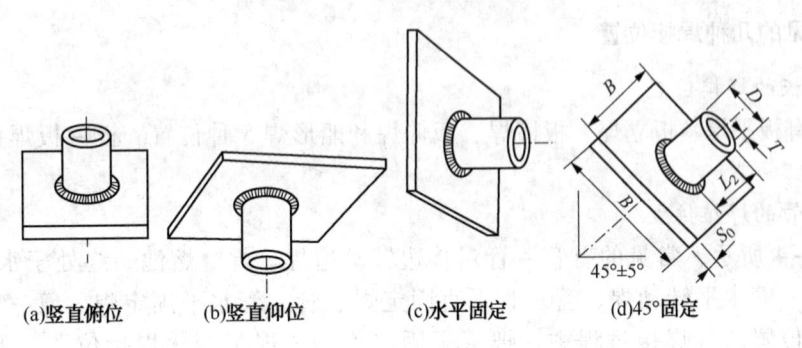

(a)竖直俯位　　(b)竖直仰位　　(c)水平固定　　(d)45°固定

图 2 – 6　管 – 板的焊接位置

第三节　焊 接 接 头

一、焊接接头的概念

焊接接头简称接头，是由两个或两个以上零件用焊接方法连接的，一个焊接结构通常由若干个焊接接头所组成。

焊接接头包括焊缝、熔合区和热影响区三部分，如图 2 – 7 所示。

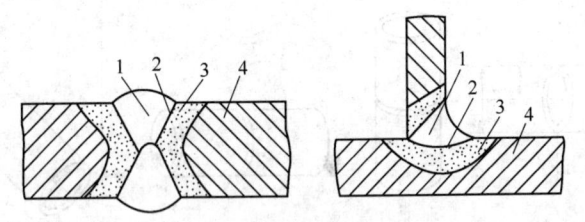

图 2 – 7　手工电弧焊过程示意

1—焊缝；2—熔合区；3—热影响区；4—母材

二、焊接接头的作用

（1）工作接头。它可将焊接结构中的作用从一个零件传至另一个零件，对工作接头必须进行强度计算，并保证安全可靠。

（2）联系接头。它将两个或更多的零件连接成整体，并保证相对位置。这种接头的焊缝虽然有时也参与力的传递或承受部分作用力，但其主要作用是连接，所以对这类接头通常不作强度计算。

（3）密封接头。通过焊接，保证结构的气密性或水密性，防止泄漏是其主要的要求。密封接头可以同时是工作接头或联系接头。

三、焊接接头的分类

按接头结构形式分为对接接头、T形（或十字）接头、搭接接头、角接接头、端接接头，如图2-8所示。

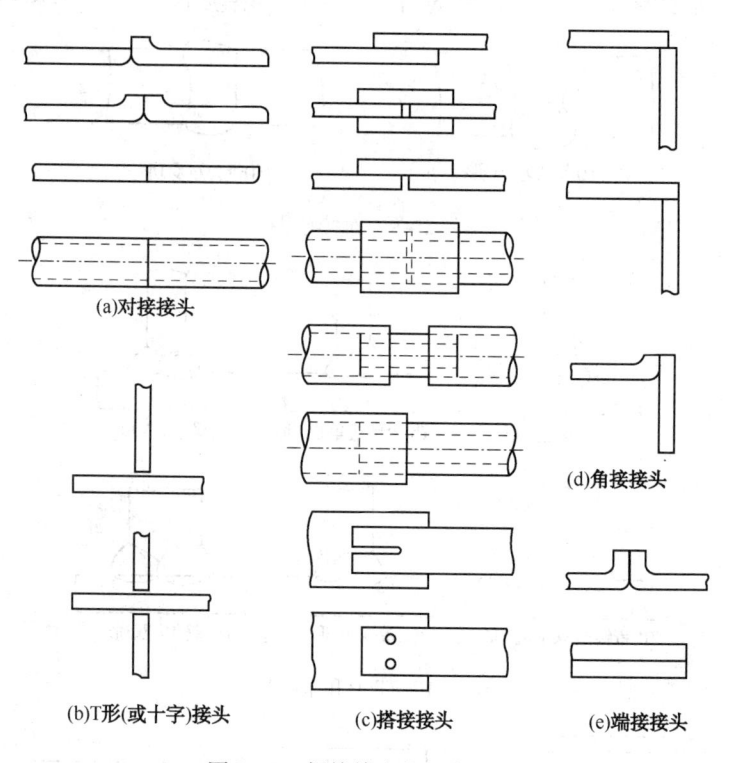

(a)对接接头

(b)T形（或十字）接头

(c)搭接接头

(d)角接接头

(e)端接接头

图2-8 焊接接头的基本形式

四、熔化焊常用接头形式

熔化焊是应用最广的焊接方法，常用的接头形式如下。

（1）对接接头。是把在同一平面上的两个被焊工件相对焊接起来而形成的接头，其受力情况较好，应力集中程度较小，焊接材料消耗少，焊接变形也小，因此，对接接头是一种比较理想的接头形式。为保证焊接质量，往往进行坡口对接焊，如图2-9所示。

（2）T形和十字接头。如图2-10所示，T形和十字接头是把相互垂直的被焊工件用角焊缝连接起来的接头，这是一种典型的电弧焊接头。T形和十字接头分为焊透和不焊透两种，不开坡口的通常不焊透，开坡口的接头是否焊透要视坡口的形状和尺寸而定。开坡口焊透的接头承受动载荷的能力较强，其强度可按对接接头计算。

（3）搭接接头。如图2-11所示，搭接接头是把两个被焊工件部分重叠在一起或加上专门的搭接件用角焊缝、塞焊缝或槽焊缝连接起来的接头。搭接接头由于焊前准备和装配工作简单，因此得到广泛应用。

（4）角接接头。如图2-12所示，角接接头是两个被焊工件端面间构成夹角 a 的接头，

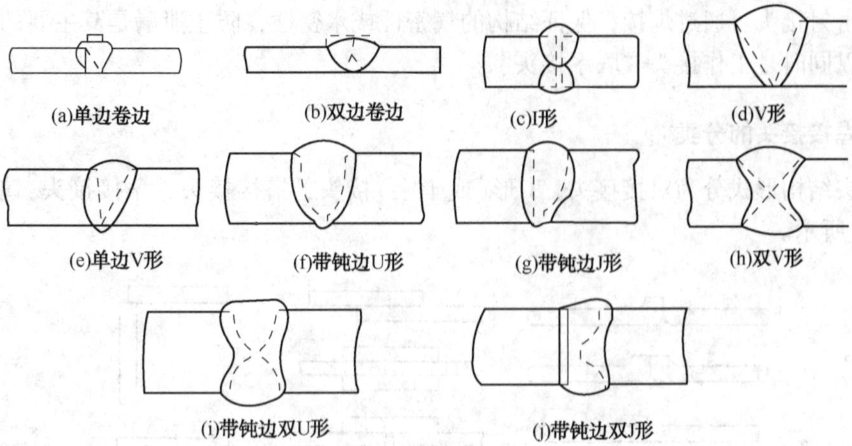

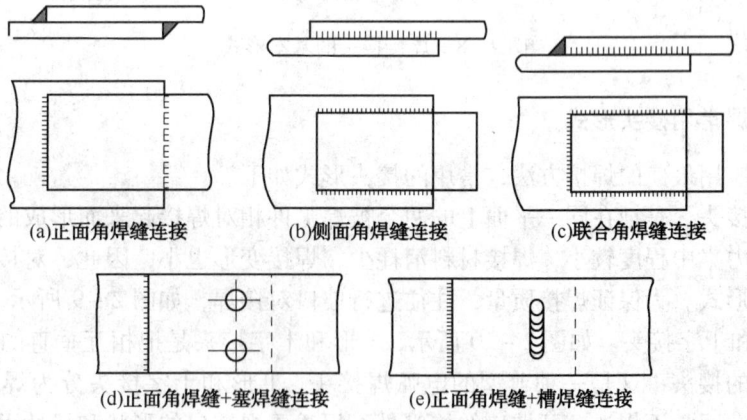

(a)单边卷边　(b)双边卷边　(c)I形　(d)V形

(e)单边V形　(f)带钝边U形　(g)带钝边J形　(h)双V形

(i)带钝边双U形　(j)带钝边双J形

图 2 – 9　对接接头

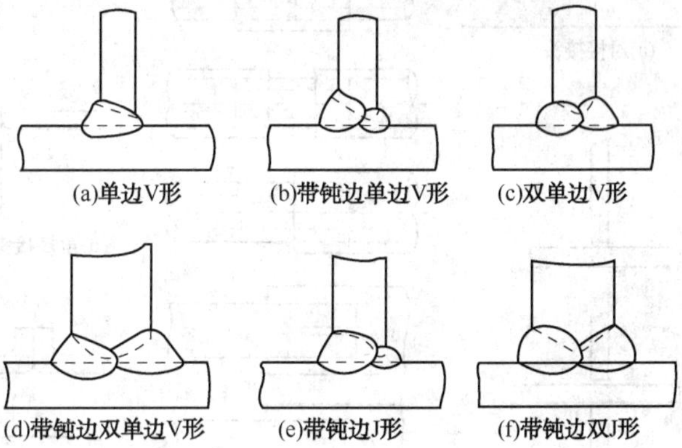

(a)单边V形　(b)带钝边单边V形　(c)双单边V形

(d)带钝边双单边V形　(e)带钝边J形　(f)带钝边双J形

图 2 – 10　T形和十字接头

(a)正面角焊缝连接　(b)侧面角焊缝连接　(c)联合角焊缝连接

(d)正面角焊缝+塞焊缝连接　(e)正面角焊缝+槽焊缝连接

图 2 – 11　搭接接头

一般 $30° < \alpha < 135°$。角接接头多用于箱形构件上。

五、钢筋焊接接头的表示方法

钢筋焊接接头的表示方法应符合表 2 – 5 的规定。

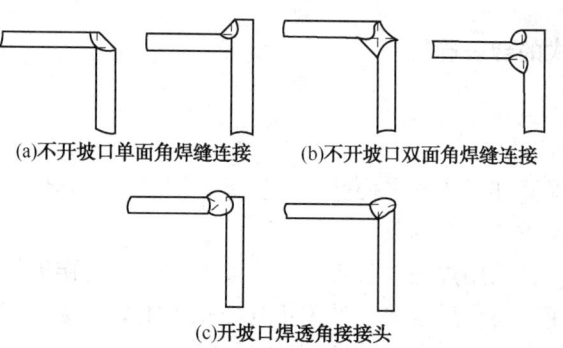

(a)不开坡口单面角焊缝连接　　(b)不开坡口双面角焊缝连接

(c)开坡口焊透角接接头

图 2 - 12　角接接头

表 2 - 5　钢筋的焊接接头

序号	名　称	接 头 形 式		标 注 方 法
1	单面焊接的钢筋接头			
2	双面焊接的钢筋接头			
3	用帮条单面焊接的钢筋接头			
4	用帮条双面焊接的钢筋接头			
5	接触对焊的钢筋接头（闪光焊、压力焊）			
6	坡口平焊的钢筋接头	60° b		60° b
7	坡口立焊的钢筋接头	b 45°		45° b
8	用角钢或扁钢做连接板焊接的钢筋接头			
9	钢筋或螺（锚）栓与钢板穿孔塞焊的接头			

六、焊接接头形式的合理选用

1. 焊接接头的工艺性

1）焊接接头的可达性

焊接结构上每条焊缝都应该能方便地进行施焊，因此，必须保证焊缝周围有供焊工自由操作的空间和焊接装置正常运行的条件。

（1）焊条电弧焊。在采用焊条电弧焊时，应当保证焊工能接近焊缝，操作过程中能看清楚焊接部位，运条方便，要尽量使焊工处于正常姿态下施焊。图2-13所示为考虑焊接可达性的型材组合，图2-13(a)中箭头所指的焊缝无法施焊，应设计成图2-13(b)、或图2-13(c)的结构。

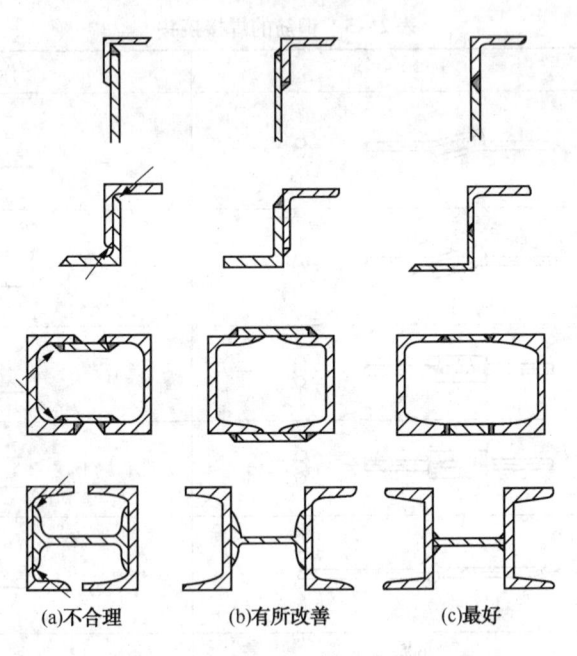

(a)不合理　　　　(b)有所改善　　　　(c)最好

图2-13　考虑焊接可达性的型材组合

保证焊条电弧焊操作空间的设计如图2-14所示。图2-14(a)所示是具有两个以上平行的T形接头结构，要保证角焊缝的质量，必须考虑两立板之间的距离 B 和高度 H，以使焊条可以倾斜一定角度"α"和运条空间，倾角 α 和平板与立板的厚度有关。

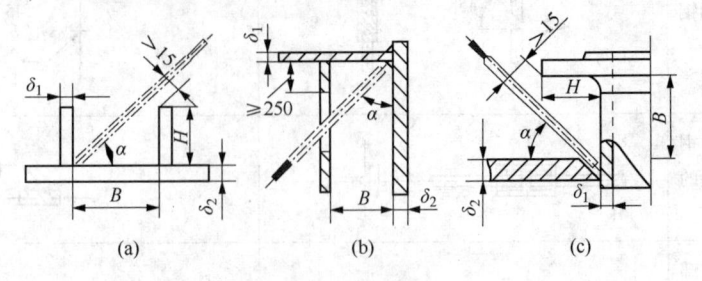

(a)　　　　　　(b)　　　　　　(c)

图2-14　保证焊条电弧焊操作空间的设计

当 $B \leqslant 400mm$ 时，$\delta_1 < \delta_2$　$\alpha > 45°$，$\delta_1 = \delta_2$　$\alpha = 45°$

$\delta_1 > \delta_2$　$\alpha < 45°$；当 $B > 400mm$ 时，H 不受限制

图 2-14(b)为开一个工艺孔，以保证内焊缝的可达性。

图 2-14(c)是圆柱形容器上带法兰接管的角接焊缝，给出了焊接所需的空间。

图 2-15 所示是斜 T 形接头立板倾角。θ 角小于 90°的一侧空间小，观察与运条都很困难。因此，在各种焊接位置时，都应保证一定的 θ 角，不能设计得太小。

对于封闭式焊接结构，分不能在里面施焊的结构和可在里面施焊的结构两种情况。

① 不能在里面施焊的结构。应设计成单面焊接头，通常采用单面焊坡口。单面施焊的接头如图 2-16 所示。为防止烧穿，可在背面加永久性垫板，如图 2-16(a)、(b)所示。板厚不同时，可设计成带锁边的 V 形坡口接头，如图 2-16(c)所示。

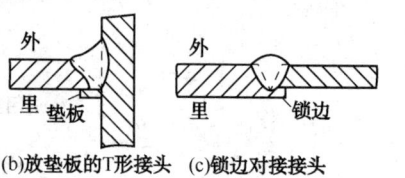

图 2-15　斜 T 形
接头立板倾角

平焊时，θ≥60°；立焊时，
θ≥70°；倾焊时，θ≥80°

图 2-16　单面施焊的接头

(a)放垫板的对接接头　(b)放垫板的T形接头　(c)锁边对接接头

可施焊的双壁板结构如图 2-17 所示。图 2-17(a)所示为带肋板的双壁板结构，因尺寸 H 小而无法施焊，如改成图 2-17(b)～(e)所示结构，上面壁板和肋板可从外面通过对接焊、塞焊或槽焊来完成。

有些结构可以利用结构自身的减轻孔来实现内部焊缝的焊接(图 2-18)。可通过减轻孔焊接双辐板齿轮体内部的两条环缝。当接头必须以两面施焊，又没有可利用的减轻孔时，可以在不重要的位置开工艺孔，以供焊接内部焊缝用，待焊接完成后，再把工艺孔封上(图 2-19)。工艺孔可以开成椭圆形或圆孔，但要保证孔心到焊接部位约有 250mm 的距离，如图 2-19(b)所示。

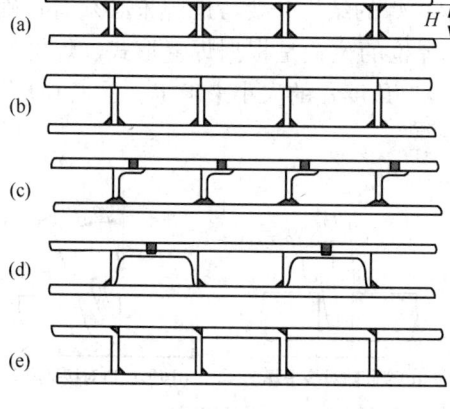

图 2-17　可施焊的双壁板结构

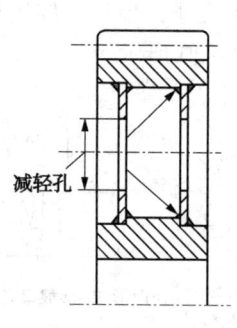
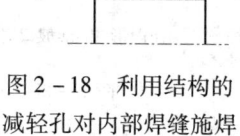

减轻孔

图 2-18　利用结构的
减轻孔对内部焊缝施焊

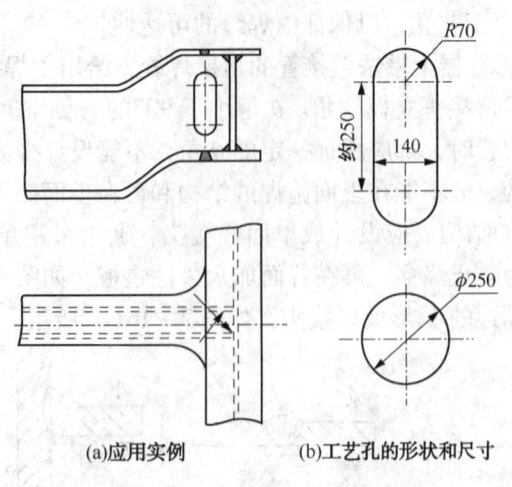

(a)应用实例   (b)工艺孔的形状和尺寸

图 2 - 19   利用工艺孔对内部焊缝施焊

② 可在里面施焊的结构。由于里面施焊的条件差，因此要尽量减少里面的焊接工作量。例如，采用内浅外深的不对称坡口，要尽量增加内部操作空间，减少烟尘浓度等。在箱体内焊接时，空箱内焊接操作空间见表 2 - 6。

表 2 - 6   空箱内焊接操作空间   单位：mm

	l	500	800	900	1200	1200
	$h \times b$	300 × 400	400 × 300	400 × 600	600 × 400	500 × 600

随着长度 l 的增加，应适当增加宽度 b 和高度 h。还应采用合理的装配顺序，在未形成封闭结构前，焊完内部焊缝，然后再装配最后的零件，在外面封焊。

（2）埋弧焊。因埋弧焊需要必要的辅助装置配合，所以在设计埋弧焊接头时，要考虑在埋弧焊机头和工件之间提供相对的运动空间，以及能安置相应辅助装置的位置。

（3）CO_2 气体保护焊。设计用 CO_2 气体保护焊的结构，要考虑焊枪必须有正确的操作位置和空间，才能保证获得良好的焊缝成形。焊枪的位置是根据焊缝形式、焊枪的形状和尺寸，如喷嘴的外形尺寸，焊丝的伸出长度和坡口角度 α 的大小来确定。手工 CO_2 气体保护焊的焊枪位置如图 2 - 20 所示。

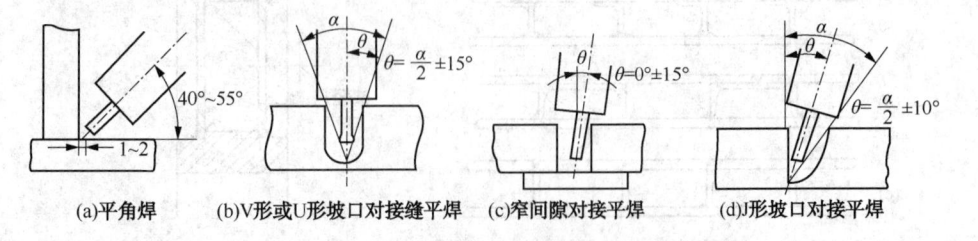

(a)平角焊   (b)V形或U形坡口对接缝平焊   (c)窄间隙对接平焊   (d)J形坡口对接平焊

图 2 - 20   手工 CO_2 气体保护焊的焊枪位置

α—坡口角；θ—焊枪倾角

2）焊缝质量检验的可达性

焊接结构上需要进行质量检验的焊缝，其周围必须满足可以探伤的条件，不同的探伤方法有相应的条件要求，各种探伤方法要求的条件见表2-7。

表2-7　各种探伤方法要求的条件

探伤方法	对探伤空间位置的要求	对探测表面的要求	对探测部位的背面要求
射线探伤	要有较大的空间位置，以满足射线机头的放置和调整焦距的要求	表面不需机械加工，只需清除影响显示缺陷的东西；要有放置铅字码，铅箭头和透度计的位置	能放置暗盒
超声波探伤	要求较小的空间位置，只需放置探头和探头移动的空间	要有探头移动的表面范围，尽可能做表面加工，以利于声波耦合	用反射法探伤时，背面要求有良好的反射面
磁粉探伤	要有磁化探伤部位撒放磁粉、观察缺陷的空间位置	清除影响磁粉聚积的氧化皮等污物，要有探头工作的位置	
渗透探伤	要有涂布探伤剂和观察缺陷的空间	要求清除表面污物	若用煤油探伤、背面要求有涂煤油的空间，并要求清除妨碍煤油渗透的污物

（1）适于射线探伤的焊接接头。目前，X射线探伤以照相法应用最广。为能够获得一定的穿透能力和提高底片上缺陷影像的清晰度，中厚板焦距可在400~700mm的透照范围内调节。据此，可以确定探伤机头到工件探侧面的距离，以预留出焊缝周围的操作空间。

探伤前，还需要根据工件的几何形状和接头形式来选择透照方向，并按此方向正确放置暗盒(贴底片)。一般来说，对接接头最适于射线探伤，一次照射即可完成。T形接头和角接接头的角焊缝，往往要从不同方向多次照射，才不致漏检。

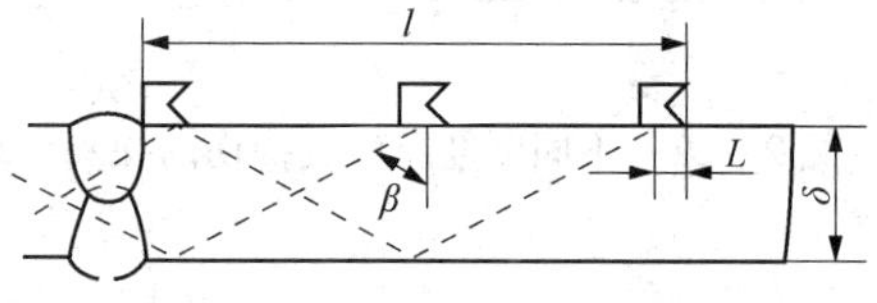

图2-21　对接接头超声波探伤的探头移动区

（2）适于超声波探伤的焊接接头。为保证灵敏地探出焊接接头内各种缺陷，在超声波探伤时应该让探头有足够的移动区，对接接头超声波探伤的探头移动区如图2-21所示。探头移动区尺寸由表2-8中的计算公式确定。

表2-8　探头移动区尺寸的确定

板厚范围/mm	探头移动区尺寸计算公式	说　明
8~46	$l \geqslant 2\delta K + L$	探伤面在内壁或外壁焊缝的两侧
>46~120	$l \geqslant \delta K + L$	探伤面在内、外壁焊缝的两侧

注：l是探头移动区尺寸(mm)；δ是被探工件厚度(mm)；L是探头长度(mm)，一般为50；K是斜探头折射角β的正切值，可按板厚确定，见表2-9。

表2-9　不同厚度的K值

板厚δ/mm	8~25	>25~46	>46~120
K值	3.0~2.0	2.5~1.5	2.0~1.0

不同厚度超声波探伤的探头移动区如图2-22所示。不同厚度对接接头焊缝超声波探伤探头移动区的最小尺寸见表2-10。

表 2-10　不同厚度对接接头焊缝超声波探伤探头移动区的最小尺寸

板厚/mm		$10 \leqslant \delta < 20$	$20 \leqslant \delta < 40$	$\delta \geqslant 40$
探头折射角/(°)		70	60	45、60
探头移动区/mm	$l_{外面}$	$5.5\delta + 30$	$3.5\delta + 30$	$3.5\delta + 50$
	$l_{里面}$	$0.7l_{外面}$	$0.7l_{外面}$	$0.7l_{外面}$

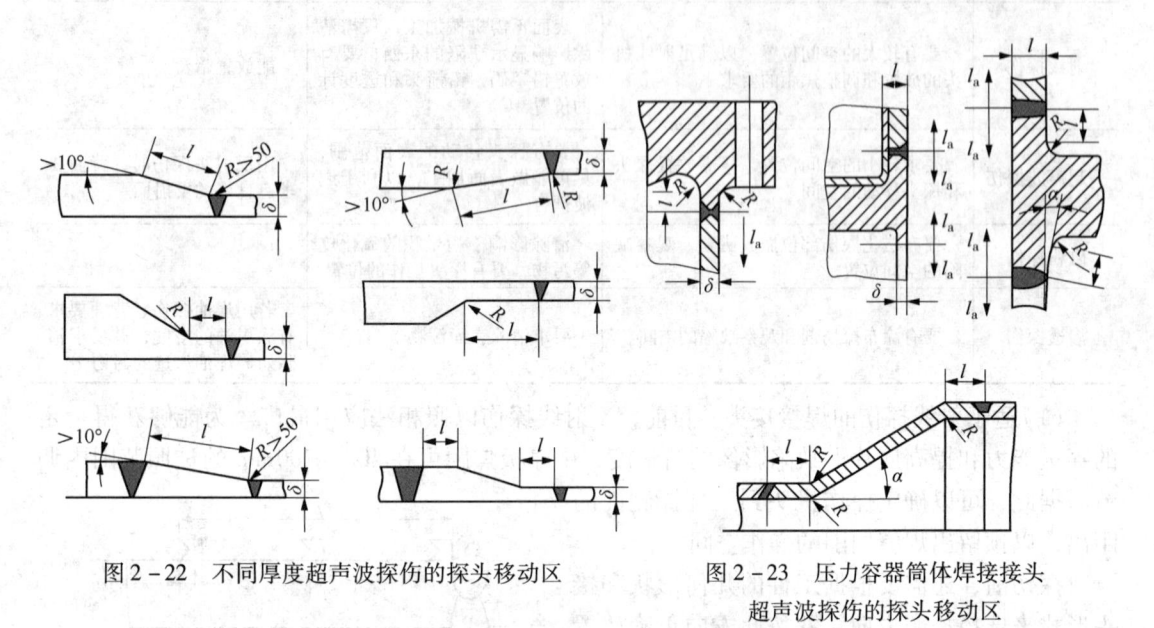

图 2-22　不同厚度超声波探伤的探头移动区　　　图 2-23　压力容器筒体焊接接头
超声波探伤的探头移动区

压力容器筒体焊接接头超声波探伤的探头移动区如图 2-23 所示，其最小尺寸见表 2-11。

表 2-11　压力容器筒体焊缝超声波探伤探头移动区最小尺寸

板厚 δ/mm	$R + l$	l	l_a
$\leqslant 40$	1.5δ	1.0δ	3δ
> 40	1.0δ	0.7δ	2δ

2. 缝隙腐蚀的接头选用

腐蚀介质与金属表面直接接触时，在缝隙内和尖角处，常常发生强烈的局部腐蚀，这种腐蚀称为缝隙腐蚀。这是由于缝隙和尖角处积存的静止液体和沉淀物所造成的。防止和减少缝隙腐蚀的方法是尽量采用对接接头，不采用单面焊，根部焊透，避免产生接头缝隙及尖角，便于清洗，防止腐蚀介质沉积在结构底部。

为避免缝隙腐蚀，尽量少用断续焊、单面焊、搭接焊以及避免未焊透，对无法避免的焊缝缝隙加密封等。

3. 层状撕裂的接头选用

层状撕裂是在焊接过程中产生的，主要多发生在角焊缝接头、T 形接头和十字接头的热影响区或远离热影响区的母材金属中。

防止层状撕裂的结构因素，是减少或避免板厚度方向的拘束应力或应变，选择合理的接头形式，防止层状撕裂的接头形式见表 2 - 12。

表 2 - 12 防止层状撕裂的接头形式

易产生层状撕裂的接头	可改善的接头	说　明
		箭头所示的方向为焊接时可能出现拘束应力作用的方向
		通过开坡口或改变焊缝的形状来减少厚度方向的收缩应力，一般应在承受厚度方向应力的一侧开坡口
		避免板厚方向受焊缝收缩力的作用
		为了减少接管在板厚方向的拘束应力
		在保证焊透的前提下，坡口角度尽可能小，在不增加坡口嘴度的情况下，尽可能增大焊脚尺寸，以增加焊缝受力面积，降低板厚方向的应力值
		镶入没有层状撕裂的附加件，通常采用轧制型材。经改善的接头形式，既避免了层状撕裂和焊缝过于密集，也减小了应力集中
		这是压力容器中接管与壳体的连接，采用镶入件进行开孔补强的接头，同时可以减少层状撕裂和减小焊缝处的应力集中

易产生层状撕裂的接头	可改善的接头	说　　明
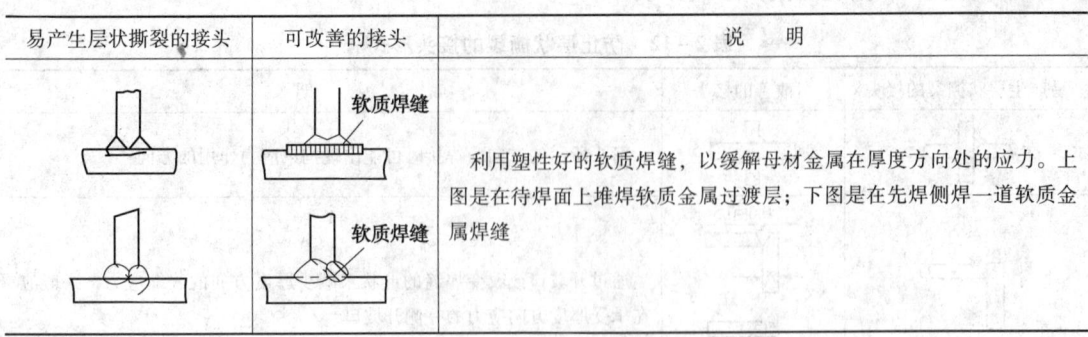	软质焊缝 软质焊缝	利用塑性好的软质焊缝，以缓解母材金属在厚度方向处的应力。上图是在待焊面上堆焊软质金属过渡层；下图是在先焊侧焊一道软质金属焊缝

第四节　坡　　　口

一、坡口的形式

根据设计或工艺需要，在焊件的待焊部分加工出一定几何形状的沟槽叫坡口。坡口的作用是为了方便施焊，确保焊缝根部焊透，使焊接电源能深入接头根部，以保证接头质量。同时，还能起到调节基体金属与填充金属比例的作用。

焊接接头的坡口形式很多，其基本的坡口形式有 I 形、V 形、X 形和 U 形，如图 2－24 所示。其他形式的坡口可在基本坡口形式上改进。

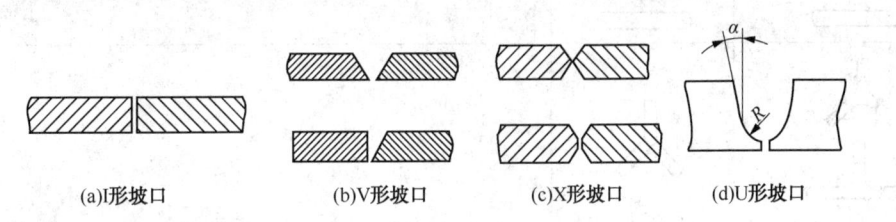

(a)I形坡口　　　　(b)V形坡口　　　(c)X形坡口　　　(d)U形坡口

图 2－24　基本坡口形式

1. I 型坡口

I 型坡口用于较薄钢板的焊件对接，采用焊条电弧焊或气体保护焊，焊接厚度 <6mm 的钢板可以开 I 形坡口。如果采用埋弧焊，厚度一般可以到 12～14mm，这种坡口的焊缝填充金属(焊条或焊丝)很少。

2. V 形坡口

这种坡口是最常用的坡口形式之一。该坡口便于加工，焊接时为单面焊，不用翻转焊件，但焊后焊件容易产生变形。

3. X 形坡口

X 形坡口是在 V 形坡口的基础上改进而成。采用 X 形坡口后，在同样厚度下，能减少焊缝金属量约 1/2，并且是对称焊接，所以焊后焊件的残余变形较小，但缺点是焊接时需要翻转焊件。

4. U 形坡口

在焊件厚度相同的条件下，U 形坡口的空间面积比 V 形坡口小得多，所以当焊件厚度较大，只能单面焊接时，为了提高生产率，可采用 U 形坡口。但这种坡口由于根部有圆弧，加工比较复杂，特别是在圆筒形焊件的筒壳上加工更加困难。

另外，还有双 U 形、单边 V 形、J 形、K 形等坡口形式。若 T 形接头的焊缝要求承受载荷，则应按照钢板厚度和对结构强度的要求，分别选用单边 V 形、K 形、双 U 形、J 形等坡口形式，使接头能焊透，保证接头强度。

二、坡口的构成

1. 坡口面

焊件上的坡口表面叫坡口面，如图 2 - 25 所示。

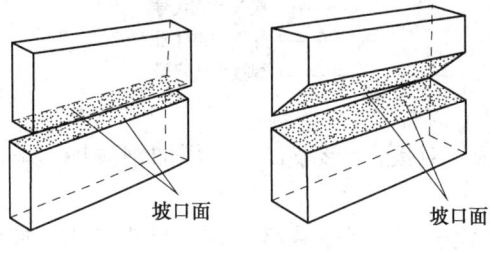

坡口面　　　　　　　坡口面

图 2 - 25　坡口面

2. 坡口面角度和坡口角度

焊件表面的垂直面与坡口面之间的夹角称为坡口面角度，两坡口面之间的夹角称为坡口角度，如图 2 - 26 所示。开单面坡口时，坡口角度等于坡口面角度，开双面对称坡口时，坡口角度等于 2 倍的坡口面角度。

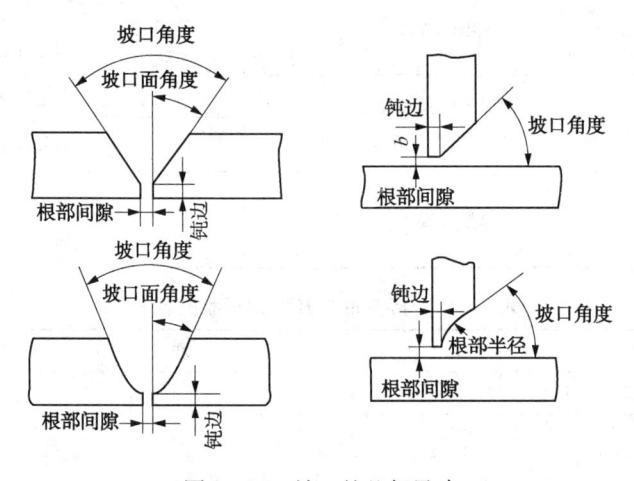

图 2 - 26　坡口的几何尺寸

3. 根部间隙

焊前，在焊接接头根部之间预留的空隙叫根部间隙，如图 2 - 26 所示。根部间隙的作用在于焊接打底焊道时，能保证根部可以焊透。

4. 钝边

焊件开坡口时，沿焊件厚度方向未开坡口的端面部分叫钝边，如图 2 - 26 所示。钝边的作用是防止焊缝根部焊穿。钝边尺寸要保证第一层焊缝焊透。

5. 根部半径

在 T 形、U 形坡口底部的圆弧半径叫根部半径，如图 2－26 所示。根部半径的作用是增大坡口根部的空间，使焊条能够伸入根部的空间，以促使根部焊透。

三、坡口形状尺寸标记

焊接接头坡口形状和尺寸标记应符合下列规定：

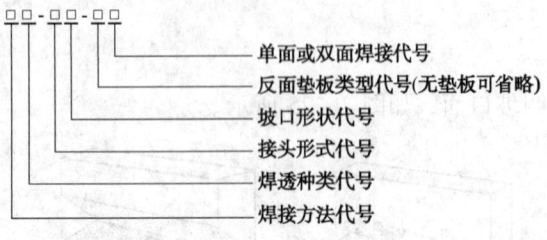

标记示例：

手工电弧焊、完全焊透、对接、I 形坡口、背面加钢衬垫的单面焊接接头表示为 MC－BI－B$_s$I。

焊接方法及焊透种类代号应符合表 2－13 规定，接头形式及坡口形状代号应符合表 2－14 规定，焊接面及垫板种类代号应符合表 2－15 规定，焊接位置应符合表 2－16 规定，坡口各部分尺寸代号应符合表 2－17 规定。

表 2－13　焊接方法及焊透种类的代号

代　号	焊 接 方 法	焊 透 种 类
MC	手工电弧焊接	完全焊透焊接
MP		部分焊透焊接
GC	气体保护电弧焊接	完全焊透焊接
CP	自保护电弧焊接	部分焊透焊接
SC	埋弧焊接	完全焊透焊接
SP		部分焊透焊接

表 2－14　接头形式及坡口形状的代号

接头形式		坡 口 形 状	
代　号	名　称	代　号	名　称
B	对接接头	I	I 形坡口
		V	V 形坡口
U	U 形坡口	X	X 形坡口
		L	单边 V 形坡口
T	T 形接头	K	K 形坡口
		U*	U 形坡口
C	角接头	J*	单边 U 形坡口

注：*为当钢板厚度≥50mm 时，可采用 U 形或 J 形坡口。

表 2 – 15　焊接面及垫板种类的代号

反面垫板种类		焊接面	
代　号	使用材料	代　号	焊接面规定
B_S	钢衬垫	1	单面焊接
B_F	其他材料的衬垫	2	双面焊接

表 2 – 16　焊接位置的代号

代　号	焊接位置	代　号	焊接位置
F	平焊	V	立焊
H	横焊	O	仰焊

表 2 – 17　坡口各部分的尺寸代号

代　号	坡口各部分的尺寸	代　号	坡口各部分的尺寸
l	接缝部位的板厚/mm	p	坡口钝边/mm
b	坡口根部间隙或部件间隙/mm	a	坡口角度/(°)
H	坡口深度/mm		

四、坡口的选择原则

(1) 能够保证工件焊透(焊条电弧焊熔深一般为 2 ~ 4mm),且便于焊接操作。如在容器内部不便焊接的情况下,要采用单面坡口在容器的外面进行焊接。

(2) 坡口形状容易加工,适合调整焊缝金属的化学成分,有利于提高焊接生产率和节省焊条,尽可能减小焊后工件的变形。

五、推荐使用的坡口形式及尺寸

(1) 焊条电弧焊、气焊及气体保护焊焊接接头坡口的基本形式和尺寸,请查 GB/T 985·1—2008。

(2) 埋弧焊接头坡口的基本形式和尺寸,请查 GB/T 985·2—2008。

六、坡口加工

1. 坡口的加工方法

可根据工件尺寸、形状及加工条件选择,一般有以下几种方法:

(1) 剪边。I 形坡口可在剪板机剪床上剪切加工。

(2) 刨边。用刨床或刨边机加工坡口,有时也可采用铣床铣削加工。

(3) 车削。用车床或气动管子坡口机加工坡口,适于加工管子的坡口。

(4) 热切割。用气体火焰或等离子弧手工切割或自动切割机或半自动切割机加工坡口,可切割出 V 形、Y 形或双 Y 形坡口,如球罐的球壳板坡口加工。

(5) 碳弧气刨。主要用于清理焊根时开坡口,效率较高,但劳动条件较差。

(6) 铲削或磨削。用手工或风动工具铲削,用砂轮机或角向磨光机磨削加工坡口,此法效率较低。多用于缺陷返修时开坡口。

2. 坡口加工注意事项

（1）气割前钢材切割区域表面的铁锈、污物等清除干净，并在钢材下面留出一定的空间，以利于熔渣的吹出。气割时，割炬的移动应保持匀速，被切割件表面距离焰心尖端以2～5mm为宜，距离太近，会使切口边沿熔化。太远，热量不足，易使切割中断。

（2）气割时气压要稳定，压力表、速度计等正常无损；机体行走平稳，使用轨道时要保证平直和无振动；割嘴气流畅通，无污损；割炬的角度和位置准确。

（3）大型工件的切割，应先从短边开始；在钢板上切割不同尺寸的工件时，应靠边靠角、合理布置，先割大件，后割小件；在钢板上切割不同形状的工件时，应先割较复杂工件，后割较简单工件；窄长条形板的切割，长度两端留出50mm不割，待割完长边后再割断，或者采用多个割炬对称切割的方法切割。

（4）正确选择割嘴型号、氧气压力、气割速度和预热火焰的能率等工艺参数。工艺参数的选择主要是根据气割机械的类型和切割的钢板厚度。

第五节　焊缝形式及表示方法

焊缝是指焊后焊件间所形成的结合部分，组成焊缝的金属称为焊缝金属，焊缝的形状和质量将直接影响焊接构件的性能。因此，焊接工作者应了解焊缝的形式及其在工程图样上的表示符号。

一、焊缝的形式

1. 按焊缝的空间位置

可分为平焊缝、立焊缝、横焊缝和仰焊缝4种形式。

2. 按焊缝结合形式

可分为对接焊缝和角焊缝两大类。对接焊缝主要尺寸以焊缝高度、焊缝宽度和熔池深度表示。角接焊缝主要尺寸以焊脚高度表示。

3. 按焊缝断续情况

可分为连续焊缝和断续焊缝两种。断续焊缝只适用于对强度要求不高以及不需要密闭的焊接结构，断续焊缝又可分为交错式焊缝和链状式焊缝两种。

4. 按焊缝的作用

可分为承受载荷的承载焊缝和不直接承受载荷而只起连接作用的联系焊缝两种。主要用于防止流体渗漏的密封焊缝，在正式施焊前为装配和固定焊件上接头的位置而焊接的长度较短的定位焊缝。

5. 按焊缝的形状及在接头的位置

可分为端接接头所形成的端接焊缝；在工件卷边处施焊的卷边焊缝；两板件相叠，其中一块开有圆孔，然后在圆孔中焊接两板所形成的塞焊焊缝（只有孔内焊角的焊缝不能称为塞焊缝）；沿球形或圆筒形工件环向分布、头尾相接的环形焊缝；焊缝表面经修整后与母材表面齐平的削平焊缝等。

二、焊缝形状、尺寸及成形系数

1. 平焊缝的形状和尺寸

（1）焊缝宽度 B。焊缝表面与母材的交界处叫焊趾。单道焊缝横截面中，两焊趾之间的距离叫焊缝宽度，如图 2－27 所示。

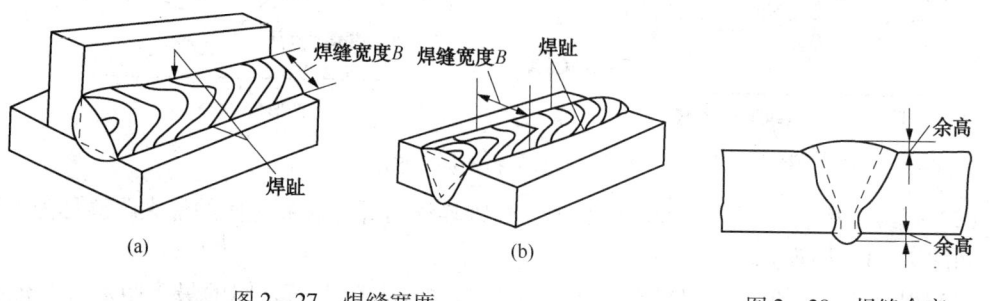

图 2－27　焊缝宽度　　　　　　　　　　图 2－28　焊缝余高

（2）余高。对接焊缝中，超出表面焊趾连线上面的那部分焊缝金属的高度叫余高，如图 2－28 所示。余高使焊缝的截面面积增加，强度提高，并能增加 X 射线摄片的灵敏度，但易使焊趾处产生应力集中。所以余高既不能低于母材，但也不能太高。国家标准规定焊条电弧焊的余高值为 0～3mm，埋弧自动焊余高值取 0～4mm。

（3）熔深。在焊接接头横截面上，母材或前焊缝熔化的深度叫熔深，如图 2－29 所示。当填充金属材料（焊条或焊丝）一定时，熔深的大小决定焊缝的化学成分。

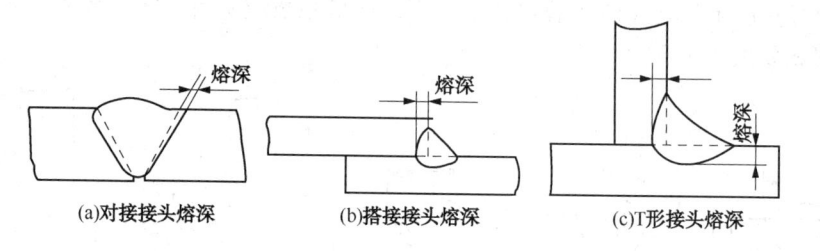

图 2－29　焊缝熔深

（4）焊缝厚度。在焊缝横截面中，从焊缝正面到焊缝背面的距离叫焊缝厚度，如图2－30 所示。

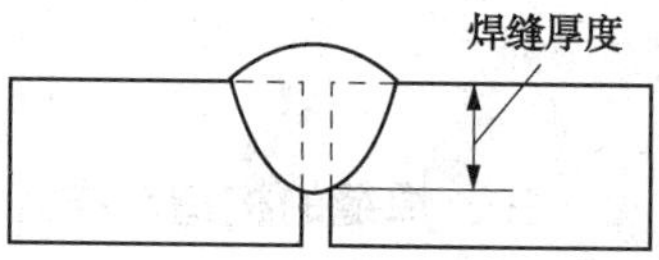

2. 角焊缝的形状和尺寸

根据角焊缝的外表形状，可将角焊缝分为凸形角焊缝和凹形角焊缝两类。焊缝表面凸起的角焊缝称为凸形角焊缝；焊缝表面下凹的角焊缝称为凹形角焊缝，如图 2－31 所示。在其他条件一定时，凹形角焊缝比凸形角焊缝应力集中小得多。

图 2－30　对接焊缝的焊缝厚度

（1）焊缝计算厚度 H。如图 2－31 所示，在角焊缝断面内画出最大直角等腰直角三角形，从直角的顶点到斜边的垂线长度为焊缝计算厚度，如果角焊缝的断面是标准的等腰直角三角形，则焊缝计算厚度等于焊缝厚度。在凸形或凹形角焊缝中，焊缝计算厚度均小于焊缝厚度。

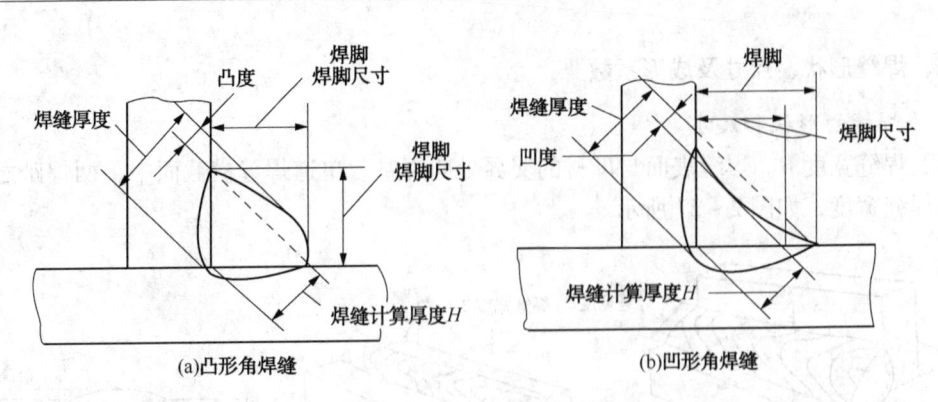

(a)凸形角焊缝　　　　　　　　　(b)凹形角焊缝

图 2 - 31　角焊缝的形状

（2）焊缝凸度。凸形角焊缝横截面中，焊趾连线与焊缝表面之间的最大距离称为焊缝凸度。如图 2 - 31（a）所示。

（3）焊缝凹度。凹形角焊缝截面中，焊趾连线与焊缝表面之间的最大距离称为焊缝凹度。如图 2 - 31（b）所示。

（4）焊脚。角焊缝的横截面中，从一个焊件上的焊趾到另一个焊件表面的最小距离为焊脚。焊脚尺寸是在横截面中画出的最大等腰直角三角形中直角边的长度，对于图形角焊缝，焊脚尺寸等于焊脚；对于凹形角焊缝焊脚尺寸小于焊脚，如图 2 - 31 所示。

3. 焊缝成形系数

熔焊时，单道焊缝横截面上焊缝宽度 B 与焊缝计算厚度 H 之比值称为焊缝成形系数，焊缝成形系数 $\varphi = B/H$，如图 2 - 32 所示。焊缝成形系数 φ 越小，则表示焊缝越窄而深，这样的焊缝中容易产生气孔夹渣和裂纹，所以焊缝成形系数应保持一定的数值，如埋弧焊的焊缝成形系数 φ 要大于 1.3。

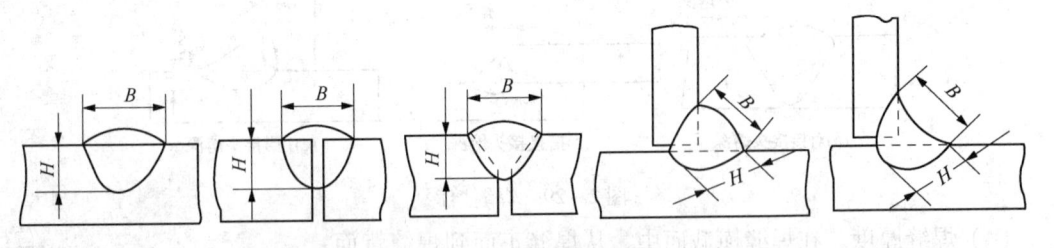

图 2 - 32　焊缝成形系数

三、焊缝的构造与布置

1. 焊缝连接构造要求

（1）当焊接两种不同强度的钢材时，可采用与低强度钢材相适应的焊接材料。焊接结构是否需要采用焊前预热或焊后热处理等特殊措施，应根据材质、焊件厚度、焊接工艺、施焊时气温等综合因素确定。

（2）钢板的拼接采用对接焊缝时，纵横两方向的对接焊缝可采用"十"字形交叉和 T 形交叉。当采用 T 形交叉时，交叉点的间距不得小于 200mm。

（3）在对接焊缝的连接处，当焊件的宽度不同或厚度相差 4mm 以上时，应分别在宽度方向或厚度方向从一侧或两侧做成坡度不大于 1/4 的斜角，如图 2 - 33 所示。

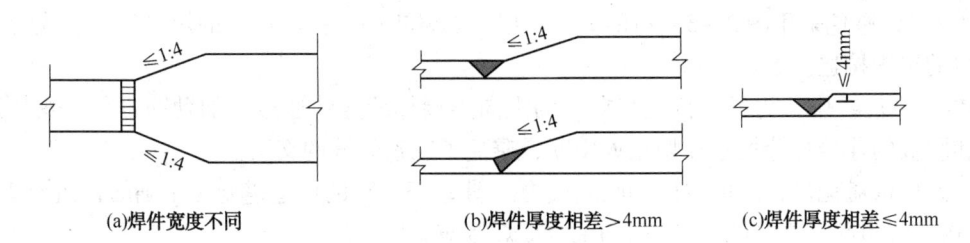

(a)焊件宽度不同　　　　(b)焊件厚度相差>4mm　　　　(c)焊件厚度相差≤4mm

图2-33　不同宽度或厚度的焊件对接连接

（4）焊缝在施焊时的起弧和落弧处常会出现未熔透的焊口，这种缺陷对处于低温或承受动力荷载的结构很不利。为此，焊接时一般应设置引弧板和引出板（图2-34，板的坡口形式应与主材相同），焊后将其切除，并用砂轮或其他方法将焊缝端部表面加工平整。

（5）当采用不焊透的对接焊缝时，应在设计图中注明坡口的形式和尺寸，其有效厚度 h_e（mm）不得小于 1.5t（t 为坡口所在焊件的较大厚度，单位 mm）。

在承受动力荷载的结构中，垂直于受力方向的焊缝不宜采用不焊透的对接焊缝。

（6）角焊缝两焊脚边的夹角 α 一般为 90°（直角角焊缝）。夹角 α 大于 120°或 α 小于 60°的斜角角焊缝，除钢管结构外，不宜用作受力焊缝。

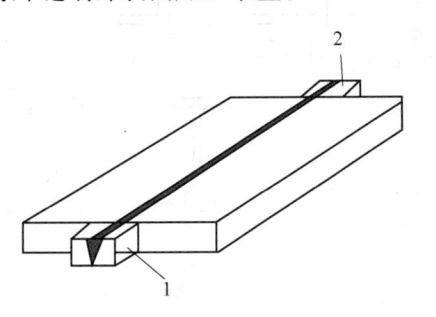

图2-34　用引弧板和引出板焊接
1—引弧板；2—引出板

2. 焊缝的合理布置

为减少焊接应力和变形，焊件焊接的顺序尤为重要，应注意以下几点。

（1）合理地选择焊缝的尺寸和形式，在保证结构承载能力的条件下，设计时应尽量采用较小的焊缝尺寸。因为焊缝尺寸大，不但焊接量大，而且焊缝的焊接变形和焊接应力也大。

（2）尽可能地减少不必要的焊缝。在设计焊接结构时，常采用加劲肋提高板结构的稳定性和刚度。但为了减轻自重而采用薄板时，不适合大量采用劲肋，因为大量采用劲肋，不但不经济反而增加了装配和焊接的工作量，易引起较大的焊接变形，增加校正工时。

（3）合理地安排焊缝的位置。安排焊缝时，尽可能对称于截面中性轴，或者使焊缝接近中性轴，如图2-35(a)、(c)所示，这对减少梁、柱等构件的焊接变形缝有良好的效果。而图2-35(b)、(d)是不正确的。

① 焊缝应尽量分散布置，且不宜过长。焊缝之间的距离应大于板厚 3 倍，且不小于 100mm。

② 焊缝应尽量对称布置，否则会由于焊缝不在中心引起弯曲变形。

③ 焊缝的布置不得交叉。

④ 应尽量减少构件或焊接接头部件的应力集中，避免尖角焊缝。

⑤ 焊缝应避开最大应力和应力集中的部件。

⑥ 焊缝设计应远离加工表面。

（4）尽量避免焊缝过分集中和交叉。如几块钢板交汇一处进行连接时，应采用图2-35

(e)的方式,避免采用图2-35(f)的方式,以免热量集中,引起过大的焊接变形和应力,恶化母材的组织构造。

图2-35(g)中,为了让腹板与翼缘的纵向连接焊缝连续通过,加劲肋进行切角,其与翼缘和腹板的连接焊缝均不在切角处中断,避免了三条焊缝的交叉。

(5)尽量避免母材厚度方向的收缩应力。图2-35(i)的构造措施是正确的,而图2-35(j)的构造常引起厚板层状撕裂(由约束收缩焊接应力引起的)。

(6)焊缝布置应满足焊接时运条角度的空间需要。

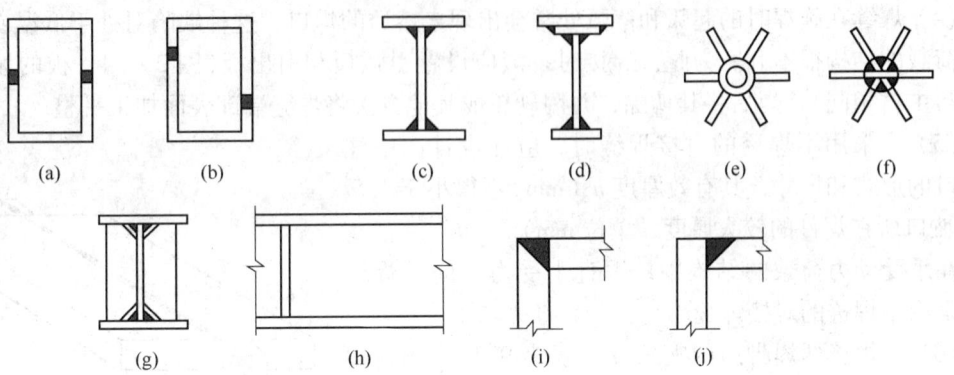

图2-35　焊缝布置示例

(a)、(c)焊缝对称于焊件截面中性轴;(e)多焊件交汇一处连接时的焊缝布置;
(g)加劲肋切角以保证腹板与翼缘的纵向连接焊缝连续性;
(i)减小母材厚度方向的收缩应力措施;(b)、(d)、(f)、(j)不正确的焊缝布置

四、焊缝符号表示及标注

在图样上标注焊接方法、焊缝形式和焊缝尺寸的符号称为焊缝符号。焊缝符号一般由基本符号和指引线组成。必要时还可加上辅助符号、补充符号和焊缝尺寸符号。

根据GB/T 324—2008《焊缝符号表示法》的规定,焊缝符号可以分为以下几种。

1. 基本符号

基本符号用于表示焊缝横断面形状或特征的符号,见表2-18。基本符号的应用见表2-19。

表2-18　基本符号

序号	名称	示意图	符号	序号	名称	示意图	符号
1	卷边焊缝(卷边完全熔化)		八	3	V形焊缝		∨
2	I形焊缝		‖	4	单边V形焊缝		V

续表

序号	名称	示意图	符号	序号	名称	示意图	符号
5	带钝边 V 形焊缝		 Y	13	缝焊缝	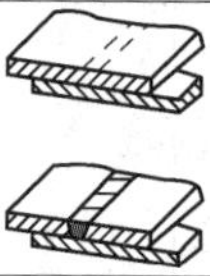	 ⊖
6	带钝边单边 V 形焊缝		Y	14	陡边 V 形焊缝		⊔
7	带钝边 U 形焊缝		Y	15	陡边单 V 形焊缝		⊔
8	带钝边 J 形焊缝	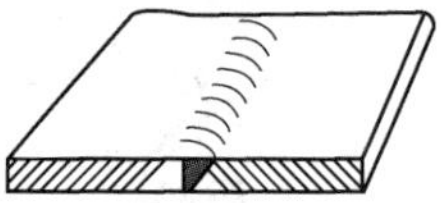	Y	16	端焊缝		|||
9	封底焊缝		⌣	17	堆焊缝	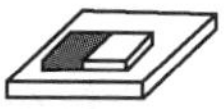	 ⌒⌒
10	角焊缝		◿	18	平面连接（纤焊）	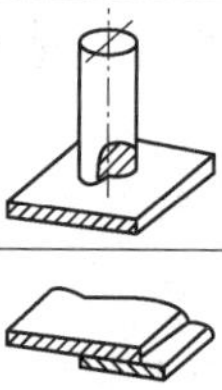	=
11	塞焊缝或槽焊缝		 ⊓	19	斜面连接（钎焊）		∥
12	点焊缝	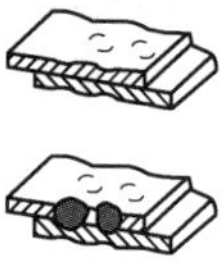	○	20	拆叠连接（钎焊）		⊐

表 2－19　基本符号的应用示例

序号	符号	示意图	标注示例
1	 V	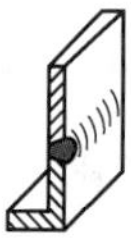	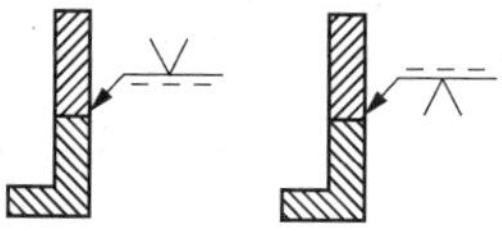
2	Y	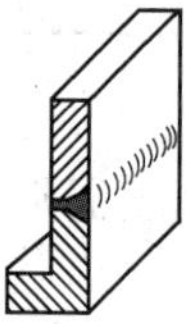	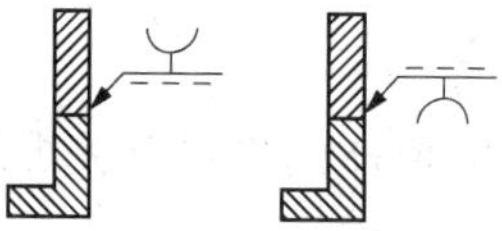

续表

序号	符号	示意图	标注示例
3		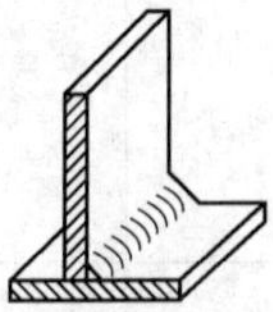	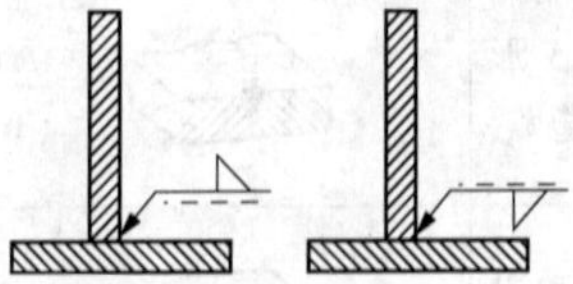
4		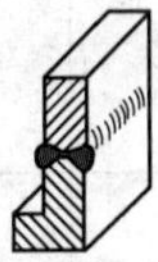	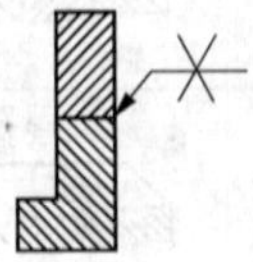
5		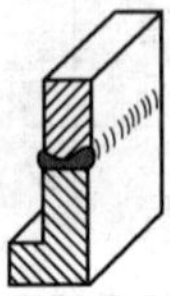	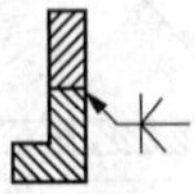

2. 基本符号的组合

标注双面焊焊缝或接头时，基本符号可以组成使用，见表 2－20。

表 2－20　基本符号的组合

序号	名称	示意图	符号
1	双面 V 形焊缝（X 焊缝）		
2	双面单 V 形焊缝（K 焊缝）		
3	带钝边的双面 V 形焊缝		
4	带钝边的双面单 V 形焊缝		
5	双面 U 形焊缝		

3. 补充符号

补充符号用来补充说明有关焊缝或接头的某些特征（如表面形状、衬垫、焊缝分布、施焊地点等）。

（1）补充符号见表 2－21。

表 2－21　补充符号

序号	名　称	符　号	说　明
1	平面	——	焊缝表面通常经过加工后平整
2	凹面	⌣	焊缝表面凹陷
3	凸面	⌢	焊缝表面凸起
4	圆滑过渡	⌣	焊趾处过渡圆滑
5	永久衬垫	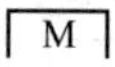 M	衬垫永久保留
6	临时衬垫	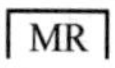 MR	衬垫在焊接完成后拆除
7	三面焊缝	⊏	三面带有焊缝
8	周围焊缝	○	沿着工作周边施焊的焊缝 标注位置为基准线与箭头线的交点处
9	现场焊缝	 ⚑	在现场焊接的焊缝
10	尾部	 <	可以表示所需的信息

（2）表 2－22 和表 2－23 给出了补充符号的应用及标注示例。

表 2－22　补充符号应用示例

序号	名　称	示　意　图	符　号
1	平齐的 V 形焊缝		 ▽
2	凸起的双面 V 形焊缝		 ⋈
3	凹陷的角焊缝	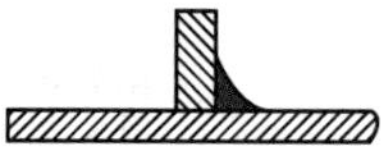	
4	平齐的 V 形焊缝 和封底焊缝		
5	表面过渡平滑的角焊缝		

4. 指引线

指引线由箭头线、基准线（实线和虚线）及尾部组成，如图 2－36 所示。

（1）箭头线。箭头直接指向的接头侧为"接头的箭头侧"，与之相对的则为"接头的非箭头侧"，如图 2－37 所示。

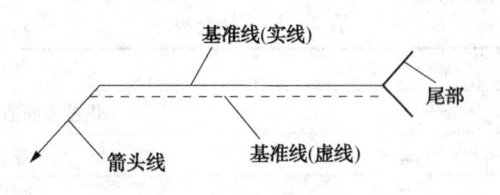

图 2 - 36 指引线

表 2 - 23 补充符号的标注示例

序号	符 号	示 意 图	标 注 示 例
1			
2			

（2）基准线。基准线一般应与图样的底边平行，必要时也可与底边垂直。实线和虚线的位置可根据需要互换。标注对称焊缝或双面焊缝时，可不画虚线。

（3）尾部。一般省去。只有对焊缝有附加要求或说明时才加上尾部部分。

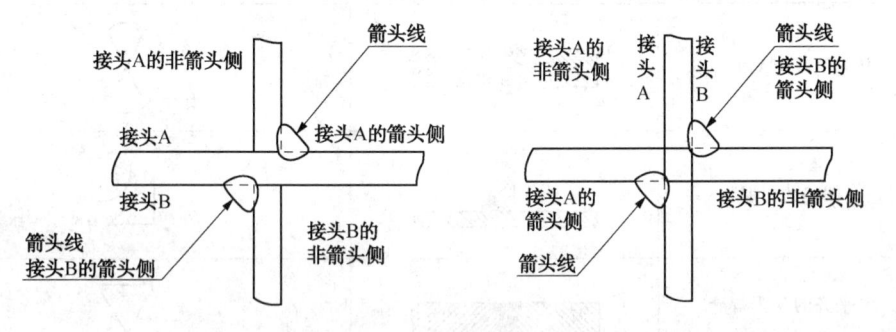

图 2 - 37 接头的"箭头侧"及"非箭头侧"示意图

五、焊缝符号的简易表示方法

需要在图样中简易地绘制焊缝时，可用视图、剖视图或断面图表示，也可用轴测图示意地表示。

1. 视图

用视图表示焊缝时，其画法如图 2 - 38 所示，其中，图 2 - 38(a)、(b)所表示焊缝的一系列实线允许用徒手绘制；图 2 - 38(c)表示的焊缝用粗线表示。

在表示焊缝面的视图中，通常用粗实线绘出焊缝的轮廓。必要时，可用细实线画出焊接前的坡口形状等，如图 2 - 39 所示。

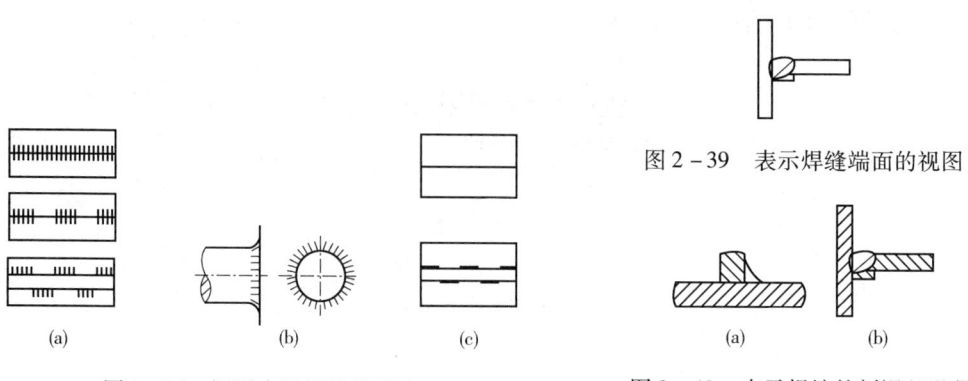

图 2 - 39　表示焊缝端面的视图

图 2 - 38　视图表示焊缝的画法

图 2 - 40　表示焊缝的剖视（面）图

2. 剖视图或断面图

在剖视图或断面图上，焊缝的金属熔焊区通常应涂黑表示，如图 2 - 40（a）所示。若同时需要表示坡口等的形状时，熔焊区部分通常用粗实线绘出焊缝的轮廓，必要时，用细实线画出焊接前的坡口形状，如图 2 - 40（b）所示。

3. 轴测图

用轴测图示意地表示焊缝的画法，如图 2 - 41 所示。

4. 局部放大图

必要时，可将焊缝部位放大表示并标注，如图 2 - 42 所示。

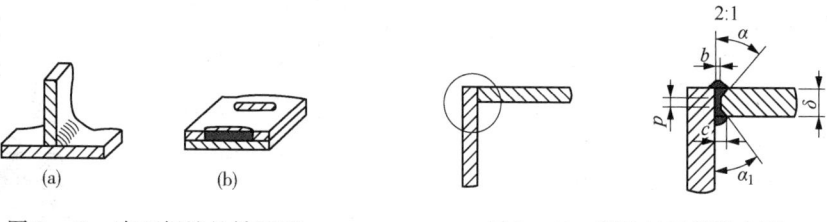

图 2 - 41　表面焊缝的轴测图

图 2 - 42　焊缝的局部放大图

六、焊缝符号的尺寸及标注

1. 焊缝符号尺寸的标注规则

（1）横向尺寸标注在基本符号的左侧。

（2）纵向尺寸标注在基本符号的右侧。

（3）坡口角度、坡口面角度、根部间隙标注在基本符号的上侧或下侧。

（4）相同焊缝数量标注在尾部。

（5）当尺寸较多不易分辨时，可在尺寸数据前标注相应的尺寸符号。

（6）确定焊缝位置的尺寸不在焊缝符号中标注，应将其标注在图样上。

（7）在基本符号的右侧无任何尺寸标注又无其他说明时，意味着焊缝在工件的整个长度方向上是连续的。

（8）在基本符号的左侧无任何尺寸标注又无其他说明时，意味着对接焊缝应完全焊透。

（9）塞焊缝、槽焊缝带有斜边时，应标注其底部的尺寸。

2. 焊缝尺寸符号的标注方法

焊缝尺寸符号的标注方法如图 2 – 43 所示。

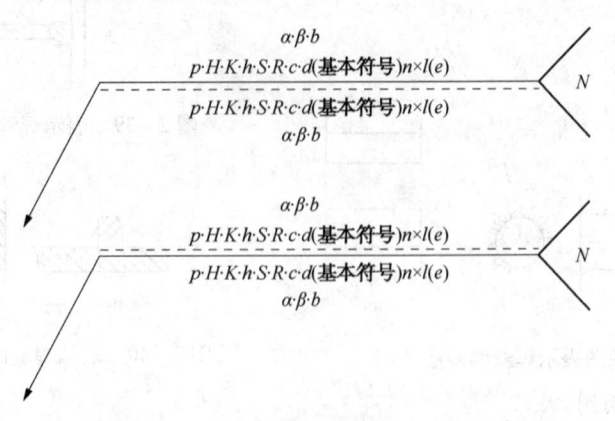

图 2 – 43 焊缝尺寸符号及数据的标注原则

3. 常用焊缝尺寸符号

常用的焊缝尺寸符号见表 2 – 24。

表 2 – 24 常用焊缝尺寸符号

符号	名　　称	示　意　图	符号	名　　称	示　意　图
δ	工件厚度		c	焊缝宽度	
α	坡口角度		K	焊脚尺寸	
β	坡口面角度		d	点焊：熔核直径 塞焊：孔径	
b	根部间隙		n	焊缝段数	
p	钝边		l	焊缝长度	
R	根部半径		e	焊缝间距	
H	坡口深度		N	相同焊缝数量	
S	焊缝有效厚度		h	余高	

4. 焊缝尺寸符号标注的补充说明

（1）周围焊缝。当焊缝围绕工件周边时，可采用圆形的符号，如图 2-44 所示。

（2）现场焊缝。用一个小旗表示野外或现场焊缝，如图 2-45 所示。

图 2-44　周围焊缝的标注　　　　图 2-45　现场焊缝的标注

5. 焊缝符号尺寸标注的应用

焊缝符号尺寸标注的应用见表 2-25。

表 2-25　尺寸标注的示例

序号	名　称	示　意　图	尺寸符号	标注方法
1	对接焊缝		S：焊缝有效厚度	S
2	连续角焊缝		K：焊脚尺寸	K
3	断续角焊缝		l：焊缝长度 e：间距 n：焊缝段数 K：焊脚尺寸	K $n\times l(e)$
4	交错断续角焊缝		l：焊缝长度 e：间距 n：焊缝段数 K：焊脚尺寸	$\dfrac{K}{K}$ $\begin{array}{l}n\times l\\n\times l\end{array}$ $\begin{array}{l}(e)\\(e)\end{array}$
5	塞焊缝或槽焊缝		l：焊缝长度 e：间距 n：焊缝段数 c：槽宽	c $n\times l(e)$

续表

序号	名 称	示 意 图	尺寸符号	标注方法
5	塞焊缝或槽焊缝	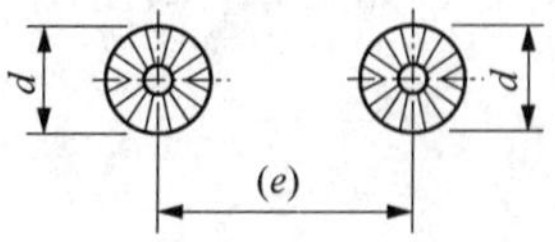	e：间距 n：焊缝段数 d：孔径	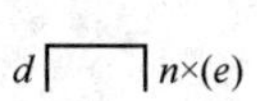 $d \sqcap n \times (e)$
6	点焊缝	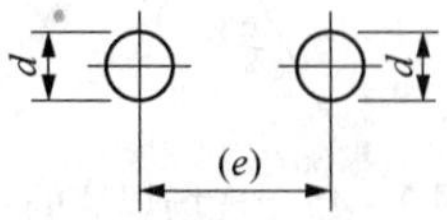	n：焊点数量 e：焊点距离 d：熔核直径	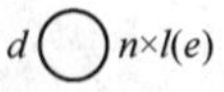 $d \bigcirc n \times l(e)$
7	缝焊缝	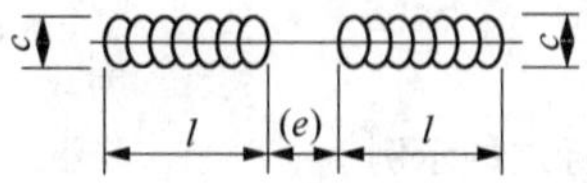	l：焊缝长度 e：间距 n：焊缝段数 c：焊缝宽度	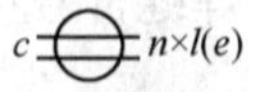 $c \ominus n \times l(e)$

七、焊缝符号的简化标注方法

焊缝符号的简化标注方法见表 2 – 26。

表 2 – 26 焊缝符号的简化标注方法

序号	标注方法	说 明	示 意 图
1	一次标注	在焊缝符号中标注交错对称焊缝的尺寸时，允许在基准线上只标注一次	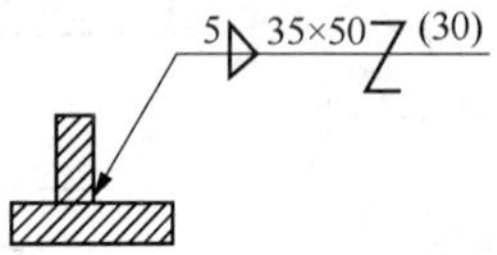
2	省略段数标注	当断续焊缝、对称断续焊缝和交错断续焊缝的段数无严格要求时，允许省略焊缝段数	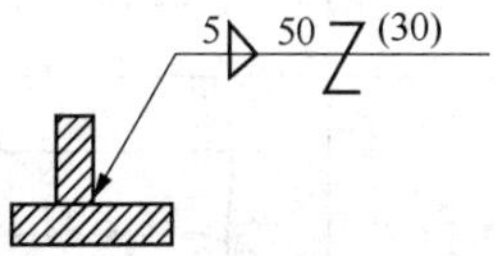
3	集中标注	在同一图样中，当若干条缝的坡口尺寸和焊缝符号均相同时，可采用集中标注	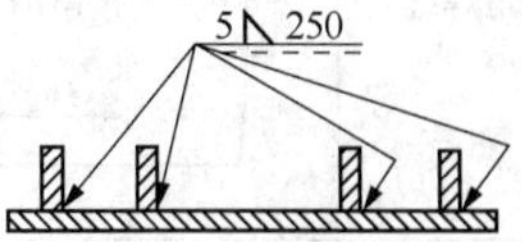
4	加注焊缝数量标注	在同一图样中，当若干条焊缝同时在接头中的位置均相同时，可采用在焊缝符号的尾部加注相同焊缝数量的方法简化标注，但其他形式的焊缝，仍需分别标注	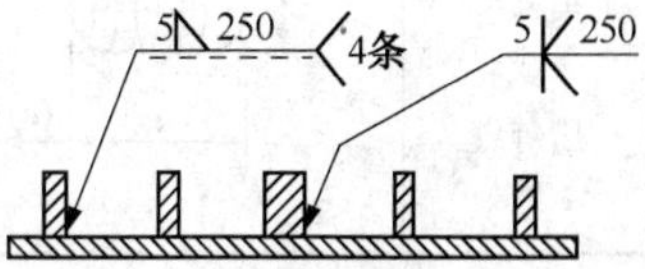

续表

序号	标注方法	说　明	示　意　图
5	代号标注	为了简化标注方法，或者标注位置受到限制时，可以标注焊缝简化代号，但必须在该图样下方或在标题栏附近说明这些简化代号的意义 当采用简化代号标注焊缝时，在图样下方或标题栏附近的代号和符号应是图形上所注代号和符号的 1.4 倍	
6	省略基准线或焊缝长度标注	在不致引起误解的情况下，当箭头线指向焊缝，而非箭头侧又无焊缝要求时，允许省略非箭头侧的基准线（虚线） 当焊缝长度的起始和终止位置明确（已由构件的尺寸等确定）时，允许在焊缝符号中省略焊缝长度	

注：1. 焊缝位置的定位尺寸应符合相关规定。

2. 当同一图样上全部焊缝所采用的焊接方法完全相同时，焊缝符号尾部表示焊接方法的代号可省略不注，但必须在技术要求或其他技术文件中注明"全部焊缝均采用……焊"等字样；当大部分焊接方法相同时，也可在技术要求或其他技术文件中注明"除图样中注明的焊接方法外，其余焊缝均采用……焊"等字样。

3. 当同一图样中全部焊缝相同且已用图示法明确表示其位置时，可统一在技术要求中用符号表示或用文字说明，如"全部焊缝为⁵◣"；当部分焊缝相同时，也可采用同样的方法表示，但剩余焊缝应在图样中明确标注。

八、钢构件常用焊缝的表示方法

1. 单面焊缝的标注方法

（1）当箭头指向焊缝所在的一面时，应将图形符号和尺寸标注在横线的上方，如图 2-46(a)所示；当箭头指向焊缝另一面时，应按图 2-46(b)所示，将图形符号和尺寸标注在横线的下方。

（2）表示环绕工作件周围的焊缝时，应按图 2-46(c)所示，其围焊焊缝符号为圆圈，绘在引出线的转折处，并标注焊角尺寸 K。

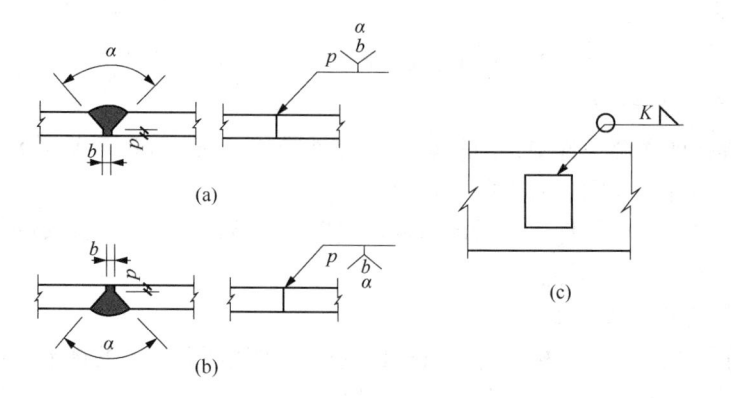

图 2-46　单面焊缝的标注方法

2. 双面焊缝的标注方法

双面焊缝的标注：应在横线的上、下都标注符号和尺寸。上方表示箭头一面的符号和尺寸，下方表示另一面的符号和尺寸，如图 2-47(a)所示。当两面的焊缝尺寸相同时，只需在横线上方标注焊缝的符号和尺寸，如图 2-47(b)、(c)、(d)所示。

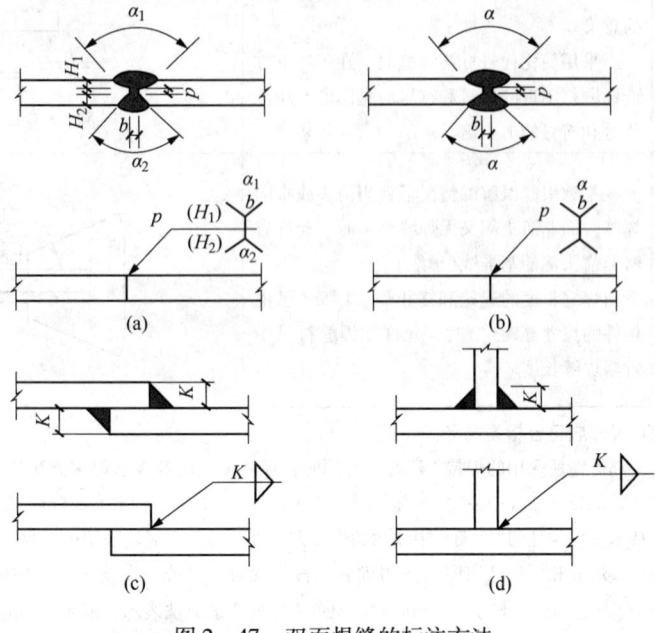

图 2-47　双面焊缝的标注方法

3. 多个焊件的焊缝标注方法

3 个和 3 个以上焊件相互焊接的焊缝，不得作为双面焊缝标注。其焊缝符号和尺寸应分别标注，如图 2-48 所示。

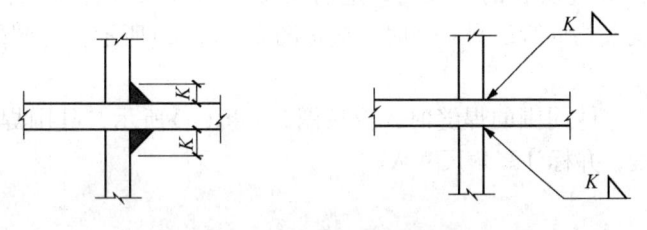

图 2-48　3 个及以上焊件的焊缝标注方法

4. 带坡口的焊缝标注方法

（1）相互焊接的两个焊件中，当只有一个焊件带坡口时（如单面 V 形），引出线箭头必须指向带坡口的焊件，如图 2-49 所示。

（2）相互焊接的两个焊件，当为单面带双边不对称坡口焊缝时，应按图 2-50 所示，引出线箭头指向较大坡口的焊件。

5. 不规则焊缝的标注方法

当焊缝分布不规则时，在标注焊缝符号的同时，可按图 2-51 的规定，宜在焊缝处加中实线（表示可见焊缝）或加细栅线（表示不可见焊缝）。

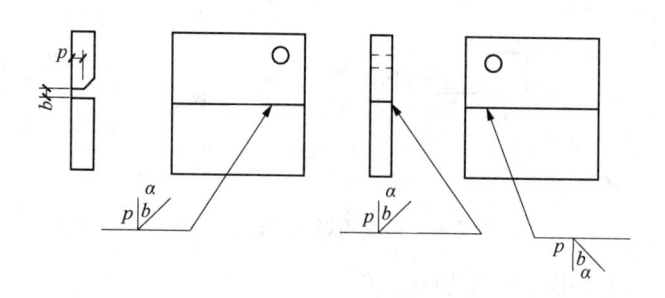

图 2 - 49　一个焊件带坡口的焊缝标注方法

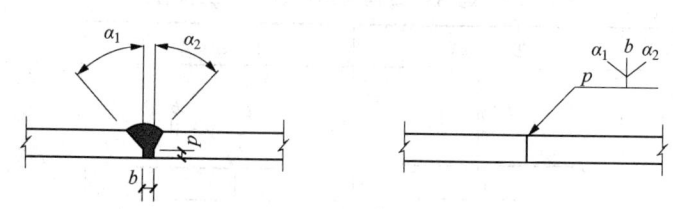

图 2 - 50　不对称坡口焊缝的标注方法

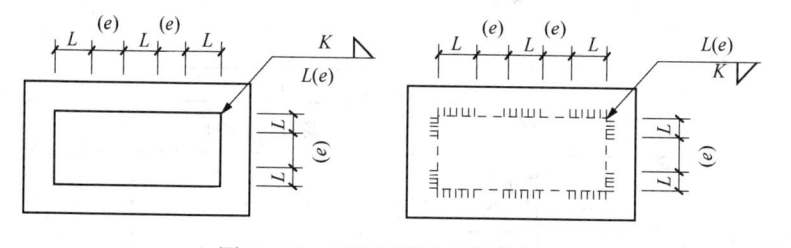

图 2 - 51　不规则焊缝的标注方法

6. 相同焊缝符号的表示方法

（1）在同一图形上，当焊缝形式、断面尺寸和辅助要求均相同时，应按图 2 - 52（a）所示，可只选择一处标注焊缝的符号和尺寸，并加注相同焊缝符号，相同焊缝符号为 3/4 圆弧，绘在引出线的转折处。

（2）在同一图形上，当有数种相同的焊缝时，宜按图 2 - 52（b）所示，可将焊缝分类编号标注。在同一类焊缝中可选择一处标注焊缝符号和尺寸。分类编号采用大写的拉丁字母 A、B、C。

(a)相同焊缝符号　　　　　(b)加分类编号的相同焊缝符号

图 2 - 52　相同焊缝的标注方法

7. 现场焊缝的标注方法

需要在施工现场进行焊接的焊件焊缝，应按图 2 - 53 所示标注现场焊缝符号。现场焊缝符号为涂黑的三角形旗号，绘在引出线的转折处。

九、建筑钢结构常用焊缝符号及符号尺寸

建筑钢结构常用焊缝符号及符号尺寸应符号表 2 - 27 的规定。当需要标注的焊缝能够用

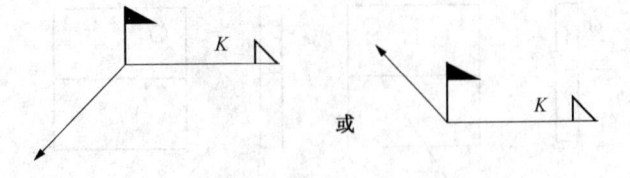

图 2-53　现场焊缝的标注方法

文字表述清楚时，也可采用文字表达的方式。

表 2-27　建筑钢结构常用焊缝符号及符号尺寸

序号	焊缝名称	形　式	标　注　法	符号尺寸/mm
1	V 形焊缝			
2	单边 V 形焊缝		箭头指向剖口	
3	带钝边单边 V 形焊缝			
4	带垫板带钝边单边 V 形焊缝		箭头指向剖口	
5	带垫板 V 形焊缝			
6	Y 形焊缝			
7	带垫板 Y 形焊缝			—

续表

序号	焊缝名称	形　式	标　注　法	符号尺寸/mm
8	双单边 V 形焊缝			—
9	双 V 形焊缝			—
10	带钝边 U 形焊缝			
11	带钝边双 U 形焊缝			—
12	带钝边 J 形焊缝			
13	带钝边双 J 形焊缝			—
14	角焊缝			
15	双面角焊缝			—

序号	焊缝名称	形 式	标 注 法	符号尺寸/mm
16	剖口角焊缝	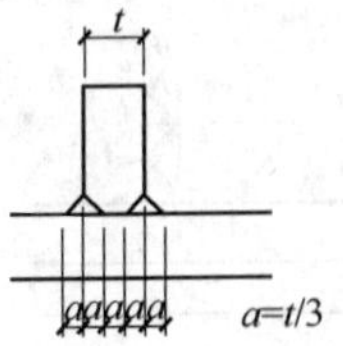 $a=t/3$	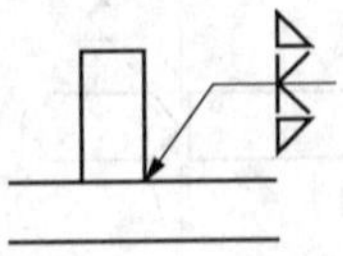	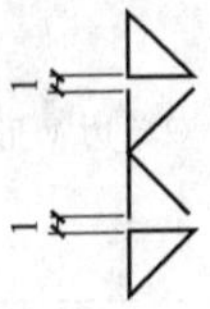
17	喇叭形焊缝	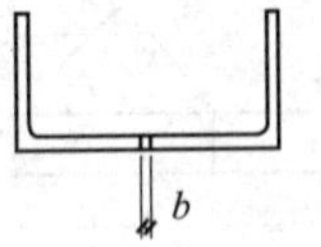 b	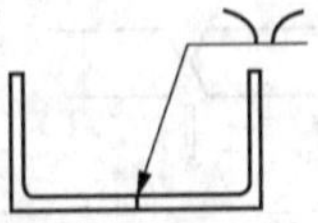	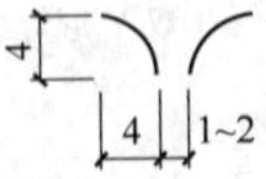 4 / 4 / 1~2
18	双面半喇叭形焊缝	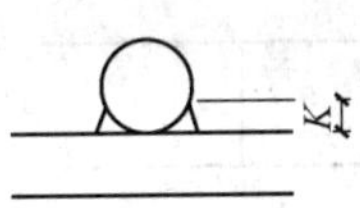 K	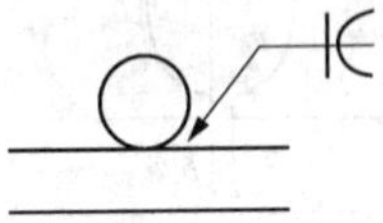	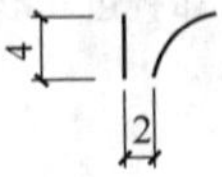 4 / 2
19	塞焊	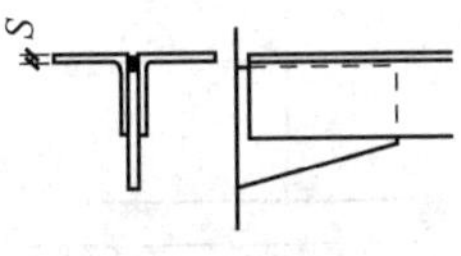 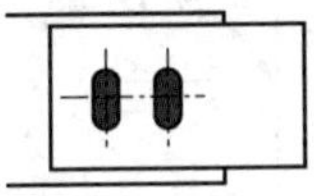 S	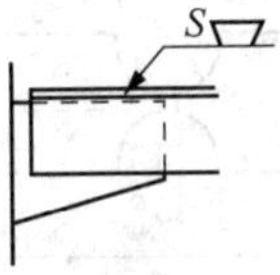 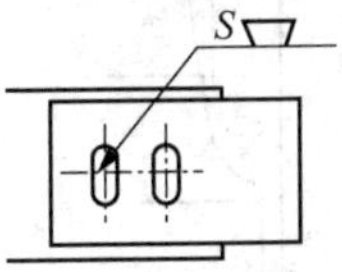 S	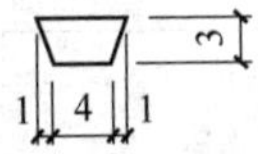 3 / 1 4 1

第六节　焊件清理

一、焊前清理

1. 一般规定

焊件在组装前，应将待焊处的表面或坡口两侧各 20～50mm 范围内表面上的油、污、锈、垢防护层及氧化膜等清除干净，对其进行清理时应符合下列规定：

（1）焊件组装前，应对所有焊件焊接坡口切割面与切割面两侧 50mm 左右的范围进行清理。待焊母材表面等处的氧化皮、铁锈、油污、水分等妨碍焊接的物质，均应清理干净，露出金属光泽。

（2）焊件组装后，对已清理的区域应注意保护。若施焊前又出现锈蚀，或存在水分、灰尘等有害杂质时，应重新清理。

（3）对焊接坡口及其表面区域的水分和油污等，可以用氧－乙炔火焰加热的方法清除，但注意在加热过程中不允许温度过高，以免损伤母材。

（4）采用埋弧焊焊接时，对焊剂可能接触到的钢材表面应在焊接前清除浮锈，以免回收焊剂时浮锈混入焊剂内。

2. 清理方法

1）脱脂清理

焊件组装前，必须对焊件、焊丝表面的油脂、污垢进行彻底的脱脂清理，否则，会使焊缝产生气孔、裂纹等缺陷。脱脂清理包括有机溶剂擦洗和在脱脂溶液中浸泡两种方法。

（1）有机溶剂擦洗。焊件待焊处，焊丝的油脂、污垢较少且厚度较薄，可用有机溶剂进行擦洗，常用的有机溶剂包括酒精、汽油、二氯乙烷、三氯乙烯、四氯化碳等，该方法效率低，劳动强度大。

（2）在脱脂溶液中浸泡处理。将有油脂或污垢的焊件待焊处、焊丝放入装有脱脂溶液的槽中浸泡一定时间，油脂或污垢就会脱离干净。该方法脱脂质量好、效率高，适用于板材、焊丝焊前的脱脂。常用化学脱脂溶液的组成及脱脂规定见表 2 - 28。

表 2 - 28　常用化学脱脂溶液的组成及脱脂规定

金属材料	溶液组成①	脱脂规定	
		温度/℃	时间/min
碳钢、结构钢、不锈钢、耐热钢	NaOH：90g/L Na_2CO_3：20g/L	—	—
铁、铜、镍合金	NaOH：10%。N_2O：90%	80 ~ 90	8 ~ 10
	Na_2CO_3：10%。N_2O：90%	100	8 ~ 10
铝及铝合金	NaOH：5%。N_2O：95%	60 ~ 65	2
	Na_3PO_4：40 ~ 50g/L Na_2PO_3：40 ~ 50g/L Na_2SiO_3：20 ~ 30g/L	60 ~ 70	5 ~ 8

注：① 溶液组成中的百分数为质量分数。

2）化学清理

化学清理是利用化学溶液与焊件、焊丝表面的锈垢或氧化物发生化学反应，生成易溶物质，使焊件待焊处表面、焊丝表面露出金属光泽的焊件清理方法。经化学溶液清理后的焊件、焊丝还要经热水和冷水冲洗，以免残留的化学溶液继续腐蚀焊缝。常用化学清理溶液的组成及清理规定见表 2 - 29。

表 2 - 29　常用化学清理溶液的组成及清理规定

金属材料	溶液组成（质量分数）	清理规定		中和溶液
		温度/℃	时间/min	
碳素钢 耐热合金	HCl：100 ~ 150mL/L H_2O：余量	—	—	先在 40 ~ 50℃热水中冲净，然后用冷水冲洗
热轧低合金钢 热轧不锈钢	H_2SO_4：10% HCl：10%	54 ~ 60	—	先在 60 ~ 70℃、质量分数为 10% 的苏打溶液中浸泡，然后在冷水中冲洗干净
热轧耐热钢 热轧高温合金	H_2SO_4：10%	80 ~ 84	—	

续表

金属材料	溶液组成 （质量分数）	清理规定		中和溶液		
		温度/℃	时间/min			
含铜量高的 铜合金	H_2SO_4：12.5% H_2SO_4：1%～3%	20～77	—	先在50℃的热水中浸泡，然后再用冷水冲洗		
含铜量低 的铜合金	H_2SO_4：10% $FeSO_4$：10%	50～60				
纯铝	NaOH：15%	室温	10～15	冷水冲洗	HNO_3：30% （质量分数）室温 浸泡≤2min	冷水冲洗	先在100～110℃ 烘干，然后再低温 干燥
	NaOH：4%～5%	60～70	1～2			
铝合金	NaOH：8%	50～60	5～10			
镁及镁合金	150～200mg/L 铬酸水 溶液	20～40	7～15	在50℃热水中冲洗		
钛合金	HF：10% HNO_3：30% H_2O：60%	室温	1	在冷水中冲洗		

3）机械清理

通常用刮刀、锉刀、砂布、金属丝刷（或金属丝轮）、砂轮和喷砂等方法清除焊接坡口及坡口附近的焊件表面上的锈层、氧化膜层和表面防护层。但对于有色金属和不锈钢、耐热钢制的焊件，一般只在需局部清理时采用机械清理。

经机械清理后的焊件待焊处端面及正背面还要用丙酮或酒精擦洗，以清除残留的污物或油污。

4）化学-机械清理

对大型的生产周期较长的工件，采用化学清理往往不够彻底，或化学清理后其局部又被污染，因此在焊前尚需用机械法再清理一次焊接坡口区，这样才能保证焊前清理要求。对铝合金、钛及钛合金，要求清理后立即进行焊接。

5）焊件清理后至焊接结束的允许时间

焊件待焊处的表面清理后，要尽快地焊接完毕，以免清理后的焊件表面在存放过程中再次锈蚀或氧化而影响焊接质量。待焊处表面清理后至焊接结束的允许时间见表2-30。

表2-30　待焊处表面清理后至焊接结束的允许时间

金属材料	焊接方法	允许存放时间/h	
		机械清理	化学清理
铜	熔焊、钎焊、点焊、缝焊	<24	<24
铝及铝合金	熔焊、钎焊	2～3	<120
	点焊、缝焊	<2	<72

当超过规定时间未焊接完毕，可用机械清理法进行局部清理后再焊接。

二、焊后清理

对焊接完毕或中止焊接时间较长的焊件，应及时清除焊件上（特别是焊缝区）的焊渣、残留焊剂和金属飞溅物，以便于对焊缝进行目视检查和无损探伤（磁粉探伤、射线探伤、渗透探伤等），防止焊渣和残留焊剂腐蚀焊缝，避免焊件在使用中焊渣和金属飞溅物脱落而造成不良后果（特别是在运动机构和容器中）。准确查出焊接缺陷，及时对焊接缺陷进行修补，清除焊接事故隐患。焊件常用的焊后清理方法见表 2 - 31。

表 2 - 31　焊件常用的焊后清理方法

金属材料	焊接方法	清 理 方 法	焊完至清理的时间间隔/h
钢	熔焊	机械清理（通常是喷砂清理）	< 120
	软钎焊	不溶于水的钎剂，用有机溶剂，如酒精、汽油、三氯乙烯、异丙醇等清洗 对于溶于水的腐蚀性钎剂以及有机酸和盐组成的钎剂用热水冲洗 对碱金属和碱土金属的氯化物钎剂，用质量分数为 2% 的 HCl 溶液洗涤后，再用含少量 NaOH 的热水冲洗	< 24
	硬钎焊	对于硼酸、硼砂钎剂，可以用机械方法清理：在 HCl 溶液中清洗；在质量分数为 10% 的 H_2SO_4 溶液中浸洗 对含有较多氟化钾或氟硼酸钾的硼酸、硼砂钎焊熔剂，用热水冲洗或在质量分数为 10% 的热柠檬酸溶液中冲洗	< 24
铜及铜合金	钎焊	与钢焊件的清理方法相同	< 24
铝及铝合金	气焊电弧焊	在 60 ~ 80℃ 的热水中刷洗后，放入重铬酸钾（$K_2Cr_2O_7$）或质量分数为 2% ~ 3% 的铬酐（Cr_2O_3）溶液中冲洗，然后再在 60 ~ 80℃ 的热水中洗涤，最后烘干	铝锰合金≤6 硬铝合金≤1
	钎焊	一般用热水冲洗即可，也可以在热水中洗涤后，再进行酸洗（如质量分数为 10% 的 HNO_3 溶液）并钝化处理	≤1

第三章 焊接材料

第一节 焊 条

一、焊条的组成及作用

焊条是供电弧焊焊接过程中使用的涂有药皮的熔化电级，它由焊芯和药皮两部分组成，焊条的组成如图3-1所示。

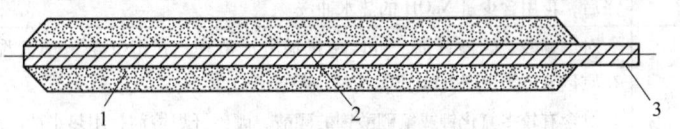

图3-1 焊条的组成

1—药皮；2—焊芯；3—夹持端

焊条药皮与焊芯的质量比被称为药皮质量系数，一般为25%~40%。焊条药皮沿焊芯直径方向偏心的程度称为偏心度。国家标准规定，直径为3.2mm和4mm的焊条，偏心度不得大于5%。焊条的一端没涂药皮的焊芯部分，供焊接过程中焊钳夹持用，称为焊条的夹持端。对焊条夹持端的长短，国家标准都有详细规定，常见的非合金钢及细晶粒钢焊条夹持端长度见表3-1。

表3-1 常见的非合金钢及细晶粒钢焊条夹持端长度(GB/T 5117—2012) 单位：mm

焊 条 直 径	夹持端长度
≤4.0	10~30
≥5.0	15~35

1. 焊条焊芯

1）焊芯的牌号及规格

焊芯牌号用"H"表示，后面的数字表示含碳量。其他合金元素含量的表示方法与钢材大致相同。对高质量的焊条，在最后标以符号"A"表示优质钢，"E"表示特优质钢。

（1）常用的碳素结构钢焊芯牌号有 H08、H08A、H08E、H08Mn、H08MnA、H15Mn 等。

（2）常用的合金结构钢焊芯牌号有：H10Mn2、H08Mn2Si、H08Mn2SiA、H10MnSi 以及 H10MnSiMo 等。

（3）常用的不锈钢焊芯牌号有：H1Cr13、H2Cr19Ni9、HlCr19Ni9Ti、HlCr25Mo3V2Ti 等。结构钢用焊条焊芯的规格见表3-2。

表3-2 结构钢用焊条焊芯规格 单位：mm

焊芯直径	1.6	2.0	2.5	3.2	4.0	5.0	6.0	8.0
焊芯长度	200250	250300	250300	350400	350400	400450	400450	500650

2）焊芯的作用

传导焊接电流，构成焊接回路，产生电弧，把电能转变成热能。在电弧热的作用下，端部熔化，呈熔滴过渡，作为填充金属与部分熔化的母材融合形成熔池，结晶后成为焊缝金属。

2. 焊条药皮

1）焊条药皮的组成

焊芯表面的涂层称为药皮。它主要是由一定数量、一定用途和一定比例的矿石、矿物、铁合金及化工原料组成。按其在焊接过程中所起的作用，通常把这些组分称为稳弧剂、造渣剂、造气剂、合金剂、增塑润滑剂、脱氧剂、粘结剂及稀渣剂等。

2）焊条药皮的作用

（1）机械保护作用。利用药皮在高温熔化或分解后产生的气体和熔渣，构成联合保护，有效地、机械地隔绝空气对电弧和熔池金属的作用，防止有害气体侵入熔池造成气孔，使焊缝金属缓慢冷却，有助于熔池中气体的逸出从而防止气孔的产生。同时，改善焊缝金属的组织和性能，并使焊缝成形美观。

（2）冶金处理渗入合金作用。通过熔渣、铁合金及纯金属进行脱氧、去硫、去氢和渗入合金等焊接冶金反应可去除有害元素，增加有用元素，从而使焊缝金属的化学成分和力学性能满足设计要求，保证焊缝金属的性能。

（3）改善焊接工艺性，提高电弧稳定性。药皮在焊接时形成的套筒能保证熔滴过渡正常进行，减少飞溅，加强保护气氛，可以进行全位置焊接，使电弧热量集中，提高焊缝金属熔敷效率，从而使焊缝成形美观，而且脱渣容易。

二、焊条的分类、型号及牌号表示

1. 焊条的分类

1）按用途分类

（1）碳钢焊条。主要用于强度等级较低的低碳钢和低合金钢的焊接。

（2）低合金焊条。主要用于低合金高强度钢、含合金元素较低的钼和铬钼耐热钢及低温钢的焊接。

（3）不锈钢焊条。主要用于含合金元素较高的钼耐热钢和铬钼耐热钢及各类不锈钢的焊接。

（4）堆焊焊条。用于金属表面层的堆焊，其熔敷金属在常温或高温中具有较好的耐磨性及耐腐蚀性。

（5）铸铁焊条。专用于铸铁的焊接和补焊。

（6）镍和镍合金焊条。用于镍及镍合金的焊接、补焊或堆焊。

（7）铜及铜合金焊条。用于铜及铜合金的焊接、补焊或堆焊，也可以用于某些铸铁的补焊或异种金属的焊接。

（8）铝及铝合金焊条。用于铝及铝合金的焊接、补焊或堆焊。

（9）特殊用途焊条。是指用于在水下进行焊接、切割的焊条及管状焊条等。

2）按熔渣的特性分类

（1）酸性焊条。其熔渣的成分主要是酸性氧化物，具有较强的氧化性，合金元素烧损多，因而力学性能较差，特别是塑性和冲击韧度比碱性焊条低。同时，酸性焊条脱氧、脱磷、硫能力低，因此，热裂纹的倾向也较大。但这类焊条焊接工艺性较好，对弧长、铁锈不敏感，且焊缝成形好，脱渣性好，广泛用于一般结构的焊接。

常用的酸性焊条有钛钙型 E4303 或 E5002，钛铁矿型 E4301 或 E5001。

（2）碱性焊条。熔渣的成分主要是碱性氧化物和铁合金。由于脱氧完全，合金过渡容易，能有效地降低焊缝中的氢、氧、硫，所以，焊缝的力学性能和抗裂性能均比酸性焊条好。可用于焊接重要的低碳钢和普低钢结构，对含碳量较高的钢材也能焊接。但这类焊条的工艺性能差，引弧困难，电弧稳定性差，飞溅较大，不易脱渣，必须采用短弧焊。

3）按药皮的主要成分分类

按药皮的主要成分分类，见表 3 - 3。

表 3 - 3　按药皮的主要成分分类

药 皮 类 型	药皮主要成分（质量分数）	焊接电尖源
钛型	氧化钛≥35%	直流或交流
钛钙型	氧化钛 30% 以上； 钙、镁的碳酸盐 20% 以下	
钛铁矿型	钛铁矿≥30%	
氧化铁型	多量氧化铁及较多的锰铁脱氧剂	
纤维素型	有机物 15% 以上，氧化钛 30% 左右	
低氢型	钙、镁的碳酸盐或萤石	直流
石墨型	多量石墨	直流或交流
盐基型	氯化物和氟化物	直流

4）按焊条的性能分类

按照焊条的一些特殊使用性能和操作性能，可以将焊条分为：超低氢焊条、低尘低毒焊条、立向下焊条、底层焊条、铁粉高效焊条、抗潮焊条、水下焊条、重力焊条和躺焊焊条等。

2. 焊条型号

焊条型号是以焊条国家标准为依据，反映焊条主要特性的一种表示方法。

焊条型号包括的含义有：焊条、焊条类别、焊条特点（如熔敷金属抗拉强度、使用温度、焊芯金属类别、熔敷金属化学组成类型等）、药皮类型及焊接电源等。

常用焊条的型号表示（编制）方法如下：

1）非合金钢及细晶粒钢焊条（GB/T 5117—2012）

（1）焊条型号表示方法。下列 × 表示数字，在第四位数字后面附加"R"表示耐吸潮焊条，附加"M"表示对吸潮和力学性能有特殊规定的焊条，附加"—1"表示对冲击性能有特殊规定的焊条。

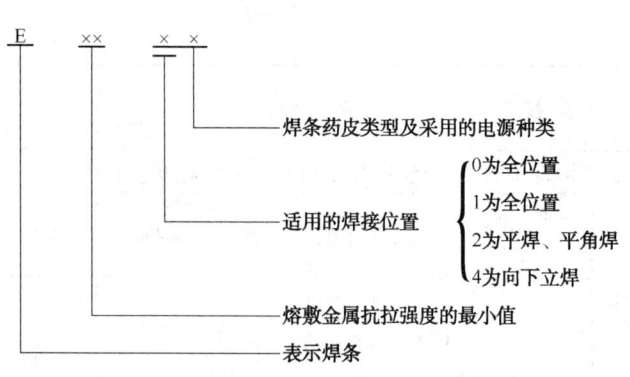

（2）非合金钢及细晶粒钢焊条型号划分见表3-4。

（3）非合金钢及细晶粒钢焊条型号示例。

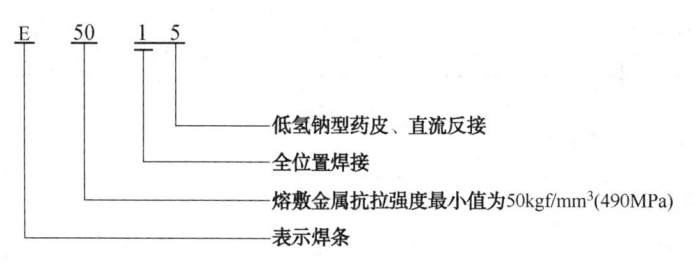

表 3 - 4　非合金钢及细晶粒钢焊条型号划分（GB/T 5117—2012）

焊条型号	药皮类型	焊接位置	电源种类	力学性能		
				σ_b/MPa	σ_s/MPa	δ/%
E43 系列——熔敷金属抗拉强度≥420MPa（43kgf/mm²）						
E4300	特殊型	平、立、仰、横	交流或直流正、反接	≥420	≥330	≥22
E4301	钛铁矿型					
E4303	钛钙型					
E4310	高纤维素钠型	平、立、仰、横	直流反接	≥420	≥330	≥22
E4311	高纤维素钾型		交流或直流反接			
E4312	高钛钠型		交流或直流正接			≥17
E4313	高钛钾型		交流或直流正、反接			
E4315	低氢钠型		直流反接			≥22
E4316	低氢钾型		交流或直流反接			
E4320	氧化铁型	平角焊	交流或直流正接			不要求
E4322		平	交流或直流正、反接			
E4323	铁粉钛钙型	平、平角焊	交流或直流正、反接		≥330	≥22
E4324	铁粉钛型					≥17
E4327	铁粉氧化铁型		交流或直流正接			≥22
E4328	铁粉低氢型		交流或直流反接			

续表

焊条型号	药皮类型	焊接位置	电源种类	力学性能		
				σ_b/MPa	σ_s/MPa	δ/%
E50 系列——熔敷金属抗拉强度≥490MPa(50kgf/mm²)						
E5001	钛铁矿型	平、立、仰、横	交流或直流正、反接	≥490	≥400	≥20
E5003	钛钙型					
E5011	高纤维素钾型	平、立、仰、横	交流或直流反接	≥490	≥400	≥20
E5014	铁粉钛型		交流或直流正、反接			≥17
E5015	低氢钠型		直流反接			≥22
E5016	低氢钾型		交流或直流反接			≥22
E5018	铁粉低氢型		直流反接		365~500	≥24
E5018M						
E5023	铁粉钛钙型	平、平角焊	交流或直流正、反接		≥400	≥17
E5024	铁粉钛型					
E5027	铁粉氧化铁型		交流或直流正接			
E5028	铁粉低氢型	平、立、仰、立向下	交流或直流反接			≥22
E5048						

注：1. 焊接位置栏中文字含义：平表示平焊；立表示立焊；仰表示仰焊；横表示横焊；平角焊表示水平角焊；立向下表示立向下焊。

    2. 直径≤4.0 mm 的E5014、E5015、E5016 和 E5018 焊条及直径≤5.0mm 的其他型号的焊条可适用于立焊和仰焊。

    3. E4322 型焊条适宜单道焊。

    4. 力学性能栏中符号含义：σ_b 表示抗拉强度，σ_s 表示屈服强度，δ 表示伸长率。

2）热强钢焊条（GB/T 5118—2012）

（1）焊条型号表示方法。

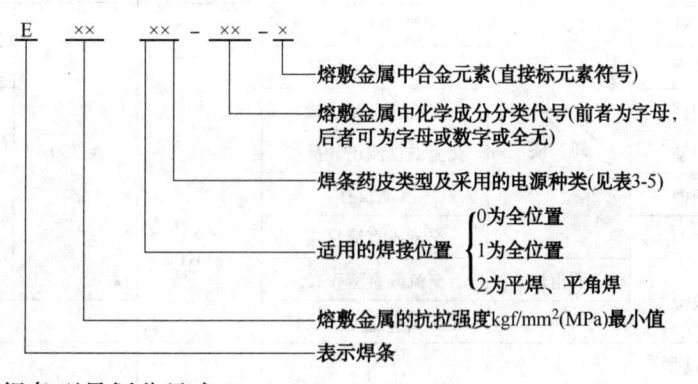

（2）热强钢焊条型号划分见表 3－5。

表3-5 热强钢焊条型号划分(GB/T 5118—2012)

焊条型号	药皮类型	焊接位置	电源种类	力学性能		
				σ_b/MPa	σ_s/MPa	δ/%
E50系列——熔敷金属抗拉强度≥490MPa(50kgf/mm²)						
E5003-X	钛钙型	平、立、仰、横	交流或直流正、反接	≥490	≥390	≥20
E5010-X	高纤维素钠型		直流反接			
E5011-X	高纤维素钾型		交流或直流反接			
E5015-X	低氢钠型		直流反接			≥22
E5016-X	低氢钾型		交流或直流反接			
E5018-X	铁粉低氢型					
E5020-X	高氧化铁型	平角焊	交流或直流正接			
		平	交流或直流正、反接			
E5027-X	铁粉氧化铁型	平角焊	交流或直流正接			
		平	交流或直流正、反接			
E55系列——熔敷金属抗拉强度≥540MPa(55kgf/mm²)						
E5500-X	特殊型	平、立、仰、横	交流或直流正、反接	≥540	≥440	≥16
E5503-X	钛钙型					
E5510-X	高纤维素钠型	平、立、仰、横	直流反接	≥540	≥440	≥17
E5511-X	高纤维素钾型		交流或直流反接			
E5513-X	高钛钾型		交流或直流正、反接			≥16
E5515-X	低氢钠型		直流反接			
E5516-X	低氢钾型		交流或直流反接			≥22
E5518-X	铁粉低氢型					
E60系列——熔敷金属抗拉强度≥590MPa(60kgf/mm²)						
E6000-X	特殊型	平、立、仰横	交流或直流正、反接	≥590	≥490	≥14
E6010-X	高纤维素钠型		直流反接			≥15
E6011-X	高纤维素钾型		交流或直流反接			
E6013-X	高钛钾型		交流或直流正、反接			≥14
E6015-X	低氢钠型		直流反接			
E6016-X	低氢钾型		交流或直流反接			≥15
E6018-X	铁粉低氢型					
E6018-M			直流反接			≥22
E70系列——熔敷金属抗拉强度≥690MPa(70kgf/mm²)						
E7010-X	高纤维素钠型	平、立、仰、横	直流反接	≥690	≥590	≥15
E7011-X	高纤维素钾型		交流或直流反接			
E7013-X	高钛钾型		交流或直流正、反接			≥13
E7015-X	低氢钠型		直流反接			
E7016-X	低氢钾型		交流或直流反接			≥15
E7018-X	铁粉低氢型					
E7018-M			直流反接			≥16

续表

焊条型号	药皮类型	焊接位置	电源种类	力学性能		
				σ_b/MPa	σ_s/MPa	δ/%
E75 系列——熔敷金属抗拉强度≥740MPa(75kgf/mm²)						
E7515 - X	低氢钠型	平、立、仰、横	直流反接	≥740	≥640	≥13
E7516 - X	低氢钾型		交流或直流反接			
E7518 - X	铁粉低氢型					
E7518 - M			直流反接			≥18
E80 系列——熔敷金属抗拉强度≥780MPa(80kgf/mm²)						
E8015 - X	低氢钠型	平、立、仰、横	直流反接	≥740	≥690	≥13
E8016 - X	低氢钾型		交流或直流反接			
E8018 - X	铁粉低氢型					
E85 系列——熔敷金属抗拉强度≥830MPa(85kgf/mm²)						
E8515 - X	低氢钠型	平、立、仰、横	直流反接	≥830	≥740	≥12
E8516 - X	低氢钾型		交流或直流反接			
E8518 - X	铁粉低氢型					
E8518 - M			直流反接			≥15
E90 系列——熔敷金属抗拉强度≥880MPa(90kgf/mm²)						
E9015 - X	低氢钠型	平、立、仰、横	直流反接	≥880	≥780	≥12
E9016 - X	低氢钾型		交流或直流反接			
E9018 - X	铁粉低氢型					
E100 系列——熔敷金属抗拉强度≥980MPa(100kgf/mm²)						
E10015 - X	低氢钠型	平、立、仰、横	直流反接	≥980	≥880	≥12
E10016 - X	低氢钾型		交流或直流反接			
E10018 - X	铁粉低氢型					

注：1. 后缀字母 X 代表熔敷金属化学成分分类代号，如 A1、B1、B2 等，详见标准。
　　2. 焊接位置栏中文字含义：平表示平焊；立表示立焊；仰表示仰焊；横表示横焊；平角焊表示水平角焊。
　　3. 直径≤4.0mm 的 E××15 - X、E××16 - X、E××18 - X 型焊条及直径≤5.0mm 的其他型号焊条可适用于立焊和仰焊。
　　4. 力学性能栏中符号含义：σ_b 表示抗拉强度，σ_s 表示屈服强度，δ 表示伸长率。

（3）热强钢焊条型号示例。

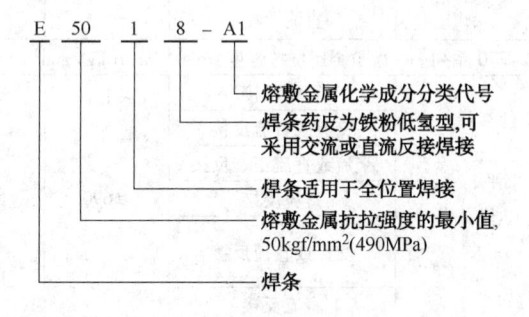

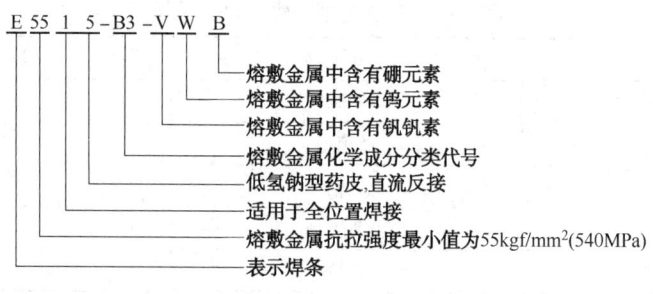

3）不锈钢焊条（GB/T 983—2012）

（1）焊条型号表示方法。

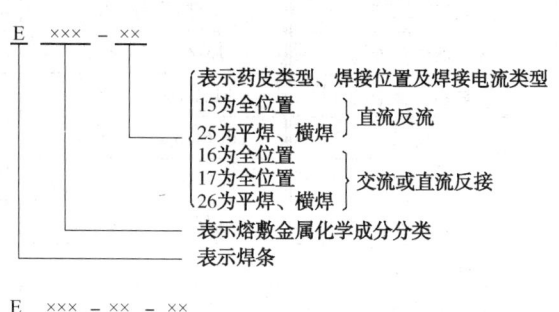

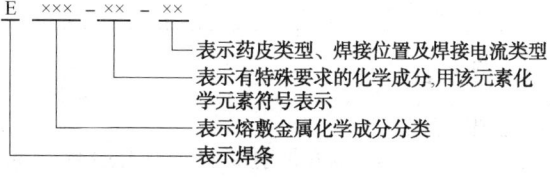

（2）不锈钢焊条型号示例。

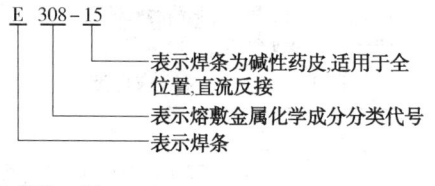

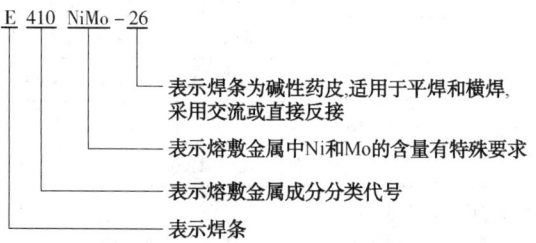

4）堆焊焊条（GB/T 984—2001）

（1）焊条型号及表示方法。

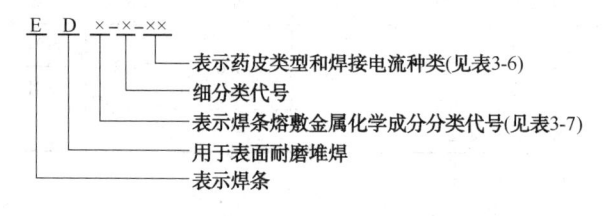

表3-6　药皮类型和焊接电流种类

型　　号	药皮类型	焊接电流种类
ED××-00	特殊性	交流或直流
ED××-03	钛钙型	
ED××-15	低氢钠型	直流
ED××-16	低氢钾型	交流或直流
ED××-08	石墨型	

表3-7　熔敷金属化学成分分类

型号分类	熔敷金属化学成分分类	型号分类	熔敷金属化学成分分类
EDP××-××	普通低中合金钢	EDZ××-××	合金铸铁
EDR××-××	热强合金钢	EDZCr××-××	高铬铸铁
EDCr××-××	高铬钢	EDCoCr××-××	钴基合金
EDMn××-××	高锰钢	EDW××-××	碳化钨
EDCrMn××-××	高铬锰钢	EDT××-××	特殊型
EDCrNi××-××	高铬镍钢	EDNi××-××	镍基合金
EDD××-××	高速钢		

(2) 碳化钨管状焊条型号及表示方法。

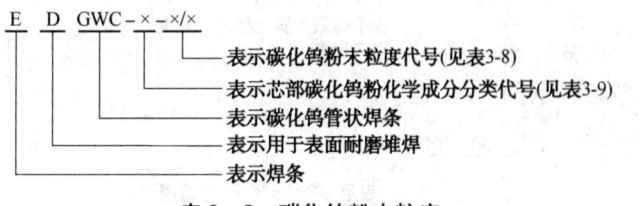

表3-8　碳化钨粉末粒度

型　　号	粒度分布
EDGWC×-12/30	1.70mm~600μm(-12目+30目)
EDGWC×-20/30	850~600μm(-20目+30目)
EDGWC×-30/40	600~425μm(-30目+40目)
EDGWC×-40	<425μm(-40目)
EDGWC×-40/120	425~125μm(-40目+120目)

注：1. 焊条型号中的"×"代表"1"或"2"或"3"。
　　2. 允许通过("-")筛网的筛上物≤5%，不通过("+")筛网的筛下物≤20%。

表3-9　碳化钨粉的化学成分　　　　　　　　　　　　单位:%

型　　号	C	Si	Ni	Mo	Co	W	Fe	Th
EDGWC1-××	3.6~4.2	≤0.3	≤0.3	≤0.6	≤0.3	≥94.0	≤1.0	≤0.01
EDGWC2-××	6.0~6.2					≥91.5	≤0.5	
EDGWC3-××	由供需双方商定							

（3）堆焊焊条型号示例。

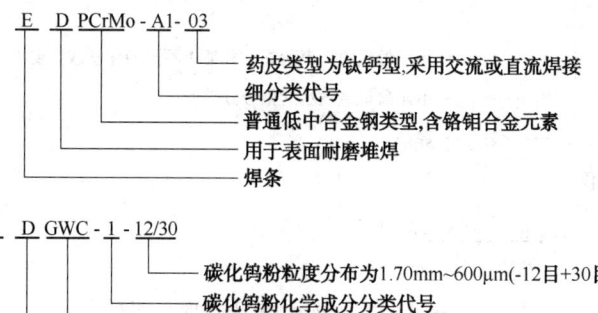

E　D PCrMo - A1 - 03
　　　　　　　　├── 药皮类型为钛钙型,采用交流或直流焊接
　　　　　　├── 细分类代号
　　　　├── 普通低中合金钢类型,含铬钼合金元素
　　├── 用于表面耐磨堆焊
├── 焊条

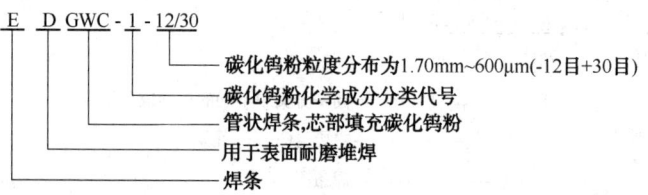

E　D GWC - 1 - 12/30
　　　　　　├── 碳化钨粉粒度分布为1.70mm～600μm(-12目+30目)
　　　　├── 碳化钨粉化学成分分类代号
　　├── 管状焊条,芯部填充碳化钨粉
　├── 用于表面耐磨堆焊
├── 焊条

5）铸铁焊条（GB 10044—2006）

（1）焊条型号表示方法。

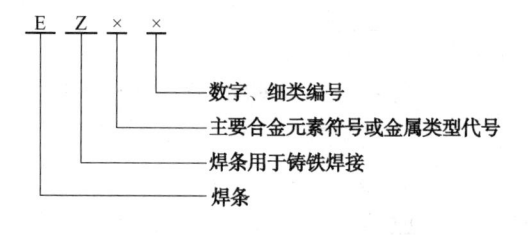

E　Z　×　×
　　　　├── 数字、细类编号
　　├── 主要合金元素符号或金属类型代号
　├── 焊条用于铸铁焊接
├── 焊条

（2）焊条型号示例。

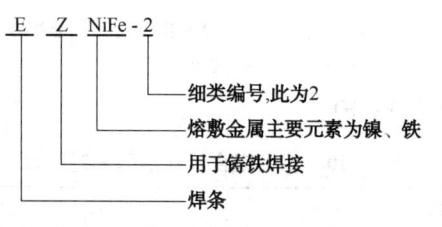

E　Z　NiFe - 2
　　　　├── 细类编号,此为2
　　├── 熔敷金属主要元素为镍、铁
　├── 用于铸铁焊接
├── 焊条

6）镍及镍合金焊条（GB/T 13814—2008）

（1）焊条型号表示方法。

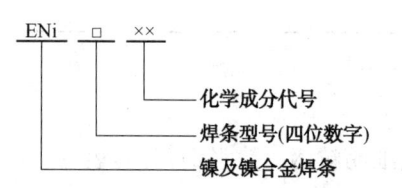

ENi　□　××
　　　　├── 化学成分代号
　　├── 焊条型号(四位数字)
├── 镍及镍合金焊条

（2）焊条型号示例。

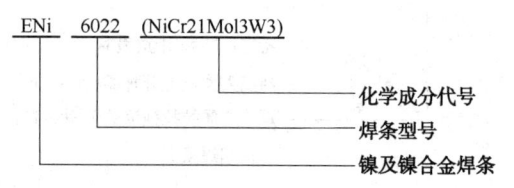

ENi　6022　(NiCr21Mol3W3)
　　　　　　├── 化学成分代号
　　　├── 焊条型号
├── 镍及镍合金焊条

7）铜及铜合金焊条（GB/T 3670—1995）

（1）焊条型号表示方法。

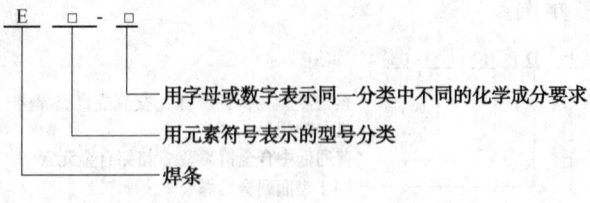

（2）焊条型号示例。

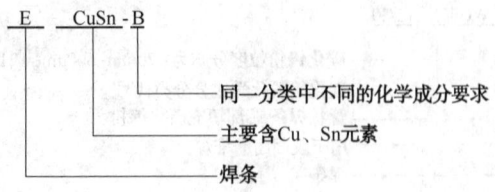

8）铝及铝合金焊条（GB/T 3669—2001）

（1）焊条型号表示方法。

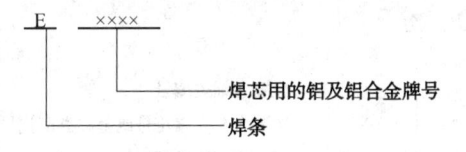

（2）焊条型号示例。

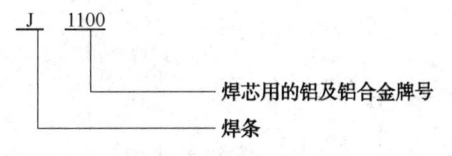

（3）新旧型号对照表见表 3 – 10。

表 3 – 10　铝及铝合金新旧型号对照表

GB/T 3669—1983	GB/T 3669—2001
TAl	E1100
TAlMn	E3003
TAlSi	E4043

3. 常用焊条的牌号

1）结构钢焊条

（1）结构钢（非合金钢及细晶粒钢、热强钢）牌号表示（编制）方法

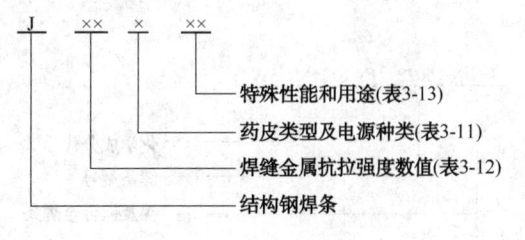

表 3 – 11　焊条药皮类型及电源种类

焊条牌号	药皮类型	焊接电源种类
J × ×0	不属于已规定的类型	不规定
J × ×1	氧化钛型	直流或交流
J × ×2	钛钙型	
J × ×3	钛铁矿型	
J × ×4	氧化铁型	
J × ×5	纤维素型	
J × ×6	低氢钾型	
J × ×7	低氢钠型	直流
J × ×8	石墨型	交流或直流
J × ×9	盐基型	直流

表 3 – 12　焊缝金属抗拉强度数值

焊条牌号	焊缝金属抗拉强度数值		焊条牌号	焊缝金属抗拉强度数值	
	MPa	kgf/mm^2		MPa	kgf/mm^2
J42 ×	420	42	J70 ×	690	70
J50 ×	490	50	J75 ×	740	75
J55 ×	540	55	J85 ×	830	85
J60 ×	590	60	J100 ×	980	100

表 3 – 13　焊条牌号中具有某些特殊性能字母符号的意义

字母符号	表示意义	字母符号	表示意义
D	底层焊条	H	超低氢焊条
DF	低尖焊条	RH	高韧性超低氢焊条
Fe	高效铁粉焊条	LMA	低吸潮焊条
Fe15	高效铁粉焊条，焊条名义熔敷效率150%	SL	渗铝钢焊条
G	高韧性焊条	X	向下立焊用焊条
GM	盖面焊条	XG	管子用向下立焊焊条
R	压力容器用焊条	Z	重力焊条
GR	高韧性压力容器用焊条	Z16	重力焊条，焊条名义熔敷效率160%

（2）结构钢焊条牌号示例。

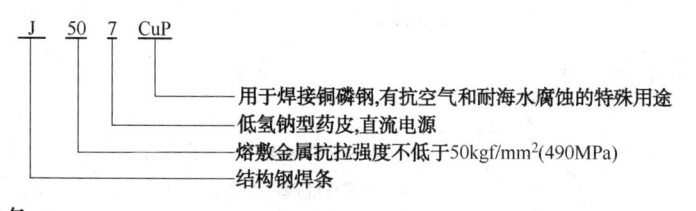

J　50　7　CuP
用于焊接铜磷钢,有抗空气和耐海水腐蚀的特殊用途
低氢钠型药皮,直流电源
熔敷金属抗拉强度不低于50kgf/mm^2（490MPa）
结构钢焊条

2）不锈钢焊条

（1）不锈钢焊条牌号表示（编制）方法。

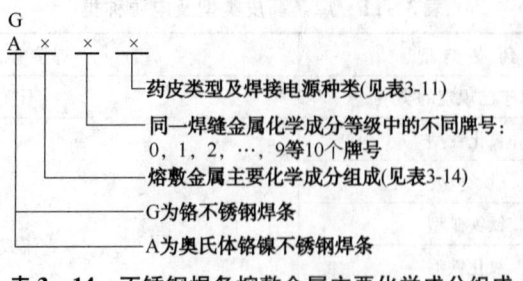

表 3 – 14　不锈钢焊条熔敷金属主要化学成分组成

焊 条 牌 号	熔敷金属主要化学成分组成	焊 条 牌 号	熔敷金属主要化学成分组成
G2 × ×	$w(Cr)$ 约为 13%	A4 × ×	$w(Cr)$ 为 26%，$w(Ni)$ 为 21%
G3 × ×	$w(Cr)$ 约为 17%	A5 × ×	$w(Cr)$ 为 16%，$w(Ni)$ 为 25%
A0 × ×	$w(C) \leq 0.04\%$（超低碳）	A6 × ×	$w(Cr)$ 为 16%，$w(Ni)$ 为 35%
A1 × ×	$w(Cr)$ 为 19%，$w(Ni)$ 为 10%	A7 × ×	铬锰氮不锈钢
A2 × ×	$w(Cr)$ 为 18%，$w(Ni)$ 为 12%	A8 × ×	$w(Cr)$ 为 18%，$w(Ni)$ 为 18%
A3 × ×	$w(Cr)$ 为 23%，$w(Ni)$ 为 13%	A9 × ×	待发展

（2）不锈钢焊条牌号示例。

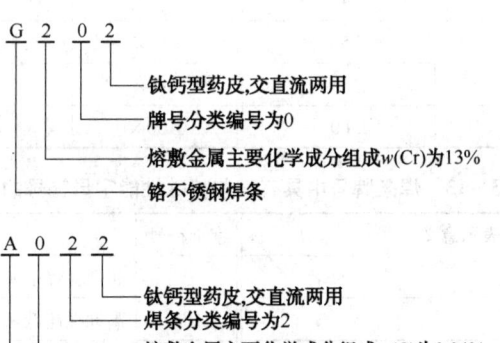

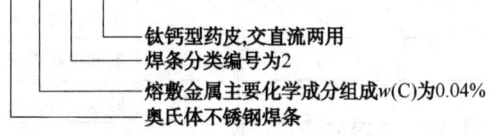

3）堆焊焊条

（1）堆焊焊条牌号表示方法。

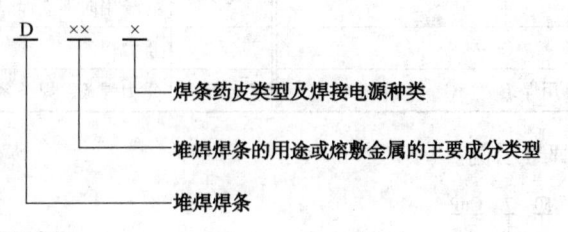

（2）堆焊焊条牌号示例。

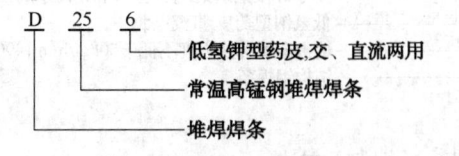

4）铸铁焊条

（1）铸铁焊条牌号表示方法。

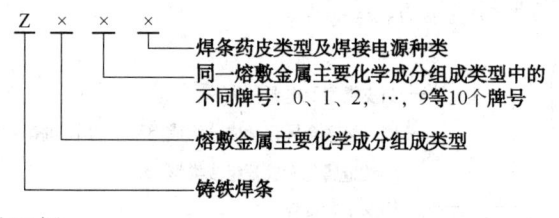

（2）铸铁焊条牌号示例：

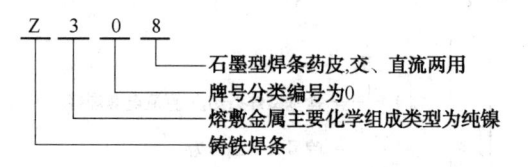

5）镍及镍合金焊条

（1）镍及镍合金焊条牌号表示方法。

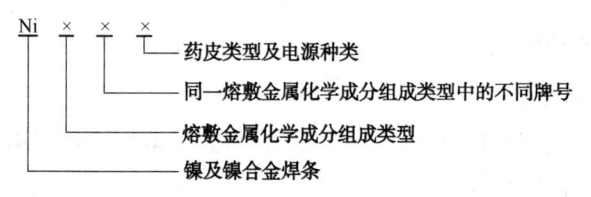

（2）镍及镍合金焊条牌号示例。

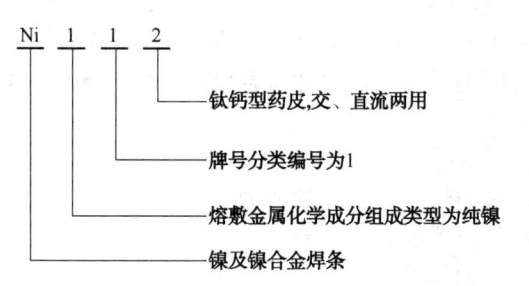

6）铜及铜合金焊条

（1）铜及铜合金焊条牌号表示方法。

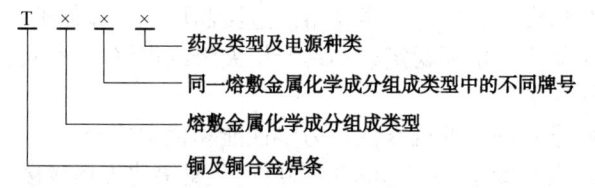

（2）铜及铜合金焊条牌号示例。

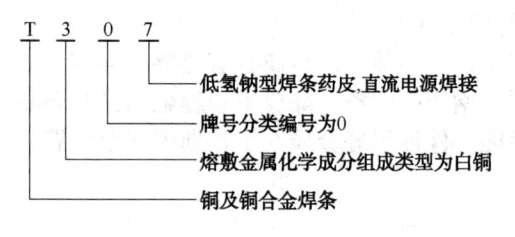

7）铝及铝合金焊条

（1）铝及铝合金焊条牌号表示方法。

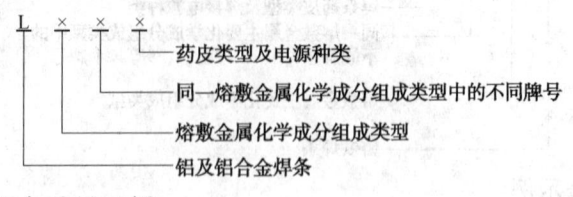

（2）铝及铝合金焊条牌号示例。

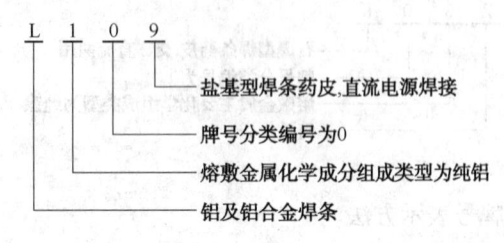

三、焊条的选用及管理

1. 对焊条的基本要求

焊条在焊接过程中应具有良好的工艺性能，保证焊后焊缝金属具有所需的力学、化学或特殊性能。为此，对焊条提出如下要求：

1）焊条应具有良好的内外质量

（1）药皮粉末应混合均匀，与药芯黏结牢靠，表面光洁、无裂纹、无脱落和气泡等缺陷。

（2）焊条磨头、磨尾应圆滑干净、尺寸符合要求，焊芯无锈，具有一定的耐湿性，有识别焊条的标志等。

2）焊条应满足焊接工艺性能

（1）焊条应具有良好抗裂性及抗气孔的能力。

（2）焊条应能适应各种位置的焊接需要。

（3）焊条应符合低烟尘和低毒要求。

（4）应容易引燃电弧，在焊接过程中电弧燃烧平稳，再引弧容易。

（5）药皮应均匀熔化，无成块脱落现象。药皮的熔化速度应稍慢于焊芯的熔化速度，使焊条熔化端能形成喇叭形套筒，有利于金属熔滴过渡和形成气体保护。

（6）焊接过程应飞溅小，电弧稳定，不易产生夹渣或焊缝成形不良等工艺缺陷，且熔渣清除容易。

（7）保证熔敷金属具有一定的抗裂性、力学性能和化学成分。

（8）焊缝射线探伤应不低于 GB/T 3323—2005《金属熔化焊焊接接头射线照相》所规定的二级标准。

3）焊条应满足接头的使用性能

（1）对结构钢用的焊条，必须使焊缝金属具有足够的强度和韧性；

（2）对于不锈钢和耐热钢用的焊条，除要求焊缝金属具有必要的强度和韧性外，还要求有足够的耐蚀性和耐热性能，保证焊缝金属在工作期内安全可靠。

2. 焊条的选择

1）焊条的选用原则

（1）按焊缝金属的使用性能要求选用。

对于结构钢工件，在同种钢焊接时，按与钢材抗拉强度相等的原则选用焊条；异种钢焊接时，按强度较低一侧的钢材选用；耐热钢焊接时，不仅要考虑焊缝金属室温性能，更主要的是根据焊缝金属高温性能进行选择；不锈钢焊接时，要保证焊缝成分与母材成分相适应，进而保证焊接接头的特殊性能。

（2）按工件的工作条件选用。

对于在高温或低温条件下工作的工件，应选用耐热钢焊条或低温钢焊条；要求耐磨、耐擦伤的工件，应选用具有常温或高温硬度和良好的抗擦伤、抗氧化性等性能的焊条；接触腐蚀介质的工件，应选用不锈钢焊条或其他耐腐蚀焊条；承受振动载荷 或冲击载荷的工件，除保证抗拉强度外，还应选用塑性和韧性较高的低氢型焊条；对于只承受静载荷的工件，只要选用抗拉强度与母材相当的焊条即可。

（3）按工件的形状、刚度和焊接位置等因素选用。

结构复杂、刚度大的工件，由于焊缝金属收缩时，产生的应力大，故应选用塑性较好的焊条；同一种焊条，在选用时不仅要考虑力学性能，还要考虑焊接接头形状的影响。因为，当焊接对接焊缝时，若强度和塑性适中，在焊接角焊缝时，强度就会偏高而塑性就会偏低；对于焊接部位难以清理干净的工件，应选用氧化性强，对铁锈、油污等不敏感的酸性焊条，以保证焊缝的质量。

（4）按焊缝金属的抗裂性选用。

工件刚度较大，母材中碳、硫、磷含量偏高或外界温度偏低时，工件容易出现裂纹，焊接时最好选用抗裂性较高的碱性焊条。

（5）按焊条操作工艺性选用。

焊接过程中，电弧应当稳定，飞溅少，焊缝成形整齐匀称，熔渣容易脱落，而且适用于全位置焊接。在酸性焊条和碱性焊条都可以满足要求的地方，应尽量采用操作工艺性好的酸性焊条，但首先得保证焊缝的使用性和抗裂性要求。

（6）按设备及施工条件选用。

在没有直流电焊机的情况下，不宜选择限用直流电源的焊条，而应选用交直流两用的低氢型焊条；当焊件不能翻转而必须进行全位置焊接时，则应选用能适合各种条件下空间位置焊接的焊条。例如，立焊和仰焊时，建议按钛型药皮类型、钛铁矿药皮类型的焊条顺序选用；在密闭的容器内或狭窄的环境进行焊接时，除考虑加强通风外，还要尽可能地避免使用碱性低氢型焊条，因为这种焊条在焊接过程中会放出大量有害气体和粉尘。对某些焊件（如珠光体耐热钢），需焊后热处理而受施工条件限制不能热处理时，可选用特殊焊条，以避免施焊后进行热处理。

（7）按经济合理性选用。

在同样能保证焊缝性能要求的条件下，应当选用成本较低的焊条，如钛铁矿型焊条的成本比钛钙型焊条低得多；在保证性能的前提下，应选用钛铁矿型焊条；在满足使用性能和操作性能的前提下，应适当选用规格大、效率高的焊条。

2）常用国产焊条的选择

（1）结构钢焊条的选择。碳钢的焊接是被焊金属中量最大、覆盖面最广的一种。碳钢焊条的焊缝强度通常小于540MPa，在碳钢焊条国家标准中只有 E43 系列和 E50 系列两种型号。目前焊接中大量使用的是 490MPa 级以下的焊条。

常用的结构钢焊条牌号和主要用途，可参见表 3 – 15。

表 3 - 15　常用结构钢焊条牌号及主要用途

牌　号	型　号	焊接电源	主要用途
J422	E4303	交直流	焊接低碳钢结构和同等级的低合金钢
J422Fe			
J422Fe13	E4323		焊接较重要的低碳结构钢
J426	E4316		
J427	E4315	直流	焊接重要的低碳钢及某些低合金钢，如 Q235、20R、20g
J427Ni			
J502	E5003	交直流	焊接 16Mn 及同等级低合金钢一般结构
J502Fe			
J506	E5016		焊接中碳钢及重要的低合金钢结构，如 16Mn
J507	E5015	直流	焊接中碳钢及 16Mn 等重要的低合金钢结构
J507H			
J507r	E515 - G		用于压力容器的焊接

（2）不锈钢焊条的选择。

① 铬不锈钢焊条。铬不锈钢焊条主要用于铬不锈钢的焊接。常用铬不锈钢焊条及主要用途见表 3 - 16。

表 3 - 16　常用铬不锈钢焊条牌号及主要用途

牌　号	型　号	焊接电源	用　途
G202	E410 - 16	交直流	焊接 06Cr13、12Cr13 钢及耐磨、耐蚀表面的堆焊
G207	E410 - 15	直流	
G302	E430 - 16	交直流	焊接 12Cr12 不锈钢
G307	E430 - 15	直流	
G217	—	直流	焊接 06Cr13、12Cr13、20Cr13 和耐磨、耐蚀表面的堆焊

② 奥氏体不锈钢焊条。奥氏体不锈钢焊条除用于焊接相应的奥氏体不锈钢外，还作为修复复合钢、异种钢、淬火倾向大的碳钢和高铬钢的焊接。常用奥氏体不锈钢焊条牌号及主要用途见表 3 - 17。

表 3 - 17　常用奥氏体不锈钢焊条牌号及主要用途

牌　号	型　号	焊接电源	用　途
A002	E308L - 16	交、直流	焊接超低碳不锈钢，如合成纤维、化肥、石油等设备
A022	E316L - 16		焊接尿素、合成纤维设备
A032	E317MoCuL - 16		在稀、中浓硫酸介质中的超低碳不锈钢设备
A042	E309MoL - 16		焊接尿素塔衬板及堆焊超低碳不锈钢
A062	E309L - 16		焊接石油、化工设备的同类不锈钢及异种钢
A102	E308 - 16		焊接工作温度低于 300℃ 的 06Cr19Ni10 不锈钢
A107	E308 - 15	直流	

续表

牌　号	型　号	焊接电源	用　途
A132	E347 - 16	交、直流	焊接耐腐慢、含钛稳定的 06Cr18Ni11Ti 不锈钢
A137	E347 - 15	直流	
A202	E316 - 16	交、直流	焊接 06Cr18Ni12Mo2Cu2 不锈钢结构，如在有机、无机酸介质中的设备
A207	E316 - 15	直流	
A212	E316Nb - 16	交、直流	焊接重要的 06Cr17Ni12Mo2 不锈钢设备
A302	E309 - 16		焊接同类型不锈钢或异种钢
A307	E309 - 15	直流	
A312	E309Mo - 16	交、直流	焊接耐流酸介质的不锈钢结构
A402	E310 - 16		焊接高温耐热不锈钢及 Cr5Mo、Cr9Mo、Cr13 等，也可用于焊接异种钢
A412	E310Mo - 16		焊接高温条件下耐热不锈钢及异种钢
A432	E310H - 16		焊接 HK - 40 耐热不锈钢
A502	E16 - 25MoN - 16		焊接淬火状态的低合金钢或中合金钢
A507	E16 - 25MoN - 15	直流	
A607	E330MoMnWNB - 15	直流	用于 850～900℃ 下工作的耐热不锈钢

（3）钼和铬耐热钢焊条的选择。钼和铬耐热钢焊条主要用于焊接珠光体耐热钢，常用的耐热钢焊条牌号及主要用途见表 3 - 18。

表 3 - 18　常用耐热钢焊条牌号及主要用途

牌号	型　号	焊接电源	用　途
R107	E5015 - A1	直流	用于工作温度 510℃ 以下的 15Mo 等耐热钢焊接
R202	E5503 - B1	交直流	用于工作温度 510℃ 以下的 12CrMo 等耐热钢焊接
R207	E5515 - B1	直流	
R307	E5515 - B2		用于工作温度 520℃ 以下的 15CrMo 等耐热钢焊接
R312	E5503 - B2 - V	交直流	用于工作温度 540℃ 以下的 12CrMoV 等耐热钢焊接，如锅炉管道等
R317	E5515 - B2 - V	直流	
R407	B6015 - B3		用于 Cr2.5Mo 珠光体耐热钢的焊接
R507	E502 - 15		用于 Cr5MoV 等珠光体耐热钢的焊接

（4）堆焊焊条的选择。堆焊的目的是在工件表面熔敷一层特殊合金，以提高工件的耐磨、耐蚀或耐热性能。堆焊时，应根据工况条件，正确选择堆焊焊条。常用堆焊焊条的牌号及主要用途见表 3 - 19。

表 3 - 19　常用堆焊焊条牌号及用途

序号	牌　号	型　号	用　途
1	D102	EDPMn2 - 03	堆焊或修复低碳、中碳及低合金钢磨损件表面
2	D106	EDMn2 - 16	
3	D107	EDPMn2 - 15	

续表

序号	牌　　号	型　　号	用　　途
4	D112	EDPCrMo – Al – 03	用于受磨损的低碳钢、中碳钢或合金钢表面堆焊
5	D126	EDPMn3 – 16	堆焊受磨损的中、低碳钢或低合金钢的表面
6	D127	EDPMn3 – 15	
7	D132	EDPCrMo – A2 – 03	受磨损的低、中碳钢或低合金钢机件表面堆焊，适于矿山机械与农业机械磨损件的堆焊与修复
8	D146	EDPMn4 – 16	堆焊各种受磨损的碳钢件表面及碳钢道岔
9	D156	—	用于轧钢机零件的堆焊
10	D167	EDPMn6 – 15	农业、建筑机械等的磨损部分的堆焊
11	D172	EDPCrMo – A3 – 03	堆焊齿轮、挖泥斗、拖拉机刮板、深耕铧犁、矿山机械等磨损件
12	D212	EDPCrMo – A4 – 03	堆焊齿轮、挖泥斗、矿山机械等磨损机件
13	D237	EDPCrMoV – Al – 15	堆焊受泥沙磨损和气蚀破坏的水力机械、挖泥斗、矿山机械等
14	D207	EDPCrMnSi – 15	堆焊推土机刀片、螺旋桨等磨损零件
15	D227	EDPCrMoV – A2 – 15	堆焊可承受一定冲击载荷的耐磨件，如掘进机盘形滚刀等
16	D502	EDCr – Al – 03	堆焊工作温度在450℃以下的碳钢或合金钢的轴及阀门等
17	D506	EDCr – Al – 16	
18	D507	EDCr – Al – 15	
19	D507Mo	EDCr – A2 – 15	堆焊工作温度在510℃以下的中温高压截止阀密封面
20	D507MoNb	—	堆焊工作温度在450℃以下的中、低阀门密封面
21	D512	EDCr – B – 03	堆焊碳钢或低合金钢的轴、过热蒸汽用阀件、搅拌机桨、螺旋输送机叶片等
22	D516M	EDCrMn – A – 16	堆焊工作温度在450℃以下的受水、蒸汽、石油介质作用下的部件，如25铸钢、高中压阀门密封面
23	D516MA		
24	D517	EDCr – B – 15	堆焊碳钢或低合金钢的轴、过热蒸汽用阀件、搅拌机桨、螺旋输送机叶片等
25	G202	E410 – 16	耐腐蚀、耐磨表面堆焊
26	G207	E410 – 15	
27	G217	—	
28	D307	EDD – D – 15	堆焊刃口及修复的刀具等
29	D317	EDRCrMoV – A3 – 15	堆焊冲模，一般切削刀具等
30	D322	EDRCrMoV – A1 – 03	堆焊冲模及切削刃具，兼用于修复要求零件耐磨性能较高的零件
31	D327	EDRCrMoV – A1 – 15	
32	D327A	EDRCrMoV – A2 – 15	
33	D337	EDRCrW – 15	堆焊和修复钢锻模
34	D397	EDRCrMnMo – 15	堆焊和修复钢热锻模
35	D017	—	铸铁、合金铸铁切边模具刃口的堆焊及焊补
36	D207	—	各种大中型冲裁修边模的剪切刃口的模具堆焊和修复

序号	牌 号	型 号	用 途
37	D036	—	制造和修复冲模
38	D256	EDMn – A – 16	堆焊各种破碎机、高锰钢轨、道岔、推土机等受冲击而易磨损部分
39	D266	EDMn – B – 16	
40	D276	EDCrMn – B – 16	堆焊水轮机受汽蚀破坏的零件
41	D277	EDCrMn – B – 15	
42	D547	EDCrNi – A – 15	570℃以下蒸汽阀门堆焊
43	D547Mo	EDCrNi – B – 15	600℃以下蒸汽阀门堆焊
44	D557	EDCrNi – C – 15	
45	D567	EDCrMn – D – 15	堆焊工作温度低于350℃中温中压球墨铸铁阀门密封面
46	D577	EDCrMn – C – 15	堆焊工作温度在510℃以下的中温高压截止阀门密封面
47	D608	EDZ – A1 – 08	堆焊农业机械、矿山设备等承受砂粒磨损与轻微冲击零件
48	D678	EDZ – B1 – 08	堆焊矿山和破碎机零件等受磨粒磨损零部件
49	D698	EDZ – B2 – 08	堆焊矿山机械和泥浆泵
50	D618	—	堆焊承受轻微的冲击载荷，但要求具有良好抗磨粒磨损性能的耐磨表面
51	D628	—	承受轻度冲击载荷的磨料磨损零件
52	D642	EDZCr – B – 03	堆焊常温和高温耐磨耐腐蚀工作条件的零件
53	D646	EDZCr – B – 16	
54	D667	EDZCr – C – 15	堆焊要求耐强烈磨损、耐腐蚀和耐汽蚀的场合
55	D687	EDZCr – D – 15	堆焊要求耐磨损的场合

（5）铸铁焊条的选择。铸铁焊条要根据铸铁材料种类，焊后是否切削加工等要求进行选择。常用的焊条牌号及主要用途见表 3 – 20。

表 3 – 20　铸铁焊条牌号及主要用途

牌 号	型 号	焊缝金属类型	用 途
Z100	EZFe	碳钢	一般非加工面灰口铸铁焊补
Z116	ZV	高钒钢	高强度灰口铸铁及球墨铸铁焊补
Z117			
Z208	EZC	铸铁	一般灰口铸铁焊补
Z238	EZCQ	球墨铸铁	球墨铸铁焊补
Z248	EZC	铸铁	灰口铸铁焊补
Z258	EZCQ	球墨铸铁	球墨铸铁焊补
Z308	EZNi – 1	纯镍	重要灰口铸铁焊补
Z408	EZNiFe – 1	镍铁合金	高强度灰口铸铁焊补
Z508	EZNiCu	镍铜合金	强度不高的灰口铸铁焊补
Z607	EZFeCu	铜铁混合	一般灰口铸铁非加工面的焊补
Z612	—		

（6）低温钢焊条的选择。低温钢焊条主要为了提高焊缝金属的低温韧性，常用的国产低温钢焊条牌号及用途见表 3 - 21。

表 3 - 21　常用国产低温钢焊条牌号及主要用途

牌　　号	型　　号	主要用途
W707	—	焊接 70℃ 的 09Mn2V 钢及 09MnTiCuRe 钢
W707Ni	E5515C1	焊接 70℃ 的 3.5Ni 钢及 0.6MnVA1 钢
W907Ni	E5515C2	焊接 90℃ 的 06A1NbCuN 钢及 3.5Ni 钢
W107Ni	—	焊接 100℃ 的 06A1NbCuN 钢、06MnNb 钢及 3.5Ni 钢

（7）特殊用途焊条的选择。国产常用的特殊用途焊条及用途见表 3 - 22。

表 3 - 22　国产常用的特殊用途焊条及用途

名称	牌　　号	特　　征	主要用途
水下焊焊条	TS202	焊条药皮有抗水外层，采用直流电源，能在淡水和海水中进行全位置焊接	专供水下焊接一般结构钢
水下割条	TS304	空心的钢管外涂一层稳弧剂，中心小孔用来通入氧气，采用直流反接。可长期放置在淡水及海水中，药皮不脱落，适用于水下全位置切割	水下电弧 - 氧割条
开槽割条	TS404	一种氧化铁型药皮的开槽割条，交直流两用，电弧吹力大，割槽较光洁，熔渣易清理。开槽时，割条与工件直接接触，并保持 10° ~ 20° 倾角，当铁水熔化到一定程度，割条应在槽内作前后移动，以利于吹走铁水	铸铁件的修补开槽，也可用于合金钢、含碳量大于 0.45% 的中碳钢等清除缺陷，焊补前开坡口及刨掉耐磨待焊的疲劳层
铁锰铝焊条	TS607	低氢钠型药皮，采用直流反接电源，焊接工艺性良好，焊缝具有抗高温氧化，抗硫腐蚀性能	用于焊接高温抗硫腐蚀的含铝钢
高硫堆焊焊条	TS700	采用硫化铁型药皮，含硫量高（S 含量 4.0% ~ 4.4%），可交直流两用。堆焊时，采用上坡堆焊，以阻止熔池铁水流动	堆焊专用焊条，主要用于滑动或摩擦面的堆焊

3. 焊条的使用

1）使用前的检查

（1）焊条必须有生产厂的质量合格证，凡无质量合格证或对其质量有怀疑时，应按批抽查试验。

（2）对重要的焊接结构进行焊接时，焊前应对所选用的焊条进行性能鉴定。

（3）对于存放较久的焊条，焊前应进技术鉴定，符合要求方可使用。

（4）如发现焊条内部有锈迹，必须经试验、鉴定合格后方可使用。

（5）如果焊条药皮受潮严重，应进行烘干后使用。

（6）对于药皮脱落的焊条，应作报废处理。

2）焊条的烘干

焊条使用前一般应按说明书规定的烘焙温度进行烘干。焊条的烘干应注意以下事项：

（1）纤维素型焊条的烘干，使用前应在 100 ~ 200℃ 温度下烘干 1h。注意温度不可过高，否则纤维素易烧损。

（2）酸性焊条烘干要根据受潮情况，在 70～150℃ 温度下烘干 1～2h，如果储存时间短而且包装完好，用于一般的钢结构焊接时，使用前可不再烘干。

（3）碱性焊条一般在 350～400℃ 温度下烘干 1～2h。如果所焊接的低合金钢易产生冷裂时，烘干温度可提高到 400～450℃，并放在 100～150℃ 保温箱（筒）中随用随取。

（4）烘干焊条时，要在炉温较低时放入焊条，逐渐升温。也不可从高温炉中直接取出焊条，须待炉温降低后再取出，以防止由于将冷焊条放入高温烘箱或急速冷却而发生药皮开裂。

（5）烘干焊条时，焊条不应成垛或成捆地堆放，应铺放成层状，焊条堆放不能太厚，一般 1～3 层。

（6）低氢焊条一般在常温下超过 4h 应重新烘干（在低温烘箱中恒温保存者除外），重复烘干次数不宜超过三次。

3）焊条使用注意事项

（1）严格按照图样和工艺规程要求检查焊条牌号、规格和烘干等是否与要求相符。

（2）按焊条说明书要求，正确地选择所用电源、极性接法、焊接参数及适宜的操作方法。

（3）施焊过程中，发现异常情况，应立即停焊，报请有关部门处理。

4. 焊条的管理

1）焊条的储存管理

（1）焊条堆放时应按类型、牌号、批次、规格、入库时间分类存放。每垛应有明确标注并与焊条生产厂家质量合格证及入厂复验合格证相统一，统一备案在库房台账中。

（2）焊条必须在干燥、通风良好的室内仓库中存放。焊条储存室内，应设置温度计、湿度计。低氢焊条储存室内温度 ≥5℃，相对空气湿度应 <60%。露天操作时，夜间必须将焊条妥善保管，不允许露天放在外边。

（3）焊条应存放在架子上，架子离地面高度距离和离墙壁距离均应不小于 300mm。架子下面应放置干燥剂，严防焊条受潮。

（4）焊条在供给使用单位之后，至少在六个月之内可保证继续使用，焊条发放应做到先入库的焊条先使用。

（5）受潮或包装损坏的焊条未经处理，以及复验不合格的焊条，不允许入库。

（6）对于受潮、药皮变色、焊芯有锈迹的焊条，需经烘干后进行质量评定，各项性能指标合格，方可入库，否则不准入库。

（7）存放一年以上的焊条，在发放前应重新做各种性能试验，符合要求时方可发放，否则不应出库。

（8）重要焊接工程使用的焊条，特别是低氢型焊条或专用焊条，最好储存在保持一定温度和湿度的专用仓库内，建议温度 10～25℃，相对湿度 <50%。

（9）焊条是一种陶质产品，进行装、卸货时应轻拿轻放；用袋盒包装的焊条，不得用挂钩进行搬运，以防止焊条及其包装受损伤。

（10）应建立严格的焊条发放制度，对焊条的来龙去脉应做好记录，防止错发误领。

2）焊条在施工中的管理

施工中的焊条必须由专人负责，凭焊条支领单由库房中领取，支领单应写有支领人姓名、支领的焊条型(牌)号、焊条直径、领取数量、支领焊条基层单位负责人签字、支领日期、入库日期等。

　　焊条在使用前应进行烘干，烘干时应填写焊条烘干记录。记录单据的主要内容有焊条生产厂家、烤条型(牌)号、焊条生产批次、焊条直径、烘干温度、烘干时间、烘干焊条数量、烘干责任人签字、烘干检验人签字，此单据一式三份备案。焊工领取焊条时，应向焊条基层保管者索要烘干合格的记录单据，没有烘干记录单据的焊条，焊工不得领用。焊工领用烘干后的焊条，应将焊条放入焊条保温筒内，保温筒内只允许装一种型(牌)号的焊条，不允许多种型(牌)号焊条混装，以免在焊接施工中用错焊条，造成焊接质量事故。焊工每次领取焊条最多不能超过 5kg，剩余焊条必须交车间材料室或施工现场材料组保温箱内妥善保管。低氢型焊条次日使用前应再次烘干。

　　3) 过期焊条的处理

　　所谓"过期"，并不是指存放时间超过某一时间界限，而是指质量发生了程度不同的变化(变质)。保管条件好的，可以多年不变质。

　　(1) 对存放多年的焊条应进行工艺性能试验。试验前，碱性低氢型焊条应在 300℃左右经 1~2h 烘干，酸性焊条在 150℃左右烘干 1~2h。工艺性能试验时，药皮没有成块脱落，碱性低氢型焊条没有出现气孔，则焊接接头的力学性能一般是可以保证的。

　　(2) 焊条焊芯有轻微锈迹，基本上不会影响力学性能，但低氢型条不宜用于重要结构的焊接。

　　(3) 低氢型焊条锈迹严重或药皮有脱落现象，可酌情降级使用或用于一般构件焊接，如有条件，可按国家标准试验其力学性能，然后再决定其是否降级。

　　(4) 各类焊条严重变质，不再允许使用。应除去药皮，焊芯可设法清洗回用。

四、专用焊条

　　1. 重力焊条

　　重力焊是采用重力焊机架进行半机械化焊接的方法，重力焊条有 J422FeZ、J421Z16、J422Z13、J502Z、J503Z、J503FeZ、J503Fe、J501Fe18 等。

　　重力焊条的尺寸一般为直径 $\phi 4 \sim \phi 8$，长度可达 500~900mm，主要用于低碳钢和低合金钢的焊接。

　　2. 高效铁粉焊条

　　该焊条是在焊条药皮中加入 30% 以上的铁粉，并适当加大药皮厚度，以改善焊条的焊接工艺性能的焊条。

　　高效铁粉焊条按药皮类型不同，可分为铁矿型、铁粉钛型、铁粉氧化铁型、铁粉低氢型。

　　高效铁粉焊条主要用于平焊、横角焊及船形焊。

　　3. 立向下专用焊条

　　立向下焊条的牌号表示方法是在原来焊条牌号后面加字母"X"，这种焊条主要有两类：

　　一类为低碳钢，"J506X"、"J421X"是纤维素型药皮类型的立向下焊条，专门用于薄板结构的对接、角接及搭接焊；

　　另一类为低合金钢，"J506X"、"J507X"是低氢型药皮类型的立向下焊条，这类焊条具有良好的抗裂性能，适用于造船、建筑、车辆、电站、机械构件的角接和搭接焊接。

4. 管道焊接专用焊条

常用的管道焊接专用焊条有钛钙型药皮的 J422G、纤维素型的 J505、低氢型的 J507XG 等，主要用于管道焊缝的根焊、热焊、填充焊及盖面焊等。

5. 其他专用焊条

盖面焊条是在坡口中进行多层焊时，用做最后一道表面焊缝，以改善焊缝外观成形和接头性能。常用的盖面焊条有 J422GM、J506GM 等。

此外，专用焊条还有在窄坡口中脱渣性特别好的打底焊条；再引弧性及焊缝抗裂性优良的定位焊条；可使用夹具进行低角度接触式焊接的接触焊条等。

第二节　焊　　丝

焊丝用作焊条芯，作为电极与填充金属，还用作气焊、钨极氩弧焊、等离子弧焊的填充金属及埋弧自动焊、CO_2 气体保护焊、熔化极氩弧焊和电渣焊的电极与填充金属。

一、焊丝的分类

1. 按被焊材料性质分类

按被焊材料的性质不同，可将焊丝分为钢焊丝、低合金钢焊丝、不锈钢焊丝、铸铁焊丝和有色金属焊丝等。

2. 按制造方法分类

按不同的制造方法，可将焊丝分为实芯焊丝和药芯焊丝两种。

（1）实芯焊丝。实芯焊丝是把轧制的线材经过拉拔工艺加工制成的。实芯焊丝又分为埋弧焊用焊丝和气体保护焊用焊丝（包括钨极惰性气体保护焊焊丝、熔化极惰性气体保护焊焊丝及 CO_2 焊用焊丝等）。

（2）药芯焊丝。药芯焊丝的分类如下：

① 按药芯横截面形状可分为缝焊丝和无缝焊丝两类。

② 按芯部粉剂填充材料中有无造渣剂可分为熔渣型（有造渣剂）和金属粉型（无造渣剂）两类。

③ 按是否使用外加保护气体可分为自保护（无外加保护气体）和气体保护（有外加保护气体）两种。

3. 按使用焊接工艺方法分类

按使用的焊接工艺方法不同可将焊丝分为埋弧焊用焊丝、气体保护焊用焊丝、电渣焊用焊丝、堆焊用焊丝和气焊用焊丝等。

二、常用焊丝

1. 常用实芯焊丝（钢焊丝）

1）埋弧焊用碳钢、低合金钢与不锈钢焊丝

（1）焊丝牌号表示方法：

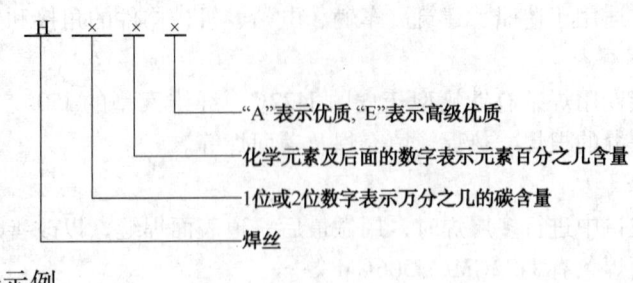

（2）焊丝牌号示例。

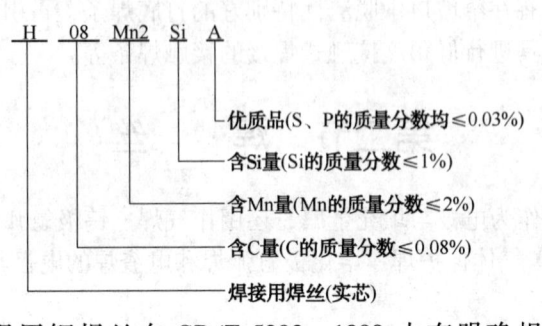

（3）自动化埋弧焊用钢焊丝在 GB/T 5293—1999 中有明确规定，其牌号及代号见表 3 - 23。

表 3 - 23　焊接用钢焊丝的牌号及代号

牌　　号	代　　号	牌　　号	代　　号
碳素结构钢焊丝			
焊 08	H08	焊 08 高	H08A
焊 08 特	H08E	焊 08 锰	H08Mn
焊 08 锰高	H08MnA	焊 15 高	H15A
焊 15 锰	H15Mn	—	—
合金结构钢焊丝			
焊 10 锰 2	H10Mn2	—	H08MnSi
焊 08 锰 2 硅	H08Mn2Si	焊 08 锰 2 硅高	H08Mn2SiA
焊 10 锰硅	H10MnSi		H11MnSi
—	H11Mn2SiA	焊 10 锰硅钼	H10MnSiMo
焊 10 锰硅钼钛高	H10MnSiMoTiA	焊 08 锰钼高	H08MnMoA
焊 08 锰 2 钼高	H08Mn2MoA	焊 10 锰 2 钼高	H10Mn2MoA
焊 08 锰 2 钼钒高	H08Mn2MoVA	焊 10 锰 2 钼钒高	H10Mn2MoVA
焊 08 铬镍 2 钼高	H08CrNi2MoA	焊 30 铬锰硅高	H30CrMnSiA
铬钼耐热钢焊丝			
焊 08 铬钼高	H08CrMoA	焊 13 铬钼高	H13CrMoA
焊 18 铬钼高	H18CrMoA	焊 08 铬钼钒高	H08CrMoVA
焊 10 铬钼高	H10CrMoA	焊 08 铬锰硅钼钒高	H08CrMnSiMoVA
焊 08 铬 2 钼高	H08Cr2MoA	焊 1 铬 5 钼	H1Cr5Mo

续表

牌 号	代 号	牌 号	代 号
不锈钢焊丝			
焊 0 铬 14	H0Cr14	焊 1 铬 13	H1Cr13
焊 1 铬 17	H1Cr17	焊 0 铬 21 镍 10	H0Cr21Ni10
焊 00 铬 21 镍 10	H00Cr21Ni10	焊 1 铬 24 镍 13	H1Cr24Ni13
焊 1 铬 24 镍 13 钼 2	H1Cr24Ni13Mo2	焊 0 铬 26 镍 21	H0Cr26Ni21
焊 1 铬 26 镍 21	H1Cr26Ni21	焊 0 铬 19 镍 12 钼 2	H0Cr19Ni12Mo2
焊 00 铬 19 镍 12 钼 2	H00Cr19Ni12Mo2	焊 00 铬 19 镍 12 钼 2 铜 2	H00Cr19Ni12Mo2Cu2
焊 0 铬 20 镍 14 钼 3	H0Cr20Ni14Mo3	焊 0 铬 20 镍 10 钛	H0Cr20Ni10Ti
焊 0 铬 20 镍 10 铌	H0Cr10Ni10Nb	焊 1 铬 21 镍 10 锰 6	H1Cr21Ni10Mn6
焊 00 铬 18 镍 14 钼 2	H00Cr18Ni14Mo2	—	—

（4）埋弧焊焊丝的型号与牌号对照见表 3－24。

表 3－24　埋弧焊焊丝的型号与牌号对照

牌　号	符合（相当）标准的焊丝型号		
	GB	AWS	JIS
H08A、H08E	H08A、H08E	EL8	W11
H08MnA	H08MnA	EM12	W21
H10Mn2	H10Mn2	EH14	W41
H10MnSi	H10MnSi	EM13K	—

2）气体保护焊用碳钢、低合金钢焊丝

（1）焊丝型号表示方法。

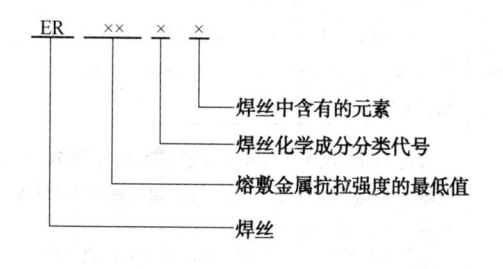

（2）焊丝型号示例。

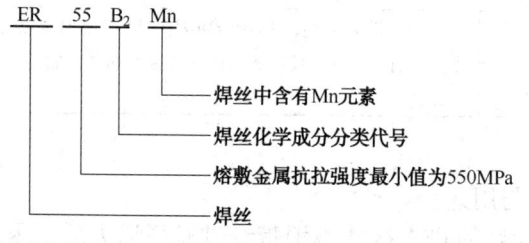

（3）常用 CO_2 气体保护焊焊丝的化学成分及用途见表 3－25。

表 3 − 25　常用 CO_2 气体保护焊焊丝的化学成分及用途（GB/T 8110—2008）

焊丝牌号	化学成分（质量分数）/%									用　途	相当国标型号
	C	Mn	Si	Cr	Mo	Ti	Al	S 不大于	P 不大于		
MG49 − Ni	≤0.1	1.3 ~ 1.6	0.5 ~ 0.8	0.20 ~ 0.55	Ni：0.3 ~0.6			0.03	0.03	焊接耐候钢、某些低合金钢	—
MG50 − 4	≤0.15	1.0 ~ 1.5	0.65 ~ 0.85	—				0.035	0.025	焊接低碳素钢及低合金钢	ER50 − 4
MG49 − 1	≤0.11	1.8 ~2.1	0.65 ~ 0.95					0.03	0.03		ER49 − 1
MG50 − 3	≤0.15	0.9 ~ 1.4	0.45 ~ 0.75					0.035	0.025		ER50 − 3
MG49 − G	≤0.16	1.4 ~ 1.9	0.55 ~ 1.10					0.03	0.03	船舶、桥梁焊接用	ER49 − G
MG50 − 6	0.06 ~ 0.15	1.40 ~ 1.85	0.80 ~ 1.15		Cu：≤0.5		—	0.035	0.025	用于碳钢及 500MPa 高强度钢焊接	ER50 − 6
MG50 − G	≤0.15	0.85 ~ 1.60	0.4 ~ 1.0	—				0.03	0.03	适于高速焊接及薄板焊接	ER50 − G
MG59 − G	0.04 ~ 0.07	1.3 ~ 1.6	0.6 ~ 0.3		0.3 ~ 0.6	Ti：0.10 ~ 0.14		0.03	0.03	用于 500MPa 低合金高强度钢焊接	—

（4）氩弧焊填充焊丝的牌号和用途见表 3 − 26。

表 3 − 26　氩弧焊填充焊丝的牌号和用途（GB/T 8110—2008）

牌号	国标型号	主要用途
TG50RE	ER50 − 4	可作为各种位置的管子打底焊，除焊接 Q235、Q245R 钢外，还可焊接 09Mn2Si、Q345、09Mn2V 等低合金钢
TG50	ER50 − 4	
TGR50M		焊接 510℃ 以下工作的锅炉受热面管子及 450℃ 以下的蒸气管道，如 15Mo3、16Mo 钢，及一般低合金高强度钢
TGR50ML		
TGR55CM	ER55 − B2	焊接 550℃ 以下工作的锅炉受热面管子及工作温度为 520℃ 以下的蒸气管道、高压容器、石油精炼设备，如 15CrMo、13CrMo4 等，也可作为 30CrMnSi 铸钢件修补和打底焊
TGR55CML	ER55 − B2L	
TGR55V	ER55B2MnV	焊接 580℃ 以下工作的锅炉受热面管子和 540℃ 以下工作的蒸气管道、石油裂化设备、高温合成化工机械的打底焊，如 12Cr1MoV 等
TGR55VL		
TGR55WB		焊接 620℃ 以下工作的 12Cr2MoWVB（钢 102）耐热钢结构，如高温高压锅炉中的蒸汽管道、过热器管等
TGR55WBL		
TGR59C$_2$M	ER62 − B3	焊接 Cr2.5Mo 类，如 10CrMo910 等，珠光体耐热钢结构。580℃ 以下工作的锅炉受热面管子和 550℃ 以下工作的高温高压蒸汽管道和容器，合成化工机械，石油裂化设备
TGR59C$_2$ML	ER62 − B3L	

2. 常用药芯焊丝

1）药芯焊丝的类型与用途

药芯焊丝是用塑性较好的 08A 冷轧薄钢带经过光亮退火后，压成 U 形，填入焊剂，折压成不同的断面形状，经拉拔后制成不同直径的焊丝。药芯焊丝的断面形状如图 3 − 2 所示。最简单的 O 形断面焊丝，通常又称管状焊丝。常用的直径有 1.6mm、2.0mm、2.4mm，

2.8mm、3.2mm。O形断面易产生电弧沿钢皮旋转，破坏电弧稳定性，所以仅用于直径2.4mm以下的药芯焊丝。直径较大的药芯焊丝尽量制成E形、T形、梅花形、填丝形等复杂断面形式。直径≤2.4mm的药芯焊丝适用于手工操作的半自动焊，直径≥2.4mm的适用于自动焊。根据药芯焊丝的焊剂成分不同，分为钛型、钙型、钙钛型三大类。

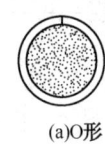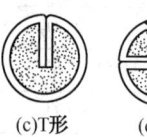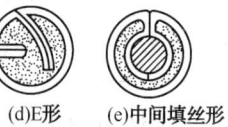

(a)O形　(b)梅花形　(c)T形　(d)E形　(e)中间填丝形

图3-2　药芯焊丝的断面形状

2）药芯焊丝的特点

药芯焊丝特点是在一定的焊接参数下，可进行全位置焊接。焊接过程中金属飞溅量少，减少了清理焊缝的工时。焊缝成形美观。熔敷速度高，用ϕ1.2mm的药芯焊丝熔敷速度为65g/min。烟尘量低。目前只有四种牌号国产药芯焊丝被列入《焊接材料产品样本》，它们是YJ502-1、YJ506-3、YJ506-2和YJ506-4。

3）药芯的作用

药芯（焊剂）的作用如下：

（1）形成熔渣，对熔滴、熔池进行保护，并改善焊缝成形。

（2）降低电弧引燃电压，保证电弧稳定燃烧，使焊接过程稳定、飞溅减少。

（3）隔绝空气，使熔化金属免受氧、氮的污染，提高焊缝金属的致密性。

（4）与熔化金属发生一系列的冶金反应，调整焊缝金属的化学成分，改善焊缝金属的力学性能和化学性能，提高抗裂性和耐腐蚀性等。

4）药芯焊丝的型号表示

（1）碳钢药芯焊丝（GB/T 10045—2001）。

① 焊丝型号表示方法。

E ×× × T - × M L

焊丝熔敷金属V型缺口冲击吸收能量
在-40℃下≥27J
保护气体为75%~80%Ar+CO₂
焊丝的类别特点（表2-21）
药芯焊丝
推荐的焊接位置(0表示平焊和横焊位,1表示全位置)
熔敷金属的力学性能
焊丝

② 焊丝型号示例。

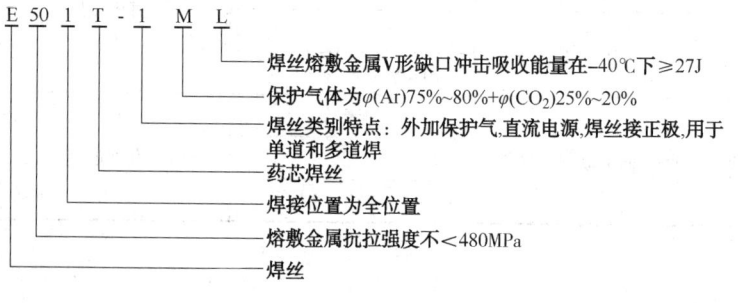

E 50 1 T - 1 M L

焊丝熔敷金属V形缺口冲击吸收能量在-40℃下≥27J
保护气体为φ(Ar)75%~80%+φ(CO₂)25%~20%
焊丝类别特点：外加保护气,直流电源,焊丝接正极,用于单道和多道焊
药芯焊丝
焊接位置为全位置
熔敷金属抗拉强度不<480MPa
焊丝

③ 碳钢药芯焊丝的焊接位置、保护类型、电流种类和适用性要求见表 3 - 27。

表 3 - 27　碳钢药芯焊丝的焊接位置、保护类型、电流种类和适用性要求

型　号	焊接位置	保护气体成分[①]（体积分数）	电流种类	适 用 性[②]
E500T - 1	横焊、平焊	CO_2		M
E500T - 1M		Ar75% ~ 80% + CO_2		
E501T - 1	横焊、平焊、向上立焊、仰焊	CO_2		
E501T - 1M		Ar75% ~ 80% + CO_2		
E500T - 2	横焊、平焊	CO_2	直流反接	
E500T - 2M		Ar75% ~ 80% + CO_2		
E501T - 2	横焊、平焊、向上立焊、仰焊	CO_2		
E501T - 2M		Ar75% ~ 80% + CO_2		
E500T - 3		无		S
E500T - 4	横焊、平焊	无		
E500T - 5		CO_2		
E500T - 5M		Ar75% ~ 80% + CO_2		
E501T - 5	横焊、平焊、向上立焊、仰焊	CO_2	直流反接或直流正接[③]	
E501T - 5M		Ar75% ~ 80% + CO_2		
E500T - 6	横焊、平焊	无	直流反接	M
E500T - 7		无		
E501T - 7	横焊、平焊、向上立焊、仰焊	无	直流正接	
E500T - 8	横焊、平焊	无		
E501T - 8	横焊、平焊、向上立焊、仰焊	无		
E500T - 9	横焊、平焊	CO_2	直流反接	
E500T - 9M		Ar75% ~ 80% + CO_2		
E501T - 9	横焊、平焊、向上立焊、仰焊	CO_2		
E501T - 9M		Ar75% ~ 80% + CO_2		
E500T - 10	横焊、平焊	无	直流正接	S
E500T - 11		无		
E501T - 11	横焊、平焊、向上立焊、仰焊	无		
E500T - 12	横焊、平焊	CO_2	直流反接	M
E500T - 12M		Ar75% ~ 80% + CO_2		
E501T - 12	横焊、平焊、向上立焊、仰焊	CO_2		
E501T - 12M		Ar75% ~ 80% + CO_2		
E431T - 13		无	直流正接	S
E501T - 13	横焊、平焊、向上立焊、仰焊	无		
E501T - 14		无		

续表

型　　号	焊　接　位　置	保护气体成分^①（体积分数）	电　流　种　类	适　用　性^②
E×××0T‑G	横焊、平焊	—	—	
E×××1T‑G	横焊、平焊、向下或向上立焊、仰焊	—	—	M
E×××0T‑GS	横焊、平焊	—	—	
E×××1T‑GS	横焊、平焊、向下或向上立焊、仰焊	—	—	S

注：① 对于使用外加保护气的焊丝，如 E×××T‑1，E×××T‑1M，E×××T‑2，E×××T‑2M. E×××T ‑5，E×××T‑5M. E×××T‑9，E×××T‑9M 和 E×××T‑12，E×××T‑12M 等，其金属的性能随保护气体类型不同而变化。在未向焊丝制造商咨询前不应使用其他保护气体。

② M 为单道和多道焊，S 为单道焊。

③ E501T‑5 和 E501T‑5M 型焊丝可在直流正接极性下使用，以改善不适当位置的焊接性，推荐的极性请咨询制造商。

（2）不锈钢药芯焊丝（GB/T 17853—2018）。

① 焊丝型号表示方法。

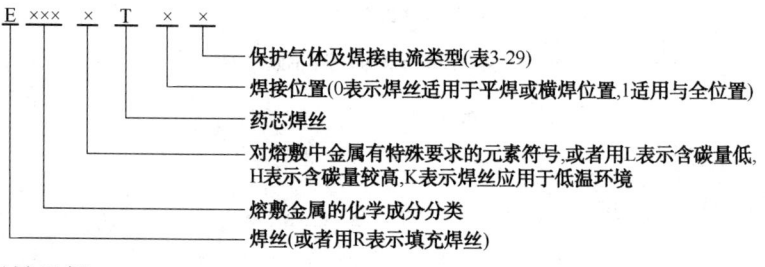

② 焊丝型号示例。

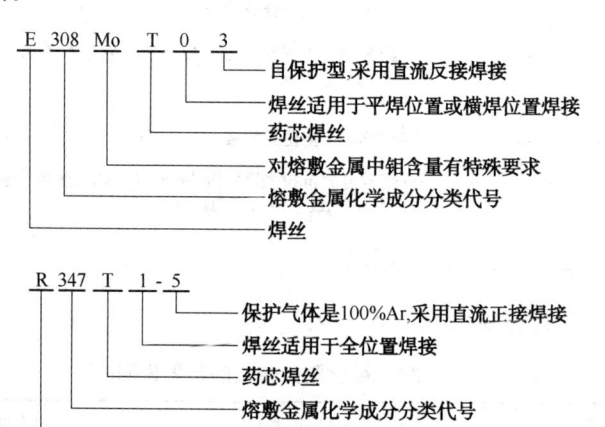

③ 焊丝型号及焊接工艺。不同型号焊丝的保护气体、电流类型及焊接方法见表 3‑28。

表 3 – 28　保护气体、电流类型及焊接方法

型号	保护气体	电流类型	焊接方法
E×××T× –1	CO_2	直流反接	FCAW
E×××T× –3	无(自保护)	直流反接	FCAW
E×××T× –4	75% ~80% Ar + CO_2	直流反接	FCAW
R×××T1 –5	100% Ar	直流正接	GTAW
E×××T× –G	不规定	不规定	FCAW
R×××T1 –G	不规定	不规定	GTAW

注：FCAW 为药芯焊丝电弧焊，GTAW 为钨极惰性气体保护焊。

（3）低合金钢药芯焊丝(GB/T 17493—2018)。

① 焊丝型号表示方法。

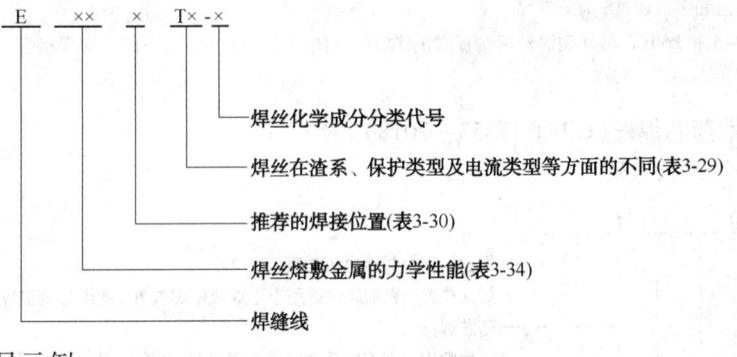

② 焊丝型号示例。

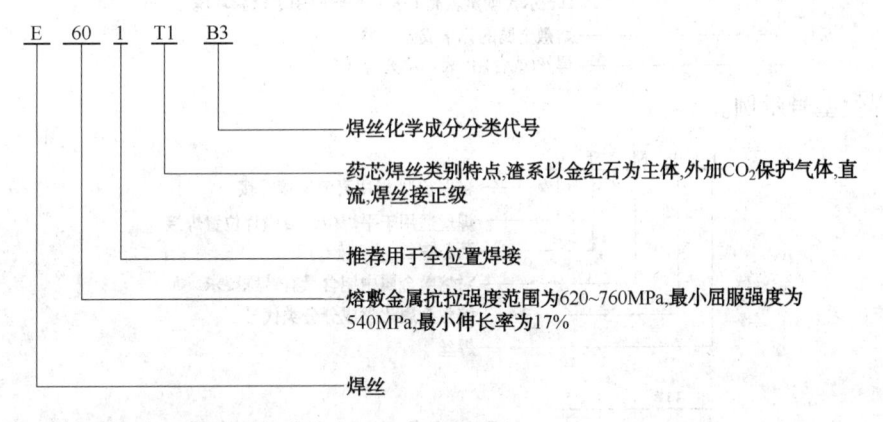

③ 焊丝类别特点的符号说明见表 3 – 29。

表 3 – 29　焊丝类别特点的符号说明

型　号	焊丝渣系特点	保护类型	电流类型
E×××T1 – ×	渣系以金红石为主体，熔滴成喷射或细滴过渡	气体保护	直流，焊丝接正极
E×××T4 – ×	渣系具有强脱硫作用，熔滴成粗滴过渡	自体保护	直流，焊丝接正极
E×××T5 – ×	氧化钙－氟化物碱性渣系，熔滴成粗滴过渡	自体保护	直流，焊丝接正极
E×××T8 – ×	渣系具有强脱硫作用	自体保护	直流，焊丝接负极
E×××T× –G	渣系、电弧特性、焊缝成形及极性不作规定		

④ 焊接位置的符号说明见表 3 - 30。

表 3 - 30　焊接位置的符号说明

型　号	焊接位置
E × × 0T× - ×	平焊位置和横焊位置
E × × 1T× - ×	全位置

三、铸铁焊丝

1. 铸铁焊丝的型号

焊丝的型号是根据焊丝本身的化学成分及用途划分的，铸铁焊丝的型号表示如下：

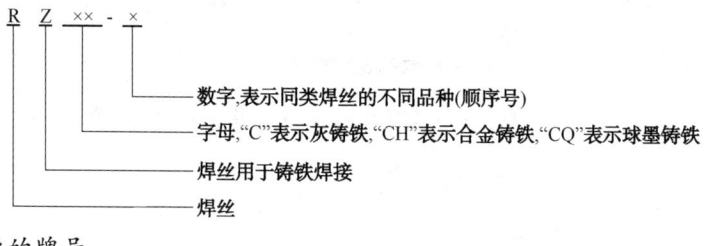

2. 铸铁焊丝的牌号

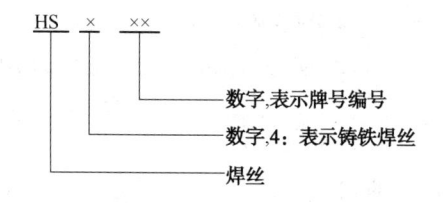

四、铝及铝合金焊丝

1. 铝及铝合金焊丝的型号

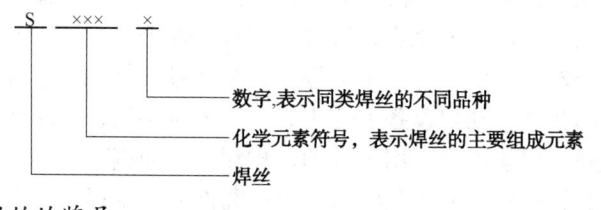

2. 铝及铝合金焊丝的牌号

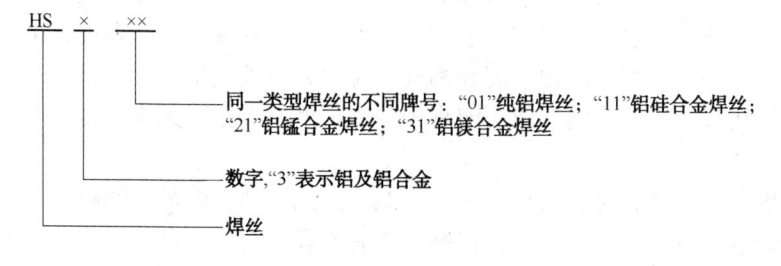

五、铜及铜合金焊丝

1. 铜及铜合金焊丝的型号

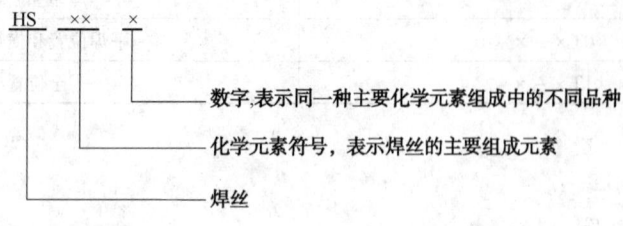

2. 铜及铜合金焊丝的牌号

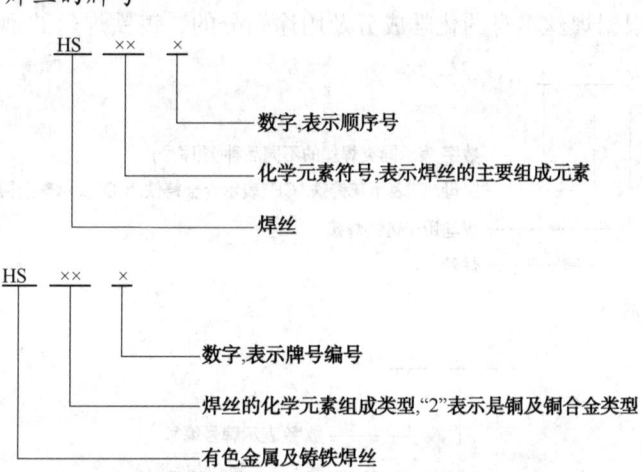

六、对焊丝的要求、选择与使用

1. 对焊丝的基本要求

（1）焊丝应具有规定的化学成分。

（2）焊丝应具有光滑的表面，不能有对焊接特性、焊接设备的操作或焊缝金属的性能有不利影响的裂纹、凹坑、划痕、氧化皮、皱纹、折叠和外来物。

（3）焊丝的每一个连续长度应由一个炉号或一个批号的材料组成。当存在接头时应适当处理，使焊丝在自动焊和半自动焊设备上使用时，不影响均匀、无间断地送进。

（4）除特殊规定外，焊丝可以采用合适的保护涂层，如铜。

（5）焊丝的缠绕应无扭结、波折、锐弯、重叠和嵌入，使焊丝在无拘束的状态下能自由退绕。焊丝的外端(开始焊接的一端)应加识别标记，容易找到，并应固定牢，以防止松脱。

（6）非直段焊丝的弹射度和螺旋度应使得焊丝在自动焊和半自动焊设备中能无间断地送进。气体保护焊用非直段焊丝的弹射度和螺旋度应符合有关规定。

弹射度是指从包装中截取能形成一定直径圆圈长度的焊丝，无拘束地放在平面上，散开形成一个环的直径。

螺旋度是指在弹度试验时，从焊丝环上任意一点到平面上的最大距离。

（7）焊丝的包装应符合有关规定。包装形式有直段、卷装、盘装和筒状四种。

2. 焊丝的选择

1）埋弧焊焊丝的选择

埋弧焊用焊丝应符合下列要求：

（1）焊接碳钢或低合金钢时，应该根据等强度的原则选用焊丝，所选用的焊丝应保证焊缝的力学性能。

（2）焊接耐热钢或不锈钢时，应尽可能保证焊缝的化学成分与焊件的相同或相近，同时还要考虑满足焊缝的力学性能。

（3）焊接碳钢和低合金钢时，通常选择强度等级较低、抗裂性较好的焊丝。

（4）焊接低温钢时，可根据低温韧性来选择焊丝。

（5）在焊丝的合金系统选择上，主要是在保证等强度的前提下，重点考虑焊缝金属对冲击韧度的要求。

2）气体保护焊用焊丝的选择

目前我国尚无专用 TIG 焊丝标准，一般选择熔化极气体保护焊用焊丝或焊接用钢丝。

① 焊接低碳钢及低合金高强度钢时一般按照等强度原则选择焊接用钢丝。

② 焊接铜、铝、不锈钢时一般按照等成分原则选择熔化极气体保护焊焊丝。

③ 焊接异种钢时，如果两种钢的组织不同，在选用焊丝时应考虑抗裂性及碳的扩散问题；如果两种钢的组织相同，而机械性能不同，则最好选用成分介于两者之间的焊丝。

现将不同钢种用焊丝的选择介绍如下：

（1）焊接碳钢的低合金钢用焊丝的选择。

① 要满足焊缝金属与母材等强度及对其他力学性能指标的要求。

② 满足焊缝金属的化学成分与母缝的一致性。

③ 焊接某些刚度较大的焊接结构时，应该采用低匹配的原则，选用焊缝金属的强度低于母材的焊丝焊接。

④ 焊接中碳调质钢时，因为焊后要进行调质处理，所以，选择焊丝时，要力求保证焊缝金属的主要合金成分与母材相近，同时还要严格控制焊缝金属中的 S、P 杂质。

（2）焊接耐热钢用焊丝的选择。

① 焊缝的化学成分和力学性能与母材尽量一致，使焊缝在工作温度下具有良好的抗氧化、抗气体介质腐蚀的能力，以及一定的高温强度。

② 考虑母材的焊接性，避免选用强度较高或杂质含量较多的焊丝。

（3）焊接低温钢用焊丝的选择。

① 选择便于焊缝金属在低温工作条件下，具有足够的强度、塑性和韧性的焊丝。

② 焊缝金属对时效脆性和回火脆性的敏感性要小，以保证焊接接头在脆性转变温度低于最低工作温度时，具有足够的抗裂能力。

（4）焊接不锈钢用焊丝的选择，见表 3 – 31。

表 3 – 31　焊接不锈钢用焊丝的选择

序　号	项　　目	选 择 要 求
1	焊接马氏体型不锈钢用焊丝的选择	（1）如果焊后需用热处理来调整焊缝性能，应尽量使用能满足焊缝金属成分和母材成分相近的焊丝； （2）如果焊后不能进行热处理时，可用奥氏体焊丝焊接，但焊缝的强度必然低于母材

序 号	项 目	选 择 要 求
2	焊接奥氏体型不锈钢用焊丝的选择	(1) 选择能保证焊缝金属合金成分与母材成分一致或相近的焊丝焊接; (2) 在无裂纹的前提下,选择保证焊缝金属的耐腐蚀性能、力学性能和母材基本相近或略高的焊丝焊接; (3) 在不影响焊缝耐腐蚀性能的条件下,希望用焊后焊缝金属能含有一定数量的铁素体组织的焊丝焊接,这样既能保证焊缝具有良好的耐腐蚀性,又能保证焊缝金属具有良好的抗裂性能
3	焊接铁素体型不锈钢用焊丝的选择	为了改善铁素体不锈钢的焊接性能和焊缝韧性,应选择含 C、N、S、P 等有害元素少的焊丝焊接。为了降低焊缝缺口敏感性,提高焊接接头的抗裂能力,也可以采用奥氏体型的高 Ni、Cr 焊丝焊接

3) 铸铁焊丝的选择

铸铁焊丝可以分为灰铸铁焊丝、合金铸铁焊丝和球墨铸铁焊丝。进行焊丝选择时,应遵循下列原则:

首先,要考虑焊丝的焊接性,以及该焊丝焊接的接头力学性能是否满足焊件的力学性能要求,同时还要考察焊丝的使用性能。其次,要考虑焊丝操作性能和成形性能。最后,还要考察经济合理性。

4) 铝及铝合金焊丝的选择

铝及铝合金焊丝,主要用作铝及铝合金的氩弧焊及氧乙炔气焊时的填充材料。焊丝的选择,主要是依据母材的种类、焊接接头的力学性能、抗裂性能、耐腐蚀性能以及阳极化处理后,焊缝与母材的色彩是否协调来综合考虑。

常用铝及铝合金焊丝的选择见表 3 - 32。

表 3 - 32 常用铝及铝合金焊丝的选择

母 材			焊 接 性		熔点/℃	填充焊丝
类 别	旧标准牌号	新标准牌号	气 焊	氩弧焊		
工业纯铝	L4	1035	良好	良好	660	HS301
	L5	1200				
防锈铝合金	LF3	5A03	较好	较好	638 ~ 660	HS331
	LF5	5A05				
	LF21	3A21	良好	良好	634 ~ 654	HS321
硬铝合金	LY1	2A01	很差	很差	580 ~ 610	HS311
	LY16	2A16		较好		
锻铝合金	LD2	6A02	较差	较好	580 ~ 610	HS311
	LD10	2A14	很差	很差		
超硬铝合金	LC3	7A03	很差	很差	638 ~ 660	HS331

5) 铜及铜合金焊丝的选择

铜及铜合金焊丝适用的焊接方法有氩弧焊、氧乙炔气焊以及碳弧焊。当采用氩弧焊焊接铜及青铜时,不仅能获得优质的焊缝,而且还有利于减小焊接变形。但是,如果焊丝选择不当,则会影响焊接质量。铜及铜合金焊接时,焊丝的选择见表 3 - 33。

表3-33　铜及铜合金焊丝型号和牌号的对照表

牌号	型号	焊丝化学成分(质量分数)/%							特性及用途
		Cu	Si	Mn	Zn	Sn	P	其他	
HS201	HSCu	≥98.0	≤0.5	≤0.5	—	≤1.0	≤0.15	—	特制纯铜焊丝,用于纯铜氩弧焊及气焊时的填充焊丝
HS202	—	余量	—	—	—	—	0.2~0.4	—	熔化金属流动性好,用于纯铜氩弧焊及气焊时的填充焊丝
HS211	—	余量	2.8~4.0	0.5~1.5	—	—	—	—	硅青铜焊丝,用于硅青铜、纯铜、黄铜及铝青铜的氩弧焊,也可以用于铜及铸铁、铜与钢焊接
HS220	HSCuZn-1	57~61	—	—	余量	0.5~1.5	—	—	黄铜焊丝,用于黄铜的气焊及气体保护焊,也可以钎焊铜、铜合金、铜镍合金
HS221	HSCuZn-3	56~62	0.1~0.5	—	余量	0.5~1.5	—	—	特殊黄铜焊丝,用于黄铜的气焊及碳弧焊,也广泛用于钎焊铜、钢、铜镍合金
HS222	HSCuZn-2	56~60	0.04~0.15	0.1~0.5	余量	0.8~1.1	—	Fe:0.25~1.20	特殊黄铜焊丝,用于黄铜的气焊及碳弧焊,也可用于钎焊
HS224	HSCuZn-4	61~63	0.3~0.7	—	余量	—	—	—	黄铜焊丝,用于黄铜气焊及碳弧焊,也可以用于钎焊

6)常用药芯焊的选用

常用药芯焊丝性能见表3-34,供选用时参考。

表3-34　药芯焊丝性能

焊丝牌号	符合国家标准型号	熔敷金属力学性能				说　明	用　途
		σ_b/MPa	σ_s/MPa	δ_5/%	A_{KV}/J		
YJ501-1		≥500	≥410	≥22	≥47 (0℃)	钛型CO_2气体保护药芯焊丝,用于全位置焊接,可进行向下立焊。焊角焊缝时,脱渣性好,焊缝成形美观	用于碳素钢及500MPa级高强度钢的焊接
YJ502-1	EF01-5020	≥500	≥410	≥22	≥27 (0℃)	氧化钛钙型渣系的CO_2气体保护焊丝。采用直流反接,焊接工艺性能优良	可用于重要的低碳钢及相应强度的低合金结构钢的焊接
YJ507-1	EF03-5040	≥500	≥410	≥22	≥27 (-30℃)	低氢型CO_2气体保护焊焊丝,焊接效率高,工艺性能优良,内在质量稳定可靠	低碳钢及相应强度等级的低合金结构钢的焊接,如压力容器

续表

焊丝牌号	符合国家标准型号	熔敷金属力学性能				说　明	用　途
		σ_b/MPa	σ_s/MPa	δ_5/%	A_{KV}/J		
YJ507TiB−1	EF03−5005	≥500	≥410	≥22	≥47 (−40℃)	碱性渣系高韧度药芯焊丝。熔敷金属具有在低温下优良的冲击韧度及断裂韧度。采用直流反接,适于平焊、角焊	重要低合金钢焊接结构,如桥梁、造船、机械、化工、车辆等
YJ507G−2	EF04−5042	≥500	≥410	≥22	≥47	自保护结构钢药芯焊丝。直流反接。用于平焊和横焊位置单道焊或多道焊,焊接电弧稳定,脱渣性好	用于焊接较重要的低碳钢中、厚板结构
HYD616Nb	—	—	—	—	—	埋弧焊用药芯焊带,特点是熔深浅、堆焊层硬度稳定,配用HJ151焊剂及其改进型焊剂	用于特别严重磨料磨损的水泥碾辊、磨煤机碾辊等的表面堆焊

3. 焊丝的使用

(1) 焊丝一般以焊丝盘、焊丝卷及焊丝筒的形式供货。焊丝表面必须光滑平整,如果焊丝生锈,必须用焊丝除锈机除去表面氧化皮才能使用。

(2) 对同一型号的焊丝,当使用 Ar—CO_2 为保护气体焊接时,熔敷金属的化学成分与焊丝的化学成分差别不大,但当使用 CO_2 为保护气体焊接时,熔敷金属中的 Mn、Si 和其他脱氧元素的含量会大大减少,在选择焊丝和保护气体时应予以注意。

(3) 一般情况下,实芯焊丝和药芯焊丝对水分的影响不敏感,不需做烘干处理。

(4) 施焊前,工件应做除油、除锈处理。

(5) 焊丝购货后应存放于专用焊材库(库中相对湿度应不低于60%),对于已经打开包装的未镀铜焊丝或药芯焊丝,如无专用焊材库,应在半年内使用完。

(6) 采用焊剂保护进行焊接时,使用前应对焊剂做烘干处理;采用气体保护进行焊接时,应控制气体中的含水量,焊接时若风速大于2m/s,应停止焊接。

第三节　焊　　剂

一、焊剂的作用、分类与用途

1. 焊剂的作用

埋弧焊时,能够熔化形成熔渣和气体,对熔化金属起保护作用并进行复杂的冶金反应的一种颗粒状物质叫焊剂。

(1) 焊接时覆盖焊接区,防止空气中氮、氧等有害气体侵入熔池,减慢冷却速度,改善结晶状况及气体逸出条件,从而减少气孔。

(2) 对焊缝金属渗合金,改善焊缝的化学成分和提高力学性能。渗合金元素为锰和硅,为此，焊剂中应含有足够数量的氧化锰和二氧化硅。

（3）防止焊缝中产生气孔和裂纹。焊剂中含有一定数量的萤石，它有去氢作用，可防止焊缝中产生氢气孔。另外，焊剂中的萤石和氧化锰对熔池金属有去硫作用，可防止焊缝中产生裂纹。

2. 焊剂的分类

1）按制造方法分类

（1）熔炼焊剂。将一定比例的各种配料放在炉内熔炼，然后经过水冷，使焊剂形成颗粒状，经烘干、筛选而制成的一种焊剂。其优点是化学成分均匀，可以获得性能均匀的焊缝。但由于焊剂在制造过程中有高温熔炼过程，合金元素会被氧化，所以焊剂中不能添加铁合金，因此不能依靠焊剂向焊缝大量添加合金元素。熔炼焊剂是目前生产中使用最广泛的一种焊剂。

（2）烧结焊剂。将一定比例的各种粉状配料加入适量粘结剂，混合搅拌后经高温（400～1000℃）烧结成块，然后粉碎、筛选而制成的一种焊剂。

（3）黏结焊剂。将一定比例的各种粉状配料加入适量黏结剂，经混合搅拌、粒化和低温（400℃以下）烘干而制成的一种焊剂，以前称陶质焊剂。

后两种焊剂都是属于非熔炼焊剂，由于没有熔炼过程，所以化学成分不均匀，会造成焊缝性能不佳，但可以在焊剂中添加铁合金，增大焊缝金属合金化。目前这两种焊剂在生产中应用还不多。

2）按焊剂中添加脱氧剂、合金剂分类

（1）中性焊剂。指在焊接后，熔敷金属化学成分与焊丝化学成分不产生明显变化的焊剂。多用于多道焊，特别适合厚度大于25mm的母材焊接。

（2）活性焊剂。指在焊剂中加入少量的锰、硅脱氧剂的焊剂，可以提高抗气孔能力和抗裂性能。主要用于单道焊，特别是对易氧化的母材。

（3）合金焊剂。指该焊剂与碳钢焊丝合用后，其熔敷金属为合金钢的焊剂，这类焊剂中添加了较多的合金成分，用于过渡合金，多数合金焊剂为黏结焊剂和烧结焊剂。

3. 焊剂的用途

焊剂的用途见表3-35。

表3-35 焊剂的主要用途

焊剂类型	主要用途
高硅型熔炼焊剂	根据 MnO 含量的不同，分为高锰高硅、中锰高硅、低锰高硅、无锰高硅 4 种焊剂，可向焊缝中过渡硅，锰的过渡量与 SiO_2 含量有关，也与焊丝中的含 Mn 量有关。应根据焊剂中 MnO 的含量来选择焊丝。该焊剂用于焊接低碳钢和某些低合金结构钢
中硅型熔炼焊剂	碱度较高，大多数属于弱氧化性焊剂，焊缝金属含氢量低，韧性较高，配合适当的焊丝焊接合金结构钢，加入一定量的 FeO 成为中硅性氧化焊剂，可焊接高强度钢
低硅型熔炼焊剂	对焊缝金属没有氧化作用，配合相应的焊丝可焊接高合金钢，如不锈钢、热强钢等
氟碱型烧结焊剂	碱性焊剂，焊缝金属有较高的低温冲击韧性度，配合适当的焊丝焊接各种低合金结构钢，用于重要的焊接产品。该焊剂可用于多丝埋弧焊，特别是用于大直径容器的双面单道焊
硅钙型烧结焊剂	中性焊剂，配合适当的焊丝可焊接普通结构钢、锅炉用钢、管线用钢，用多丝快速焊接，特别适用于双面单道焊，由于是短渣，可焊接小直径管线

续表

焊剂类型	主要用途
硅锰型烧结焊剂	配性焊剂，配合适当的焊丝可焊接低碳钢及某些低合金钢，用于机车车辆、矿山机械等金属结构的焊接
铝钛型烧结焊剂	酸性焊剂，有较强的抗气孔能力，对少量的铁锈及高温氧化膜不敏感，配合适当的焊丝可焊接低碳钢及某些低合金结构钢，如锅炉、船舶、压力容器，可用于多丝快速焊，特别适用于双面单道焊
高铝型烧结焊剂	中等碱度，为短渣熔剂，工艺性能好，特别是脱渣性能优良，配合适当的焊丝可用于焊接小直径环境、深坡口、窄间隙等低合金构钢，如锅炉、船舶、化工设备等

二、焊剂的型号与牌号

1. 焊剂的型号

焊剂的型号是依据 GB/T 5293—1999《埋弧焊用碳钢焊丝和焊剂》、GB/T 12470—2003《埋弧焊用低合金钢焊丝和焊剂》和 GB/T 17854—1999《埋弧焊用不锈钢焊丝和焊剂》的规定来划分的。

（1）埋弧焊用碳钢焊剂。埋弧焊用碳钢焊剂的型号是根据焊丝 - 焊剂组合的熔敷金属力学性能、热处理状态进行分类的。焊丝 - 焊剂组合的型号表示方法如下：字母"F"表示焊剂；第一位数字表示焊丝 - 焊剂组合的熔敷金属抗拉强度的最小值（表 3 - 36），第二位字母表示试件的热处理状态，"A"表示焊态，"P"表示焊后热处理状态；第三位数字表示熔敷金属 V 形缺口冲击吸收能量（表 3 - 37）；短划" - "后面表示焊丝的牌号，焊丝的牌号可执行 GB/T—14957—1994《熔化焊用钢丝》中的规定。

表 3 - 36 熔敷金属抗拉强度的最小值

焊剂型号	抗拉强度 σ_b/MPa	屈服强度 σ_s/MPa	伸长率 δ_5/%
F4×× - H×××	415 ~ 550	≥330	≥22
F5×× - H×××	480 ~ 650	≥400	≥22

表 3 - 37 熔敷金属 V 形缺口冲击吸收能量

焊剂型号	冲击吸收能量/J	试验温度/℃	焊剂型号	冲击吸收能量/J	试验温度/℃
F × ×0 - H × × ×		0	F × ×4 - H × × ×		- 40
F × ×2 - H × × ×	≥27	- 20	F × ×5 - H × × ×	≥27	- 50
F × ×3 - H × × ×		- 30	F × ×6 - H × × ×		- 60

焊丝 - 焊剂型号示例：

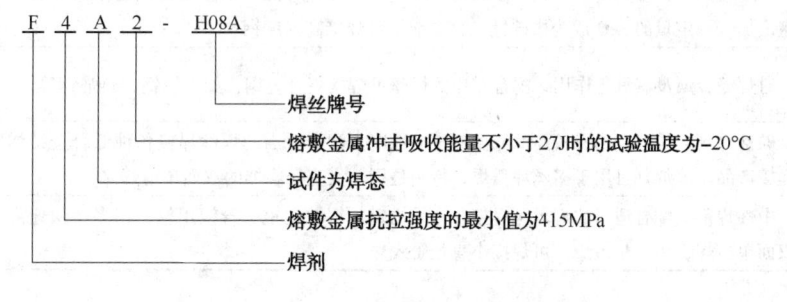

F 4 A 2 - H08A

焊丝牌号

熔敷金属冲击吸收能量不小于27J时的试验温度为-20℃

试件为焊态

熔敷金属抗拉强度的最小值为415MPa

焊剂

（2）埋弧焊用低合金钢焊剂。埋弧焊用低合金钢焊剂型号是根据埋弧焊焊缝金属的力学性能和焊剂渣系来划分的。焊剂型号表示方法如下：

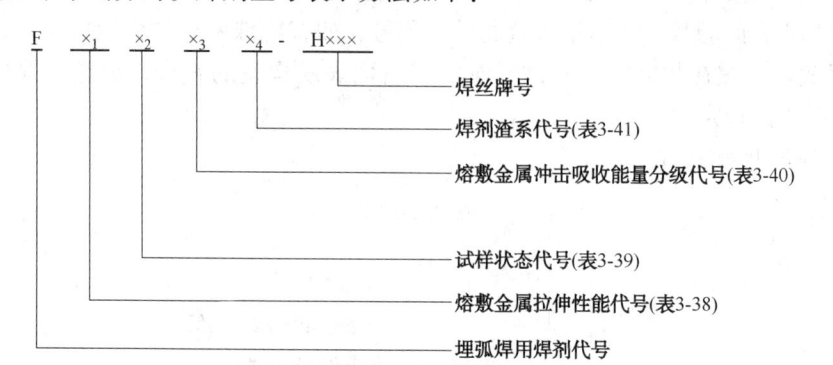

表 3－38 熔敷金属拉伸性能代号及要求

拉伸性能代号（$\times_1$）	σ_b/ MPa	σ_s/ MPa	δ_5/%
5	480～650	≥380	≥22
6	550～690	≥460	≥20
7	620～760	≥540	≥17
8	690～820	≥610	≥16
9	760～900	≥680	≥15
10	820～970	≥750	≥14

表 3－39 试样状态代号

试样状态代号（$\times_2$）	试 样 状 态
0	焊态
1	焊后热处理状态

表 3－40 熔敷金属 V 形缺口冲击吸收能量分级代号及要求

冲击吸收能量代号（$\times_3$）	试验温度/℃	Akv/J	冲击吸收能量代号（$\times_3$）	试验温度/℃	Akv/J
0	—	无要求	5	−50	
1	0		6	−60	
2	−20	≥27	8	−80	≥27
3	−30		10	−100	
4	−40				

表 3－41 焊剂渣系代号、分类及组分

渣系代号（$\times_4$）	渣 系	主要组分（质量分数）
1	氟碱型	$CaO + MgO + MnO + CaF_2 > 50\%$ $SiO_2 \leq 20\%$ $CaF_2 \geq 15\%$
2	高铝型	$Al_2O_3 + CaO + MgO > 45\%$ $Al_2O_3 \geq 20\%$
3	硅钙型	$CaO + MgO + SiO_2 > 60\%$
4	硅锰型	$MnO + SiO_2 > 50\%$
5	铝钛型	$Al_2O_3 + TiO_2 > 45\%$
6	其他型	不作规定

(3)埋弧焊用不锈钢焊丝和焊剂。埋弧焊用不锈钢焊剂型号分类是根据焊丝和焊剂组合的熔敷金属化学成分、力学性能进行划分的。焊丝－焊剂组合型号表示方法如下：字母"F"表示焊剂；"F"后面的数字表示熔敷金属种类代号，如有特殊要求的化学成分，该化学成分用元素符号表示，放在数字的后面；短划"－"后面表示焊丝的牌号，焊丝的牌号执行 YB/T5092—2005 中的规定。

焊丝－焊剂型号示例：

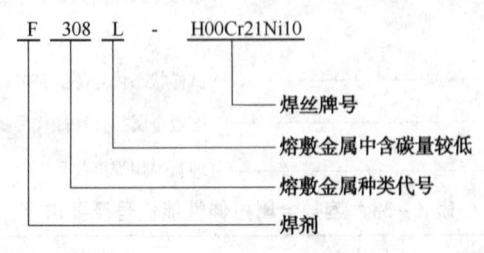

2. 焊剂的牌号

(1)熔炼焊剂。熔炼焊剂的牌号由字母"HJ"和三位数字组成，即：

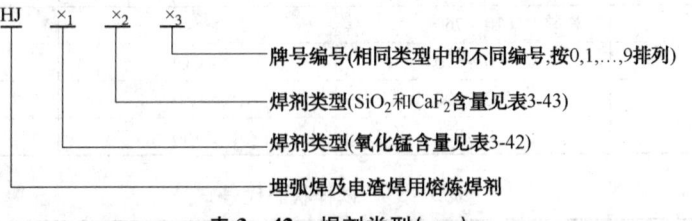

表3－42　焊剂类型($\times_1$)

$\times_1$	焊剂类型	w(MnO)/%	$\times_1$	焊剂类型	w(MnO)/%
1	无锰	<2	3	中锰	15~30
2	低锰	2~15	4	高锰	>30

表3－43　焊剂类型($\times_2$)

$\times_2$	焊剂类型	w(SiO_2)/%	w(CaF_2)/%	$\times_2$	焊剂类型	w(SiO_2)/%	w(CaF_2)/%
1	低硅低氟	<10	<10	6	高硅中氟	>30	10~30
2	中硅低氟	10~30		7	低硅高氟	<10	>30
3	高硅低氟	>30		8	中硅高氟	10~30	>30
4	低硅中氟	<10	10~30	9	其他	不规定	不规定
5	中硅中氟	10~30					

(2)烧结焊剂。烧结焊剂的牌号由字母"SJ"和三位数字组成，即：

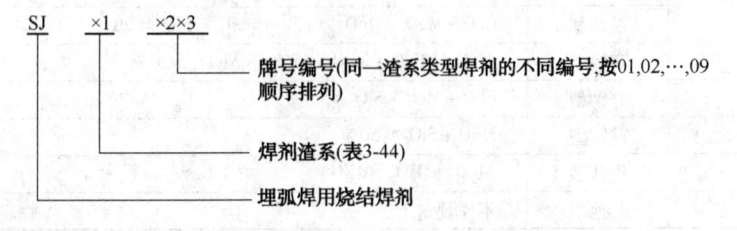

表 3 - 44　焊剂分类及组分渣系($×_1$)

$×_1$	渣　系	主要组分(质量分数)
1	氟碱型	$CaF_2 ≥ 15\%$　　$CaO + MgO + MnO + CaF_2 > 50\%$　　$SiO_2 < 20\%$
2	高铝型	$Al_2O_3 ≥ 20\%$　　$Al_2O_3 + CaO + MgO > 45\%$
3	硅钙型	$CaO + MgO + SiO_2 > 60\%$
4	硅锰型	$MnO + SiO_2 > 50\%$
5	铝钛型	$Al_2O_3 + TiO_2 > 45\%$
6、7	其他型	不规定

三、对焊剂的基本要求

（1）具有良好的冶金性能。焊剂配以适宜的焊丝，选用合理的焊接参数，使焊缝金属具有适宜的化学成分和良好的力学性能，以满足产品的设计要求，同时，焊剂还应有较强的抗气孔和抗裂纹能力。

（2）具有良好的焊接工艺性能。在规定的参数下进行焊接，焊接过程中应保证电弧燃烧稳定，熔合良好，过渡平滑，焊缝成形好，脱渣容易。

（3）具有较低的含水量和良好的抗潮性。出厂焊剂中水的质量分数不得大于 0.20%。焊剂在温度 25℃，相对湿度 70% 的环境条件下，放置 24h，吸潮率不应大于 0.15%。

（4）控制焊剂中机械夹杂物。焊剂中碳粒、铁屑、原料颗粒及其他夹杂物的质量分数不应大于 0.30%，其中碳粒与铁合金凝珠的质量分数不应大于 0.20%。

（5）焊剂应有较低的 S、P 含量。焊剂中 S、P 的质量分数一般为：S ≤ 0.06%，P ≤ 0.08%。

（6）焊剂应有一定的颗粒度。焊剂的粒度一般分为两种，一种是普通粒度为 2.5 ~ 0.45mm(8 ~ 40 目)；另一种是细粒度为 1.18 ~ 0.28mm(14 ~ 60 目)。小于规定粒度的细粉一般 ≤ 5%，大于规定粒度的粗粉一般 ≤ 2%。

（7）电渣焊用焊剂。为了使电渣过程能够稳定进行并得到良好的焊接接头，电渣焊用焊剂除具有焊剂的一般要求外，还应具有如下特殊要求：

① 熔渣的电导率应在合适的范围内。熔渣的电导率应适宜，若电导率过低，会使焊接无法进行；若电导率过高，在焊丝和熔渣之间可能引燃电弧，破坏电渣过程。

② 熔渣的黏度应适宜。熔渣的黏度过小，流动性过大，会使熔渣和金属液流失，使焊接过程中断；黏度过大，会形成咬边和夹渣等缺陷。

③ 控制焊剂的蒸发温度。不同用途的焊剂，其组成不同，沸点也不同。熔渣开始蒸发的温度决定于熔渣中最易蒸发的成分。氟化物的沸点低，可降低熔渣开始蒸发的温度，使产生电弧的可能性增大，从而降低电渣过程的稳定性，并形成飞溅。

另外，焊剂还应具有良好的脱渣性、抗热裂性和抗气孔能力。

焊剂中的 SiO_2 含量增多时，电导率降低，黏度增大。氟化物和 TiO_2 增多时，电导率增大，黏度降低。

四、焊剂的选择与使用

1. 焊剂的选择

1）低碳钢埋弧焊焊剂的选择

选择低碳钢埋弧焊用焊剂时，应遵循下列原则：

（1）采用沸腾钢焊丝进行埋弧焊时，为了保证焊缝金属能通过冶金反应得到必要的硅锰渗合金，形成致密的、具有足够强度和韧性的焊缝金属，必须选用高锰高硅焊剂。

（2）在中厚板对接大电流单面开Ⅰ形坡口埋弧焊焊接时，为了提高焊缝金属的抗裂性，应选用氧化性较高的高锰高硅焊剂配用 H08A 或 H08MnA 焊丝进行焊接。

（3）进行厚板埋弧焊时，为了得到冲击韧度较高的焊缝金属，应选用中锰中硅焊剂配用 H10Mn2 高锰焊丝。

（4）薄板用埋弧焊高速焊接时，对焊缝的强度和韧性的要求不是很高，但要充分考虑薄板在高速焊接时的良好焊缝熔合及成形，故应选用烧结焊剂 SJ501 配用强度相宜的焊丝。

（5）SJ501 焊剂抗锈能力较强，按焊件的强度要求配用相应的焊丝，可以焊接表面锈蚀严重的焊件。

2）低合金钢埋弧焊焊剂的选择

选择低合金钢埋弧焊用焊剂时应遵循下列原则：

（1）进行低合金钢埋弧焊时，为防止冷裂纹及氢致延迟裂纹的产生，应选择碱度较高的低氢型 HJ25× 系列焊剂，并配用含硅、含锰量适中的合金焊丝。

（2）进行低合金钢厚板多层多道埋弧焊时，应选用脱渣性较好的高碱度烧结焊剂。

3）不锈钢埋弧焊焊剂的选择

选择不锈钢埋弧焊用焊剂时应遵循下列原则：

（1）进行不锈钢埋弧焊时，为防止合金元素在焊接过程中的过量烧损，应选用氧化性较低的焊剂。

（2）HJ260 是低锰高硅中氟型熔炼焊剂，具有一定的氧化性，为防止合金元素的烧损，进行埋弧焊时应选用镍含量较高的铬镍钢焊丝，补充焊接过程中烧损的合金元素。

（3）SJ103 氟碱性烧结焊剂，不仅脱渣良好、焊缝成形美观，具有良好的焊接工艺性，而且还能保证焊缝金属具有足够的 Cr、Mo、Ni 含量，可满足不锈钢焊件的技术要求。

（4）HJ150、HJ172 型焊剂，虽然氧化性较低，合金元素烧损较少，但是，焊剂的脱渣性能不良，所以，很少应用于不锈钢厚板的多层多道埋弧焊。

常用焊剂与焊丝的匹配见表 3-45。

表 3-45　常用焊剂与焊丝的匹配

牌　号	用　途	配用焊丝	电　流
HJ130	低碳钢、普低钢	H10Mn2	交、直
HJ131	Ni 基合金	Ni 基焊丝	交、直
HJ150	轧辊堆焊	2Cr13、3Cr2W8	直
HJ172	高铬铁素体钢	相应钢种的焊丝	直
HJ230	低碳钢、普通低合金钢	H08MnA、H10Mn2	交、直
HJ250	低合金高强度钢	相应钢种的焊丝	直
HJ251	珠光体耐热钢	Cr-Mo 钢焊丝	直
HJ260	不锈钢、轧辊堆焊	不锈钢焊丝	直
HJ330	低碳钢及低合金结构钢的重要结构	H08MnA、H10Mn2	交、直

续表

牌　号	用　途	配用焊丝	电　流
HJ350	低合金高强度钢的重要结构	Mn – Mo、Mn – Si 及含 Ni 高强度钢焊丝	交、直
HJ430	低碳钢及低合金结构钢的重要结构	H08A、H08MnA	交、直
HJ431	低碳钢及低合金结构钢的重要结构	H08A、H08MnA	交、直
HJ433	低碳钢	H08A	交、直
HJ101	低合金结构钢	H08MnA H08MnMoA H08Mn2MoA H10Mn2	交、直
HJ201	低碳钢及低合金结构钢的重要结构	H08A、H08MnA	交、直
HJ301	普通结构钢	H08MnA H08MnMoA H10Mn2	交、直

2. 焊剂的使用

（1）焊剂的烘干。焊剂在使用前必须进行烘干，清除焊剂中的水分。操作时，先将焊剂平铺在干净的铁板上，再放入电炉或火焰炉内烘干，烘干炉内焊剂的堆放高度不得超过50mm。部分焊剂烘干温度及时间见表3－46。

表3－46　部分焊剂烘干温度及时间

焊剂牌号	焊剂类型	焊前烘干度/℃	保温时间/h
HJ130	无锰中硅低氟	250	2
HJ131	无锰高硅低氟	250	2
HJ150	无锰高硅中氟	300 ~ 450	2
HJ172	无锰低硅高氟	350 ~ 400	2
HJ251	低锰中硅中氟	300 ~ 350	2
HJ351	中锰中硅中氟	300 ~ 400	2
HJ360	中锰高硅中氟	250	2
HJ431	高锰高硅低氟	200 ~ 300	2
SJ101	氟碱型（碱度值为1.8）	300 ~ 350	2
SJ102	氟碱型（碱度值为3.5）	300 ~ 350	2
SJ105	氟碱型（碱度值为2.0）	300 ~ 350	2
SJ402	锰硅型酸性（碱度值为0.7）	300 ~ 350	2
SJ502	铝钛型酸性	300	1
SJ601	专用碱性焊剂	300 ~ 350	2

（2）烘干后的焊剂应立即使用。

（3）焊剂使用注意事项如下：

① 焊剂的使用应本着先进先出的原则，先买进的焊剂先使用。

② 焊剂回收后，经过筛选、加温去湿，再与经过加温去湿的新补充的焊剂搅拌均匀后再用。

五、焊剂的管理

（1）储存焊剂的环境，室温应保持在 10 ~ 25℃，相对湿度应小于 50%。

（2）储存焊剂的环境应该通风良好，焊剂应摆放在距离地面 400mm、距离墙壁 300mm 的货架上。

（3）回收后准备再用的焊剂应存放在保温箱内。

（4）对进入保管库内的焊剂，还要同时保存好入库焊剂的质量证明书、焊剂的发放记录等。

（5）对不合格、报废的焊剂要妥善处理，不得与库存待用的焊剂混淆。

（6）对于刚买进的焊剂要进行质量验收，在未得出结果之前，要与验收合格的焊剂隔离摆放。

（7）储存的每种焊剂都应有焊剂的标签，标签应注明焊剂型号、牌号、生产日期、有效日期、生产批号、生产厂家、购入日期等。

第四节　焊接用气体

一、气体的性质及应用

焊接用气体的性质及应用见表 3 – 47。

表 3 – 47　焊接用气体的性质及应用

名　　称	纯度不小于（体积分数）/%	主 要 性 质	在焊接中的应用
氧	1 级 99.2	无色、无味、助燃、高温下很活泼，能与多种元素化合。焊接时，氧进入熔池后会使金属元素氧化，起有害作用	与可燃气体混合燃烧，可获得极高的温度用来焊接或切割，如氧 – 乙炔焰。氧 – 氩、氧 – 二氧化碳气体混合后可以进行混合气体保护焊接
	2 级 98.5		
氩	焊钢 99.7	无色、惰性气体、化学性质很不活泼，常温、高温下均不与其他元素起化合作用	作为氩弧焊、等离子弧焊和等离子弧切割时的保护气体，起机械保护作用
	焊铝 99.9		
	焊钛 99.99		
氦	99.6	惰性气体，性质与氩气相同，电弧热量比氩弧高	用作保护气体进行氦弧焊，适宜于自动、半自动焊
二氧化碳（CO_2）	I 类 99.8	化学性质稳定，不燃烧、不助燃，在高温时分解成 CO 和 O_2，对金属有一定氧化性	焊接时配合含脱氧元素的焊丝作为保护气体，也可与氧、氩混合进行混合气体保护焊
	Ⅱ类 I 级 99.5		
氢	99.5	能燃烧，常温下活泼，高温下十分活泼，可作为金属矿和金属氧化物的还原剂，氢能大量溶入液态金属，冷却时析出而形成气孔	与氧混合燃烧可作为气焊的热源

名　称	纯度不小于（体积分数）/%	主 要 性 质	在焊接中的应用
氮	99.7	化学性质不活泼，加热后能与锂、镁、钛等元素化合，高温时常与氢、氧直接化合，焊接时溶入熔池起有害作用，对铜不起反应，有保护作用	常用于等离子弧切割，气体保护焊时作为外层保护气
乙炔	98.0 硝酸银试纸不变色或呈淡黄色	俗称电石气，稍溶于水，能溶于酒精，大量溶于丙酮，与空气或氧气混合后成爆炸性混合气，性质活泼，在氧中燃烧时发出3500℃高温和强光	用于氧－乙炔焰，作为焊接、切割或加温

近年来，随着我国石油工业的迅猛发展，由于液化石油气热值较高，价格低廉，又较安全，乙炔有被液化厂油气部分取代的趋势。目前，国内外已把液化石油气作为一种新的生产性燃料，广泛应用于钢板的气割和低熔点有色金属的焊接。

液化石油气具有一定的毒性，当空气中的含量超过0.5%时，人体吸入少量的液化石油气后，一般不会引起中毒，而在空气中其浓度较高时，长时间吸入就会引起中毒。

液化石油气的主要性质如下：

(1) 在标准状态下，液化石油气的密度为1.6～2.5kg/m³。气态时，比同体积的空气、氧气重；液态时，比同体积的水和汽油轻。液化石油气的密度约为空气的1.5倍，易于向低处流动而滞留积聚；液态时能浮在水面上，随水流动并在死角积聚。液化石油气是一种带有特殊臭味的无色气体，含有硫化物。

(2) 液化石油气中的主要成分均能与空气或氧气混合构成爆炸性的混合气体，但爆炸极限范围比乙炔窄，因此使用液化石油气比乙炔安全。

(3) 液化石油气与空气混合后，只要遇到微小的火源，就能引燃。因为液态石油气易挥发、燃点低，在低温时易燃性大。因此，在点燃液化石油气时，要先点燃引火物后再开气，切忌颠倒顺序。

(4) 液化石油气在氧气中的燃烧速度较慢。如丙烷的燃烧速度是乙炔的1/4左右，因而切割时要求割炬有较大混合气的喷出截面，降低流出速度，才能保证良好的燃烧。

(5) 液化石油气达到完全燃烧所需的氧气量比乙炔所需氧气量大。采用液化石油气代替乙炔后，消耗氧气量较多，所以用在切割时，应对原有割炬的结构进行相应的改制。用于钢筋氧液化石油气压焊时，对多嘴环管加热器中的射吸室和喷嘴构造也应作适当改造。

(6) 液化石油气燃烧时获得的火焰温度低。它与氧气混合燃烧的火焰温度为2200～2800℃，此温度应用于气割时，金属的预热时间比乙炔稍长，但其切割质量容易保证，可减少切割口边高温过热燃烧现象，提高切口的光洁度和精度。同时，也可使几层钢板叠在一起切割，各层之间互不粘连。

(7) 液化石油气对普通橡胶管和衬垫具有一定的浸润膨胀和腐蚀作用，易造成胶管和衬垫穿孔或破裂，发生漏气。

液化石油气约在0.8～1.5MPa压力下即变成液体，便于瓶装贮存运输。

二、焊接用气体的技术要求

1. 焊接用气体的操作技术要求

使用乙炔时，其最高工作压力禁止超过 147kPa 表压。氧气、溶解乙炔气等气瓶不应放空，气瓶内必须留有不小于 0.2MPa 的余压。开启气瓶瓶阀时应缓慢，不要超过一圈半，一般情况只开启 3/4 圈。气瓶阀着火时，应立即关闭瓶阀。如果无法靠近，可用大量冷水喷射，使瓶体降温，然后关闭瓶阀，切断气源灭火，同时防止着火的瓶体倾倒。开启氧气瓶阀时，操作者应站在瓶阀气体喷出方向的侧面并缓慢开启，避免氧气流朝向人体和易燃气体或火源喷出。

2. 焊接用气体的安全技术要求

（1）氧气、乙炔的管道，均应涂上相应气瓶漆色规定的颜色和标明名称，便于识别。

（2）禁止使用电磁吸盘、钢绳、链条等吊运各类焊接与切割用气瓶。

（3）乙炔发生器、回火防止器、氧气和液化石油气瓶，减压器等均应采取防止冻结措施，一旦冻结应用热水解冻，禁止采用明火烘烤或用棍棒敲打解冻。

（4）禁止使用紫铜、银或含铜量超过 70% 的铜合金制造与乙炔接触的仪表、管子等零件。

（5）工作完毕，工作间隙，工作点转移之前都应关闭瓶阀，戴上瓶帽。

（6）使用气瓶前，应稍打开瓶阀，吹走瓶阀上粘附的细屑或脏污后立即关闭，然后接上减压表再使用。

三、焊接用气体气瓶的涂色标记

焊接用气瓶的涂色表示方法及技术指标见表 3－48。

表 3－48　焊接用气瓶涂色表示方法及技术指标

气瓶名称	外表面颜色	字样	字色	横条颜色	气体纯度指标/%
氧气瓶	天蓝	氧	黑		1 级 99.2　2 级 98.5
氢气瓶	深绿	氢	红	红	99.5
氮气瓶	黑	氮	黑	棕	99.7
氩气瓶	灰	纯氩	绿		焊钢 99.7　焊铝 99.9　焊钛 99.9
二氧化碳	黑	二氧化碳	白		I 类 99.8 II 类 1 级 99.5
乙炔气瓶	白	乙炔	红		98.0
压缩空气	黑	压缩空气	白		

四、气体保护焊常用的保护气体

气体保护焊常用的保护气体有氩气、氦气、氮气、氢气、二氧化碳、水蒸气，以及混合气体等。气体保护焊常用保护气体的特点见表 3－49。

表 3－49 气体保护焊常用保护气体的特点(JB/T 9185—1999)

金 属	焊接类型	保护气体	特 点
铝和镁	手工焊	氩	引弧性、净化作用、焊缝质量都较好,气体耗量低
		氩－氦	可提高焊接速度
	机械化焊接	氩－氦	焊缝质量较好,流量比纯氩时的低
		氦(直流正接)	与氩－氦相比,熔深大,焊速高
碳钢	点焊	氩	一般可延长电极使用寿命,焊点轮廓较好,引弧容易,比氦的流量低
	手工焊	氩	容易控制熔池,特别在全位置焊接时
	机械化焊接	氦	比氩的焊速高
不锈钢	手工焊	氩	焊薄件(厚度≤2mm)时可控制熔深
	机械化焊接	氩	焊薄件时可很好地控制熔深
		氩－氦	热输入较高,对较厚件焊接速度可能高些
		氩－氢(H$_2$不多于35%)	防止咬边,在低电流下能焊出需要的焊缝成形,要求的流量低
		氩－氢－氦	高速焊管作业中的最佳选择
		氦	可提供最高的热输入、最深的熔深
铜镍和铜－镍合金	—	氩	容易控制薄件熔池、熔深与焊道成形
		氩－氦	高的热输入,以补偿大厚度的导热性
		氦	焊大厚度金属时热输入最大
钛	—	氩	低流量能降低湍流和空气对焊缝的污染,改善热影响区性能
		氦	大厚度手工焊时熔深较大(背面需加保护气体,以保护背面焊缝不受污染)
硅青铜	—	氩	减少这种"热脆"金属的裂纹倾向
铝青铜	—	氩	母材的熔深较浅

五、熔化极气体保护焊保护气体的选择

熔化极气体保护焊保护气体的选择见表 3－50。

表 3－50 熔化极气体保护焊保护气体的选择(JB/T 9185—1999)

材 料	厚度/mm	采用的保护气体	
		手 工 焊	机械化焊接
铝及铝合金	≤3	Ar(交流电,高频)	Ar(交流电,高频),He
	>3		Ar－He,He
碳钢	≤3	Ar	Ar
	>3		Ar－He,He
不锈钢	≤3	Ar	Ar,Ar－H$_2$,Ar－He
	>3	Ar,Ar－He	Ar－He

材　料		厚度/mm	采用的保护气体	
			手 工 焊	机械化焊接
镍合金		≤3	Ar	Ar，He，Ar – He
		>3	Ar – He	Ar，He
铜		≤3	Ar，Ar – He	Ar，Ar – He
		>3	He，Ar	He，Ar
钛及钛合金		≤3	Ar	Ar，Ar – He
		>3	Ar，Ar – He	Ar，He

注：Ar – He 含有 75% He；Ar – H_2 含有 15% H_2。

第五节　钨　极

一、钨极的作用与要求

1. 钨极的作用

钨是一种难熔的金属材料，能耐高温，其熔点为 3657 ~ 3873K，沸点为 6173K，导电性好，强度高。

氩弧焊时，钨极作为电极，起传导电流、引燃电弧和维持电弧正常燃烧的作用。

2. 对钨极的要求

钨极除应耐高温、导电性好、强度高外，还应具有很强的发射电子能力(引弧容易、电弧稳定)和电流承载能力及使用寿命长，抗污染性好的特点。

二、钨极的分类

1. 铈钨电极

铈钨电极电子逸出功低，化学稳定性高，而且允许的电流密度大，没有放射性污染，属于绿色环保产品。它仅用很小的电流就可以轻松引弧，而且维弧电流也较小。在直流小电流的条件下，铈钨电极备受欢迎，尤其适用于管道和细小部件的焊接、断续焊接和特定项目的焊接。

2. 钍钨电极

钍钨电极电子发射能力强，电弧燃烧较稳定，综合性能优良，尤其是能承受过载电流，是目前美国和其他一些国家应用最广泛的钨电极。但是，应用钍钨电极存在轻微的放射性，所以，在某些方面的应用受到了限制。钍钨电极通常用在碳钢、不锈钢、镍及镍合金、钛及钛合金的直流焊接。

3. 锆钨电极

锆钨电极在交流电条件下表现良好，在焊接过程中，电极端部能保持圆球状而且电弧比纯钨电极更稳定，尤其是在高载荷条件下的优越表现，更是其他电极所不能替代的。在必须防止电极污染基体金属的条件下，可以采用这种电极。锆钨电极同时还具有良好的耐腐蚀性。锆钨电极适用于镁、铝及其合金的交流焊接。

4. 镧钨电极

镧钨电极焊接性能优良，导电性能接近钍钨电极，焊接过程没有放射性伤害，焊工不需改变任何焊接操作程序，就能方便快捷地用此电极替代钍钨电极。因此，镧钨电极在欧洲和日本成为最受欢迎的 WT20 的替代品。镧钨电极主要用于直流电源焊接。

5. 纯钨电极

纯乌电极在所有钨电极中价格最便宜，主要适用于用交流电进行铝、镁及其合金的焊接。

6. 钇钨电极

钇钨电极的焊接电弧细长，压缩程度大，尤其是在用中、大焊接电流时焊缝熔深最大。目前主要用于军工和航空航天工业。

7. 复合电极

复合电极是在钨中添加了两种或更多的稀钍氧化物，各添加物互为补充，相得益彰，使焊接效果更好。

三、钨极的牌号和规格

1. 钨极的牌号及编制方法

（1）纯钨极。其牌号是 W1、W2。含钨 99.85% 以上，一般使用在要求不严格的情况下，在使用交流电时，纯钨极电流承载能力较低，抗污染能力差，要求焊机有较高的空载电压，故目前很少采用。

（2）钍钨极。其牌号是 WTh—7、WTh—10、WTh—15；含有 1%～2% 氧化钍的钨极，其电子发射率较高，电流承载能力较好，寿命较长并且抗污染性能较好；引弧比较容易，电弧比较稳定。其特点是成本较高，具有微量放射性。

（3）铈钨极。其牌号是 WCe—5、WCe—13、WCe—20；在纯钨中分别加入 0.5%、1.3%、2% 的氧化铈，与钍钨相比，在直流小电流焊接时，易建立电弧，引弧电压比钍钨极低 50%，电弧燃烧稳定，弧束较长，热量集中，烧损率比钍钨极低 5%～50%，最大许用电流密度比钍钨极高 5%～8%，几乎没有放射性等，是我国建议尽量采用的钨极。

（4）锆钨极。其牌号是 WZr—15，它的性能在纯钨极和钍钨极之间。用于交流焊接时，具有纯钨极理想的稳定特性和钍钨极的载流量及引弧特性等综合性能。

钨极的牌号编制示例：

钍钨极

铈钨极

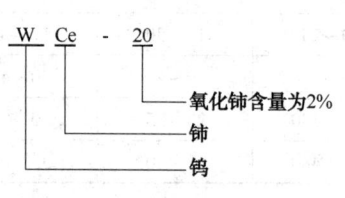

2. 钨极的规格

制造厂家按长度范围供给为 76～610mm 的钨极；常用钨极的直径为：0.5mm、1.0mm、1.6mm、2.0mm、2.5mm、3.2mm、4.0mm、5.0mm、6.3mm、8.0mm、10mm 多种。

四、钨极的端头形状及承载能力

（1）常用钨极端头形状与电弧稳定性关系见表 3－51。

表 3－51　常用钨极端头形状与电弧稳定性关系

钨极端头形状	钨极种类	电流极性	适用范围	燃弧情况
	铈钨或钍钨	直流正接	大电流	稳定
	铈钨或钍钨	直流正接	小电流 用于窄间隙及薄板的焊接	稳定
	纯钨极	交流	铝、镁及其合金的焊接	稳定
	铈钨或钍钨	直流正接	直流＜1mm 的细钨丝电极连续焊	良好

（2）钨极电流承载能力见表 3－52。

表 3－52　钨极电流承载能力

电极直径/mm	直流电流/A				交流电流/A	
	正接（电极－）		反接（电极＋）			
	纯钨	钍钨、铈钨	纯钨	钍钨、铈钨	纯钨	钍钨、铈钨
0.5	2～20	2～20	—	—	2～15	2～15
1	10～75	10～75	—	—	15～55	15～70
1.6	40～130	60～150	10～20	10～30	45～90	60～125
2	75～180	100～200	15～25	15～25	65～125	85～160
2.5	130～230	160～250	17～30	17～30	80～140	120～210
3	140～280	200～300	20～40	20～40	100～160	140～230
3.2	160～310	225～330	20～35	20～35	130～190	150～250
4	275～450	350～480	35～50	35～50	180～260	240～350

电极直径/mm	直流电流/A				交流电流/A	
	正接(电极 −)		反接(电极 +)			
	纯钨	钍钨、铈钨	纯钨	钍钨、铈钨	纯钨	钍钨、铈钨
5	400 ~ 625	500 ~ 645	50 ~ 70	50 ~ 70	240 ~ 350	330 ~ 460
6	500 ~ 625	620 ~ 650	60 ~ 80	60 ~ 80	260 ~ 390	430 ~ 560
6.3	550 ~ 675	650 ~ 850	65 ~ 100	65 ~ 100	300 ~ 420	430 ~ 575
8	—	—	—	—	—	650 ~ 830

五、钨极的选用

钨极的选用见表 3 – 53。

表 3 – 53　钨极的选用

钨极种类	牌　号	特　点
纯钨	W1、W2	熔点和沸点都很高，其缺点是要求焊机有较高的空载电压。长时间工作时会出现钨极熔化现象
钍钨极	WTh – 7、WTh – 10、WTh – 15、WTh – 30	由于加入了一定量的氧化钍，使上述纯钨极的缺点得以克服，但有微量放射性
铈钨极	WCe – 20	纯钨中加一定量的氧化铈，其优点为：引弧电流低、电弧弧柱压缩程度较好、使用寿命长、放射性剂量较低

第六节　螺柱焊材料

一、电弧螺柱焊材料

1. 母材

用其他弧焊方法容易焊接的金属材料，都适于进行螺柱焊。其中应用最多的是碳钢、高强度钢、不锈钢和铝合金。

可焊母材的最小壁厚与螺柱端部直径有关。母材的厚度不要小于螺柱端部直径的 1/3，当强度不作为主要要求时，母材的厚度最薄也不能小于螺柱端部直径的 1/5。

2. 螺柱

螺柱的外形设计与制备，必须能满足焊枪夹持并顺利地进行焊接的要求，其底端直径受母材厚度的限制，参考第五章第八节表 5 – 92。螺柱待焊底端多为圆形，也可制成方形或矩形。底端横断面为圆形的螺柱焊接端，一般加工成锥形；横断面为方形的紧固件焊接端，一般加工成楔形。螺柱长度一般应 >20mm（夹持量 + 伸出长度 + 熔化量的长度），其中熔化量的长度为 3 ~ 5mm，底端为矩形的宽度应 ≤5mm。

螺柱的长度必须考虑焊接过程产生的缩短量（熔化量）。因为焊接时螺柱和母材金属熔化，随后熔化金属从接头处被挤出，所以螺柱总长度要缩短。电弧螺柱焊螺柱的缩短量见表

3-54。与电弧螺柱焊相比，电容放电螺柱焊的螺柱焊熔耗量很小，通常在 0.2~0.4mm 范围内，熔化所产生的缩短量几乎可以忽略不计。

表 3-54　电弧螺柱焊螺柱的缩短量　　　　　　单位：mm

螺柱直径	5~12	6~22	≥25
长度缩短量	3	5	5~6

钢在螺柱焊时，为了脱氧和稳弧，常在螺柱端部中心处（约在焊接点 2.5mm 范围内）放一定量的焊剂。螺柱焊柱端焊剂固定方法如图 3-3 所示，其中图 3-3(c)所示的镶嵌固体焊剂法较为常用。对于直径 <6mm 以下的螺柱，一般不需要焊剂。

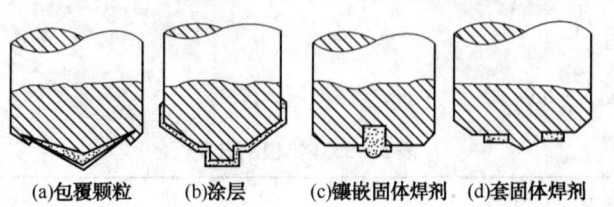

(a)包覆颗粒　　(b)涂层　　(c)镶嵌固体焊剂　(d)套固体焊剂

图 3-3　螺柱焊柱端焊剂固定方法

铝在螺柱焊时，螺柱端部不需加焊剂，为了便于引弧，端部可做成尖状，焊接时需用惰性气体保护，以防止焊接金属氧化并稳定电弧。

常用电弧螺柱焊螺柱的设计已经标准化，国际标准化组织 ISO 给出了有螺纹螺柱、无螺纹螺柱和抗剪锚栓的设计标准。国家标准 GB/T 10433—2002《电弧螺柱焊用圆柱头焊钉》也规定了设计标准，所用的材料多为螺纹钢 ML15 和 ML15Al。

（1）有螺纹螺柱(PD)系列的形状和尺寸见表 3-55。

表 3-55　有螺纹螺柱(PD)系列的形状和尺寸　　　　单位：mm

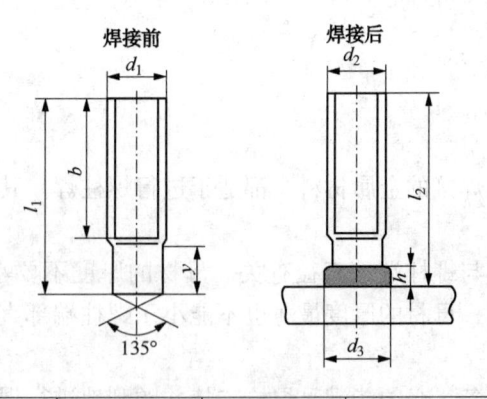

d_1	M6		M8		M10		M12		M16		M20		M24	
d_2	5.35		7.19		9.03		10.86		14.7		18.38		22.05	
d_3	8.5		10		12.5		15.5		19.5		24.5		30	
h	3.5		3.5		4		4.5		6		7		10	
l_2	y_{min}	b	y_{min}	b	y_{min}	b	y_{min}	b	y_{min}	b	y_{min}	b	y_{min}	b
15	9													

续表

l_2	y_{min}	b	y_{min}	b	y_{min}	b	y_{min}	b	y_{min}	b	y_{min}	b
20	9		9		9.5							
25	9		9		9.5		11.5					
30	9		9		9.5		11.5		13.5			
35		20			9.5		11.5		13.5		15.5	
40		20			9.5		11.5		13.5		15.5	
45							11.5		13.5		15.5	
50				40		40		40		40		40	30
55										40		40	
60										40		40	
65										40		40	
70												40	
75													40
100							40		40		40		40
140							80		80		80		
150							80		80		80		
160							80		80		80		

（2）抗剪锚栓（SD）系列的形状和尺寸见表3－56。

表3－56　抗剪锚栓（SD）系列的形状和尺寸（GB/T 10433—2002）　　单位：mm

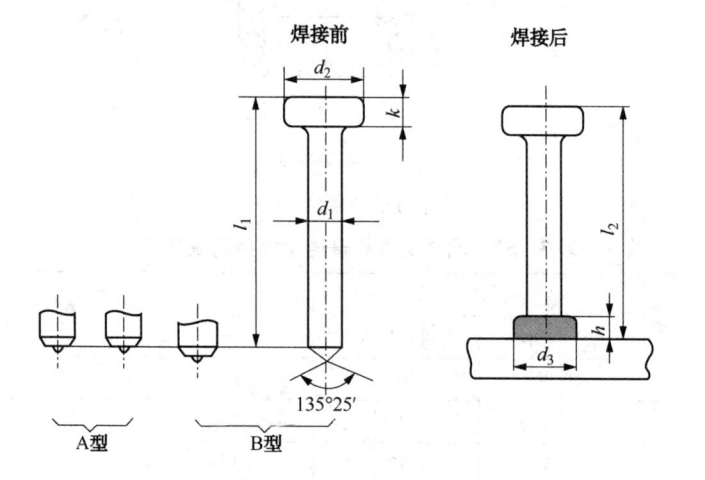

焊接前　　　焊接后　　A型　B型　135°25′

$d_1-0.4$	10	13	16	19	22	25
$d_2\pm0.3$	19	25	32	32	35	40
d_3	13	17	21	23	29	31
h	2.5	3	4.5	6	6	7
$k\pm0.5$	7	8	8	10	10	12

$l_2{}^{+1}_{-2}$	50, 75, 100, 125,150,175	50, 75, 100, 125, 150, 175, 200	50, 75, 100, 125, 150, 175, 200,225,250	50, 75, 100, 125, 150, 175, 200, 225, 250, 275, 300, 325, 350	50, 75, 100, 125, 150, 175, 200, 225, 250, 275, 300, 325, 350	50, 75, 100, 125, 150, 175, 200, 225, 250, 275, 300, 325, 350

3. 保护瓷环

瓷环又称套圈，为圆柱形，底面与母材的待焊端表面相匹配，并做成锯齿形，以便气体从焊接区排出。

（1）保护瓷环的作用是防止空气进入焊接区，降低熔化金属的氧化程度；焊接时使电弧热量集中于焊接区内；防止熔化金属的流失，以利于各种位置的焊接；遮挡弧光。

（2）瓷环可分为消耗型和半永久型两种。消耗型瓷环在工业上应用很广泛，用陶瓷材料制成，易于打破后除去。陶瓷瓷环上设计有排气孔和焊缝成形穴，以便更好地控制焊脚形状和焊缝质量。由于焊后不用从螺柱体上取出瓷环，所以螺柱形状可不受限制，瓷环尺寸与形状可制成最佳状态。半永久型瓷环仅用于特殊场合，在工业上很少采用。如用于自动送进螺柱系统，此时对焊脚控制要求不高。半永久型瓷环一般能使用500次左右。

（3）圆柱头焊钉普通平焊用的瓷环如图3-4所示，其相应的尺寸见表3-57。

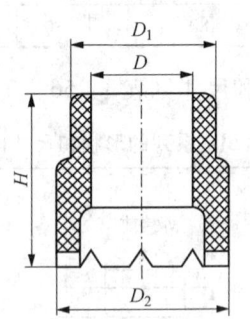

图3-4　圆柱头焊钉
普通平焊用的瓷环

表3-57　圆柱头焊钉普通平焊用的瓷环尺寸　　　　　　　　单位：mm

焊钉基本直径 d	D		D_1	D_2	H
	最 小	最 大			
10	10.3	10.8	14	18	11
13	13.4	13.9	18	23	12
16	16.5	17	23.5	27	17
19	19.5	20	27	31.5	18
22	23	23.5	30	36.5	18.5
25	26	26.5	38	41.5	22

（4）国际标准规定的螺纹螺柱焊用瓷环（PF）的形状和尺寸见表3-58。

表3-58 螺纹螺柱焊用瓷环(PF)的形状和尺寸 单位：mm

类型	d_1		$d_5 \pm 0.1$	$d_6 \pm 0.1$	h_2	h_3
PF6	5.6		9.5	11.5	6.5	3.3
PF8	7.4	$^{+0.5}_{\ 0}$	11.5	15	6.5	4.5
PF10	9.2	$^{+0.5}_{\ 0}$	15	17.8	6.5	4.5
PF12	11.1	$^{+0.5}_{\ 0}$	16.5	20	9	5.5
PF16	15	$^{+0.5}_{\ 0}$	20	26	11	7
PF20	18.6	$^{+0.5}_{\ 0}$	30.7	33.8	10	6
PF24	22.4	$^{+0.1}_{\ 0}$	30.7	38.5	18.5	14

（5）国际标准规定的无螺纹螺柱和抗剪锚栓焊用瓷环(UF)的形状和尺寸见表3-59。

表3-59 无螺纹螺柱和抗剪锚栓焊用瓷环(UF)的形状和尺寸 单位：mm

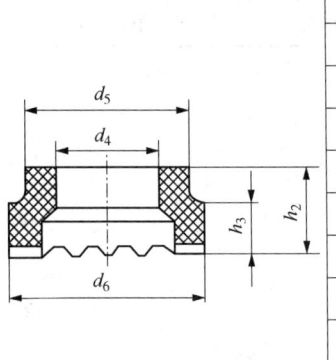

类型	$d_4 {}^{+0.5}_{\ 0}$	$d_5 \pm 0.1$	$d_6 \pm 0.1$	h_2	h_3
PF6	6.2	9.5	11.5	8.7	4.7
PF8	8.2	11	15	8.7	4.7
PF10	10.2	15	17.8	10	5.2
PF12	12.2	16.5	20	10.7	6
PF13	13.1	20	22.21	11	6.5
PF16	16.3	26	30	13	8.5
PF19	19.4	26	30.8	16.7	12
PF22	22.8	30.7	39	18.6	14
PF25	26.0	35.5	41	21	16.5

二、电容放电螺柱焊用螺柱

低碳钢、不锈钢、铝和黄铜等金属材料均可用电容放电螺柱焊用螺柱，螺柱体可以做成任何形状，如圆形、方形、锥形，带有沟槽等，但螺柱焊接端必须是圆形的。螺柱焊接端一般都带有凸肩，该凸肩的形状和尺寸对于预接触式和预留间隙式电容放电螺柱焊的焊缝质量影响很大，工业中常用圆柱凸肩，它可以在高速冷镦机上制造。

国际标准的螺柱设计，共分为螺纹螺柱(PT)、无螺纹螺柱(UT)和内螺纹螺柱(IT)三种。

电容放电螺柱焊用带法兰有螺纹螺柱(PT)的形状和尺寸见表3-60。

表 3 – 60　　电容放电螺柱焊用带法兰有螺纹螺柱（PT）的形状和尺寸　　　　单位：mm

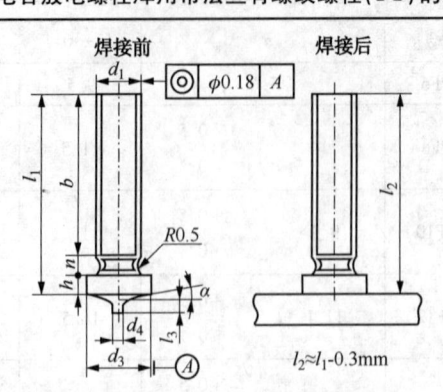

$l_2 \approx l_1 - 0.3mm$

d_1	$d_3 \pm 0.2$	$d_4 \pm 0.8$	$l_3 \pm 0.5$	h	n_{max}	$\alpha \pm 1°$	$l_1{}_{\ 0}^{+0.6}$
M3	4.5	0.6	0.55	0.7 ~ 1.4	1.5	3°	6, 8, 10, 12, 16, 20
M4	5.5	0.65					8, 10, 12, 16, 20, 25
M5	6.5		0.80	0.8 ~ 1.4	2		10, 12, 16, 20, 25, 30
M6	7.5	0.75					
M8	9		0.85		3		12, 16, 20, 25, 30

对于拉弧式电容放电螺柱焊用的螺柱端头则不需设置小凸台，带法兰有螺纹螺柱（FD）的形状和尺寸见表 3 – 61。

表 3 – 61　　带法兰有螺纹螺柱（FD）的形状和尺寸　　　　单位：mm

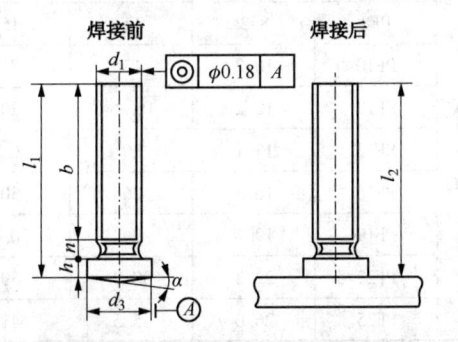

d_1	$d_3 \pm 0.2$	h	n_{max}	$\alpha \pm 1°$	$l_1{}_{\ 0}^{+0.6}$
M3	4	0.7 ~ 1.4	1.5	7°	6, 8, 10, 12, 16, 20
M4	5				8, 10, 12, 16, 20, 25
M5	6				10, 12, 16, 20, 25, 30
M6	7	0.8 ~ 1.4	2		10, 12, 16, 20, 25, 30
M8	9				12, 16, 20, 25, 30, 35, 40
M10	11				16, 20, 25, 30, 35, 40

第四章　焊接设备

第一节　焊条电弧焊设备

一、对弧焊电源的基本要求

1. 对电源外特性的要求

弧焊电源输出电压与输出电流之间的关系称为电源的外特性，外特性用曲线来表示，称为外特性曲线。

弧焊电源外特性曲线的形状对电弧及焊接参数的稳定性有重要的影响。在焊接时，弧焊电源供电，电弧作为用电负载，电源－电弧构成一个电力系统。为保护电源－电弧系统的稳定性，必须使弧焊电源特性曲线的形状与电弧静特性曲线的形状适当的配合。

电源外特性曲线如图4－1所示，可供不同的弧焊方法及工作条件选用。

电弧的静特性曲线与弧焊电源的外特性曲线的交点就是电弧燃烧的工作点。焊条电弧焊焊接时要采用具有陡坡外特性的电源。因为焊条电弧焊时，电弧的静特性曲线呈L形，当焊工由于手的抖动引起弧长的变化时，焊接电流也随之变化。当采用陡

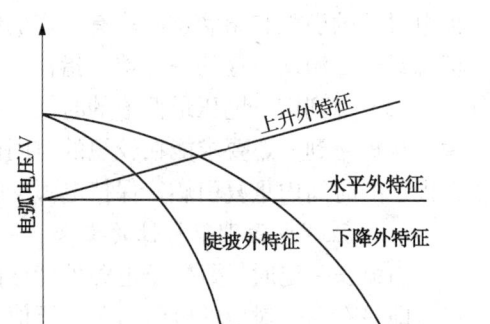

图4－1　电源外特性曲线

降的外特性电源时，同样的弧长变化，所引起的焊接电流缓降外特性或平外特性变化要小得多，有利于保持焊接电流的稳定，从而使焊接过程稳定。

2. 对空载电压的要求

当焊机接通电网而输出端没有接负载（即没有电弧）时，焊接电流为零，此时输出端的电压称为空载电压，常用 $U_空$ 表示。引弧时，若空载电压太低，引弧将发生困难，电弧燃烧也不稳定；空载电压高虽然容易引弧，但不是越高越好。因为空载电压越高，不仅电源容量越大（电源的额定容量和空载电压成正比），制造成本越高，而且容易造成触电事故。因此，我国有关标准中规定空载 $U_{空最大}$ 为：

（1）弧焊变压器：$U_{空最大} \leqslant 80V$。

（2）弧焊整流器：$U_{空最大} \leqslant 90V$。

（3）弧焊发电机：$U_{空最大} \leqslant 100V$（单头焊机）；$U_{空最大} \leqslant 60V$（多头焊机）。

3. 对短路电流的要求

当电极和工件短路时，电压为零，此时焊机的输出电流称为短路电流，常用 $I_短$ 来表示。在引弧和熔滴过渡时，经常发生短路。如果短路电流过大，不但会使焊条过热、药皮脱落、

焊接飞溅增大,而且还会引起弧焊电源过载而烧坏;如果短路电流过小,则会使焊接引弧和熔滴过渡发生困难,导致焊接过程难以继续进行。所以,陡坡外特性电源应具有适当的短路电流,通常规定短路电流等于焊接电流的 1.25 ~ 1.5 倍。

4. 对电源动特性的要求

焊接过程中,电弧总在不断地变化,弧焊电源的动特性,就是指弧焊电源对焊接电弧这样的动负载所输出的电流和电压与时间的关系,用它来表示弧焊电源对负载瞬时变化的反应能力。弧焊电源动特性对电弧稳定性、熔滴过渡、飞溅及焊缝成形等有很大影响,它是直流弧焊电源的一项重要技术指标。对动特性的具体要求,主要有如下几点:

(1) 合适的瞬时短路电流峰值。焊条电弧焊时,由于引弧和熔滴过渡等均会造成焊接电路的短路现象,为了有利于引弧,加速金属的熔化和过渡,同时为了缩短电源处于短路状态的时间,应适当增大瞬时短路电流。但是,过高的短路电流,会导致焊条和工件过热,甚至使工件烧穿,还会引起飞溅的增加以及电源的过载,所以,必须要有合适的瞬时短路电流峰值,通常规定短路电流≤工作电流的 1.5 倍。

(2) 合适的短路电流上升速度。短路电流上升速度是否合适,对焊条电弧焊或其他熔化极电弧焊的引弧和熔滴过渡均有一定的影响。一般要求有合适的短路电流上升速度,它也是标志弧焊电源动特性的一个重要指标。

(3) 达到恢复电压最低值的时间要适当。为了保证弧焊电源的稳定燃烧,对弧焊电源来说,从短路到复燃要求能在较短的时间内达到恢复电压的最低值(≥30V),这样才能使电弧在极短的时间内重复引燃,保持电弧的持续、稳定。

5. 对弧焊电源调节特性的要求

当弧长一定时,每一条电源外特性曲线和电弧静特性曲线的交点中,只有一个稳定工作点,即只有一个对应的电流值和表压值。所以,选用不同的焊接参数时,要求电源能够通过节点,得出不同的电源外特性曲线,即要求电源的焊接电流必须能在较宽的范围内均匀灵活地调节。一般要求焊条电弧焊电源的电流调节范围为弧焊电源额定焊接电流的 0.25 ~ 1.2 倍。

二、电焊机的型号和铭牌

1. 电焊机的型号

现行国家标准《电焊机型号编制方法》(GB/T 10249—2010)对电焊机型号编制规定如下。

1) 产品型号

电焊机产品型号由汉语拼音字母及阿拉伯数字组成。

```
┌─┐ ┌─┐┌─┐ ┌─┐
│1│-│2││3│-│4│
└─┘ └─┘└─┘ └─┘
 │   │  │   └──── 改进序号
 │   │  └──────── 派生代号
 │   └─────────── 基本规格
 └─────────────── 产品符号代码
```

(1) 型号中 2、4 项用阿拉伯数字表示。

(2) 型号中 3 项用汉语拼音字母表示。

（3）型号中3、4项不用时可空缺。

（4）改进序号按产品改进程序用阿拉伯数字连续编号。

2）产品符号代码

产品符号代码的编排秩序如下。

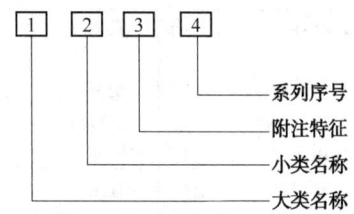

（1）产品符号代码中1、2、3项用汉语拼音字母表示。

（2）产品符号代码中4项用阿拉伯数字表示。

（3）附注特征和系列序号用于区别同小类的系列和品种，包括通用和专用产品。

（4）产品符号代码中3、4项如不需表示时，可以只用1、2项。

（5）同时兼作几大类焊机使用时，其大类名称的代表字母按主要用途选取。

（6）如果产品符号代码1、2、3项用汉语拼音字母表示的内容不能完整表达该焊机的功能或有可能存在不合理表述时，产品的符号代码可以由该产品标准规定。

（7）部分产品符号代码的代表字母及序号的编制见表4－1。

表4－1　部分产品的符号代码

产品名称	第一字母		第二字母		第三字母		第四字母	
	代表字母	大类名称	代表字母	小类名称	代表字母	附注特征	数字序号	系列序号
电弧焊机	B	交流弧焊机（弧焊变压器）	X	下降特性	L	高空载电压	省略	磁放大器或饱和电抗器式
							1	动铁芯式
							2	串联电抗器式
			P	平特性			3	动圈式
							4	—
							5	晶闸管式
							6	变换抽头式
	A	机械驱动的弧焊机（弧焊发电机）	X	下降特性	省略	电动机驱动	省略	直流
					D	单纯弧焊发电机	1	交流发电机整流
			P	平特性	Q	汽油机驱动	2	交流
					C	柴油机驱动		
			D	多特性	T	拖拉机驱动		
					H	汽车驱动		
	Z	直流弧焊机（弧焊整流器）	X	下降特性	省略	一般电源	省略	磁放大器或饱和电抗器式
							1	动铁芯式
					M	脉冲电源	2	—
							3	动线圈式
			P	平特性	L	高空载电压	4	晶体管式
							5	晶闸管式
							6	变换抽头式
			D	多特性	E	交直流两用电源	7	逆变式

续表

产品名称	第一字母		第二字母		第三字母		第四字母	
	代表字母	大类名称	代表字母	小类名称	代表字母	附注特征	数字序号	系列序号
电弧焊机	M	埋弧焊机	Z	自动焊	省略	直流	省略	焊车式
			B	半自动焊	J	交流	1	—
			U	堆焊	E	交直流	2	横臂式
			D	多用	M	脉冲	3	机床式
							9	焊头悬挂式
	N	MIG/MAG 焊机（熔化极惰性气体保护弧焊机/活性气体保护弧焊机）	Z	自动焊	省略	直流	省略	焊车式
							1	全位置焊车式
			B	半自动焊			2	横臂式
					M	脉冲	3	机床式
			D	点焊			4	旋转焊头式
			U	堆焊			5	台式
					C	二氧化碳保护焊	6	焊接机器人
			G	切割			7	变位式
	W	TIG 焊机	Z	自动焊	省略	直流	省略	焊车式
							1	全位置焊车式
			S	手工焊	J	交流	2	横臂式
							3	机床式
			D	点焊	E	交直流	4	旋转焊头式
							5	台式
			Q	其他	M	脉冲	6	焊接机器人
							7	变位式
							8	真空充气式
	L	等离子弧焊机/等离子弧切割机	G	切割	省略	直流等离子	省略	焊车式
					R	熔化极等离子	1	全位置焊车式
			H	焊接	M	脉冲等离子	2	横臂式
					J	交流等离子	3	机床式
			U	堆焊	S	水下等离子	4	旋转焊头式
					F	粉末等离子	5	台式
			D	多用	E	热丝等离子	8	手工等离子
					K	空气等离子		
电渣焊接设备	H	电渣焊机	S	丝板				
			B	板极				
			D	多用极				
			R	熔嘴				
	H	钢筋电渣压力焊机	Y		S	手动式		
					Z	自动式		
					F	分体式		
					省略	一体式		

续表

产品名称	第一字母		第二字母		第三字母		第四字母	
	代表字母	大类名称	代表字母	小类名称	代表字母	附注特征	数字序号	系列序号
电阻焊机	D	点焊机	N	工频	省略	一般点焊	省略	垂直运动式
			R	电容储能	K	快速点焊	1	圆弧运动式
			J	直流冲击波			2	手提式
			Z	次级整流			3	悬挂式
			D	低频			6	焊接机器人
			B	逆变	W	网状点焊		
	T	凸焊机	N	工频			省略	垂直运动式
			R	电容储能				
			J	直流冲击波				
			Z	次级整流				
			D	低频				
			B	逆变				
电阻焊机	F	缝焊机	N	工频		一般缝焊	省略	垂直运动式
			R	电容储能	Y	挤压缝焊	1	圆弧运动式
			J	直流冲击波	P	垫片缝焊	2	手提式
			2	次级整流			3	悬挂式
			D	低频				
			B	逆变				
	U	对焊机	N	工频	省略	一般对焊	省略	固定式
			R	电容储能	B	薄板对焊	1	弹簧加压式
			J	直流冲击波	Y	异形截面对焊	2	杠杆加压式
			Z	次级整流	G	钢窗闪光对焊	3	悬挂式
			D	低频	C	自行车轮圈对焊		
			B	逆变	T	链条对焊		
	K	控制器	D	点焊	省略	同步控制	1	分立元件
			F	缝焊	P	非同步控制	2	集成电路
			T	凸焊	Z	质量控制	3	微机
			U	对焊				
螺柱焊机	R	螺柱焊机	Z	自动	M	埋弧		
					N	明弧		
			S	手工	R	电容储能		
摩擦焊接设备	C	摩擦焊机	省略	一般旋转式	省略	单头	省略	卧式
			C	惯性式	S	双头	1	立式
			Z	振动式	D	多头	2	倾斜式
		搅拌摩擦焊机				产品标准规定		

续表

产品名称	第一字母		第二字母		第三字母		第四字母	
	代表字母	大类名称	代表字母	小类名称	代表字母	附注特征	数字序号	系列序号
电子束焊机	E	电子束焊枪	Z D B W	高真空 低真空 局部真空 真空外	省略 Y	静止式电子枪 移动式电子枪	省略 1	二极枪 三极枪
光束焊接设备	G	光束焊机	S	光束			1 2 3 4	单管 组合式 折叠式 横向流动式
	G	激光焊机	省略 M	连续激光 脉冲激光	D Q Y	固体激光 气体激光 液体激光		
超声波焊机	S	超声波焊机	D F	点焊 缝焊			省略 2	固定式 手提式
钎焊机	Q	钎焊机	省略 Z	电阻钎焊 真空钎焊				
焊接机器人	产品标准规定							

2. 弧焊机的铭牌

每台弧焊机出厂时，在焊机的明显位置上钉有焊机的铭牌，铭牌的内容主要有焊机的名称、型号、主要技术参数、绝缘等级、焊机制造厂、生产日期和焊机出厂编号等。其中，焊机铭牌中的主要技术参数是焊接生产中选用焊机的主要依据。

（1）额定焊接电流。是指焊接电源规定的焊接电流使用限额。

（2）额定工作电压。是指焊接电源规定的焊接工作电压使用限额。应注意按电流、电压额定使用设备是最经济合理、安全可靠的，超过额定值工作时，称为过载，严重过载将使设备损坏。

（3）负载持续率。是指在选定的工作时间周期内，焊机负载的时间占选定工作时间周期的百分率。可用如下公式表示：

$$DY_N = \frac{t}{T} \times 100\%$$

式中，DY_N 是负载持续率，%；t 是选定工作时间周期内负载的时间，min；T 是选定的工作时间周期，min。

我国有关标准规定，焊条电焊机所选定的工作时间周期为 5min。如果在 5min 内，焊接时间为3min，则负载持续即为60%。对一台焊机来说，随着实际焊接时间的增多，间歇时间减少，那么负载持续率便会不断增高，焊机便会容易发热、升温，绳子烧毁。因此，焊工必须按规定的额定负载持续率使用。

三、常用交、直流弧焊机的构造和工作原理

1. 常用交流弧焊机

交流弧焊机是一种特殊降压变压器，不仅可用来获得下降外特性，同时还可用来稳定焊接电弧和调节焊接电流。交流弧焊机获得下降外特性的方法是在焊接回路中串一可调电感器，弧焊变压器工作原理如图4-2所示。此电感器可以是一个独立的电抗器，也可以利用弧焊变压器本身的漏感来代替。

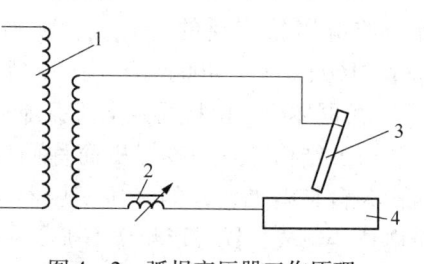

图4-2 弧焊变压器工作原理
1—降压变压器；2—可调电感器；
3—焊条；4—工件

目前，使用的交流弧焊机种类很多，一般常用的有动铁心漏磁式、同体组合电抗器式、动圈式和抽头式四种，现分别介绍如下：

1）动铁心漏磁式交流弧焊机

（1）结构特点。该焊机简称动铁心式弧焊机，图4-3所示为代表产品动铁心式BX1-330型交流弧焊变压器结构示意图。该变压器具有三个铁心柱，其中两个为固定的主铁心，中间放一个动铁心作为一、二次线圈间的漏磁分路。变压器的一次线圈为筒形，绕在一个主铁心柱上，二次线圈一部分绕在一次线圈外面，另一个兼作电抗线圈，绕在另一个主铁心上。弧焊变压器两侧均装有接线板，供接网路用，其中一侧为二次接线板，供焊机回路用。动铁心2可以在垂直于纸面的方向移动，动铁心移动示意如图4-4所示。

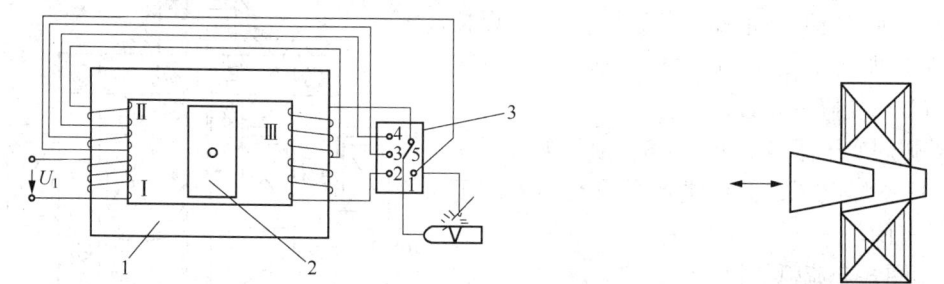

图4-3 动铁心式BX1-300型交流弧焊变压器结构　　　　图4-4 动铁心移动示意
1—定铁心；2—动铁心；3—二次接线板；
Ⅰ—一次线圈（固定）；Ⅱ、Ⅲ—二次线圈（可调）

（2）工作原理。该弧焊变压器的陡坡外特性是靠动铁心的漏磁作用而获得的。调节焊接参数时只需移动铁心的位置，改变漏磁磁通，即可调节焊接电流，其电流变化与动铁心移动距离呈线性关系，故电流调节均匀。BX1-330型交流弧焊变压器电流的调节分为粗调节和细调节两部分。

① 电流粗调节。通过改变弧焊变压器二次连接板上的接线来改变焊接电流大小。接法Ⅰ，焊接电流的调节范围为50~180A，空载电压为70V；接法Ⅱ，焊接电流调节范围为160~450A，空载电压为60V。电流粗调节时，为防止触电，应在切断电源的情况下进行。

调节前，各联接螺栓要拧紧，防止接触电阻过大而引起发热，烧损联接螺栓和连接板。

②电流细调节。电流细调节是通过弧焊变压器侧面的旋转手柄来改变活动铁心的位置完成的。当手柄逆时针旋转时，动铁心向外移动，漏磁减少，焊接电流增加；当手柄顺时针旋转时，动铁心向内移动，漏磁加大，焊接电流减小。

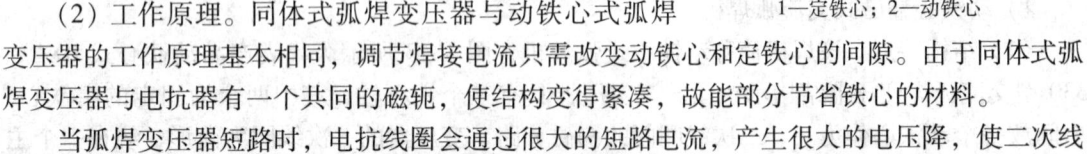

动铁心式弧焊变压器结构简单，使用和维护方便，是目前应用较广泛的一种交流弧焊电源，其产品还有 BX1 – 160、BX1 – 400、BX1 – 630 等。

2）同体组合电抗器式交流弧焊机

（1）结构特点。该焊机简称同体式弧焊变压器，焊机由一台具有平特性的降压变压器及叠加在其上面的一个电抗器组成，铁心形状像 H 形，并在上部装有动铁心。同体式弧焊变压器如图 4 – 5 所示。变压器与电抗器有一个共同的磁轭，变压器初级绕组分别绕在变压器侧柱上，次级绕组与电抗器线圈串联后向电弧供电，电抗器铁心中间留有可调的间隙 δ，以调节焊接电流。

图 4 – 5　固体式弧焊变压器
1—定铁心；2—动铁心

（2）工作原理。同体式弧焊变压器与动铁心式弧焊变压器的工作原理基本相同，调节焊接电流只需改变动铁心和定铁心的间隙。由于同体式弧焊变压器与电抗器有一个共同的磁轭，使结构变得紧凑，故能部分节省铁心的材料。

当弧焊变压器短路时，电抗线圈会通过很大的短路电流，产生很大的电压降，使二次线圈的电压接近于零，从而限制了短路电流；当弧焊变压器空载时，由于没有焊接电流通过，电抗线圈不产生电压降，因此，空载电压基本上等于二次电压，此时便于引弧；当弧焊变压器焊接时，由于有焊接电流通过，电抗线圈产生电压降，从而获得陡降外特性。

这类弧焊变压器多用作大功率电源，如 BX2 – 100 用于埋弧焊电源，但此类产品没有列入国家发展产品范围。

3）动圈式交流弧焊机

（1）结构特点。动圈式弧焊变压器是一种应用较广泛的交流弧焊电源。动圈式弧焊变压器的结构如图 4 – 6 所示，变压器的一次和二次线圈匝数相等，绕于一高而窄的口字形铁心上。一次线圈固定于铁心底部，二次线圈可用丝杠带动上下移动，在一次和二次线圈间形成漏磁磁路。

（2）工作原理。由于变压器的一、二次线圈分成两部分安放，使得两者之间造成较大的漏磁，焊接时使二次电压迅速下降，从而获得下降外特性。

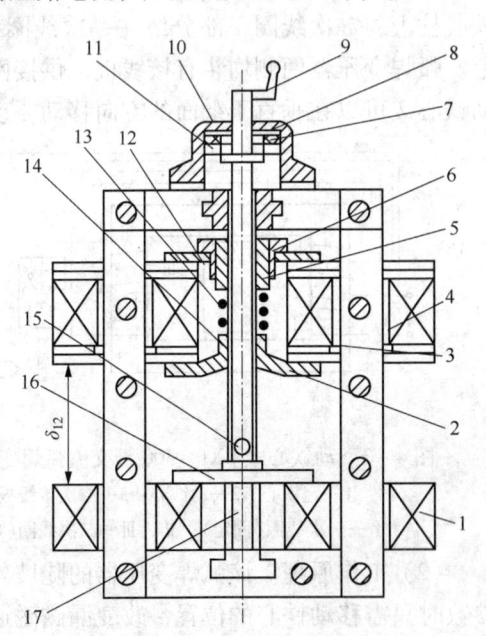

图 4 – 6　动圈式弧焊变压器的结构
1——次线圈；2—下夹板；3—下衬套；4—二次线圈；
5—螺母；6—上衬套；7—弹簧垫圈；8—铜垫圈；
9—手柄；10—丝杠固定压板；11—滚环轴承；
12—上夹板；13—压力弹簧；14—丝杆；
15—滚珠；16—压板；17—螺杆

变压器的一次线圈、二次线圈间距离 δ_{12} 增大，漏磁感抗增大，输出电流减小，反之则输出电流增大，动圈式弧焊变压器的调节特性如图4-7所示。从图4-7中可用看到当 δ_{12} 增大到一定程度后，若再增加，电流变化就不太明显了。因此，这种弧焊变压器一般具有一大、小电流转换开关，如 BX3-400 型。

这种焊机的优点是没有动铁心，不会出现由于铁心的振动而造成小电流焊接时电弧不稳的现象。焊机的缺点是焊接电流调节下限将受到铁心高度的限制，所以只能制成中等容量的焊机；焊机消耗的电工材料较多，经济性较差；焊机较重，机动性差。该焊机适用于不经常移动的固定地点焊接施工。其中，BX3-120、BX3-300 主要用于焊条电弧焊；BX3-1-400、BX3-1-500 空载电压略高，用作钨极氩弧焊电源。

4）抽头式弧焊机

抽头式弧焊变压器如图4-8所示，其基本工作原理与动圈式弧焊变压器相似。一次线圈分绕在口字形铁心的两个心柱上，二次线圈仅绕在一个心柱上。所以一、二次线圈之间产生较大的漏磁，从而获得下降外特性。一次线圈常做出较多的抽头，利用转换开关调节一次线圈在两心柱上的匝数比，以调节焊接电流。抽头式弧焊变压器结构紧凑，无活动部分，故无振动。但其电流调节是有级调节，不能细调。

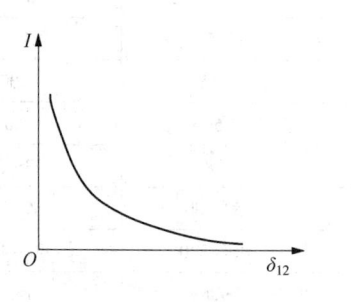

图4-7 动圈式弧焊变
压器的调节特性

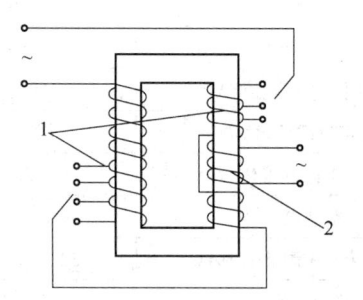

图4-8 抽头式弧焊变压器
1——次线圈；2—二次线圈

常用交流弧焊电源（弧焊机）的技术数据见表4-2。

表4-2 常用交流弧焊电源（弧焊机）的技术数据

型　号	BX1-400	BX1-500	BX3-300	BX3-500	BX6-120	BX-500 CBA-500
结构形式	动铁心式	动铁心式	动圈式	动圈式	抽头式	同体式
空载电压/V	77		75/60	70/60	50	80
电流调节范围/A	100~480	100~500	接 I 40~150 接 II 120~380	接 I 60~200 接 II 180~655	45~160	150~500
额定负载持续率/%	60	60	60	60	35	60
功率因数	0.55	0.65	0.53	0.52	0.75	0.52
效率/%	84.5	80	82.5	87	—	86
质量/kg	144	310	190	167	20	290
用途	焊条电弧焊电源	焊条电弧焊、切割电源	焊条电弧焊、切割电源	焊条电弧焊电源	手提式焊条电弧焊电源	焊条电弧焊、电弧切割电源

2. 常用直流弧焊机

直流焊条电弧焊机(简称为直流弧焊机)分为直流弧焊发电机和弧焊整流器两大类。

1) 直流弧焊发电机

(1) 直流弧焊发电机又称为旋转式直流电弧焊机。目前这类焊机已属于淘汰产品,但由于直流弧焊发电机具有电弧燃烧稳定、可靠性好、经久耐用等特点,应用一直较为广泛。对于已有产品仍可继续使用。

直流弧焊发电机主要由三相交流电动机、发电机电枢、发电机励磁极及绕组、换向片、电刷、控制盘等组成。一般是使工作磁通随焊接电流的增加而迅速降低来获得下降外特性。采用的方法有增设去磁绕组、利用电枢反应等方法。

(2) 柴(汽)油发电机驱动的直流弧焊发电机可组装成汽车式,用汽车的发动机驱动一台或两台发电机。它适用于野外无电源的地区,特别是在野外沼泽地或丘陵山坡地区的大口径输气管道的施工中更为适宜。有拖车式柴(汽)油机驱动的 AXC 型及汽车驱动的 AXH 型。柴(汽)油机驱动直流弧焊发电机的型号及技术数据见表 4-3、表 4-4。

表 4-3　柴油机驱动直流弧焊机的型号及技术数据

型　　号	AXC-160	AXC-200	AXC-315	AXC-400
配用柴油机型号	S195L	S195L	295G	495J
额定焊接电流/A	160	200	315	400
额定负载持续率/%	60	35	60	60
工作电压/V	22~28	21.4~28	28	23~39
空载电压/V	42~65	40~70	50~80	65~90
焊接电流调节范围/A	32~200	40~200	40~320	40~480
输出功率/kW	5	5..6	9.6	14.1
额定转速/(r/min)	2900	2000	1500	2000
机组净重/kg	315	320	1400	1200
机组外形尺寸(长×宽×高)/mm×mm×mm		1350×735×840	3600×1500×1510	2470×1680×1790

表 4-4　越野汽车焊接工程车的型号及技术数据

型　　号	AXH-200	AXH-250	AXH-400	AXH-315
额定焊接电流/A	200	250	400	315
额定负载持续率/%	35	60	60	60
工作电压/V	21.4~28	30	23~39	32.6
空载电压/V	40~70	50~90	65~90	50~80
焊接电流调节范围/A	40~200	50~315	65~480	45~320
输出功率/kW	5.6	7.5	14.1	9.6
额定转速/(r/min)	2000	1500	2000	1450
柴油机型号	S195L	—	495J	—
汽车底盘	—	—	跃进134	—
工程车发动机功率/kW		88		

（3）小型直流弧焊发电机。目前市场上还有一种小型直流弧焊发电机，从焊机的质量和性能上都能满足焊接要求，并且售价低廉，维修简易，焊接生产中搬运轻便、灵活，是晶闸管焊机研究中的重大突破。小型直流弧焊机型号及主要技术数据见表4-5。

表 4-5　小型流弧焊机型号及主要技术数据

型　　号	ZX5-63	ZX5-100
电源电压/V	220	220
空载电压/V	76	76
额定焊接电流/A	63	100
电流调节范围/A	8~63	8~100
额定负载持续率/%	35	35
额定输入容量/kV·A	2.6	4.2
频率/Hz	50	50
质量/kg	8	13

2）弧焊整流器

弧焊整流器是一种把交流电经过变压、整流获得直流电，供给电弧负载的电源。与直流弧焊发电机相比较，它没有机械旋转部分，是静态的直流弧焊电源。它具有噪声小、省电、省料、效率高、制造维护简单等优点。随着半导体技术的发展，整流技术的进步，弧焊整流器的性能已经有显著提高，并已经取代了直流弧焊发电机。

弧焊整流器按照整流元件种类可分为硅整流器、晶闸管整流两大类。

采用硅整流器作整流元件的弧焊机称为硅整流弧焊机，采用晶闸管（可控硅）作整流元件的弧焊机称为晶闸管整流弧焊机。

（1）硅整流弧焊机。又称为硅弧焊整流器。其结构由三相降压变压器、饱和电抗器、硅整流器组、输出电抗器、通风及控制系统等部分组成，如图4-9所示。硅整流器多数用硅二极管来完成。其中磁饱和电抗器相当一个很大的电感，空载时无焊接电流通过，因此不产生压降，电源输出较高的空载电压，焊接时由于磁饱和电抗器通交流电，且电流越大压降也越大，从而使电源获得陡坡的外特性，如图4-10所示。

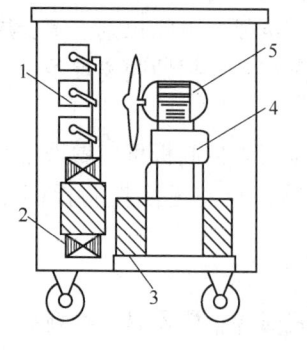

图 4-9　硅整流弧焊机结构

1—硅整流器组；2—三相变压器；

3—三相磁饱和电抗器；4—输出电抗器；

5—通风机组

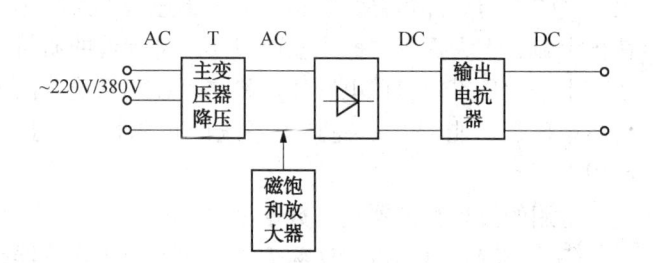

图 4-10　硅整流弧焊机工作原理

硅整流器弧焊机是以硅元件作为整流元件，兼有弧焊发电机电弧稳定和弧焊变压器耗电少、噪声小、制造简单、维护方便的优点，又比电子控制型电源电子元件少，防潮、抗振、耐候力强，如 ZXG-400 型焊条电弧焊电源。其缺点主要是由于没有采用电子电路进行控制和调节，焊接过程中可调焊接参数少，不够精确，受电网电压波动的影响较大，可用于一般质量要求的焊接。

硅整流弧焊机有单相、三相之分，通常有动铁心式弧焊整流器和动圈式弧焊整流器。其中常用的是动铁心式弧焊整流器。

（2）晶闸管弧焊机。又称为晶闸管式弧焊整流器。晶闸管弧焊机用晶闸管代替二极管整流，能获得所需的可调外特性，电流、电压控制范围大。其结构主要由降压变压器、晶闸管整流器和控制、输出电抗器等组成，如图4-11所示。工作原理为网路电压由降压变压器 T 降为几十伏的低电压，借助晶闸管桥 SCR 的整流和控制，经输出电抗器滤波和调节动特性，从而输出所需的直流电弧电压的焊接电流。晶闸管弧焊整流器的基本特征是晶闸官桥，用电子触发电路控制晶闸管的通断特性，并采用闭环反馈的方式来控制外特性，从而可获得平特性、下降特性等各种形状的外特性，所以焊接电流、电弧电压可以在很宽的范围内均匀、精确、快速地调节，不仅达到焊接电流无级调节，还容易实现电网电压补偿，它是目前应用很广泛的一种直流焊接电源。

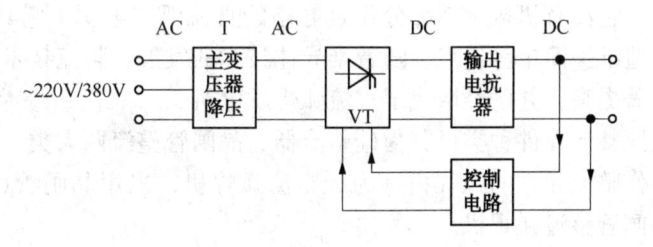

图4-11　晶闸管弧焊机结构原理

晶闸管弧焊整流器都带有电弧推力调节装置，使焊接过程中电弧吹力大，而且电弧吹力强度还可以调节，通过调节和改变电弧推力来改变焊接电弧穿透力，确保焊接过程中引弧容易，促进熔滴过渡，焊接飞溅小。

晶闸管弧焊整流器还具有连弧焊和断弧焊操作选择装置，以调节电弧长度。当选择断弧焊时，配以适当的推力电流，可以保证焊条一碰焊件就能引燃电弧，电弧拉到一定长度就熄灭，当焊条与焊件短路，防粘功能可迅速将电流减小而使焊条完好无损地脱离焊条，从而迅速再引弧，大大提高单面焊双面成形根部焊缝的质量。

由于大量采用集成电路，可将自动控制系统分离做成控制板，控制板可以做得很小，有的还用环氧树脂浸封，提高了系统的可靠性。一旦出现故障，只需更换控制板即可恢复使用。

常用的弧焊整流器技术数据见表4-6。

（3）逆变式弧焊机。又称为逆变式弧焊机整流器，逆变式弧焊整流器是一种新型的弧焊电源，至今已有20多年的历史，经理了由晶闸管（可控硅）→晶体管→场效应管（MOS-FET）→绝缘门极晶体管（IGBT）逆变四代发展。这种电源已应用于钨极氩弧焊、熔化极气体保护焊、焊条电弧焊，以及等离子切割机等，特别在机械化、自动化焊机中占有很大的比重。

表4-6 常用的弧焊整流器技术数据

主要技术数据		动铁心式			晶闸管式		
		ZXE1-160	ZXE1-300	ZXE1-500	ZX5-800	ZX5-250	ZX5-400
输出	额定焊接电流/A	160	300	500	800	250	400
	电流调节范围/A	交流：80~160 直流：70~150	50~300	交流：100~500 直流：90~450	100~800	50~250	40~400
	额定工作电压/V	27	32	交流：24~40 直流：24~38	—	30	36
	空载电压/V	80	60~70	80(交流)	73	55	60
	额定负载持续率/%	35	35	60	60	60	60
	额定输出功率/kW	—	—	—			
输入	电压/V	380	380	380	380	380	380
	额定输入电流/A	40	59			23	37
	相数	1	1	1	3	3	3
	频率/Hz	50	50	50	50	50	50
	额定输入容量/kV·A	15.2	22.4	41	—	15	24
	功率因素	—	—	—	0.75	0.7	0.75
	功率/%	—	—	—	75	70	75
	质量/kg	150	200	250	300	160	200
	用途	焊条电弧焊；交、直流钨极氩弧焊			焊条电弧焊、钨极氩弧焊，碳弧切割电源	焊条电弧焊电源	焊条电弧焊电源，特别适用于低氢型焊条焊接低碳钢、中碳钢以及低合金结构钢

逆变式弧焊机主变压器小。由于变压器的工作频率提高了，使得主变压器的体积大大降低，体积接近一只小手提箱，为同样额定电流的整流式焊机的1/10~1/6。因此逆变焊机不仅节约材料，而且轻便灵活，适应性好，特别适宜移动焊接。它的逆变电源功率因数达0.95以上，总体效率可达到85%~92%，比传统焊机(AX系列弧焊发电机、普通硅整流式、晶闸管式等)平均节电25%~60%，空载时电耗只有30~50W，节能效果明显。

具有最理想的电弧特性。由于逆变式弧焊机全部采用电子控制，在焊接过程中能提供最好的电弧指向性、电弧稳定性和动、静特性，如由开始通电到设定电流值的时间约为0.2ms；而三相晶闸管焊接电源则需要30ms，这意味着焊接电流的超速上升，实现名副其实的瞬间起弧。逆变弧焊整流器的输出特性曲线具有外拖的陡坡恒流特性，如图4-12所示。该特性使焊工容易操作，特别是焊接过程中若因某种原因电弧突然缩短，电弧电压降低到某一值时，外特性曲线出现外拖，此时，输出电流增大，加速熔滴过渡，电弧仍能稳定燃烧，不会发生焊条与焊件粘

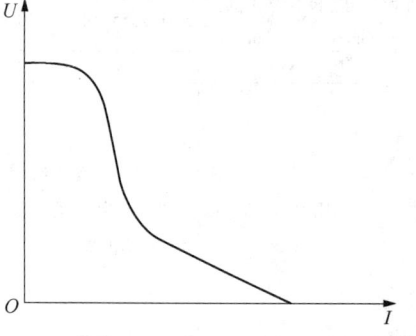

图4-12 逆变弧焊整流器的外特性曲线

着现象。采用电子控制的另一个优点是容易实现遥控和计算机控制，尤其适合机械化焊接、自动化焊接及弧焊机器人配套使用。它装有数字显示的电流调节系统和很强的电网波动补偿系统，使焊接电流稳定性高、飞溅小，焊接过程稳定；其各种特性均能大范围无级自动或手动调节，焊接适应性好，可一机多用，完成多种焊接和切割过程。逆变电源普遍采用模块化设计，方便维修。如 ZX7 - 315 电源内的元器件按其发挥的功能被设计成若干个独立的安装单元，每个单元均可方便地拆换下来单独进行检修，因此整机维护、修理方便。

逆变的含义是指从直流电变为交流电(特别是中频或高频交流电)的过程，逆变电源的基本原理如图 4 - 13 所示。弧焊逆变器采用了复杂的变流顺序，即工频交流→直流→中频交流→降压→交流或直流。逆变的主要思路是将工频交流电变为中频(几千赫至几十千赫)交流电之后再降至适于焊接电压。

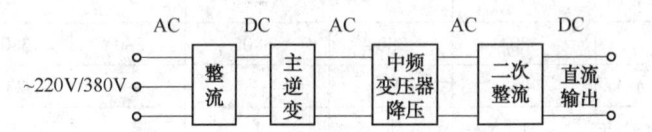

图 4 - 13　逆变电源的基本原理

交流 220V/380V 经整流装置整流成高电压直流电，经过由高频电子开关组成的逆变功放组件，变为几千赫兹至几十千赫兹的中、高频交流电，这时电压还很高，必须通过中频变压器降压，然后再整流成为直流低电压(几十伏)、大电流(几十安培到几百安培)，供给焊接用。经过二次整流后的直流电，还可经第二次逆变，将直流电变为所需频率和波形的交流电，供给铝、镁及其合金的 TIG 焊和碱性焊条交流电弧焊。常用的逆变式弧焊整流器技术数据见表 4 - 7。

表 4 - 7　常用的逆变式弧焊整流器技术数据

主要技术数据	晶 闸 管		场 效 应 管		IGBT 管		
	ZX7 - 300S/ST	ZX7 - 630S/ST	ZX7 - 315	ZX7 - 400	ZX7 - 160	ZX7 - 315	ZX7 - 630
电源	三相、380V、50Hz		三相、380V、50Hz		三相、380V、50Hz		
额定输入功率/kV·A	—	—	11.1	16	4.9	12	32.4
额定输入电流/A	—	—	17	22	7.5	18.2	49.2
额定焊接电流/A	300	630	315	400	160	315	630
额定负载持续率/%	60	60	60	60	60	60	60
最高空载电压/V	70~80	70~80	65	65	75	75	75
焊接电流调节范围/A	I挡: 30~70 II挡: 90~300	I挡: 60~210 II挡: 180~630	50~315	60~400	16~160	30~315	60~630
效率/%	83	83	90	90	≥90	≥90	≥90
外形尺寸(长×宽×高)/ mm×mm×mm	640×355×470	720×400×560	450×200 ×300	560×240 ×355	500×290×390		550×320× 390
质量/kg	58	98	25	30	25	35	45
用途	"S"为焊条电弧焊电源 "ST"为焊条电弧焊、氩弧焊两用电源		具有电流响应速度快，静、动特性好，功率因数高、空载电流小、效率高等特点。适用于各种低碳钢、低合金钢及不同类型结构钢的焊接		采用脉冲宽度调制(PWM)，20kHz 绝缘门极双极型晶体管(IGBT)横块逆变技术。具有引弧迅速可靠、电弧稳定、飞溅小、体积小、高效节能、焊缝成形好、可"防粘"等特点。用于焊条电弧焊、碳弧气刨电源		

四、弧焊机的选用

焊条电弧焊机的选用原则如下：

1. 根据焊条药皮分类及电流种类选用

当选用酸性焊条焊接低碳钢时，首先应该考虑选用交流弧焊变压器，如 BX1 – 160、BX1 – 400、BX2 – 125、BX2 – 400、BX3 – 400、BX6 – 160、BX6 – 400 等。

当选用低氢钠型焊条时，只能选用直流弧焊机反接法才能进行焊接，可以选用硅整流式弧焊整流器，如 ZXG – 160、ZXG – 400 等；三相动圈式弧焊整流器，如 ZX3 – 160、ZX3 – 400 等；晶闸管式弧焊整流器，如 ZX5 – 250、ZX5 – 400 等。

2. 根据额定负载持续率下的额定焊接电流选用

弧焊电源铭牌上所给出的额定焊接电流，是指在额定负载持续率下允许使用的最大焊接电流。弧焊电源的负荷能力受电气元器件允许的极限温升所制约，而温升既取决于焊接电流的大小，又与焊机负荷状态有关。如 BX2 – 125 焊机，在额定负载持续率为 60% 时，额定焊接电流为 125A；在焊接过程中如果需要 125A 焊接电流，可选用 BX2 – 160 焊机，其焊接效率将比用 BX2 – 125 焊机提高近 1 倍，因为 BX2 – 160 在焊接电流为 125A 时，负载持续率可达 100%。不同的负载持续率下电焊机所允许的焊接电流值详见表 4 – 8。

表 4 – 8　不同负载持续率下的焊接电流值

负载持续率/%	100	80	60	40	20
焊接电流/A	116	130	150	183	260
	230	257	300	363	516
	387	434	500	611	868

3. 根据工件厚度和使用焊条的直径选用

焊接工件较厚，使用的焊条直径较粗，应选择输入容量较大的(功率)电弧焊机；焊接工件较薄，使用的焊条直径较细，应选择输出容量较小、电流调节范围下限较低的电弧焊机。

4. 根据焊接现场有无外接电源选用

当焊接现场用电方便时，可以根据焊件的材质、焊件的重要程度选用交流弧焊变压器或各种弧焊整流器。

当焊接现场在野外，并且流动性大，应考虑选用质量较小的交流弧焊机 BX1 – 120、BX – 120、BX – 200、BX5 – 120、BX6 – 120，或直流弧焊机 ZX – 160、ZX7 – 200S/ST、ZX7 – 315S/ST、ZX7 – 500S/ST 等，或选用越野汽车焊接工程车，如 AXH – 200、AXH – 400 等。这两种焊机在野外作业很方便，焊机随车行走，特别适合野外长距离架设管道的焊接。

5. 根据焊机的主要功能选用

目前市场上的焊机品种很多，同一类焊接电源在功能上也各有所长。所以，在选用焊接设备时，要注意该焊机的功能及特点。如长期用酸性焊条焊接焊件，则应首选弧焊变压器；如使用低氢钠型焊条焊接焊件时，就应准备弧焊发电机或弧焊整流器供焊接生产使用；日常焊接生产中焊件既需用酸性焊条，又需用低氢钠型焊条焊接时，可以配备 ZXE1 系列交、直流两用硅整流式弧焊整流器，能一机两用，既完成了焊接任务，又可以节省焊机购置费用；

当需要质量轻、节能型焊机时，应该首选 ZX7 系列焊机。

6. 根据自有资金选用

在相同负载持续率和相同焊接电流值条件下，弧焊变压器的价格最便宜；其次是弧焊整流器，其价格是弧焊变压器的 2 倍；越野汽车焊接工程车是弧焊变压器价格的 14 倍；AXD 直流弧焊发电机价格是弧焊变压器价格的 1~3 倍。

若企业自有资金雄厚，可选购综合性能好的焊机，如直流弧焊机 ZX5 - 400、ZX5 - 400B 和 IGBT 逆变弧焊机等；相反，可选用 BX 系列、BX3 系列或 ZX 系列焊机。

选用焊机除考虑上述原则时，还应注意与企业的维护能力相适应，且符合工业安全卫生标准的要求。

五、交、直流弧焊机的优缺点比较

交、直流弧焊机的优缺点比较见表 4 - 9。

表 4 - 9　交、直流弧焊电源的优缺点比较

焊机类型	直流		交流
	弧焊发电机	弧焊整流器	弧焊变压器
电弧稳定性	高	较高	低
极性可换性	有	有	无
弧焊电源价格比	100%	105%~115%	30%~40%
制造材料价格比	100%	60%~65%	20%~30%
生产弧焊电源工时比	100%	50%~70%	20%~30%
每台占用面积/m^2	1.5~2.0	1.0~1.5	1.0~1.2
功率因数	0.86~0.90	0.65~0.70	0.30~0.40
效率/%	30~60	60~75	65~90
空载功率损耗/kW	2.0~3.0	0.1~0.35	0.2
噪声	大	很小	较小
构造与维修	较繁	较简单	简单
供电电源	三相	一般三相	一般单相
每千克熔敷金属耗电/W·h	6~8	3.4~4.2	3~4
触电危险	较小	较少	较大

六、弧焊机的正确使用和维护

1. 电弧焊机的工作环境要求

电弧焊机应尽可能放在通风良好、干燥、无腐蚀介质、不靠近高温和粉尘不多的地方。对于弧焊整流器还要特别注意保护、冷却。

2. 弧焊机的外部连接

弧焊机通过电源线、开关与供电网路连接，同时又通过焊接电缆与焊接手把、工件连接时称为外部接线。

（1）弧焊机有两排接线柱，一排较细，它与供电网路连接，接线时注意电压数值和相数应与弧焊机铭牌上标注的要求一致，否则有可能烧损焊机。另一排接线较粗，只有两个接线

柱，与焊接电缆连接，直流弧焊机的接线柱有正、负两极之分，供使用时选择。

（2）正确选择电源线、开关等。电源线应采用耐压为 500V 重型橡胶套电缆，导线断面面积为额定输入电流值除以 5~10A/mm²，如果是铝芯导线断面面积应增大 1.6 倍，并略有余量。电源开关有刀开关、铁壳开关和自动断路器三种，额定电压为 500V，额定电流应大于等于弧焊机额定初级输入电流，熔丝的额定电流应与开关一致。焊接电缆应采用细铜丝绞成的单芯橡胶套电缆，断面面积按 4~10A/mm² 选择。

（3）弧焊机外壳必须牢靠地接地，注意不能用接零来代替接地，接地线的断面面积应 >6mm²。

3. 弧焊机的串联和并联

有时为了满足焊接工件的需要，将同一家制造厂生产的相同型号的弧焊机串联使用可得到 2 倍的空载电压，并联使用可得到 2 倍的额定焊接电流，但要注意每台焊机的焊接电流应大致相等。此外，直流电流有正、负极之分，外部接线不能搞错。弧焊机的串、并联如图 4-14 所示。

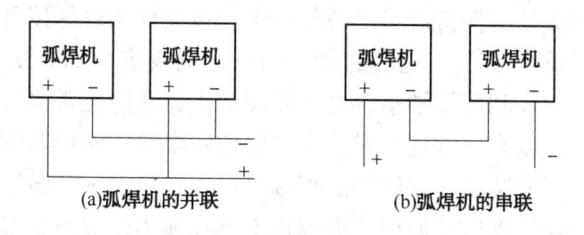

(a)弧焊机的并联　　　　　　　(b)弧焊机的串联

图 4-14　弧焊机的串、并联

4. 初级线圈的电压和接法

必须与铭牌的规定相符，线的直径要合适。在几台弧焊机串联（并联）使用的情况下，接线时要考虑三相负载的平衡。初级线圈上必须有开关及熔断器，熔丝额定电流要合适，确保能起到防止过载的作用。焊条电弧焊电源初级线圈、熔断器及铁壳开关的选用见表 4-10。

表 4-10　焊条电弧焊电源初级线圈、熔断器及铁壳开关的选用

电源类型	电源型号	YHC 型初级线圈规格/根数 × mm²	熔断器额定电流/A	铁壳开关额定容量/V·A
弧焊变压器	BX3-300	2×10~2×16	50~60	500×60
	BX1-300	2×10~2×16	60~70	500×60
	BX-500	2×16~2×25	90	500×100
弧焊发电机	AX-320	3×6~3×10	60	500×60
	AX1-500	3×10~3×16	100	500×100
弧焊整流器	ZXG-300	4×6~4×10	40	500×60
	ZXG-500	4×14~4×16	60	500×100

5. 弧焊机的使用程序

（1）开机：接通电源开关→合上弧焊电源的开关→调节电流或变换极性→试焊→焊接。

（2）关机：停止焊接→断开弧焊电源开关→断开电源开关。

6. 焊接电流控制

启动电焊机时，电焊钳和工件不能接触，以防短路。在焊接过程中，也不能长时间短

路。不得超载使用，特别是弧焊整流器，在大电流工作时，长时间短路易使硅整流器损坏。调节焊接电流和变换极性接线时，应在空载下进行。焊接电源必须在铭牌上规定的电流调节范围内及相应的负载持续率下使用。许多焊条电弧焊机电流调节范围的上限电流都大于额定焊接电流，但应特别注意，只有在负载率小于额定负载持续率时使用才是安全的。不同负载持续率下的焊接电流值见表 4 - 11。

表 4 - 11　不同负载持续率下的焊接电流值

负载持续率/%	100	80	60	40	20
焊接电流/A	116	130	150	183	260
	230	257	300	363	516
	387	434	500	611	868

7. 日常使用和维护

露天使用时，要防止灰尘和雨水浸入电焊机内部。搬运电焊机时，特别是弧焊整流器，不应使之受到较剧烈的振动。保持焊接电缆与电焊机接线柱的良好接触。每台电焊机机壳都应有可靠的接地线，以确保安全。地线的断面面积，铜线应 $\geqslant 6\,mm^2$，铝线应 $\geqslant 12\,mm^2$。定期清扫灰尘，定期调节丝杠和旋转轴承，对于弧焊整流器还应经常检查空冷风扇的转动是否正常。当电焊机发生故障或有异常现象时，应立即切断电源，然后及时进行检查修理。较大的故障应找电工检修。新安装或闲置已久的焊接电源，在启动前要做绝缘程度检查。若不符合规定要求，必须做干燥处理后再使用。电焊机不得在输出端短路状态下启动。焊接作业完毕或临时离开工作现场时，必须及时切断电焊机的电源。

七、弧焊机的常见故障及排除方法

（1）直流弧焊发电机常见故障排除方法见表 4 - 12。

表 4 - 12　直流弧焊发电机常见故障及排除方法

故障现象	产生原因	排除方法
电动机反转	三相异步电动机与电网接线错误	将三相线火线的任意两线调换
电动机不起动并发出"嗡、嗡"响声	1. 三相熔丝中某一相烧断； 2. 电动机定子线圈断线	1. 更换熔丝； 2. 排除断线现象
焊接过程电流忽大忽小	1. 网络电压波动，电缆与工件接触不良； 2. 电流调节器可动部分松动； 3. 电刷与整流子接触不好	1. 使电缆与工件接触良好； 2. 固定好电流调节器松动部分； 3. 使电刷与整流子接触良好
电刷有火花，使整流子发热	1. 电刷没磨好； 2. 电刷盒的弹簧压力弱； 3. 电刷在刷盒中跳动或摆动； 4. 电刷架歪曲或未拧紧； 5. 电刷与整流片边缘不平行； 6. 整流子云母片凸出； 7. 整流子脏污	1. 根据电刷维护方法研磨电刷，更换新电刷时，一次的更换数量不得超过总数的 1/3； 2. 调整压力，必要时更换框架； 3. 检查电刷在刷夹中的间隙。电刷应能自由移动，电刷与刷夹间隙 $\leqslant 0.3\,mm$； 4. 检查刷架并固定好； 5. 割除凸出的云母片，并打磨整流子； 6. 校正各组电刷，使其与整流子排成一直线； 7. 用略蘸汽油的干净抹布擦净整流子

续表

故障现象	产生原因	排除方法
整流子大部分烧黑	1. 整流子振动； 2. 整流子在刷夹中卡住	1. 用千分表检查整流子，如摆动超过0.03mm，需进行加工； 2. 见本表上项故障的排除方法3
电刷下有火花，且个别整流片下有炭迹	整流子分离，即个别整流片凸出或凹下	如故障不显著，可用油石研磨，若磨后无效，则需机加工
一组电刷中的个别电刷跳火	1. 电刷与整流子接触不良； 2. 在无火花电刷的刷绳线间接触不良，引起相邻电刷过载并跳火	1. 仔细观察接触表面并松开接线，认真清除污物； 2. 更换不正常的电刷
发电机不发电	1. 整流子不干净； 2. 励磁电路断线； 3. 自励式发电机已去磁	1. 擦拭整流子； 2. 检查励磁回路的各连接处； 3. 充磁
电动机运转中断	1. 负荷超过允许值； 2. 整流子过热、污垢多或电刷压力较大，整流子表面不平，导致换向不良	1. 降低电动机负荷； 2. 擦拭、研磨整流子，电刷压力不应人为增加，机组经常擦拭并用压缩空气吹净
发电机电枢强烈发热	1. 长时间超负荷工作； 2. 电枢绕组短路，整流子短路	1. 停止工作； 2. 擦拭整流子并排除短路
导线接触处过热	接线处电阻过大或接线处螺母过松	清理接线处表面，拧紧螺母

（2）弧焊变压器常见故障及排除方法见表4-13。

表4-13　弧焊变压器常见故障及排除方法

故障现象	产生原因	排除方法
变压器外壳带电	1. 电源线漏电并碰在外壳上； 2. 一次或二次线圈碰外壳； 3. 弧焊变压器未接地线或地线接触不良； 4. 焊机电缆线碰焊机外壳	1. 消除电源线漏电或解决碰外壳问题； 2. 检查线圈的绝缘电阻值，并解决线圈碰外壳现象； 3. 检查地线接地情况并使之接触良好； 4. 解决焊接电缆碰外壳问题
变压器过热	1. 变压器线圈短路； 2. 铁心螺杆绝缘损坏； 3. 变压器过载	1. 检查并消除短路现象； 2. 恢复铁心螺杆损坏的绝缘； 3. 减小焊接电流
导线接触处过热	导线电阻过大或联接螺钉太松	认真清理导线接触面并拧紧联接处螺钉，使导线保持良好接触
焊接电流不稳定	1. 焊接电缆与工件接触不良； 2. 动铁心随变压器的振动而滑动	1. 使工件与焊接电缆接触良好； 2. 将动铁心或其调节手柄固定
焊接电流过小	1. 电缆线接头之间或与工件接触不良； 2. 焊接电缆线过长，电阻大； 3. 焊接电缆线盘成盘形，电感大	1. 使接头之间，包括与工件之间的接触良好； 2. 缩短电缆线长度或加大电缆线直径； 3. 将焊接电缆线散开，不形成盘形

续表

故 障 现 象	产 生 原 因	排 除 方 法
焊接过程中变压器产生强烈的"嗡、嗡"声	1. 动铁心的制动螺钉或弹簧太松;. 2. 铁心活动部分的移动机构损坏; 3. 一次、二次线圈短路; 4. 部分电抗线圈短路	1. 旋紧制动螺钉,调整弹簧拉力; 2. 检查、修理移动机构; 3. 消除一次、二次线圈短路; 4. 拉紧弹簧并拧紧螺母
电弧不易引燃或经常断弧	1. 电源电压不足; 2. 焊接回路中各接头处接触不良; 3. 二次侧或电抗部分线圈短路; 4. 动铁心严重振动	1. 调整电压; 2. 检查焊接回路,使接头接触良好; 3. 消除短路; 4. 解决动铁心在焊接过程中的松动
焊接过程中,变压器输出电流反常	铁心磁回路中,由于绝缘损坏而产生涡流,使焊接电流变小;电路中起感抗作用的线圈绝缘损坏,使焊接电流过大	检查电路或磁路中的绝缘状况,排除故障

（3）弧焊整流器常见故障及排除方法见表 4 – 14。

表 4 – 14　弧焊整流器常见故障及排除方法

故 障 现 象	产 生 原 因	排 除 方 法
空载电压太低	1. 网络电压过低; 2. 变压器初级线圈匝间短路; 3. 开关接触不良	1. 调整电源电压; 2. 消除短路; 3. 使开关接触良好
焊接电流调节失灵	1. 控制线圈匝间短路; 2. 焊接电流控制器接触不良; 3. 控制整流回路整流元件击穿	1. 消除短路; 2. 消除接触不良; 3. 更换元件
焊接电流不稳定	1. 主回路交流接触器抖动,风压开关抖动; 2. 控制线圈接触不良	1. 消除抖动; 2. 消除控制线圈接触不良
风扇电动机不转	1. 熔断器烧断; 2. 电动机引线或线圈断线; 3. 开关接触不良	1. 更换熔断器; 2. 接线或修理电动机; 3. 消除开关接触不良
工作中焊接电压突然降低	1. 主回路部分或全部短路; 2. 整流元件击穿; 3. 控制回路断路	1. 修复线路; 2. 检查保护电路,更换元件; 3. 检修控制回路
外壳带电	1. 电源线误碰机壳,变压器、电抗器、风扇及控制电路元件等碰机壳; 2. 未接地线或接触不良	1. 检查并消除碰机壳现象; 2. 接好地线
电表无指示	1. 主回路出现故障; 2. 饱和电抗器和交流绕组断线; 3. 电表或相应的接线短路	1. 修复主回路故障; 2. 消除断线故障; 3. 检修电表

（4）ZX7 系列晶闸管逆变弧焊整流器常见故障及排除方法见表 4 - 15。

表 4 - 15　ZX7 系列晶闸管逆变弧焊整流器常见故障及排除方法

故障现象	产生原因	排除方法
开机后指示灯不亮，风机不转	1. 电源缺相； 2. 自动断路器 S1 损坏； 3. 指示灯接触不良或损坏	1. 解决电源缺相； 2. 更换自动断路器 S1； 3. 清理指示灯接触面或更换指示灯
开机后电源指示灯不亮，电压表指示 70 ~ 80V，风机和捍机工作正常	电源指示灯接触不良或损坏	清理指示灯接触而，更换损坏的指示灯
开机后焊机无空载电压输出	1. 电压表损坏； 2. 快速晶闸管损坏； 3. 控制电路板损坏	1. 更换电压表； 2. 更换损坏的晶闸管； 3. 更换损坏的控制电路板
开机后焊机能工作，但焊接电流偏小，电压表指示不在 70 ~ 80V 之间	1. 三相电源缺相； 2. 换向电容可能有个别的损坏； 3. 控制电路板损坏； 4. 三相整流桥损坏； 5. 焊钳电缆断面面积太小	1. 恢复缺相电源； 2. 更换损坏的换向电容； 3. 更换损坏的控制电路板； 4. 更换损坏的三相整流桥； 5. 更换大断面面积电缆线
焊机电源一接通，自动断路器就立即断电	1. 快速晶闸管有损坏； 2. 快速整流管有损坏； 3. 控制电路板有损坏； 4. 电触电容个别的有损坏； 5. 过压保护板损坏； 6. 压敏电阻有损坏； 7. 三相整流桥有损坏	1. 更换快速晶闸管； 2. 更换快速整流管； 3. 更换控制电路板； 4. 更换损坏的电解电容； 5. 更换过压保护板； 6. 更换压敏电阻； 7. 更换三相整流桥
控制失灵	1. 遥控插头座接触不良； 2. 遥控电线内部断线或调节电位器损坏； 3. 遥控开关没放在遥控位置上	1. 插座进行清洁处理，使之接触良好； 2. 更换导线或更换电位器； 3. 将遥控选择开关置于遥控位置上
焊接过程中出现连续断弧现象	1. 输出电流偏小； 2. 输出极性接反； 3. 焊条牌号选择不对； 4. 电抗器有匝间短路或绝缘不良现象	1. 增大输出电流； 2. 改换焊机输出极性； 3. 更换焊条； 4. 检查及维修电抗器匝间短路或绝缘不良的现象

八、常用辅助设备及工具

1. 焊钳

焊钳（俗称焊把）在焊接中起夹持焊条和导电的作用，有 160A、300A 和 500A 三种，常用焊钳的型号和技术数据见表 4 - 16。

表 4 – 16　常用焊钳的型号和技术数据

型　号	160A 型		300A 型		500A 型	
额定焊接电流/A	160		300		500	
负载持续率/%	60	35	60	35	60	30
焊接电流/A	160	220	300	400	500	500
适用焊条直径/mm	1.6 ~ 4.0		2 ~ 5		3.2 ~ 8.0	
连接电缆断面面积[①]/mm²	25 ~ 35		35 ~ 50		70 ~ 95	
手柄温度[②]/℃	≤40		≤40		≤40	
外形尺寸(长×宽×高)/mm×mm×mm	220 × 70 × 30		235 × 80 × 36		258 × 86 × 38	
质量/kg	0.24		0.34		0.40	

注：① 小于最小断面面积时，必须用导电良好的材料填充到最小断面面积内。
　　② 按现行焊钳有关文件规定的标准要求做实验。

　　目前市场上出现了一种荣获中国专利的不烫手焊钳，能安全通过的最大电流有 300A、500A 两种规格。在焊接过程中，手柄温度较低(≤11℃)，主要性能超过了国家标准，不烫手焊钳型号及主要特点见表 4 – 17。

表 4 – 17　不烫手焊钳型号及主要特点

型　号	专　利　号	主　要　特　点
QY – 91(超轻)型	发明专利号：891072055	焊接电缆线可以从手柄腔内引出，也可以从手柄前的旁通腔内引出，使手柄内无高温电缆线，减少热源 90%，从而达到不烫手的目的，不影响传统使用习惯
QY – 93(加长)型	实用新型专利号：9112299363	焊接电缆线紧固接头延伸在手柄尾端后的护套内，采用特殊的结构使手柄内热辐射减少 80%，从而达到不烫手的目的，安装电缆线极为省事
QY – 95 三叉型	申请专利号：93242600X	焊钳为三根圆棒形式，设有防电弧辐射热护罩，维修方便，焊钳头部细长，适合各种环境焊接，手柄升温低而不烫手

2. 焊接电缆

　　焊接用电缆是多股细铜线电缆，一般有 YHH 型电焊用橡胶套电缆和 YHHR 型电焊用橡胶套特软电缆两种。选用电缆应按所选取的焊接电流值，电缆长度以 20 ~ 30m 为宜。焊接用电缆技术参数见表 4 – 18。

表 4 – 18　焊接用电缆技术参数

电 缆 型 号	标称断面面积/mm²	线芯直径/mm	电缆外径/mm	电缆质量/(kg/km)	额定电流/A
YHH 型电焊用橡胶套电缆	16	6.23	11.5	282	120
	25	7.50	12.6	397	150
	35	9.23	15.5	557	200
	50	10.50	17.0	737	300
	70	12.95	20.6	990	450
	95	14.70	22.8	1339	600
	120	17.15	25.6	—	—
	150	18.90	27.3	—	—

电缆型号	标称断面面积/mm²	线芯直径/mm	电缆外径/mm	电缆质量/(kg/km)	额定电流/A
YHHR 型电焊用橡胶套特软电缆	6	3.96	8.5	—	35
	10	34.89	9.0	—	60
	16	6.15	10.8	282	100
	25	8.00	13.0	397	150
	35	9.00	14.5	557	200
	50	10.60	16.5	737	300
	70	12.95	20.0	990	450
	95	14.70	22.0	1339	600

3. 焊接面罩、护目镜及其他防护用具

面罩是防止焊接过程中电弧飞溅、弧光和辐射线对焊工面部和颈部损伤的遮蔽工具，它有手持和头盔式两种。观察焊缝熔池的窗口处装有护目镜片，可根据所使用的焊接电流大小选择护目镜亮度色号，一般不宜太亮，以能清楚分辨熔池的铁液和熔渣为宜。焊工护目镜片的选用见表 4-19。

表 4-19 焊工护目镜片的选用

工 种	护目镜片色号			镜片尺寸(长×宽×高)/mm×mm×mm
	适用电流/A			
	30~75	80~200	≥200	
电焊工	6~8	8~10	11~12	25×505×10
碳弧气刨	—	10~12	12~14	2×50×107
辅助焊工	3~4			

新研制成的 GSZ 光控电焊面罩已经走向市场，它以全新面貌受到焊工欢迎并逐渐取代老式面罩。该面罩的主要功能是有效防止电光性眼炎；瞬时自动调光、遮光；防红外线、防紫外线；彻底解决了盲焊，省时省力，节能高效。GSZ 光控电焊面罩主要技术指标见表 4-20。

表 4-20 GSZ 光控电焊面罩主要技术指标

项 目		技术指标
观察窗口尺寸		90mm×40mm
滤光玻璃(护目镜片)安装尺寸		96mm×48mm
自动调光遮光		0.012s
亮态遮光号		4(可见光透过率,%)
紫外线透过尺寸 210~365mm		<0.0002%
红外线透过尺寸	780~1300nm	<0.002%
	1300~2000nm	<0.002%

项　　目	技术指标
暗态遮光号	6 号、11 号、14 号
自动变态响应时间	<0.03s
电源电压	3V
面罩壳燃烧速度	<50mm/min
工作温度	−5～50℃
相对湿度	≤90%
面罩质量	500g
规格尺寸	符合 GB/T 3609—2008

4. 焊条保温筒

在焊工施焊过程中，焊条应使用能加热的保温工具保存。加热器是利用弧焊机的二次电压为电源，可控制温度。焊条保温筒使用方便，便于携带，对于低氢焊条更需要配备保温筒进行焊接作业。常用焊条保温筒型号及规格见表 4 – 21。

表 4 – 21　常用焊条保温筒型号及规格

型号	形式	质量/kg	温度/℃
TRG – 5	立式	5	200
TRG – ％ W	卧式	5	
TRG – 2.5	立式	2.5	200
TRG – 2.5B	背包式	2.5	
TRG – 2.5C	顶出式	2.5	
W – 3	立卧两用	5	
PR – 1	立式	5	300

5. 焊条烘干箱

目前常用焊条烘干箱的种类较多，其中 ZYH 远红外系列采用自动报警、定时报警装置。它的控制精度高、操作方便、热效率高、加热均匀。ZYH 系列远红外焊条烘干箱的规格见表 4 – 22。

表 4 – 22　ZYH 系列远红外焊条烘干箱的规格

产品型号	额定功率/kW	可装焊条质量/kg	焊条长度/mm	最高温度/℃
ZYH – 100	7.8	100	400	500
ZYH – 60	3.6	60	400	500
ZYH – 30	2.8	30	400	500

6. 辅助工具

（1）敲渣锤。是清除焊渣用的尖锤，可提高清渣效率。

（2）錾子。用于清除焊渣，也可铲除飞溅物和焊瘤。

（3）钢丝刷。可用于清除工作表面的铁锈、油污等。清理坡口和多层焊道时，宜用

2～3行窄形弯把钢丝刷。

（4）锉刀。一般使用半圆锉，用于修理根部接头。

（5）干燥箱。是利用箱内干燥剂的吸潮作用防止使用中的焊条受潮。干燥箱使用一段时间后，干燥剂会变红失效，应经烘干待干燥剂重新变蓝才能盛装焊条。

（6）平光眼镜。在清渣时佩戴，防止熔渣灼伤眼镜。

（7）坡口加工机。坡口加工机是一种高效节能的焊接专用辅助设备，可用于加工 Q235、Q345、16Mn、16MnR、不锈钢、铜、铝等金属材料坡口。坡口加工后质量好，尺寸准确，表面质量高，操作简便，能耗极低。

（8）角向磨光机。主要用来打磨坡口、焊缝接头和修磨焊接缺陷的一种电动工具，不得承受强力或冲击力，严禁提拉电缆。其型号按砂轮片的直径来编制，砂轮片直径越大，电动机功率越大。

（9）电动磨头。也具有角向磨光机的功能，不过磨头较小，易实现细小部位的磨削。为防止切屑飞出伤人，刀具更换时应夹紧，严禁使用已弯曲的刀具。

（10）气动刮铲机和针束打渣除锈器。主要用于除渣、打渣，其结构轻巧灵活、后坐力小，安全方便，其突出优点是大大降低了焊渣清除过程中的飞溅和劳动强度。

第二节　埋弧焊设备

一、埋弧焊电源

埋弧焊时，电弧静特性工作段为平直或略上升曲线。为了获得稳定的工作点，电源的外特性应采用缓降特性或平特性曲线，埋弧焊电源外特性和电弧静特性曲线如图 4－15 所示。对于等速送丝焊机的细丝焊，如焊丝 $\phi 1.6 \sim \phi 3mm$，采用平特性曲线的焊接电源；对于粗丝焊，如焊丝 $\phi \geqslant 4mm$，宜采用缓降特性焊接电源配以电压反馈的变速送丝焊机较好。

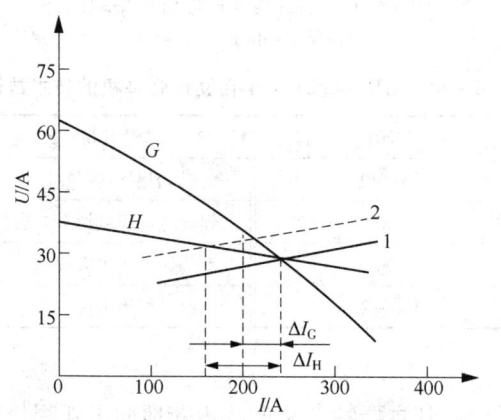

图 4－15　埋弧焊电源外特性和电弧静特性曲线
1—变化前电弧静特性；2—变化后电弧静特性；
H—平特性电源；G—缓降特性电源

埋弧焊电源可以是交流、直流或交直流并用，单丝埋弧焊电源的选用见表 4－23。

表 4 – 23　单丝埋弧焊电源的选用

焊接电流/A	焊接速度/(cm/min)	电源类型
300 ~ 500	>100	直流
600 ~ 1000	3.8 ~ 75	交流、直流
≥1200	12.5 ~ 38	交流

二、埋弧焊机

1. 埋弧焊机的分类

埋弧焊机分为半自动焊机和自动焊机两大类。按送丝方式可分为等速送丝式和变速送丝式；按用途可分为通用式和专用式；按焊丝数目可分为单丝和多丝；按焊机行车方式可分为小车式、门架式和悬臂式。

1）半自动埋弧焊机

又称为手工操作埋弧焊机，它用来焊接不规则焊缝、短小焊缝，施焊空间受阻的焊缝。焊机的功能是将焊丝通过软管连续不断地送入施焊区，传输焊接电源，控制焊接启动和停止，向焊接区铺撒焊剂。典型的结构形式如图 4 – 16 所示，典型焊机的技术数据见表 4 – 24。

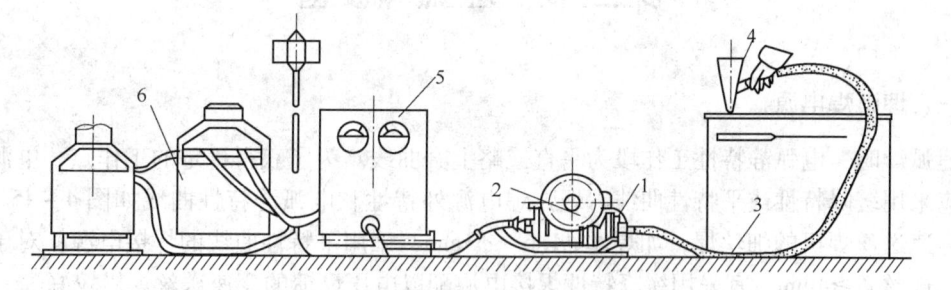

图 4 – 16　半自动埋弧焊机典型组成

1—送丝机；2—焊丝盘；3—送丝软管（电缆）；4—焊炬；5—控制箱；6—焊接电源

表 4 – 24　MB – 400A 型半自动埋弧焊机的技术数据

电源电压/V	220	焊丝盘容量/kg	18
工作电压/V	25 ~ 40	焊剂漏斗容量/L	0.4
额定焊接电流/A	400	焊丝送进速度调节方法	晶闸管调速
额定负载持续率/%	100	焊丝送进方式	等速
焊丝直径/mm	1.6 ~ 2	配用电源	ZX – 400

2）自动埋弧焊机

用于焊接规则的长焊缝，其主要特点是连续不断地向电弧焊接区输送焊丝、传输焊接电流、使电弧焊沿焊缝均匀移动、控制电弧的能量参数、控制焊接启动和停止、向焊接区铺撒焊剂、焊前调节焊丝末端位置、预置有关焊接规范参数。常用的自动埋弧焊机有等速送丝和变速送丝两种。一般由焊接电源、控制箱和焊接小车三部分组成，如图 4 – 17 所示。焊接小车如图 4 – 18 所示。

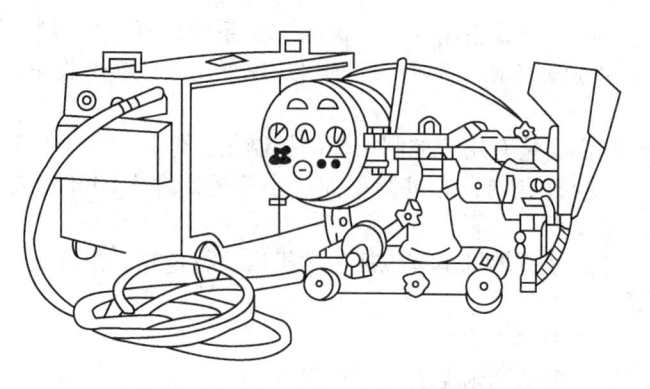

图 4 – 17　MZ – 1000 型埋弧自动焊机

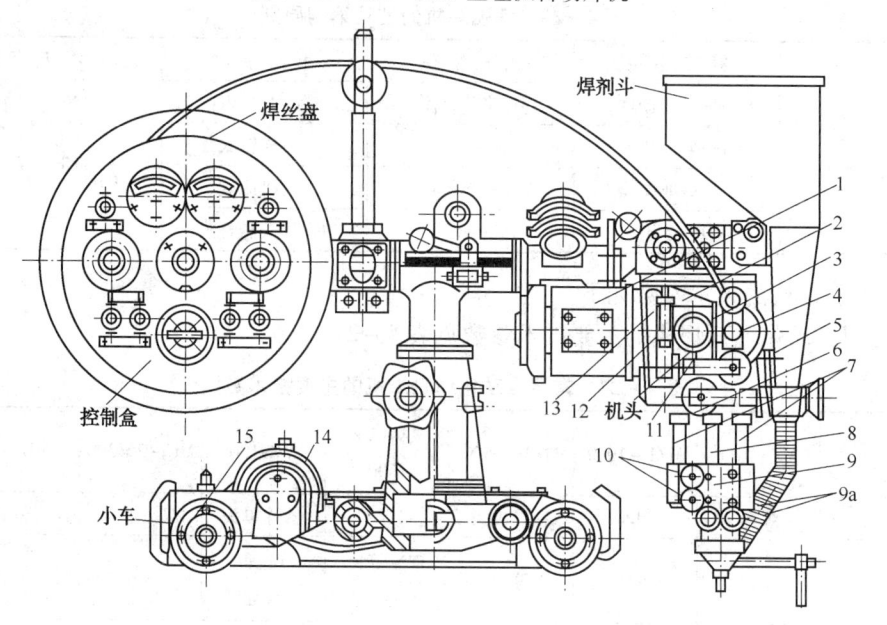

图 4 – 18　MZ – 1000 型埋弧自动焊机焊接小车

1—送丝电动机；2—杠杆；3、4—送丝滚轮；5、6—矫直滚轮；7—圆柱导轨；
8—螺杆；9—导电嘴；9a—螺钉(压紧导电块用)；10—螺钉(接电极用)；
11—螺钉；12—旋转螺钉；13—弹簧；14—小车电动机；15—小车滚轮

2. 埋弧焊机的组成

（1）焊接电源。埋弧焊用焊接电源需根据电流类型、送丝方式和焊接电流的大小进行选用，见表 4 – 25。

表 4 – 25　埋弧焊焊接电源的选用

序号	项　目	电源选择
1	单丝埋弧焊	一般直流电源用于小电流范围、快速引弧高速焊接、所用焊剂的稳弧性较差以及对焊接参数稳定性有较高要求的场合。采用交流电源焊接，焊丝的熔敷效率和熔深介乎直流正接和直流反接之间，而电弧的偏吹小。因此交流电源多用于大电流和用直流电源焊接时磁偏吹严重的场合
2	多丝埋弧焊	多丝焊的电源可用直流或交流，也可交、直流联用
3	电源外特性	对于变速送丝式的埋弧焊机需配用具有陡降外特性的焊接电源；对于等速送丝式的埋弧焊机需配用具有缓降式平的外特性的焊接电源

（2）控制系统。通常小车式自动埋弧焊机的控制系统包括电源外特性控制、送丝控制、小车行走控制、引弧和熄弧控制，悬臂式和龙门式焊车还包括横臂收缩、主机旋转以及焊机回收控制系统等。

一般自动埋弧焊机都安装有用于控制操作的控制箱，但是实际上控制系统还有一部分元件安装在电源箱和小车控制盒内，通过调整控制小车控制盒上的开关或旋钮来调整焊接电流、电弧电压和焊接速度等。

（3）埋弧焊机小车。埋弧焊机小车包括传动机构、行走轮、离合器、机头调节系统、导电嘴以及焊机漏斗等。

3．埋弧焊机的型号与技术参数

（1）埋弧焊机的型号编制原则见表4－26。

表4－26　埋弧焊机的型号编制原则

第 一 字 位	第 二 字 位	第 三 字 位	第 四 字 位	第 五 字 位
M—埋弧焊机	Z—自动焊	省略—直流	省略或1—焊车式	额定焊接电源
	B—半自动焊	J—交流	2—横臂式	
	U—堆焊	E—交直流	3—机床式	
	D—多用	M—脉冲	9—焊头悬挂式	

（2）埋弧焊机的技术参数如下。

① 常用自动化埋弧焊机的主要技术参数见表4－27。

表4－27　常用自动化埋弧焊机的主要技术数据

型　　号	MZ－100	MZ1－1000	MZ2－1500	MZ－2×1600	MZ9100	MU－2×300	MU1－100－1
焊机特点	焊车	焊车	悬挂机头	双焊丝	悬臂单头	双头堆焊	带极堆焊
送丝方式	变速	等速	等速	直流等速 交流变速	变速 等速	等速	变速
焊丝直径/ mm	3～6	1.6～5	3～6	3～6	3～6	1.6～2	厚0.4～0.8 宽30～80
焊接电源/ A	400～1000	200～1000	400～1500	DC1000 AC1000	100～1000	160～300	400～1000
送丝速度/ （cm/min）	50～200	87～672	47.5～375	50～417	50～200	160～540	25～100
焊接速度/ （cm/min）	25～117	26.7～210	22.5～187	16.7～133	10～80	32.5～58.3	12.5～58.3
焊接电流 的种类	交、直	交、直	交、直	直、交	直	直	直
配用电源	ZX－1000	BX2－1000 ZX－1000	BX2－2000 或ZX－1000	BX2－2000 ZX－1600	ZX－1000	AXD－300－1	ZX－1000

② 半自动化焊机主要由控制箱、送丝机构、带软管的焊接手把组成，典型的焊机技术数据见表4－28。

表4-28 MB-400A型半自动化埋弧焊机的技术数据

电源电压/V	220	焊丝盘容量/kg	18
工作电压/V	25~40	焊剂漏斗容量/L	0.4
额定焊接电源/A	400	焊丝送进速度的调节方法	晶闸管调速
额定负载持续率/%	100	焊丝送进方式	等速
焊丝直径/mm	1.6~2	配用电源	ZX-400

三、埋弧焊弧长自动调节系统

1. 等速送丝弧长调节系统

利用电弧的自身调节作用进行调节,即利用弧长变化引起焊丝熔化速度变化来实现自动调节。当弧长增加时,焊丝熔化速度下降,使弧长恢复;反之,焊丝熔化速度增大,使弧长恢复。等速送丝系统在半自动埋弧焊机和部分自动埋弧焊机中得到广泛采用。等速送丝系统宜采用缓降和平外特性电源。

2. 变速送丝弧长调节系统

又称为电弧电压反馈调节系统,它是通过电弧电压变化来控制送丝速度,实现自动调节。当弧长增加时,电弧电压增高,控制系统迫使送丝速度提高,使弧长恢复;反之,弧长缩短时,迫使送丝速度降低,使弧长恢复。变速送丝系统适用于大直径焊丝的自动埋弧焊等,需选用陡降外特性电源。

等速送丝系统和变速送丝系统的比较见表4-29。

表4-29 等速送丝系统和变速送丝系统的比较

项 目	等速送丝系统	变速送丝系统
控制电路及机构	简单	复杂
适用的弧焊电源外特性	缓降特性、平特性、微升特性	陡降特性、垂特性
适用的焊丝直径/mm	0.5~0.8	3~6
电弧电压调节方法	改变弧焊电源外特性	改变送丝控制系统给定电压
焊接电流调节方法	改变送丝速度	改变弧焊电源外特性
弧长变化时调节效果	好	好
网路电压波动的影响	产生静态电弧电压误差	产生静态焊接电流误差

四、埋弧焊机的正确使用和维护

1. 埋弧焊机的使用

以MZ-1000型埋弧焊机为例,使用方法如下:

1)空载调试

接通电源,焊接电源内的风扇启动,接通控制箱(控制盒)电源,开关拨到调试位置进行调试。

(1)选定焊接方向及焊速。把开关放在向右或向左位置,合上焊车的离合器,焊车开始移动,要改变移动速度可调节焊接速度旋钮,以此来选择焊接方向和焊速。

（2）焊丝向上或向下。按住焊丝向上按钮或向下按钮，焊丝向上抽或向下送。由于空载时，焊丝向上抽或向下送的速度是不能调节的，因此它们的速度都较慢。调试时手指必须按住按钮，松开即停止上抽或下送。可用来装焊丝及焊丝定位。

（3）极性的选择。极性的选择开关分为正极性和反极性，开关位置应和电源极性保持一致，如接反，则在引弧后焊丝不会向下送，反而会上抽，无法进行正常焊接，此时应将极性开关放到另一边位置。埋弧焊一般采用直流反接。

（4）电压调节。开关放在焊车一侧位置，则电压表指示值为焊车电压，开关放在电弧电压侧，调节旋钮，可选定电弧电压，但在空载时电压表无显示值。

（5）焊接电流调节。焊接电流调节分为大、小两档，根据板厚及焊丝直径的粗细确定焊接电流的大小。开关放在大档位置，焊接电流为 300A 以上，开关放在小档位置，焊接电流为 300A 以下。电流调节分为近控盒远控调节，近控旋钮位于电源面板上，而远控旋钮位于操作者附近便于操作的位置，近控和远控旋钮不能同时使用，且应调换旋钮接线。

（6）送丝速度调节。MZ－1000 型属于变速送丝，电弧电压反馈调节弧长，如选定了焊接电压，则送丝速度相应的已经确定。在焊接过程中自动调节电弧长度，调节送丝速度。

2）焊接

按调试方法调好焊接电流、电弧电压、焊接速度，把"调试－焊接"开关放在焊接位置上。调节焊丝末端到工件的距离（如接触引弧），焊丝末端与工件轻微接触，并接触良好，若划擦引弧，焊丝末端离开工件 15 ~ 20mm。

（1）引弧。合上焊车上的离合器，打开焊剂漏斗阀门，按"焊接"按钮，按钮指示灯亮，电弧自动引燃，焊车移动，进入焊接过程，此时手指离开"焊接"按钮。

（2）电弧对准焊缝移动。在焊接过程中，要求电弧能正对焊缝中心移动，但由于焊车轨道与焊缝不平行，环缝时工件转动偏移等种种原因，电弧不能在焊缝中心燃烧，形成焊缝焊偏。因焊缝在焊剂层下无法观察，操作者应凭经验随时调节焊车上向左右移动的手轮。

（3）收尾。当一条焊缝焊完或停止焊接时，按控制箱上的"停止"按钮，并关焊剂斗。

（4）紧急停止。在焊接过程中，如出现故障，按下"急停"按钮，焊机上所有动作就会立即停止，但会产生弧坑未填满等缺陷。一般非紧急情况应按"停止"按钮，使焊机自动完成收尾部位各种动作。

3）关机

焊接结束或下班时应关焊机。先按下停止 1，电弧继续燃烧，使末端远离工件，电弧自然熄灭，再按停止 2，关掉控制箱上的电源。关掉接在电源上的电源开关，焊车停放在适当的位置。

焊机在焊接过程中的动作程序如图 4－19 所示。

2. 焊车的特殊使用

车上加装或改装一定的部件后，可以焊接多种焊缝。

（1）在焊接搭接或无坡口对接焊缝时，焊车使用两个相同的带橡胶轮缘的前车轮。这时，焊车应在轨道上行走，以保证其行走方向准确无误。

（2）当焊接带坡口的对接焊缝时，只安装一个前车轮，并装上双滚轮导向器（图 4－20），导向器的滚轮引导焊车沿坡口前进。焊接时前车轮悬空，只有当焊接到头，导向器离开不起作用时，前车轮才开始起作用。

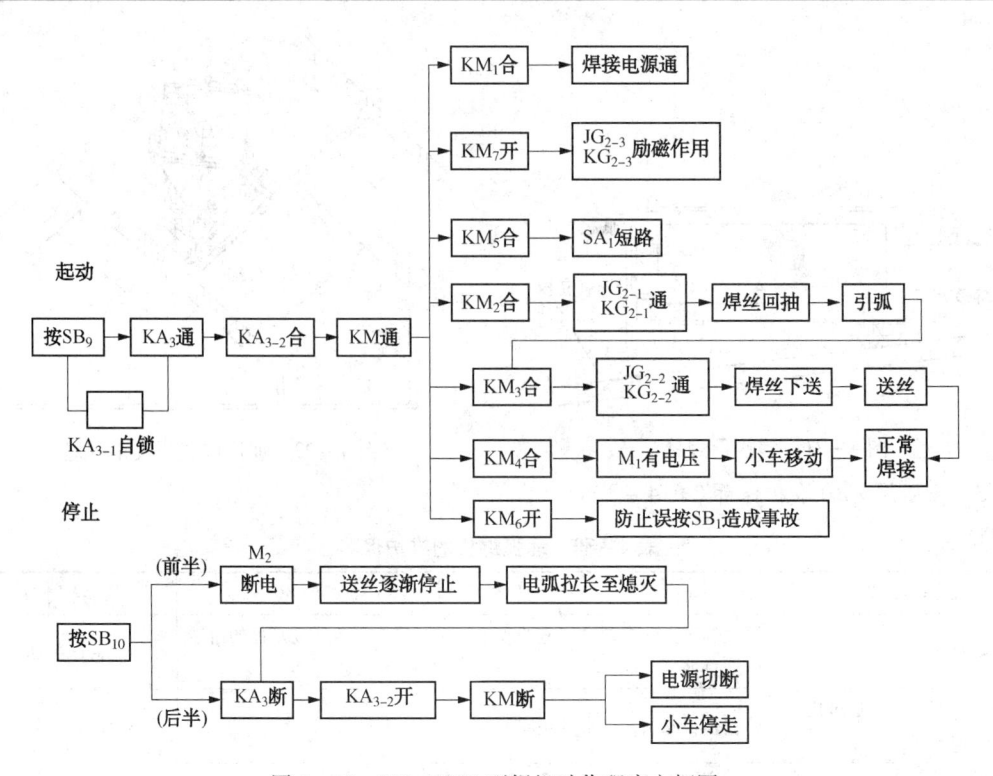

图 4 - 19 MZ - 1000 型焊机动作程序方框图

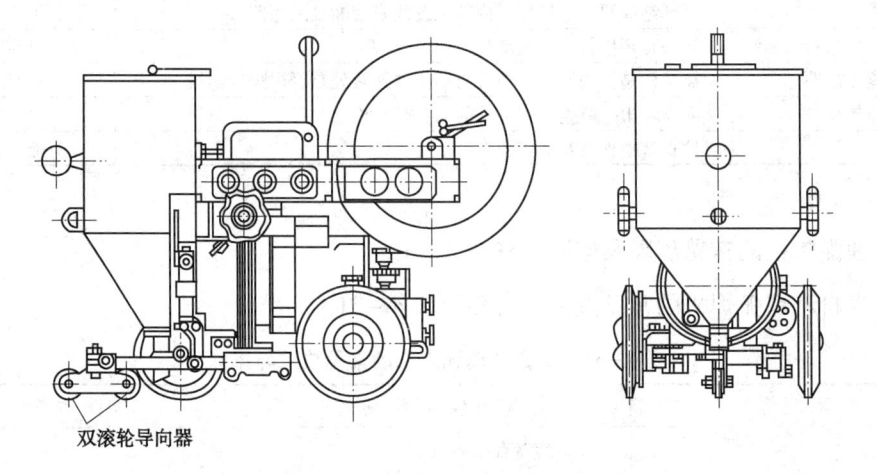

双滚轮导向器

图 4 - 20 焊接带坡口的对接焊缝

（3）当用倾斜焊丝来焊接角焊缝时，在前底架上除了两个带橡胶轮缘的支承车轮以外，还装上一个带有前定位滚轮的支杆，焊车的后面则安装后定位滚轮，它们都支承在立板上（图 4 - 21），并加长导电嘴，这样就保证了焊接时精确的导向。也可以让焊车在平行于焊缝的轨道上移动。

（4）当焊接船形位置焊缝时，机头回转一定的角度（图 4 - 22），焊车车轮在梁的腹板上行走，前底架上安装一单滚轮导向器，在焊缝底部滚动并导向。焊车尾部再安装一根支杆，支杆端部的支承轮支承在梁的翼板上。

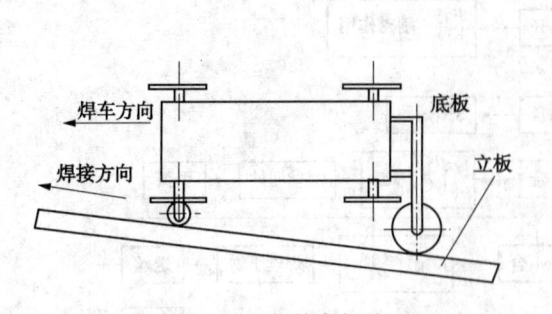

图 4 – 21　焊接角焊缝

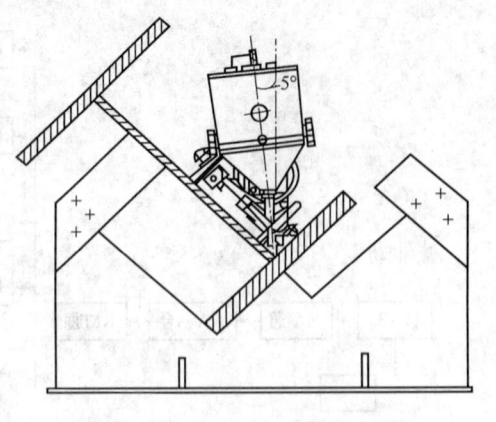

图 4 – 22　船形位置焊接角焊缝

3. 埋弧焊机的维护保养（表 4 – 30）

表 4 – 30　埋弧焊机的维护保养

保 养 部 位	保 养 内 容	保 养 周 期
焊接小车	清理焊车上的焊剂、焊渣的碎末，保持机头及各活动部件的清洁和转动自如	每日一次
焊接小车和焊丝送进机构、变速箱	检查是否漏油，经常更换润滑油	每年一次
送丝滚轮	检查磨损程度，及时更换磨损严重的滚轮	每年一次
控制电缆	外部绝缘层是否损坏，内部电缆线是否断线或短路	半年一次
接触器、继电器	触头是否接触不良或熔化	半年一次
控制电缆插接件	插接件是否松动，电缆线与插接件连接处是否虚焊或断线	三个月一次
电源、控制箱	内外除尘，检查各接头处的螺钉是否松动	每周一次
导电块	检查磨损程度及烧损程度	随时更换

五、埋弧焊机的常见故障及排除方法

（1）半自动埋弧焊机的常见故障与排除见表 4 – 31。

表 4 – 31　半自动埋弧焊机的常见故障与排除

故 障 现 象	产 生 原 因	排 除 方 法
按下启动开关，电源接触器不接通	1. 熔断器有故障； 2. 断电器损坏或断线； 3. 降压变压器有故障； 4. 启动开关损坏	检查、修复或更新
启动后，线路工作正常，但不起弧	1. 焊接回路未接通； 2. 焊丝与焊件接触不良	1. 接通焊接回路； 2. 清理焊件
送丝机构工作正常，焊接参数正确，但焊丝送给不均匀或经常断弧	1. 焊丝压紧轮松； 2. 焊丝给送轮磨损； 3. 焊丝被卡住； 4. 软管弯曲太大或内部太脏	1. 调节压紧轮； 2. 更换焊丝送给轮； 3. 整理被卡焊丝； 4. 软管不要太弯，用酒精清洗内弹簧管

续表

故障现象	产生原因	排除方法
焊机工作正常，但焊接过程中电弧常被拉断或粘住焊件	1. 前者为网路电压突然升高； 2. 后者是网路电压突然降低	1. 减小焊接电流； 2. 增大焊接电流
焊接过程中，焊剂突然停止下漏	1. 焊剂用光； 2. 焊剂漏斗堵塞	1. 添加焊剂； 2. 疏通焊剂漏斗
焊剂漏斗带电	漏斗与导电部件短路	排除短路
导电嘴被电弧烧坏	1. 电弧太长； 2. 焊接电流太大； 3. 导电嘴伸出太长	1. 减小电弧电压； 2. 减小焊接电流； 3. 缩短导电嘴伸出长度
焊丝在送给轮和软管口之间常被卷成小圈	软管的焊丝进口离送给轮间距太远	缩短此间距
焊丝送给机构正常，但焊丝送不出	1. 焊丝在软管中塞住； 2. 焊丝与导电嘴熔接住	1. 用酒精洗净软管； 2. 更换导电嘴
焊接停止时，焊丝与焊件粘住	停止时焊把未及时移开	停止时及时移开焊把

（2）自动埋弧焊机的常见故障与排除见表4-32。

表4-32　自动埋弧焊机的常见故障与排除

故障现象	产生原因	排除方法
接通转换开关，电焊机不转动	1. 转换开关损坏或接触不良； 2. 熔断器烧断； 3. 电源未接通	1. 修复或更换转换开关； 2. 换熔断器； 3. 接通电源
当按下焊丝"向上"、"向下"按钮时，焊丝不动作或动作不对	1. 控制线路中有故障（如辅助变压器、整流器损坏，按钮接触不良）； 2. 感应电动机方向接反； 3. 发电机或电动机电刷接触不好	1. 检查控制线路中有关部件并修复； 2. 改换电动机的输入接线； 3. 调节电刷，使之接触良好
按下启动按钮，线路工作正常，但引不起弧	1. 焊接电源未接通； 2. 电源接触器接触不良； 3. 焊丝与焊件接触不好； 4. 焊接电路无电压	1. 接通焊接电源； 2. 检查、修复接触器； 3. 清理焊丝与焊件接触点； 4. 检查电路，恢复电压
按下按钮后焊丝一直向上抽	1. 电弧反馈线断开或未接上； 2. 极性开关接反	1. 接上电弧反馈线； 2. 把极性开关接到另一侧
线路工作正常，焊接规范正确，但焊丝送给不均匀，电弧不稳	1. 送丝压紧轮太松或已磨损； 2. 焊丝被卡住； 3. 焊丝送给机构有故障； 4. 网路电压波动太大	1. 调整或调换送丝滚轮； 2. 清理焊丝； 3. 检修焊丝给送机构； 4. 焊机使用专用线路
焊接过程中焊剂停送或输送量很小	1. 焊剂用完； 2. 焊剂斗阀门处被渣壳等堵塞	1. 添加焊剂； 2. 清理并疏通焊剂斗

故 障 现 象	产 生 原 因	排 除 方 法
焊接过程中一切正常,而焊车突然停止行走	1. 焊车离合器脱开; 2. 焊车车轮被电缆等阻挡	1. 添加离合器; 2. 排除车轮阻挡物
按下"启动"按钮后,继电器动作,接触器不能正常动作	1. 中间继电器失常; 2. 接触器线圈损坏; 3. 接触器磁铁接触面生锈或污垢太多	1. 检修中间继电器; 2. 检修接触器; 3. 清理或检修及更换接触器
焊机启动后,焊丝末端周期性地与焊件"粘住"或常常断弧	1. "粘住"是因电弧电压太低、焊接电流太小或网路电压太低; 2. 断弧是因电弧电压太高、焊接电流太大或网路电压太高	1. 增加电弧电压或焊接电流;改善网路负荷状态; 2. 减小电弧电压或焊接电流
焊接电路接通后,电弧未引燃,焊丝粘在焊件上	焊丝与焊件之间在起动前接触过紧	使焊丝或焊件轻微接触
焊丝在导电块中摆动,导电块以下的焊丝不时变红	1. 导电嘴磨损; 2. 导电不良	1. 换用新导电嘴; 2. 清理导电嘴
导电嘴末端随焊丝一起熔化	1. 电弧太大,焊丝伸出太短; 2. 焊丝送给和焊车皆已停止,电弧仍在燃烧; 3. 焊接电流太大	1. 增加焊丝送给速度和焊丝伸出长度; 2. 检查焊丝、焊车停止原因; 3. 减小焊接电流
焊丝没有与焊件接触,而焊接路有电	焊车与焊件间绝缘破坏	1. 检查焊车车轮绝缘情况; 2. 检查焊车下是否有金属与焊件短路
焊接过程中,机头或导电嘴的位置不时改变	焊车有关部件有游隙	检查消除游隙或更换磨损零件
焊接停止后,焊丝与焊件"粘住"	1. "停止"按钮按下速度太快; 2. 不经"停止 1"按钮而直接按下"停止 2"按钮	1. 慢慢按下"停止"按钮; 2. 先按"停止 1"按钮,待电弧自然熄灭后,再按"停止 2"按钮

六、埋弧焊的辅助设备

在焊接生产过程中,为了保证焊接质量,提高生产率并减轻工人的劳动强度,必须采用各种焊接辅助设备。

1. 自动埋弧焊夹具

采用的目的大部分是为了使工件准确定位,夹紧工件,减少定位焊缝,减少焊接变形;还有一部分是为了与其他辅助设备联合使用,如大型金属结构厂、造船厂等大面积拼板对接焊时,采用的大型龙门式夹具就是与单面焊双面成型的铜垫联合使用,龙门式联合焊接夹具结构如图 4-23 所示。

2. 焊接操作机

焊接操作机又称为焊接操作架,是将焊机准确地保持在空间焊接位置上,或以给定速度

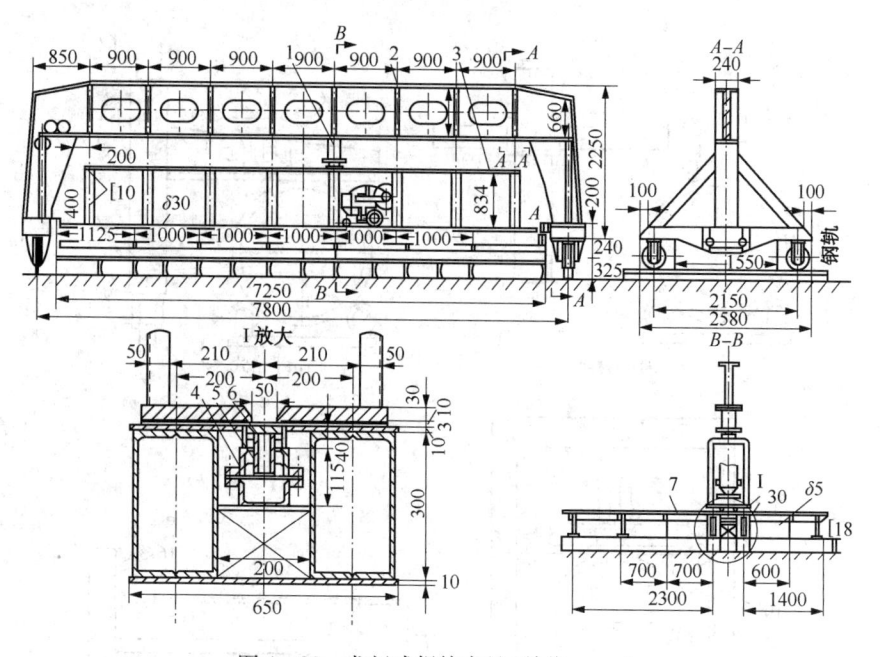

图4-23 龙门式焊接夹具(单位：mm)
1—加压气缸；2—行走大车；3—加压架；4—长形气室；
5—顶起柱塞；6—铜垫板；7—平台

均匀移动焊机位置的装置。焊接操作机辅以焊接滚轮架即可适应容器内外纵、环缝的焊接，辅以焊接变位机即可适应各种堆焊及球形容器的焊接。

常见的焊接操作机有伸缩臂式、平台式、龙门式及悬臂式4种，如图4-24所示。

(1) 伸缩臂式焊接操作机是功能较全、应用较广的一种焊接操作设备，国内的定型产品是 MZ2-1000 型。该焊接操作机有台车可行走，台车的立柱能回转360°，横臂能升降6500mm，水平移动5000mm，由于活动环节较多，所以可方便灵活地进行容器及管道的内外纵、环缝焊接。

(2) 平台式焊接操作机结构较简单，活动环节较少，设备刚性较好，占地不大。横臂操作平台供焊机行走及操作者乘坐，可进行容器外环缝、外纵缝的焊接，当容器直径较大时，也可进行内纵缝、内环缝的焊接。平台式焊接操作机通常设置在车间靠墙的地方。

(3) 龙门式焊接操作机通常为四柱门式结构，内跨一座可升降的操作平台，龙门架可在轨道上行走。该机刚性较好，但由于结构粗笨，占地面积大，且仅适用于外环缝、外纵缝的焊接，故目前较少采用。

(4) 悬臂式焊接操作机主要用来焊接筒体及管道的内纵缝、内环缝。悬臂一端固定在立柱或台车上，悬臂细长(也有多节伸缩的)，所以刚性较差，宜在悬臂前部装一组支承滚轮。对直径500mm 以下的容器焊接，可将焊丝盘、控制盒等设置在悬臂后部，以减小悬臂前部的质量及尺寸，提高设备的灵活性和稳定性。

3. 焊接滚轮架

焊接滚轮架是自动埋弧焊的常用辅助装置，如图4-25所示。它利用滚轮与焊件的摩擦力带动焊件旋转，用于筒体、管道及球形焊件的焊接。

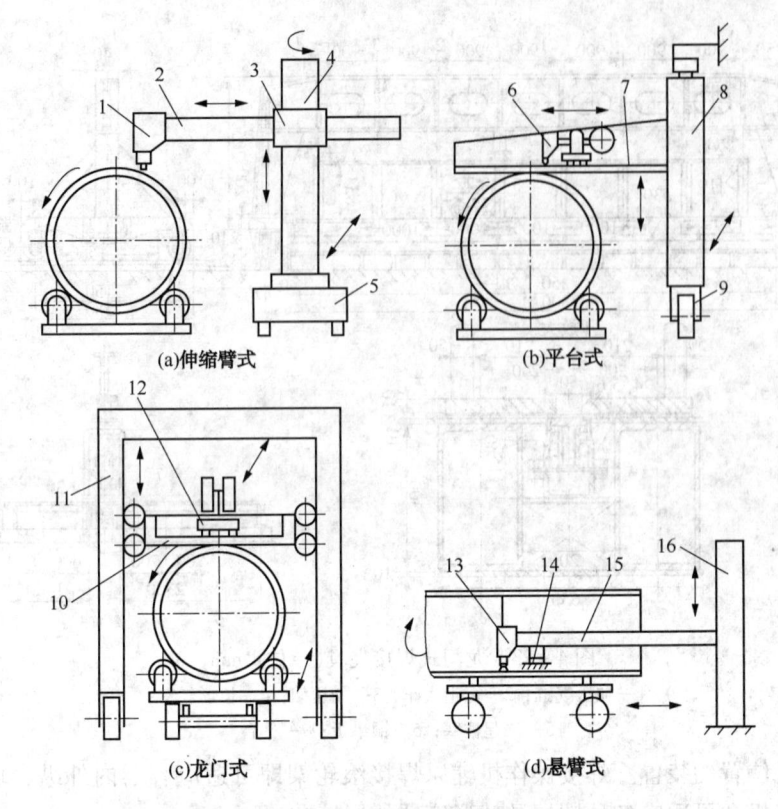

(a)伸缩臂式　　　　　　(b)平台式

(c)龙门式　　　　　　(d)悬臂式

图 4 - 24　常见焊接操作机

1、6、12、13—焊机；2—横臂；3—滑座；4、8、16—立柱；5、9—台车；

7、10—操作平台；11—龙门架；14—支承滚轮；15—悬臂

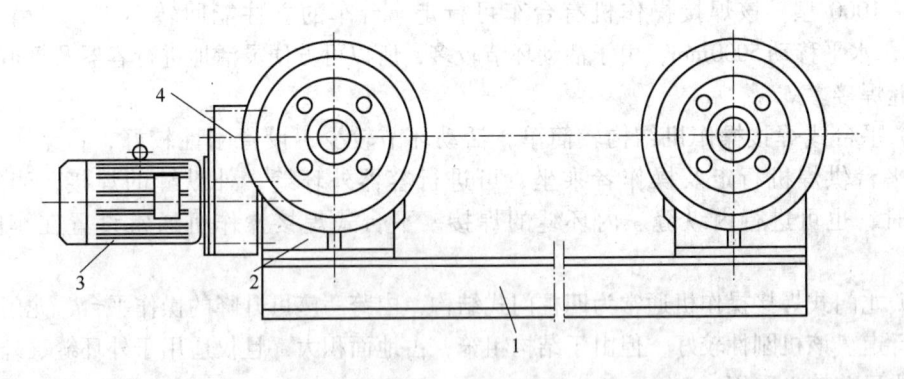

图 4 - 25　焊接滚轮架

1—底座；2—滚轮架；3—电动机；4—减速箱

　　一台焊接滚轮架至少有两对滚轮，其中，一对主动滚轮、一对从滚轮形式的应用最广。主动轮大都采用无级调速，主动轮外缘的线速度即为焊接速度。滚轮有钢轮、橡胶轮及钢－橡胶轮等多种结构。钢轮承载能力大，但摩擦系数小，传动不平稳；橡胶轮摩擦系数大，传动平稳，但重载时易压损橡胶；钢－橡胶组合轮兼备了上述两种滚轮的优点，但结构较为复杂。使用时，应根据产品对象酌情选择。

4. 焊件变位机

焊件变位机可灵活旋转、倾斜。翻转工件，使焊缝处于最佳焊接位置，以达到改善焊接质量，提高劳动生产率和优化劳动条件的目的。可用来焊接梁、柱、框架、椭圆形结构等焊接件。典型的焊件变位机是翻转机，如图 4 - 26 所示。

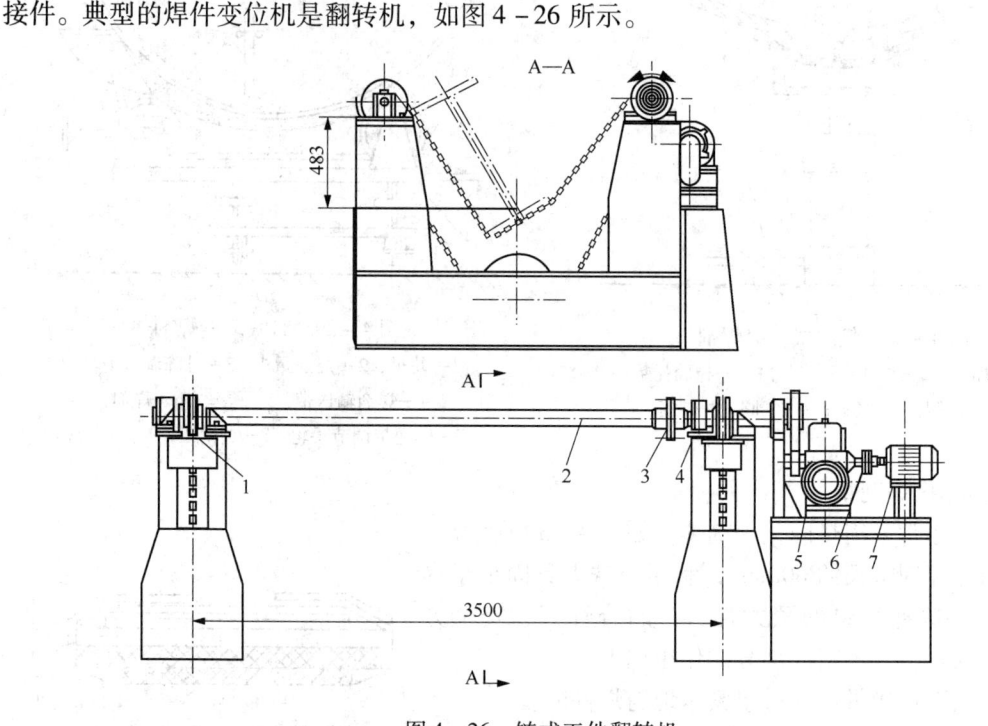

图 4 - 26　链式工件翻转机
1—翻转装置；2—传动轴组件；3—刚性联轴器；4—轴承组件；
5—减速器；6—弹性联轴器；7—电动机 JO_2 - 32 - 4(3kW，1430r/min)

5. **焊缝成形装置**

进行自动化埋弧焊时，为防止熔渣和熔池金属流失，促使焊缝背面的成形，则在焊缝背面加一衬垫。焊剂垫的结构如图 4 - 27 所示。焊接时，要始终保持焊剂垫与焊件背面贴紧，且整个焊缝长度上使焊剂垫的承托力均匀，以保证焊缝的质量和良好的成形。在焊接过程中，要注意避免因工件受热变形而引起焊件与焊剂垫脱空的现象。焊剂垫上的焊剂应尽可能与焊接所用的焊剂一致，通常采用焊接后回用的焊剂，但需经筛选、清洁(去灰)及烘干。

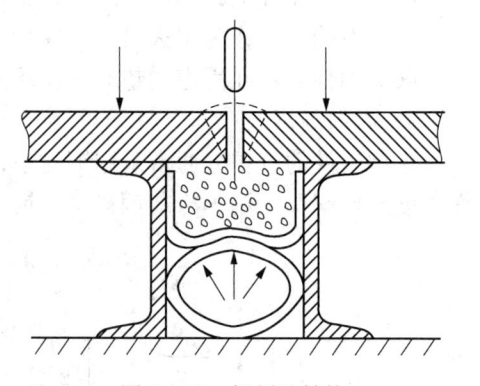

图 4 - 27　焊剂垫结构

常用的焊剂衬垫有焊剂垫、热固化焊剂垫、焊剂铜衬垫及临时工艺垫板等。

1）焊剂垫

图 4 - 28 和图 4 - 29 分别是气缸式纵缝焊剂垫和带式环缝焊剂垫，这是两种广泛使用的焊剂衬垫。

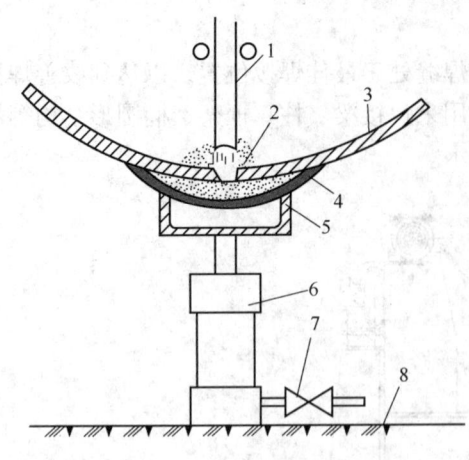

图 4 - 28　气缸式纵缝焊剂垫

1—焊丝；2—焊剂；3—工件；4—橡胶托垫；

5—槽钢；6—气缸；7—气阀；8—底座

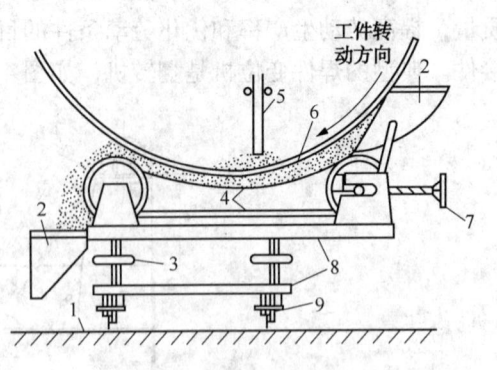

图 4 - 29　带式环缝焊剂垫

1—轨道；2—焊剂漏斗；3—升降调节手轮；

4—焊剂输送带；5—焊丝；6—焊剂；

7—输送带调节手轮；8—槽钢架；9—行走轮

2）热固化焊剂垫

生产中还常采用热固化焊剂垫，如图 4 - 30 所示。

热固化焊剂垫长约 600mm，利用磁铁夹具固定于焊件的底部。这种衬垫的预柔性大，贴合性好，安全方便，便于保管，其各组成部分的作用如下。

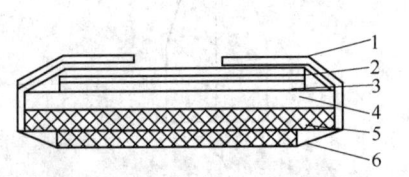

图 4 - 30　热固化焊剂衬垫

1—双面粘接带；2—热收缩薄膜；

3—玻璃纤维布；4—热固化焊剂；

5—石棉布；6—弹性垫

（1）双面粘接带：使衬垫紧地与焊件贴合。

（2）热收缩薄膜：保持衬垫的形态，防止衬垫内部组成物移动和受潮。

（3）玻璃纤维布：使衬垫表面柔软，以保证衬垫与钢板的贴合。

（4）热固化焊剂：热固化后起衬垫作用，一般不熔化，它能控制在焊缝背面的高度。

（5）石棉布：作为耐火材料，保护衬垫材料和防止熔化金属及熔渣滴落。

（6）弹性垫：在固定衬垫时，使压力均匀。

3）焊剂铜衬垫

大型工件的直焊缝通常采用铜衬垫，如图 4 - 31 所示。铜衬垫的两侧通常各配有一块同样长度的冷铜块，用于冷却铜衬垫。铜衬垫的尺寸如表 4 - 33 所示。

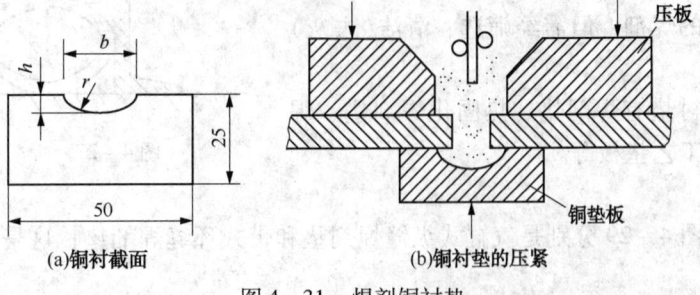

(a)铜衬截面　　　　　　　　(b)铜衬垫的压紧

图 4 - 31　焊剂铜衬垫

表4-33 铜衬垫的尺寸

焊件厚度	槽宽 b	槽深 h	槽的曲率半径 r
4 ~ 6	10	2.5	7.0
6 ~ 8	12	3.0	7.5
8 ~ 10	14	3.5	9.5
12 ~ 14	18	4.0	12

4)临时工艺垫板

临时工艺垫板通常用薄钢带、石棉绳或石棉板，如图4-32所示。

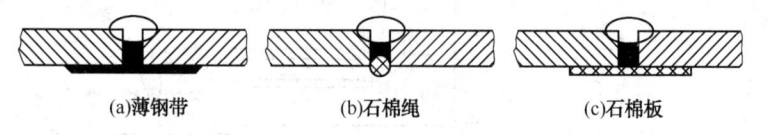

(a)薄钢带   (b)石棉绳   (c)石棉板

图4-32 临时工艺垫板

6. 焊剂回收装置

焊剂回收装置可用来在焊接过程中自动回收焊剂。图4-33为XF-50焊剂回收机，该机利用真空负压原理自动回收焊剂，在回收过程中微粒粉尘能自动与焊剂分离。其主要技术参数见表4-34。

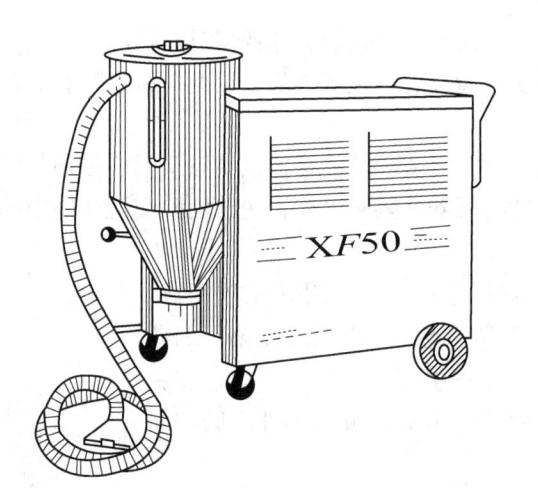

图4-33 XF-50焊剂回收机

表4-34 XF-50焊剂回收机的技术参数

输入电源/V	三相、380	回收管长度/m	7
额定容量/kW	1.5	质量/kg	110
回收容量/kg	50	外形尺寸/mm × mm × mm	900 × 400 × 1250

第三节 手工钨极氩弧焊(TIG焊)设备

一、手工 TIG 焊设备的组成

手工钨极氩弧焊设备如图4-34所示，由焊接电源、焊枪、供气供水系统、焊接控制系统等组成。

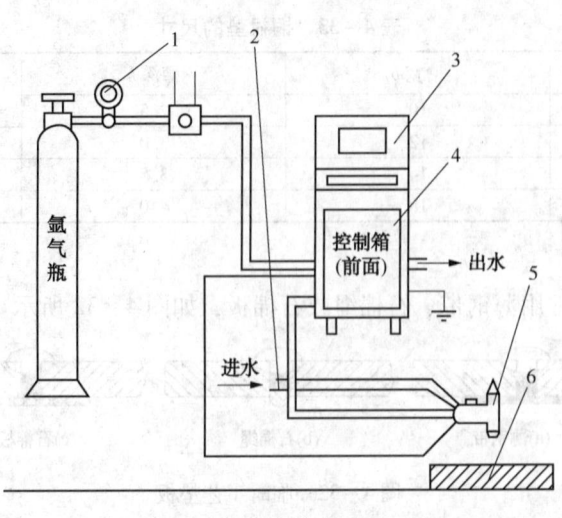

图 4 - 34　手工钨极氩弧焊设备
1—供气系统；2—供水系统；3—控制盒；4—焊接电源；
5—焊枪；6—焊件

1. 焊接电源

手工钨极氩弧焊可用交流或直流电源，电源应具有陡降外特性。由于在焊接结束时，收弧处易形成弧坑，从而引起裂纹、气孔等缺陷，因此焊机上都有焊接电流自动衰减装置。

2. 控制箱

控制箱内装有控制元件，其主要功能是提供高频引弧、控制气路和水路。当采用交流电源时控制箱内还装有脉冲稳弧器和隔直电容，用于消除交流回路中的直流分量。

1) 高频引弧器

氩气是一种较难电离的气体，所以引弧比较困难。采用接触短路法引弧时，有可能产生夹钨等缺陷，因此手工钨极氩弧焊通常采用高频引弧器来引弧，通过在钨极与焊件之间另加的高频高压击穿钨极与焊件之间的间隙而引弧。

2) 脉冲稳弧器

脉冲稳弧器的作用是当采用交流电源，焊接电流过零电位改变极性时，在负半波开始瞬间，用一个外加脉冲电压使电弧易重复引燃，从而达到稳弧的目的。

3) 延时线路

延时线路的作用是控制供气系统，通过对电磁气阀的延时控制，使氩气提前送气和滞后关闭。

3. 焊枪

焊枪的作用是夹持钨极、传导焊接电流和输送氩气。焊枪是实现焊接的工具，其结构是否合理关系到焊接质量。

焊枪的结构由钨极、喷嘴、枪体、钨极夹头等构成，如图 4 - 35 所示。其结构需满足下列要求：

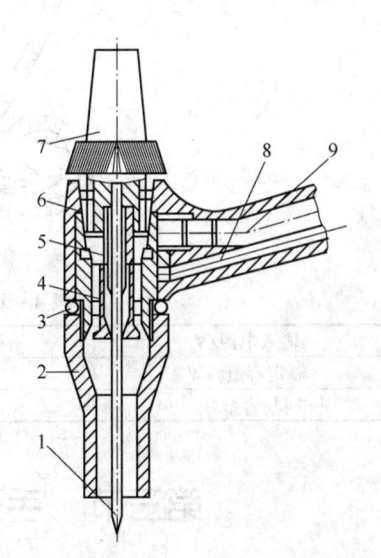

图 4 - 35　PQ1 - 150 型焊枪结构
1—钨极；2—陶瓷喷嘴；3—密封环；4—轧头套；5—电极轧头；6—枪体塑料压制作；7—绝缘帽；8—进气管；9—冷却水管

（1）能可靠地夹持钨极，并具有良好的导电性能。

（2）保护气流具有良好的流动状态，以获得可靠的保护。

（3）要有良好的冷却条件，以保持长久的工作。

（4）喷嘴与钨极之间有良好的绝缘性能，以免打弧产生短路。

（5）结构要简单，质量要轻。使用可靠，维修方便。

常用钨极氩弧焊枪型号及主要技术参数见表4-35。

表4-35　常用钨极氩弧焊枪型号及技术参数

型　号	出气角度/(°)	开关形式	额定焊接电流/A	钨极尺寸/mm		质量/kg
				长度	直径	
氩气冷却方式（自冷式）						
QQ-0/10	0（笔式）	微动	10	100	1~1.6	0.08
QQ-65/75	65	微动	75	40	1~1.6	0.09
QQ-0~90/75	0~90	按钮	75	70	1.2~2	0.15
QQ-85/100	85	船形	100	160	1.6~2	0.20
氩气冷却方式（自冷式）						
QQ-0~90/150	0~90	按钮	150	110	1.6~3	0.15
QQ-85/200	85	船形	200	150	1.6~3	0.26
循环水冷却方式						
PQ1-150	65	推键	150	110	1.6~3	0.13
PQ1-350	75	推键	350	150	3~5	0.30
PQ1-500	75	推键	500	180	4~6	0.45
QS-0/150	0（笔式）	按钮	150	90	1.6~2.5	0.14
QS-65/200	65	按钮	200	90	1.6~2.5	0.11
QS-85/250	85	船形	250	160	2~4	0.26
QS-65/300	65	按钮	300	160	3~5	0.26
QS-75/400	75	推键	400	150	3~5	0.40

喷嘴是焊枪的重要组成部分，喷嘴可由紫铜或陶瓷等材料制成。目前各厂较普遍地采用陶瓷喷嘴，它的特点是喷嘴带电体绝缘，烧红后也不易裂，寿命较长。喷嘴的结构形状与尺寸对喷出气体的流态及保护效果有重大影响，因此，要求喷嘴内的气流通道应光滑均匀；能以较小的保护气消耗量获得良好的保护效果；结构简单，容易加工，便于焊接操作。

喷嘴出口形状，归纳起来有3种，如图4-36所示。圆柱形喷嘴，因气体流过不会因截

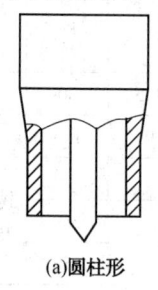 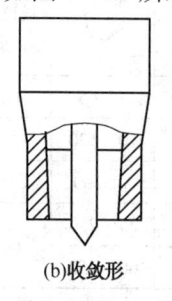 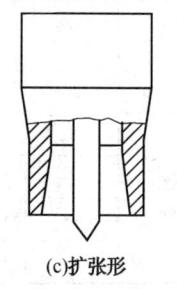

(a)圆柱形　　　　(b)收敛形　　　　(c)扩张形

图4-36　喷嘴出口形状

面变化而引起流速变化，易建立层流流态，有较好的保护作用。而收敛形或扩张形喷嘴由于气流流过时引起流速变化，会缩短喷出气流的层流区、减小保护作用范围。喷嘴规格有 $\phi6.3mm$、$\phi8mm$、$\phi9.6mm$、$\phi11mm$、$\phi12.6mm$ 等，焊接时应根据被焊材料及保护范围来选择。

4. 供气系统

由高压氩气瓶、减压器、流量计及电磁气阀组成，如图 4-37 所示。

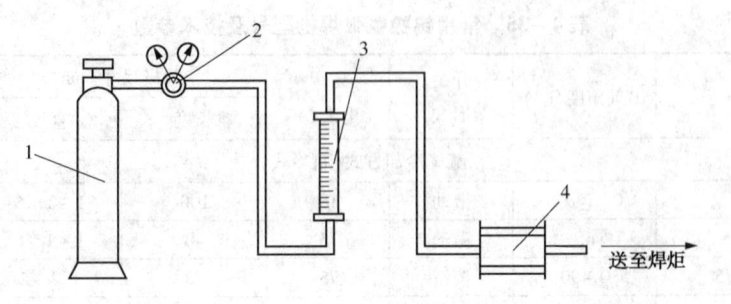

图 4-37　供气系统

1—高压氩气瓶；2—减压器；3—流量计；4—电磁气阀

氩气瓶中储存氩气的高压容器，是由氧气瓶改制的，表面颜色为灰色，并标以氩气字样，瓶阀的密封性比氧气阀要好。瓶内存储的是压缩氩气，最高工作压力为 15MPa，容积为 40L。减压器可以是氩气减压器（与流量计合为一体，流量计的规格大小应根据焊接需要来选择），也可以用氧气减压器来取代，但应在供气系统中加接流量计。气管可选用氧气和乙炔胶管、塑料软管等。电磁气阀是用来控制氩气通断的阀门，由手把上的开关控制气流接通或关闭。

5. 供水系统

有些钨极氩弧焊机内部的电子元件需要用水冷却，循环水冷却式焊枪也需要用水冷却。供水系统包括水源、闸阀、输水管（软胶管、软塑料管）、水流开关（焊机备有的零件）、焊枪进水管及出水管等。

二、常用手工 TIG 焊机的型号及技术参数

常用手工 TIG 焊机的型号及技术参数见表 4-36。

表 4-36　常用手工氩弧焊机的主要技术参数和用途

类型及型号		电源电压/V	空载电压/V	工作电压/V	焊接电流/A	额定负载持续率/%	额定输入容量/kV·A	质量/kg	用　途
直流	WS-63	220/380	—	—	4~65	60	3.5	30	0.5mm 以下不锈钢板焊接
	WS-125	三相380	70	10~25	10~130	—	9	105	用于钨极氩弧焊焊接不锈钢、铜、银、钛等金属及其合金
	WS-160		—	—	6~160	35		160	
	WS-250		—	11~22	25~250	60	18	260	
	WS-400		—	13~28	60~450		30	350	

续表

类型及型号		电源电压/V	空载电压/V	工作电压/V	焊接电流/A	额定负载持续率/%	额定输入容量/kV·A	质量/kg	用　途
交流	WSJ – 150	380	80	—	30 ~ 150	35	8	—	用于钨极氩弧焊焊接铝及铝合金等
	WSJ – 300		—	22	50 ~ 300	60	—	490	
	WSJ – 400	220/380	—	26	60 ~ 400	60	—	80[①]	
	WSJ – 500		—	30	50 ~ 500	60	—	292	
交直流两用	WSE – 150	380	82	16	15 ~ 180	35	—	193	焊接铝、镁、铜、钛及其合金、不锈钢等
	WSE – 250		85	11 ~ 20	25 ~ 250	60	22	230	
	WSE – 315		72	22.6	15 ~ 315	35	24	—	
	WSE5 – 315		80		30 ~ 315		25.2	220	

注：①仅为控制箱的质量。弧焊电源可配 B43 – 400 型。

三、常用手工 TIG 焊机的使用方法

（1）NSA4 – 300 型焊机的外部接线如图 4 – 38 所示。

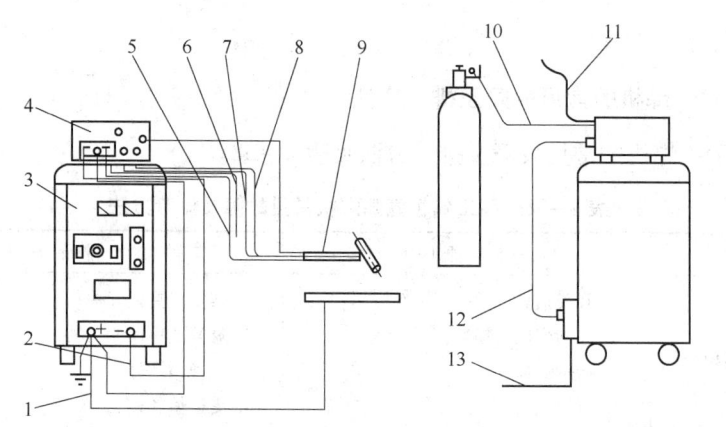

图 4 – 38　NSA4 – 300 型手工钨极氩弧焊机外部接线图

1、2、12、13—电缆；3—ZXG7 – 300 – 1 型弧焊电源；4—K – 2 型手工钨极氩弧焊控制器；

5—水冷电缆；6—出水管；7—水管；8—气管；9—焊枪；10—橡胶软管；11—进水管

（2）NSA4 – 300 型焊机的操作方法。使用前，先按图 4 – 38 将弧焊电源整流器、控制器、焊枪及焊件接妥，检查接地要可靠。再接通电源、水源及气源，并按表 4 – 37 调节焊机上的开关或旋钮。至此，焊机进入准备气动状态。

表 4 – 37　焊机开关及旋钮的调整

开关或调节旋钮名称	调整位置	备　注
电源开关	通	弧焊整流器及控制盒上均有电源开关
焊接方法转换开关	氩弧焊	当整流器单独用作焊条电弧焊时，应将转换开关扳到"弧焊"位置
电流衰减开关	有	如不需衰减，可扳至"无"位置

开关或调节旋钮名称	调整位置	备注
焊接电流旋钮	调整到所需量	—
衰减时间旋钮	调整到所需量	—
气体滞后时间旋钮	调整到所需量	—
长、短焊开关	长焊	如扳到"短焊"位置，一旦手把上的按钮松开，焊接电流即逐渐衰减
水冷、气冷开关	水冷	当水流量超过1L/min，水流指示灯亮，焊机方能开始工作

焊接开始时，按下手把上的按钮，接通电流的主回路，建立空载电压，电磁气阀通电输气，氩气指示灯闪亮，高频引弧器接通，工件与电极间击穿起弧，此时可松开手把上的按钮，焊机正常工作。待第二次按下手把按钮时，焊机才进入电流衰减状态，衰减一定时间后，电弧熄灭。气体滞后一定时间后，电磁气阀自动关闭，焊机恢复到准备启动状态。

（3）焊机的维护与保养

① 定期检查焊机的接线是否可靠，焊机应置于通风良好、干燥整洁的地方，经常检查焊机的绝缘情况。

② 经常检查焊枪上的电缆、气管、水管等，经常检查供气系统和供水系统，发现问题及时更换。

四、手工 TIG 焊机的常见故障及排除方法

（1）手工 TIG 焊机的常见故障及排除方法见表 4 - 38。

表 4 - 38 手工钨极氩弧焊机常见故障及排除方法

故障现象	产生原因	排除方法
电源开关接通后指示灯不亮，电风扇不转	1. 开关损坏； 2. 控制变压器损坏； 3. 指示灯损坏； 4. 熔丝烧断； 5. 指示灯接触不良	1. 修复或更换开关； 2. 修复或更换变压器； 3. 更换指示灯； 4. 更换熔丝； 5. 调整指示灯接触
控制线路有电，焊机不启动	1. 脚踏开关接触不良； 2. 焊枪上开关接触不良； 3. 启动继电器或热继电器出现故障； 4. 控制变压器损坏	1. 检修开关； 2. 检修开关； 3. 检修继电器； 4. 更换或修复变压器
焊机启动后振荡器不振荡或振荡微弱	1. 高频振荡器有故障； 2. 脉冲引弧器有故障； 3. 火花放电盘间隙不合适； 4. 放电盘电极烧坏； 5. 放电盘云母烧坏	1. 检修引弧器； 2. 检修脉冲引弧器； 3. 调整放电盘间隙； 4. 清理、调整放电极； 5. 更换云母
焊机启动后，有振荡放电，但不起弧	1. 焊接回路接触器有故障； 2. 焊件接触不良； 3. 控制线路有故障	1. 检修接触器； 2. 清理焊件接触表面； 3. 检修控制线路

故障现象	产生原因	排除方法
焊机启动后无氩气输出	1. 气路堵塞； 2. 电磁气阀有故障； 3. 控制线路有故障； 4. 气体延迟线路有故障	1. 清理气路； 2. 检修电磁气阀； 3. 检查故障并修复；. 4. 检修线路
焊接过程电弧不稳定	1. 稳弧器有故障； 2. 清除直流分量的元件有故障； 3. 焊接电源有故障； 4. 焊机输出线路与焊件接触不良	1. 检修稳弧器； 2. 更换或修复元件； 3. 检修焊接电源； 4. 清理焊件与焊机输出线路接触表面

（2）WSE5 系列交、直流手工 TIG 焊机的常见故障及排除方法见表 4 - 39。

表 4 - 39　WSE5 系列交、直流两用手工钨极氩弧焊机常见故障及排除方法

故障现象	产生原因	排除方法
焊机供电后，打开电源开关，指示灯不亮，电风扇不转	1. 熔断器断； 2. 指示灯损坏； 3. 电风扇电容失效； 4. 接触不良	1. 更换熔断器； 2. 更换指示灯； 3. 更换电风扇电容； 4. 清理指示灯及电风扇线路接触点
焊机无交、直流输出（无空载电压）	1. 控制板上三端稳压管或管脚霉断或损坏； 2. 控制板上运算放大器管脚霉断或损坏； 3. 脉冲变压器引线霉断	1. 更换损坏的稳压管； 2. 更换损坏部件； 3. 修复霉断引线
焊接电流调节失控	1. "近控 - 远控"开关是否放置在所选择的位置上； 2. 运算放大器管脚霉断或损坏	1. 根据施工需要使用近控或远控开关； 2. 更换损坏部件
焊接电流调不小或过大	控制板上运算放大器管脚霉断或损坏	更换损坏部件
电源开关指示灯不亮	1. "焊条电弧焊 - 氩弧焊"开关是否放在"氩弧焊"位置； 2. 熔断器（面板上标有 3A 即是）断或接触不良； 3. 指示灯损坏	1. 检查、更正开关位置； 2. 清理熔断器接触不良或检修熔断器断线处； 3. 更换损坏的指示灯
按下焊枪上开关"焊接后停"，指示灯不亮	1. 指示灯损坏； 2. 开关接线是否开断； 3. 水冷焊枪上是否接水路； 4. 程序控制板上的晶体管不通	1. 更换损坏指示灯； 2. 检查、修复开关； 3. 检查、修复水源开关； 4. 检查程序控制板上的继电器，如没有 12V 直流电压时，则更换晶体管
按下"通气检测"，气阀不通	1. 气源是否打开； 2. 气阀有卡死现象或气路有堵塞	1. 检查并接通气源； 2. 检查气阀进线两端有无 36V 交流电后，排除堵塞

续表

故障现象	产生原因	排除方法
在"自动"位置上按下焊枪上的开关,气阀不通	1. 气源是否打开; 2. 气阀有卡死现象或气路有堵塞; 3. 水冷焊枪上是否接水路; 4. 程序控制板上的晶体管不通	1. 检查并接通气源; 2. 检查气阀进线两端有无36V交流电后排除堵塞; 3. 检查、修复水源开关; 4. 检查程序控制板上继电器,如没有12V直流电压,更换晶体管
按下焊枪上的开关,无高频起弧火花	1. 熔断器断(控制箱前板标有5A的即是); 2. 焊枪上的开关有无断线; 3. K8没接通	1. 更换熔断器; 2. 检查、修复焊枪上的开关; 3. 检查K8随交、直流转换开关是否到位
直流焊时,按下焊枪上的开关起弧后,松开开关高频仍存在	继电器通断不正常	检查并修复继电器是否通断正常
小电流起弧困难	1. 钨极直径大小是否选择合适; 2. 继电器接触不好; 3. 电阻开路	1. 建议将钨极端头磨尖; 2. 检查继电器,如没有12V直流电压,应清理其接触不良; 3. 检查、修复电阻线路
电弧不稳定或焊缝成形差	1. 焊件脏或油污严重; 2. 钨极直径大小是否与焊接电流相符; 3. 电网电压波动较大	1. 清除待焊处油、污、锈、垢; 2. 按工艺规程选择钨极直径与焊接电流; 3. 检查电网电压波动是否在允许范围内

第四节　二氧化碳气体保护焊(CO_2焊)设备

一、CO_2焊的设备组成

CO_2焊的设备主要由焊接电源、供气系统、送丝系统、焊枪和控制系统组成,如图 4-39 所示。

1. CO_2焊接电源

CO_2焊为直流电源,一般采用反接。

(1) 对焊接电源外特性的要求。由于 CO_2 电弧的静特性是上升的,所以平(恒压)和下降外特性电源可以满足电源电弧系统和稳定条件。弧压反馈送丝焊机配用下降外特性电源,等速送丝焊机配用平或缓降外特性电源。

(2) 对电源动特性的要求。颗粒过渡时对焊接电源动特性无特别要求,而短路过渡焊接时则要求焊接电源具有足够大的短路电流增大速度,以及当焊丝成分及直径不同时,短路电流增长速度可进行调节的良好动态品质。

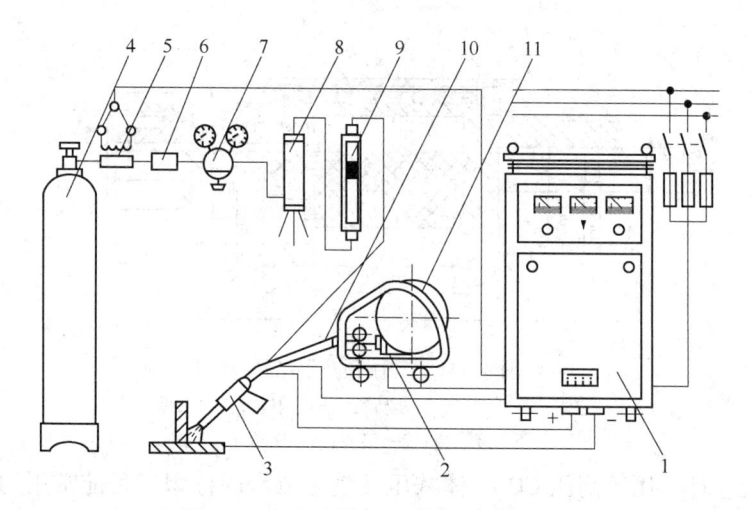

图 4 - 39　半自动 CO_2 气体保护焊设备

1—电源；2—送丝机；3—焊枪；4—气瓶；5—预热器；6—高压干燥器；

7—减压器；8—低压干燥器；9—流量计；10—软管；11—焊丝盘

2. 供气系统

供气系统由气瓶、预热器、干燥器、减压流量计及气阀等组成，如图 4 - 40 所示。其作用是将钢瓶内的液态 CO_2 变成合乎要求的、具有一定留量的气态 CO_2，并及时地输送到焊枪。

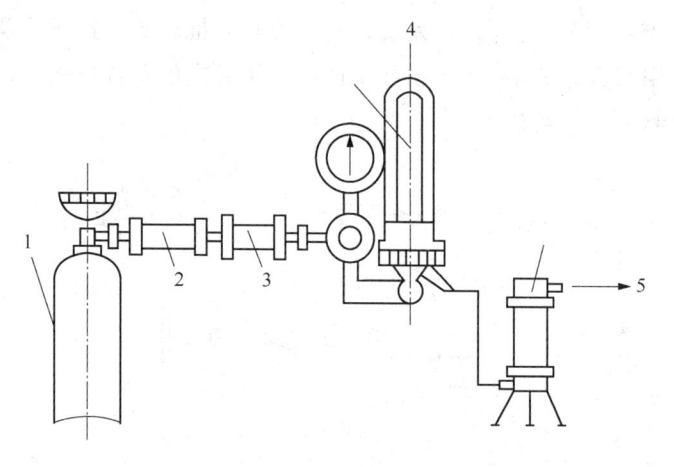

图 4 - 40　CO_2 供气系统

1—气瓶；2—预热器；3—高压干燥器；4—减压流量计；5—低压干燥器

（1）气瓶。用于储存液体 CO_2，外形与氧气瓶相似，外涂黑色标记，满瓶时压力可达 5～7MPa。

（2）预热器。由于液态 CO_2 转化为气态 CO_2 时要吸收大量热量，同时流经减压器后，气体膨胀，也会使气体温度下降，因而易使减压器出现白霜和冻结现象，造成气体阻塞，因此，CO_2 气体在减压之前需经预热。预热器结构较简单，一般采用电热式，通以 36V 交流电，功率约 100W，如图 4 - 41 所示。

（3）干燥器。用于吸收 CO_2 气体中的水分和杂质，以避免焊缝出现气孔。

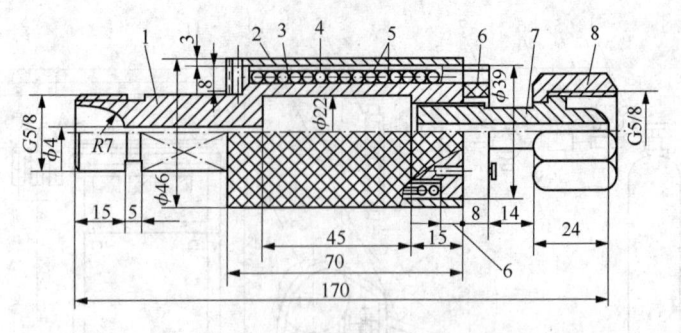

图 4 - 41　气体预热器结构

1—主体；2—外壳；3—瓷管；4—电阻丝；5—云母；

6—接线板；7—接头；8—螺母

（4）减压流量计。用于高压 CO_2 气体减压及气体流量的标识。目前常用的是 301 - 1 型浮式流量计，它由减压器和流量计两部分组成。按调节范围有 0～15L/min 和 0～30L/min 两种，可根据需要选用。

（5）气阀。用于控制保护气体通断的一种装置，常用电磁气阀。

3. 水路系统

系统中通入冷却水，用于冷却焊炬及电缆。通常水路中设有水压开关，当水压太低或断水时，水压开关将断开控制系统电源，使焊机停止工作，保护焊炬不被损坏。

4. 送丝系统

CO_2 气体保护焊通常采用等速送丝系统，送丝方式有推丝式、拉丝式及推拉式 3 种，如图 4 - 42 所示。使用特点见表 4 - 40。目前生产中应用最广的是推丝式，该系统包括送丝机构、调速器、送丝软管及焊丝盘等。

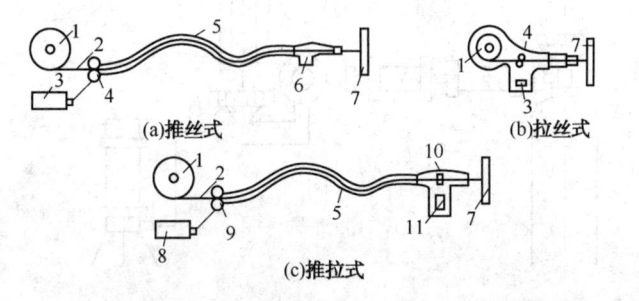

(a)推丝式　　　　　　　　　　　(b)拉丝式

(c)推拉式

图 4 - 42　半机械化焊的 3 种送丝方式

1—焊丝盘；2—焊丝；3—送丝电动机；4—送丝轮；5—软管；6—焊枪；

7—工件；8—推丝电动杆；9—推丝机；10—拉丝轮；11—推丝电动机

表 4 - 40　3 种送丝方式使用情况比较

送丝方式	最长送丝距离/m	使用特点
推丝式	5	焊枪结构简单，操作方便，但送丝距离较短
拉丝式	15	焊枪较重，劳动强度较高，仅适用于细丝焊
推拉式	30	送丝距离长，但两动力需同步，结构较复杂

（1）送丝机构。由电动机、差速装置、送丝轮及压紧装置等组成，如图4-43所示。送丝机构有手提式、小车式和悬挂式3种。

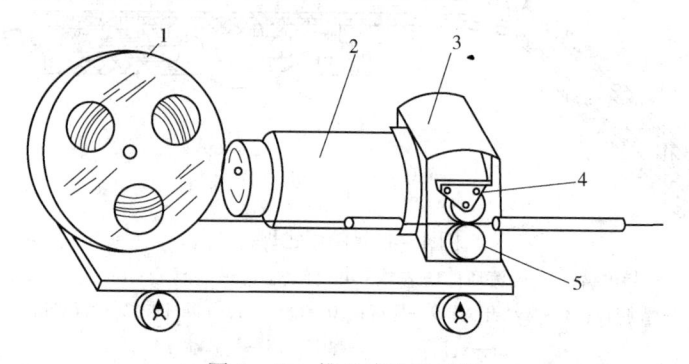

图4-43 推丝式送丝机构

1—焊丝盘；2—送丝电动机；3—减速装置；4—压紧装置；5—送丝轮

（2）调整器。一般采用改变送丝电动机电枢电压的方法来实现无级调速，目前使用最普遍的是可控硅整流器调速方式。

（3）送丝软管。是引导焊丝的通道，既有一定的挺度，又能柔软的弯曲，可保证送丝顺利，其结构如图4-44所示。为了便于送丝，软管内径应与焊丝直径匹配。详见表4-41。

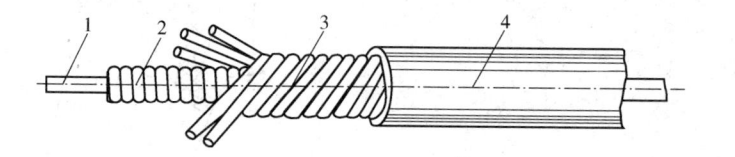

图4-44 送丝软管结构

1—焊丝；2—弹簧管；3—加固钢丝；4—胶管

表4-41 送丝软管与焊丝配用

焊丝直径/mm	弹簧管内径/mm	软管长度/m
0.8	1.2	2~3
1.0	1.5~2.0	2~3.5
1.2	1.8~2.4	2.5~4
1.6	2.5~3.0	3~5

（4）焊丝盘。按送丝方式的不同，焊丝盘分为大盘和小盘两种。一般推丝式、推拉式为大盘，拉丝式为小盘。为了保证送丝时均匀，绕丝时焊丝应密排层绕，同时要注意焊丝不要硬弯。

（5）焊枪。用于传导焊接电流，导送焊丝和 CO_2 保护气体。其主要零件有喷嘴和导电嘴。焊枪按其应用分为半机械化焊枪和机械化焊枪；按其形式分为鹅颈式与手枪式；按送丝方式分为推丝式与拉丝式；按冷却方式分为空冷式与水冷式。常见的焊枪结构如图4-45和图4-46所示。

① 喷嘴是导体部分的主件，其孔径在12~25mm之间。为圆柱形、圆锥形，如图4-47所示，常用紫铜材料制造。

② 导电嘴是导电部分的主件，如图4-48所示，导电嘴的孔径及长度与焊接质量密切相关。

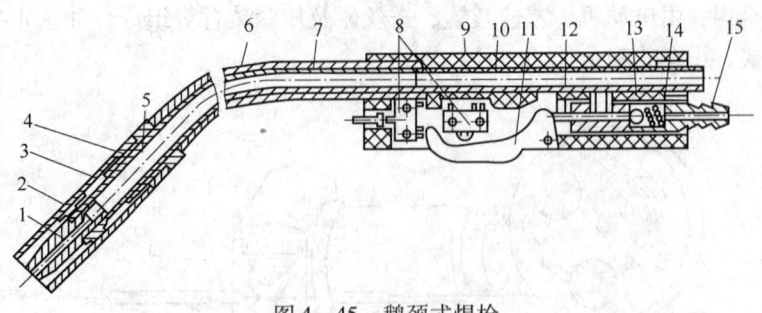

图 4 – 45　鹅颈式焊枪

1—导电嘴；2—分流环；3—喷嘴；4—弹簧管；5—绝缘套；6—鹅颈管；

7—乳胶管；8—微动开关；9—焊把；10—枪体；11—扳机；12—气门推杆；

13—气门球；14—弹簧；15—气阀嘴

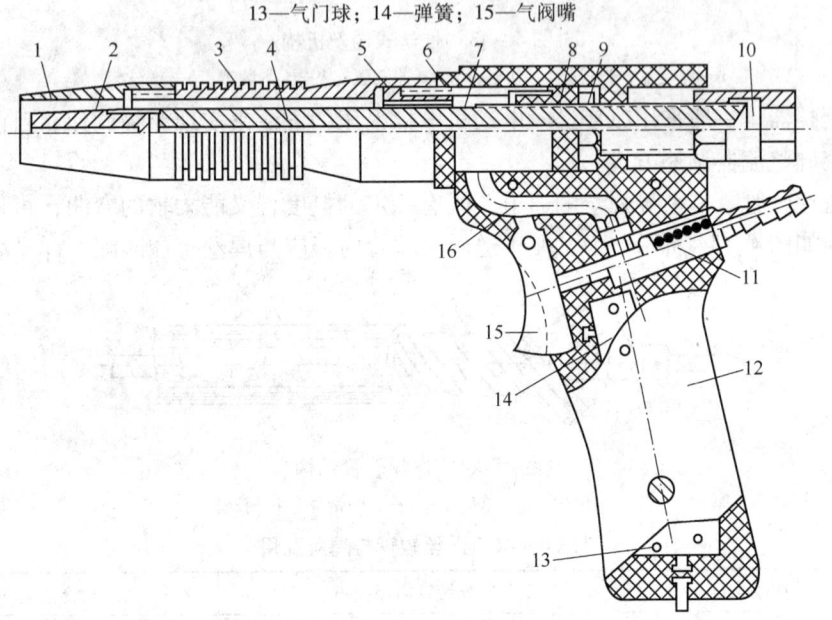

图 4 – 46　手枪式焊枪

1—喷嘴；2—导电嘴；3—套筒；4—导电杆；5—分流环；6—挡圈；7—气室；

8—绝缘圈；9—紧固螺母；10—锁紧螺母；11—球形气阀；12—枪把；

13—退丝开关；14—送丝开关；15—扳机；16—气管

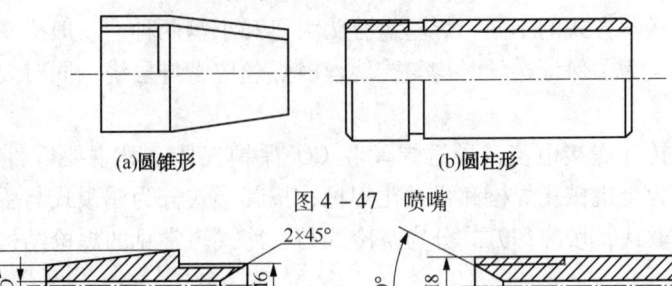

(a)圆锥形　　　　　　　　　　(b)圆柱形

图 4 – 47　喷嘴

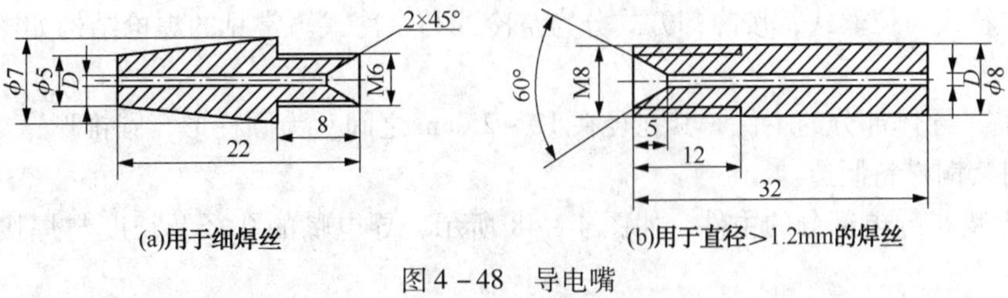

(a)用于细焊丝　　　　　　(b)用于直径>1.2mm的焊丝

图 4 – 48　导电嘴

导电嘴的孔径应根据焊丝直径来选择：当焊丝直径<1.6mm 时，导电嘴孔径 = 焊丝直径 +0.1~0.3(mm)；当焊丝直径>1.6mm 时，导电嘴的孔径 = 焊丝直径 +0.4~0.6(mm)。导电 嘴的长度粗丝为35mm，细丝为25mm 左右。导电嘴常用紫铜、磷青铜或铬锆铜等材料制作。

5. 控制系统

其功能是在 CO_2 焊时，焊接电源、供气系统、送丝系统实现程序控制。机械化焊时，还 要控制焊车行走或工件转动等。

（1）送丝控制，控制送丝电动机，保证完成正常送丝和制动动作，调整焊接前的焊丝伸 出长度，并对网路电压波动有补偿作用。

（2）供电控制，主要是控制弧焊电源，供电在送丝前或送丝的同时进行；停电在停止送 丝之后进行，可避免焊丝末端与熔池粘结，以保证收尾良好。

（3）供气系统控制。对供气系统的控制大致分四步进行：第一步预调气，按工艺要求调 节 CO_2 气体流量；第二步引弧前 2~3s 给电弧区送气，然后进行引弧；第三步在焊接过程中 控制均匀送气；第四步是在停弧后应继续送气 2~3s 使熔化金属在凝结过程中仍得到保护。 磁气阀采用延时继电器控制，也可由焊工利用焊枪上的开关直接控制供气。

（4）程序控制。半自动化和自动化的焊接程序如图 4-49 所示，程序控制系统可控制焊 接程序过程。

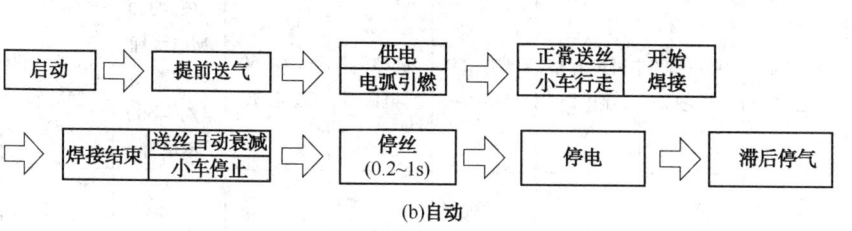

图 4-49　CO_2 气体保护焊焊接程序方框图

二、CO_2 焊常用焊机

1. CO_2 焊焊机型号及技术参数

（1）焊机型号编制及代码在第四章第一节已经介绍过。CO_2 焊常用电焊机技术参数见表 4-42。

表 4-42　CO_2 焊常用电焊机技术参数

焊机名称 及型号	半自动 CO_2 焊电焊机						自动 CO_2 焊电焊机		
	NBC-200 (GD-200)	NBC1-200	NBC1-300 (GD-300)	NBC1-500	NBC1-500-1	NBC4-500 (FN-1)	NZC-500-1 (AGA-500)	NZC3-500 (GDF-500)	NZC3-2×500-3(GDB-2×500)
电源电压/V	380	220/380	380	380	380	380	380	380	380
空载电压/V	17~30	14~30	17~30	75	75	75	—	75	75

续表

焊机名称及型号	半自动 CO$_2$ 焊电焊机						自动 CO$_2$ 焊电焊机		
	NBC-200 (GD-200)	NBC1-200	NBC1-300 (GD-300)	NBC1-500	NBC1-500-1	NBC4-500 (FN-1)	NZC-500-1 (AGA-500)	NZC3-500 (GDF-500)	NZC3-2×500-3 (GDB-2×500)
工作电压/V	17~30	14~30	17~30	15~42	15~40	15~42	15~40	15~40	15~40
电流调节范围/A	40~200	—	50~300	—	50~500	—	50~500	50~500	50~500
额定焊接电流/A	200	200	300	500	500	500	500	500	500
焊丝直径/mm	0.5~1.2	0.8~1.2	0.8~1.4	0.8~2	1.2~2.0	0.8~1.6	1~2	1.0~1.6	1.0~1.6
送丝速度/(m/min)	1.5~9	1.5~15	2~8	1.7~17	8	1.7~25	1.5~17	2~8	2~8
焊接速度/(m/min)							0.3~2.5	0.5~2.5	0.5~2.5
气体流量/(L/min)	—	25	20	25	25	25	10~20	25	25×2
额定负载持续率/%		100	70	60	60	—		60	60
配用电源	硅整流电源	ZPG-200 型电源	可控硅整流电源	ZPG1-500 型电源	硅整流电源	ZPG1-500 型电源	AP1-350 型电源埋弧焊配用 AX7-500 型电源	原 GD-500 型电源	原 GD-500 型电源两台
适用范围	拉式半自动焊机,适用于 0.6~4mm 厚低碳钢薄板的焊接	适用于低碳钢薄板的焊接为推式半自动焊机	推式半自动焊机,适用于低碳钢板焊接	推式半自动焊机,冷却水耗量1L/min。适用于中、厚低碳钢板的焊接	推式半自动焊机,适用于焊接中、厚低碳钢板	推式半自动焊机,适用于点焊或缝焊	可进行气焊,也可用于埋弧焊	汽车轴管法兰专用焊机	汽车轴管方孔臂专用焊机

注:( )内为旧型号。

(2) NZC2-Ⅱ型功能 CO$_2$ 焊机型号及技术数据见表 4-43。

表 4-43　NZC2-Ⅱ型全功能 CO$_2$ 气体保护焊机型号及技术数据

项　目	硅整流电源 ZPL1000A	硅整流电源 ZPL1250A	CO$_2$ 气体保护电源 NBC-350K
焊接电压/V	28~44	28~44	17~37
焊接电流/A	250~1000	200~1250	70~350
额定容量/kV·A	95	118	24

续表

项　　目	硅整流电源 ZPL1000A	硅整流电源 ZPL1250A	CO₂气体保护电源 NBC - 350K
负载持续率/%	60	—	—
输出电源	(三相四线)380V±38V50Hz		
项目	LS 伸缩臂式操作架		
有效行程/m	垂直: 2～5.5　水平: 3～9(12 种规格)		
横臂焊接速度/(cm/min)	12～100(直流无级调速)		
横臂升降速度/(cm/min)	110(交流恒速)		
最小焊接直径/mm	标准机头＜650　特小机头＜300		
项目	调节式滚轮架	自调式滚轮架	
载重量/t	10～150(8 种规格)		
工件直径/mm	300～5500		
滚动速度/(mm/min)	100～1200	交流变频调速	
用途	该设备由移动台车、360°转动立柱伸缩臂式焊接操作架，微电脑控制交流变频调速滚轮架(分自调式和调节式两种)，焊接电源及机头组成(有 12 种不同规格成套系列)。它可对圆形焊件、方形长距离焊件做内外、纵、环缝自动焊接，是管道、容器、油罐、锅炉自动埋弧焊接、气刨及各种 2～6mm 厚度有色金属结构件的 CO₂气体保护自动焊专用设备		

2. 半自动 CO₂ 焊机使用方法

(1) 按要求接好供气系统，接通焊接电源，合上控制电源开关。

(2) 打开 CO₂ 气瓶上的气阀，合上检气开关。调节 CO₂ 气体留量至预定值，然后关闭检气开关。

(3) 安装好焊丝盘，根据焊丝直径选择送丝滚轮上的刻槽和导电嘴孔径，将焊丝伸入送丝滚轮，并进入送丝管，适当压紧送丝滚轮，合上焊枪的开关，使焊丝从软管送出导电嘴后关上焊枪的开关。也可合上送丝机上的开关，这时送丝速度比合上焊枪开关时的送丝速度快。

(4) 调节焊接电流和焊接电压旋钮至预定值。用一块废钢板进行试焊，进行焊接参数调节，直至试焊焊缝成形良好。试焊时只需合上焊枪的开关，使焊丝末端与试板接触引弧。若开始时焊丝伸出导电嘴较长，可用钢丝钳剪断，使焊丝伸出导电嘴 10～20mm，也可将焊枪倾斜较大的角度进行刮擦引弧，将焊丝多余的部分熔断。合上焊枪上的开关引弧后进行焊接。

(5) 结束焊接时关闭焊枪上的开关，填满收弧处弧坑，电弧自然熄灭，移开焊枪。关上焊机上的电源开关，关好 CO₂ 气瓶上的瓶阀，结束焊接。

三、CO₂ 焊机的常见故障及排除方法

(1) 半自动 CO₂ 焊机常见故障及排除方法见表 4－44。

表 4 – 44　半自动 CO_2 焊机常见故障及排除方法

故障特征	产生原因	排除方法
空载电压过低	1. 单相运行; 2. 输入电压不正确; 3. 三相全波整流器元件损坏	1. 检修输入电源熔断器; 2. 检查输入电压,并调至额定值; 3. 检修元件
调不到正常空载电压范围	1. 粗调或细调的开关触点接触不良; 2. 变压器初级线圈抽头引线有故障	1. 检修虚接触点; 2. 检查各档变压器是否正常,修复变压器线圈或引出线
送丝机构不运转	1. 焊枪开关失灵; 2. 控制电路或送丝电路的熔丝烧断; 3. 多心插头虚接; 4. 接触器不动作; 5. 送丝电路有故障; 6. 电动机故障	1. 检修焊枪开关上的弹簧片位置; 2. 更换熔丝; 3. 拧紧各控制插头; 4. 检修接触器触点接触情况; 5. 检修控制电路; 6. 检修电动机
CO_2 气体不能流出或关不断	1. 电磁气阀失灵; 2. 流量计不通	1. 检修电磁气阀; 2. 检查 CO_2 预热器及减压流量计
焊接过程中送丝不均匀	1. 送丝轮槽口磨损或与焊丝直径不符; 2. 压丝手柄压力不够; 3. 送丝软管堵塞或损坏; 4. 送丝软管弯曲,直径过小	1. 更换送丝轮; 2. 调整压丝手柄压力; 3. 检修清理送丝软管; 4. 伸直送丝软管
焊接过程飞溅过大	1. 极性接反; 2. 焊丝伸出太长; 3. 焊丝给送不匀; 4. 导电嘴磨损	1. 负极接工件; 2. 压低喷嘴与工件的间距; 3. 更换送丝轮调整手柄压力; 4. 更换导电嘴

（2）自动 CO_2 焊机常见故障及排除方法见表 4 – 45。

表 4 – 45　自动 CO_2 焊机常见故障及排除方法

故障特征	产生原因	排除方法
焊丝送给不均匀	1. 送丝滚轮压紧力调整不当; 2. 送丝滚轮磨损或槽口尺寸不对; 3. 焊丝弯曲或送丝软管接头处松动; 4. 导电嘴内径过小; 5. 焊枪开关或控制线路接触不良	1. 合适地调整压紧力; 2. 换用新滚轮; 3. 校直焊丝及修理软管; 4. 更换导电嘴; 5. 修复或更换开关
送丝电动机不转动或电动机转动而焊丝不送给	1. 熔丝烧断; 2. 电动机电源变压器损坏; 3. 送丝轮打滑; 4. 焊丝与导电嘴口熔合在一起; 5. 焊丝卷曲后卡在送丝软管进口处; 6. 调整电路发生故障; 7. 接触不良或控制电路断路; 8. 继电器的触点烧损或其线路烧损	1. 换用新熔丝; 2. 更换或修复; 3. 调整送丝轮压紧力; 4. 拧下导电嘴,剪断取出导电嘴,更换或修复; 5. 焊丝剪断,退出,重新送丝; 6. 修复; 7. 更换开关,修复控制线路; 8. 更换继电器及修复线路

故障特征	产生原因	排除方法
气体保护不良或无保护气送出	1. 气路系统接头漏气(打开气瓶阀及打开流量计旋钮，流量计浮子上浮，说明漏气)； 2. 气路系统堵塞(管路堵塞、电磁气阀不通)； 3. 喷嘴被飞溅堵塞； 4. 气瓶内气体压力不足； 5. 气体流量不足； 6. 焊丝伸出太长； 7. 工作场地风力太大； 8. 预热器断电造成冻结	1. 找出漏气部位，紧固，直到浮子落到底部； 2. 疏通管路或更换管路、修理或更换电磁气阀； 3. 清理喷嘴； 4. 换用新气瓶； 5. 调节流量计加大流量； 6. 减小焊丝伸出长度； 7. 采取防风措施； 8. 热水解冻，修复电路
焊接电压低	1. 网络电压低； 2. 三相电源单相断路； 3. 三相变压器单相断电或短路； 4. 接触器接触不良	1. 改变供电状况，合理布置用电设备； 2. 检查及更换熔丝，检查硅元件； 3. 找出有关损坏部位，修复； 4. 修复接触器触点或更换接触器
焊接过程中发生熄弧现象和焊接参数不稳定	1. 送丝不均匀，导电嘴磨损严重； 2. 送丝滚轮磨损； 3. 焊丝弯曲太大； 4. 工件和焊丝不清洁，接触不良； 5. 焊接参数选择不合适	1. 修复送丝系统，更换导电嘴； 2. 更换； 3. 校直焊丝； 4. 清理工件待焊处与焊丝； 5. 调整焊接参数
焊接电流调节失灵	焊接回路故障；晶闸管调速线路故障；送丝电动机或其线路故障	用万用表按线路图分部逐级进行检测，并修复或更换损坏元件
未打开焊枪上的开关，仍可以焊接	1. 焊枪上的开关一直接通； 2. 交流接触器触点常闭	1. 修复或更换开关； 2. 修复或更换接触器
电压调节失灵	1. 线路接触不良或断线； 2. 三相多线开关损坏； 3. 继电器触点或线包损坏； 4. 变压器烧损或抽头接触不良； 5. 自饱和磁放大器故障； 6. 移相和触发电路故障； 7. 大功率晶体管击穿	1. 用万用表逐级检查并修复； 2. 更换； 3. 检查或更换； 4. 修复； 5. 修复； 6. 更换损坏元件，修复； 7. 更换
焊接电流小且波动幅度大	1. 焊接电缆与工件接触不良； 2. 电缆接头松动； 3. 焊枪导电嘴与焊丝间隙大； 4. 送丝电动机转速低； 5. 导电嘴与导电杆接触不良	1. 拧紧接触部位，使之接触良好； 2. 拧紧； 3. 调换合适的导电嘴； 4. 修复； 5. 拧紧螺母

第五节　熔化极气体保护电弧焊(MIG 焊)设备

熔化极气体保护电弧焊可分为半自动焊和自动焊两类。图 4 - 50 为半自动熔化极气体保护焊全套设备的示意图，主要由焊接电源、焊枪、送丝机、供气系统、冷却系统和控制系统组成。如果是自动焊，则增加行走机构，它往往和焊枪及送丝机组合成焊接小车(机头)。

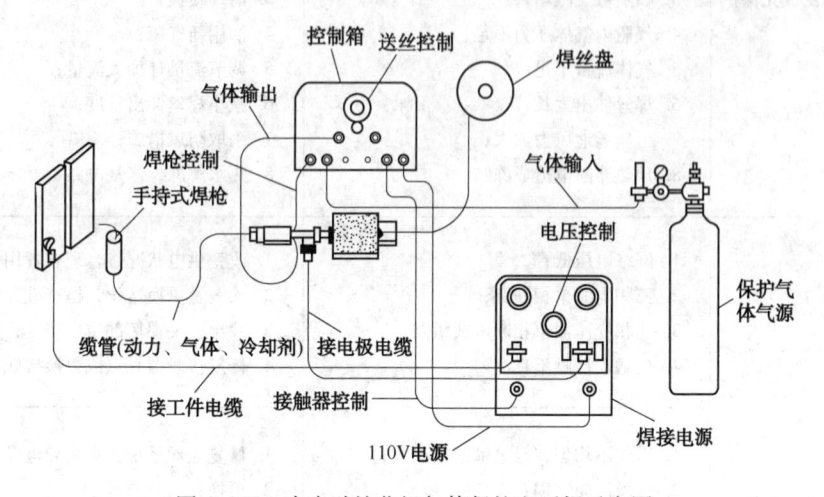

图 4 - 50　半自动熔化极气体保护电弧焊示意图

一、焊接电源

1. 电流类型

熔化极气体保护焊一般采用直流电源。直流弧焊发电机和各种类型的弧焊整流器均可采用。通常焊接电流为 15 ~ 500A，特种应用达 1500A。空载电压为 55 ~ 80V，负载持续率为 60% ~ 100%。

2. 电源外特性

与埋弧自动焊相类似，需与送丝方式相配合。

1) 平外特性电源

平外特性电源又称恒压外特性电源。这种电源需和等速送丝机配合使用，这样的电源通过改变电源空载电压即可调节电弧电压，通过改变送丝速度即可调节焊接电流。适用于纯 Ar、富 Ar 和氧化性气体(CO_2)作保护气体和焊丝直径小于 $\phi 1.6mm$ 的焊接。

2) 下降外特性电源

一般指具有陡降或垂直下降外特性，又称恒流特性的电源。它须和弧压反馈送丝(即变速送丝)方式的送丝机配合使用，这种组合适用于焊丝直径较粗(大于 $\phi 2mm$)的焊接场合。

3. 电源输出参数的调节

焊接过程中需调节的电源输出参数主要有电弧电压和焊接电流。

1) 电弧电压的调节

电弧电压是指焊丝端与工件之间的电压降。电弧电压的调节是通过调节电源的空载电压(平外特性电源)或电源的外特性曲线斜率(下降特性电源)来实现。表 4 - 46 列出常用金属材料的熔化极气体保护电弧焊的典型电弧电压。

表 4－46 常用金属材料的熔化极气体保护电弧焊的典型电弧电压 单位：V

金 属	自由过渡（焊丝直径 1.6mm）					短路过渡（焊丝直径 0.9mm）			
	氩	氦	氩氦气[①]	$Ar-O_2$[②]	CO_2	氩	氩氦气[①]	$Ar-O_2$[②]	CO_2
铝	25	30	29	—	—	19	—	—	—
镁	26		28	—	—	16	—	—	—
碳钢	—	—	—	28	30	17	19	18	20
低合金钢	—	—	—	28	30	17	19	18	20
不锈钢	24	—	—	26	—	18	21	19	—
镍	26	30	28	—	—	22	—	—	—
镍－铜	26	30	28	—	—	22	—	—	—
镍－铬－铁	26	30	28	—	—	22	—	—	—
铜	30	36	33	—	—	24	—	—	—
铜－镍	28	32	30	—	—	23	22	—	—
硅青铜	28	32	30	28	—	23	—	—	—
铝青铜	28	32	30	—	—	—	—	—	—
磷青铜	28	32	30	23	—	—	—	—	—

注：① 含氩 25%、氦 75% 的氩氦气。

② 此种 $Ar-O_2$ 混合气中，含 O_2 1%~5%。

2）焊接电流的调节

平特性电源的电流大小主要通过调节送丝速度来实现，有时也适当调节空载电压进行电流的少量调节。恒流电源主要通过调节电源外特性曲线斜率来实现。

4. 熔化极气体保护焊的电源

1）硅弧焊整流器

硅弧焊整流器普遍用作熔化极气体保护焊的电源。硅弧焊整流器可以制成单独的，几种常用的硅弧焊整流器的型号及其主要技术参数列于表 4－47。硅整流电源也常和焊机组成一体式。

表 4－47 几种硅弧焊整流器的型号及其主要技术参数

型 号	ZPG－200	ZPG5－300	ZPG1－500	ZPG2－500	ZPG7－1000
电源电压/V	3 相，380	3 相，380	3 相，380	3 相，380	3 相，380
工作电压调节范围/A	14~30	15~35	15~42	20~40	30~50
焊接电流调整范围/A	40~200	40~300	35~500	60~500	200~1000
额定容量/kV·A	7.5	24	30	30	100
整流方式	三相桥全波	三相桥全波	三相桥全波	六相桥半波	三相桥全波
外特性曲线	平	平	平	缓降	平、陡降
用途	等速送丝	等速送丝	等速送丝	—	粗丝 CO_2 焊

2）逆变式焊机

逆变式电源是近年来普遍应用的电源，由于采用了逆变技术，焊机的无功消耗和空载损耗显著降低，这是目前最省电且性能最好的焊机。

二、焊枪

1. 要求

熔化极气体保护焊的焊枪分半自动焊枪和自动焊枪，前者是手握式，后者安装在与工件有相对运动的机头上。对焊枪性能有如下要求。

（1）必须能平稳地将焊丝送到焊接区。

（2）必须有一个能良好地将焊接电流传递给焊丝的导电嘴，且耐磨、耐热。

（3）必须有一个向焊接区输送保护气体的通道和喷嘴。

（4）焊枪结构应紧凑，便于操作。

（5）焊枪必须有冷却措施，可以是气冷或水冷。

2. 结构

手握式焊枪用于半自动焊，常用的有鹅颈式和手枪式两种，见图 4 - 51。前者适于小直径焊丝，轻巧灵便，特别适合结构紧凑难以达到的拐角处和某些受限制区域的焊接，后者适合于较大直径焊丝，它对冷却要求较高。

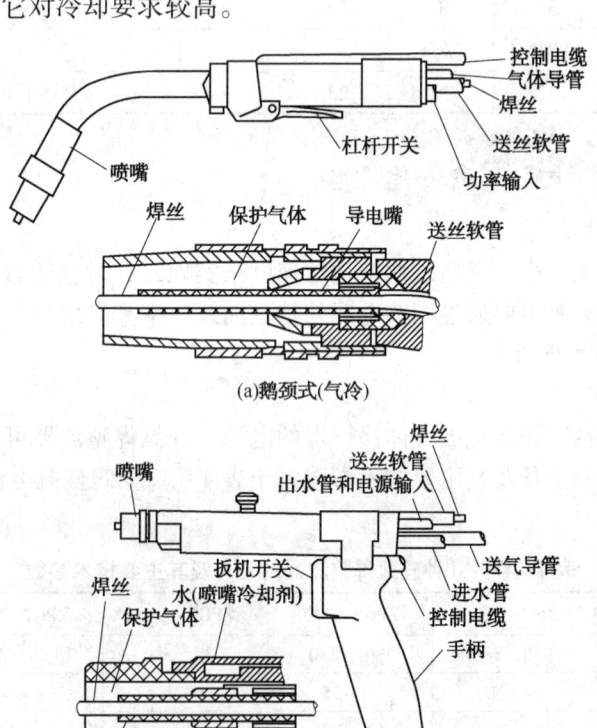

图 4 - 51　熔化极气体保护焊用手握式焊枪

　　焊枪内的冷却方式有气冷和水冷，取决于保护气体种类、焊接电流大小和接头形式。手握式 CO_2 焊用焊枪，在断续负载下，电流达600A仍可用气冷，但用 Ar 或 N_2 作保护气体时，用气冷的电流一般不能超过200A。

　　焊接角接头或 T 字接头时，传给焊枪的热量要比焊接对接、搭接和端接接头时多得多，因此，用于前者的焊枪，其冷却要求高。

　　用于自动焊的焊枪多用水冷式，在容量相同时，气冷焊枪比水冷焊枪重。图4-52所示为自动焊枪结构。

　　表4-48为鹅颈式气冷熔化极气体保护焊焊枪技术数据。

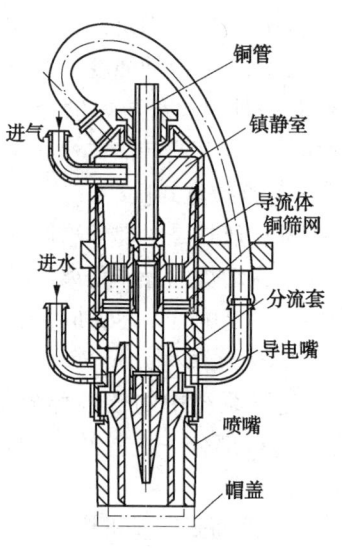

图4-52　MIG自动焊枪结构
（双层气流保护）

三、送丝系统

1. 送丝系统的组成

　　送丝系统的组成与送丝方式有关，应用最广的推丝式送丝系统是由焊丝盘、送丝机构(包括电动机、减速器、矫直轮、送丝滚轮等)和送丝软管组成。工作时，焊丝盘上的焊丝先经矫直轮矫直后，再经过送丝滚轮、送丝软管最后送向焊枪。

表4-48　鹅颈式气冷熔化极气体保护焊焊枪技术数据

焊 枪 型 号	GA-15C	GA-20C	GA-40C	GA-40GL
额定负载持续率/%	60	100	60	60
额定电流[1]/A	150	200	400	400
焊丝种类	钢焊丝	钢焊丝	钢焊丝	药芯焊丝
焊丝直径/mm	0.8~1.0	0.8~1.2	1.0~2.0	1.2~2.4
电缆型号	YHQB	YHQB	YHQB	—
电缆长度/m	3	3	3	3
电缆截面积/mm²	13	35	45	50

注：① 额定电流和额定负载持续率为使用 CO_2 的条件下。

2. 送丝方式

　　目前在熔化极气体保护电弧焊中应用的送丝方式有如图4-53所示的3种。

1）推丝式[图4-53(a)]

　　这种送丝方式的焊枪结构简单、轻便，操作维修都比较容易。但焊丝进入焊枪前要经过一段较长的软管，阻力较大。随着软管的加长，送丝的稳定性变差，特别对较细或较软材料的焊丝更是如此。故送丝软管不能太长，一般在3~5m范围。

2）拉丝式

　　拉丝式又有3种不同形式，图4-53(b)是送丝电动机安装在焊枪上，焊丝盘与焊枪通过送丝软管连接。图4-53(c)是将焊丝盘直接安装在焊枪上。这两种送丝方式主要用于细丝(直径小于或等于 $\phi0.8mm$)的半自动焊。前者操作较轻便，后者去掉了送丝软管，增加了送丝的可靠性和稳定性，适用于铝或较软细丝的输送，但较重(其中焊丝盘重约 0.5~1kg)，加大了焊工的劳动强度。拉丝电动机一般为微型直流电动机，功率在 10W 左右。图 4-53(d)是一种焊丝盘与焊枪分开，送丝电动机与焊枪分开的结构，这种送丝方式通常用于自动焊。

3) 推拉丝式[图 4-53(e)]

推拉丝式是对焊丝采取后推前拉，在两个力共同作用下可以克服软管的阻力，从而可以扩大半自动焊的操作距离，其送丝软管最大长度可达 15m。推丝和拉丝两个动力在调试过程中要有一定配合，尽量同步，但以拉丝为主，使焊丝在软管内处于拉直状态。

3. 送丝机构

送丝系统中的核心部分是送丝机构，通常是由动力部分—电动机、传动部分—减速器和执行部分—送丝轮等组成。由于采用的传动方式和执行机构不同，目前以下 3 种送丝机构。

1) 平面式送丝机构

基本特点是送丝轮旋转面与焊丝输送方向在同一平面上，如图 4-54 所示。

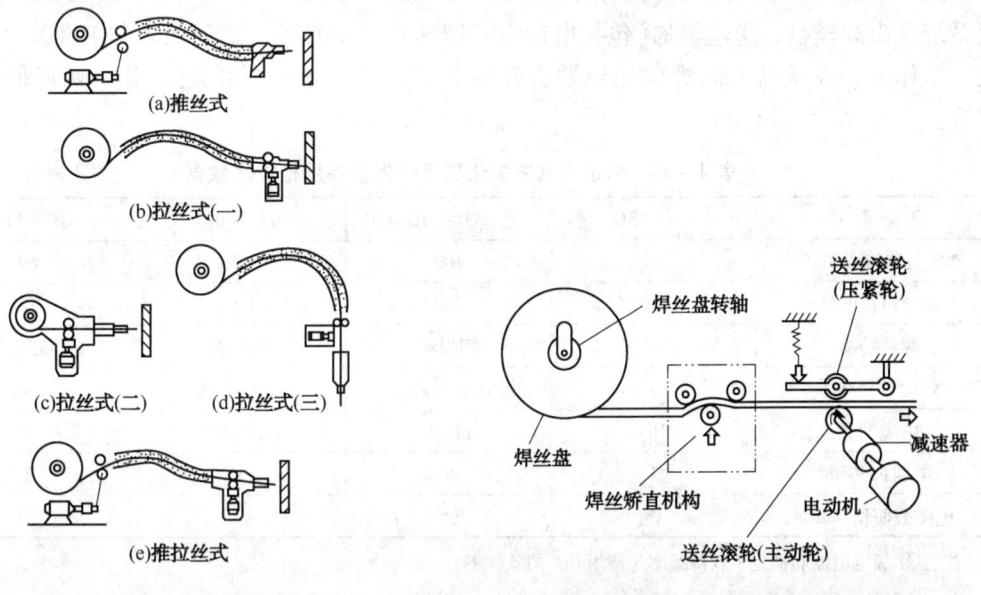

图 4-53　送丝方式示意图　　　　　图 4-54　平面式送丝机构示意图

从焊丝盘出来的焊丝，经矫直轮矫直后进入两个送丝滚轮之间，送丝滚轮由电动机驱动，靠与焊丝间的摩擦力驱动焊丝沿切线方向移动。根据焊丝直径和材质，送丝滚轮可以是 1 对或 2~3 对。每对送丝滚轮又可分单主动或双主动(图 4-55)，前者缺点是从动轮易打滑，送丝不够稳定；后者靠齿轮啮合转动，增大送进力，减小焊丝偏摆，焊丝指向性强，因而送丝稳定性好，但两个主动轮尺寸须相等，否则焊丝易打滑。送丝滚轮的表面形状有多种，如图 4-56 所示。其中轮缘压花且带 V 形槽的能有效地防止焊丝打滑和增加送进力，但易压伤焊丝表面，增加送丝阻力和导电嘴的磨损。送丝滚轮材料常用45 钢，制成后淬火，硬度达 45~50HRC，可增强耐磨性。送丝电动机常用国产 S 系列的直流伺服电动机。

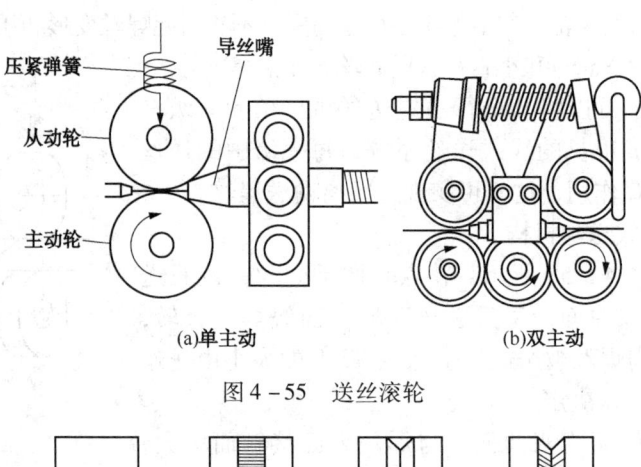

图 4 - 55 送丝滚轮

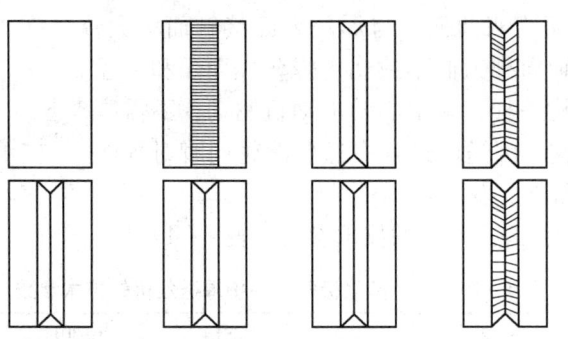

图 4 - 56 V形槽送丝滚轮的不同组合

2）三滚轮行星式送丝机构

其工作原理如图 4 - 57 所示，根据轴向固定的旋转螺母能轴向送进螺杆的原理设计而成。三个互为120°的送丝滚轮交叉地装在一块底座上，组成一个驱动盘。该驱动盘相当于螺母，通过三个送丝滚轮中间的焊丝则相当于螺杆。驱动盘由小型永磁电动机带动，要求电动机的主轴是空心的。在电动机的一端或两端装上驱动盘后，便组成一个行星式送丝机构单元。送丝机构工作时，焊丝从一端的驱动盘进入，通过电动机中空轴，从另一端的驱动盘送出。驱动盘上的三个送丝滚轮与焊丝之间有一个预先调定的螺旋角，当电动机的主轴带动驱动盘旋转时，三个送丝滚轮即向焊丝施加一个轴向推力，把焊丝往前推送。在送丝过程中，三个送丝滚轮一方面绕焊丝公转，一方面又绕本身轴自转。调节电动机的转速即可调节送丝速度。由于焊丝送进方向与电动机的主轴中心线位于一条直线上，故又称线式送进机构。

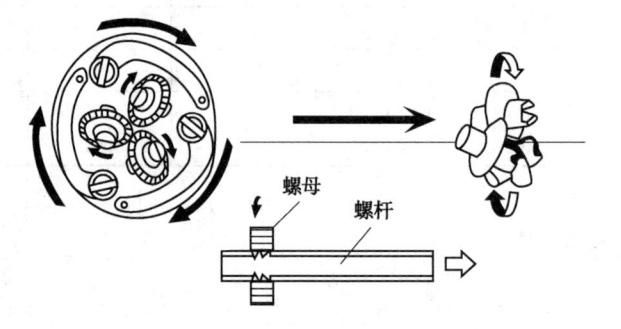

图 4 - 57 三滚轮行星式送丝机的原理

这种送丝机构送丝滚轮均匀地作用在焊丝周围，不易引起焊丝变形和压出深痕，很适于输送药芯焊丝($\phi 1.6 \sim 2.8 \mathrm{mm}$)和小直径软质焊丝，如铝焊丝等。

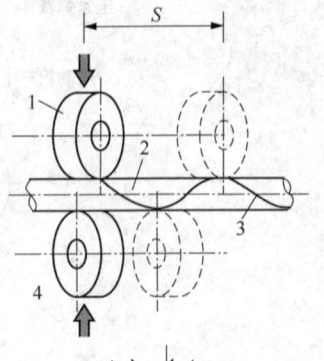

这种送丝机构还可以将几个行星式送丝机构单元一级一级地串联起来，组成很长的线式送丝系统，每一级中的送丝机构单元起"接力站"作用，这样可实现远距离输送焊丝。

3）双滚轮行星式送丝机构

其工作原理如图 4 - 58 所示。特点是驱动焊丝的两只送丝滚轮其工作面为双曲面，每只送丝滚轮一面绕焊丝公转，一面自转。公转一周焊丝被送进一个螺距 S，S 的大小由送丝滚轮与焊丝间的夹角 α 决定。

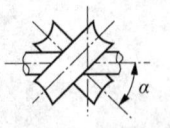

因送丝滚轮工作面为双曲面，与焊丝表面接触面积大，可向焊丝传递较大的轴向推力而不致伤害焊丝表面。和上述三滚轮行星式送丝机构一样，由空心轴电动机驱动，不需减速器，也不需矫直机构，因送丝过程中送丝滚轮同时对焊丝有矫直作用，故体积和质量小。

图 4 - 58　双滚轮行星式送丝机构
1，4—送丝滚轮；2—焊丝；
3—螺旋轨迹

国产熔化极气体保护焊送丝机的技术参数见表 4 - 49。

表 4 - 49　国产熔化极气体保护焊送丝机的技术参数

型　　号	SS - 2	SS - 3	ZSJ - 1	CS201K	SSJ - 1	CS - 202
类型	推丝式	推丝式	推拉丝式	推丝式	推丝式	推丝式
输入电压/V	115	110	390	36/28/18	—	—
频率/Hz	50	50	50	50	—	—
焊丝直径/mm	2 ~ 3（铝焊丝）	1.4 ~ 2.0（铝焊丝）1.0 ~ 1.6（钢焊丝）	0.8、1.0、1.2	0.8、1.0、1.2、1.6	0.8 ~ 1.6	0.8 ~ 1.6
送丝速度/(m/h)	60 ~ 840	60 ~ 840	114 ~ 900	高速档：>720　低速档：<180		90 ~ 900
送丝电机 功率/W	100	100	—	80	80	—
送丝电机 转速/(r/min)	3000	3000	—	—	—	—
焊丝盘容量/kg	5（铝焊丝）	6（铝焊丝）	—	25	25	25
冷却水流量/(L/min)	>1	>1	—	—	—	—
质量/kg	20	20	14.5	9		9.5
外形尺寸/mm	570 × 470 × 435	610 × 230 × 470		528 × 275 × 463		528 × 275 × 463

四、供气与水冷系统

1. 供气系统

MIG 焊的供气系统与 TIG 焊相同。对于混合气体保护焊还需配备气体混合装置，先将气体混合均匀，然后再送入焊枪。

若用双层不同的气体保护，则需两套独立的供气系统。

2. 水冷系统

用水冷式焊枪，必须有水冷系统，一般由水箱、水泵和冷却水管及水压开关组成，其水路与 TIG 焊水冷系统相同。冷却水可循环使用。水压开关的作用是保证当冷却水没流经焊枪时，焊接系统不能启动，以达到保护焊枪的目的。

五、控制系统

熔化极气体保护电弧焊的控制系统由基本控制系统和程序控制系统两部分组成。前者的作用主要是在焊前或焊接过程中调节焊接参数，如焊接电源输出调节系统、送丝速度调节系统、小车(或工作台)行走速度调节系统和气体流量调节系统等；后者的主要作用是对整套设备的各组成部分按照预先拟好的焊接工艺程序进行控制，以便协调而有序地完成焊接。

六、MTG 焊常用焊机型号及技术参数

(1) 半自动熔化极氩弧焊机型号及技术参数见表 4 – 50。

表 4 – 50　半自动熔化极氩弧焊机型号及技术参数

型　号		MBA1 – 500	NBA7 – 400
电源电压/V		380	380
空载电压/V		65	—
工作电压/V		20 ~ 40	15 ~ 42
焊接电流调节范围/A		60 ~ 500	—
额定焊接电流/A		500	400
额定负载持续率/%		60	60
额定输入容量/kV·A		34	—
焊丝直径/mm	不锈钢	—	0.5 ~ 1.2
	铝	2 ~ 3	1.6 ~ 2.0
送丝速度/(m/h)		60 ~ 840	150 ~ 750
氩气流量/(L/min)		—	25
冷却水流量/(L/min)		>1	—
焊丝盘容量/kg	不锈钢	—	18
	铝	5	6
电动机功率/W		100	
质量/kg	弧焊电源	485	—
	送丝机构	20	10
	焊炬	0.6	1.5
外形尺寸 (长×宽×高)/ mm×mm×mm	弧焊电源	1120×635×930	—
	送丝机构	570×470×435	610×230×470
用途		用于焊接厚度为 8 ~ 30mm 铝及铝合金中厚板的对接焊缝和角焊缝	用于焊接铝、铝合金及不锈钢等材料
备注		配用电源：ZPG2 – 500 型	配用电源：ZPG1 – 500 – 1 型

（2）自动熔化极氩弧焊机型号及技术参数见表 4 – 51。

表 4 – 51　自动熔化极氩弧焊机型号及技术参数

产品名称			自动熔化极氩弧焊机	自动熔化极气体保护弧焊机
型号			NZA19 – 500 – 1	NZA – 1000
电源电压/V			380	380
空载电压/V			80	—
工作电压/V			25 ~ 40	25 ~ 45
焊接电流调节范围/A			50 ~ 500	—
额定焊接电流/A			500	1000
额定输入功率/kW			45	45.6
额定负载持续率/%			80	70
焊接速度/(m/h)			6 ~ 60	2.1 ~ 78.0
送丝速度/(m/h)			90 ~ 330	30 ~ 360
焊丝直径/mm			铝 2.5 ~ 4.5	3 ~ 5
焊炬位移	垂直位移/mm		90	80
	横向位移/mm		70	100
	沿焊缝前后倾角/(°)		0 ~ 45	±45
	横向倾角/(°)		±20	>45
	沿焊缝垂直轴转角/(°)		350	—
焊丝盘容量/kg			5	—
质量/kg	弧焊电源		320	焊机总重 630
	焊车		30	60
外形尺寸/ mm × mm × mm	弧焊电源	长×宽×高	492 × 650 × 1130	700 × 900 × 1200
	焊车	长×宽×高	720 × 320 × 840	500 × 600 × 800
用途			适用于铝、铝合金中厚板的对接焊缝、角焊缝的焊接	适用于铝、铝合金、铜、铜合金等非铁金属的熔化极自动氩弧焊接；低碳钢、合金钢、不锈钢的埋弧焊接；也可进行焊条电弧焊
备注			配用电源：ZXG7 – 500 – 1 型	

（3）NB – 500 型 MIG/TIG 半自动化两用弧焊机的技术参数见表 4 – 52。

表 4 – 52　NB – 500 型 MIG/TIG 半机械化两用弧焊机的技术参数

电源电压/V	380	电弧电压调节范围/V	15 ~ 40
相数	3	电流衰减时间/s	5 ~ 15
频率/Hz	50	焊丝直径/mm	0.8 ~ 1.6
额定焊接电流/A	500	送丝速度/(m/h)	20 ~ 120
额定负载持续率/%	60	焊丝盘质量/kg	25
空载电压/V	70	钨极直径/mm	2 ~ 7
电流调节范围/A	50 ~ 500	氩气流量/(L/min)	25
冷却水流量/(L/min)	>1	弧焊整流器	ED – 500

七、MIG 焊机的常见故障及排除方法

MIG 焊焊机的常见故障及排除方法见表 4 - 53。

表 4 - 53　熔化极气电焊机常见故障及排除方法

故障现象	产生原因	排除方法
按"启动"开关时送丝电动机不转	1. 焊枪开关接触不良或控制电路断线； 2. 控制继电器触点磨损； 3. 调速电路故障； 4. 电动机电刷磨损； 5. 电枢、励磁整流器损坏； 6. 熔断器断路	1. 检修、接通电路； 2. 修理触点或更换； 3. 检修； 4. 更换电刷； 5. 更换整流器； 6. 更换熔断器
焊丝在送丝滚轮和软管进口间卷曲、打结	1. 弹簧管内径小或阻塞； 2. 送丝滚轮和软管进口距离太大； 3. 送丝滚轮压力太大，焊丝变形； 4. 导电嘴与焊丝接触太紧； 5. 软管接头磨损严重	1. 清洗或更换弹簧管； 2. 减小距离； 3. 调整压紧力； 4. 更换导电嘴； 5. 更换软管接头
焊接过程中焊接参数不稳定	1. 焊丝送进不均匀； 2. 焊丝、工件有污物，接触不良； 3. 焊接电源故障； 4. 焊接参数选择不合适	1. 检查导电嘴及送丝滚轮； 2. 清理； 3. 检修焊接电源； 4. 调整焊接参数
焊丝送给不均匀	1. 送丝滚轮压力调整不当； 2. 送丝滚轮 V 形槽口磨损； 3. 减速器故障； 4. 送丝电动机电源插头插得不紧； 5. 焊枪开关或控制线路接触不良； 6. 送丝软管接头或内层弹簧管松动或堵塞； 7. 焊丝绕制不好，时松时紧或弯曲； 8. 焊枪导电部分接触不良，导电嘴孔径不合适	1. 调整送丝轮压力； 2. 更换新滚轮； 3. 检修； 4. 检修、插紧； 5. 检修、拧紧； 6. 清洗、修理； 7. 更换一盘或重绕、调直焊丝； 8. 更换
送丝电动机停止运行或电动机运转而焊丝停止送给	1. 电动机本身故障(如电刷磨损)； 2. 电动机电源变压器损坏； 3. 熔丝烧断； 4. 送丝轮打滑； 5. 继电器的触点烧损或其线圈烧损； 6. 焊丝与导电嘴熔合在一起； 7. 焊枪开关接触不良或控制线路断路； 8. 控制按钮损坏； 9. 焊丝卷曲卡在焊丝进口管处； 10. 调速电路故障： 　① 硅元件击穿； 　② 控制变压器损坏； 　③ 接触不良或断线； 　④ 可控硅调速线路故障： 　a. 电位器接触不良或烧坏； 　b. 晶体管击穿； 　c. 晶闸管击穿	1. 检修或更换； 2. 更换； 3. 换新熔丝； 4. 调整送丝轮压紧力； 5. 检修、更换； 6. 更换导电嘴； 7. 更换开关，检修控制线路； 8. 更换； 9. 将焊丝退出剪掉一段； 10. 排除调速电路故障： 　① 更换； 　② 更换； 　③ 拧紧或接通； 　④ 排除晶闸管调速线路故障： 　a. 检修、更换； 　b. 更换； 　c. 更换

故障现象	产生原因	排除方法
气体保护不良	1. 气路阻塞或接头漏气； 2. 气瓶内气体不足甚至没气； 3. 电磁气阀或电磁气阀电源故障； 4. 喷嘴内被飞溅物阻塞； 5. 预热器断电造成减压阀冻结； 6. 气体流量不足； 7. 工件上有油污； 8. 工作场地空气对流过大	1. 检查气路，紧固接头； 2. 换新瓶； 3. 检修； 4. 清理喷嘴； 5. 检修预热器，接通电路； 6. 加大流量； 7. 清理工件表面； 8. 设置挡风屏障
焊接过程中发生熄弧现象和焊接参数不稳	1. 焊接参数选得不合适； 2. 送丝滚轮磨损； 3. 送丝不均匀，导电嘴磨损严重； 4. 焊丝弯曲太大； 5. 工件和焊丝不清洁，接触不良	1. 调整焊接参数； 2. 更换； 3. 检修调整送丝，更换导电嘴； 4. 调直焊丝； 5. 清理工件和焊丝
焊丝在送丝滚轮和软管进口处发生卷曲或打结	1. 送丝滚轮、软管接头和导丝接头不在一条直线上； 2. 导电嘴与焊丝粘住； 3. 导电嘴内孔太小； 4. 送丝软管内径小或堵塞； 5. 送丝滚轮压力太大，焊丝变形； 6. 送丝滚轮离软管接头进口处太远	1. 调直； 2. 更换导电嘴； 3. 更换导电嘴； 4. 清洗或更换软管； 5. 调整压力； 6. 缩短两者之间距离
焊接电流小	1. 电缆接头松； 2. 焊枪导电嘴间隙大； 3. 焊接电缆与工件接触不良； 4. 焊枪导电嘴与导电杆接触不良； 5. 送丝电动机转速低	1. 拧紧； 2. 更换合适导电嘴； 3. 拧紧连接处； 4. 拧紧螺母； 5. 检查电动机及供电系统
焊接电流失调	1. 送丝电动机或其线路故障； 2. 焊接回路故障； 3. 晶闸管调速线路故障	用万用表逐级检查且排除
焊接电压低	1. 网络电压低； 2. 三相变压器单相断电或短路； 3. 三相电源单相断路： ① 硅元件单相击穿； ② 单相熔丝烧断	1. 调大挡； 2. 分开元件与变压器的连接线，用摇表测量，找出损坏的线包且更换之； 3. 用万用表测量各元件正反向电阻，找出原因； ① 更换损坏元件； ② 更换熔丝
电压失调	1. 三相多线开关损坏； 2. 继电器触点或线包烧损； 3. 线路接触不良或断线； 4. 变压器烧损或抽头接触不良； 5. 移相和触发电路故障； 6. 大功率晶体管击穿； 7. 自饱和磁放大器故障	1. 检修或更换； 2. 检修或更换； 3. 用万用表逐级检查； 4. 检修； 5. 检修更换新元件； 6. 用万用表检查更换； 7. 检修

第六节 电阻焊设备

一、电阻焊机的分类

电阻焊机的种类较多，通常按接头形式和工艺方法不同分类，其分类见表 4-54。

表 4-54 电阻焊机的分类

分类方法	焊机类别	特 点	用 途
按接头形式和工艺方法分类	点焊机	以强大电流短时间通过被圆柱形电极压紧的搭接工件，在电阻热及压力下形成焊点	用于金属板材的搭接连接，代替铆接
	缝焊机	结构类似点焊机，但电极是一对旋转的滚轮，电流一般断续通过，各个焊点彼此部分地相互重叠形成连续的焊缝，按滚轮转动方向可分为纵向缝焊机和横向缝焊机	用于薄板气密性容器的焊接
	凸焊机	薄焊件事先冲出凸点，在电极通电加压下，凸点被压平形成焊点。焊机结构类似点焊机，但电极为板状，且压力较大	用于薄件、薄件与厚件及有镀层零件的焊接
	对焊机	除了有与点焊机相似的电力系统和加压机构外，还有夹紧工件的机构、使工件轴向移动并加压的装置和控制电路，对焊机的焊接电流和压力一般都比较大。对焊机按焊接工艺要求，分为电阻对焊机、连续闪光对焊机和预热闪光对焊机	用于棒材、线材的对接焊
按电极加压机构分类	杠杆弹簧式	通过手动式脚踏杠杆来压缩弹簧，将压力施加于电极。这种焊机加压机构简单，只能获得压力不变的简单压力曲线，压力难以稳定，工人劳动强度较高	一般为小功率的点焊机
	电动凸轮式	由电动机带动凸轮，将压力施加于电极。机械结构较复杂，通电时间和压力曲线可用凸轮控制，能自动连续焊接，减轻焊工劳动强度	一般为中、小功率的点焊机和缝焊机，适合于成批生产部门使用
	气压式	用气缸产生的压力作用于电极，压力稳定并容易调节，便于自动化，可获多种压力曲线，焊接质量稳定	中、大功率的点、凸、缝焊机和中等功率对焊机
	液压式	用高压的油、水为工作液体，压力大，并可大大减小压力缸的体积和传动机构的重量，但油路系统需有液压泵、储油箱等，比气压式复杂	主要是大功率的对焊机和多点焊机
	气、液压式	利用气压通过油缸增压，作用于电极，可得较大压力，油缸体积小，移动方便，并且不需要液压泵等	主要用于悬挂移动式的点焊机和缝焊机

续表

分类方法	焊机类别	特　点	用　途
按供电形式分类	工频交流焊机	（1）利用交流断续器来控制电流的幅值和触发相位，电流脉冲的大小、形状、通电时间可做种种调节，电网电能的变换较为简单 （2）一般为单相，功率受一定限制	一般的点、缝、凸、对焊机都属此类，用于焊接较薄钢件、镍合金、钛合金等
	直流（次级整流）焊机	（1）焊接电流为直流脉冲，工艺适应性强 （2）焊接效率高，功率因数85%以上（回路感抗小） （3）与单相交流焊机相比功率小，三相负荷平衡 （4）伸进回路的铁磁物质对焊接电流大小没有影响	适宜焊接各种金属，特别适宜焊接外形尺寸大、要求大臂长和大开度的零件，轻合金和要求用软规范焊接的各种钢和合金
	直流冲击波焊机	将引燃管短时接到焊机变压器的初级，在次级获得低频的电流脉冲 （1）焊接电流脉冲的工艺性能好 （2）三相负荷平衡、功率因数高，需用功率小 （3）变压器尺寸大、质量大 （4）焊接电流波形不易调节	用于点焊和缝焊各种轻合金的大型结构，如铝合金、镁合金、铜合金等，也可焊黑色金属
	电容储能焊机	利用电容放电，获得电流脉冲 （1）每次焊接时，提供的能量精确 （2）从电网吸取的功率小，而焊接功率大 （3）焊接电流脉冲前沿陡，焊件表面清理要求高，电极压力要大 （4）电容器组体积大 （5）电流波形不好调节	大功率储能焊机适用于导热性好的金属和焊后要求热影响区小的材料的焊接；小功率的适合1mm以下的各类金属的焊接
	变频（逆变）焊机	引入逆变器后，焊机的工作频率是工频的几十倍 （1）阻焊变压器加上二次侧整流器仅为工频焊机的1/3～1/5重 （2）可实现高速精密控制 （3）输出低脉动的焊接电流、工艺性好 （4）三相负荷平衡，功率因数高，节能经济性好	适宜焊接各种金属。焊机和焊钳可实现小型化、轻量化，故尤其适于手提式、悬挂式点焊机及机器人焊接 目前由于制造成本较高，推广普及尚有一定困难

二、电阻焊机的组成

电阻焊机的组成如图4-59所示。

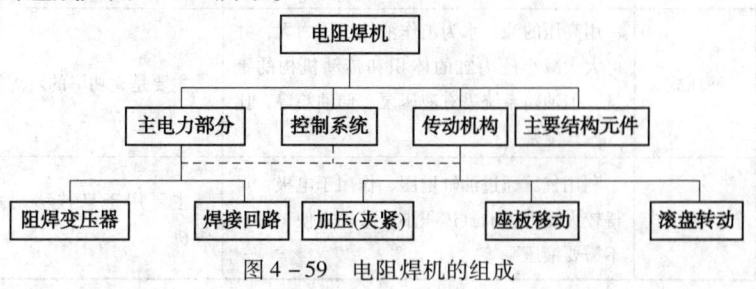

图4-59　电阻焊机的组成

1. 电阻焊机的结构

点焊机及缝焊机的结构简图如图4－60所示，闪光对焊机组成示意图如图4－61所示。凸焊机的结构与点焊机相似，仅是电极有所不同，凸焊机采用的是平板形电极。

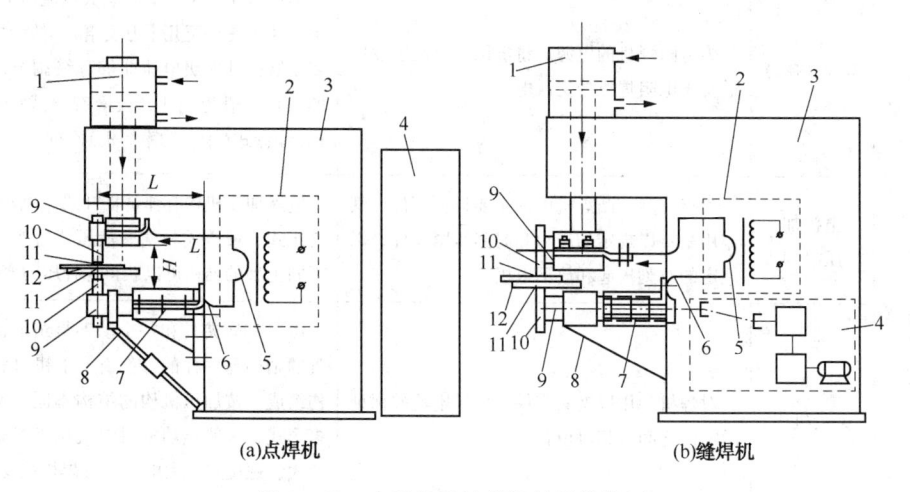

(a)点焊机   (b)缝焊机

图4－60　点焊机及缝焊机的结构简图

1—加压机构；2—焊接变压器；3—机座；4—控制箱；5—二次绕组；6—柔性母线；

7—支座；8—撑杆；9—机臂；10—电极握杆；11—电极（缝焊为旋转滚转电极）；12—工件

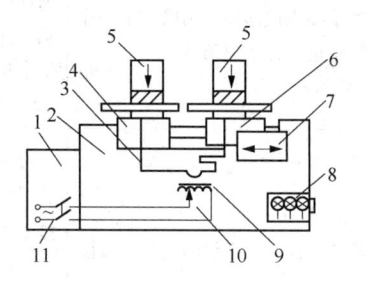

图4－61　闪光对焊机组成示意图

1—控制设备；2—机身；3—焊接回路；4—固定座板；

5—夹紧机构；6—活动座板；7—送进机构；8—冷却系统；

9—阻焊变压器；10—功率调节机机构；11—主电力开关

2. 电阻焊机组成部分的作用及结构特点

电阻焊机各主要组成部分的作用及特点见表4－55。

表4－55　电阻焊机的各主要组成部分的作用及结构特点

组成部分		作　用	结构特点
主电力部分	焊接回路	是电阻焊机中流过焊接电流的回路，其作用是向焊件馈送强大的焊接电流	点焊、缝焊、凸焊机的焊接回路，由阻焊变压器次级线圈、次级软连接、电极臂、电极等组成；对焊机的焊接回路由阻焊变压器次级线圈、次级软连接、夹具和夹具间的工件等组成，焊接回路的短路阻抗应尽可能的小

组 成 部 分		作　　用	结 构 特 点
主电力部分	阻焊变压器	为电阻焊机的电源。将电网的交流电变成适宜于电阻焊机的交流电	为低电压(小于12V)、大电流(输出电流等级由几千安培至几十万安培)、低漏抗的特殊变压器,其次级电压能够分级调节,变压器的铁芯一般为壳式,线圈有筒式(小功率焊机)和盘式(中大功率焊机)两种
压力传动机构	电极加压机构	为点、缝、凸焊机中的主要机械部件. 其作用是：以规定的压力和时间压紧零件,以规定的时刻提起和放下电极	电极加压机构有弹簧杠杆式、电动凸轮式、气压式、液压式和气 – 液压式等类型,使用不同类型的结构可以获得各种压力变化曲线
	夹紧机构	对焊机中用以夹紧零件、传导电流并保证两零件之间的相对位置	由一个静夹具和一个动夹具组成,两个夹具的结构是一样的,都由上下钳口和加压机构组成。按加压机构的结构不同,夹具有许多形式,一般小功率对焊机用弹簧式、偏心轮式、螺旋式,大中功率对焊采用气压式、液压式和气 – 液压式等
压力传动机构	送料顶锻机构	对焊机中的主要机械部件,用以将工件连续或断续往复送进,并快速顶锻	由静夹具、动夹具及加压机构等组成, 根据加压机构的不同,送料顶锻机构有以下形式：弹簧传动、杠杆传动、电动凸轮传动(用于小功率对焊机)和气压式传动、液压传动(大、中功率对焊机)
控制系统	开关设备	串接在阻焊变压器的初级线圈上,用以接通和关断焊接电流	按开关的结构可分为电磁开关、离子式开关. (闸流管、引燃管)和可控硅开关。按焊接电流通断时刻与电网正弦电压相位关系不同,可分为非同步开关(异步、半同步)和同步开关两类,前者用于通电时间不太短、控制精度要求一般的场合;后者用于通电时间短、电流较大,或控制精度要求高的场合
	程序控制器	使电阻焊机的机械、电气和其他装置相互协调;控制各组件和元件按预定的焊接循环进行工作	常用的程序控制器为一时间调节器,通常有凸轮程序控制机构和电子程序控制器两类,前者控制精度较差,用于电动传动的简单电阻焊机;后者控制精确,广泛用于气压式和液压式焊机上
	机械传动控制	① 电极压力的施加和调节 ② 夹紧力、顶锻力的施加和调节 ③ 滚轮转动速度(缝焊机)或可动夹具的移动速度(对焊机)的调节	由各种机械装置和阀门器件组成,如电磁气阀、气体减压阀、机械减速装置、液压控制阀等

3. 电阻焊机的控制装置

常用电阻焊机的控制装置及用途见表 4 – 56。

表 4-56　常用电阻焊机的控制装置及用途

控制箱型号	结构类型	主电路元件	最大控制电流/A	电源电压/V	时间调节范围/s				用　途
					加压	焊接	维持	休止	
KD3-600	电子管半同步控制	引燃管 Y1-75/0.6	760	380	0.035~1.4	0.035~1.4	0.035~1.4	0.035~1.4	配合各种点焊机作较精确控制用
KD3-1200		引燃管 Y1-100/0.6	1350			0.23~6.75			
KD-600	电子管同步控制	引燃管 Y1-75/0.6	760	380/220	0.04~1.4	0.04~6.8	0.04~1.4	0.04~1.4	配合各种点焊机作精确控制用
KD-1200		引燃管 Y1-100/0.6	1350						
KF-600		引燃管 Y1-75/0.6	330		—	0.02~0.38	—	0.02~0.38	配合各种缝焊机作精确控制用
KF-1200		引燃管 Y1-100/0.6	620		—	0.02~0.38	—	0.02~0.38	
KD6-75	晶体管同步控制	引燃管 Y1-75/0.6	760	380/220	0.02~2	0.02~2	0.02~2	0.02~2	配合各种点焊机作精确控制用
KD6-100		引燃管 Y1-100/0.6	1350						
KD7-50	全晶体管化同步控制	可控硅 3CT-5293 50A/900V	100		0.04~1.33	0.02~0.4	0.04~1.33	0.04~1.33	

三、电阻焊机的型号及主要技术数据

1. 点焊机型号及主要技术数据

表 4-57~表 4-60 分别为直流冲击波点焊机、固定式点焊机、悬挂式点焊机、专用点焊机的型号及主要技术数据。

表 4-57　直流冲击波点焊机的型号及主要技术数据

主要技术数据　　　　型号*	DJ-300-1(NJ-300)	DJ-600-1(NJ-600)	DJ-1000-1(NJ-1000)
额定容量/kV·A	300	600	1000
初级电压/V	380	380	380
次级电压调节范围/V	2.32~6.35	2.95~8.05	2.54~6.90
次级电压调节级数	8	7	7
负载持续率/%	20	20	20
额定级脉冲时间调节范围/s	0.02~1.98	0.02~1.98	0.02~1.98

主要技术数据	型号*	DJ－300－1(NJ－300)	DJ－600－1(NJ－600)	DJ－1000－1(NJ－1000)
电极压力/kN	最大压力	24.46	49	137.2
	焊接压力	1.96~9.8	2.94~14.7	6.86~9.8
电极工作行程/mm		10~50	10~35	—
电极臂间距离/mm		270~470	270~470	655
焊接板料有效伸出长度/mm		1200	1200	1500
焊接圆筒时有效伸出长度/mm	圆筒直径>600时	650	650	800
	圆筒直径>1300时	1200	1200	1500
焊接铝合金厚度/mm		(0.8+0.8)~(2+2)	(1.5+1.5)~(4+4)	(3+3)~(7+7)
生产率/(点/min)		15~30	12~25	10~25
冷却水耗量/(L/h)		1000	1000	—
压缩空气压力/MPa		0.44	0.44	0.49
压缩空气耗量/(m³/h)		25	50	100
外形尺寸(长×宽×高)/mm×mm×mm		3460×1240×2900	3650×1660×2640	5300×1700×3800
质量/kg		7000	12000	30000
配用控制箱型号		KD5－100	KD5－100	—
特点及适用范围		焊机能在极短时间(0.02~1.98s)内通过很大电流(30000~140000A)，适用于焊接导电性、导热性良好的轻金属，特别是铝合金		

注：*( )内为旧型号。

表4－58　固定式点焊机的型号及主要技术数据

技术数据	型号	DN－5－2	DN－10	DN－16	DN－25	DN－80	DN－100
额定容量/kV·A		5	10	16	25	80	100
一次电压/V		220/380	380	220/380	380	380	380
二次电压/V		1.09~1.74	1.6~3.2	1.76~3.52	2.09~4.18	3.46~6.91	4.05~8.14
次级电压调节级数		6	8	8	8	8	16
额定负载持续率/%		20	50	50	50	50	50
电极	最大压力/N	700	—	1500	6000	8000	14000
	工作行程/mm	15	15	20	30	20	20
电极臂间距/mm		105	100	150	125	—	—
电极臂有效伸长/mm		220	300	250	500	500,800,1000	500
上电极辅助行程/mm		15	20	20	20~50	20	60
冷却水消耗量/(L/h)		30	30	120	600	732	810
压缩空气		—	—	—	压力55kPa 消耗量600L/h	0.5MPa 5500L/h	0.55MPa 810L/h

续表

技术数据＼型号	DN-5-2	DN-10	DN-16	DN-25	DN-80	DN-100
焊件厚度/mm	1+1	2+2	3+3	1.5+1.5	3+3	—
生产率/(点/h)	900	—	60	4800	—	—
质量/kg	80	23	240	600	—	1950
外形尺寸(长×宽×高)/ mm×mm×mm	800×450 ×600	870×280 ×1080	1015×510 ×1090	1374×490 ×1530	2040×530 ×1885	1300×570 ×1950
用途	点焊低碳钢薄板和钢丝			—	点焊钢筋网及尺寸较大的低碳钢板	大量或成批生产中点焊低碳钢零件

表4-59 悬挂式点焊机的型号及主要技术数据

型号		DN4-25-1	DN5-75	DN5-150-2	DN5-200-1
额定容量/kV·A		25	75	150	200
一次电压/V		380	380	380	380
二次电压/V	串联	3.14	9.5~19	12.6~20.8	14.5~22.8
	并联		4.75~9.5	6.3~10.4	
二次电压调节级数		—	2×8	2×6	6
额定负载持续率/%		20	20	20	20
电极最大压力/N	长焊钳	3000	2000	4000	7200
	短焊钳				9000
电极工作行程/mm	长焊钳	20	30	20	60
	短焊钳				10
电极臂间距/mm	长焊钳	100	94	45、35、90	175
	短焊钳				62
电极臂有效伸长/mm	长焊钳	170	125	45、90、160	425
	短焊钳				164
冷却水消耗量/(L/h)		600	600	720	800
压缩空气	压力/MPa	0.5	0.5	0.55	0.5
	消耗量/(m³/h)	—	13.5	22	10
钢焊件厚度/mm		1.5+1.5	1.5+1.5	1.5+1.5	(1.5+1.5)~(2.5+2.5)
质量/kg		25(焊钳)	370	370	350
外形尺寸(长×宽×高)/ mm×mm×mm		615×330×280	850×455×770	850×455×770	652×695×732
配用控制箱型号		KD2-600	KD3-600-2	KD3-600-1	KD7-500
用途		固定式点焊机不便进行工作的大型低碳钢构件点焊	固定式点焊机不便进行工作的大型低碳钢构件点焊或建筑工地上点焊		

表4-60 专用点焊机的型号及主要技术数据

名称		触头点焊机	整流子专用点焊机	蓄电池专用点焊机	变压器片式散热器专用点焊机	快速旋转点焊机
型号		DN6-25-1	DN6-1-25	DN16-25	DN17-150×2	DNK2×75
额定容量/kV·A		25	25	25	150×2	2×75
一次电压/V		380	380	380	380	380
二次电压/V		1.35~2.7	1.36~2.72	1.94~3.88	3.29~4.68	—
二次电压调节级数		2	2	8	4	8
额定负载持续率/%		20	20	20	20	20
电极	最大压力/N	1500	1500	11060	上3250、下40	2000
	工作行程/mm	20	10	—	—	—
电极臂间距/mm		—	—	—	30	10
电极臂有效伸长/mm		80	80	—	200	11(偏心位移)
电极移动距离/mm		—	—	—	300	210
冷却水消耗量/(L/h)		300	300	400	900	720×2
压缩空气	压力/MPa	0.6	0.5	5.5	—	5
	消耗量/(m³/h)	2	2	—	—	4×2
焊件厚度/mm		0.5+0.5	φ≤40（电机转子）	—	1.5+1.5	200 / 1+1(08F钢)
生产率/(点/h)		3600	3600	—	2×3点/每次	7200
质量/kg		160	160	—	2000	2500
外形尺寸	长/mm	810	770	1740	1760	3640
	宽/mm	470	520	1440	1300	940
	高/mm	760	715	1500	2350	1435
配用控制箱型号		KD7-50	KD7-50	KD7-200-1	KD3-100	专用

2. 缝焊机型号及主要技术数据

国产缝焊机的型号及主要技术数据见表4-61和表4-62。

表4-61 缝焊机常用的型号及主要技术数据

主要技术数据 \ 型号*	FN-25-1（QMT-25横）	FN-25-2（QML-25纵）	FN1-50（QA-50-1）	FN1-150-1 / FN1-150-8（QA-150-1横）	FN1-150-2 / FN1-150-9（QA-150-1纵）
额定容量/kV·A	25	25	50	150	150
初级电压/V	220/380	220/380	380	380	380
次级电压调节范围/V	1.82~3.62	1.82~3.62	2.04~4.08	3.88~7.76	3.88~7.76
次级电压调节级数	8	8	8	8	8
额定负载持续率/%	50	50	50	50	50
电极最大压力/kN	1.96	1.96	4.9	7.84	7.84

续表

型号* / 主要技术数据	FN-25-1 (QMT-25 横)	FN-25-2 (QML-25 纵)	FN1-50 (QA-50-1)	FN1-150-1 FN1-150-8 (QA-150-1 横)	FN1-150-2 FN1-150-9 (QA-150-1 纵)
上滚盘工作行程/mm	20	20	30	50	50
上滚盘最大行程(磨损后)/mm	—	—	55	130	130
焊接钢板时电极最大臂伸/mm	400	400	500	800	800
焊接圆筒形焊件时电极有效最大伸出长度/mm 内径最小为130mm	—	—	—	—	520
焊接圆筒形焊件时电极有效最大伸出长度/mm 内径最小为300mm	—	—	—	100	585
焊接圆筒形焊件时电极有效最大伸出长度/mm 内径最小为400mm	—	—	—	400	650
可焊钢板最大厚度/mm	1.5+1.5	1.5+1.5	2+2	2+2	2+2
焊接速度/(m/min)	0.86~3.43	0.86~3.43	0.5~4.0	1.2~4.3	0.89~3.1
冷却水消耗量/(L/h)	300	300	600	1000	750
压缩空气压力/MPa	—	—	0.44	0.49	0.49
压缩空气消耗量/(m³/h)	—	—	0.2~0.3	1.5~2.5	1.5~2.5
电动机功率/kW	0.25	0.25	0.25	1	1
质量/kg	430	430	580	2000	2000
外形尺寸(长×宽×高)/mm×mm×mm	1040×610×1340	1040×610×1340	1470×785×1620	2200×1000×2250	2200×1000×2250
配用控制箱型号	—	—	内有控制箱,如需要,可配用KF-75	KF-100	KF-100
说明	可连续焊接低碳钢零件,焊接接头可保证水密性、气密性		连续焊接低碳钢及合金钢零件	连续焊接低碳钢及合金钢零件	

注: *( )内为旧型号。

表4-62 专用缝焊机的型号及主要技术数据

名 称	储油缸专用缝焊机	挤压缝焊机	双轮搭接缝焊机
型号	FN4-150	FN5-2×50	FN6-200
额定容量/kV·A	150	2×50	200
一次电压/V	380	380(1/50)	380(1/50)
一次额定电流/A	395	2×132	527
二次空载电压调节范围/V	3.88~7.76	2.72~5.44	4.05~8.1
二次电压调节级数	8	8	16
额定负载持续率/%	50	50	10
最大电极压力/N	6000	11000	7500
最大夹紧力/N	3500	—	6300

续表

名　称		储油缸专用缝焊机	挤压缝焊机	双轮搭接缝焊机
电极行程/mm	工作	110	20	50
	最大	—	—	—
电极臂伸出长度/mm		200	—	—
焊件尺寸/mm			厚(0.2+0.2)~(1.2+1.2) 宽270~530(不锈钢)	厚0.1~1 宽500~1050
焊接速度/(m/min)		0.5~2.0	0.5~4	2~6.5
冷却水消耗量/(L/h)		800	1000	1000
压缩空气	压力/MPa	0.55	0.6	0.6
	消耗量/(m³/h)	2	30	10
电动机功率/kW		0.6	0.8	1.5
质量/kg		—	2500	4000
外形尺寸	长/mm	860	2100	2560
	宽/mm	1250	960	1800
	高/mm	1830	1425	2700
配用控制箱型号		KF2-1200	KF1200	KF600
用途		专用于焊接直径54~71mm、壁厚2mm、长326~341mm的筒式减振器储油缸	焊接不锈钢带,可作冷轧带钢车间工艺装备	单面双缝焊接冷轧碳钢或硅钢的带钢搭接接头

3. 凸焊机的型号及主要技术数据

凸焊机的型号及主要技术数据见表4-63。

表4-63　凸焊机的型号及主要技术数据

型　号		TN1-200A	TR-6000
额定容量/kV·A		200	10
一次电压/V		380	380(三相)
一次电流/A		527	—
二次级空载电压/V		4.42~8.85	—
电容器容量/μF		—	70000
电容器最高充电电压/V		—	420
最大储存能量/J		—	6164
二次电压调节级数		16	11(电容器)
额定负载持续率/%		20	—
最大电极压力/N		14000	16000
上电极	工作行程/mm	80	100
	辅助行程/mm	40	50
下电极垂直调节长度/mm		150	—

续表

型　　号	TN1 – 200A	TR – 6000	
机臂间开度/mm	—	150 ~ 250	
上电极工作次数/(次/min)	65(行程 20mm)	—	
焊接持续时间/s	0.02 ~ 1.98	6	
冷却水消耗量/(L/h)	810	—	
焊件厚度/mm	—	(1.5 + 1.5) ~ (2 + 2)(铝)	
压缩空气　压力/MPa	0.55	0.6 ~ 0.8	
压缩空气　消耗量/(m³/h)	33	0.63	
质量/kg	900	焊机 1050	电容箱 250
外形尺寸　长/mm	1360	1140	1160
外形尺寸　宽/mm	710	672	400
外形尺寸　高/mm	599	1714	1490
配用控制箱型号	K08 – 100 – 1		
用途	凸焊汽车筒式减振器 T 形零件	专用凸焊 201 ~ 309 单列向心球轴承保持器，更换电极后可进行其他凸、点焊	

4. 对焊机型号及主要技术数据

国产对焊机的型号及主要技术数据见表 4 – 64 ~ 表 4 – 66。

表 4 – 64　弹簧顶锻式对焊机技术数据

型　　号	UN – 1	UN – 3	UN – 10
额定容量/kV·A	1	3	10
一次电压/V	220/380	220/380	220/380
二次电压调节范围/V	0.5 ~ 1.5	1 ~ 2	1.6 ~ 3.2
二次电压调节级数	8	8	8
额定负载持续率/%	15	15	15
钳口夹紧力/N	80 ~ 100	450	900
顶锻力调节范围/N	1 ~ 40 2 ~ 32	6 ~ 180	20 ~ 350
最大顶锻力/N	40 32	180	350
钳口最大距离/mm	7	15	30
焊件直径/mm　低碳钢	φ0.4 ~ 2	φ1 ~ 5	φ3 ~ 8
焊件直径/mm　铜	φ0.5 ~ 1.2	φ1 ~ 2.5	φ2.5 ~ 6
焊件直径/mm　铝	φ0.5 ~ 1.5	φ1 ~ 3	φ2.5 ~ 6
焊接生产率/(次/h)	300	400	400
质量/kg	15	60	127
外形尺寸　长/mm	310	690	730
外形尺寸　宽/mm	265	565	595
外形尺寸　高/mm	265	1105	1035
用途	对焊低碳钢棒、铜丝及铝丝		

表 4 - 65　杠杆挤压弹簧顶锻式对焊机技术数据

型　　号			UN1 - 25	UN1 - 75	UN1 - 100
额定容量/kV·A			25	75	100
一次电压/V			220/380	220/380	380
二次电压调节范围/V			1. 76 ~ 3. 52	3. 52 ~ 7. 04	4. 5 ~ 7. 6
二次电压调节级数			8	8	8
额定负载持续率/%			20	20	20
钳口最大夹紧力/N			—	—	35000 ~ 40000
最大顶锻力/N	弹簧加压		1500	—	—
	杠杆加压		10000	30000	40000
钳口最大距离/mm			50	80	80
最大进给/mm	弹簧加压		15	—	—
	杠杆加压		20	30	50
最大焊接截面/mm²	杠杆加压	低碳钢	300	600	1000
	弹簧加压	低碳钢	120	—	—
		铜	150	—	—
		黄铜	200	—	—
		铝	200	—	—
焊接生产率/(次/h)			110	75	20 ~ 30
冷却水消耗量/(L/h)			120	200	200
质量/kg			275	455	465
外形尺寸	长/mm		1340	1520	1580
	宽/mm		500	550	550
	高/mm		1300	1080	1150
用途			用电阻对焊或闪光焊法焊接低碳钢和有色金属零件		

表 4 - 66　气压顶锻式对焊机技术数据

名　　称		空腹钢窗对焊机	闪光对焊机	钢轨对焊机	轮圈对焊机
型号		UN - 150	UN4 - 300	UN6 - 500	UN7 - 400
额定容量	kV·A	150	300	500	400
初级电压	V	380	380	380	380(单相)
次级电压调节范围	V	6. 6 ~ 11. 8	5. 42 ~ 10. 84	6. 8 ~ 13. 6	6. 55 ~ 11. 18
额定初级电流	A	400	—	—	—
次级电压调节数		6	16	16	8
额定负载持续率	%	25	20	40	50
最大夹紧力	N	5000	350000	600000	680000
最大顶锻力		15000	250000	350000	340000

名　　称		空腹钢窗对焊机	闪光对焊机	钢轨对焊机	轮圈对焊机
最大顶锻量	mm	—	—	—	—
夹具间最大距离		50 ± 1	200	200 ± 10	55
动夹具最大行程		—	120	150	45
速度	预热	mm/s	—	—	—	—
	闪光		3 ~ 5	—	1 ~ 4	—
	顶锻		—	—	25	—

四、电阻焊机的正确使用

1. 点焊机的正确使用

以一般工频交流点焊机为例说明点焊机的正确使用。

（1）检查气缸内有无润滑油，如无润滑油会很快损坏压力传动装置的衬环。每天开始工作之前，必须通过注油器对滑块进行润滑。

（2）接通冷却水，并检查各支路的流水情况和所有接头处的密封状况。检查压缩空气系统的工作状况。

（3）拧开上电极的固定螺母，调节好行程，然后把固定螺母拧紧。调整焊接压力，应按焊接参数选择适当的压力。

（4）断开焊接电流的小开关，踩下脚踏开关，检查焊机各元件的动作，再闭合小开关、调整好焊机。标有电流"通""断"的开关能断开和闭合控制箱中的有关电气部分，使焊机在没有焊接电源情况下进行调整。在调整焊机时，为防止误接焊接电源，可取下调节级数的任何一个刀开关。焊机准备焊接前，必须把控制箱上的转换开关放在"通"的位置，等待红色信号灯发亮。

（5）装上调节级数的刀开关，选择好焊接变压器的级数。打开冷却系统阀门，检查各相应支路中是否有水流出，并调节好水流量。

（6）把工件放在电极之间，并踩下脚踏开关的踏板，使工件压紧，做一次工作循环，然后把焊接电源开关放在"通"的位置，再踩下脚踏开关，即可进行焊接。焊机次级电压的选择由低级开始。时间调节的"焊接"、"维持"延时，应按焊接参数决定；"加压"及"停息"延时应根据电极工作行程在切断焊接电流后进行调节。

（7）当焊机短时停止工作时，必须将控制电路转换开关放在"断"的位置，切断控制电路，关闭进气、进水阀门。当较长时间停止工作时，必须切断控制电路电源，并停止水和压缩空气的供应。

2. 缝焊机的正确使用

现以 FNI - 150 - 1 型缝焊机为例，介绍缝焊机的正确使用方法。

．（1）焊机的安装。安装缝焊机和控制箱时，不必用专门的地基。缝焊机为三相电源时，应接保护短路器，并与控制箱相连。将 0.5MPa 的压缩空气源和焊机进气阀门相连，压力变化为 0.05MPa，同时进行密封性检查。将水源接入焊机和控制箱的冷却系统，并检查密封状况，同时接好排水系统。缝焊机和控制箱应可靠接地。

（2）焊机的检查和调整。安装好后应进行外部检查，特别是二次回路的接触部分。对于横向焊接的缝焊机，在拧紧电极的减振弹簧时，应使距焊轮较远的弹簧较紧，中间的次之，距焊轮较近的弹簧则较松。调整电极的支撑装置，保持正确的位置，使导电轴不受焊轮的压力。检查主动焊轮转动的方向，对于横向焊机一般从右到左。为了使上、下焊轮的边缘相互吻合，在横向缝焊机上，沿下导电的螺纹移动接触套筒，且用锁紧螺母固紧。

焊接压力由气缸上气室中压缩空气的压力决定，压缩空气用减压阀调节。当需要减小贮气室内压缩空气压力时，要放松减压阀上的调节螺钉，旋开通向贮气筒的旋塞，把部分压缩空气从贮气放出，然后再增高压力到所需值，上电极部分的起落可用支臂上的前部开关操纵，但必须先踩一次脚踏开关的踏板。在调节时，为了防止误接通焊接电流，应取下调节级数开关上的任意一个开关。

焊接速度的调节，要用一定长度的板条通过焊轮的时间来计算焊接速度。焊接速度是由主动焊轮的直径来决定的，并且随着焊轮的磨损，焊接速度也相应减小。在电动机工作时，旋转手轮即可调节焊接速度。顺时针方向旋转时，焊接速度增加，逆时针方向旋转时，焊接速度减小。

焊接电流的调节可通过改变焊接变压器级数和控制箱上的"热量调节"实现。而焊接通电时间包括脉冲和停息周数，可用控制箱上相应的手柄调节。焊接时参数组合调节的原则是焊接变压器级数开始时应选得低一些，控制箱上"热量控制"手柄放在1/4刻度的地方，并使"脉冲"和"停息"时间各为3周，焊接压力偏高一些，然后再改变焊接电流和焊接压力，相互配合选择最佳参数组合。

（3）缝焊机的启动和停止。接上电源，将控制面板上的开关放在"通"的位置，红色信号灯亮，绿色信号灯亮，冷却水接通正常。同时将"热量控制"、"脉冲"等手柄置于适当位置。加油润滑所有运动部分，选择好焊接变压器的级数，将压缩空气输入气路系统，并用减压阀确定电极压力。将工件或试样放到下焊轮上，踩下脚踏开关的踏板使工件压紧，将开关拨到焊接电流"通"的位置，第二次踩下踏板，焊接开始。当工件焊好后，第三次踩下踏板，切断电流，使电极向上，并停止电极的转动。

（4）工作间断和停止使用。如果短暂停歇，应将焊机控制电路转换开关放在"断"的位置；关闭冷却水；把控制箱的控制开关放在"断"的位置；切断焊机开关；关闭压缩空气。

如焊机长期停用，必须将零件工作表面涂上油脂，并粘上纸，涂漆面还应擦干净。

3. 凸焊机的正确使用

与点焊机基本相同。

4. 对焊机的正确使用

焊机在安装前必须仔细检查各种元件是否在运输中受到损伤；严防焊机受潮破坏绝缘，焊机必须可靠接地；按规定注油；空车检查气路、水路和电路是否正常；施焊时应注意安全；焊后应随时清理钳口及周围的金属末（屑）。

第七节　气焊与气割设备

一、气焊与气割设备的组成

气焊与气割设备主要由氧化瓶、乙炔瓶(乙炔发生器)、减压器、回火防止器、焊(割)炬和橡胶管等组成，如图4-62所示。

1. 氧气瓶

(1) 构造。氧气瓶的形状和结构如图4-63所示，由瓶体、瓶帽、瓶阀及瓶箍等组成，瓶阀的一侧装有安全膜，当瓶内压力超过规定值时安全膜片即自行爆破，从而保护了氧气瓶的安全。

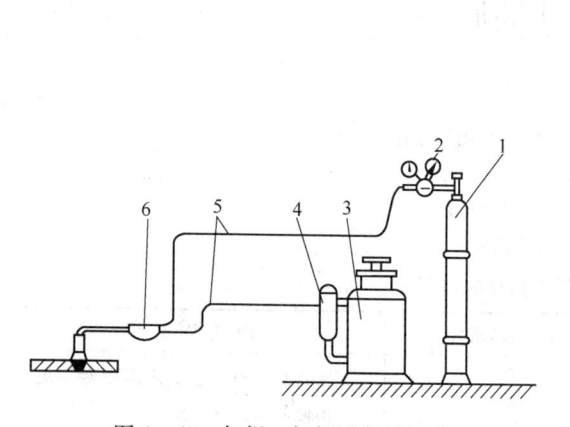

图4-62　气焊、气割设备的组成
1—氧气瓶；2—减压器；3—乙炔发生器；4—回火防止器；
5—橡胶管；6—焊(割)矩

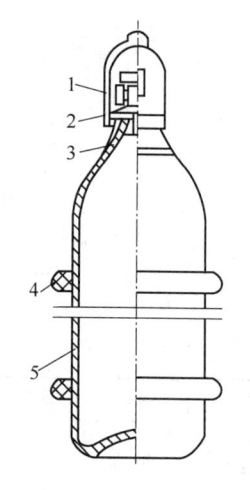

图4-63　氧气瓶的形状和结构
1—瓶帽；2—瓶阀；3—瓶箍；
4—防振圈(橡胶制品)；5—瓶体

氧气瓶是储存和运输氧气的一种高压容器，外表涂天蓝色，瓶体上用黑漆标注"氧气"字样。常用气瓶的容积为40L，在1.5MPa压力下，可储存6m³的氧气。由于氧气瓶的压力高，而且氧气是极活泼的助燃气体，因此必须严格按照使用规则使用。

(2) 规格。目前，我国生产使用的氧气瓶规格见表4-67。最常见的容积为40L，当瓶内压力为15MPa时，该氧气瓶的氧气储存量为6000L，即6m³。

表4-67　氧气瓶的规格

瓶阀型号	气瓶容积/L	气瓶外径/mm	瓶体高度/mm	质量/kg	工作压力/MPa	水压试验压力/MPa	名义装气量/m³
QF-2 铜阀	33	219	1150 ± 20	45 ± 2	15	22.5	5
	40		1370 ± 20	55 ± 2			6
	44		1490 ± 20	57 ± 2			6.5

(3) 氧气瓶阀。氧气瓶瓶阀是开闭氧气的阀门，分为活瓣式(图4-64)和隔膜式。氧气瓶瓶阀的类型见表4-68。

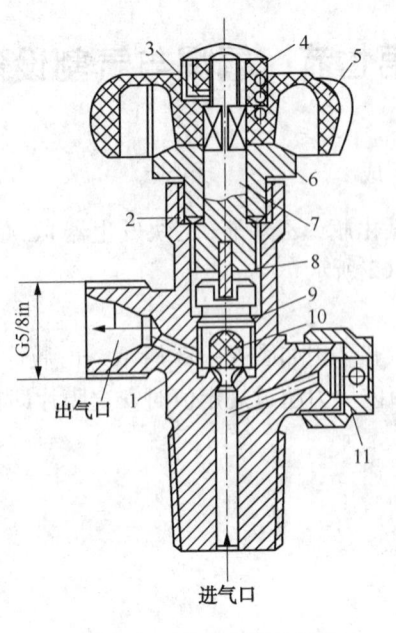

图 4 - 64　活瓣式氧气瓶阀的构造

1—阀体；2—密封垫圈；3—弹簧；4—弹簧压帽；5—手轮；

6—压紧螺母；7—阀杆；8—开关板；9—活门；

10—气门；11—安全装置

表 4 - 68　氧气瓶瓶阀的类型

瓶阀名称	型号	与瓶体联接螺纹	与减压器联接螺纹	应用特点
隔膜式氧气瓶阀	QF - 1	$\phi 27.8 \times 14$ 牙/in 的锥形尾	管螺纹 G5/8in	气密性好，开启、关闭需用专用扳手，不便使用，且易损坏
活瓣式氧气瓶阀	QF - 2			气密性稍差，但可直接用手开、关，使用方便，目前普遍使用

注：1in = 25.4m。

气焊、气割用高压气体容器的主要技术数据见表 4 - 69。

表 4 - 69　气焊、气割用高压气体容器的主要技术数据

瓶装气体	充填压力/MPa	试验压力/MPa	使用压力/MPa	满瓶量[1]/kg(L)
氧气	14.71(35℃)	22.5	1.25	(6000)
乙炔	1.25(15℃)	5.88	0.15	5 ~ 7(4000 ~ 6000)

注：[1] 指容积为 40L 的气瓶数据。括号内的数值为容积，单位 L(指 101.325kPa 气压下)，不加括号的数值为质量，单位 kg。

2. 乙炔瓶

(1) 构造。乙炔瓶是用来储存和运输乙炔的容器，形状和结构如图 4 - 65 所示。乙炔瓶外表涂成白色，并标有红色的"乙炔"和"不可近火"的字样，瓶内装满浸透丙酮的多孔性填料(硅酸钙颗粒等)。使用乙炔瓶必须配备乙炔减压器，以便调节乙炔的压力。

(2) 规格。我国生产的乙炔瓶的规格见表 4 - 70。

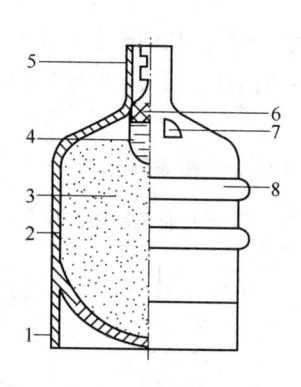

图 4 - 65　乙炔瓶形状和结构

1—瓶座；2—瓶壁；3—多孔填料；

4—石棉；5—瓶帽；6—过滤网；

7—履历表；8—防振圈

表 4 - 70　乙炔瓶的规格（GB 11638—2003）

公称容积/L	10	16	25	40	63
公称直径/mm	180	200	224	250	300

（3）乙炔瓶阀。如图 4 - 66 所示，是控制乙炔瓶内乙炔进出的阀门，它没有旋转的手柄，需用专门的方孔套筒扳手旋转阀杆上的方形端头，有时可用活动扳手开关，但要注意不能打滑，以免撞击金属产生火星。

3. 液化石油气瓶

液化石油气钢瓶由底座、瓶体、瓶嘴、耳片和护罩组成，如图 4 - 67 所示。

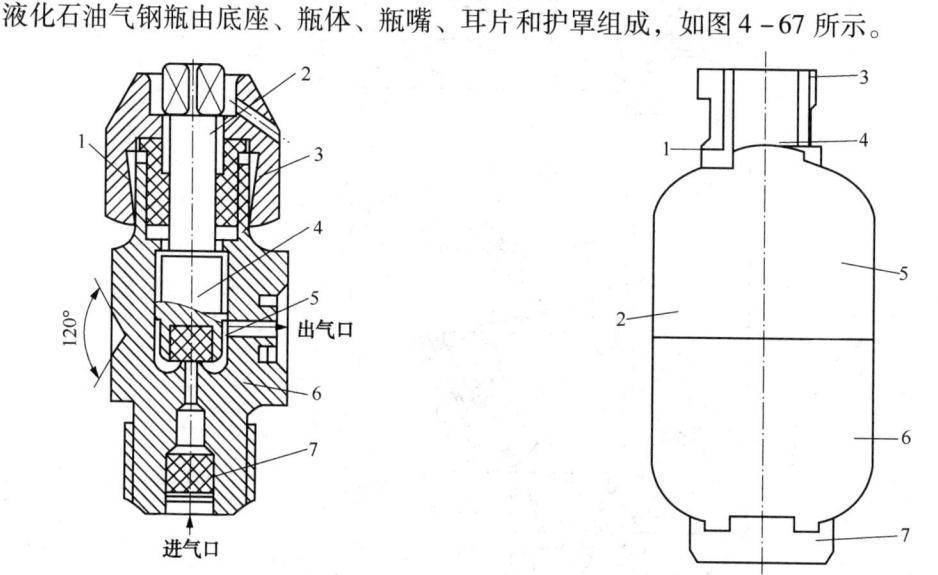

图 4 - 66　乙炔瓶阀

1—防漏垫圈；2—阀杆；3—压紧螺母；

4—活门；5—密封填料；6—阀体；7—过滤件

图 4 - 67　液化石油气瓶

1—耳片；2—瓶体；3—护罩；4—瓶嘴；

5—上封头；6—下封头；7—底座

常用液化石油气瓶按可装质量分 15kg 和 50kg 两种，钢瓶表面涂成灰色，并涂有红色"液化石油气"字样。液化石油气瓶的设计压力为 1.6MPa，这是按照液化石油气的主要成分丙烷在48℃时的饱和蒸汽压确定的。钢瓶内容积是按液态丙烷在60℃时恰好充满整个钢瓶而设计的。所以，正常情况下，钢瓶内压力不会达到1.6MPa，按规定量充装，钢瓶内总会有一定的气态空间。

我国目前生产的液化石油气钢瓶的型号和参数见表4-71，钢瓶的使用温度为-40~60℃。

表4-71 液化石油气钢瓶的型号和参数

型 号	YBP-10	YSP-15	YSP-50
钢瓶内直径/mm	314	314	400
底座外直径/mm	240	240	400
护罩外直径/mm	190	190	—
钢瓶高度/mm	535	680	1215
液体容积/L	≥23.5	≥35.5	≥118
可装质量/kg	≤10	≤15	≤50

4. 乙炔发生器

乙炔发生器是利用电石(CaC_2)和水的化学反应来制取乙炔的设备，因使用麻烦，安全性差且对环境有污染，所以逐渐被瓶装乙炔所替代。乙炔发生器的类型很多，目前企业广泛使用的是Q3-1型乙炔发生器，简要介绍如下。

(1) 构造。Q3-1型乙炔发生器的构造属于排水式，如图4-68所示。

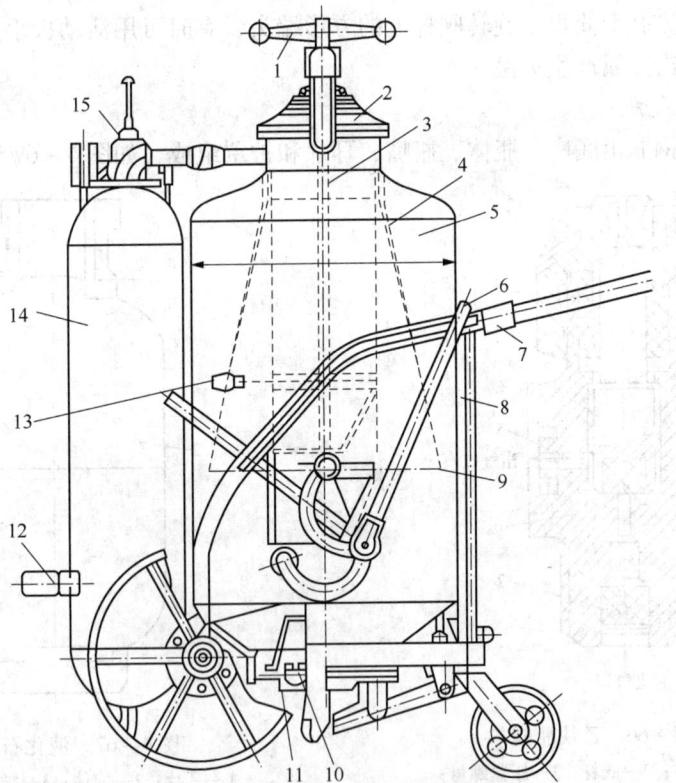

图4-68 Q3-1型乙炔发生器构造

1—开瓶手柄；2—盖；3—电石篮；4—锥形罩气室；5—桶体；6—调节杆；
7—定位杆；8—放行开关；9—升降滑轮；10—橡皮塞；11—出渣口；
12—水位阀；13—溢流阀；14—储气筒；15—回火防止器

（2）型号与技术数据。我国成批生产的主要是中压式乙炔发生器，具体型号及主要技术数据见表 4 - 72。

表 4 - 72 常用乙炔发生器的型号及主要技术数据

型　　号	Q3 - 0.5	Q3 - 1	Q3 - 3	Q4 - 5	Q4 - 10
名称	移动式中压乙炔发生器		固定式中压乙炔发生器	固定式双压挤调压乙炔发生器	
类型	排水式			联合式	
发气量/（m³/h）	0.5	1.0	3.0	5.0	10
工作压力/MPa	0.045 ~ 0.1			0.1 ~ 0.12（最大 0.15）	0.045 ~ 0.1（最大 0.15）
发气室允许最高温度/℃	90（乙炔）			90（乙炔）60（水）	
电石 1 次装入量/kg	2.4	5	13	12.5	25.5
电石块度/mm	25 × 50、50 × 80			15 × 25	15 × 25 25 × 50 50 × 80
容量/kg	30（水）	65（水）	330（水）	338（水）574（乙炔）	818（水）958（乙炔）
安全阀泄气压力/MPa	0.115	0.11		0.15	
安全膜爆破压力/MPa	0.18 ~ 0.28				
外形尺寸（L×B×H）/mm × mm × mm	515 × 505 × 930	1210 × 675 × 1150	1050 × 770 × 1755	1450 × 1375 × 2180	1700 × 1800 × 2690
净重（不包括电石、水）/kg	40	115	260	750	980

（3）乙炔发生器的安全装置。

① 回火防止器（GB 12136—1989）。回火防止器是一种安全设备，其作用是当焊（割）炬发生回火时，防止乙炔发生器（或乙炔瓶）发生爆炸事故。回火防止器是乙炔发生器中必不可少的重要安全装置，若乙炔通路中没有回火防止器或回火防止器工作不正常，则不准进行焊割作业。

② 泄压膜。在乙炔发生器的发气室、储气室和回火防止器等罐体的适当部位设置一定面积的泄压膜（脆性材料），构成薄弱环节，当爆炸发生时，最薄弱处在较小的爆破压力作用下就首先遭受破坏，将大量气体和热量释放出去，从而保住容器主体避免设备损失和人员的伤亡。

③ 安全阀。如图 4 - 69 所示，当乙炔压力超过正常工作压力时，乙炔发生器安全阀即自动开放，把发生器内部的气体排出一部分，直至压力降到低于工作压力后才自行关闭，以防发生爆炸事故。安全阀开放时气体从阀中喷出，发生"吱、吱"的

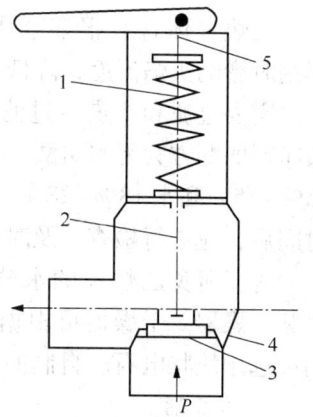

图 4 - 69 安全阀
1—弹簧；2—阀杆；3—阀芯；
4—阀体；5—调节螺钉

响声，从而起到自动报警的作用。

④ 压力表。乙炔发生器装设压力表，是用以直接指示发生器内部的乙炔压力值。常用的是单弹簧管式压力表，其结构如图 4 – 70 所示。表盘上最高工作压力的刻度处标出红色标记，如中压乙炔发生器的压力表，在 0.15MPa 处为红色刻度线。为使压力表保持灵敏准确，在使用过程中应经常维护和检查，并定期校验。

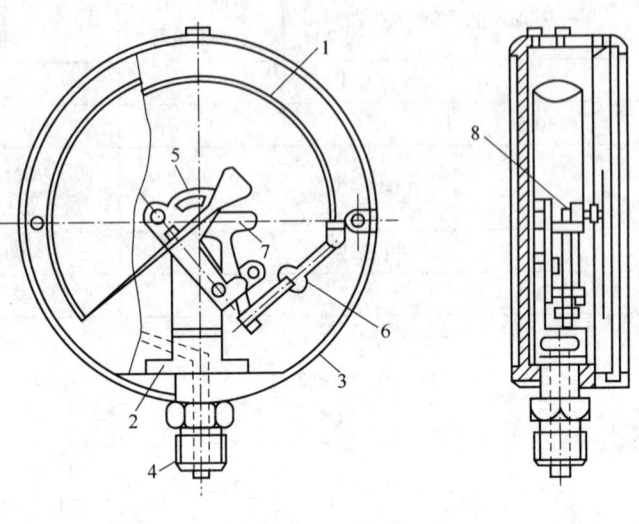

图 4 – 70　压力表

1—弹簧弯管；2—支座；3—表壳；4—接头；
5—油丝；6—拉杆；7—扇形齿轮；8—小齿轮

压力表使用中应保持洁净，表盘上的玻璃要明亮清晰，指针指出的压力值应清楚易见，如表盘玻璃破碎或表盘刻度模糊应停止使用。压力表的连接管要定期吹洗，以免堵塞，要经常检查压力表的指针转动与波动是否正常。压力表必须定期检验，已经超过校验期限的压力表应停止使用。如果在发生器正常运行时发现压力表指示不正常或有其他可疑迹象，应立即检验校正。

5. 乙炔过滤器及干燥器

乙炔气体含有很多杂质，如水蒸气、硫化氢、磷化氢等，焊割时影响火焰温度，降低焊割质量。因此，焊割重要产品时，乙炔需要过滤和干燥，过滤器如图 4 – 71 所示。所使用的乙炔清净剂的配方为无水铬酸 11% ~ 13%，硫酸 17% ~ 20%，硅藻土45% ~ 55% 和水 18% ~ 28%。药剂失效变为绿色，所以使用一段时间后，应进行检查，及时换用新的药剂。

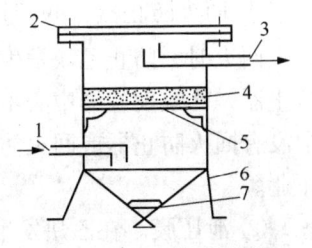

图 4 – 71　乙炔过滤器

1—乙炔入口；2—法兰及盖板；
3—乙炔出口；4—乙炔清净剂；
5—筛板；6—支架；7—放水阀

为了避免乙炔中的水分被带到割炬里面使火焰温度降低，可装干燥器。干燥器可根据使用乙炔量的大小自行制作。干燥剂可选用块状电石。自制的乙炔干燥器如图 4 – 72 所示。

6. 减压器

(1) 减压器的作用、分类与构造原理。减压器又称压力调节器或气压表，其作用是将储存在气瓶内的高压气体减压到所需的压力并保持稳定。减压器的种类有很多种，按其工作原理可分为单级正作用式、单级反作用式和双级作用式。单级正作用式减压器的结构如

图4-73所示。高压气体的压力作用在活门下面，具有帮助开大活门的作用，故称正作用式。高压气源的压力大，活门的开启度就大。当气源压力降低时，活门开启度逐渐减少，低压气体的压力也逐渐降低。

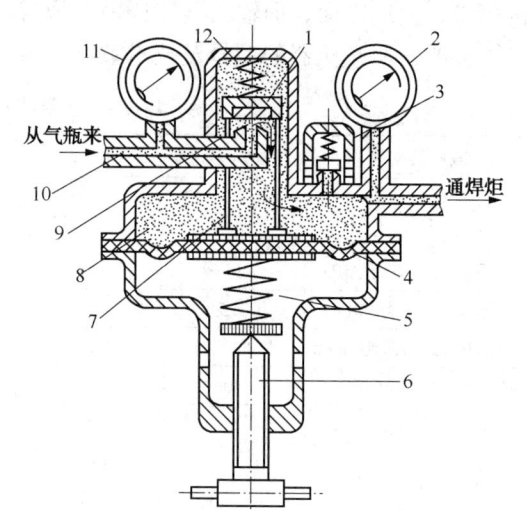

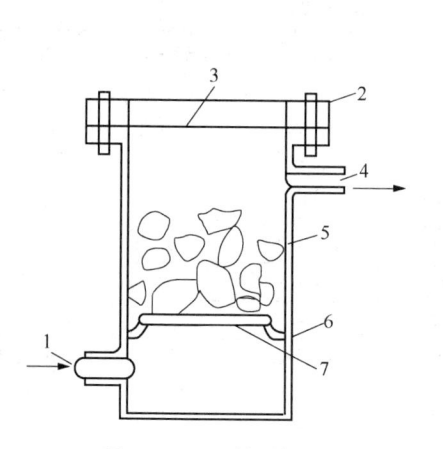

图4-72　乙炔干燥器

1—乙炔入口；2—法兰；3—橡胶薄膜(防爆用)；
4—乙炔出口；5—块状电石；6—桶体；7—带孔隔板

图4-73　单级正作用式减压器的结构

1—减压活门；2—低压表；3—安全阀；4—弹簧薄膜；
5—主弹簧；6—调压螺钉；7—传动杆；8—低压室；
9—活门座；10—高压室；11—高压表；12—副弹簧

　　单级反作用式减压器的结构如图4-74所示。它的工作原理与正作用式恰好相反。高压气体的压力作用在活门上面，故高压气体压力高时活门开启度小，而当气源压力降低时，活

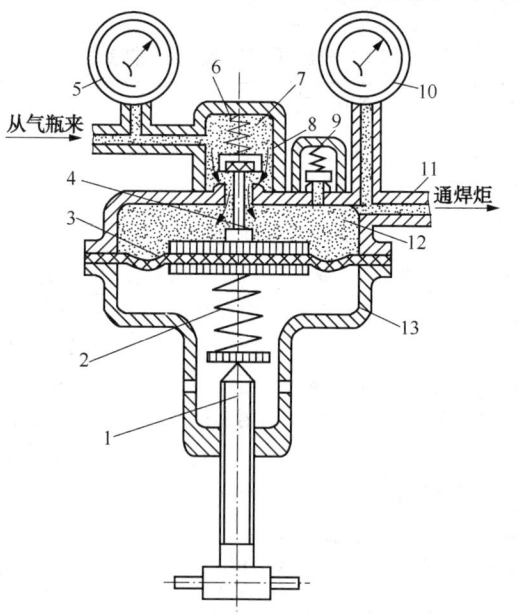

图4-74　单级反作用式减压器的结构

1—调节螺栓；2—调节弹簧；3—弹性薄膜；4—活门顶杆；5—高压表；
6—副弹簧；7—高压气室；8—减压活门；9—安全阀；10—低压表；
11—出气管；12—低压气室；13—减压器本体

门开启度逐渐增大，低压气体的压力反而升高。反作用式容易保持活门的气密性，可使瓶内气体得到更充分的利用，因此单级反作用式减压器获得广泛的应用。单级减压器的优点是结构简单，使用方便，但输出气体压力的稳定性仍不理想，在冬天容易发生冻结现象。

（2）常用减压器的型号及技术数据。常用减压器的型号及技术数据见表4－73。

表4－73　常用减压器的型号及技术数据

减压器型号	QD－1	QD－2A	QD－3A	DJ－6	SJ7－10	QD－20
名称	单级氧气减压器				双级氧气减压器	单级乙炔减压器
进气口最高压力/MPa	15	15	15	15	15	2
最高工作压力/MPa	2.5	1.0	0.2	2	2	0.15
工作压力调节范围/MPa	0.1~2.5	0.1~1.0	0.01~0.2	0.1~2	0.1~2	0.01~0.15
最大放气能力/(m^3/h)	80	40	10	180	—	9
出气口孔径/mm	6	5	3	—		4
压力表规格/MPa	0~25 0~4.0	0~25 0~1.6	0~25 0~0.4	0~25 0~4	0~25 0~4	0~2.5 0~0.25
安全阀泄气压力/MPa	2.9~3.9	1.15~1.6		2.2	2.2	0.18~0.24
进气口联接螺纹/mm	G15.875	G15.875	G15.875	G15.875	G15.875	夹环联接
质量/kg	4	2	2	2	3	2
外形尺寸/mm×mm×mm	200×200×200	165×170×160	165×170×160	170×200×142	200×170×220	170×185×315

（3）减压器常见故障及排除方法见表4－74。

表4－74　减压器常见故障及排除方法

故障现象	故障原因及部位	排除方法
减压器漏气	减压器连接部分漏气，螺纹配合松动或垫圈损坏	拧紧螺钉；换用新的垫圈或加石棉绳
	安全阀漏气；活门垫料损坏或弹簧变形	调整弹簧；换用新活门垫料
	减压器上盖薄膜损坏或拧得不紧，造成漏气	更换橡胶薄膜；拧紧螺钉
减压器表针爬高（自流）	调节螺钉松开后，气体继续流出（低压表针继续上升）： 1. 活门或门座上有污物； 2. 活门密封垫或活门座不平（有裂纹）； 3. 回动弹簧损坏，压紧力不够	将活门螺钉松开，取出活门进行检查，按损坏情况处理： 1. 将活门污物去净； 2. 将活门不平处用细砂布磨平，如果有裂纹时要换用新的； 3. 调整弹簧长度
打开氧气瓶时，高压表表针已表示有氧气，但低压表不动作或动作不灵敏	调节螺钉已经拧到底，但工作压力不升，或升得很少，其原因是主弹簧损坏或传动杆弯曲	拆开减压器盖，更换主弹簧和传动杆
	工作时氧气压力下降，或表针有剧烈跳动，说明减压器内部冻结	用热水加热解冻后，把水分吹干便可使用
	低压表已表示工作压力，但使用时突然下降，说明氧气瓶阀门没全打开	继续打开氧气阀门便可

二、气焊与气割工具

1. 焊炬

焊炬又称为焊枪、龙头、烧把和熔接器，其作用是可燃气体与氧气按一定比例混合，并形成具有一定热能的焊接火焰，它是气焊及软、硬钎焊时，用于控制火焰进行焊接的主要器具之一。

焊炬按可燃气体与助燃气体混合方式不同，可分为射吸式和等压式两大类。这里主要介绍目前国内最常用的射吸式焊炬。

(1) 构造原理。射吸式焊炬又称为低压焊炬，其构造原理如图 4 - 75 所示。乙炔靠氧气的射吸作用吸入射吸管，因此，它适用于低、中压(0.001 ~ 0.1MPa)乙炔。

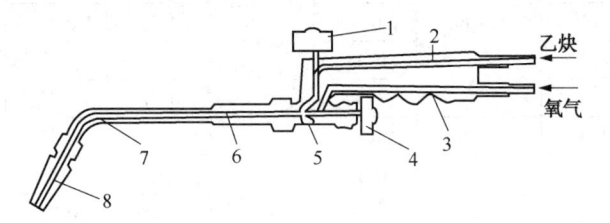

图 4 - 75　射吸式焊炬的构造原理

1—乙炔调节阀；2—乙炔管；3—氧气管；4—氧气调节阀；
5—喷嘴；6—射吸管；7—混合气管；8—焊嘴

氧乙炔焰射吸式焊炬的焊嘴应符合表 4 - 75 及图 4 - 76 的规定。

表 4 - 75　氧乙炔焰射吸式焊炬的焊嘴尺寸　　　　　　　单位：mm

型　　号	D					MD	l	l_1	l_2
	1#	2#	3#	4#	5#				
H01 - 2	0.5	0.6	0.7	0.8	0.9	M6 × 1	≥25	4	6
H01 - 6	0.9	1.0	1.1	1.2	1.3	M8 × 1	≥40	7	9
H01 - 12	1.4	1.6	1.8	2.0	2.2	M10 × 1.25	≥45	7.5	10
H01 - 20	2.4	2.6	2.8	3.0	3.2	M10 × 1.25	≥50	9.5	12

(2) 工作原理。如图 4 - 75 所示，打开氧气调节阀 4，氧气即从喷嘴口快速射出，并在喷嘴 5 外围造成负压(吸力)；再打开乙炔调节阀 1，乙炔气即聚集在喷嘴的外围。由于氧射流负压的作用，聚集在喷嘴外围的乙炔气很快被氧气吸出，并按一定的比例与氧气混合，经过射吸管 6、混合气管 7 从焊嘴 8 喷出。点火后，经调节形成稳定的焊接火焰。

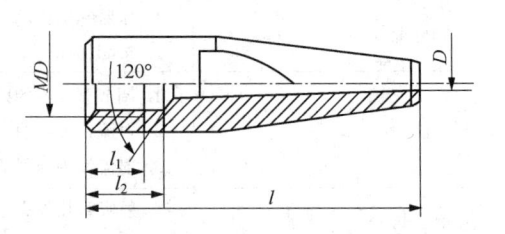

图 4 - 76　氧乙炔焰射吸式焊炬的焊嘴

(3)射吸式焊炬的型号及主要技术数据见表 4 - 76。

表4-76 射吸式焊炬的型号及主要技术数据

型号	焊嘴号码	焊嘴孔径/mm	焊接低碳钢最大厚度/mm	气体压力/MPa		气体消耗量/(m³/h)		焰芯长度[1]/mm	焊炬总长度/mm
				氧气	乙炔	氧气	乙炔		
H01-2	1	0.5	0.5~2	0.1	0.001~0.10	0.033	0.04	3	300
	2	0.6		0.125		0.046	0.05	4	
	3	0.7		0.15		0.065	0.08	5	
	4	0.8		0.175		0.10	0.12	6	
	5	0.9		0.2		0.15	0.17	8	
H01-6	1	0.9	2~6	0.2	0.001~0.10	0.15	0.17	8	400
	2	1.0		0.25		0.20	0.24	10	
	3	1.1		0.3		0.24	0.28	11	
	4	1.2		0.35		0.28	0.33	12	
	5	1.3		0.4		0.37	0.43	13	
H01-12	1	1.4	6~12	0.4	0.001~0.10	0.37	0.43	13	500
	2	1.6		0.45		0.49	0.58	15	
	3	1.8		0.5		0.65	0.78	17	
	4	2.0		0.6		0.86	1.05	18	
	5	2.2		0.7		1.10	1.21	19	
H01-20	1	2.4	12~20	0.6	0.001~0.10	1.25	1.50	20	600
	2	2.6		0.65		1.45	1.70	21	
	3	2.8		0.7		1.65	2.0	21	
	4	3.0		0.75		1.95	2.3	21	
	5	3.2		0.8		2.25	2.6	21	

注：① 是指氧气压力符合本表，乙炔压力为 0.006~0.008MPa 时的数据。

型号中 H 表示焊(Han)的第一个字母；0 表示手工；1 表示射吸；2、6、12、20 分别表示焊接低碳钢最大厚度为 2mm、6mm、12mm 和 20mm。

（4）射吸式焊炬的常见故障及排除方法详见表4-77。

表4-77 射吸式焊炬的常见故障及排除方法

故障特征	产生原因	排除方法
气阀处漏气	1. 压紧螺母松动； 2. 垫圈损坏	1. 拧紧螺母； 2. 更换垫圈
射吸能力小	1. 调节氧气流的射流针尖灰分太厚； 2. 射流针尖弯曲； 3. 射流针尖与射流孔不同心	1. 消除灰分； 2. 调直射流针尖； 3. 更换射流针尖
无射吸能力	1. 射吸管孔处有杂质； 2. 焊嘴堵塞	1. 清除射吸管孔处杂质； 2. 清理焊嘴
氧气逆流至乙炔管道	射流针与射流孔座零件松动漏气	更换损坏零件
使用时间过长，火焰发出"啪、啪"响声，并连续熄火	1. 焊嘴松动； 2. 焊嘴、混合管温度高； 3. 射吸管内壁吸附杂质太厚	1. 拧紧焊嘴； 2. 焊嘴或混合管降温； 3. 清除吸附杂质

2. 割炬

割炬是气割工艺中的主要工具。割炬的作用是将可燃气体(乙炔)与助燃气体(氧气)以一定的方式和比例混合，并以一定的速度喷出燃烧，形成具有一定热能和形状的预热火焰，并在预热火焰的中心喷射高压切割氧气进行气割。

割炬按可燃气体和助燃气体的混合方式，可分为射吸式和等压式两大类。这里主要介绍目前国内最常用的射吸式割炬。

(1) 构造原理。射吸式割炬的构造原理如图4-77所示。氧乙炔焰射吸或割炬的割嘴应符合图4-78和表4-78的规定。割嘴的形状与焊嘴不同，两者截面形状如图4-79所示。

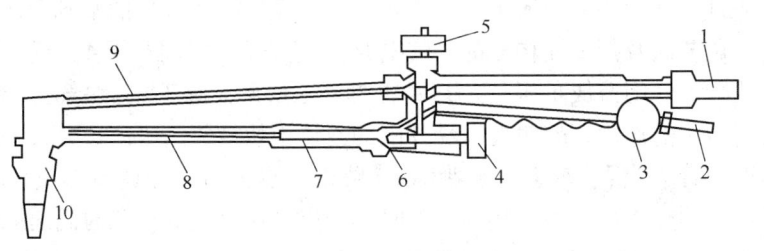

图 4-77　射吸式割炬的构造原理

1—氧气进口；2—乙炔进口；3—乙炔调节阀；4—氧气调节阀；

5—高压氧气阀；6—喷嘴；7—射吸管；8—混合气管；

9—高压氧气管；10—割嘴

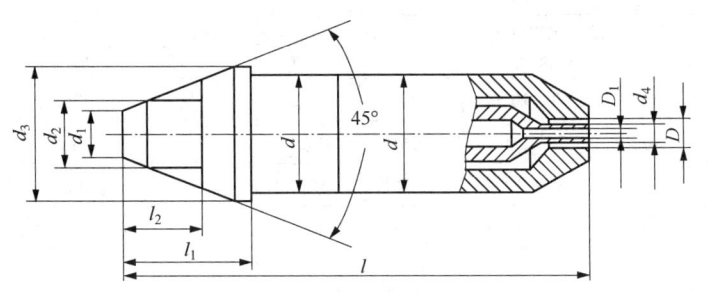

图 4-78　氧乙炔焰射吸式割炬的割嘴

表 4-78　氧乙炔焰射吸式割炬割嘴的尺寸　　　　　　　　　单位：mm

型　　号	G01-30			G01-100			G01-300			
l	≥55			≥65			≥75			
l_1	16			18			19			
l_2	10			11.5			12			
d	$13^{-0.150}_{-0.260}$			$15^{-0.150}_{-0.260}$			$16.5^{-0.150}_{-0.260}$			
d_1	4.5			5.5			5.5			
d_2	7			8			8			
d_3	16			18			19			
嘴号	1	2	3	1	2	3	1	2	3	4
D	2.9	3.1	3.3	3.5	3.7	4.1	4.5	5.0	5.5	6.0
D_1	0.7	0.9	1.1	1.0	1.3	1.6	1.8	2.2	2.6	3.0
d_4	2.4	2.6	2.8	2.8	3.0	3.3	3.8	4.2	4.5	5.0

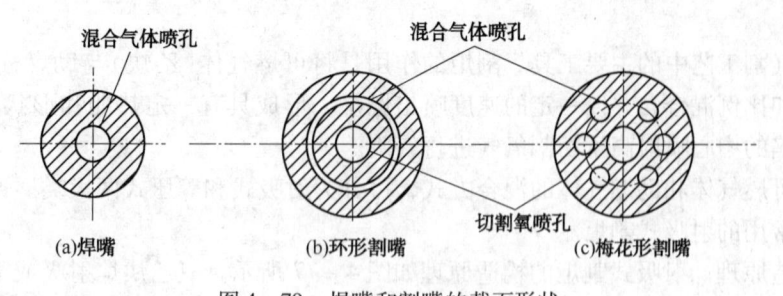

图 4 - 79　焊嘴和割嘴的截面形状

（2）工作原理。如图 4 - 77 所示，射吸式割炬是在射吸式焊炬的基础上，增加了切割氧的气路、切割氧调节阀及割嘴而构成的。气割时，先打开氧气调节阀 4，氧气即从喷嘴口快速射出，并在喷嘴 6 外围造成负压（吸力）；再打开乙炔调节阀 3，乙炔气会聚集在喷嘴的外围。由于氧射流负压的作用，聚集在喷嘴外围的乙炔很快被氧气吸出，并按一定的比例与氧气混合，经过射吸管 7、混合气管 8 从割嘴 10 喷出。点火后，经调节形成稳定的环形预热火焰，对割件进行预热。待割件预热到燃点时，开启高压氧气阀，此时高速氧气流将切口处的金属氧化并吹除，随着割炬的移动即在割件上形成切口。射吸式割炬应符合 JB/T 6970 - 1993《射吸式割炬》的要求。

（3）常用射吸式割炬的型号及主要技术数据见表 4 - 79。

表 4 - 79　常用射吸式割炬的型号及主要技术数据

型号	割嘴号码	割嘴形式	切割低碳钢厚度/mm	切割氧孔径/mm	气体压力/MPa		气体消耗量/（L/min）	
					氧气	乙炔	氧气	乙炔
G01 - 30	1	环形	3 ~ 10	0.7	0.2		13.3	3.5
	2		10 ~ 20	0.9	0.25		23.3	4.0
	3		20 ~ 30	1.1	0.3		36.7	5.2
G01 - 100	1	梅花形	10 ~ 25	1.0	0.3	0.001 ~ 0.1	36.7 ~ 45	5.8 ~ 6.7
	2		25 ~ 50	1.3	0.4		58.2 ~ 71.7	7.7 ~ 8.3
	3		50 ~ 100	1.6	0.5		91.7 ~ 121.7	9.2 ~ 10
G01 - 300	1	梅花形	100 ~ 150	1.8			150 ~ 180	11.3 ~ 13
	2		150 ~ 200	2.2	0.65		183 ~ 233	13.3 ~ 18.3
	3	环形	200 ~ 250	2.6			242 ~ 300	19.2 ~ 20
	4		250 ~ 300	3.0	1.0		167 ~ 433	20.8 ~ 26.7

注：型号中 G 表示割炬；0 表示手工；1 表示射吸式；后缀数字表示气割低碳钢的最大厚度（mm）。

（4）射吸式割炬割嘴的常见故障及排除方法详见表 4 - 80。

表 4 - 80　射吸式割炬割嘴的常见故障及排除方法

故障现象	产生原因	排除方法
环形割嘴的火焰偏斜	1. 割嘴外嘴与内嘴不同心； 2. 环形孔内有杂质	1. 调整割嘴外嘴，使其与内嘴同心； 2. 去除环形孔内杂质
气体点燃后，火焰发出"啪、啪"响声并熄火	1. 割嘴外嘴松动； 2. 环形孔过大，引起乙炔供应不足，火焰过小	1. 拧紧外嘴； 2. 提高乙炔流量，使火焰加大

续表

故障现象	产生原因	排除方法
气体点燃后,火焰发出有节奏的"啪、啪"响声,有时会熄火	割嘴内嘴松动	卸下外嘴,拧紧内嘴
气体点燃后,开启切割氧阀,火焰即灭	割嘴的顶端圆头与割炬未严密连接	拧紧割嘴,使其顶端圆头与割炬严密连接
切割氧射流不整齐、不垂直	1. 射吸管孔内有杂质; 2. 射吸管因清除工作不慎造成变形	1. 用比射吸管细的钢丝清除管内杂质; 2. 调换割嘴

三、气焊与气割辅助工具

1. 护目镜

气焊、气割时使用护目镜,主要是保护焊工的眼睛不受火焰亮光的刺激,以便在焊接过程中能够仔细地观察熔池金属,又可防止飞溅金属微粒进入眼睛内。护目镜的镜片颜色的深浅,根据焊工的需要和被焊材料性质进行选用。颜色太深或太浅都会妨碍对熔池的观察,影响工作效率,一般宜用 3 ~ 7 号的黄绿色镜片。

2. 点火枪

使用手枪式点火枪点火最为安全、方便。当火柴点火时,必须把划着了的火柴从焊嘴或割嘴的后面送到焊嘴或割嘴上,以免手被烧伤。

3. 橡胶管

气焊、气割橡胶管是用优质橡胶掺入麻织物或棉纤维制成的,按其所输送的气体不同分为氧气橡胶管、乙炔橡胶管。

(1) 氧气橡胶管。工作压力为 1.5MPa,试验压力为 3.0MPa;氧气橡胶管为黑色,内径为 8mm。一般情况下每副橡胶管的长度≥5m,如果工作地点较远,可将两副橡胶管串接起来使用。

(2) 乙炔橡胶管。乙炔橡胶管的工作压力为 0.5MPa,内径为 10mm,红色。乙炔橡胶管与氧气橡胶管的强度不同,不能混用或互相代替。

(3) 橡胶管接头。橡胶管接头是橡胶管与减压器、焊(割)枪、乙炔发生器和乙炔供应点等的连接接头,橡胶管接头如图 4 - 80 所示。燃气以氧气软管的接头分别为 ϕ6mm、ϕ8mm、ϕ10mm(橡胶管孔径)三种规格。

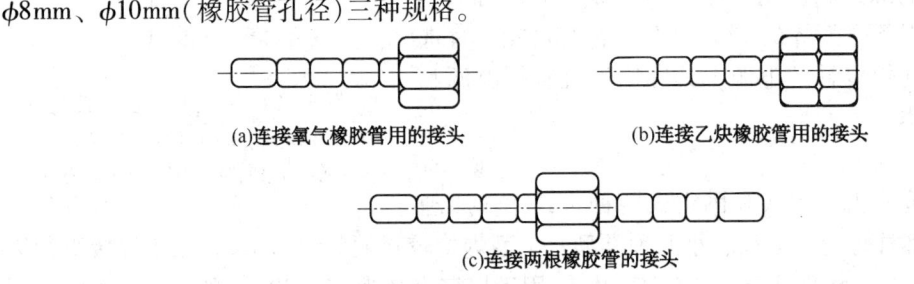

(a)连接氧气橡胶管用的接头　　　　(b)连接乙炔橡胶管用的接头

(c)连接两根橡胶管的接头

图 4 - 80　橡胶管接头

为区别氧气橡胶管接头和乙炔橡胶管接头，在乙炔橡胶管接头的螺母表面刻有 1~2 条槽，如图 4-80(b) 所示，且不得用含铜量在 70% 以上的铜合金接头，否则将酿成严重事故。接头螺母的螺纹一般为 M16×1.5。焊枪、割枪用橡胶管禁止接触油污及漏气，并严禁互换使用。

(4) 橡胶管使用注意事项。新橡胶管初次使用时，要先将橡胶管内壁的滑石粉吹干净，防止堵塞焊(割)枪；不要让橡胶管沾油污，以防老化；防止火烫和折伤；严禁使用被回火烧损的橡胶管；橡胶管与各接头处的连接要密封可靠；乙炔橡胶管使用中脱落、破裂或着火时，应首先关闭焊(割)枪所有的调节阀将火焰熄灭，然后再关乙炔气瓶；氧气橡胶管着火时应迅速关闭氧气瓶阀，停止供气，禁止用弯折气管的方法来熄灭火焰。

4. 其他工具

清理焊(割)缝的工具有钢丝刷、錾子、手锤及锉刀等。连接和启闭气体通路的工具有钢丝钳、铁丝、卡子、橡胶管夹头及扳手等。每个气焊(割)工都应备有粗细不等的钢质通针一组，以便清除堵塞焊嘴或割嘴的脏物。

第八节　螺纹焊设备

一、电弧螺柱焊设备

电弧螺柱焊设备由焊接电源(螺柱焊机)、焊枪和控制装置等部分组成，螺柱焊设备组成如图 4-81 所示。

1. 焊接电源

采用直流电源，如弧焊整流器、弧焊逆变器和直流弧焊发电机，焊接电源必须满足空载电压在 70~100V；具有陡降外特性；能在短时间内输出大电流，且输出电流能迅速达到设定值。

螺柱焊电源可以是具有陡降外特性的焊条电弧焊电源，但必须配备一个控制箱，以进行电源的通断、引弧和燃弧时间的控制。由于螺柱焊焊接电流比焊条电弧焊的焊接电流大得多，对大直径螺柱的焊接，可以用两台以上普通弧焊电源并联使用。螺柱焊电源的负载持续率很低，相当于焊条电弧焊的 1/5~1/3，若有可能，宜选购专为电弧螺柱焊设计的电源，其专用焊机常把电源和控制器做成一体。

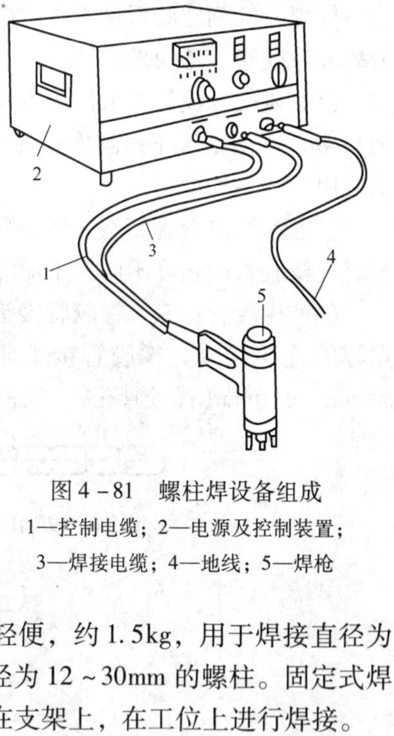

图 4-81　螺柱焊设备组成
1—控制电缆；2—电源及控制装置；
3—焊接电缆；4—地线；5—焊枪

2. 焊枪

螺柱焊焊枪分为手提式和固定式两种，其工作原理相同。手提式螺柱焊枪又分大、小两种类型。小型焊枪较轻便，约 1.5kg，用于焊接直径为 12mm 以下的螺柱；大型焊枪重 1.5~3.0kg，用于焊接直径为 12~30mm 的螺柱。固定式焊枪是为焊接某些特定产品而专门设计的焊枪，焊枪被固定在支架上，在工位上进行焊接。

（1）结构。焊枪上设有启动焊接用的开关，装有控制线和焊接电缆。电弧螺柱焊焊枪结构如图 4 - 82 所示。

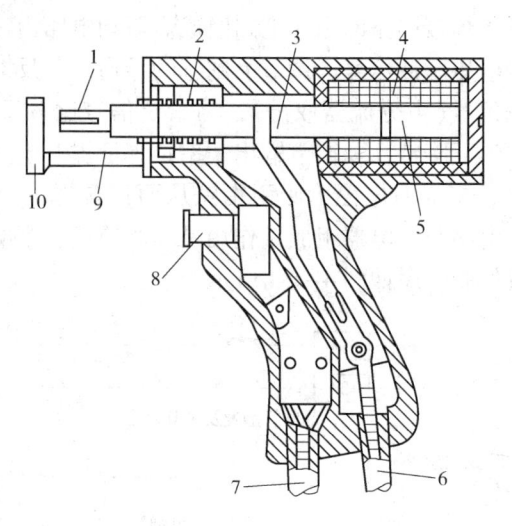

图 4 - 82 电弧螺柱焊焊枪结构

1—夹头；2—拉杆；3—离合器；4—电磁线圈；5—铁心；
6—焊接电缆；7—控制电缆；8—扳机；9—支杆；10—脚盖

（2）焊枪可调节参数。包括提离高度、螺柱外伸长度、螺柱与瓷圈夹头的同轴度。其中提离高度和螺柱外伸长度由磁力提升机构进行调节，提升量一般在 3.2mm 以下。而螺柱与瓷圈夹头的同心度可以通过支架进行螺柱夹头和瓷圈夹头间相对位置的粗调，再通过瓷圈夹头在焊枪上的轴向位置进行细调，同时也可调节螺柱外伸长度。利用弹簧压下机构可在焊接开始前保持螺柱伸出端与工件表面的接触预压，而在伸出端表面完全熔化后可将螺柱压入焊接熔池。为了减少在焊接过程中的飞溅，改善焊缝成形及保证焊缝质量，可在焊枪中安装阻尼机构，以便适当降低螺柱压入熔池的速度。

3. 连接电缆

（1）连接焊枪和接地钳的焊接电缆、控制电缆和弧焊接设备的输入电缆，其导线截面积应符合表 4 - 81 的规定。电缆的长度一般不应超过 20m，减少电缆导线的截面积或任意加长焊接电缆的长度，都会增加焊接回路的损耗，降低焊接能力，影响栓钉的焊接质量。对连接电缆有特殊要求时，应与栓钉焊接设备生产厂家协商解决。

表 4 - 81 电缆导线的截面积　　　　　　　　　　　　　　　单位：mm^2

额定焊接电流/A	1600	2000	2500	3150
焊接电缆截面积	≥70	≥95	≥95	≥120
控制电缆截面积	≥2.0			
输入电缆截面积	≥10	≥16	≥25	≥35

（2）各种焊接电缆应接触良好。

4. 控制系统

与焊条电弧不同，电弧螺柱焊没有空载过程，故短接预顶、提升引弧焊接、螺柱落下顶锻、电流通断与维持等几个动作，必须由控制系统在焊前设定，并由焊枪自动完成。电弧螺柱焊机的控制系统如图 4 - 83 所示，它由驱动电路、反馈及给定电路、焊枪提升电路、时序控制电路，以及并联于焊接回路的引弧电路组成。驱动电路由三相同步变压器及控制电源组成，提供晶闸管同步电压脉冲信号，调节晶闸管的导通角；反馈及给定电路是从输出回路中取出电压信号及电流信号（由分流器取出），与给定信号比较后作为输入信号进入触发电路，从而获得焊接电源的下降特性及调节输出功率；焊枪提升电路是给焊枪中的电磁铁线圈提供 $70 \sim 80V$ 的直流电，接通时电磁力吸引衔铁从而提升焊枪，引燃电弧进入焊接；时序控制电路是由多个延时电路与继电器组成，作用是控制前述三个电路和引弧电路工作的顺序和延时。电弧螺柱焊机控制时序如图 4 - 84 所示。

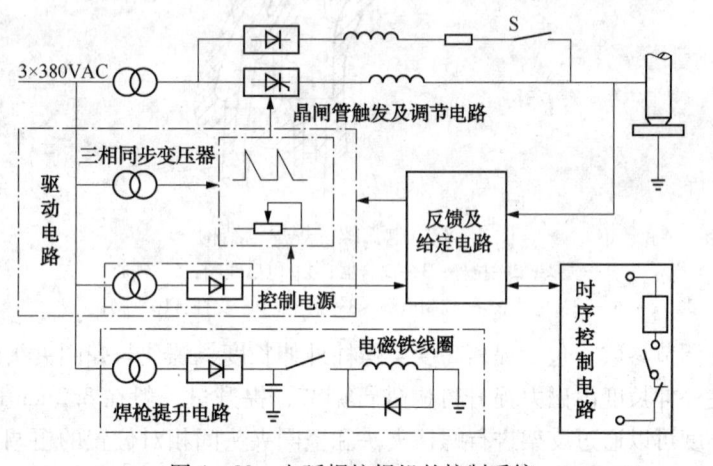

图 4 - 83　电弧螺柱焊机的控制系统

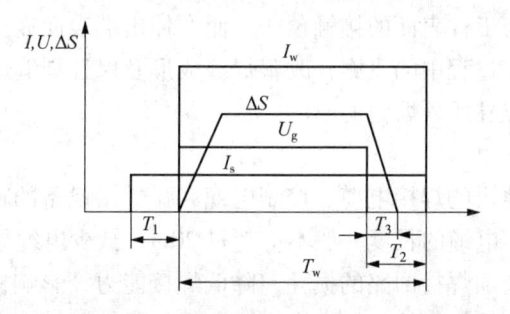

图 4 - 84　电弧螺柱焊机控制时序

I_w—焊接电流($25 \sim 2500A$)；I_s—引弧电流($10 \sim 50A$)；

U_g—电弧电压($70 \sim 80V$)；ΔS—螺柱位移($1 \sim 50mm$ 间调节)；

T_1—引弧电流短路时间($5 \sim 10ms$)；T_2—焊接电流短路延时时间($20ms \pm 2ms$)；

T_3—有电顶锻时间($\leqslant 10ms$)；T_w—焊接时间($100 \sim 5000ms$ 内均匀可调)

5. 电弧螺柱焊机型号及主要技术参数

电弧螺柱焊机型号及主要技术参数见表 4 - 82。

现代先进的拉弧螺柱焊机多是采用微机控制，如为适应建筑业在工地施工的特殊情况，国外生产的一种 ARC2100M 螺柱焊机就是由微机控制的，能焊接的螺柱直径范围为 $6 \sim 22mm$，焊接电流最大为 2300A，可在 $300 \sim 2000A$ 无级调节，焊接时间可在 $10 \sim 1000ms$ 调节，焊接生产效率较高，对直径为 16mm 的螺柱，每分钟可焊接 10 件。

表 4 - 82　电弧螺柱焊机型号及主要技术参数

型号	RSN - 800	RSN - 1000	RSN - 1600	RSN - 2000	RSN - 2500
电源电压/V	380	380	380	340 ~ 420	380
相数/N	3	3	3	3	3
频率/Hz	50	50 ~ 60	50	50	50 ~ 60
输入容量/kV·A	70	10 ~ 60	140	170	10 ~ 230
空载电压/V	66	26 ~ 45	69	75	110(可调)
额定焊接电流/A	800	1000	1600	2000	2500
额定负载持续率/%	60	60	60	60	60
焊接电流调节范围/A	50 ~ 800	400 ~ 1000	120 ~ 1600	400 ~ 2000	200 ~ 2000
焊接螺柱直径/mm	3 ~ 12	6 ~ 12	3 ~ 19	6 ~ 18	4 ~ 25
质量/kg	250	120	350	370	600
用途及说明	该机适用于锅炉、汽车、建筑、电力等行业进行螺柱焊。具有良好的动特性、控制精度高、抗电网波动能力强、焊缝成形好、接头无焊穿和焊塌等特点	适用于钢结构建筑中圆柱头焊钉的焊接、各种紧固件的焊接、火车导轨压板螺柱的焊接等。具有焊接速度快（0.2 ~ 1.25s）、高效、低耗、全断面焊接新工艺、焊接质量好等特点	与 RSN—800 相同	适用于建筑及金属结构、船舶、锅炉、汽车、变压器等行业进行螺柱焊。具有快速、高效、质量可靠等特点。焊接时间为 0.2 ~ 1.5s	与 RSN—1000 相同

二、电容放电螺柱焊设备

手提式电容放电螺柱焊全套设备如图 4 - 85 所示。拉弧式手持电容放电螺柱焊枪的结构如图 4 - 86 所示，由夹持螺柱机构和将螺柱压入熔池的弹簧压下机构组成，电容放电螺柱焊枪与电弧螺柱焊的焊枪相似，但不需要瓷环夹持装置。

焊接电源和控制装置制成一体式结构。电源为一个蓄电池组，焊接能量在地电压下储存于大容量的电容器组内，其特点是输入功率较低。电容放电螺柱焊机型号及主要技术参数见表 4 - 83。

三、短周期螺柱焊设备

由于短周期螺柱焊容易实现自动化，所以成套设备一般包括电源及其控制装置、送料机和焊枪等，其中电源和控制装置是装在同一箱体内的。

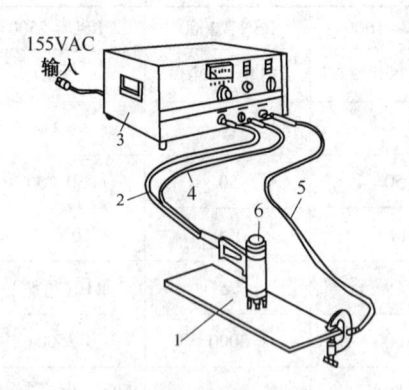

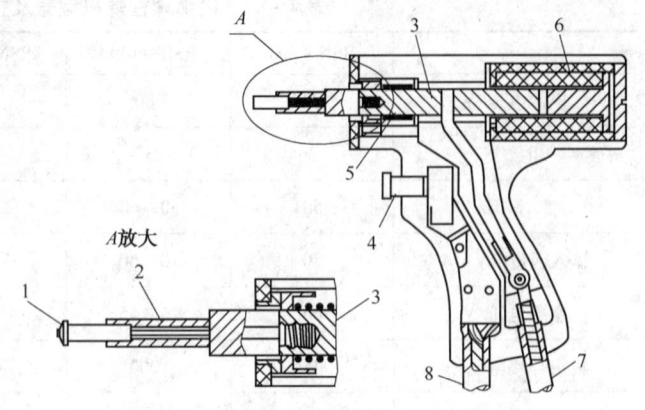

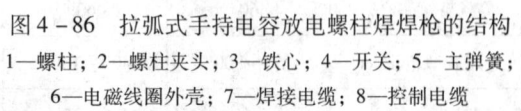

图 4 - 85　手提式电容放电螺柱焊全套设备
1—工件；2—控制电缆；3—电源及控制装置；
4—焊接电缆；5—地线；6—焊枪

图 4 - 86　拉弧式手持电容放电螺柱焊焊枪的结构
1—螺柱；2—螺柱夹头；3—铁心；4—开关；5—主弹簧；
6—电磁线圈外壳；7—焊接电缆；8—控制电缆

表 4 - 83　电容放电螺柱焊机型号及主要技术参数

型　号		RSR - 400	RSR - 800	RSR - 1250	RSR - 1600	RSR - 2500	RSR - 4000
电源电压/V		220/110	220/110	220/110	220/380	220/380	380
电源容量/kV · A		<1	<1.5	<2	<2.5	<3	—
额定储能量/J		400	800	1250	1600	2500	4000
电容器电压调节范围/V		40 ~ 160	40 ~ 160	40 ~ 160	40 ~ 160	40 ~ 160	<200
可焊螺柱 直径/mm	碳钢、不锈钢	2 ~ 5	3 ~ 6	3 ~ 8	4 ~ 10	4 ~ 12	4 ~ 12
	铜、铝及其合金	2 ~ 3	2 ~ 4	3 ~ 6	3 ~ 8	3 ~ 8	4 ~ 8
可焊螺柱 长度/mm	间隙式焊枪	≤100	≤100	≤100	≤100	≤100	≤100
	接触式焊枪	100 ~ 300	100 ~ 300	100 ~ 300	100 ~ 300	100 ~ 300	100 ~ 300
焊接生产率/（个/min）		20	15	12	10	10	5
焊机质量/kg		20	35	60	80	100	90
用途及说明		适用于碳钢、不锈钢、铜、铝及其合金螺柱焊接；比焊条电弧焊效率提高 4 倍，节电 80%；该类焊机需要电网容量小、生产率高、焊接质量好					适用于特制金属螺柱或条状物焊在薄金属板表面上

1. 电源及其控制装置

短周期螺柱焊的电源可以是整流器、电容器组，也可以是逆变器，一般情况下是两个电源并联，分别为先导电弧和焊接电弧供电。只有逆变器作为电源时，才可用同一电源，调制为大小不同的电流分别为先导电弧和焊接电弧供电。

（1）整流式短周期螺柱焊机电气原理如图 4 - 87 所示。若用于汽车制造，由两个整流器组成，图 4 - 87 中 UR1 整流器提供焊接电流 I_w，UR2 为半控桥，其导通角不可调，给螺栓提供先导电流 I_p。UR1 输入线电压 36V，UR2 输入线电压为 3 × 32V，当产生大电流后，这个电压差会使 UR2 自然关断，不再输出 I_p。

此电源的缺点是开环控制，对网路波动无法补偿。由于工频整流，频率响应慢，不具备

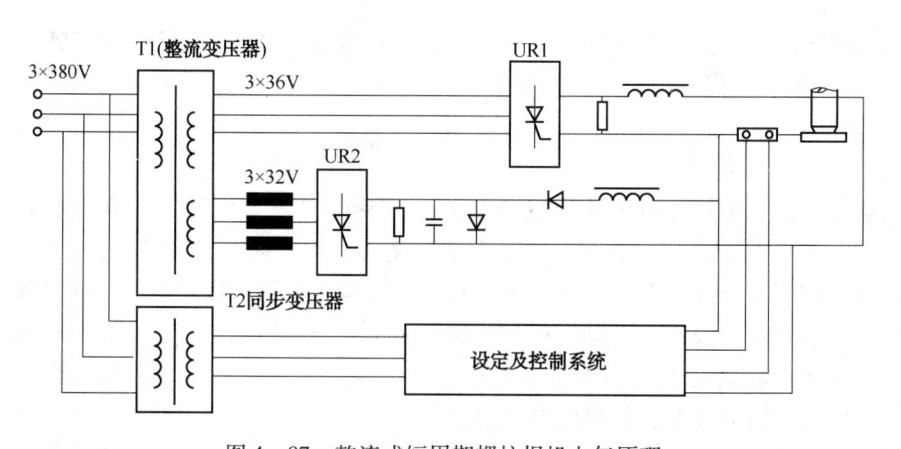

图 4 – 87　整流式短周期螺柱焊机电气原理

完整的监控系统，无法在螺柱下落过程中，对未浸入熔池前发生断电所造成的接头质量下降进行补偿。但其控制简单，成本低，基本上能满足如汽车等产品大规模生产的要求。国产这种焊机的主要技术参数：焊接电流 I_w 为 200 ~ 1000A；焊接电流时间 T_w 为 5 ~ 100ms；先导电流 I_p 为 40A；先导电流时间 T_p 为 5 ~ 100ms；可焊螺柱直径 d_3 – 8mm。

（2）逆变式短周期螺柱焊机电气原理如图 4 – 88 所示。该机采用单端正激逆变器作为电源，IGBT 为其开关元件，由微机控制，液晶显示。先导电流 I_p 和焊接电流 I_w 的转换靠脉宽控制（PWM）技术，采用旁路开关短接电抗器 L 的方法来实现。

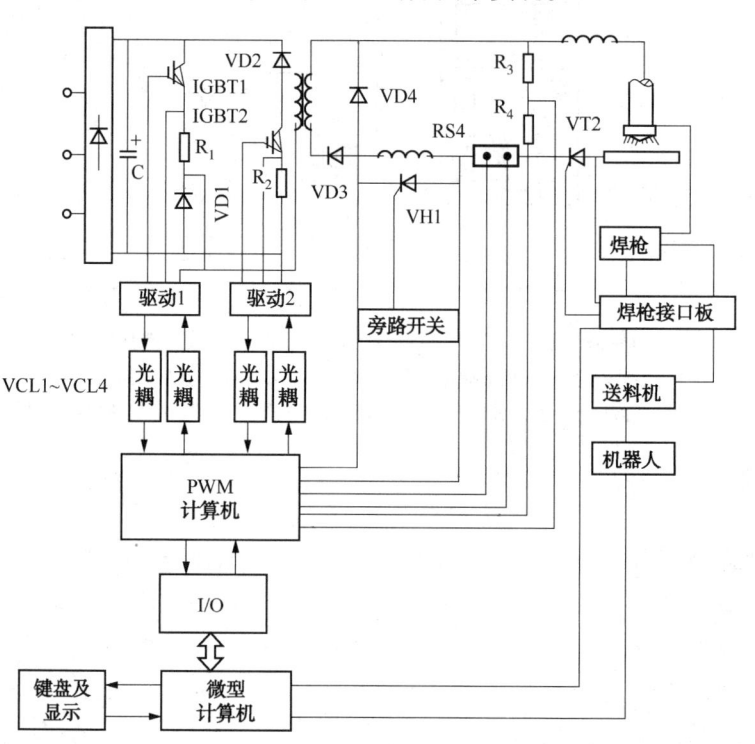

图 4 – 88　逆变式短周期螺柱焊机电气原理

该机代表了当前国内先进水平的螺柱焊接设备，它动特性好，有完备的监控系统，能可靠地保证"有电顶锻阶段" T_d 的到位，并有焊机故障信息提示。焊机的主要技术参数：主机

输入为 $3 \times 380V$，$50Hz$；压缩空气为 $3 \sim 6MPa$；输出焊接电流 I_w 为 $200 \sim 1000A$，焊接电流时间 T_w 为 $6 \sim 100ms$，先导电流 I_p 为 $30 \sim 100A$，先导电流时间 T_p 为 $30 \sim 100ms$，可焊螺柱直径 d 为 $3 \sim 10mm$。

2. 焊枪和自动送料器

短周期螺柱焊用的焊枪有手动焊枪和半自动(或自动)焊枪两种。焊枪的基本结构与有瓷环(套圈)保护螺柱焊所用的相似，也是由螺柱夹持机构、提升机构和弹簧压钉机构组成。对于手动焊枪需要装有接近开关，以保证只有当螺柱与工件可靠接触时，才能提取启动电压信号。半自动或自动焊枪是在手动焊枪的基础上多了一个装钉用的气缸。当螺柱在送料机中被压缩空气通过送料软管吹送到焊枪落钉槽中后，气缸活塞衔铁将螺柱推入导电夹中。此外，还有气路、送钉开关和送钉锁定开关等。

在进行半自动和自动焊接时，需配置螺柱自动送料机，其结构通常由滚筒装料器和分选器等组成。焊接时，滚筒旋转将螺柱送入滑动导轨，经分选器，由专供送料用的分离机构逐个送料，实现装载循环。根据螺柱直径的不同应配用不同的送料软管、软管离合器、导轨和分选器。

按主机 + 送料机 + 半自动焊枪 + 手动焊机方式配套，逆变式短周期螺柱焊机配套设备及其外部接线图如图 4 - 89 所示。

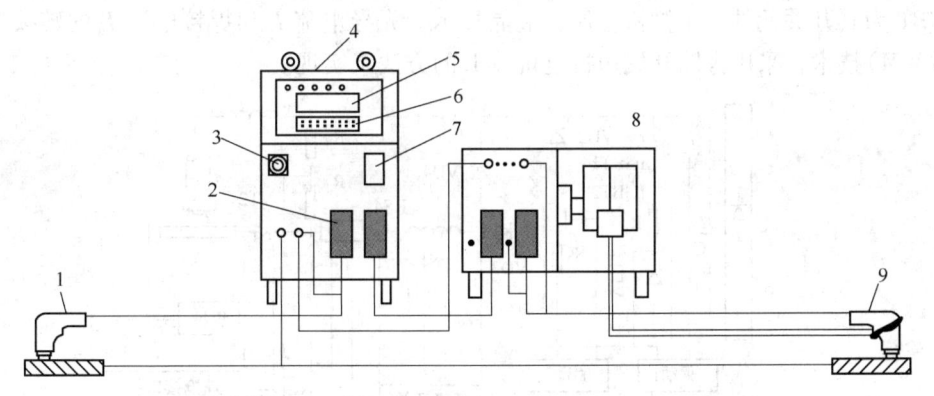

图 4 - 89 逆变式短周期螺柱焊机配套设备及其外部接线图

1—手动焊枪；2—矩形插件；3—电源开关；4—主机(电源及控制器)；

5—键盘；6—显示器；7—机器人接口；8—送料机；9—半自动焊枪

第五章 焊接方法及工艺技术

第一节 焊条电弧焊

一、焊条电弧焊的原理、特点及应用范围

1. 焊条电弧焊的原理

焊条电弧焊是利用焊条和焊件之间产生的焊接电弧来加热并熔化待焊处的母材金属或焊条以形成焊缝，如图 5-1 所示。

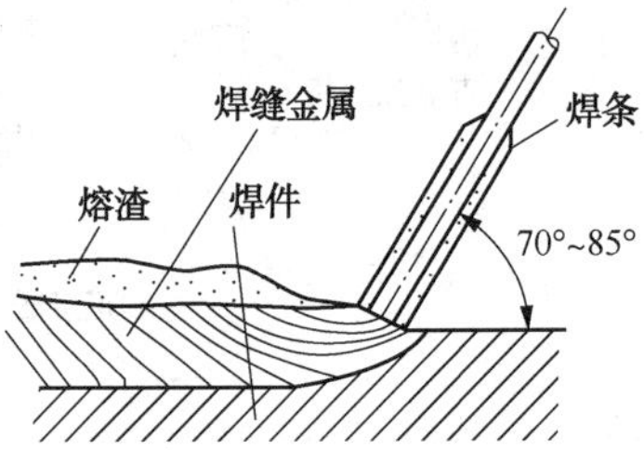

2. 焊条电弧焊的特点

（1）工艺灵活，适用于各种金属材料，以及各种厚度、各种结构形状、各种位置的焊接。

（2）由于焊接过程中用手工操作控制电弧长度、焊条角度、焊接速度等，因此，对焊接接头的装配尺寸要求可相对降低，易于通过改变工艺操作来控制变形和改善接头应力状况。

图 5-1　焊条电弧焊

（3）设备简单，操作方便，易于维修。与气体保护焊、埋弧焊等焊接方法相比，生产成本较低。

（4）生产效率低，焊工劳动强度较大，焊接质量不够稳定，因此，对焊工的操作技术水平和经验要求较高。

3. 焊条电弧焊的应用范围

焊条电弧焊在各行业中得到广泛应用，它可用来焊接低碳钢、低合金钢、不锈钢、耐热钢、铸铁及非铁金属材料等，详见表 5-1。

表 5-1　焊条电弧焊的应用范围

焊件材料	适用厚度/mm	主要接头形式
低碳钢、低合金钢	≥2~50	对接、T 型接、搭接、端接、堆焊
铝、铝合金	≥3	对接
不锈钢、耐热钢	≥2	对接、搭接、端接
纯铜、青铜	≥2	对接、堆焊、端接
铸铁	—	对接、堆焊、焊补
硬质合金	—	对接、堆焊

二、焊前准备

焊前准备工作很多，主要包括确定焊接接头形式、焊缝形式、坡口形式、坡口加工、工件焊前清理、工件的组装和定位焊等。

三、焊接参数的选择

焊条电弧焊焊接参数包括焊条种类、牌号和直径；焊接电流的种类、极性和大小；电弧电压；焊接层数等。第二章已介绍了坡口形式和尺寸的选择原则，第三章介绍了焊条种类和牌号的选择原则。

1. 电流种类和极性的选择

焊接电流种类的选择主要根据焊条药皮类型，一般可用交流，低氢钠型焊条采用直流反接；低氢钾型焊条和酸性焊条直流、交流均可采用。

极性是指直流焊机输出端正、负极的接法。焊件接正极，焊钳、焊条接负极称为正接；焊件接负极，焊钳、焊条接正极称为反接，如图 5 - 2 所示。低氢钠型和低氢钾型焊条用反接；交流和直流正、反接均可的酸性焊条，在用直流弧焊机焊接时，焊厚板用正接，焊薄板用反接。

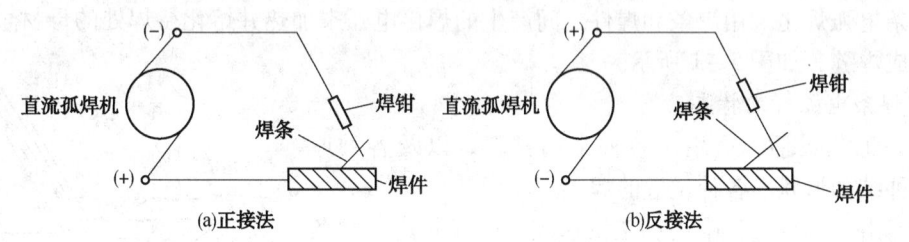

图 5 - 2　直流弧焊机正接与反接

2. 焊条直径的选择

（1）按焊件厚度选择。可参考表 5 - 2，开坡口多层焊的第一层及非平焊位置焊缝焊接，应该采用比平焊缝小的焊条直径。

表 5 - 2　焊条直径与焊件厚度的关系　　　　　　单位：mm

焊件厚度	≤1.5	2	3	4 ~ 5	6 ~ 12	>13
焊条直径	1.5	2	3.2	3.2 ~ 4	4 ~ 5	4 ~ 6

（2）按焊接位置选择。为了在焊接过程中获得较大的熔池，减少熔化金属下淌，在焊件厚度相同的条件下，平焊位置所用的焊条直径，比其他焊接位置要大一些；立焊位置所用的焊条直径≤5mm；横焊及仰焊时，所用的焊条直径≤4mm。

（3）按焊接层次选择。多层多道焊缝进行焊接时，如果第一层焊道选用的焊条直径过大，焊接坡口角度、根部间隙过小，焊条不能深入坡口根部，导致产生未焊透缺陷。所以，多层焊道的第一层焊道应采用的焊条直径为 2.5 ~ 3.2mm，以后各层焊道可根据焊件厚度选用较大直径的焊条焊接。

3. 焊接电流的选择

（1）按焊条直径选择。其方法是查表或计算。

① 查表。表 5 - 3 给出了各种直径焊条适用的焊接电流参考值。

表 5 - 3　各种直径焊条适用的焊接电流参考值

焊条直径/mm	1.6	2.0	2.5	3.2	4.0	5.0	5.8
焊接电流/A	25 ~ 40	40 ~ 65	50 ~ 80	100 ~ 130	160 ~ 210	200 ~ 270	260 ~ 300

② 用经验公式计算

$$I = (30 \sim 50)d \qquad\qquad (5-1)$$

式中，d 为焊条直径，mm；I 为焊接电流，A。

（2）按焊接位置选择。平焊时，可选择较大的电流进行焊接。横焊、立焊、仰焊时，焊接电流应比平焊电流小 10%～20%。

（3）按焊缝层数选择。打底焊道，特别是单面焊双面成形焊道应选择较小的可焊接电流；填充焊道可使用较大的焊接电流；盖面焊道使用的电流要稍小些。判断选择的电流是否合适有以下几种方法：

① 看飞溅。电流过大时，有较大颗粒的钢水向熔池外飞溅，爆裂声大；电流过小时，熔渣和钢水不易分清。

② 看焊缝成形。电流过大时，熔深大，焊缝下陷，焊缝两侧易咬边；电流过小时，焊缝窄而高，两侧与母材熔合不良。

③ 看焊条熔化状况。电流过大时，焊条熔化很快，并会过早发红；电流过小时，电弧不稳定，焊条易粘在焊件上。

4. 焊接电弧电压的选择

电弧电压主要由电弧长度决定。一般电弧长度为焊条直径的 1/2～1 倍，相应的电弧电压为 16～25V。碱性焊条弧长应为焊条直径的 1/2，酸性焊条的弧长应等于焊条直径。

5. 焊接层数的选择

焊接层数的确定原则是保证焊缝金属有足够的塑性。在保证焊接质量条件下，采用大直径焊条和大电流焊接，以提高劳动生产率。如图 5-3 所示，在进行多层多道焊接时，对低碳钢及 16Mn 等普通低合金钢，焊接层数对接头质量影响不大，但如果层数过少，每层焊缝厚度过大时，对焊缝金属的塑性有一定的影响。对于其他钢种都应采用多层多道焊，一般每层焊缝的厚度≤5mm。

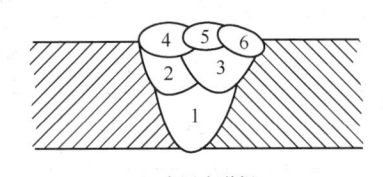

(a)多层焊　　　　　　　　　(b)多层多道焊

图 5-3　多层焊和多层多道焊

6. 焊接热输入和焊接速度的选择

焊接热输入是指熔焊时由焊接能源输入给单位长度焊缝的热能，其计算公式如下：

$$q = \frac{IU}{v}\eta \qquad\qquad (5-2)$$

式中，q 为单位长度焊缝的热输入，J/mm；I 为焊接电流，A；U 为电弧电压，V；v 为焊接速度，mm/s；η 为热效率(焊条电弧焊时 $\eta = 0.7 \sim 0.8$，埋弧焊时 $\eta = 0.8 \sim 0.95$，TIG 时 $\eta = 0.5$)。

例：焊接 Q345(16Mn)钢时，要求焊接时热输入不超过 28kJ/cm，如果选用焊接电流为 180A，电弧电压为 28V 时，试计算焊接速度是多少？

解：$I = 180\text{A}$，$q = 28\text{kJ/cm} = 2800\text{J/mm}$，$U = 28\text{V}$，取 $\eta = 0.7$。

$$v = \frac{IU}{q}\eta = \frac{180 \times 28 \times 0.7}{2800} = 1.26(\text{mm/s})$$

答：应选用的焊接速度为 1.26mm/s。

热输入对低碳钢焊接接头的性能影响不大，因此，对低碳钢的焊条电弧焊，一般不规定热输入。对于低合金钢和不锈钢，热输入太大时，焊接接头的性能将受到影响；热输入太小时，有的钢种在焊接过程中会出现裂纹缺陷，因此，对这些钢种焊接工艺要规定热输入量。

焊接速度可由电焊工根据具体情况灵活掌握，原则是保证焊缝具有所要求的外形尺寸，保证熔合良好。焊接那些对焊接线能量有严格要求的材料时，焊接速度按工艺文件规定掌握。在焊接过程中，焊工应随时调整焊接速度，以保证焊缝的高低和宽窄的一致性。如果焊接速度太慢，则焊缝会过高或过窄，外形不整齐，焊接薄板时甚至会烧穿；如果焊接速度太快，焊缝较窄，则会发生未焊透的缺陷。

7. 常用的焊条电弧焊焊接参数

常用的焊条电弧焊焊接参数见表 5 - 4。

表 5 - 4　常用的焊条电弧焊焊接参数

焊缝空间位置	焊缝断面形式	焊件厚度或焊脚尺寸/mm	第一层焊缝		其他各层焊缝		封底焊缝	
			焊条直径/mm	焊接电流/A	焊条直径/mm	焊接电流/A	焊条直径/mm	焊接电流/A
平对接焊		2	2	55 ~ 60	—	—	2	55 ~ 60
		2.5 ~ 3.5	3.2	90 ~ 120	—	—	3.2	90 ~ 120
		4 ~ 5	3.2	100 ~ 130	—	—	3.2	100 ~ 130
			4	160 ~ 200	—	—	4	160 ~ 210
			5	200 ~ 260	—	—	5	220 ~ 250
		5 ~ 6	4	160 ~ 210	—	—	3.2	100 ~ 130
							4	180 ~ 210
		≥8	4	160 ~ 210	4	160 ~ 210	4	180 ~ 210
					5	220 ~ 280	5	220 ~ 260
		≥12	4	160 ~ 210	4	160 ~ 210	—	—
					5	220 ~ 280	—	—
立对接焊		2	2	50 ~ 55	—	—	2	50 ~ 55
		2.5 ~ 4	3.2	80 ~ 110	—	—	3.2	80 ~ 110
		5 ~ 6	3.2	90 ~ 120	—	—	3.2	90 ~ 120
		7 ~ 10	3.2	90 ~ 120	4	120 ~ 160	3.2	90 ~ 120
			4	120 ~ 160			3.2	90 ~ 120
		≥11	3.2	90 ~ 120	4	120 ~ 160	3.2	90 ~ 120
			4	120 ~ 160	5	160 ~ 200		
		12 ~ 18	3.2	90 ~ 120	4	120 ~ 160	—	—
			4	120 ~ 160			—	—
		≥19	3.2	90 ~ 120	4	120 ~ 160	—	—
			4	120 ~ 160	5	160 ~ 200	—	—

续表

焊缝空间位置	焊缝断面形式	焊件厚度或焊脚尺寸/mm	第一层焊缝		其他各层焊缝		封底焊缝	
			焊条直径/mm	焊接电流/A	焊条直径/mm	焊接电流/A	焊条直径/mm	焊接电流/A
横对接焊		2	2	50~55	—	—	2	50~55
		2.5	3.2	80~110	—	—	3.2	80~110
		3~4	3.2	90~120	—	—	3.2	90~120
		3~4	4	120~160	—	—	4	120~160
		5~8	3.2	90~120	3.2	90~120	3.2	90~120
		5~8			4	140~160	4	120~160
		≥9	3.2	90~120	4	140~160	3.2	90~120
		≥9	4	140~160			4	120~160
		14~18	3.2	90~120	4	140~160	—	—
		14~18	4	140~160			—	—
		≥19	4	140~160	4	140~160	—	—
仰对接焊		2	—	—	—	—	2	50~65
		2.5	—	—	—	—	3.2	80~110
		3~5	—	—	—	—	3.2	90~110
		3~5	—	—	—	—	4	120~160
		5~8	3.2	90~120	3.2	90~120	—	—
		5~8			4	140~160	—	—
		≥9	3.2	90~120	4	140~160	—	—
		≥9	4	140~160			—	—
		12~18	3.2	90~120	4	140~160	—	—
		12~18	4	140~160			—	—
		≥19	4	140~160	4	140~160	—	—
平角接焊		2	2	55~65	—	—	—	—
		3	3.2	100~120	—	—	—	—
		4	3.2	100~120	—	—	—	—
		4	4	160~200	—	—	—	—
		5~6	4	160~200	—	—	—	—
		5~6	5	220~280	—	—	—	—
		≥7	4	160~200	5	220~230	—	—
		≥7	5	220~280	5	220~230	—	—
		—	4	160~200	4	160~200	4	160~220
		—			5	220~280		

续表

焊缝空间位置	焊缝断面形式	焊件厚度或焊脚尺寸/mm	第一层焊缝		其他各层焊缝		封底焊缝	
			焊条直径/mm	焊接电流/A	焊条直径/mm	焊接电流/A	焊条直径/mm	焊接电流/A
立角接焊		2	2	50~60	—	—	—	—
		3~4	3.2	90~120				
		5~8	3.2	90~120				
			4	120~160				
		9~12	3.2	90~120	4	120~160	—	—
			4	120~160				
		—	3.2	90~120	4	120~160	3.2	90~120
			4	120~160				
仰角接焊		2	2	50~60	—	—	—	—
		3~4	3.2	90~120	—	—	—	—
		5~6	3.2	90~120	—	—	—	—
		≥7	4	140~160	4	140~160	—	—
		—	3.2	90~120	4	140~160	3.2	90~120
			4	140~160			4	140~160

四、基本操作技术

焊条电弧焊的基本操作技术大体包括引弧、运条、起焊、接头和收弧。焊接操作过程中，运用好这五种操作技术，是保证焊缝质量的关键。

1. 引弧

引弧是指电弧焊开始时引燃焊接电弧的过程，引弧是电弧焊操作中最基本的动作，如果引弧方法不当会产生气孔、夹渣等焊接缺陷。电弧焊施工过程中，引弧的方法有直击法和划擦法两种。

直击法和划擦法引弧的比较见表 5-5。

表 5-5　引弧方法比较

方　法	示　意　图	操 作 方 法	特　　点
直击法		先将焊条末端对准焊缝，然后稍点一下手腕，使焊条轻轻碰一下焊件，随即将焊条提起引燃电弧，迅速将电弧移至起头位置，并使电弧保持一定的长度，开始焊接	直击法容易使焊条粘住焊件，若用力过猛还会造成药皮脱落，应熟练掌握操作技术
划擦法		先将焊条末端对准焊缝，然后将手腕扭转一下，使焊条在焊件表面轻微划一下，动作有点像划火柴，用力不能过猛。引燃电弧后焊条不能离开焊件过高，一般为 2~4cm 左右，且不能超出焊缝范围。然后手腕扭平，将电弧拉回到起头位置，并使电弧保持适当的长度，开始焊接	划擦法操作不当易损伤焊件表面，不如直击法好

2. 运条

焊接过程中，焊条相对焊缝所做的各种运动的总称叫运条。常用的运条方法及其适用范围见表5-6。

表5-6　常用运条方法及其适用范围

运条方法	示意图	操作方法	适用范围
直线形运条法		直线形运条法要求在焊接时保持一定的弧长，沿着焊接方向不作横向摆动的前移，由于焊条不作横向摆动，所以电弧较稳定，能获得较大的熔深，焊速也较快，对于怕过热的焊件及薄板的焊接有利，但焊缝比较窄	这种方法适用于板厚为3~5mm的不开坡口对接平焊、多层焊的第一层和多层多道焊
直线往返形运条法		直线往返形运条法是指焊条末端沿焊缝方向作来回的直线摆动，在实际操作中，电弧的长度是变化的。焊接时应保持较短的电弧；焊接一小段后，电弧较长，向前挑动，待熔池稍凝，又回到熔池继续焊接	这种方法速度快、焊缝窄、散热快，适用于薄板和对接间隙较大的底层焊接
锯齿形运条法		锯齿形运条法是指在焊条末端向前移动的同时作锯齿形的连续摆动，并在两旁稍加停顿，停顿时间与工件厚度、电流的大小、焊缝宽度及焊接位置有关，这样做主要是保证两侧熔化良好，且不产生咬边。左右摆动是为了控制熔化金属的成形及得到所需要的焊缝宽度	这种运条方法操作容易，在实际操作中运用较广，多用于厚板的焊接
月牙形运条法		月牙形运条法操作方法与锯齿形相似，只是焊条末端摆动的形状为月牙形，为了使焊缝两侧熔合良好，且避免咬边，要注意月牙两尖端的停留时间	月牙形运条法应用广泛，但不适用于宽度较小的立焊缝
三角形运条法		三角形运条法是指焊条末端在前移的同时作连续的三角形运动，根据适用场合的不同，可分为斜三角形与正三角形两种	正三角形运条法适合于开坡口的对接接头和T字接头的立焊，尤其是内层受坡口两侧斜面的限制，宽度较小的时候，在三角形折角处要稍加停顿，使焊缝两侧熔化充分，避免产生夹渣，同时也能得到焊缝断面较大的焊缝； 斜三角形运条法适用于除了立焊外的角接焊缝和有坡口的对接横焊缝。它的优点是能够借焊条的不对称摆动来控制熔化金属，借以得到良好的焊缝成形
圆圈形运条法		圆圈形运条法是指焊条末端在前移的同时作圆圈形运动，根据焊缝位置的不同，有正圆圈形和斜圆圈形两种	正圆圈形运条法适合于较厚工件的平焊缝。它的优点是熔池高温时间停留长，使熔池中的气体和溶渣都易于排出； 斜圆圈形运条法适用于除了立焊外的角接焊缝，与斜三角形运条法相似，有利于控制熔化金属的形成

3. 焊缝的起焊、接头和收弧

1）起焊

焊缝起头时，由于母材温度尚低，容易出现熔深浅、焊缝窄而高，甚至未焊透等缺陷。克服这些缺陷的工艺措施如下：

（1）将电弧有意提高，对工件预热，等工件预热到一定温度再压低电弧，进入正常焊接状态。

（2）对于重要工件、重要焊缝，在条件允许的情况下尽量采用引弧板，将不合要求的焊缝部分引到工件之外，焊后去除。

2）焊缝的接头

焊缝接头的操作要点见表5-7。

表5-7　焊缝接头的操作要点

接头方式	示意图	操作要点
中间接头	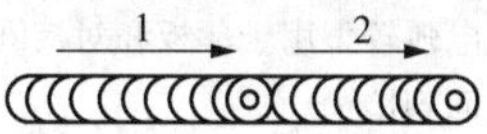	在弧坑前约10mm附近引弧，弧长略长于正常焊接弧长时，移回弧坑，压低电弧稍作摆动，再向前正常焊接
相背接头		先焊焊缝的起头处要略低些，后焊的焊缝必须在前条焊缝始端稍前处起弧，然后稍拉长电弧，并逐渐引向前条焊缝的始端，并覆盖此始端，焊平后，再向焊接方向移动
相向接头	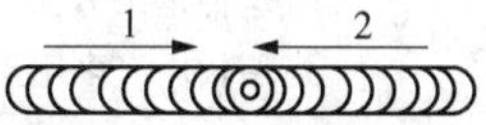	后焊焊缝到先焊焊缝的收弧处时，焊接速度放慢，填满先焊焊缝的弧坑后，以较快的速度再略向前焊一段后熄弧
分段退焊接头	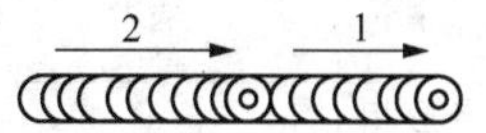	后焊焊缝靠近前焊焊缝始端时，改变焊条角度，使焊条指向前焊焊缝的始端，拉长电弧，形成熔池后，压低电弧返回原熔池处收弧

3）收弧

收弧是指一条焊缝结束时采用的收弧方法。如果焊缝收尾时采用立即拉断电弧收弧，则会形成低于工件表面的弧坑，容易产生应力集中和减弱接头强度，从而导致产生弧坑裂纹。焊条电弧焊常用的收弧方法见表5-8。

表5-8　焊条电弧焊常用的收弧方法

收弧方法	操作要点	使用范围
画圈收弧法	焊接电弧移至焊缝终端时，焊条端部作圆圈运动，直至弧坑被填满后再断弧	适用于厚板焊接
回焊收弧法	焊接电弧移至焊缝收尾处稍停，然后改变焊条角度回焊一小段后断弧	适用于碱性焊条焊接
反复熄弧-引弧法	在焊缝终端多次熄弧和引弧，直到弧坑填满为止	适用于大电流或薄板焊接

五、常见焊接位置的操作要点

① 焊条电弧焊平焊位置的焊接特点及操作要点见表5-9。

表5-9　焊条电弧焊平焊位置的焊接特点及操作要点

焊条角度图示	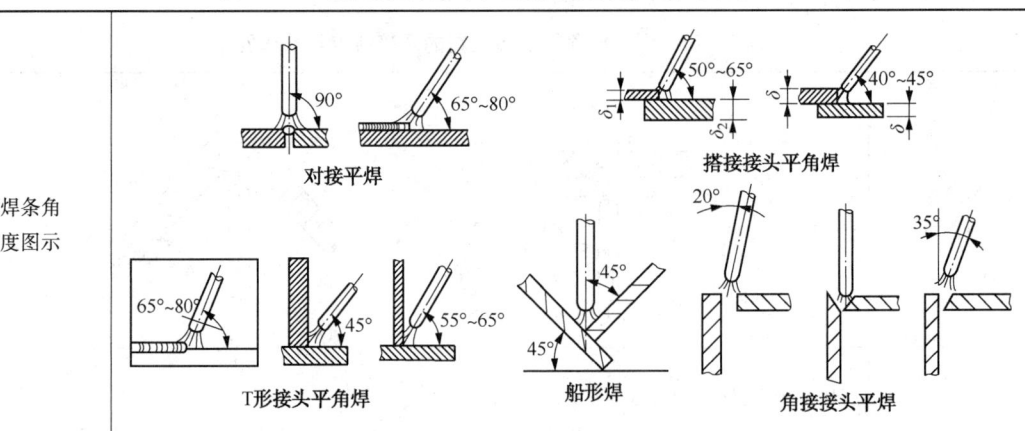

对接平焊　　　　搭接接头平角焊

T形接头平角焊　　　船形焊　　　角接接头平角焊

焊接特点	1. 熔滴金属主要依靠自重向熔池过渡； 2. 熔池形状和熔池金属容易保持； 3. 焊接同样板厚金属，平焊位置焊接电流比其他焊接位置大，生产效率高； 4. 熔渣和熔池金属易出现搅混现象，特别是焊接角焊缝时，熔渣容易超前而形成夹渣； 5. 焊接参数和操作不正确时，在焊接第一道焊缝时容易形成焊瘤、未焊透、咬边等缺陷； 6. 平板对接焊接时，若焊接参数或焊接顺序选择不当，容易产生焊接变形； 7. 单面焊双面成形时，第一道焊缝容易产生熔透程度不匀，背面成形不良等现象
操作要点	1. 根据板厚可以选用直径较大的焊条和较大的焊接电流焊接； 2. 焊接时焊条与工件成40°～90°夹角，控制好熔渣与液态金属分离，防止熔渣出现超前现象； 3. 当板厚≤6mm时，对接平焊一般开I形坡口，正面焊缝宜采用直径3.2～4mm的焊条短弧焊，熔深应达到工件厚度的2/3。背面封底焊前，可以不铲除焊根（重要构件除外），但要将熔渣清理干净，焊接电流可大一些； 4. 对接平焊若有熔渣和熔池金属混合不清的现象时，可将电弧拉长，焊条前倾，并做向熔池后方推送熔渣的动作，以防止夹渣； 5. 焊接水平倾斜焊缝时，应采用上坡焊，防止熔渣向熔池前方流动，避免焊缝产生夹渣缺陷； 6. 采用多层多道焊时，应注意选好焊道数及焊道顺序； 7. T形、角接、搭接的平角焊接头，若两板厚度不同，应调整焊条角度，将电弧偏向厚板一边，使两板受热均匀； 8. 正确选用运条的方式： ① 板厚≤6mm，I形坡口对接平焊，采用双面焊时，正面焊缝采用直线形运条方式，稍慢，背面焊缝也采用直线形运条方式，焊接电流应比焊正面焊缝时稍大些，运条要快； ② 板厚≥6mm，开其他形坡口[①]对接平焊，可采用多层焊或多层多道焊，第一层（打底焊）宜用小直径焊条、小焊接电流、直线形运条或锯齿形运条方式焊接，以后各层焊接时，可选用较大直径的焊条和较大的焊接电流的短弧焊。锯齿运条方式在坡口两侧须停留。相邻层焊接方向应相反，焊接接头须错开； ③ T形接头平角焊的焊脚尺寸＜6mm时，可选用单层焊，用直线形、斜环形或锯齿形运条方式；焊脚尺寸较大时，宜采用多层焊或多层多道焊，打底焊都采用直线形运条方式，其后各层的焊接可选用斜锯齿形、斜环形运条方式。多层多道焊宜选用直线形运条方式焊接； ④ 搭接、角接平角焊时，运条操作与T形接头平角焊运条方式相似； ⑤ 船形焊的运条操作与开坡口对接平焊相似

注：① 开其他坡口指除I形坡口以外的其他形坡口，如V形、X形、Y形等。余同。

② 焊条电弧焊立焊位置的焊接特点及操作要点见表 5 - 10。

表 5 - 10　焊条电弧焊立焊位置的焊接特点及操作要点

焊条角度图示	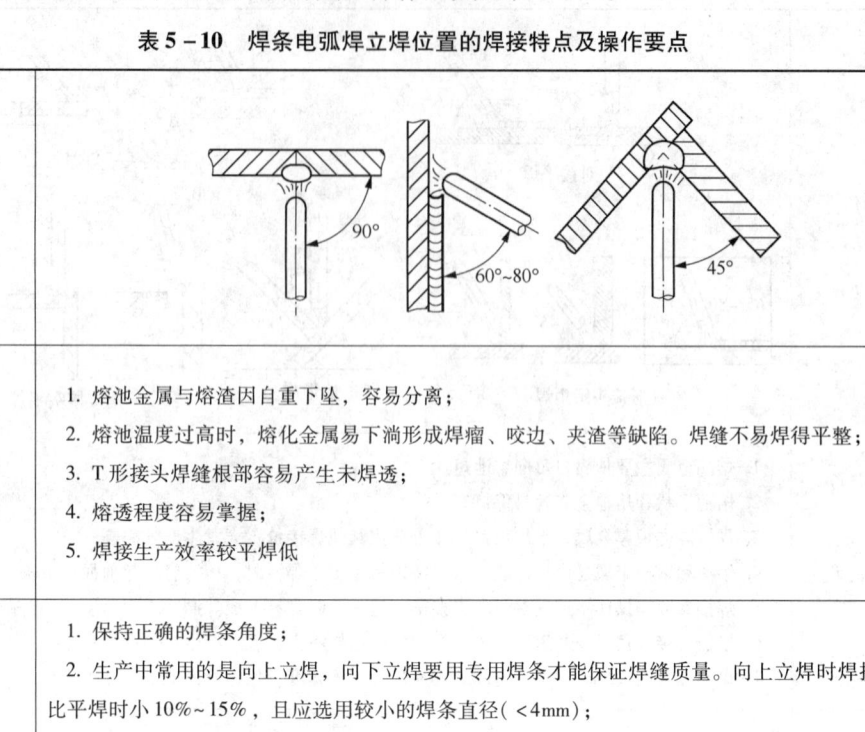
焊接特点	1. 熔池金属与熔渣因自重下坠，容易分离； 2. 熔池温度过高时，熔化金属易下淌形成焊瘤、咬边、夹渣等缺陷。焊缝不易焊得平整； 3. T 形接头焊缝根部容易产生未焊透； 4. 熔透程度容易掌握； 5. 焊接生产效率较平焊低
操作要点	1. 保持正确的焊条角度； 2. 生产中常用的是向上立焊，向下立焊要用专用焊条才能保证焊缝质量。向上立焊时焊接电流应比平焊时小 10%～15%，且应选用较小的焊条直径（＜4mm）； 3. 采用短弧施焊，缩短熔滴过渡到熔池的距离； 4. 采用正确的运条方式： ① I 形坡口对接（常用于薄板）向上立焊时，可选用直线形、锯齿形、月牙形运条方式和跳弧法施焊，最大弧长应≤6mm； ② 开其他形坡口对接立焊时，第一层焊缝常选用跳弧法或摆幅不大的月牙形、三角形运条方式焊接，其后可采用月牙形或锯齿形运条方式； ③ T 形接头立焊时，焊条应在焊缝两侧及顶角有适当的停留时间，捍条摆动辐度应不大于焊缝宽度。运条操作与开其他形式坡口对接的立焊相似； ④ 焊接盖面层时，应根据对焊缝表面的要求选用运条方式。焊缝表面要求稍高的可采用月牙形运条方式；如只要求焊缝表面平整的可采用锯齿形运条方式

③ 焊条电弧焊横焊位置的焊接特点及操作要点见表 5 - 11。

表 5 - 11　焊条电弧焊横焊位置的焊接特点及操作要点

焊条角度图示	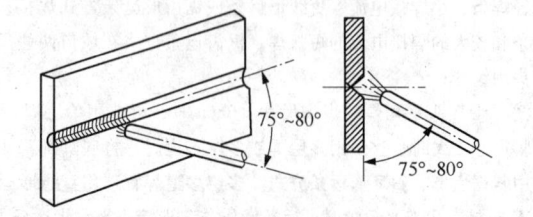
焊接特点	1. 熔化金属因自重易下坠坡口上，造成坡口上侧产生咬边缺陷、下侧形成泪滴形焊瘤或未焊透； 2. 熔化金属与熔渣易分清，略似立焊

续表

操作要点	1. 对接横焊开坡口一般为 V 形或 K 形。板厚为 3～4mm 的对接接头可用 I 形坡口双面焊； 2. 选用小直径焊条，焊接电流较平焊电流小些，短弧操作，能较好地控制熔化金属流淌； 3. 厚板横焊时，打底焊缝以外的焊缝，宜采用多层多道焊法施焊； 4. 多层多道焊时，要特点注意控制焊道间的重叠距离。每道叠焊，应在前一道焊缝的 1/3 处开始焊接，以防止焊缝产生凹凸不平； 5. 根据具体情况，保持适当的焊条角度。焊接速度应稍快且要均匀； 6. 采用正确的运条方式： ① 开 I 形坡口对接横焊时，正面焊缝采用往复直线运条方式较好。稍厚件宜选用直线形或小斜环形运条方式，背面焊缝选用直线形运条方式，焊接电流可适当加大； ② 开其他形坡口对接多层横焊，间隙较小时，可采用直线形运条方式；间隙较大时，打底层可采用直线往复形运条方式，其后各层多层焊时，可采用斜环形运条方式，多层多道焊时，宜采用直线形运条方式

④ 焊条电弧焊仰焊位置的焊接特点及操作特点见表 5-12。

表 5-12 焊条电弧焊仰焊位置的焊接特点及操作要点

焊条角度图示	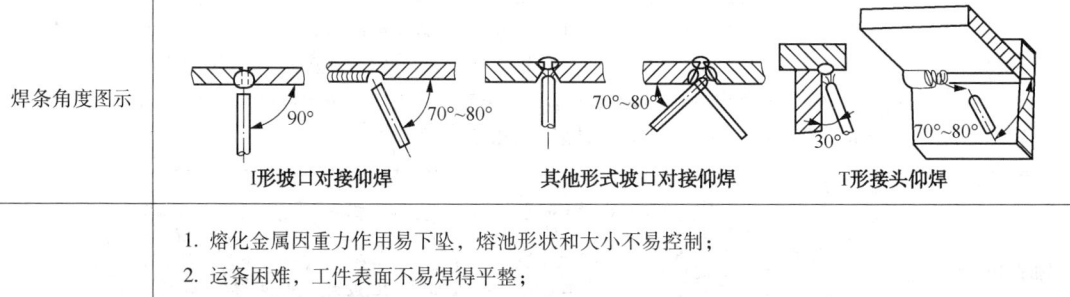 I 形坡口对接仰焊　　　　其他形式坡口对接仰焊　　　　T 形接头仰焊
焊接特点	1. 熔化金属因重力作用易下坠，熔池形状和大小不易控制； 2. 运条困难，工件表面不易焊得平整； 3. 易出现夹渣、未焊透、凹陷焊瘤及焊缝成形不好等缺陷； 4. 流淌的熔化金属易飞溅扩散，若防护不当，容易造成烫伤事故； 5. 仰焊比其他空间位置焊接效率低
操作要点	1. 对接焊缝仰焊，当工件厚度 ≤4mm 时，采用 I 形坡口，选用直径 3.2mm 的焊条，焊接电流要适中。工件厚度 ≥5mm 时，采用 V 形坡口多层多道焊； 2. T 形接头焊缝仰焊，当焊脚 <8mm 时，宜采用单层焊，焊脚 >8mm 时采用多层多道焊； 3. 根据具体情况，选用以下正确的运条方式： ① 开 I 形坡口对接仰焊时，间隙小时适用于直线形运条方式，间隙较大则用直线往复形运条方式； ② 开其他形坡口对接多层仰焊时，打底层焊接的运条方式，应根据坡口间隙的大小，选用直线形或直线往复形运条方式，其后各层可选用锯齿形或月牙形运条方式。多层多道焊宜采用直线形运条方式。无论采用哪种运条方式，每一次向熔池过渡的熔化金属均不宜过多； ③ T 形接头仰焊时，焊脚尺寸如果较小，可采用直线形或往复直线形运条方式，由单层焊接完成。煤脚尺寸若较大时，可用多层焊或多层多道焊施焊，第一层宜采用直线形运条方式，其后各层可选用斜三角形或斜环形的运条方式

六、单面焊双面成形的操作方法

单面焊双面成形是用单面施焊的方式，在具有单面 V 形或 V 形坡口的焊件上，采用普通焊条，在不需要采取任何辅助措施条件下，只是坡口根部在进行定位焊时，按焊接的不同操作手法留出不同的间隙，在坡口的正面进行焊接，就会在坡口的正、背两面都能得到均匀整齐、成形良好、符合质量要求的焊缝。这种方法主要适用于板状对接接头、管状对接接头和骑座式管板接头。按操作手法不同，单面焊双面成形可分为连弧焊法（又称连续施焊法）和断弧焊法（又称间断灭弧施焊法），是锅炉、压力容器焊工应熟练掌握的操作技能。

　　1. 连弧焊操作方法

　　连弧焊是在焊接过程中电弧连续燃烧，采用较小的坡口钝边间隙，选用较小的焊接电流，短弧连续施焊。由于它对焊件的装配质量及焊接参数的选择都有严格的要求，因此，要求焊工熟练掌握，否则在施焊过程中容易产生烧穿或未焊透等缺陷。连弧焊打底层单面焊双面成形技法见表 5 – 13。各种位置连弧焊的工艺参数及操作要点见表 5 – 14。

表 5 – 13　连弧焊打底层单面焊双面成形技法

项　目	内　容
引弧	在始焊处对准坡口中心采用划擦引弧，焊条与工件的角度为60°～70°处于间隙中心。焊至定位焊缝尾部时，以稍长的电弧（弧长约为 3.5mm）在该处以小齿距的锯齿形运条法做横向摆动来进行预热。稍过片刻，当看到定位焊缝与坡口根部金属有"出汗"现象时，应立即压低电弧（弧长约为 2mm），待 1s 之后听到电弧穿透坡口而发生"噗噗"声，同时看到定位焊缝以及坡口根部两侧金属开始熔化并形成熔池，说明引弧工作结束，可以进行连弧焊接
焊条倾角与坡口根部熔入尺寸	 （a）平焊　　（b）立焊　　（c）横焊　　（d）仰焊
运条方法	1. 板平焊 ① 采用直线小摆动运条方法。焊条摆动应始终保持在钝边口两侧之间进行，每边熔化缺口控制在 0.5mm 为宜； ② 进退清根法。运条采用前后进退操作，焊条向前进时为焊接，时间较长，向后退时为降低熔池金属温度，为下个焊点的焊接做准备，这个过程时间较短； 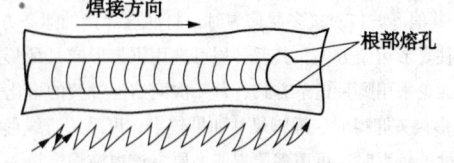 ③ 左右清根法。焊接过程中，电弧在坡口两侧做交替进退清根。适用于坡口间隙大的焊缝 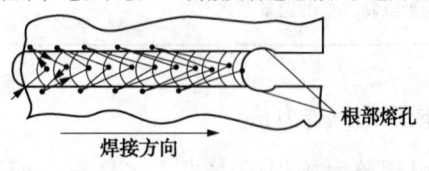

项　　目	内　　容
运条方法	**2. 板立焊** ① 上下运弧法。电弧向上运弧时，用以降低熔池温度，不拉断电弧，为电弧向下运弧焊接做准备。电弧向下运弧到根部熔孔时开始焊接。适用于坡口间隙较小的焊缝； 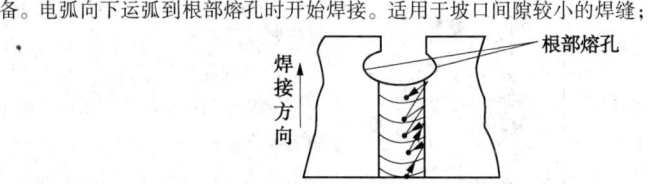 ② 左右挑弧法。将电弧左右挑起，用以分散热量，降低熔池温度，左右挑弧时，并不熄灭电弧，目的在于为电弧向下运弧焊接做准备。电弧向下运弧到根部熔孔时开始焊接。适用于坡口间隙较小的焊缝； 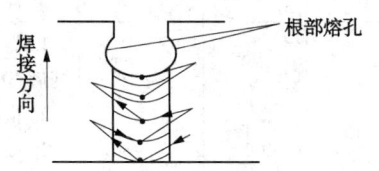 ③ 左右凸摆法。焊接电弧在坡口间隙中左右交替(不熄弧)焊接，以分散焊接电弧热量，防止液态金属因温度过高而外溢流淌。电弧左右摆动时，中间为凸形圆弧，多用于间隙偏大的焊缝 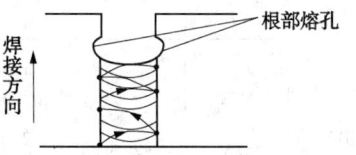
	3. 板横焊 ① 直线进退清根法。焊条按一定的频率做直线进退运弧(运弧过程不熄火)，电弧前进到根部熔孔时开始焊接，退弧运条是为了分散电弧热量，防止熔化金属因温度过高而外溢流淌形成焊瘤。退弧运条一瞬间即观察熔孔大小及位置，为进弧焊接做准备。多用于焊接间隙偏小的焊缝； 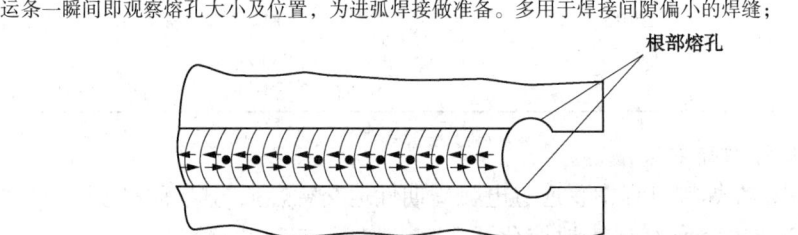 ② 直线运条法。焊条由始焊端起弧，以短弧直线运条，将焊条焊完为止，多用于焊接小间隙焊缝
	4. 板仰焊 采用直线运条左右略有小摆动法。在焊接过程中，为克服熔池液态金属下坠而造成凹陷，焊条应伸入坡口间隙，尽量向焊缝背面送电弧，把熔化的液态金属向上顶。为使坡口两侧钝边熔化，焊条应略有左右小摆动
收弧	在需要更换焊条而熄弧之前，应将焊条下压，使熔孔稍微扩大后往回焊接 15～20mm，形成斜坡形再熄弧，为下一根焊条引弧打下良好的接头基础

表 5 – 14　各种位置连弧焊的工艺参数及操作要点

焊接位置	板厚/mm	焊条牌号(国标型号)	焊条直径/mm	焊接电流/A	连弧焊操作要点
平焊	8 ~ 12	E5015(J507)	3. 2	80 ~ 90	换焊条时的接头是难点，一方面收弧时易在背面焊道产生冷缩孔，另一方面接头时易产生焊道脱节。其操作要点是： 1. 收弧前在熔池前方做一熔孔后，再将电弧向坡口一侧带 10 ~ 15mm 收弧或往熔池前的一坡口面上给两滴钢水收弧； 2. 接头时，在距弧坑 10 ~ 15mm 处起弧，运条至弧坑根部，将焊条沿已有的熔孔下压，听到"噗"声后，停顿 2s 左右，提起焊条正常焊接； 3. 焊接时，焊件背面应保持 1/2 的弧柱
立焊	8 ~ 12	E5015(J507)	3. 2	70 ~ 80	1. 做击穿动作时，焊条倾角应稍大于 90°，出现熔孔后立即恢复到 70° ~ 80°； 2. 横向摆动时，向上的幅度不宜过大； 3. 接头时，须先将焊道端部修磨成缓坡后，再进行接头操作； 4. 焊接时，焊件背面应保持 1/2 的弧柱； 5. 在保证背面成形的前提下，焊道越薄越好
横焊	8 ~ 12	E5015(J507)	3. 2	75 ~ 85	1. 在始焊部位上侧坡口引弧，待根部钝边熔化后，再将钢水带到下侧，形成第一个熔池后，再击穿熔池； 2. 斜椭圆形运条，从上向下时运条慢些，从下向上时运条快些； 3. 收弧时，将电弧带到坡口上侧，向后方提起收弧； 4. 焊接时，焊件背面应保持 2/3 的弧柱
仰焊	8 ~ 12	E5015(J507)	3. 2	75 ~ 85	1. 短弧； 2. 使新熔池覆盖前熔池的 1/2，适当加快焊速，形成薄焊肉； 3. 焊接时，焊件背面应保持 2/3 的弧柱

2. 断弧焊操作方法

断弧焊是在焊接过程中，通过电弧周期性地交替燃弧与断弧(灭弧)，并控制灭弧时间，使母材坡口钝边金属有规律地熔化成一定尺寸的熔孔，以获得良好的背面成形和内部质量。断弧焊采用的坡口钝边间隙比连弧焊稍大，选用的焊接电流范围也较宽，比连弧焊灵活，适应性强。但其操作手法变化大，掌握起来有一定的困难。断弧焊操作手法主要有一点法和两点法。如图 5 – 4 所示，一点法适用于薄板、小直径管(≤φ60mm)及小间隙(1.5 ~ 2.5mm)条件下的焊接，两点法适用于厚板、大直径管、大间隙条件下的焊接。

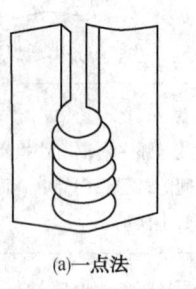
(a)一点法

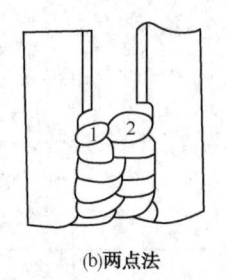
(b)两点法

图 5 – 4　断弧焊中常用的操作手法

断弧法单面焊双面成形技法见表5-15，各种位置断弧焊的焊接参数及操作要点见表5-16。

表5-15　断弧焊打底层单面焊双面成形技法

项　目	内　容
引弧	在焊件始焊端前方10～15mm处的坡口面上划擦引弧，然后沿直线运条将电弧拉长(弧长约3.5mm)至始焊处，稍做摆动2～3个来回，对焊件进行1～2s预热，当坡口根部呈现"出汗"现象时，立即压低电弧(弧长约2mm)，1～2s后，可听到"噗噗"的电弧穿透坡口发出的声音，同时还看到坡口两侧、定位焊缝与坡口根部相接金属开始熔化，形成熔池并有熔孔，说明引弧工作结束，可以进行断弧打底层焊接
焊条倾角与坡口根部熔入尺寸	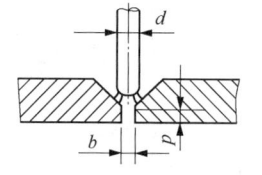 (a)平焊位置　　(b)立焊位置　　(c)横焊位置　　(d)仰焊位置
运条方法及特点	1. 一点击穿法(适用条件为$d > b$；$p = 0 \sim 0.5mm$)：电弧同时在坡口两侧燃烧，两侧钝边同时熔化，然后迅速熄弧，在熔池将要凝固时，又在灭弧处引燃电弧、击穿、停顿，周而复始重复进行； 优点：不易出现夹渣、气孔等缺陷； 缺点：熔池温度不易控制。温度低，容易出现未焊透；温度高，则背面余高过大，甚至出现焊瘤 2. 二点击穿法(适用条件为$d \leqslant b$；$p = 0 \sim 1mm$)：电弧分别在坡口两侧交替引燃，左侧钝边给一滴熔化金属，右侧钝边也给一滴熔化金属，依次循环； 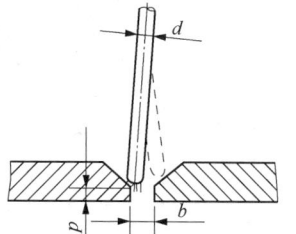 这种方法比较容易掌握，熔池温度也容易控制，钝边熔合良好。但易出现夹渣、气孔等缺陷。如果熔池的温度控制在前一个熔池尚未凝固，就能避免产生气孔和夹渣； 3. 三点击穿法(适用条件为$b > d$；$p = 0.5 \sim 1.5mm$)：电弧引燃后，左侧钝边给一滴熔化金属[图(a)]，右侧钝边给一滴熔化金属[图(b)]，中间间隙给一滴熔化金属[图(c)]。依此循环；这种方法比较适合根部间隙较大的情况，但是，若在熔池凝固前析出气泡时，在背面容易出现冷缩孔缺陷 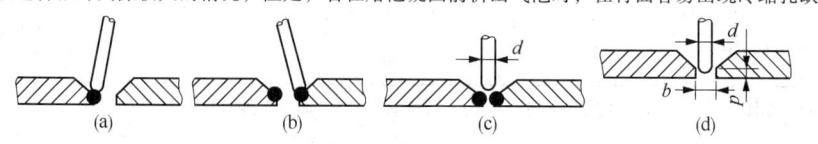 (a)　　　　　(b)　　　　　(c)　　　　　(d)
收弧	在更换焊条之前，应将焊条下压，使熔池前方的熔孔稍微扩大些，然后往回焊15～20mm，形成斜坡状后再熄弧，为下一根焊条引弧打下良好的接头基础

表 5 – 16　各种位置断弧焊的焊接参数及操作要点

焊接位置	板厚/mm	焊条牌号	焊条直径/mm	焊接电源/A	操作示意图	操作要点
平焊	8~12	E4303（J422）E5015（J507）	3.2 3.2	100~110 90~110	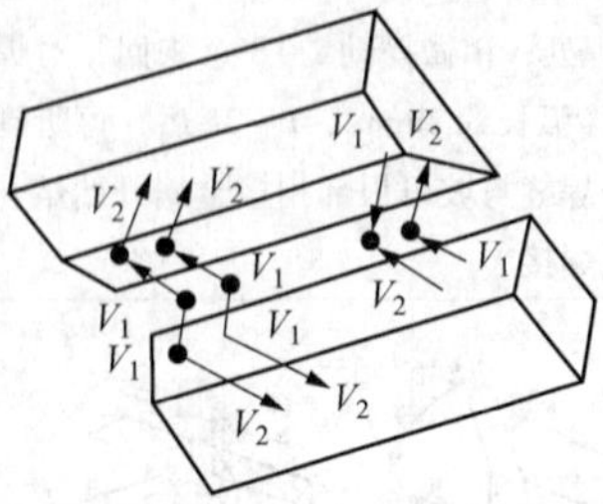	1. 焊件击穿的判断：平焊时熔孔易被液态金属覆盖，因此一般以击穿时发出的"噗"声判断击穿； 2. 熄弧时机：焊件一击穿（听到"噗噗"声）就快速熄弧； 3. 施焊时，焊件背面应保持 1/3 弧柱
立焊	8~12	E4303（J422）E5015（J507）	3.2 3.2	80~100 80~90	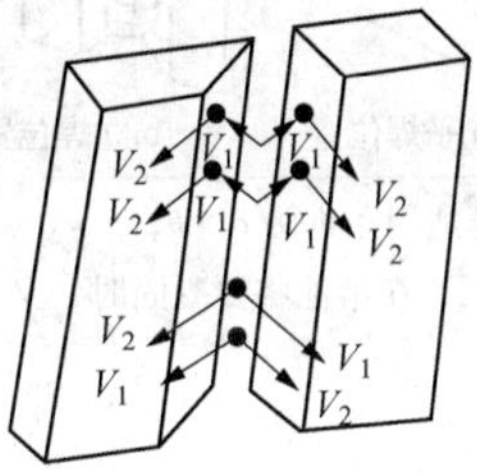	1. 掌握好焊条倾角和熄弧频率（J507 焊条每分钟 50~60 次）； 2. 接弧准确，熄弧迅速，不要拉长弧； 3. 施焊时，焊件背面应保持 1/3~1/2 弧柱
横焊	8~12	E4303（J422）E5015（J507）	3.2 3.2	90~110 80~95	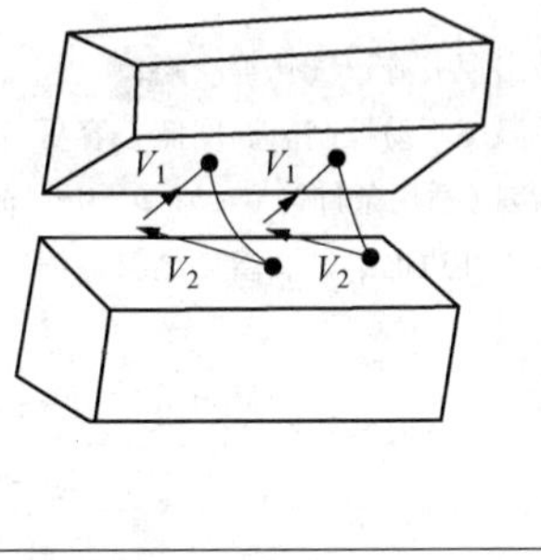	1. 在短弧施焊的前提下，保持 75°~80° 的前倾角和下倾角； 2. 施焊时应先击穿下坡口面根部，再击穿上坡口面根部，并使下坡口熔孔始终比上坡口超前 0.5~1 个熔孔的距离； 3. 施焊时，焊件背面应保持 1/2 弧柱
仰焊	8~12	E4303（J422）E5015（J507）	3.2 3.2	90~110 80~95	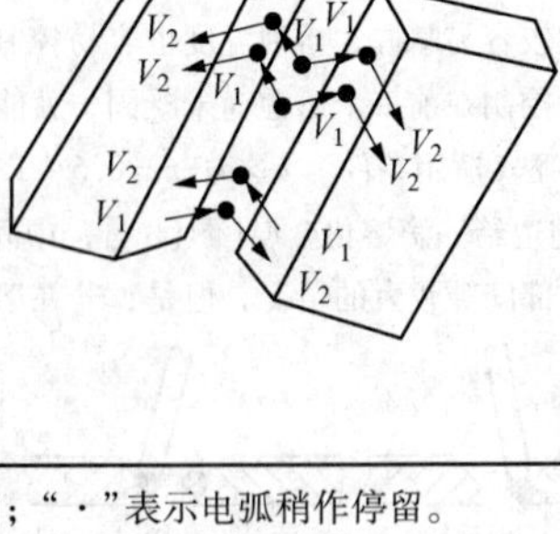	1、2. 同立焊； 3. 注意焊接时在坡口两侧的稳弧动作； 4. 运条要快，不应做大幅度摆动，焊层要薄； 5. 碱性焊条焊接时，不能靠熄弧或挑弧控制熔池温度，必须采用短弧焊； 6. 施焊时，焊件背面应保持 1/2 弧柱

注：操作示意图中 V_1 为引弧方向；V_2 为断弧方向；"·"表示电弧稍作停留。

七、焊条电弧焊的常见缺陷及防止措施

焊条电弧焊的常见缺陷及防止措施见表 5 – 17。

表 5 - 17　焊条电弧焊的常见缺陷及防止措施

缺陷名称		产 生 原 因	防 止 措 施
外观缺陷	咬边	1. 焊接电流过大； 2. 电弧过长； 3. 焊接速度过快； 4. 焊条角度不当； 5. 焊条选择不当	1. 适当地减少焊接电流； 2. 保持短弧焊接； 3. 适当降低焊接速度； 4. 适当改变焊接过程中焊条的角度； 5. 按照工艺规程，选择合适的焊条牌号和焊条直径
	焊瘤	1. 焊接电流太大； 2. 焊接速度太慢； 3. 焊件坡口角度、间隙太大； 4. 坡口钝边太小； 5. 焊件的位置安装不当； 6. 熔池温度过高； 7. 焊工技术不熟练	1. 适当减小焊接电流； 2. 适当提高焊接速度； 3. 按标准加工坡口角度及留间隙； 4. 适当加大钝边尺寸； 5. 焊件的位置按图组成； 6. 严格控制熔池温度； 7. 不断提高焊工技术水平
	表面凹痕	1. 焊条吸潮； 2. 焊条过烧； 3. 焊接区有脏物； 4. 焊条含硫或含碳、锰量高	1. 按规定的温度烘干焊条； 2. 减小焊接电流； 3. 仔细清除待焊处的油、锈、垢等； 4. 选择性能较好的低氢型焊条
未熔合		1. 电流过大，焊速过高； 2. 焊条偏离坡口一侧； 3. 焊接部位未清理干净	1. 选用稍大的电流，放慢焊速； 2. 焊条倾角及运条速度适当； 3. 注意分清熔渣、钢水，焊条有偏心时，应调整角度使电弧处于正确方向
未焊透		1. 坡口角度小； 2. 焊接电流过小； 3. 焊接速度过快； 4. 焊件钝边过大	1. 加大坡口角度或间隙； 2. 在不影响熔渣保护前提下，采用大电流、短弧焊接； 3. 放慢焊接速度，不使熔渣超前； 4. 按标准规定加工焊件的钝边
夹渣		1. 焊件有脏物及前层焊道清渣不干净； 2. 焊接速度太慢，熔渣超前； 3. 坡口形状不当	1. 焊前清理干净焊件被焊处及前条焊道上的脏物或残渣； 2. 适当加大焊接电流和焊接速度，避免熔渣超前； 3. 改进焊件的坡口角度
满溢		1. 焊接电流过小； 2. 焊条使用不当； 3. 焊接速度过慢	1. 加大焊接电流，使母材充分熔化； 2. 按焊接工艺规范选择焊条直径和焊条牌号； 3. 增加焊接速度
气孔		1. 电弧过长； 2. 焊条受潮； 3. 油、污、锈焊前没清理干净； 4. 母材含硫量高； 5. 焊接电弧过长； 6. 焊缝冷却速度太快； 7. 焊条选用不当	1. 缩短电弧长度； 2. 按规定烘干焊条； 3. 焊前应彻底清除待焊处的油、污、锈等； 4. 选择焊接性能好的低氢焊条； 5. 适当缩短焊接电弧的长度； 6. 采用横向摆动运条或者预热，减慢冷却速度； 7. 选用适当的焊条，防止产生气孔

续表

缺 陷 名 称		产 生 原 因	防 止 措 施
裂纹	热裂纹	1. 焊接间隙大； 2. 焊接接头拘束度大； 3. 母材硫含量大	1. 减小间隙，充分填满弧坑； 2. 用抗裂性能好的低氢型焊条； 3. 用焊接性好的低氢型焊条或高锰、低碳、低硫、低硅、低磷的焊条
	冷裂纹	1. 焊条吸潮； 2. 焊接区急冷； 3. 焊接接头拘束度大； 4. 母材含合金元素过多； 5. 焊件表面油、污多	1. 按规定烘干焊条； 2. 采用预热或后热，减慢冷却速度； 3. 焊前预热，用低氢型焊条，制订合理的焊接顺序； 4. 焊前预热，采用抗裂性能较好的低氢焊条； 5. 焊接时要保持熔池低氢
焊缝尺寸不符合要求		1. 焊接电流过大或过小； 2. 焊接速度不适当，熔池保护不好； 3. 焊接时运条不当； 4. 焊接坡口不合格； 5. 焊接电弧不稳定	1. 调整焊接电流到合适的大小； 2. 用正确的焊接速度焊接，均匀运条，加强熔渣保护熔池的作用； 3. 改进运条方法； 4. 按技术要求加工坡口； 5. 保持电弧稳定
焊缝形状不符合要求		1. 焊接顺序不正确； 2. 焊接夹具结构不良； 3. 焊前准备不好，如坡口角度、间隙、收缩余量	1. 执行正确的焊接工艺； 2. 改进焊接夹具的设计； 3. 按焊接工艺规定执行
烧穿		1. 坡口形状不当； 2. 焊接电流太大； 3. 焊接速度太慢； 4. 母材过热	1. 减小间隙或加大钝边； 2. 减小焊接电流； 3. 提高焊接速度； 4. 避免母材过热，控制层间温度

第二节　埋　弧　焊

一、埋弧焊的原理、特点及应用范围

埋弧焊是以裸金属焊丝与工件（母材）间所形成的电弧为热源，并以覆盖在电弧周围的颗粒状焊剂及其熔渣作为保护的一种电弧焊方法。埋弧焊，又称为焊剂层下自动电弧焊。

1. 埋弧焊的原理

埋弧焊如图 5-5 所示。焊剂 9 由焊剂输送管 14 流出后，均匀地堆敷在装配好的母材 1 上，焊丝盘 13 中的焊丝 11 经焊丝送进轮 12 和导电嘴 10 送入焊接电弧。焊接电源的两端分别接在导电嘴和母材上。送丝机构、焊剂输送管及控制盒装在一台小车上以实现焊接电弧的移动。焊接过程是通过操纵控制盒上的按钮开关来实现自动控制及机械化焊接的。

2. 埋弧焊的特点

（1）生产效率高。由于焊丝的导电嘴伸出长度较短，故可采用较大的焊接电流，而且焊剂和熔渣有隔热作用，使热效率提高。因此，焊丝的熔化系数大，工件熔深大，焊接速度高。

（2）焊缝质量好。一方面焊剂和熔渣隔绝了空气与熔池和焊缝的接触，故保护效果好，特别是在有风的环境中；另一方面，焊接参数可以通过自动调节保持稳定。因此，埋弧焊具有良好的综合力学性能，熔池结晶时间较长，冶金反应充分，缺陷较少，焊缝光滑、美观。

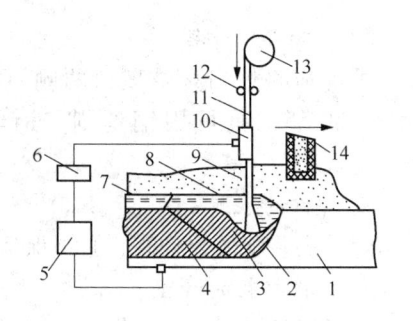

图 5 - 5　埋弧焊

1—母材；2—电弧；3—金属熔池；
4—焊缝金属；5—焊接电源；6—控制盒；
7—凝固熔渣；8—熔融熔渣；9—焊剂；
10—导电嘴；11—焊丝；12—焊丝送进轮；
13—焊丝盘；14—焊剂输送管

（3）节省焊接材料和电能。埋弧焊因熔深较大，与焊条电弧焊相比在同等厚度下可不开坡口或只开小坡口，从而减少了焊缝中焊丝的填充量，也节省了加工工时和电能。另外，由于电弧热量集中，减少了向空气中的散热及由于金属飞溅和蒸发所造成的热能损失与金属损失。

（4）适合厚度较大构件的焊接。它的焊丝伸出长度小，较细的焊丝可采用较大的焊接电流（埋弧焊的电流密度可达 $100 \sim 150 A/mm^2$）。

（5）劳动条件好。埋弧焊易实现自动化和机械化操作，劳动强度低，操作简单，而且没有弧光辐射，放出的烟尘少。

埋弧焊的缺点是对接头的加工、装配要求很高，只能在水平或倾斜度不大的位置施焊；只适于长焊缝的焊接，对于铝焊缝、小直径环缝及狭窄位置的焊接受到一定的限制；不适合焊薄板，电流 <100A 时，电弧稳定性很差。

3. 埋弧焊的应用范围

埋弧焊是最常采用的高效焊接方法之一，应用范围见表 5 - 18。目前主要用于焊接各种钢板结构，还可用于焊接镍基合金和铜合金以及堆焊耐磨、耐蚀合金、复合钢材。在造船、锅炉、压力容器、桥梁、起重机械及冶金机械制造业。

表 5 - 18　埋弧焊的应用范围

工 件 材 料	使用厚度/mm	主要接头形式
低碳钢、低合金钢	≥3 ~ 150	对接、T 形接、搭接、环缝、电铆焊、堆焊
不锈钢	≥3	对接
铜	≥4	对接

二、焊前准备

1. 坡口形式及尺寸

焊接时由于采用的电流大，当钢板厚 <14mm 时，一般可不开坡口。当板厚 >14mm 时，为了保证焊接质量，应开一定形式的坡口。对于碳素钢和低合金钢埋弧焊焊接接头，按 GB/T 985.2—2008《埋弧焊的推荐坡口》的规定开坡口。

2. 坡口加工

可用刨边机、气割机或碳弧气刨等设备进行坡口加工，加工好的坡口边缘必须平直和达到规定的技术要求。

3. 焊接部位清理

焊前应将坡口以及坡口两侧 20 ~ 50mm 区域内的锈蚀、油污、水分、氧化物等清理干净，清理工具可用钢丝刷、钢丝轮、手提砂轮、磨光机、喷丸和氧 - 燃气火焰烘烤等。

4. 焊件的装配

焊件的装配要求较高，必须保证间隙均匀、高低平整且不错边。

5. 焊接材料的清理

埋弧焊丝、焊剂参与焊接冶金反应，对焊缝的成分、组织和力学性能影响极大。因此，焊前应加强焊丝清理，并烘干焊剂。

（1）目前市场销售的焊丝一般有防锈铜镀层。使用前，应注意去除焊丝表面的油及其他污物，以防止氢气孔。如果所用的焊丝无防锈铜镀层，焊前应去除焊丝表面的铁锈及氧化皮等。

（2）焊剂使用前应按要求烘干。酸性焊剂应在 250℃ 下烘干，并保温 1 ~ 2h，限用直流的高氟焊剂必须在 300 ~ 400℃ 下烘干，保温 2h，烘干后应立即使用。

6. 定位焊

焊前组合装配应尽可能采用夹具，以保证定位焊的准确性。一般情况下，定位焊后将夹具拆除，如需带夹具进行焊接时，夹具不能影响焊接过程的进行。轻而薄的工件采用夹具或定位焊固定；中等厚度以上的工件，必须采用定位焊进行固定。定位焊的焊缝应在第一道焊缝的背面，定位焊缝的长度和间距应根据板件的厚度来确定。当工件板厚 < 3mm 时，定位焊缝长 30 ~ 40mm，间距 250 ~ 300mm；当工件板厚 3 ~ 25mm 时，定位焊缝长 40 ~ 50mm，间距 300 ~ 500mm；当工件板厚 > 25mm 时，定位焊缝长 50 ~ 60mm，间距为 250 ~ 300mm。定位焊一般采用焊条电弧焊，所采用的焊接材料应与工件材料的性能相符合。定位焊后应及时将焊缝上的渣壳、飞溅清除干净，并检查有无裂纹及其他超标缺陷，如发现应铲除并重新定位焊。直焊缝时需加引弧板和引出板，其厚度与工件厚度相等，长为 100 ~ 150mm，宽为 70 ~ 100mm。

三、焊接参数的选择

埋弧焊的焊接参数主要有焊接电流、焊接电压、焊接速度、焊丝直径和伸出长度等。

1. 焊接电流的选择

自动埋弧焊熔池深度（简称熔深）决定于焊接电流，其近似估计的经验公式为

$$h = ki$$

式中，h 为熔深，mm；i 为焊接电流，A；k 为系数，取决于电流种类、极性和焊丝直径等，一般取 0.01（直流正接）或 0.011（直流反接、交流）。

焊接电流是决定熔深的主要因素。在一定范围内，焊接电流增加时，焊缝的熔深和余高都增加，而焊缝的宽度增加不大。增大焊接电流能提高生产率，但在一定的焊速下，焊接电流过大会使热影响区过大并产生焊瘤及焊件被烧穿等缺陷；若焊接电流过小，则熔深不足，易产生熔合不好、未焊透、夹渣等缺陷，并使焊缝成形变坏。

为保证焊缝的成形美观，在提高焊接电流的同时要提高电弧电压，使它们保持合适的比例关系，具体对应值见表 5 - 19。

表 5 - 19　焊接电流与相应的焊接电压

焊接电流/A	500 ~ 700	700 ~ 850	850 ~ 1000	1000 ~ 1200
焊接电压/V	36 ~ 38	38 ~ 40	40 ~ 42	42 ~ 44

2. 焊接电压的选择

焊接电压是决定熔宽的主要因素。焊接电压增加时，弧长增加，熔深减小，焊缝变宽，余高减小。焊接电压过大时，熔剂熔化量增加，电弧不稳，严重时会产生咬边和气孔等缺陷，所以在增加焊接电压时，还应适当增加焊接电流。

3. 焊接速度的选择

焊接速度对熔深及熔宽均有明显的影响。焊接速度增大时，熔深、熔宽均减小。因此，为了保证焊透、提高焊接速度时，应同时增大焊接电流及电压。但电流过大、焊速过高时，易引起咬边、未焊透、电弧偏吹、气孔等缺陷。而焊接速度过低，焊缝余高过大，会形成大熔池、满溢、焊缝成形粗糙、夹渣等缺陷。因此，焊接速度既不能过高也不能过低。

焊接电流与焊接速度的匹配关系如图 5 - 6 所示。对于一定的焊接电流，有一合适的焊接速度范围，在此范围内焊缝成形美观。当焊接速度大于该范围上限时，将出现咬边等缺陷；当焊接速度小于该范围下限时，将出现夹渣等缺陷。

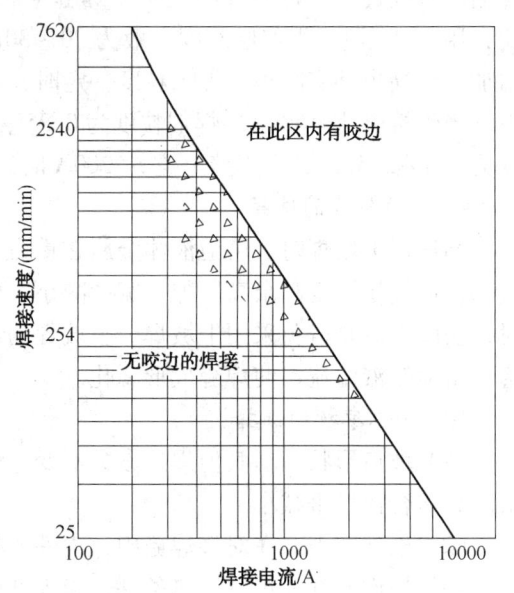

图 5 - 6　焊接电流与焊接速度的匹配关系

4. 电源与极性的选择

（1）外特性。选用下降外特性。当选用等速送丝的埋弧焊焊机时，宜用缓降的外特性；当采用电弧自动调节系统的焊机时，用陡降的外特性；用细丝焊薄板时，宜用直流平特性电源。

（2）极性。通常选用直流平特性电源。

5. 焊丝直径的选择

电流一定时，焊丝直径越细，熔深越大，焊缝成形系数越小。然而对于一定的焊丝直径，使用的电流范围不宜过大，否则将使焊丝因电阻热过大而发红，影响焊丝的性能及焊接过程的稳定性。不同直径焊丝的焊接电流范围见表 5 - 20。

表 5 - 20　不同直径焊丝的焊接电流范围

焊丝直径/mm	2	3	4	5	6
电流密度/(A/mm²)	63 ~ 125	50 ~ 85	40 ~ 63	35 ~ 50	28 ~ 42
焊接电流/A	200 ~ 400	350 ~ 600	500 ~ 800	700 ~ 1000	800 ~ 1200

6. 焊丝伸出导电滚轮长度的选择

焊丝伸出长度增加，电阻增大，焊丝熔化速度加快，余高增大。伸出长度太短，焊丝伸出部分发红，甚至成段熔断，电弧产生的热量易烧坏导电滚轮。焊丝伸出长度一般为 30 ~ 40mm。

7. 焊丝与工件间倾斜角度的选择

在单丝埋弧焊时，焊丝一般位于垂直工件位置，但双丝或三丝焊时，由于每根焊丝的作用不同，要适当倾斜一定的角度。当焊丝前倾时(焊丝与焊接方向间夹角 >90°)，熔深显著减小，焊缝成形不好，一般仅用于多焊丝的前导焊丝。当焊丝后倾时，熔深增大、余高增加，焊缝深而窄。

8. 焊剂层厚度及焊剂粒度的选择

焊剂层厚度过小，电弧保护不良，甚至出现明弧，造成电弧不稳，易产生气孔、裂纹。焊剂层厚度过大，则使焊缝变窄，焊缝形状系数减小(焊缝形状系数是焊缝宽度与熔深之比，用 ψ 表示)。焊剂层厚度一般为 20 ~ 30mm。焊剂粒度增大，熔深有所减小，熔宽略有增加，余高也略有减小。焊剂粒度一定时，如电流过大，会造成电弧不稳，焊道边缘凹凸不平。当焊接电流 <600A。焊剂粒度为 0.25 ~ 1.6mm；当焊接电流在 600 ~ 1200A 时，焊剂粒度为 0.4 ~ 2.5mm；当焊接电流 >1200A 时，焊剂粒度为 1.6 ~ 3.0mm。

9. 工件位置的选择

当进行上坡焊时，熔池液体金属在重力和电弧作用下流向熔池尾部，电弧能深入到熔池底部，使焊缝厚度和余高增加，宽度减小。如上坡角度 $a > 6°$，成形会恶化。因此，自动焊时，实际上总是避免采用上坡焊。下坡焊的情况正好相反，但角度 $a > 6°$ 时，则会导致未焊透和熔池铁液溢流，使焊缝成形恶化。

10. 其他参数的选择

(1) 坡口形状。当其他焊接参数不变，增加坡口的深度和宽度时，焊缝熔深增加，焊缝余高和熔合比显著减小。

(2) 根部间隙。在对接焊缝中，焊件的根部间隙增加，熔深也随着增加。

(3) 焊件厚度和焊件散热条件。当焊件厚度较厚和散热条件较好时，焊缝宽度会减小，并且余高将增加。

四、埋弧焊的操作方法

1. 对接接头单面焊的操作方法

1) 单面焊双面成形

(1) 焊剂垫法。焊剂垫以一定压力衬托在焊件背面，帮助焊缝成形。焊剂垫上单面焊双面成形自动埋弧焊焊接参数见表 5 - 21。由于焊接时要求焊剂始终与焊件紧贴，焊缝背面成形难以稳定，为防止焊缝悬空造成衬垫贴不紧而焊穿，一般用压力架、电磁平台等来压紧。

表 5 - 21　焊剂垫上单面焊双面成形埋弧焊焊接参数

焊件厚度/ mm	装配间隙/ mm	焊丝直径/ mm	焊接电流/A	电弧电压/ V	焊接速度/ (m/h)	焊剂垫压力/ MPa
2	0 ~ 0.1	1.6	120	24 ~ 28	43.5	8
3	0 ~ 1.5	2 ~ 3	275 ~ 300 400 ~ 425	28 ~ 30 25 ~ 28	44.7	8

续表

焊件厚度/ mm	装配间隙/ mm	焊丝直径/ mm	焊接电流/A	电弧电压/ V	焊接速度/ (m/h)	焊剂垫压力/ MPa
4	0 ~ 1.5	2 ~ 4	375 ~ 400 525 ~ 550	28 ~ 30	40、50	10 ~ 15
5	0 ~ 2.5	2 ~ 4	425 ~ 450 575 ~ 625	32 ~ 34 28 ~ 32	35、46	10 ~ 15
6	0 ~ 3.0	2 ~ 4	475、 600 ~ 650	32 ~ 24 28 ~ 32	30、40.5	10 ~ 15
7	0 ~ 3.0	4	650 ~ 700	30 ~ 34	37	10 ~ 15
8	0 ~ 3.5	4	725 ~ 775	30 ~ 36	34	10 ~ 15

（2）铜垫法和焊剂铜垫法。焊接厚4mm以下的薄板时，可不留装配间隙，直接在铜垫板上焊接，以达到单面焊双面成形。在焊接较厚板材时，为了改善背面成形条件，常采用焊剂铜垫法。此时焊件不开坡口，预留合适的装配间隙，然后均匀地在接缝中撒上焊剂进行焊接。焊接时，焊件与铜垫板间需贴紧夹固。焊剂铜垫法的焊接参数见表5-22。

表5-22 焊剂铜垫板上单面对接焊参数

铜垫板形式	钢板厚度/ mm	装配间隙/ mm	焊丝直径/ mm	焊接电流/ A	电弧电压/ V	焊接速度/ (cm/min)	铜垫板开槽 尺寸/mm		
							b	h	r
	3	2	3	380 ~ 420	27 ~ 29	78.3			
	4	2 ~ 3	4	450 ~ 500	29 ~ 31	68	10	2.5	7.0
	5	2 ~ 3	4	520 ~ 560	31 ~ 33	63			
	6	3	4	550 ~ 600	33 ~ 35	63			
	7	3	4	640 ~ 680	35 ~ 37	58	12	3.0	7.5
	8	3 ~ 4	4	680 ~ 720	35 ~ 37	53.3			
	9	3 ~ 4	4	720 ~ 780	36 ~ 38	46	14	3.5	9.5
	10	4	4	780 ~ 820	38 ~ 40	48			
	12	5	4	850 ~ 900	39 ~ 41	38	18	4.0	12
	14	5	4	880 ~ 920	39 ~ 41	36			

（3）热固化焊剂垫法。热固化焊剂是在一般焊剂中加入一定比例的热固化剂制成的，它在受热时会变成具有一定刚性的衬垫板，可靠地托住熔池金属，帮助焊缝背面成形。焊剂垫上有双面粘结带，便于衬垫装配和贴紧。使用时亦可用磁铁夹具将其固定在焊件上，如图5-7所示。

焊件在使用这种焊剂衬垫时，一般开V形（带钝边）坡口，表5-23列出其焊接参数。为提高生产率，坡口内可堆敷一定高度的铁合金粉末。由于该工艺受焊件结构、位置、尺寸的影响较小，应用前景较广阔。

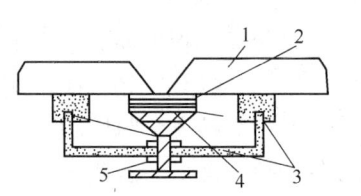

图5-7 磁铁夹具
1—焊件；2—热固化焊剂垫；
3—磁铁；4—托板；5—调节螺钉

表 5 – 23　　热固化焊剂垫法自动埋弧焊焊接参数

焊件厚度/	V 形坡口		焊道顺序	焊接电流/	电弧电压/	焊接速度/	金属粉末
mm	角度	间隙/mm		A	V	(m/h)	厚度/mm
9	50°	0 ~ 4	1	720	34	18	19
12	50°	0 ~ 4	1	800	34	18	12
16	50°	0 ~ 4	1	900	34	15	16
20	50°	0 ~ 4	1	850	34	15	15
			2	820	36		

2）带保留垫板与锁口接头的单面焊

当焊件结构或工艺装备限制而无法实施单面焊双面成形时，可采用带保留垫板的单面焊，如图 5 – 8(a)所示。锁口接头单面焊坡口形式，如图 5 – 8(b)、(c)所示。垫板材料要与焊件相同，装配垫板时，应使其与焊件紧贴，间隙 <1mm，以防止产生焊接缺陷。焊接参数见表 5 – 24 所示。

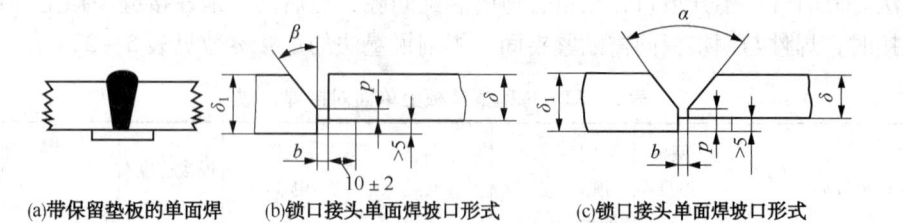

(a)带保留垫板的单面焊　(b)锁口接头单面焊坡口形式　(c)锁口接头单面焊坡口形式

图 5 – 8　带保留垫板与锁口接头的单面焊

$\beta = 20° ~ 40°$；$b = 2 ~ 5mm$；$p = 0 ~ 4mm$；$\alpha = 20° ~ 40°$；$b = 2 ~ 5mm$；$p = 2 ~ 5mm$。

表 5 – 24　　带保留垫板单面埋弧焊焊接参数

焊件厚度/	装配间隙/	焊丝直径/	焊接电流/	焊接电压/	焊接速度/	垫板尺寸/
mm	mm	mm	A	A	(m/h)	mm × mm
2	0.7	φ3	270 ~ 300	23 ~ 27	82	1 × 12
2.5	0.7	φ3	270 ~ 300	23 ~ 27	75	1.5 × 15
3	0.7	φ3	270 ~ 300	23 ~ 27	60	1.5 × 15
4	0.7	φ4	560 ~ 600	37 ~ 40	45	2 × 20
6	0.8	φ4	680 ~ 720	35 ~ 37	45	3 × 25

带保留垫板单面焊常用于小直径筒体(如液化石油气瓶)及中低压管道的环缝焊接。

3）其他焊接方法封底的单面焊

其他焊接方法封底的单面焊是指采用焊条电弧焊或气体保护焊封底，然后再进行自动埋弧焊的单面焊。一般要求封底层的厚度在 6mm 以上，以免埋弧焊时产生烧穿现象。

2. 对接接头双面焊操作方法

1）焊接垫法双面焊

焊接垫法双面焊是埋弧焊对接焊中使用最广泛的一种方法，适用于中厚板的焊接。一般第一面焊缝衬在焊剂垫上进行，翻身进行另一面焊接时，为保证焊透，可用碳弧气刨或其他机械加工方法适当清根。焊剂垫法双面焊焊接参数见表 5 – 25。

2）临时工艺垫板法双面焊

临时工艺垫板的作用是托住填入间隙的焊剂。在焊接直焊缝时，垫板是厚为 3 ~ 4mm、宽为 30 ~ 50mm 的钢带，也可采用石棉绳和板作承托物。第一面焊接前需留有一定间隙，以保证细粒焊剂能进入。焊完第一面后，翻转焊件并去除承托物、间隙内的焊剂和焊缝根部的渣壳，然后进行第二面的焊接。各种形式的临时工艺垫板如图 5 – 9 所示，焊接参数见表 5 – 25。

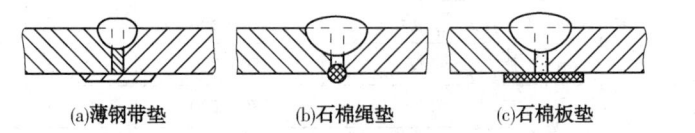

(a)薄钢带垫　　　　　(b)石棉绳垫　　　　　(c)石棉板垫

图 5 – 9　临时垫板双面焊

表 5 – 25　焊剂垫法双面焊焊接参数

焊件厚度/ mm	接 头 形 式	焊丝直径/ mm	焊接电流/ A	电弧电压/ V	焊接速度/ （m/h）
6	＋＋	4	400 ~ 500	29 ~ 32	38 ~ 42
8	＋＋	4	450 ~ 550	30 ~ 32	36 ~ 40
10	＋＋	4	550 ~ 650	32 ~ 34	36 ~ 40
12	＋＋	2	600 ~ 700	34 ~ 36	36 ~ 40
14	＋＋	5	700 ~ 800	36 ~ 38	30 ~ 34
16	Ｙ	5	700 ~ 800	36 ~ 38	30 ~ 34
25	Ｘ	5	700 ~ 800	36 ~ 38	30 ~ 34
>40	Ｘ Ｙ	5	700 ~ 800	36 ~ 38	30 ~ 34

注：焊件材料为碳钢。当低合金高强度钢焊接时，电流宜降低 10% 左右。坡口形式的详细尺寸按 GB/T 985.2 – 2008 规定。

3）悬空法双面焊

利用悬空法焊接时，工件背面不加衬垫，不需要任何辅助设备和装置。为防止液态金属从间隙中流失或烧穿，要求严格控制间隙，装配时一般不留间隙或间隙 ≤1mm。焊接正面的焊接参数应较小，熔深小于焊件厚度的一半；翻转工件后再焊反面，为保证焊透，适当增大焊接电流，保证熔深达到焊件厚度的 60% ~ 70%，焊接参数见表 5 – 26 所示。

表 5 – 26　悬空双面焊焊接参数

工件厚度/ mm	焊丝直径/ mm	焊接顺序	焊接电流/A	焊接电压/V	焊接速度/ （m/h）
6	4	正	300 ~ 420	30	34.6
		反	430 ~ 470	30	32.7

续表

工件厚度/ mm	焊丝直径/ mm	焊接顺序	焊接电流/A	焊接电压/V	焊接速度/ (m/h)
8	4	正	440 ~ 480	30	30
		反	480 ~ 530	31	30
10	4	正	530 ~ 570	31	27.7
		反	590 ~ 640	33	27.7
12	4	正	620 ~ 660	35	25
		反	680 ~ 720	35	24.8
14	4	正	680 ~ 720	37	24.6
		反	730 ~ 770	40	22.5
15	5	正	800 ~ 850	34 ~ 36	38
		反	850 ~ 900	36 ~ 38	26
17	5	正	850 ~ 900	35 ~ 37	36
		反	900 ~ 950	37 ~ 39	24
18	5	正	850 ~ 900	36 ~ 38	36
		反	900 ~ 950	38 ~ 40	24
20	5	正	850 ~ 900	36 ~ 38	35
		反	900 ~ 1000	38 ~ 40	24
22	5	正	900 ~ 950	37 ~ 39	32
		反	1000 ~ 1050	38 ~ 40	24

4）厚板对接焊

焊件厚度较大时，大都采用窄间隙多层焊。焊道截面仅是一般埋弧焊方法的70%，边缘焊道务必使与坡口相切熔合，并适当形成下凹圆滑过渡。盖面焊时可先焊坡口两侧，再焊中间焊道，或依次盖面成绕带状。

（1）厚板对接焊的坡口形式。22 ~ 36mm 厚的焊件，常采用 V 形(带钝边)或 X 形(带钝边)坡口。厚度 >38mm 的焊件，宜采用 U 形(带钝边)、UV 形(带钝边)或双 U 形(带钝边)坡口，如图 5 - 10 所示。坡口最好采用机械加工。

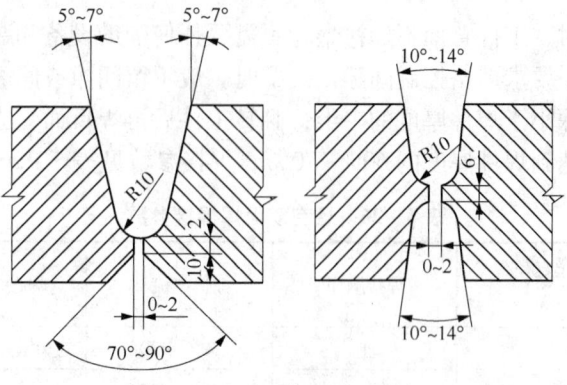

图 5 - 10　UV 形、双 U 形坡口

（2）厚板深坡口的焊接参数见表5－27。

表5－27　厚板深坡口的焊接参数

焊接直径/mm	焊接电流/A	电弧电压/V		焊接速度/（m/h）
		交流	直流反接	
4	600～700	36～38	34～36	25～30
5	700～800	38～42	36～40	28～32

3. 角接焊缝的焊接操作方法

T形和搭接接头组成角接焊缝，可采用船形焊和平角焊两种方法施焊，参考规范见表5－28。平角横焊时，焊脚最大长度≤8mm，否则将产生金属溢流和咬边等缺陷。

表5－28　角接焊缝埋弧焊参考规范

焊接方法	焊脚长度/mm	焊丝直径/mm	焊接电流/A	电弧电压/V	焊接速度/（cm/min）	备　注
船形焊 α=45° (配用交流焊机)	6	2	450～475	34～36	67	装配间隙小于1～1.5mm，否则要采取防液态金属流失措施
	8	3	550～600	34～36	50	
		4	575～625	34～36	50	
	10	3	600～650	34～36	38	
		4	650～700	34～36	38	
	12	3	600～650	34～36	25	
		4	725～775	36～38	33	
		5	775～825	36～38	30	
平角焊缝 α α=20°～30°	3	2	200～220	25～28	100	直流焊机
	4	2	280～300	28～30	92	使用细颗粒 HJ431 焊剂配用交流焊机
		3	350	28～30	92	
	5	2	375～400	30～32	92	
		3	450	28～30	92	
		4	450	28～30	100	
	7	2	375～400	30～32	47	
		3	500	30～32	80	
		4	675	32～35	83	

4. 环缝的焊接操作方法

（1）焊接顺序。一般先焊内环缝，后焊外环缝，焊缝起点和终点要有30mm的重叠量。

（2）偏移量的选择。环缝自动焊时，焊丝应逆焊件旋转方向相对于焊件中心有一个偏移量，如图5－11所示，以保证焊缝良好成形，偏移量 a 值可参照表5－29选用，不过最佳 a 值还应根据焊缝成形的好坏相应调整。

5. 窄间隙埋弧焊操作方法

该方法适用于结构厚度大的工件焊接，操作要点如下：

（1）采用1°～3°的斜坡口或U形坡口，如图5－12所示，坡口最好用机械加工而成。

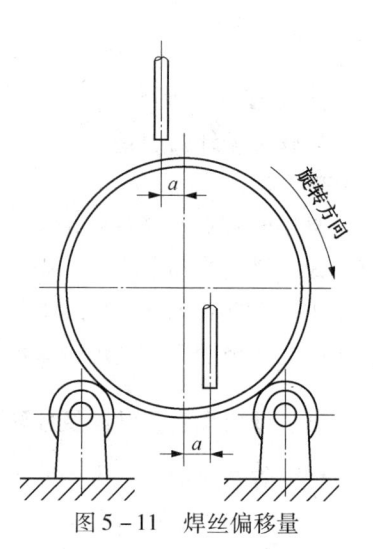

图5－11　焊丝偏移量

表 5-29 焊丝偏移量的选用

筒体直径/mm	偏移 a 值/mm	筒体直径/mm	偏移 a 值/mm
800 ~ 1000	20 ~ 25	< 2000	35
< 1500	30	< 3000	40

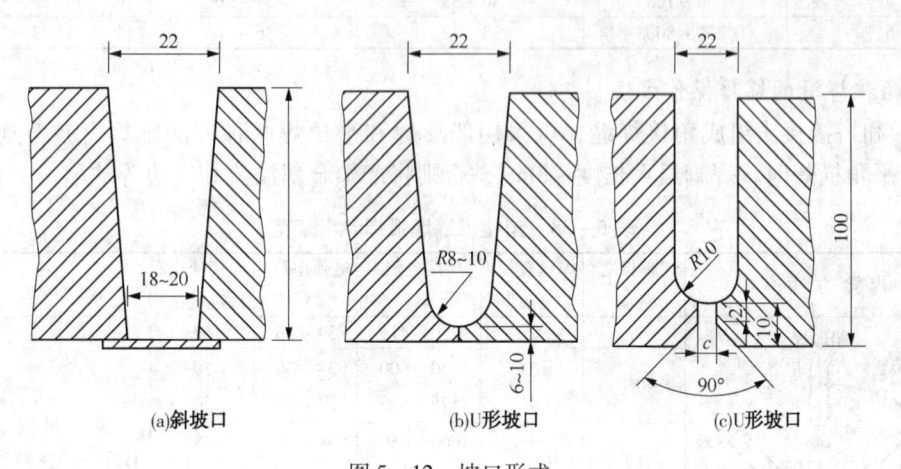

(a)斜坡口　　　(b)U形坡口　　　(c)U形坡口

图 5-12　坡口形式

（2）要选择脱渣性好的焊剂，在焊接过程中要及时回收。

（3）采用双道多层焊，单丝焊时导电嘴为可偏摆的导电嘴，有一定的偏摆角度（≤6°），如图 5-13 所示；双丝焊时，前丝偏摆，后丝为直丝。

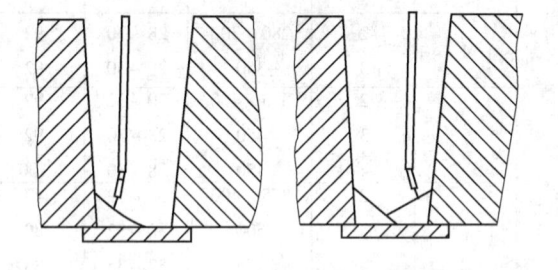

(a)　　　　　　(b)

图 5-13　导电嘴偏摆角度

6. 多丝多弧埋弧焊操作方法

多丝多弧埋弧焊是一种既能保证合理的焊缝成形和良好的焊接质量，又可提高焊接速度的有效方法。

常用的有双丝和三丝。为了特殊需要，焊丝可多至 14 根，甚至更多。焊丝的排列方式有纵式、槽列式和直列式。用双丝或三丝时，每根焊丝单独供电，更多的焊丝可分组供电。熔宽主要靠前导电弧，后续电弧主要起调节熔宽和改善成形的作用。为此，焊丝之间的距离和角度应严格控制，其焊接参数见表 5-30。

五、埋弧焊常见缺陷及预防措施

埋弧焊常见缺陷、产生原因及预防措施见表 5-31。

表5-30 多丝单面埋弧焊焊接参数

焊接方法	工件厚度/mm	焊丝直径为5mm	焊接电流/A	电弧电压/V	焊接速度/(cm/min)	坡口		
						θ/(°)	h_1/mm	h_2/mm
双丝	20	前	1400	32	60	90	8	12
		后	900	45				
	25	前	1600	32	60	90	10	15
		后	1000	45				
	32	前	1800	33	50	75	16	16
	35	后	1100	45	43	75	17	18
三丝	20	前	2200	30	110	90	11	9
		中	1300	40				
	25	后	1000	45	95	90	12	13
	32	前	2200	33	70	70	17	15
		中	1400	40				
	50	后	1100	45	40	60	30	20

表5-31 埋弧焊常见缺陷产生原因及预防措施

缺 陷	产 生 原 因	预 防 措 施
裂纹	1. 焊丝和焊剂配合不当(母材的含碳量高时，焊缝含锰量减少)； 2. 焊接接头急速冷却时热影响区的硬化； 3. 多层焊打底焊道上的裂纹是焊道收缩应力引起的； 4. 焊接施工不当，母材拘束大； 5. 不适当的焊道形状，焊道高而窄(由于梨形焊道的收缩产生裂纹)； 6. 焊缝冷却方法不当； 7. 焊缝形状系数太小； 8. 角接焊缝熔深太大； 9. 焊接顺序不合理； 10. 焊件刚度大	1. 选取适当的焊丝与焊剂配合，母材含碳量高时，应预热； 2. 增大焊接电流，减小焊接速度，母材预热； 3. 加大打底焊道； 4. 注意施工方法； 5. 使焊道的宽度与高度近似相等(减小焊接电流、增加电弧电压)； 6. 进行捍后热处理； 7. 调整焊接规范和改进坡口； 8. 调整焊接规范和改变极性(直流)； 9. 合理安排焊接顺序； 10. 焊前预热及焊后缓冷
焊缝中间凸起，两边凹陷	焊剂圈太低，焊接过程中部分液态熔渣刮走	提高焊剂高度，使焊剂覆盖高度达到30~40mm
焊缝不直	1. 导电嘴孔磨损严重； 2. 伸出长度过大	1. 更换导电嘴； 2. 减小伸出长度
焊缝表面不均匀	1. 焊接速度不均匀； 2. 送丝速度不均匀； 3. 焊丝导电不良	1. 检修焊车行走系统，达到焊速均匀； 2. 排除送丝系统故障； 3. 使导电良好(调换有关零件)

缺　陷	产 生 原 因	预 防 措 施
未熔合	1. 焊丝未对准； 2. 焊缝局部弯曲过甚	1. 调整焊丝； 2. 精心操作
咬边	1. 焊接速度过大； 2. 衬垫与焊件的间隙过大； 3. 焊接电流、电弧电压不合适； 4. 焊丝位置或角度不正确	1. 减小焊接速度； 2. 使衬垫与焊件靠紧； 3. 调整焊接电流及电弧电压； 4. 调整焊丝位置
焊瘤	1. 焊接电流过大； 2. 焊接速度过小； 3. 电弧电压过低	1. 减小焊接电流； 2. 加大焊接速度； 3. 提高电弧电压
气孔	1. 焊接区未清理干净； 2. 焊剂潮湿； 3. 焊剂中混有杂物； 4. 焊剂层过薄或焊剂斗阻塞送不出焊剂； 5. 焊丝过脏； 6. 电弧电压过高； 7. 焊接时极性接反； 8. 电弧磁偏吹	1. 加强焊前清理； 2. 按要求烘干焊剂； 3. 去除焊剂中的杂物； 4. 将焊剂圈高度提高至 30～40mm，确保焊剂正常输送； 5. 清理焊丝； 6. 降低电弧电压； 7. 调整极性； 8. 改变接地线位置或用交流电源
夹渣	1. 焊件沿焊接方向倾斜，熔渣下淌； 2. 多层焊时焊丝与坡口面的距离太小； 3. 焊缝起始端起皱(有引弧板时更易产生)； 4. 焊接电流过小，多层焊时不易清渣； 5. 焊接速度过小，焊渣溢流	1. 逆向施焊或将焊件置于水平位置； 2. 焊丝与坡口面的距离应大于焊丝直径； 3. 使引弧板的厚度和坡口形状与焊件相同； 4. 加大焊接电流，使焊渣充分熔化； 5. 加大焊接电流和焊接速度
余高过大	1. 焊接电流过大； 2. 电弧电压过低； 3. 焊接速度过小； 4. 衬垫与焊件的间隙太小； 5. 焊件非水平放置； 6. 上坡焊时倾角过大； 7. 环缝焊接位置不当(相对于焊件的直径和焊接速度)	1. 降到适当的电流值； 2. 提高电弧电压； 3. 加大焊接速度； 4. 加大间隙； 5. 焊件水平放置； 6. 调整上坡焊倾角； 7. 相对于一定的焊件直径和焊接速度，确定适当的焊接位置
余高过小	1. 焊接电流过小； 2. 电弧电压过高； 3. 焊接速度过大； 4. 焊件非水平放置	1. 加大焊接电流； 2. 降低电弧电压； 3. 减小焊接速度； 4. 焊件水平放置
余高窄而凸出	1. 焊剂铺撒宽度不够； 2. 电弧电压过低； 3. 焊接速度过大	1. 加大焊剂铺撒宽度； 2. 提高电弧电压； 3. 减小焊接速度

续表

缺　陷	产 生 原 因	预 防 措 施
焊缝金属满溢	1. 焊接速度过慢； 2. 电压过大； 3. 下坡焊时倾角过大； 4. 环缝焊接位置不当； 5. 焊接时前部焊剂过少； 6. 焊丝向前弯曲	1. 调节焊速； 2. 调节电压； 3. 调整下坡焊倾角； 4. 相对一定的焊件直径和焊接速度，确定适当焊接位置； 5. 调整焊剂覆盖状况； 6. 调节焊丝矫直部分
未焊缝	1. 焊接规范不当(如电流过大，电弧电压过高)； 2. 坡口不合适； 3. 焊丝未对准	1. 调整焊接规范； 2. 修正坡口； 3. 调节焊丝
烧穿	1. 焊接电流过大； 2. 焊接速度过低； 3. 装配间隙过大； 4. 焊剂垫过松	1. 降低焊接电流； 2. 提高焊接速度； 3. 减小装配间隙； 4. 使焊剂垫与工件贴合紧密
焊道表面粗糙	1. 焊剂铺撒过高； 2. 焊剂粒度选择不当	1. 减少铺撒高度； 2. 选择与焊接电流相适应的焊剂粒度
麻点[1]	1. 坡口表面有锈、油污、水垢； 2. 焊剂吸潮(烧结型)； 3. 焊剂铺撒过高	1. 清理坡口表面； 2. 150～300℃干燥1h； 3. 减少铺撒高度
人字裂纹	1. 坡口表面有锈、油污、水垢； 2. 焊剂受潮(烧结型)	1. 清理坡口； 2. 150～300℃干燥1h

注：[1] 埋弧焊特有的缺陷。

第三节　手工钨极氩弧焊(TIG 焊)

一、手工 TIG 焊的原理、特点及应用范围

手工钨极氩弧焊又称手工非熔化氩弧焊，简称手工 TIG 焊。

1. 手工 TIG 焊原理

手工 TIG 焊的工作原理如图 5 - 14 所示。从焊枪喷嘴中喷出的氩气流，在电弧区形成严密的保护气层，将电极和金属熔池与空气隔绝，同时利用电极(钨极或焊丝)与焊件之间产生的电弧热量，来熔化附加的填充焊丝或自动送给焊丝及基本金属，待液态熔池金属凝固后即形成焊缝。

由于氩气是一种惰性气体，它不与金属起化学反应，被焊金属中的合金元素不会氧化烧损，而且

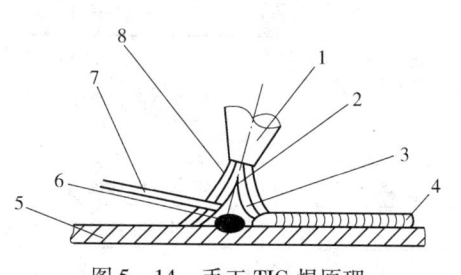

图 5 - 14　手工 TIG 焊原理

1—喷嘴；2—钨极；3—电弧；4—焊缝；
5—焊件；6—熔池；7—焊丝；8—氩气流

在高温时不溶解于液态金属，使焊缝金属不易产生气孔。同时，氩气对电弧和熔池的保护是有效和可靠的，可以得到较高的焊接质量。

2. 手工 TIG 焊的特点

氩弧焊与其他电弧焊方法的比较，其特点是：

（1）由于氩气保护性能优良，不必配制相应的焊剂或熔剂，基本上是金属熔化和结晶的简单过程，因此能获得较为纯净及性能优良的焊缝。

（2）因为电弧受氩气流的冷却和压缩作用，电弧的热量集中，且氩弧的温度又很高，故热影响区很窄。焊接变形与应力倾向小，特别适宜于焊接很薄的材料。

（3）几乎所有的金属材料都可进行氩弧焊，特别适宜焊接化学性质活泼的金属和合金。通常多用于焊接铝、镁、钛、铜及其合金，低合金、不锈钢，以及耐热钢等。

（4）手工 TIG 焊是明弧焊，便于观察与操作，尤其适用全位置焊接，并容易实现焊接的机械化和自动化。

（5）手工 TIG 焊电势高，引弧困难，需要采用高频引弧及稳弧装置等，由于成本高，目前主要用于打底焊和非铁金属的焊接。

（6）手工 TIG 焊产生的紫外线是焊条电弧焊的 5 ~ 30 倍，生成的臭氧对焊工危害较大，放射性的钍钨极对焊工也有一定的危害，所以推广使用对焊工危害较小的铈钨电极。

3. 手工 TIG 焊的应用范围

目前，钨极氩弧焊已广泛用于飞机制造、原子能、化工、纺织等工业中。由于氩弧气的保护，隔离了空气对熔化金属的有害作用，几乎所有的金属材料都可进行焊接，特别适宜焊接化学性质活泼的金属。常用于铝、镁、铜、钛及其合金，低合金钢，不锈钢及耐热钢等材料的焊接。

由于钨极的载流能力有限，电弧功率受到限制，致使焊缝熔深浅，焊接速度低，所以钨极氩弧焊一般只适于焊接厚度 <6mm 的焊件或管道的打底焊接。

二、手工 TIG 焊的焊前准备

1. 焊接接头与坡口形式

手工钨极氩弧焊多用于厚度 <5mm 的薄板焊接。接头形式有对接、搭接、角接、T 形接和端接 5 种基本形式。TIG 焊坡口设计的一般原则见表 5 – 32。常用碳钢、低合金钢的具体坡口形状及尺寸可参照 GB/T 985.1—2008《气焊、焊条电弧焊及气体保护焊和高能束焊的推荐坡口》。

表 5 – 32　TIG 焊坡口设计一般原则

母材厚度/mm	母材材质	坡口形式
≤3	碳钢、低合金钢、不锈钢、对接接头的铝	I 形
≤2.5	高镍合金	
3 ~ 12	碳钢、低合金钢、不锈钢、铝、高镍合金	U 形、V 形或 K 形、T 形
>12	碳钢、低合金钢、不锈钢、铝、高镍合金	双 U 形或 X 形

注：碳钢、低合金钢和不锈钢的 V 形坡口角度要求为 60°，高镍合金为 80°，用交流电焊铝及其合金时通常为 90°。

2. 焊前清理

TIG 焊时，氩气只起机械保护作用，对焊件与填充金属表面的油、锈及其他污物非常敏感,如清理不当,焊缝中很容易产生气孔、夹渣等缺陷。焊前必须认真清理,彻底除去填充金属、焊件坡口面、间隙及焊接区(包括接头上下表面 50～100mm 内)表面上的油脂、油漆、涂层,以及加工用的润滑剂、氧化膜及锈等。

1)去除油污、灰尘

可以用有机溶剂(汽油、丙酮、三氯乙烯、四氯化碳等)擦洗,也可配制专用化学溶液清洗。

2)去除氧化膜

(1)机械清理。此法只适用于工件,不适用于焊丝。通常是用不锈钢或铜丝轮(刷),将坡口及其两侧氧化膜清除,对于不锈钢及其钢材也可用砂布打磨。铝及铝合金材质较软,用刮刀清理较有效。机械清理效率低,去除氧化膜不彻底,一般只用于尺寸大、生产周期长或洗后又局部沾污的工件。

(2)化学清理。依靠化学反应的方法去除焊丝或工件表面的氧化膜,清洗溶液和方法因材料而异。

3. 定位焊

为了保证在焊接过程中待焊处不错位,减小变形,正式施焊前必须进行定位焊。定位焊的焊点长度及间距应根据结构形状及厚度来定,工件越薄焊点间距越小,板状比管状间距要小。

三、手工 TIG 焊焊接参数的选择

钨极氩弧焊的焊接参数有焊接电流种类和极性、钨极直径、焊接电流、电弧电压、氩气流量、焊接速度、喷嘴直径和工艺因素等。

1. 焊接电流的种类及极性接法的选择

焊接电流有直流、交流两种。直流又有正接和反接两种不同的使用方法,焊接电流种类和极性接法的选择,主要取决于被焊材料的种类和对焊缝的要求。为减少或排除因弧长变化而引起的电流波动,TIG 焊要求采用具有陡降或恒流外特性的电源。TIG 焊不同种类电流、极性接法的特点及适用范围见表 5–33。

表5–33　TIG 焊不同类型电流及极性接法的特点及运用范围

电流种类	直流正接	直流反接	对称交流
接法			
两极热量近似比例	工件 70% W 极 30%	工件 30% W 极 70%	工件 50% W 极 50%
熔深特点	深、窄	浅、宽	中等
阴极清理作用	无	有	有
φ3.2W 极允许最大电流	400A	420A	250A
适用材料	黄铜、铜基合金、铸铁、不锈钢、异种金属、钛、银	一般不用	铝、镁、铝青铜、铍青铜、铸铝

2. 焊接电流和钨极直径的选择

焊接电流通常根据焊件材质、厚度和焊接位置来选择。钨极直径必须根据焊接电流选择。表 3 - 52 给出了不同电极直径、不同种类钨极允许使用的电流范围。

3. 焊接电弧电压的选择

焊接电弧电压是决定焊道宽度的主要参数。在 TIG 焊中采用较低的电弧电压，以获得良好的熔池保护。在氦气保护下焊接时，因氦气的电离度较高，相同的电弧长度具有比氩弧更高的电弧电压。电弧电压与钨极尖端的角度有关。钨极端部越尖，电弧电压越高，常用的电弧电压范围为 10 ~ 20V。

4. 钨极直径和端部形状的选择

钨极直径取决于拟采用的焊接电流种类、极性及大小，同时钨极端部尖度对焊缝的熔深和熔宽有一定的影响。钨极端部形状和推荐的电流范围见表 5 - 34。

表 5 - 34　钨极端部形状和推荐的电流范围

钨极直径/mm	尖端直径/mm	尖端角度/(°)	直流正接	
			恒定直流/A	脉冲电流/A
1.0	0.125	12	2 ~ 15	2 ~ 25
1.0	0.25	20	5 ~ 30	5 ~ 60
1.6	0.5	25	8 ~ 50	8 ~ 100
1.6	0.8	30	10 ~ 70	10 ~ 140
2.4	0.8	35	12 ~ 90	12 ~ 180
2.4	1.1	45	15 ~ 150	15 ~ 250
3.2	1.1	60	20 ~ 200	20 ~ 300
3.2	1.5	90	25 ~ 250	25 ~ 350

5. 焊接速度的选择

焊接速度增大，熔深及焊缝宽度都相应减小，但焊接速度太快时，气体保护受到破坏，易产生未焊透及气孔；焊接速度太慢时，焊缝容易咬边和烧穿。手工 TIG 焊的焊接速度根据焊件厚度和焊接电流而定。由于钨极所能承受的电流较低，焊接速度通常在 20m/h 以下，在保证焊接质量的前提下尽量提高焊接速度，以便提高生产率。

6. 气体流量和喷嘴直径的选择

焊枪喷嘴的形状和尺寸在一定程度上决定有效保护焊接区所需要的最低气体流量。喷嘴直径取决于焊件厚度和接头的形式，随着喷嘴直径的增大，气体流量需相应增加。喷嘴直径可按式(5 - 3)选择

$$D = (2.5 ~ 3.5)d_w \qquad (5 - 3)$$

式中，D 为喷嘴直径或内径，mm；d_w 为钨极直径，mm。

喷嘴直径决定后，氩气流量可按式(5 - 4)计算

$$Q = (0.8 ~ 1.2)D \qquad (5 - 4)$$

式中，Q 为氩气流量，L/min；D 为喷嘴直径，mm，D 较小时，Q 取下限，D 较大时，Q 取上限。

在一般情况下，当喷嘴直径增大到 8～120mm 时，保护气体流量为 5～15L/min；当喷嘴的直径增大到 14～22mm 时，气体流量为 10～20L/min；当焊接铝和铝合金厚板时，气体流量为 25～35L/min。此外，气体流量还与焊接环境有关。在空气流动的场地焊接时，应按空气的流速增加气体流量，也可通过试焊来选择流量。气体的保护效果可用焊缝表面的颜色来鉴别，见表 5-35 和表 5-36。

表 5-35　不锈钢焊缝的颜色与保护效果的关系

焊缝颜色	银白、金黄	蓝	红灰	灰	黑
保护效果	最好	良好	尚可	不良	最差

表 5-36　钛及钛合金焊缝颜色与保护效果的关系

焊缝颜色	银白光亮	黄金	紫蓝	青灰	黄白
保护效果	最好	良好	尚可	不良	最差

7. 氩气流量、喷嘴孔径及喷嘴至工件间距离的选择（表 5-37）

表 5-37　氩气流量、喷嘴孔径及喷嘴至工件间距离的选择

焊接方法	合适的氩气流量/(L/min)	喷嘴孔径/mm	喷嘴至工件间距离/mm
钨极氩弧焊	3～25	5～20	5～12
熔化极氩弧焊	10～50	≤30	8～15

8. 焊接电流、喷嘴直径和气体流量之间的关系（表 5-38）

表 5-38　焊接电流、喷嘴直径和气体流量之间的关系

焊接电流/A	直流焊接		交流焊接	
	喷嘴直径/mm	气体流量/(L/min)	喷嘴直径/mm	气体流量/(L/min)
10～100	4～9.5	4～5	8～9.5	6～8
101～150	4～9.5	4～7	9.5～11	7～10
151～200	6～13	6～8	11～13	7～10
201～300	8～13	8～9	13～16	8～15
301～500	13～16	9～12	16～19	8～15

注：金属喷嘴最大允许焊接电流 500A，陶瓷喷嘴最大允许焊接电流 300A。

9. 钨极伸出长度

通常将露在喷嘴外面的钨极长度叫做钨极的伸出长度。焊对接焊缝时，钨极伸出长度以 5～6mm 为宜；焊角焊缝时，钨极伸出长度以 7～8mm 为宜。

10. TIG 焊典型焊接参数

（1）铝及铝合金、不锈钢手工 TIG 焊焊接参数见表 5-39。

表 5 – 39　铝及铝合金、不锈钢手工 TIG 焊焊接参数

材料	板厚/mm	坡口形式	焊接层数（正/反面）	钨极直径/mm	焊丝直径/mm	预热温度/℃	焊接电流/A	氩气流量/（L/min）	喷嘴孔径/mm
铝及铝合金	1	卷边	正 1	2	1.6		45 ~ 60	7 ~ 9	8
	1.5	卷边或 I 形	正 1	2	1.6 ~ 2.0		50 ~ 80	7 ~ 9	8
	2	I 形	正 1	2 ~ 3	2 ~ 2.5	—	90 ~ 120	8 ~ 12	8 ~ 12
	3		正 1	3	2 ~ 3		150 ~ 180	8 ~ 12	8 ~ 12
	4		1 ~ 2/1	4	3		180 ~ 200	10 ~ 15	8 ~ 12
	5		1 ~ 2/1	4	3 ~ 4		180 ~ 240	10 ~ 15	10 ~ 12
	6		1 ~ 2/1	5	4		240 ~ 280	16 ~ 20	14 ~ 16
	8	Y 形坡口	2/1	5	4 ~ 5	100	260 ~ 320	16 ~ 20	14 ~ 16
	10		3 ~ 4/1 ~ 2	5	4 ~ 5	100 ~ 150	280 ~ 340	16 ~ 20	14 ~ 16
	12		3 ~ 4/1 ~ 2	5 ~ 6	4 ~ 5	150 ~ 200	300 ~ 360	18 ~ 22	16 ~ 20
	14		3 ~ 4/1 ~ 2	5 ~ 6	5 ~ 6	180 ~ 200	340 ~ 380	20 ~ 24	16 ~ 20
	16		4 ~ 5/1 ~ 2	6	5 ~ 6	200 ~ 240	340 ~ 380	20 ~ 24	16 ~ 20
	18		4 ~ 5/1 ~ 2	6	5 ~ 6	200 ~ 240	360 ~ 400	25 ~ 30	16 ~ 20
	20		4 ~ 5/1 ~ 2	6	5 ~ 6	200 ~ 260	360 ~ 400	25 ~ 30	20 ~ 22
	16 ~ 20	X 形坡口	2 ~ 3/2 ~ 3	6	5 ~ 6	200 ~ 260	300 ~ 380	25 ~ 30	16 ~ 20
	22 ~ 25		3 ~ 4/3 ~ 4	6 ~ 7	5 ~ 6	200 ~ 260	360 ~ 400	30 ~ 35	20 ~ 22
不锈钢	1.0	对接	1	2	1.6	—	7 ~ 28	3 ~ 4	12 ~ 47 *
	1.2	对接	1	2	1.6	—	15	3 ~ 4	25 *
	1.5	对接	1	2	1.6		5 ~ 19	3 ~ 4	8 ~ 32 *

注：＊焊接速度，单位为 cm/min。

（2）碳钢、低合金钢手工 TIG 焊焊接参数见表 5 – 40。

（3）铜及铜合金手工 TIG 焊焊接参数见表 5 – 41。

（4）钛及钛合金手工 TIG 焊（直流正接、对接）焊接参数见表 5 – 42。

表 5 – 40　碳钢、低合金钢手工 TIG 焊焊接参数

焊件厚度/mm	焊接电流/A	焊丝直径/mm	焊接速度/（mm/min）	气体流量/（L/min）
0.9	100	ϕ1.6	300 ~ 370	4 ~ 5
1.2	100 ~ 125	ϕ1.6	300 ~ 450	4 ~ 5
1.5	100 ~ 140	ϕ1.6	300 ~ 450	4 ~ 5
2.5	140 ~ 180	ϕ2	300 ~ 450	5 ~ 6
3.2	150 ~ 200	ϕ3	250 ~ 300	5 ~ 6

表 5 – 41　铜及铜合金手工 TIG 焊焊接参数

材料	焊件厚度/mm	坡口形式	钨极材料	钨极直径/mm	焊丝直径/mm	焊接电流/A	喷嘴直径/mm	喷嘴流量/(L/min)	预热温度/℃
紫铜	<1.5	I 形	钍钨极	2.4	2	140~180	8	6~8	—
	2~3	I 形		3.2	3	160~280	8~10	6~10	—
	4~5	V 形		4	3~4	250~350	10~12	8~12	100~150
	6~10	V 形		5	4~5	300~400	10~12	10~14	300~500
黄铜锡黄铜	1.2	端接 I 形	钍钨极	3.2	—	160~180	8	7	—
	2			3.2	3	180~200	8	7	—
锡磷青铜	<1.6	I 形	钍钨极	3.2	1.6	90~150	10~12	8~12	—
	1.6~3.2	I 形		3.2	2~3	100~220	10~12	8~12	—
铝青铜	<1.6	I 形	铈钨极	1.6	1.6	25~80		9~10	—
	3.2	I 形		3.2	2~3	160~210	10~12	10~12	—
	9.5	V 形		4		210~330	10~12	12~13	—
硅青铜	1.6	I 形	铈钨极	1.6	1.6	100~120	8	7	—
	3.2	I 形	钍钨极	2.4	2	130~150	8	7	—
	6.4	V 形	钍钨极	3.2	3	200~250	10	9	—
	9.5	V 形	钍钨极	3.2	3	230~280	10	9	—
镍白铜	<3.2	I 形	钍钨极	3.2	2~3	250~300	12~14	12~14	—
	3.2~9.5	V 形		4	3	280~320	12~14	12~14	—

表 5 – 42　钛及钛合金手工 TIG 焊（直流正接、对接）焊接参数

板厚/mm	坡口形式	焊接层数	钨极直径/mm	焊丝直径/mm	焊接电流/A	氩气流量/(L/min) 主喷嘴	拖罩	背面	喷嘴孔径/mm	备注
0.5	I 形坡口	1	1.5	1.0	30~50	8~10	14~16	6~8	10	对接接头的间隙 0.5mm，也可不加钛丝间隙 1.0mm
1.0		1	2.0	1.0~2.0	40~60	8~10	14~16	6~8	10	
1.5		1	2.0	1.0~2.0	60~80	10~12	14~16	8~10	10~12	
2.0		1	2.0~3.0	1.0~2.0	80~110	12~14	16~20	10~12	12~14	
2.5		1	2.0~3.0	2.0	110~120	12~14	16~20	10~12	12~14	
3.0	Y 形坡口	1~2	3.0	2.0~3.0	120~140	12~14	16~20	10~12	14~18	坡口间隙 2~3mm，钝边 0.5mm；焊缝反面衬有钢垫板；坡口角度 60°~65°
3.5		1~2	3.0~4.0	2.0~3.0	120~140	12~14	16~20	10~12	14~18	
4.0		2	3.0~4.0	2.0~3.0	130~150	14~16	20~25	12~14	18~20	
4.0		2	3.0~4.0	2.0~3.0	200	14~16	20~25	12~14	18~20	
5.0		2~3	4.0	3.0	130~150	14~16	20~25	12~14	18~20	
6.0	Y 形坡口	2~3	4.0	3.0~4.0	140~180	14~16	25~28	12~14	18~20	
7.0		2~3	4.0	3.0~4.0	140~180	14~16	25~28	12~14	20~22	
8.0		3~4	4.0	3.0~4.0	140~180	14~16	25~28	12~14	20~22	

板厚/ mm	坡口 形式	焊接 层数	钨极直径/ mm	焊丝直径/ mm	焊接电流/ A	氩气流量/（L/min）			喷嘴孔径/ mm	备　注
						主喷嘴	拖罩	背面		
10.0	双 Y 形坡 口	4～6	4.0	3.0～4.0	160～200	14～16	25～28	12～14	20～22	坡口角度60°， 钝边1mm； 坡口角度55°， 钝边1.5～2.0mm； 坡口角度55°， 钝边1.5～2.0mm， 间隙1.5mm
13.0		6～8	4.0	3.0～4.0	220～240	14～16	25～28	12～14	20～22	
20.0		12	4.0	4.0	200～240	12～14	20	10～12	18	
22		6	4.0	4.0～5.0	230～250	15～18	18～20	18～20	20	
25		15～16	4.0	3.0～4.0	200～220	16～18	26～30	20～26	22	
30		17～18	4.0	3.0～4.0	200～220	16～18	26～30	20～26	22	

四、手工 TIG 焊操作方法

1. 焊枪的握法

用右手握焊枪，食指和拇指夹住焊枪前身部位，其余三指触及工件支点，也可用食指或中指作支点，呼吸要均匀，稍微用力握住焊枪，保持焊枪的稳定，使焊接电弧稳定。关键在于焊接过程中钨极与工件、焊丝不能形成短路。

2. 焊丝的握法与送丝方法

用左手持焊丝，大拇指定位，焊丝夹在四指中间。用食指和中指的前伸和后曲往复动作进行送丝，这种送丝方法可以连续地进行焊接，但要进行专门的练习才能保持送丝稳定。另外，还可以将焊丝夹在大拇指、中指之间，手指不动，只起夹持作用，靠手或小臂沿焊缝移动，并靠手腕的上下往复运动（不得移至保护区外）使焊丝加入熔池中。当焊丝熔化且逐渐缩短到一定长度时，让焊丝末端焊在工件上，电弧移开，左手移到焊丝另一部位握好，接着进行焊接，此种送丝方法适用于短焊缝及定位焊。焊接时，焊丝的送入不应直接进入熔池，以免使氩气保护受到破坏，正确的送丝应使焊丝位于钨极的前方，边熔化边送进。

3. 焊枪、焊丝与工件的相对位置

焊枪垂直于工件，氩气保护效果最好，但会影响焊工对熔池的观察，所以一般应为 $70° \sim 85°$，焊丝与工件的夹角为 $10° \sim 20°$。

4. 引弧

一种引弧方法是高压脉冲发生器或高频振荡器进行非接触引弧，将焊枪倾斜，使喷嘴端部边缘与工件接触，使钨极稍微离开工件，并指向焊缝起焊部位，接通焊枪上的开关，气路开始输送氩气，相隔一定时间（$2 \sim 7s$）后即可自动引弧，电弧引燃后提起焊枪，调整焊枪与工件间的夹角开始进行焊接。另一种引弧方法是直接接触引弧，但需要引弧板，在引弧板上稍微刮擦引燃电弧后，再移到焊缝开始部位进行焊接，避免在始焊端头出现烧穿现象，适用于薄板焊接。

5. 左焊法和右焊法

左焊法适用于薄件的焊接，焊枪从右向左移动，电弧指向未焊部分有预热作用，焊速快、焊缝窄、熔池在高温停留时间短，利于细化金属结晶。焊丝位于电弧前方，操作者容易观察和控制熔池温度，焊缝成形好，操作容易掌握。右焊法适用于厚件的焊接，焊枪从左向右移动，电弧指向已焊部分，有利于氩气保护焊缝表面不被高温氧化。

6. 焊接

（1）弧长（加填充丝）为 3~6mm，钨极伸出喷嘴部的长度一般为 5~8mm。

（2）钨极应尽量垂直焊件或与焊件表面保持较大的夹角（70°~85°）。

（3）喷嘴与焊件表面的距离不超过 10mm。

（4）厚度 >4mm 的薄板立焊时采用向下焊或向上焊均可，板厚 4mm 以上的焊件一般采用向上立焊。

（5）为使焊缝得到必要的宽度，焊枪除了做直线运动外，还可以做适当的横向摆动，但不宜跳动。

（6）平焊、横焊、仰焊时可采用左焊法或右焊法，一般都采用左焊法。各种焊接的焊枪角度和填丝位置如图 5-15~图 5-17 所示。

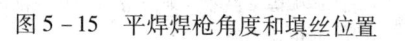

图 5-15　平焊焊枪角度和填丝位置

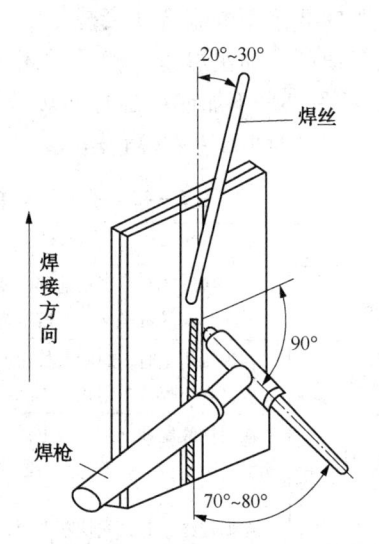

图 5-16　立焊焊枪角度与填丝位置

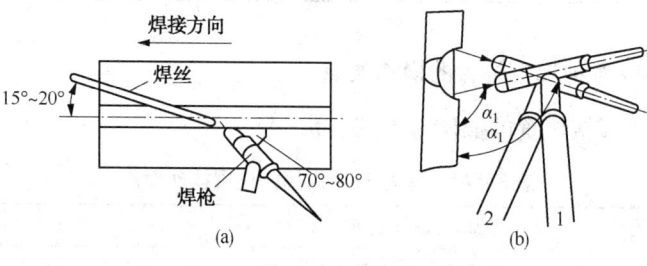
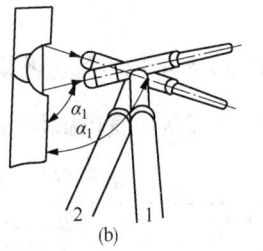

(a)　　　　　　(b)

图 5-17　横焊焊枪角度与填丝位置

（7）焊接时，焊丝端头应始终处在氩气保护区内，不得将焊丝直接放在电弧下面或抬得过高，也不能让熔滴向熔池"滴度"。填丝位置如图 5-18 所示。

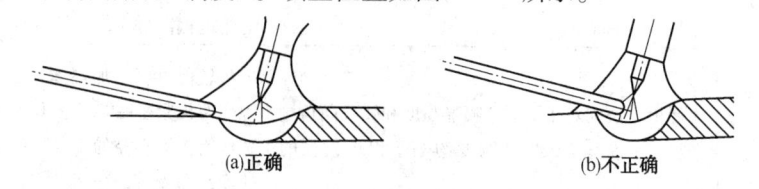

(a)正确　　　　　　(b)不正确

图 5-18　填丝位置

（8）操作过程中，如钨极和焊丝不慎相碰，发生瞬间短路，会造成焊缝污染。此时，应立即停止焊接，用砂轮磨掉被污染处，直至磨出金属光泽，并将填充焊丝头部剪去一段。被污染的钨极应重新磨成形后，方可继续焊接。

7. 接头

（1）接头处要有斜坡，不能有死角。

（2）重新引弧位置在原弧坑后面，使焊缝重叠 20 ~ 30mm，重叠处一般不加或少加焊丝。

（3）熔池要贯穿到接头的根部，以确保接头处熔透。

8. 收弧

收弧时要采用电流自动衰减装置，以避免形成弧坑。没有该装置时，则应改变焊枪角度，拉长电弧，加快焊速。管子封闭焊缝收弧时，多层采用稍拉长电弧，重叠焊缝 20 ~ 40mm，重叠部分不加或少加焊丝。常用的收弧法名称、操作要点及使用场合见表 5 – 43。收弧后，应延时 10s 左右停止送气。

表 5 – 43　手工 TIG 焊的收弧法名称、操作要点及使用场合

收弧法名称	操作要点	使用场合
焊缝增高法	在焊接终止时，焊枪前移速度减慢，焊枪向后倾斜坡度增大，送丝量增加，当熔池饱满到一定程度后熄弧	应用普遍，一般结构都适用
增加焊速法	在焊接终止时，焊枪前移速度逐渐加快，送丝量逐渐减少，直至焊件不熔化，焊缝从宽到窄，逐渐终止	适用于管子氩弧焊，对焊工技能要求较高
采用引出板法	在焊件收尾处外接一块电弧引出板，焊完工件时将熔池引至引出板上熄弧，然后割除引出板	比较简单，适用于平板及纵缝焊接
电流衰减法	在焊接终止时，先切断电源，让发电机的旋转速度逐渐减慢，焊接电流也随之减弱，从而达到衰减收弧	适用于采用弧焊发电机的场合，如果用硅弧焊整流器，则需另加一套逐渐减小励磁电流的简易装置

五、常见 TIG 焊各种焊接位置的操作要点

常见 TIG 焊各种焊接位置的操作要点见表 5 – 44。

表 5 – 44　常见 TIG 焊焊接位置操作要点

焊接方法	焊接特点	注意事项
I 形坡口对接接头的平焊	选择舍适的握枪方法，喷嘴高度为 6 ~ 7mm，弧长 2 ~ 3mm，焊枪前倾，左焊法，焊丝端部放在熔池前沿	焊枪行走角、焊接电流不能太大，为防止焊枪晃动，最好用空冷焊枪
I 形坡口角接平焊	握枪方法同对接平焊；喷嘴高度为 6 ~ 7mm，弧长 2 ~ 3mm	钨极伸出长度不能太大，电弧对中接缝中心不能偏离过多，焊丝不能填得太多
板搭接平焊	握枪方法同对接平焊：喷嘴高度和弧长同角接平焊，不加丝时，焊缝宽度约等于钨极直径的 2 倍	板较薄时可不加焊丝，但要求搭接面无间隙，两板紧密贴合；弧长等于钨极直径，缝宽约为钨极直径的 2 倍，必须严格控制焊接速度；加丝时，缝宽是钨极直径的 2.5 ~ 3 倍，从熔池上部填丝可防止咬边

焊接方法	焊接特点	注意事项
T形接头平焊	握枪方法、喷嘴高度和弧长同对接平焊	电弧要对准顶角处；焊枪行走角、弧长不能太大；先预热，待起点处坡口两侧熔化，形成熔池后才开始加丝
板对接立焊	握枪方法同平焊	要防止焊缝两侧咬边，中间下坠
T形接头向上立焊	握枪方法和喷嘴高度同平焊。最佳填丝位置在熔池最前方，同对接立焊	—
对接横焊	最佳填丝位置在熔池前面和上面的边缘处	防止焊缝上侧出现咬边，下侧出现焊瘤；同时要做到焊枪和上、下两垂直面间的工作角不相等，利用电弧向上的吹力支持液态金属
T形接头横焊	握枪方法、弧长和喷嘴高度同T形接头平焊	—
对接仰焊	最佳添丝位置在熔池正前沿处	—
T形接头仰焊	如条件许可，采用反面填丝	由于熔池容易下坠，因此焊接电流要小，焊接速度要快
兼有平焊、立焊、仰焊	起焊点一般选在时钟"6点"的位置，先逆时针焊至"3点"位置，然后从"6点"位置焊至"9点"位置，再分别从"3点""9点"位置起弧，焊至"12点"位置，管子焊接顺序如图5-19所示；管子口径小时；可直接从"6点"位置焊至"12点"，然后再焊完另一半；盖面时为使整圈焊缝的厚薄、成形均匀，可先在平焊位置（"11点"→"1点"）加焊一层，管子转动平对接焊时焊枪或焊丝与工件的相对位置如图5-20所示	焊接处应先修磨，以保证焊透；焊丝可预先弯成一定形状，以便给送；焊枪与工件的角度要始终不变，焊丝位置以顺手为宜；对小口径管子焊接填丝封底焊时，焊道高度以2~3mm为宜；有时也可采用不加丝封底焊来保证焊透

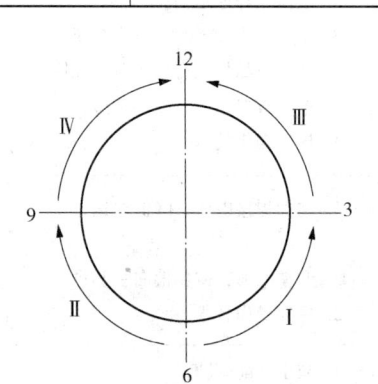

图5-19　管子焊接顺序

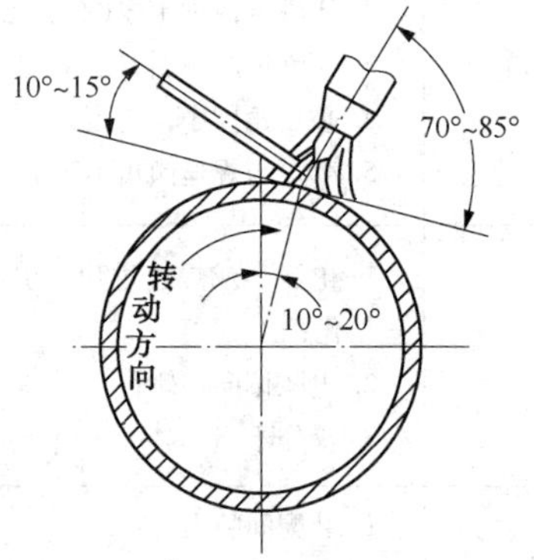

图5-20　管子转动平对接焊时焊枪
或焊丝与工件的相对位置

六、手工 TIG 焊常见的缺陷及预防措施

手工 TIG 焊常见的焊接缺陷及预防措施见表5-45。

表 5 – 45　TIG 焊常见的焊接缺陷及预防措施

缺陷类别	产生原因	预防措施
裂纹	1. 焊丝选择不当； 2. 应力集中； 3. 硫、磷等杂质高及氢等的影响； 4. 电流过大、引起合金元素烧损； 5. 熔池过大、过热； 6. 弧坑没填满	1. 选择与母材相匹配的焊丝； 2. 预热、后热或后热处理，选择合理的焊接顺序等； 3. 选用杂质少的焊接材料，减少氢的来源； 4. 选用适当的焊接电流； 5. 减小焊接电流或适当增加焊接速度； 6. 加入引弧板或采用电流衰减装置填满弧坑
气孔	1. 清理不彻底，含有水分； 2. 氩气纯度低、杂质多(如水分)； 3. 氩气保护效果差，如流量小，电弧电压高，电弧不稳定； 4. 焊接速度太快	1. 必须将工件、焊丝彻底清理干净； 2. 提高及保证氩气纯度； 3. 提高氩气保护效果，如室外增设挡风装置，或增大氩气流量及降低电弧电压； 4. 选择正确的焊接速度(即降低焊接速度)
夹钨	1. TIG 焊时与工件相碰短路； 2. 焊接电流过大，超过钨极许用电流，钨极烧损严重； 3. 钨极磨得太尖； 4. 在工件上引弧，钨极过冷	1. 操作时注意，避免钨极粘在工件上引起折断； 2. 焊接电流应在钨极许用范围内； 3. 避免钨极磨得太尖； 4. 用引弧板引弧
夹渣	1. 工件、焊丝未清理干净； 2. 多层或多道焊时因焊速太快，表面氧化，在焊下一层或下一道时未清除氧化物； 3. 氩气纯度低	1. 彻底进行清理； 2. 清除层间或道间氧化物； 3. 选用高纯度工业氩气(99.999%)
未焊透	1. 焊接电流小或焊速过快； 2. 工件未清理干净(有氧化层)； 3. 工件装配不当，如错边、间隙小； 4. 坡口角度小，钝边大； 5. 焊炬与焊丝倾角不正确	1. 电流及焊速适当； 2. 工件应清理干净，露出金属光泽； 3. 装配时尽量没有错边，间隙增大； 4. 增大坡口角度及减小钝边； 5. 提高操作技术
未熔合	1. 电流小或焊速过快，引起工件未熔合，仅焊丝熔化； 2. 电弧偏向一侧； 3. 操作不当	1. 增加焊接电流，降低焊速； 2. 调整电弧，避免偏向一侧； 3. 提高操作技术
焊瘤	1. 装配间隙大； 2. 焊接速度慢；焊接电流大	1. 减小装配间隙； 2. 选择适当的焊接速度，降低焊接电流
咬边	1. 电流过小； 2. 氩气流量过大，吹力大； 3. 间隙过大； 4. 操作不当及焊丝在两侧填充不足	1. 降低焊接电流； 2. 氩气流量应适当； 3. 减小装配间隙； 4. 提高操作水平，在焊缝两侧填丝应适当

续表

缺 陷 类 别	产 生 原 因	预 防 措 施
弧坑	1. 熄弧过快； 2. 填丝不足； 3. 温度太高，电弧停留时间长	1. 做到缓慢熄弧（适当拉长电弧，应用电流衰减功能熄弧）； 2. 焊丝应多加，高于母材表面； 3. 拉长电弧，电弧停留时间应缩短
焊缝成形差	1. 钨极污染； 2. 焊接电流过大或过小； 3. 电弧不稳； 4. 气体保护不充分； 5. 焊速不均匀，引起高低宽窄、焊波等不均匀； 6. 填加焊丝的量不均匀； 7. 装配间隙不均匀； 8. 操作技术不熟练	1. 注意打磨电极端部； 2. 正确选择电极材料和尺寸，以及焊接参数； 3. 保证电弧长度，防止穿堂风影响。减少直流分量； 4. 合理选择气体流量，焊前认真检查焊嘴； 5. 保持焊速均匀；. 6. 提高操作水平，填丝应均匀一致； 7. 修整装配间隙，使其保持均匀一致； 8. 加强焊工的全位置焊接培训
焊接电弧不稳	1. 焊件上有油污； 2. 钨极污染； 3. 焊接电弧过长； 4. 焊接接头坡口太窄； 5. 钨极直径过大	1. 仔细做好焊前的清理工作； 2. 去除钨极污染部分； 3. 调低喷嘴的距离； 4. 适当调整焊接坡口尺寸； 5. 合理选用钨极尺寸
钨极损耗过剧	1. 钨极宜径过小； 2. 焊接停止时电极被氧化； 3. 反极性连接； 4. 电极夹头过热	1. 适当增大钨极直径； 2. 增加滞后停气时间，不少于 1s/10A； 3. 改为直流正接或加大钨极的直径； 4. 调换合适的电极夹头，将钨极磨光

第四节　二氧化碳气体保护焊（CO_2 焊）

二氧化碳（CO_2）气体保护焊是一种以 CO_2 作为保护气体的熔化电极电弧焊，简称 CO_2 焊。CO_2 气体密度较大，且受电弧加热后体积膨胀较大，所以隔离空气、保护熔池的效果较好，但 CO_2 是一种氧化较强的气体，在焊接过程中会使合金元素烧损，产生气孔和金属飞溅，故需用脱氧能力较强的焊丝或添加焊剂来保证焊接接头的冶金质量。CO_2 焊按焊丝可分为细丝（直径 <1.6mm）、粗丝（直径 >1.6mm）和药芯焊丝 CO_2 焊三种。按操作方法可分为半机械化和机械化 CO_2 焊两种。

一、原理、特点及应用范围

1. CO_2 焊的原理

CO_2 气体保护焊是采用 CO_2 作为保护气体，使焊接区和金属熔池不受外界空气的侵入，依靠焊丝和工件间产生的电弧热来熔化金属的一种熔化极气体保护焊，图 5–21 为 CO_2 气体保护焊焊接原理示意。

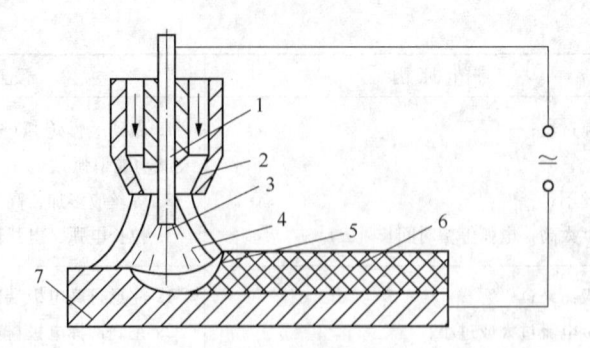

图 5 – 21　CO_2 气体保护焊焊接原理

1—焊丝；2—喷嘴；3—电弧；4—CO_2 气流；

5—熔池；6—焊缝；7—焊件

2. CO_2 焊的特点

1）工艺特点

（1）CO_2 焊的优点。与其他电弧焊比较，CO_2 焊的优点如下：

① 焊接熔池与大气隔绝，对油、锈敏感性较低，可以减少焊件及焊丝的清理工作。

② 电弧可见性良好，便于对中，操作方便，易于掌握熔池熔化和焊缝成形。电弧在气流的压缩下使热量集中，工件受热面积小，热影响区窄，加上 CO_2 气体的冷却作用，焊件变形和残余应力都较小，特别适用于薄板的焊接。电弧的穿透能力强，熔深较大，对接焊件可减少焊接层数。对厚 10mm 左右的钢板可以开 I 形坡口一次焊透，角接焊缝的焊脚尺寸也可以相应地减小。

③ 焊后无焊接熔渣，所以在多层焊时就无需中间清渣。焊丝自动送进，容易实现机械化操作，短路过渡技术可用于全位置及其他空间焊缝的焊接，生产率高。

④ 抗锈能力强，抗裂性能好，焊缝中不易产生气孔，所以焊接接头的力学性能好，焊接质量高。CO_2 气体价格低，焊接成本低于其他焊接方法，约相当于埋弧焊和焊条电弧焊的 40%。

（2）CO_2 焊的缺点。

① CO_2 焊机的价格比焊条电弧焊机高，大电流焊接时，焊缝表面成形不如埋弧焊和氩弧焊平滑，飞溅较多。为了解决飞溅的问题，可采用药芯焊丝，或者在 CO_2 焊气体中加入一定量的氩气形成混合气体保护焊。

② 室外焊接时，抗风能力比焊条电弧焊弱，半机械化 CO_2 焊焊枪重，焊工在焊接时劳动强度大，焊接过程中合金元素烧损严重，如保护效果不好，焊缝易产生气孔。

2）熔滴过渡特点

（1）短路过渡。该过渡是 CO_2 焊最普遍的一种过渡方式。短路过渡过程中电弧电流及电压的变化规律如图 5 – 22 所示。短路过渡时配合焊丝，在薄板和全位置焊接中广泛采用小焊接电流及低电弧电压，得到了满意的效果。

（2）细颗粒过渡。该过渡出现在电弧电压较高、焊接电流较大的情况下，其特点是电弧基本潜入工件表面之下，熔池较深，熔滴以较小的尺寸、较大的速度沿轴向过渡到熔池中，如图 5 – 23 所示。由于没有短路过程，对电源的动特性没有特殊要求，这种过渡主要用于中等厚度及大厚度板材的水平位置焊接。

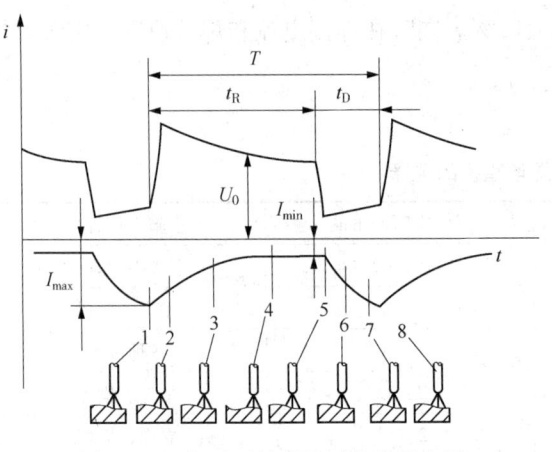

图 5 - 22　短路过渡焊接时电流及电压

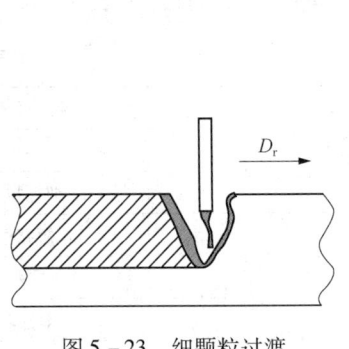

图 5 - 23　细颗粒过渡

3. CO_2焊的应用范围

（1）CO_2焊可进行各种位置焊接。常用于焊接低碳钢及低合金钢等钢铁材料和要求不高的不锈钢及铸铁焊补。

（2）不仅适用于焊接薄板，还常用于中厚板焊接。薄板可为1mm左右，厚板采用开坡口多层焊，其厚度不受限制。

CO_2焊是目前广泛应用的一种电弧焊方法，主要用于汽车、船舶、管道、机车车辆、集装箱、矿山及工程机械、电站设备、建筑等金属结构的焊接生产。

二、CO_2焊焊接工艺

1. 实心焊丝 CO_2焊工艺

1）焊前准备

（1）焊前要对焊接设备电路、水路、气路进行仔细检查，确认其全部正常后，方可开机工作，以免由于焊接设备故障而造成焊接缺陷。

（2）检查送丝系统，主要是检查自焊丝盘到焊枪的整个送丝途径。

（3）短路过渡时熔深浅，因此钝边可以小些，也可以不留钝边，间隙可以适当大些，如要求较高时，装配间隙应≤1.5mm。具体的坡口形式和尺寸及装配间隙按 GB/T 985.1—2008 的要求执行。

（4）为了获得稳定的焊接质量，焊前应对工件焊接部位和焊丝表面的油、锈、水分等脏物进行仔细的清理，清理要求比焊条电弧焊要求高。

（5）定位焊可采用焊条电弧焊或直接采用半自动 CO_2焊进行，定位焊的焊缝长度和间距应根据材料厚度和结构形式来确定。一般定位焊长度为 30 ~ 50mm，间距为 100 ~ 300mm。

2）CO_2焊焊接参数的选择

CO_2焊通常采用短路过渡及细颗粒过渡工艺。

（1）焊丝直径的选择。CO_2气体保护焊所用焊丝直径范围较宽，$\phi1.6$mm 以下的焊丝多用于半自动焊，超过 $\phi1.6$mm 的焊丝多用于自动焊接。

① 根据焊接位置不同，细丝可用于平焊和全位置焊接，粗丝只适于水平位置焊接。

② 根据板厚不同，细丝适用于薄板，可采用短路过渡；粗丝适用于厚板，可采用熔滴

过渡。采用粗丝焊接既可提高效率，又可加大熔深。同时在焊接电流和焊接速度一定时，焊丝直径越细，焊缝的熔深越大。

焊丝直径的选择详见表 5 – 46。

表 5 – 46　焊丝直径的选择

焊丝直径/mm	熔滴过渡形式	可焊板厚/mm	施焊位置
0.5 ~ 0.8	短路过渡	0.4 ~ 3	各种位置
	细颗粒过渡	2 ~ 4	平焊、横焊
1.0 ~ 1.2	短路过渡	2 ~ 8	各种位置
	细颗粒过渡	2 ~ 12	平焊、横焊
1.6	短路过渡	2 ~ 12	立焊、横焊
	细颗粒过渡	>8	平焊、横焊
2.0 ~ 2.5	细颗粒过渡	>10	平焊、横焊

（2）焊接电流与电弧电压的选择。焊接电流的大小主要取决于送丝速度，随着送丝速度的增加，焊接电流也增加，另外焊接电流的大小还与焊丝伸长量、焊丝直径、气体成分等有关。

电弧电压是指导电嘴到工件之间的电压降，对焊接过程的稳定性、熔滴过渡、焊缝成形、焊接飞溅等均有重要影响。短路过渡时弧长较短，随着弧长的增加，电压升高，飞溅也随之增加，再进一步增加电弧电压，可达到无短路的过程。相反，若降低电弧电压，弧长缩短，则会引起焊丝与熔池的固体短路。

焊接电流要与电弧电压匹配，表 5 – 47 给出了不同焊丝直径 CO_2 焊对应的焊接电流和电弧电压的范围。

表 5 – 47　不同焊丝直径 CO_2 焊对应的焊接电流和电弧电压

焊丝直径/mm	短路过渡		颗粒过渡	
	焊接电流/A	电弧电压/V	焊接电流/A	电弧电压/V
0.5	30 ~ 60	16 ~ 18	—	—
0.6	30 ~ 70	17 ~ 19	—	—
0.8	50 ~ 100	18 ~ 21	—	—
1.0	70 ~ 120	18 ~ 22	—	—
1.2	90 ~ 150	19 ~ 23	160 ~ 400	25 ~ 38
1.6	140 ~ 200	20 ~ 24	200 ~ 500	26 ~ 40
2.0	—	—	200 ~ 600	26 ~ 40
2.5	—	—	300 ~ 700	28 ~ 42
3.0	—	—	500 ~ 800	32 ~ 44

（3）短路电流增长率的选择。不同直径焊丝要求的短路电流增长率见表 5 – 48。

表5-48 不同直径焊丝要求的短路电流增长率

焊丝直径/mm	送丝速度/(cm/min)	电弧电压/V	焊接电流/A	短路电流上升率/(kA/s)
0.8	500	18	100	50~150
1.2	250	19	130	40~130
1.6	175	20	160	20~75
2.0	125	21	175	8~12

注：以上焊丝为钢焊丝。

（4）焊接回路电感值的选择详见表5-49。

表5-49 焊接回路电感值的选择

焊丝直径/mm	焊接电流/A	电弧电压/V	电感/mH
0.8	100	18	0.01~0.08
1.2	130	19	0.01~0.16
1.6	160	20	0.30~0.70

（5）定位焊缝长度和间距的选择。定位焊缝应有足够的强度，一般定位焊缝长度和间距见表5-50。如发现定位焊缝有夹渣、气孔和裂纹等缺陷，应将缺陷清除后再补焊。

表5-50 定位焊缝长度和间距 单位：mm

板 厚	定位焊缝长度	定位焊缝间距
<2	8~12	50~70
2~6	12~20	70~200
>6	20~50	200~500

（6）焊接速度的选择。焊接速度与电弧电压和焊接电流有一个对应的关系，在一定的电弧电压和焊接电流下，焊接速度与焊缝成形的关系如图5-24和图5-25所示。半自动化焊时，熟练焊工的焊接速度为30~60cm/min；自动化焊时，焊接速度可高达250cm/min。

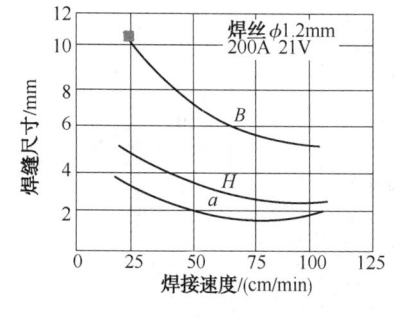

图5-24 焊接速度与焊缝成形的关系
B—熔宽；H—熔深；a—余高

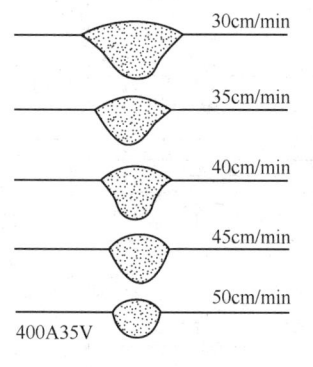

图5-25 不同焊接速度下的焊缝

（7）气体流量的选择。通常情况下，保护气体流量与焊接电流有关。当采用小电流焊接薄板时，气体流量可小些；采用大电流焊接厚板时，气体流量要适当加大。一般情况下正常焊接时，200A以下薄板焊接，CO_2的流量为10~15L/min。200A以上厚板焊接，CO_2的流量为 15 ~ 25L/min。粗丝大规范(颗粒过渡)自动化焊时则为 25 ~ 50L/min。

(8)焊丝伸出长度的选择。短路过渡 CO_2 焊时所用的焊丝很细,因此,伸出长度过大时,电阻热增大,焊丝容易因过热而熔断,导致严重飞溅和电弧不稳,还容易导致未焊透;而伸出长度过小时,喷嘴至工件的距离很小,飞溅金属颗粒易堵塞喷嘴,伸出长度一般应控制在 5 ~ 15mm 内。细颗粒过渡 CO_2 焊所用的焊丝较粗,因此,伸出长度比短路过渡时选得大一些,一般应控制在 10 ~ 20mm 内。

(9)喷嘴至工件距离的选择。短路过渡 CO_2 焊时,喷嘴至工件的距离应尽量取得适当小一些,以保证良好的保护效果及稳定的过渡,但也不能过小。因为该距离过小时,飞溅颗粒易堵塞喷嘴,阻挡焊工的视线。喷嘴至工件的距离一般应取焊丝直径的 12 倍左右。

(10)焊丝位置及焊接方向的选择。CO_2 焊一般采用左焊法,焊接时焊枪的后倾角度应保持为 10° ~ 20°。倾角过大时,焊缝宽度增大而熔深变浅,而且还易产生大量的飞溅。右焊法在某些情况下也可具有良好的工艺性能,焊接时焊枪前倾 10° ~ 20°,过大时余高增大,易产生咬边。

3)典型 CO_2 焊焊接参数

(1)短路过渡 CO_2 焊的典型焊接参数见表 5 – 51。

表 5 – 51　短路过渡 CO_2 焊的典型焊接参数

板厚/mm	接 头 形 式	装配间隙/mm	焊丝直径/mm	伸出长度/mm	焊接电流/A	电弧电压/V	焊接速度/(mm/min)	气体流量/(L/min)	备注
1		0 ~ 0.5	0.8	8 ~ 10	60 ~ 65	20 ~ 21	50	7	1.5mm 厚垫板
		0 ~ 0.3	0.8	6 ~ 8	35 ~ 40	18 ~ 18.5	42	7	单面焊双面成形
1.5		0.5 ~ 0.8	1.0	10 ~ 12	110 ~ 120	22 ~ 23	45	8	2mm 厚垫板
		0 ~ 0.5	1.0	10 ~ 12	60 ~ 70	20 ~ 21	50	8	单面焊双面成形
			0.8	8 ~ 10	65 ~ 70	19.5 ~ 20.5	50	7	
		0 ~ 0.3	0.8	8 ~ 10	45 ~ 50	18.5 ~ 19.5	52	7	—
					55 ~ 60	19 ~ 20			
2		0.5 ~ 1	1.2	12 ~ 14	120 ~ 140	21 ~ 23	50	8	—
		0 ~ 0.8	1.2	12 ~ 14	130 ~ 150	22 ~ 24	45	8	2mm 厚垫板
		0 ~ 0.5	1.2	12 ~ 14	85 ~ 95	21 ~ 22	50	8	单面焊双面成形
			1.0	10 ~ 12	85 ~ 95	20 ~ 21	45	8	
			0.8	8 ~ 10	75 ~ 85	20 ~ 21	42	7	
		0 ~ 0.5	1.0	10 ~ 12	50 ~ 60	19 ~ 20	50	8	—
					60 ~ 70				
			0.8	8 ~ 10	55 ~ 60	19 ~ 20	50	7	—
					65 ~ 70				

续表

板厚/mm	接头形式	装配间隙/mm	焊丝直径/mm	伸出长度/mm	焊接电流/A	电弧电压/V	焊接速度/(mm/min)	气体流量/(L/min)	备注
3		0~0.8	1.2	12~14	95~105 / 110~130	21~22	50	8	—
		0~0.8	1.0	10~12	95~105 / 100~110	21~22	42	8	—
4		0~0.8	1.2	12~14	110~130 / 140~150	22~24	50	8	—
6		0~1	1.2	15	190 / 210	10 / 20	25	15	—

（2）细颗粒过渡 CO_2 焊的典型焊接参数见表 5 – 52。

表 5 – 52　细颗粒过渡 CO_2 焊的典型焊接参数（平焊）

钢板厚度/mm	焊丝直径/mm	坡口形式	焊接电流/A	电弧电压/V	焊接速度/(m/h)	气体流量/(L/min)	备注
3~5	1.6		140~180	23.5~24.5	20~26	~15	
			180~200	28~30	20~22	~24	焊接层数1~2
6~8	2.0		280~300	29~30	25~30	16~18	焊接层数1~2
8	1.6		320~350	40~42	20~40	16~18	
			450	~41	29	16~18	用铜垫板，单面焊双面成形
	2.0		280~300	28~30	16~20	18~20	焊接层数2~3
			400~420	34~36	27~30	16~18	
			450~460	35~36	24~28	16~18	用铜垫板，单面焊双面成形
	2.5		300~650	41~42	24	~20	用铜垫板，单面焊双面成形
8~12	2.0		280~300	28~30	16~20	18~20	焊接层数2~3
16	1.6		320~350	34~36	~24	~20	

续表

钢板厚度/mm	焊丝直径/mm	坡口形式	焊接电流/A	电弧电压/V	焊接速度/(m/h)	气体流量/(L/min)	备注
22	2.0	70°~80° 3	380~400	38~40	24	16~18	双面分层堆焊
32	2.0		600~650	41~42	24	~20	
34	4.0	50° 1 4	350~900（第一层）950（第二层）	34~36	20	35~40	

2. 药芯焊丝 CO_2 焊(TCAW 焊)

1) 药芯焊丝 CO_2 焊工作原理

药芯焊丝 CO_2 气体保护焊的基本工作原理与普通 CO_2 气体保护焊一样，是以可熔化的药芯焊丝为一个电极(通常接正极，即直流反接)，母材作为另一电极。管状药芯焊丝气体保护焊如图 5 – 26 所示，喷嘴 2 中喷出的 CO_2 或 CO_2 + Ar 气体，对焊接区起气体保护作用。管状焊丝中的药粉(焊剂)在高温作用下熔化，并参与冶金反应形成熔渣，对焊丝端部、熔滴和熔池起渣保护作用。

2) 药芯焊丝 CO_2 焊工艺

药芯焊丝 CO_2 焊是渣、气联和保护，所以它既有渣保护焊特点又有气保护焊特点。

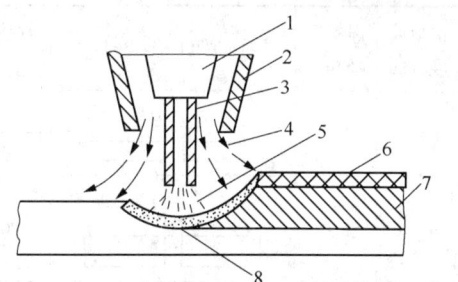

图 5 – 26　管状药芯焊丝气体保护焊
1—导电嘴；2—喷嘴；3—管状焊丝；
4—保护气体；5—电弧；6—熔渣；
7—焊缝；8—熔池

(1) 采用渣气联合保护，焊缝成形美观，电弧稳定性好，飞溅少，且颗粒细小，容易清除。

(2) 焊丝熔敷速度快，比普通熔化极气体保护焊使用电流更大，焊丝伸出长度较短。熔敷效率为 85%~90%，生产效率比焊条电弧焊高了 3~5 倍。

(3) 对各种钢材的焊接适应性强，通过焊剂成分的调节，可达到要求的焊缝金属化学成分，改善焊缝的机械性能。

(4) 抗气孔能力比实芯焊丝 CO_2 焊高，因为焊接熔池受 CO_2 气体熔渣的保护。

(5) 对焊接电源无特殊要求，交流和直流焊机都可以使用。采用直流电源焊接时，要用反接法焊接。选用电源时，也不受平特性或陡降特性的限制。

3) 药芯焊丝 CO_2 焊焊接参数的选择

(1) 焊接电流和电弧电压的选择。药芯焊丝中的焊剂能改变电弧性质，使稳弧性得到改善，所以可以采用交流、直流、平特性、降特性电源，但大多数还是用直流平特性电源。送丝速度与焊接电流成正比，如图 5 – 27 所示。电弧电压与焊接电流相配合，焊接电流增加，电弧电压相应提高。

(2) 焊丝伸出长度和焊丝工作位置的选择。送丝速度确定之后，焊丝伸出长度随焊接电

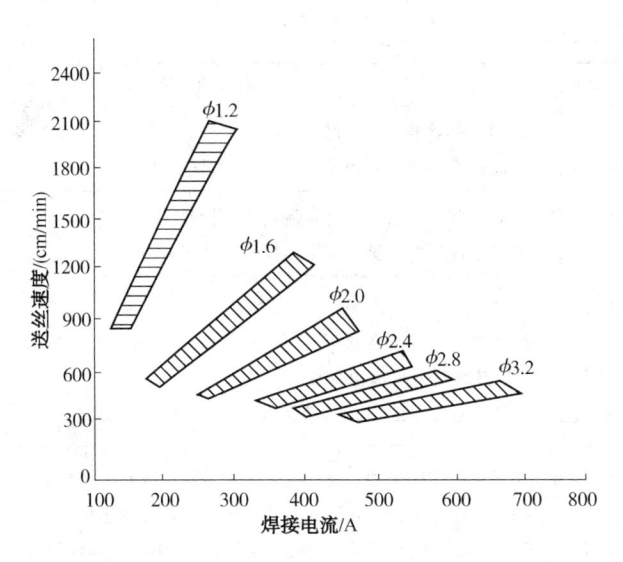

图 5 - 27　送丝速度与焊接电流的关系

流增大而减小，一般在 19 ~ 38mm 之间。过长则飞溅增加，电弧稳定性变坏；太短则飞溅物易堵塞喷嘴。造成保护不良，引起气孔等缺陷。平焊时焊丝行走角为 15° ~ 20°，太大会降低保护效果；角焊时焊丝的工作角为 40° ~ 50°。

　　(3)气体流量的选择。与普通 CO_2 气体保护焊相同，常用药芯焊丝的规格及适用的焊接方法见表 5 - 53。

表 5 - 53　常用药芯焊丝的规格及适用的焊接方法

焊丝直径/mm	断 面 形 状	适用的焊接方法	焊丝直径/mm	断 面 形 状	适用的焊接方法
1.6	圆形	半自动焊	2.8	复杂断面	自动焊
2.0	圆形	半自动焊	3.2	复杂断面	自动焊
2.4	圆形或复杂断面	半自动焊或自动焊	—	—	—

4）焊接参数对焊缝成形的影响(表 5 - 54)

表 5 - 54　药芯焊丝 CO_2 焊时不同焊接参数对焊缝成形及其他方面的影响

焊 接 参 数	影 响 内 容
电弧电压	1. 升高：焊缝宽度增加，焊缝平坦圆滑 2. 太高：造成严重飞溅、气孔及咬边 3. 降低：形成凹形焊缝 4. 过低：焊丝与焊件粘住，影响焊工视线
焊接电流	1. 太大：会形成凸形焊接，烧穿等 2. 太小：熔滴成大滴过渡，焊缝成形不均，未焊透
焊接速度	1. 太快：会形成凸形焊缝，且边缘不整齐，熔深浅，未焊透等 2. 太慢：焊缝成形粗糙不平，容易烧穿和产生夹渣等
焊丝伸出长度	1. 太长：电弧不稳，飞溅严重，气体保护效果差 2. 太短：飞溅易堵塞喷嘴及导电嘴，影响视线，易焊偏 3. 合适：10 ~ 30mm

焊接参数	影 响 内 容
焊丝直径	1. 增大：短路频率熔滴下落速度减小 2. 减小：短路频率熔滴下落速度增加
气体流量	1. 太大：对熔池吹力增大，引起紊流破坏保护效果 2. 太小：气体层流挺度不够，对熔池保护效果不好
空载电压	1. 高：引弧容易 2. 太高：熔深加大，焊缝宽而平，飞溅大，易烧穿和产生气孔等。这是因为电弧电压增大，同时焊接电流以及短路电流也相应增大 3. 过小：引弧困难或易断弧，焊缝余高大，熔深浅，成形差
电感量	1. 过大：焊缝熔深相应增加，会产生大颗粒金属飞溅及熄弧现象，引弧困难 2. 过小：熔深相应减小，产生很细小的颗粒飞溅，焊缝边缘不齐 3. 合适：焊丝直径为 0.6 ~ 1.2mm 时，$L = 0.05 ~ 0.4$mH，焊丝直径为 1.2 ~ 2mm 时，$L = 0.3 ~ 0.7$mH
导电嘴孔径	1. 过大：焊丝与导电嘴接触不良，电弧不稳，成形差 2. 过小：送丝阻力大，焊丝难以送出，在焊丝进入送丝软管处卷曲或打结 3. 合适：细焊丝与导电嘴之间的间隙为 0.1 ~ 0.25mm，$\phi 16$mm 以上的粗焊丝与导电嘴之间的间隙为 0.2 ~ 0.4mm
电源极性	1. 直流反接：焊接过程稳定，熔深较大，飞溅小。CO_2 焊普遍采用直流反接 2. 直流正接：焊缝余高大，熔深浅，焊接生产率高

5）药芯焊丝 CO_2 焊典型焊接参数

（1）$\phi 3.2$mm 药芯焊丝半自动 CO_2 焊典型焊接参数见表 5 - 55。

表 5 - 55　$\phi 3.2$mm 药芯焊丝半自动 CO_2 气体保护焊焊接参数

钢 材		层 数	焊接电流/	电弧电压/	焊接速度/
板厚/mm	接头形式		A	V	（m/h）
6	0~2	1	300 ~ 330	22 ~ 24	18 ~ 20
9	0~2	1 2	400 ~ 500 450 ~ 500	24 ~ 26 24 ~ 27	17 ~ 18 15 ~ 17
12	45°~50°	1 2	450 ~ 500 450 ~ 500	24 ~ 28 24 ~ 28	13 ~ 15 17 ~ 18
25	45°~50°　0~1　45°~50°	1 2	480 ~ 530 500 ~ 550	25 ~ 28 26 ~ 29	14 ~ 15 14 ~ 16

续表

钢　材		层　数	焊接电流/	电弧电压/	焊接速度/
板厚/mm	接头形式		A	V	(m/h)
6.4*	45°~50°	1	330~370	23~25	21~24
8.5*	1.5~2.0	1	360~400	24~26	20~22
12.7*	3　2	3	1 370~400	24~26	18~21
			2 370~400	24~26	18~21
			3 330~370	23~25	21~24

注：*横角焊缝，数字表示焊脚尺寸。

（2）ϕ2.4mm 药芯焊丝 CO_2 焊，横焊位置的典型焊接参数见表 5-56。

表 5-56　ϕ2.4mm 药芯焊丝自动 CO_2 气体保护焊横焊位置焊接参数

接头简图	焊接顺序	焊接电流/A	电弧电压/V	焊接速度/(m/h)	焊丝倾角/(°)
	1	280	25	30	25
	2	350	29	22	20
	3	390	29	22	20
	4	340	28	14	20
	5	380	29	22	20
	6	350	27	22	20
	7	340	25	20	20
	8	300	26	22	20
	9	300	27	22	20
	10	300	27	22	20
	11	300	27	22	20
	12	280	25	25	10

（3）ϕ1.6mm 药芯焊丝半自动平角焊、船形焊典型焊接参数见表 5-57。

表 5-57　ϕ1.6mm 药芯焊丝 CO_2 气体保护焊半自动平角焊、船形焊焊接参数

简图	焊接位置	操作方法	焊接电流/A
	平角焊	打底层右焊法	300~340
	船形焊	盖面层左焊法	280~300
	船形焊和平角焊	填充层左焊法	250~280

电弧电压/V	焊接速度/(cm/min)	气体流量/(L/min)	焊丝伸出长度/mm
32~34	30~40	20~25	30
31~32	40~50	15~20	15~20
30~31	40~50	20~25	20~25

三、CO_2 焊操作方法

1. 半自动 CO_2 焊操作要点

半自动 CO_2 焊操作与焊条电弧焊最大的区别是焊丝自动送进，其他方面与焊条电弧焊有很多相似之处。

1）焊枪的握法及操作姿势

一般用右手握焊枪，并随时准备控制焊把上的开关，左手持面罩或使用头盔式面罩。根据焊缝所处位置，焊工成下蹲或站立姿势，脚跟要站稳，上半身略向前倾斜，焊枪应悬空，不要依靠在工件上或身体某个部位，否则焊枪移动会因此受到限制。焊接不同位置焊缝时的正确持枪姿势如图 5 - 28 所示。

(a)蹲位平焊　　(b)坐位平焊　　(c)站位平焊　　(d)站位立焊　　(e)站位仰焊

图 5 - 28　正确的持枪姿势

2）引弧

（1）先剪除焊丝的球状端头，使焊丝伸出导电嘴 10 ~ 20mm。在起弧处提前送气 2 ~ 3s，排除待焊处的空气。引弧前先点动送出一段焊丝，焊丝伸出长度为 6 ~ 8mm。

（2）将焊枪保持合适的倾角，焊丝端部离开工件或引弧板（对接焊缝可采用引弧板）的距离为 2 ~ 4mm，合上焊枪的开关，焊丝下送，焊丝与焊件短路后自动引燃电弧。短路时焊枪有自动顶起倾向，故要稍用力下压焊枪。

（3）引弧时焊枪与工件不要接触太紧，否则引弧焊丝有可能成段烧断。应在焊缝上距起焊处 3 ~ 4mm 的部位引弧后缓慢向起焊处移动，并进行预热。

（4）电弧引燃后，缓慢返回端头。熔合良好后，以正常速度施焊。引弧过程如图 5 - 29 所示。

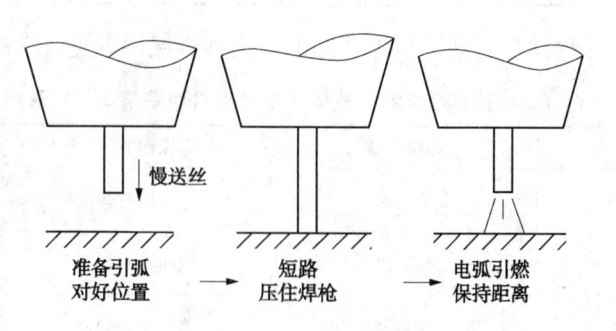

↓慢送丝

准备引弧　　　　短路　　　　　电弧引燃
对好位置　　　　压住焊枪　　　保持距离

图 5 - 29　引弧过程

3）焊接

由于焊接时电弧有一个向上的反弹力，因此握焊枪的手应用力向下按住，使焊丝伸出长度及电弧长度保持不变。在焊接过程中，要尽量用短弧焊接，并使焊丝伸出长度的变化最小，同时要保持焊枪合适的倾角和喷嘴高度，沿焊接方向均匀移动。焊件较厚时，焊枪可稍做横向摆动。焊枪的摆动形式及应用范围见表 5 – 58。

表 5 – 58　焊枪的摆动形式及应用范围

摆 动 形 式	用　途
 ←	薄板及中厚板打底焊道
 两侧停留0.5s左右	坡口小时及中厚板打底焊道
 ←	焊厚板第二层以后的横向摆动
 ←	填角焊或多层焊时的第一层
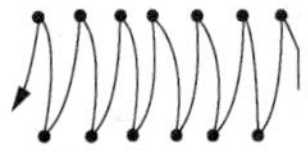 两侧停留0.5s左右	坡口大时
 ←	坡口大时
 ⑧　⑥⑦④⑤②　③　①	焊薄板根部有间隙、坡口有钢垫板或施工物时

　　CO_2 焊一般采用左焊法，焊枪由右向左移动，以便清晰地掌握焊接方向不致焊偏，焊枪与焊缝轴线（焊接方向的相反方向）成 70°～80° 的夹角。根据焊缝所处位置及焊缝所要求的高度，在焊接时焊枪可做适当的横向摆动，摆动的方向与焊条电弧焊相同。

　　4）收弧

　　焊机有弧坑控制电路时，则焊枪在收弧处停止前进，同时接通此电路，焊接电流与电弧电压自动变小，待熔池填满时断电。焊机无弧坑控制电路时，在收弧处焊枪停止前进，并在熔池未凝固时，反复断弧、引弧几次，直至弧坑填满为止。操作时动作要快。

　　5）焊缝接头处理方法

　　CO_2 焊时焊丝是连续送进的，不像焊条电弧焊那样需要更换焊条，但半自动焊时的较长焊缝也是由短焊缝所组成，这时必须考虑焊缝接头的质量，具体焊缝接头的处理方法如图 5 – 30 所示。当无摆动焊接时，可在火口前方约 20mm 处引弧，然后快速将电弧引向火口，待熔化金属充满火口时应立即将电弧引向前方，进行正常焊接，如图 5 – 30（a）所示；摆动焊时，也是在火口前方约 20mm 处引弧，然后立即快速将电弧引向火口，到达火口中心后即开始摆动并向前移动，同时加大摆幅转入正常焊接过程，如图 5 – 30（b）所示。

图 5 – 30　接头处理方法
1—引弧处；2—火口处；3—焊丝运动方式

　　6）各种位置的焊接操作

　　（1）板对接平焊。平焊一般多采用左向焊法。薄板平位置对接焊时，焊枪做直线运动。如果间隙较大，可以适当横向摆动，但幅度不要太大，以免影响气体对熔池的保护。中厚板 V 形坡口对接焊时，底层焊采用直线运动，上层焊缝可采用横向摆动的多层焊，也可采用多道焊法。

（2）板对接立焊。由上向下焊，焊枪向下倾斜 $10° \sim 15°$，使气流向已焊方向吹送，借助电弧气流和吹力，防止熔滴下淌，并能获得光滑的外形、美观的焊缝，焊接薄板时焊枪做直线移动，焊接厚板时做左右横向摆动。

（3）板对接横焊。一般采用右焊法，焊枪向右、向下倾斜 $10° \sim 15°$，焊枪做小幅度前后往返摆动，盖面焊时操作方法与焊条电弧焊相同。

（4）板对接仰焊。采用较细的焊丝，较小的焊接电流和较低的电弧电压，气体流量适当大些。CO_2 仰焊比焊条电弧焊操作要容易得多，薄板件仰焊时，一般多采用小幅度的往复摆动；中厚板仰焊时，应适当横向摆动，并在接缝或坡口两侧稍停片刻，以防焊肉中间凸起及液态金属下淌。

（5）T 形接头平焊角。采用右焊法，焊枪与腹板成 $40° \sim 50°$ 的夹角，与焊接方向成 $70° \sim 80°$ 夹角，焊丝轴线对准腹板距立板 $1 \sim 2mm$。

（6）T 形接头立角焊。焊接中、厚板时，采用自下而上的焊接方法，熔深大，焊缝余高较高，用三角形摆动方式；焊接薄板时，采用自上而下的方法，焊枪直线移动，焊缝成形美观。焊枪与两侧成 $45°$ 左右，向下倾斜 $10° \sim 15°$，如两板厚度不等时，电弧应指向厚板。

2. 自动 CO_2 焊操作要点

自动 CO_2 焊时，焊丝的送进和焊枪的移动全部是靠自动化控制方法来完成，这样有利于提高焊接质量和生产效率。但是，自动 CO_2 焊对工件的坡口、装配间隙要求都较严格，焊接规范的选择要求也较严格。一般自动 CO_2 焊采用短路过渡，或采用无短路大滴过渡，以减少飞溅，并保证焊接过程的稳定，采用的焊丝直径一般 $\leqslant 2mm$。

（1）平焊位置自动 CO_2 焊。对于水平位置的对接、角接和 T 形接头等平直焊缝，可采用无垫板的单面焊双面成形工艺。为防止烧穿也可采用铜垫板，由焊机的行走小车沿焊缝做匀速自动进行，靠自动化程序控制实现焊接过程。

（2）环缝自动 CO_2 焊。对于圆筒环形的工件，自动 CO_2 焊的操作方法有两种。一种是焊枪固定，工件旋转，即利用半自动或自动焊机，配合滚动转胎，实行自动焊；另一种是工件固定，焊枪利用磁力小车沿焊缝做圆周运动，特别适用于大型管道的焊接。

3. 药芯焊丝 CO_2 焊操作要点

焊接操作与实芯焊丝的气体保护焊基本相似。半自动药芯焊丝焊时，焊枪所处的位置及焊枪的移动均为手工操作。图 5-31 所示为平板对接接头平焊及角接接头平角焊焊枪的角度及位置。药芯焊丝焊接时，也可根据需要选择右焊法或左焊法。

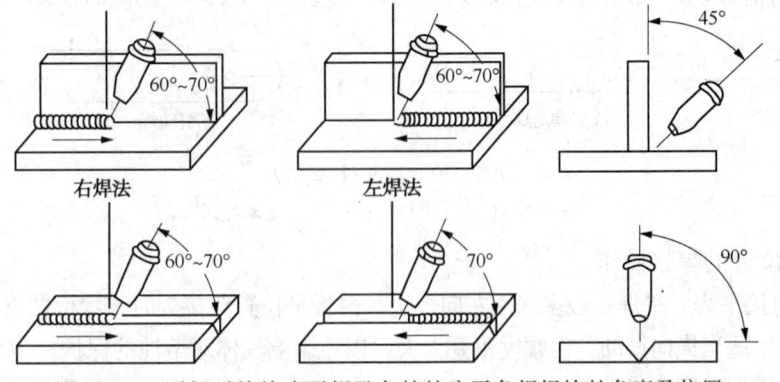

图 5-31　平板对接接头平焊及角接接头平角焊焊枪的角度及位置

平板对接接头立焊及角接接头立角焊时焊枪的角度及位置如图 5 - 32 所示。立焊位置的操作也可分为向上立焊和向下立焊。向下立焊法，因其热输入小，通常用于薄板焊接。细直径酸性药芯焊丝因其具有良好的射流过渡性能经常用于立焊。

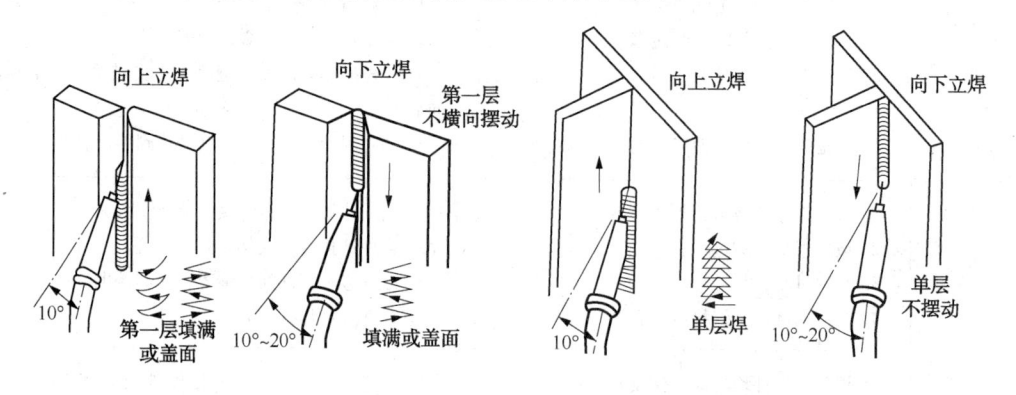

图 5 - 32　平板对接接头立焊及角接接头立角焊时焊枪的角度及位置

四、CO_2 焊的常见缺陷及预防措施

由于设备、材料、工艺、操作等方面的原因而产生的 CO_2 焊焊接缺陷及预防措施见表 5 - 59。

表 5 - 59　CO_2 焊焊接缺陷的产生原因及预防措施

缺　陷	产　生　原　因	预　防　措　施
咬边	1. 焊速过快； 2. 电弧电压偏高； 3. 焊枪指向位置不对； 4. 摆动时，焊枪在两侧停留时间太短	1. 减慢焊速； 2. 根据焊接电流调整电弧电压； 3. 注意焊枪的正确操作； 4. 适当延长焊枪在两侧的停留时间
焊瘤	1. 焊速过慢； 2. 电弧电压过低； 3. 两端移动速度过快，中间移动速度过慢	1. 适当提高焊速； 2. 根据焊接电流调整电弧电压； 3. 调整移动速度，两端稍慢，中间稍快
熔深不够	1. 焊接电流太小； 2. 焊丝伸出长度太小； 3. 焊接速度过快； 4. 坡口角度及根部间隙过小，钝边过大； 5. 送丝不均匀； 6. 摆幅过大	1. 加大焊接电流； 2. 调整焊丝的伸出长度； 3. 调整焊接速度； 4. 调整坡口尺寸； 5. 检查送丝机构； 6. 正确操作焊枪
气孔	1. 焊丝或焊件有油、锈和水； 2. 气体纯度较低； 3. 减压阀冻结； 4. 喷嘴被焊接飞溅堵塞； 5. 输气管路堵塞； 6. 保护气被风吹走； 7. 焊丝内硅、锰含量不足； 8. 焊枪摆动幅度过大，破坏了 CO_2 气体的保护作用； 9. CO_2 流量不足，保护效果差； 10. 喷嘴与母材距离过大	1. 仔细除油、锈和水； 2. 更换气体或对气体进行提纯； 3. 在减压阀前接预热器； 4. 注意清除喷嘴内壁附着的飞溅； 5. 注意检查输气管路有无堵塞和弯折处； 6. 采用挡风措施或更换工作场地； 7. 选用合格焊丝焊接； 8. 培训焊工操作技术，尽量采用平焊，焊工周围空间不要太小； 9. 加大 CO_2 气体流量，缩短焊丝伸出长度； 10. 根据电流和喷嘴直径进行调整

续表

缺　陷	产 生 原 因	预 防 措 施
夹渣	1. 前层焊缝焊渣去除不干净； 2. 小电流低速焊时熔敷过多； 3. 采用左焊法焊接时，熔渣流到熔池前面； 4. 焊枪摆动过大，使溶渣卷入熔池内部	1. 认真清理每一层焊渣； 2. 调整焊接电流与焊接速度； 3. 改进操作方法使焊缝稍有上升坡度，使溶渣流向后方； 4. 调整焊枪摆动量，使熔渣浮到熔池表面
烧穿	1. 对于给定的坡口，焊接电流过大； 2. 坡口根部间隙过大； 3. 钝边过小； 4. 焊接速度小，焊接电流大	1. 按工艺规程调整焊接电流； 2. 合理选择坡口根部间隙； 3. 按钝边、根部间隙情况选择焊接电流； 4. 合理选择焊接参数
裂纹	1. 焊丝与焊件均有油、锈及水分； 2. 熔深过大； 3. 多层焊第一道焊缝过薄； 4. 焊后焊件内有很大内应力； 5. CO_2 气体含水量过大； 6. 焊缝中 C、S 含量高，Mn 含量低； 7. 结构应力较大	1. 焊前仔细清除焊丝及焊件表面的油、锈及水分； 2. 合理选择焊接电流与电弧电压； 3. 增加焊道厚度； 4. 合理选择焊接顺序及消除内应力热处理； 5. 焊前对储气钢瓶应进行除水，焊接过程中对 CO_2 气体应进行干燥； 6. 检查焊件和焊丝的化学成分，调换焊接材料，调整熔合比，加强工艺措施； 7. 合理选择焊接顺序，焊接时敲击、振动，焊后热处理
飞溅	1. 电感量过大或过小； 2. 电弧电压太高； 3. 导电嘴磨损严重； 4. 送丝不均匀； 5. 焊丝和焊件清理不彻底； 6. 电弧在焊接中摆动； 7. 焊丝种类不合适	1. 调节电感至适当值； 2. 根据焊接电流调整弧压； 3. 及时更换导电嘴； 4. 检查调整送丝系统； 5. 加强焊丝和焊件的焊前清理； 6. 更换合适的导电嘴； 7. 按所需的熔滴过渡状态选用焊丝
电弧不稳	1. 导电嘴内孔过大或磨损过大； 2. 送丝轮磨损过大； 3. 送丝轮压紧力不合适， 4. 焊机输出电压不稳； 5. 送丝软管阻力大； 6. 网路电压波动； 7. 导电嘴与母材间距过大； 8. 焊接电流过低； 9. 接地不牢； 10. 焊丝种类不合适； 11. 焊丝缠结	1. 更换导电嘴，其内孔应与焊丝直径相匹配； 2. 更换送丝轮； 3. 调整送丝轮的压紧力； 4. 检查整流元件和电缆接头，有问题及时处理； 5. 校正软管弯曲处，并清理软管； 6. 一次电压变化不要过大； 7. 该距离应为焊丝直径的 10～15 倍； 8. 使用与焊丝直径相适应的电流； 9. 应可靠连接（由于母材生锈，有油漆及油污使得焊接处接触不好）； 10. 按所需的熔滴过渡状态选用焊丝； 11. 仔细解开

续表

缺 陷	产 生 原 因	预 防 措 施
焊丝与导电嘴粘连	1. 导电嘴与母材间距太小； 2. 起弧方法不正确； 3. 导电嘴不合适； 4. 焊丝端头有熔球时起弧不好	1. 该距离由焊丝直径决定； 2. 不得在焊丝与母材接触时引弧（应在焊丝与母材保持一定距离时引弧）； 3. 按焊丝直径选择尺寸适合的导电嘴； 4. 剪断焊丝端头的熔球或采用带有去球功能的焊机
未焊透	1. 焊接电流太小； 2. 焊接速度太快； 3. 钝边太大，间隙太小； 4. 焊丝伸出长度太长； 5. 送丝不均匀； 6. 焊枪操作不合理； 7. 接头形状不良	1. 增加电流； 2. 降低焊接速度； 3. 调整坡口尺寸； 4. 减小伸出长度； 5. 修复送丝系统； 6. 正确操作焊枪，使焊枪角度和指向位置符合要求； 7. 接头形状应适合于所用的焊接方法
焊缝形状不规则	1. 焊丝未经校直或校直不好； 2. 导电嘴磨损而引起电弧摆动； 3. 焊丝伸出长度过大； 4. 焊接速度过低； 5. 操作不熟练，焊丝行走不均	1. 检修焊丝校正机构； 2. 更换导电嘴； 3. 调整焊丝伸出长度； 4. 调整焊接速度； 5. 提高操作水平，修复小车行走机构

第五节 熔化极惰性气体保护焊（MIG 焊）

使用熔化电极的惰性气体（Ar 或 Ar + He）保护焊称为熔化极惰性气体保护焊，简称 MIG 焊。

一、MIG 焊的原理、特点及应用范围

1. MIG 焊的原理

熔化极气体保护焊，以填充焊丝作电极，保护气体从喷嘴中以一定速度流出，将电弧熔化的焊丝、熔池及附近的工件金属与空气隔开，杜绝其有害作用，以获得性能良好的焊缝。熔化极氩弧焊如图 5 - 33 所示。

2. MIG 焊的特点

由于用填充焊丝作为电极，焊接电流增大，热量集中，热效率高，适用于焊接中厚板。焊接铝及铝合金时，采用直流反接阴极雾化作用显著，能够改善焊缝质量。MIG 焊亚射流过渡焊接铝及铝合金时，亚射流电弧的固有自调节作用显著，过程稳定，容易实现自动化操作。熔化极氩弧焊的电弧使明弧、焊

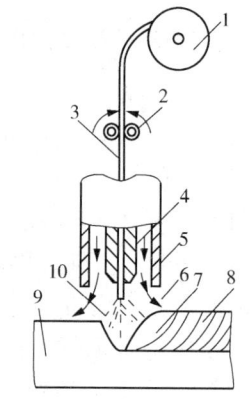

图 5 - 33 熔化极氩弧焊

1—焊丝盘；2—送丝滚轮；3—焊丝；4—导电嘴；5—保护气体喷嘴；6—保护气；7—熔池；8—焊缝金属；9—母材；10—电弧

接过程参数稳定，易于检测及控制，因此容易实现自动化。目前，世界上绝大多数的弧焊机器手及机器人均采用这种焊接方法。

MIG 焊的缺点是对焊丝及工件的油、锈很敏感，焊前必须严格去除；惰性气体价格高，焊接成本高。

3. MIG 焊的应用范围

MIG 焊可用于焊接碳钢、低合金钢、不锈钢、耐热合金、镁及镁合金、铜及铜合金、钛及钛合金等。可用于平焊、横焊、立焊及全位置焊接，焊接厚度最薄为 1mm，最大厚度不受限制。

二、MIG 焊熔滴过渡类型

MIG 焊焊丝熔滴过渡类型及特点（直流反接）见表 5 - 60。

表 5 - 60　MIG 焊焊丝熔滴过渡类型及特点（直流反接）

熔滴过渡类型	过 渡 方 式	保护气体	电弧燃烧情况	熔滴大小	可焊位置	熔 深
短路过渡	通过未脱离焊丝端部的熔滴与熔池接触（短路）使熔滴过渡到熔池	Ar、He 或混合气体	电弧间歇熄灭，但燃烧稳定，飞溅较小	大于焊丝直径	全位置	较浅
颗粒过渡	熔滴通过电弧空间以重力加速度落至熔池	Ar、He 或混合气体	电弧有偶然短路熄灭，燃烧较不稳定，飞溅较大	大于焊丝直径	平焊	一般较短路过渡的深
喷射过渡	熔滴以比重力加速度大得多的加速度射向熔池	Ar 或富 Ar 混合气体	电弧燃烧稳定，飞溅很小	小于焊丝直径	平焊全位置（定向下焊）	较颗粒过渡深

另外，还有混合过渡，即同时存在射滴和短路两种过渡形式，通常称为亚射流过渡。

三、MIG 焊的焊前准备

1. 焊前检查

焊前应对焊接设备的电路、水路、气路系统进行仔细检查，确认全部正常后，方可开机工作，以免由于焊接设备故障而造成焊接缺陷。

（1）设备电路系统的检查。开启焊机电源开关，电源指示灯亮，冷却风扇转动，各显示仪表指示正常，工件焊接地线电缆可靠连接。

（2）水冷系统的检查。检查冷却水箱是否水源充足，管路有无漏水处，特别要注意水管接头的连接是否可靠。使用自来水的，要检查水龙头是否打开，确认自来水有水且畅通无阻。

（3）气路系统检查。检查气瓶或气路总阀门的开启，预热器的接通，减压器的开通，并点动电磁气阀调好流量计，最终确认自焊枪喷嘴可流出足够的保护气流，同时要注意气瓶中的气体不低于正常使用的储量要求，即减压器的高压表指示不低于 1MPa。

（4）送丝系统检查。送丝系统的检查主要是针对从焊丝盘到焊枪的整个送丝途径。即焊丝直径应符合所焊工件的要求，送丝轮之沟槽尺寸应与焊丝直径相符，导电嘴尺寸应与焊丝直径相符。检查送丝是否正常。按点动送丝按钮，将焊丝送出导电嘴15mm左右，如无点动按钮，可按焊枪上的送丝按钮，但要防止焊丝与工件打弧。检查送丝轮压紧力是否适当，必要时应加以调节。

2. 喷嘴的清理

喷嘴和导电嘴上粘附的飞溅要经常进行清理，为了防止飞溅粘住喷嘴表面不易清除，在焊接前喷嘴上最好喷上硅油。

3. 破口的准备及装配

选择破口形式及坡口尺寸的原则除了接头形式以外，主要决定于板厚和空间位置。例如，薄板和空间位置的焊接都是采用短路过渡，此时熔深较浅，故坡口钝边较小而根部间隙可稍大些。厚板的平焊大都采用射滴过渡，此时熔深较大，故坡口钝边可大些，而坡口角度和根部间隙均较小，这样既可熔透良好，又能减少填充金属量，提高生产效率。

在定位焊点固前，应将坡口面及坡口两侧至少各20mm范围内的油污、铁锈及氧化皮等清理干净。油污可用汽油及丙酮清洗、擦拭；铁锈可用钢丝刷清除；较厚的轧制氧化皮可用砂轮磨去。

定位焊缝是为了装配和固定工件接头的位置而完成的焊缝。定位焊缝应采用与正式焊接时相同的焊丝，定位焊焊缝的长度及间隔应根据板厚选择。薄板的焊缝长度一般为几毫米，不超过10mm；间隔可为几十毫米。对于厚板的定位焊，焊缝长度可适当加长，但一般不超过50mm。

四、MIG 焊焊接参数的选择

1. 焊丝直径

焊丝直径根据工件的厚度、施焊位置来选择，表5 – 61给出了直径为0.8~2.0mm的焊丝的适用范围。

表5 – 61　焊丝直径的选择

焊丝直径/mm	工件厚度/mm	施 焊 位 置	熔滴过渡形式
0.8	1~3	全位置	短路过渡
1.0	1~6	全位置、单面焊双面成形	短路过渡
1.2	2~12		
	中等厚度、大厚度	打底	
1.6	6~25	平焊、横焊或立焊	射流过渡
	中等厚度、大厚度		
2.0	中等厚度、大厚度		

2. 焊接电流和电弧电压

焊接电流是最重要的焊接参数。实际焊接过程中，应根据工件厚度、焊接方法、焊丝直径、焊接位置来选择焊接电流。低碳钢熔化极氩弧焊典型焊接电流范围见表5 – 62。利用等速送丝式焊机焊接时，焊接电流是通过送丝速度来调节的。

表 5 - 62　低碳钢熔化极氩弧焊的典型焊接电流范围

焊丝直径/mm	焊接电流/A	熔滴过渡方式	焊丝直径/mm	焊接电流/A	熔滴过渡方式
1.0	40 ~ 150	短路过渡	1.6	270 ~ 500	射流过渡
1.2	80 ~ 180		1.2	80 ~ 220	短路过渡
1.2	220 ~ 350	射流过渡	1.6	100 ~ 270	

MIG 焊通常采用直流反接，焊接电流一定时，电弧电压与焊接电流相匹配。

3. 焊接速度

焊接速度是重要焊接参数之一。焊接速度与焊接电流适当配合才能得到良好的焊缝成形。在热输入不变的条件下，焊接速度过大，熔宽、熔深减小，甚至会产生咬边、未熔合、未焊透等缺陷。如果焊接速度过慢，不但直接影响生产效率，而且还可能导致烧穿、焊接变形过大等缺陷。

自动熔化极氩弧焊的焊接速度一般为 25 ~ 150m/h；半自动熔化极氩弧焊的焊接速度一般为 5 ~ 60m/h。

4. 焊丝伸出长度

焊丝伸出长度增加可增强其电阻热作用，使焊丝熔化速度加快，可获得稳定的射流过渡，并降低临界电流。一般焊丝伸出长度为 13 ~ 25mm，视焊丝直径等条件而定。

5. 气体流量

熔化极惰性气体保护焊对熔池保护要求较高。保护气体的流量一般根据电流大小、喷嘴直径及接头形式来选择。

通常喷嘴直径为 20mm 左右，气体流量为 10 ~ 60L/min，喷嘴至工件距离为 8 ~ 15mm。

6. 喷嘴至工件的距离

喷嘴高度应根据电流的大小选择，喷嘴高度推荐值见表 5 - 63。

表 5 - 63　喷嘴高度推荐值

电流大小/A	< 200	200 ~ 250	250 ~ 500
喷嘴高度/mm	10 ~ 15	15 ~ 20	20 ~ 25

7. 焊丝位置

焊丝与工件间的夹角角度影响焊丝输入，从而影响熔深及熔宽。焊丝与工件的夹角有行走角和工作角两种。焊丝轴线与焊缝轴线所确定的平面内，焊丝轴线与焊缝轴线之垂线之间的夹角称为行走角。焊丝轴线与工件法线之间的夹角称为工作角。

五、半自动化 MIG 焊操作要点

1. 焊枪移动和操作姿势

焊枪移动时应严格保持合适的焊枪角度和喷嘴到工件的距离，同时还要注意保持焊枪移动速度均匀，焊枪应对准坡口的中心线等。

半自动熔化极气体保护焊时，焊枪上接有焊接电缆、控制电缆、气管、水管和送丝软管等，导致焊枪较重，所以焊工操作时很容易疲劳，难以握稳焊枪，应利用焊工的肩部、腿部等身体的可利用部位，减轻手臂的负荷，以确保焊接过程的稳定。

2. 引弧

常采用短路引弧法。引弧前应先剪去焊丝端头的球形部分，否则易造成引弧处焊缝缺陷。引弧前焊丝端部应与工件保持 2～3mm 的距离。引弧时焊丝与工件接触不良或接触太紧，都会造成焊丝成段爆断。焊丝伸出导电嘴的长度：细焊丝为 8～14mm，粗焊丝为 10～20mm。常采用的引弧方法如图 5-34 所示。

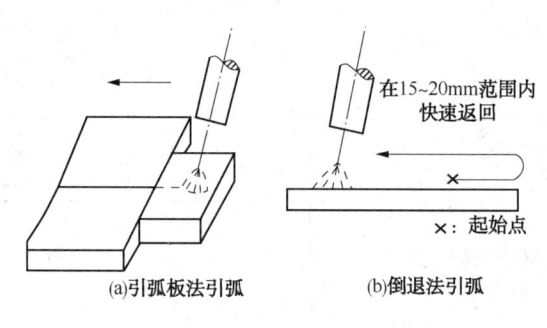

(a)引弧板法引弧　　(b)倒退法引弧

图 5-34　常用引弧方法

（1）引弧板法。对于要求严格的重要产品，可在引弧板上进行引弧，如图 5-34(a)所示，焊后可将引弧板去除。

（2）倒退法。倒退法或回头法引弧是一种简便常用的引弧方法，如图 5-34(b)所示。倒退法引弧就是在焊缝始端向前 20mm 左右处引弧，快速返回起始点，然后开始向前焊接。

3. 焊接

焊工应紧握焊枪，克服焊接时电弧的向上反弹力，不使焊枪远离工件，一直保持喷嘴到工件表面的恒定距离。在焊接过程中，要尽量用短弧焊接，使焊丝伸出长度的变化最小。

根据焊枪的移动方向，熔化极气体保护焊可分为左焊法和右焊法两种。焊枪从右向左移动，电弧指向待焊部分的操作方法称为左焊法。焊枪从左向右移动，电弧指向已焊部分的操作方法称为右焊法。左焊法熔深较浅，熔宽较大，余高较小，焊缝成形好；右焊法焊缝深而窄，焊缝成形不良。因此一般情况下采用左焊法。用右焊法进行平焊位置的焊接时，行走角一般保持在 5°～20°。

半自动化熔化极气体保护焊时，采用左焊法和右焊法时的焊枪角度及相应的焊缝成形情况如图 5-35 所示。焊枪的摆动形式及应用范围见表 5-64。

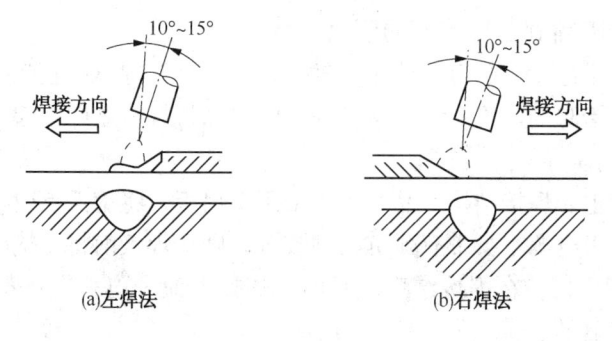

(a)左焊法　　(b)右焊法

图 5-35　左焊法和右焊法

表 5 - 64　　焊枪的摆动形式及应用范围

摆 动 形 式	用　途
 →（直线）	薄板及中厚板打底焊道
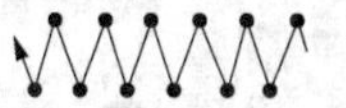 ∧∧∧∧ 两侧停留0.5s左右	坡口小时及中厚板打底焊道
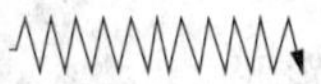 ∧∧∧∧	焊厚板第二层以后的横向摆动
 eeee	角焊或多层焊时的第一层
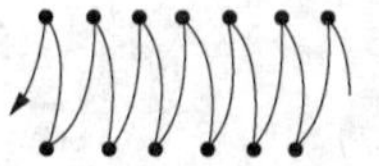 两侧停留0.5s左右	坡口大时
 （花瓣形）	坡口大时
 ⑧　⑥⑦④⑤②　③　①	焊薄板根部有间隙、坡口有钢垫板或施工物时

4. 焊缝的接头

尽管熔化极气体保护焊的焊丝是连续送进的，并不像焊条电弧焊那样需要频繁更换焊条，但半自动焊的长焊缝仍然存在焊缝接头问题。而焊缝接头处的质量又取决于焊工的操作方法。接头处的处理方法如图 5 - 36 所示。当无摆动焊接时，可在停弧点前方约 20mm 处引弧，然后将电弧快速引向停弧点，待熔化金属填满弧坑时立即将电弧引向前方进行正常焊接，如图 5 - 36(a) 所示。摆动焊时，也是在停弧点前方约 20mm 处引弧，然后立即快速将电弧引向停弧点，到达停弧点中心待熔化金属填满弧坑后，开始摆动并向前移动，同时加大摆幅转入正常焊接过程，如图 5 - 36(b) 所示。

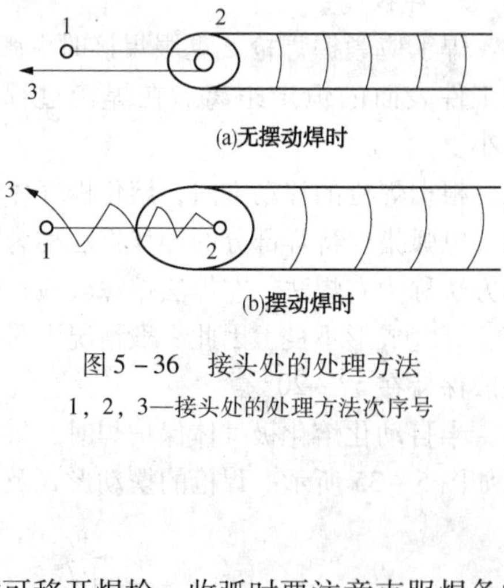

(a)无摆动焊时

(b)摆动焊时

图 5 - 36　接头处的处理方法

1，2，3—接头处的处理方法次序号

5. 收弧处的处理

收弧时保持焊枪喷嘴到工件表面的距离不变，释放焊枪开关，待停止送丝、断电、停止送气后，方可移开焊枪。收弧时要注意克服焊条电弧焊焊工将焊把向上抬起的习惯。气体保护焊收弧时如将焊枪立即抬起，将破坏收弧处的保护效果。

对于要求较高的重要焊接结构产品，可以采用引出板，将熄弧点引至工件之外，省去弧坑处理操作。如果焊接电源本身带有弧坑处理装置，则在焊接前将焊接电源面板上弧坑处理开关调到"有弧坑处理"档，在焊接结束收弧时，焊接电流和电弧电压都会自动减小到适宜的数值，容易将弧坑填平。

如果焊接电源本身无弧坑处理装置，通常采用多次断续引弧填充弧坑的方法，直至填平为止。收弧时的处理方法如图 5 – 37 所示。

6. 常见焊接位置操作要点

1）板对接平焊

平焊是较容易掌握的一种焊接位置。焊接时，焊工手握焊枪要稳、焊丝尖端与工件间的距离要保持恒定，等速向前移动焊枪。焊工可根据待焊工件的特点自行选择左焊法或右焊法，板状

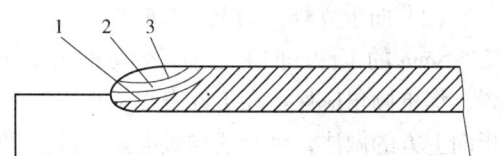

图 5 – 37　收弧时的处理方法

1，2，3—多次断续引弧次序号

试件平焊位置焊枪的指向及角度如图 5 – 38 所示。平焊时一般多采用左焊法，这样喷嘴不会挡住视线，能够清楚地看到熔池，并且熔池受电弧冲刷作用较小，焊缝成形比较平整美观。在焊接过程中必须根据装配间隙及熔池温度变化情况，及时调整焊枪角度、摆动幅度和焊接速度，以控制熔孔尺寸，保证试件背面形成均匀一致的焊缝。

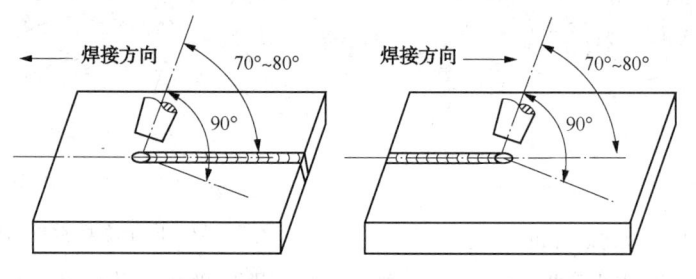

图 5 – 38　板状试件平焊位置焊枪的指向及角度

2）板对接立焊

立焊位置的焊接分为向下立焊和向上立焊两种。向下立焊主要用于薄板，向上立焊则用于厚度 >6mm 的工件。

（1）向下立焊。向下立焊主要采用细丝、短路过渡、小电流、低电压和较快的焊接速度。向下立焊常采用直线焊法，但要注意防止产生未焊透和焊瘤。向下立焊时焊枪的姿态如图 5 – 39 所示。向下立焊时电弧的位置如图 5 – 40 所示。为保持住熔池，不使铁液流淌，要将电弧始终对准熔池的前方，对熔池起着上托的作用，如图 5 – 40（a）所示。若掌握不好，铁液会流到电弧前方，则容易产生焊瘤和未焊透缺陷，如图 5 – 40（b）所示。一旦发生铁液导前现象，应加速焊枪的移动，并使焊枪的后倾角减小，靠电弧吹力把铁液推上去。

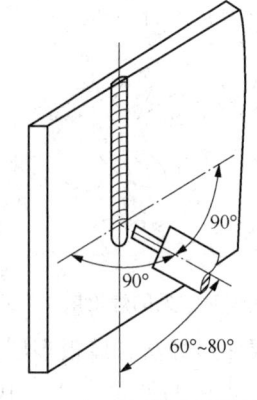

图 5 – 39　向下立焊时焊枪的姿势

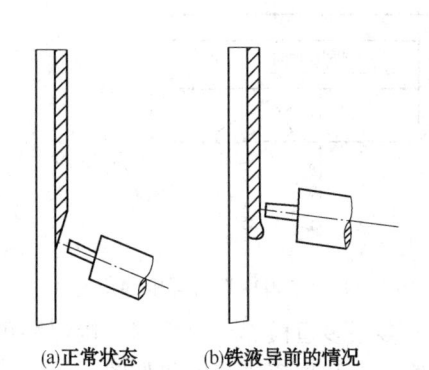

(a)正常状态　　(b)铁液导前的情况

图 5 – 40　向下立焊时电弧的位置

（2）向上立焊。向上立焊时熔池较大，铁液易流失，故通常采用较小的焊接参数，适于厚度 >6mm 的工件。向上立焊时焊枪的角度如图 5-41 所示，焊枪基本上与工件保持相垂直的位置，焊枪倾角应保持在工件表面垂直线上下约 10° 的范围内。在此要克服一般焊工习惯于焊枪指向上方的做法，因为这样做电弧易被拉回熔池，使熔池减小，影响焊缝的焊透性。

向上立焊一般采用摆动式焊接法，不采用直线式焊接法。多层焊时后续的填充焊道易造成未熔合。向上立焊常见的焊枪摆动方式如图 5-42 所示，其中图 5-42(a)、(b) 所示适用于角焊缝和对接焊缝的第一道焊缝焊接时焊枪的摆动方式，图 5-42(c)、(d) 所示适合于多层焊时的第二层及以后各层焊接时的焊枪摆动方式。

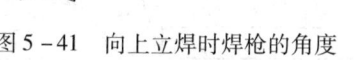

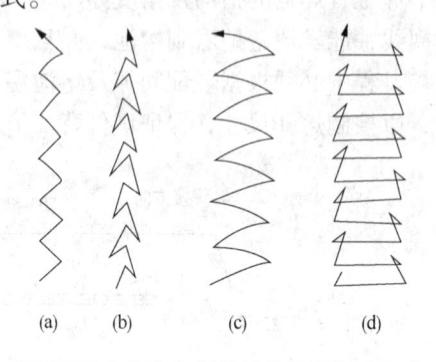

图 5-41　向上立焊时焊枪的角度　　　　图 5-42　向上立焊常见的焊枪摆动方式

另外，焊枪摆动焊时，要注意摆幅与摆动波纹间距的匹配。为防止下淌，摆动时中间可稍快。为防止咬边产生，在焊缝两侧焊趾端要稍做停留。

3）板对接横焊

横焊位置焊接的特点是，铁液受重力作用容易下淌，因此，在焊道上边易产生咬边，在焊道下边易造成焊瘤。为防止上述缺陷产生，要限制每焊道的熔敷金属量。当坡口较大、焊道较宽时，应采用多层多道焊。

（1）单道横焊。单道横焊适用于薄板。可采用直线式或小幅摆动法，为便于观察工件接缝，通常采用左焊法。单道横焊时焊枪的角度如图 5-43 所示。如需采用摆动法焊出较宽的焊道，要注意焊枪的摆幅一定要小，过大的摆幅会造成铁液下淌。有时进行较大宽度范围内的表面堆焊时，亦可采用右焊法。因为右焊法焊道较为凸起，便于后续焊道的熔敷。横焊时常见的焊枪摆动方式如图 5-44 所示。横焊时通常采用低电压小电流的短路过渡形式。

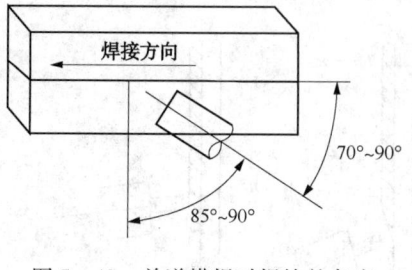

图 5-43　单道横焊时焊枪的角度　　　　图 5-44　横焊时常见的焊枪摆动方式

（2）多层多道横焊。厚板的对接焊和角接焊时，应采用多层多道焊法，厚板多层多道横焊时焊枪姿态和焊道排列方式如图 5-45 所示。第一层焊一道，焊枪的仰角为 0°～10° 并指向根部尖角处，如图5－45(a)所示，可采用左焊法，以直线式或小幅摆动法操作。这一道要注意防止焊道下垂，熔敷成等焊脚尺寸的焊道。

第二层的第一道焊道焊接时，如图5－45(b)所示，焊枪指向每一层焊道的下焊趾端部，采用直线式焊接法。第二层的第二道，如图5－45(c)所示，以同样的焊枪仰角指向第一层焊道的上焊趾端部。这一道的焊接可采用小幅摆动法，要注意防止咬边，熔敷出尽量平滑的焊道。如果焊成了凸形焊道，则会给后续焊道的焊接带来困难，容易形成未熔合缺陷。

第三层及以后各层的焊接与第二层相类似，均是自下而上熔敷，焊道的排列方式如图5－45(d)所示。

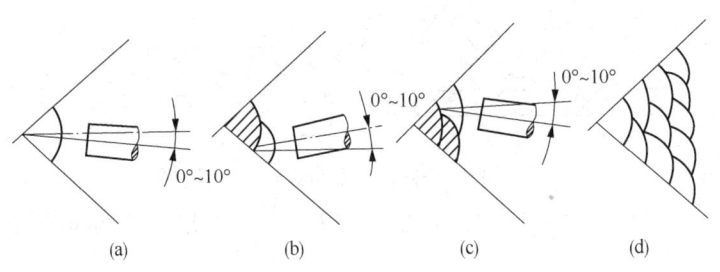

图5－45　厚板多层多道横焊时焊枪姿态和焊道的排列方式

多层横焊时要注意焊层道数越多，热量的积累便越易造成焊接熔池铁液的下淌，故要逐次采取减少熔敷金属量和相应地增加焊道数的办法。另外要确保每一层焊缝的表面都应尽量平滑。中间各层可采用稍大的焊接电流进行焊接，盖面时焊接电流可略小些。

4）板对接仰焊

仰焊时，操作不方便，同时由于重力作用，铁液下垂，焊道易呈凸形，甚至产生焊接熔池铁液下滴等现象，所以焊接难度较大，更需要掌握正确的操作方法和严格控制焊接参数。

仰焊可采用直线式或小幅摆动法。熔池的保持要靠电弧吹力和铁液表面张力的作用，所以焊枪角度和焊接速度的调整很重要，可采用右焊法。但焊枪的倾角不能过大，否则会造成凸形焊道及咬边。焊接速度也不宜过慢，否则会导致焊道表面凹凸不平。在焊接时要根据熔池的具体状态，及时调整焊接速度和焊枪的摆动方式。其摆动要领与立焊时相类似，即中间稍快，而在焊趾处稍停，这样可有效地防止咬边、熔合不良、焊道下垂等缺陷的产生。单道仰焊时焊枪的姿态及角度如图5－46所示。

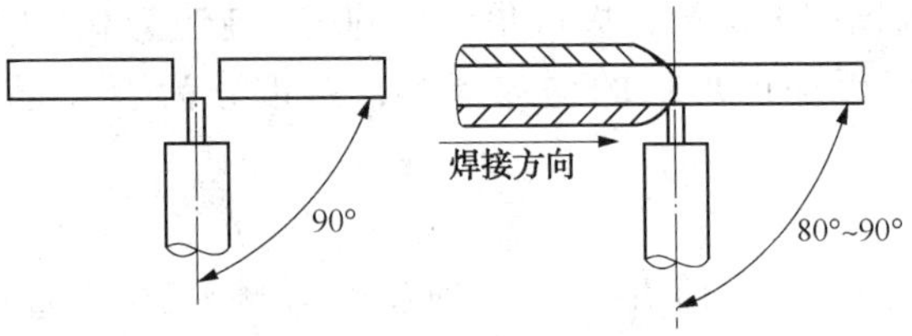

图5－46　单道仰焊时焊枪的姿态及角度

5）板状试件各类角焊缝的操作要求

（1）T形接头平角焊缝多层焊焊枪的姿势及焊道的排列如图5－47所示。

（2）搭接接头平角焊焊枪的角度如图5－48所示，上板为薄板的搭接接头，焊接时焊枪应对准A点。上板为厚板的搭接接头，焊接时焊枪应对准C点位置。

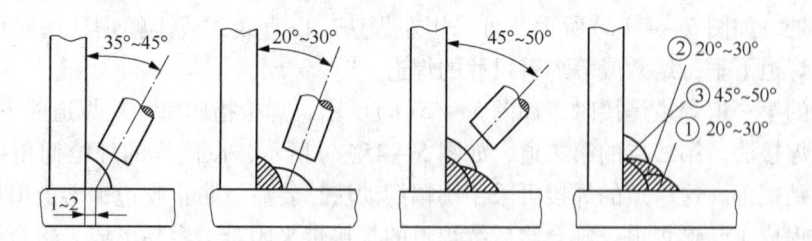

图 5 - 47　T 形接头平角焊缝多层焊焊枪的姿势及焊道的排列

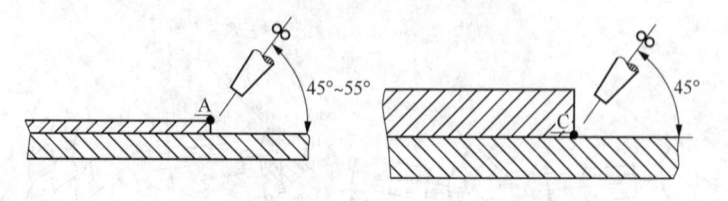

图 5 - 48　搭接接头平角焊焊枪的角度

（3）T 形接头立角焊焊枪的角度如图 5 - 49 所示。T 形接头仰角焊焊枪的角度如图 5 - 50 所示。

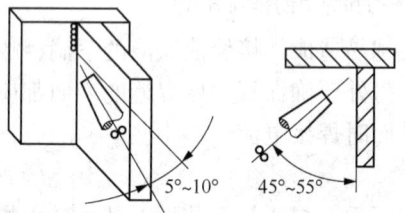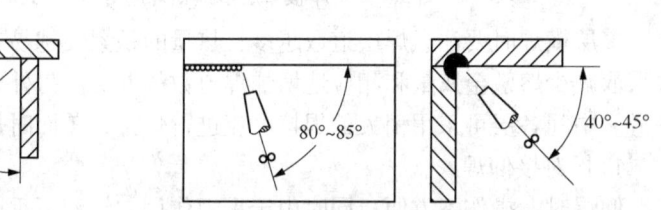

图 5 - 49　T 形接头立角焊焊枪的角度　　　图 5 - 50　T 形接头仰角焊焊枪的角度

六、自动化 MIG 焊操作要点

自动化不仅能保障焊缝的质量，还可以大大提高生产效率和减轻焊工的劳动强度，所以，平焊位置的长焊缝或环形焊缝的焊接一般采用自动化 MIG 焊，但对焊接参数及装配精度都要求较高。

1. 板对接平焊

焊缝两端加接引弧板和引出板，坡口角度为 60°，钝边为 0 ~ 3mm，间隙为 0 ~ 2mm，单面焊双面成形。用垫板保证焊缝的均匀焊透，垫板分为永久型垫板和临时性铜垫板两种。

2. 环焊缝

环焊缝机械化 MIG 焊有两种方法，一种是焊枪固定不动而工件旋转，另一种是焊枪旋转而工件不动。焊前各种焊接参数必须调节恰当，符合要求后即可开机进行焊接。

（1）焊枪固定不动。焊枪固定在工件的中心垂直位置，采用细焊丝，在引弧处先用手工 TIG 焊不加焊丝焊接 15 ~ 30mm，并保证焊透，然后在该段焊缝上引弧进行 MIG 焊接。焊枪固定在工件中心水平位置，为了减少熔池金属流动，焊丝必须对准焊接熔池。其特点是焊缝质量高，能保证接头根部焊透，但余高较大。

（2）焊枪旋转工件固定。在大型工件无法旋转的情况下选用。工件不动，焊枪沿导轨在环行工件上连续回转进行焊接。导轨要固定，安装正确，焊接参数应随焊枪所处的空间位置进行调整。定位焊位置处于水平中心线和垂直中心线上，对称焊四点。

七、MIG 焊的常见缺陷与防止措施

MIG 焊的常见缺陷与防止措施见表 5-65。

表 5-65　MIG 焊的常见缺陷与防止措施

缺陷	产 生 原 因	防 止 措 施
夹渣	（1）采用短路电弧进行多道焊； （2）焊接速度过高	（1）在焊接下一道焊缝前仔细清理焊道上发亮的渣壳； （2）适当降低焊接速度，采用含脱氧剂较高的焊丝，提高电弧电压
裂纹	（1）焊缝的深宽比过大； （2）焊缝末端的弧坑冷却快； （3）焊道太小（特别是角接焊缝和根部焊道）	（1）适当提高电弧电压或减小焊接电流，以加宽焊道而减小熔深； （2）适当地填满弧坑并采用衰减措施减小冷却速度； （3）减小行走速度，加大焊道横截面
烧穿	（1）热输入过大； （2）坡口加工不当	（1）减小电弧电压和送丝速度，提高焊接速度； （2）加大钝边，减小根部间隙
气孔	（1）气体保护不好； （2）焊件被污染； （3）电弧电压太高； （4）焊丝被污染； （5）焊嘴与工件的距离太大	（1）增加保护气体流量以排除焊接区的全部空气；清除气体喷嘴处飞溅物，使保护气体均匀；焊接区要有防止空气流动措施，防止空气侵入焊接区；减小喷嘴与焊件的距离；保护气体流量过大时，要适当减小流量； （2）焊前仔细清除焊件表面上的油、污、锈、垢，采用含脱氧剂较高的焊丝； （3）减小电弧电压； （4）焊前仔细清除焊丝表面油、污、锈、垢； （5）减小焊丝伸出长度
未焊透	（1）坡口加工不当； （2）焊接技术较低； （3）热输入不合格； （4）焊接电流不稳定	（1）适当减小钝边或增加根部间隙； （2）使焊丝角度保证焊接时获得最大熔深，电弧始终保持在焊接溶池的前沿； （3）提高送丝速度以获得较高的焊接电流，保持喷嘴与工件的适当距离； （4）增加稳压电源装置或避开用电高峰
未熔合	（1）焊接部位有氧化膜或锈皮； （2）热输入不足； （3）焊接操作不当； （4）焊接接头设计不合理	（1）焊前仔细清理待焊处表面； （2）提高送丝速度、电弧电压，减小行走速度； （3）采用摆动动作在坡口面上有瞬时停歇，焊丝在熔池的前沿； （4）坡口夹角要符合标准，改 V 形坡口为 U 形

第六节　电　阻　焊

工件组合后通过电极施加压力，利用电流通过接头的接触面及邻近区域产生的电阻热进行焊接的方法称为电阻焊。主要分为点焊、缝焊、凸焊和对焊。

一、电阻焊的分类、特点及应用范围

1. 电阻焊的分类

电阻焊的种类较多，常见分类方法如图 5 - 51 所示。

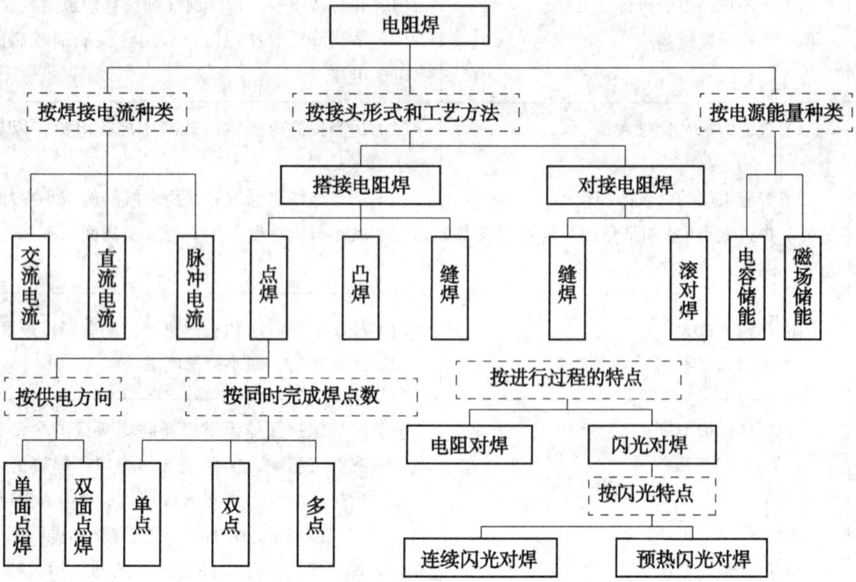

图 5 - 51　常见电阻焊分类方法

2. 电阻焊的特点

（1）电阻焊是利用工件内部产生的电阻热（属于内部分布能源），由高温区向低温区传导，加热及熔化金属实现焊接的。电阻焊的焊缝是在压力下凝固或聚合结晶，属于压焊范畴，具有锻压特征。

（2）由于焊接热量集中，加热时间短，焊接速度快，所以热影响区小，焊接变形与应力也较小。焊后通常不需要校正及热处理，不需要焊条、焊丝、焊剂、保护气体等焊接材料，焊接成本低。电阻焊的熔核始终被固体金属包围，熔化金属与空气隔绝，焊接冶金过程比较简单。

（3）操作简单，易于实现机械化与自动化，劳动条件较好。生产率高，可与其他工序一起安排在组装焊接生产线上。但是闪光焊因有火花喷溅，尚需隔离。

（4）由于电阻焊设备功率大，焊接过程的程序控制较复杂，机械化、自动化程度较高，使得设备的一次性投资大，维修困难，而且常用的大功率单相交流焊机不利于电网的正常运行。

（5）点、缝焊的搭接接头不仅增加构件的质量，而且使接头的抗拉强度及疲劳强度降低。目前还缺乏可靠的无损检测方法，只能靠工艺试样、破坏性试验来检查，以及靠各种监控技术来保证。

3. 电阻焊的应用范围

电阻焊具有生产率高、成本低、节省材料，易于自动化等特点，因此广泛应用于航空、航天、能源、电子、汽车、轻工等各工业领域，是重要的焊接工艺之一。

二、点焊工艺技术

点焊是工件装配成搭接接头，并压紧在两电极之间，利用电阻热溶化母材金属而形成焊点的电阻焊方法。

1. 点焊的特点及应用范围

常用电阻点焊的特点及应用范围见表5－66。

表5－66　常用电阻点焊的特点及应用范围

点焊种类	示意图	特点	所需设备			应用范围
			电源组成	控制开关	复杂程度	
工频交流点焊	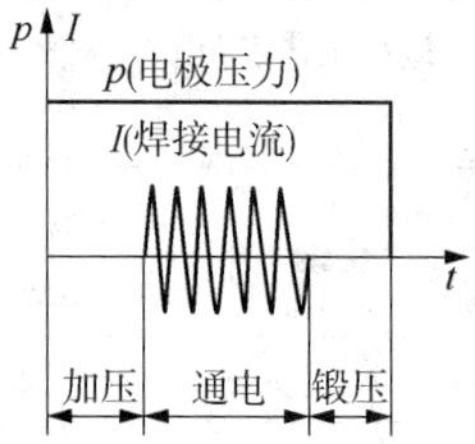	电流幅值大小不变；通电时间较长；压力恒定	焊接变压器	机械或继电器式	最简单，一般为小型	各种钢材不重要件
				半同步电子离子式	较简单，一般为中、大型	各种钢材一般件
				同步电子离子式	较复杂，一般为中、大型	各种重要的钢材件，一般的铝及其合金件
工频交流多脉冲点焊	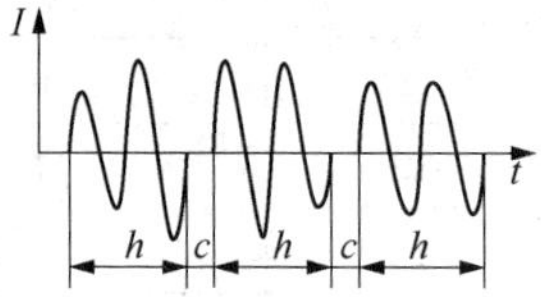	电流幅值可调；通电时间较长；可连续通电或断续通电；压力恒定	焊接变压器	半同步电子离子式	较复杂	要求焊前预热和焊后缓冷的低合金钢和硬铝等
				同步电子离子式	复杂	
直流冲击波点焊	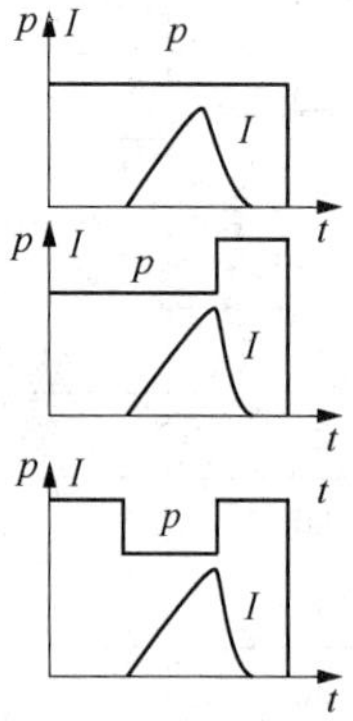	电流渐增；通电时间较短；压力分为三种：恒定、提高预压力和提高锻压力	变压器、整流器和焊接变压器	同步电子离子式	很复杂，一般为大型	一般的和重要的铝及铝合金件
电容储能点焊	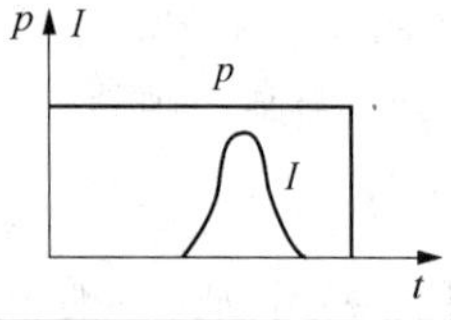	电流渐增，通电时间极短	变压器、电容器和焊接变压器	机械、继电器或电子离子式	小型较简单，大型较复杂	异种金属、铝及铝合金、不等厚件及精密件和重要件

2. 接头形式和接头尺寸

（1）板与板点焊接头形式如图 5-52 所示。

（2）圆棒的点焊接头形式如图 5-53 所示。

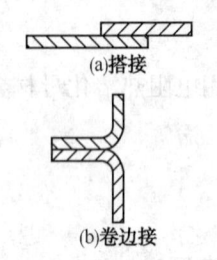

(a)搭接

(b)卷边接

图 5-52　板与板点焊接头形式

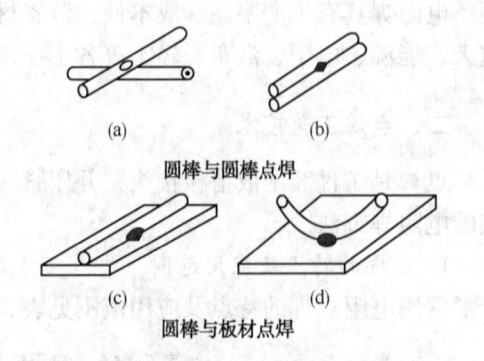

(a)　　　　　(b)

圆棒与圆棒点焊

(c)　　　　　(d)

圆棒与板材点焊

图 5-53　圆棒的点焊接头形式

（3）推荐点焊接头尺寸见表 5-67。

表 5-67　推荐点焊接头尺寸

薄件厚度 δ/mm	熔核直径 d/mm	单排焊缝最小搭边[1] b/mm		最小工艺点距[2] e/mm		
		轻合金	钢、钛合金	轻合金	低合金钢	不锈钢、耐热钢、耐热合金
0.3	2.5_0^{+1}	8.0	6	8	7	5
0.5	3.0_0^{+1}	10	8	11	10	7
0.8	3.5_0^{+1}	12	10	13	11	9
1.0	4.0_0^{+1}	14	12	14	12	10
1.2	5.0_0^{+1}	16	13	15	12	11
1.5	6.0_0^{+1}	18	14	20	14	12
2.0	$7.0_0^{+1.5}$	20	16	25	18	14
2.5	$8.0_0^{+1.5}$	22	18	30	20	16
3.0	$9.0_0^{+1.5}$	26	20	35	24	18
3.5	10_0^{+2}	28	22	40	28	22
4.0	11_0^{+2}	30	26	45	32	24
4.5	12_0^{+2}	34	30	50	26	26
5.0	13_0^{+2}	36	34	55	40	30
5.5	14_0^{+2}	38	38	60	46	34
6.0	15_0^{+2}	43	44	65	52	40

注：① 搭边尺寸不包括弯边圆角半径 r；点焊双排焊缝或连接三个以上零件时，搭边应增加 25%~35%。

②若要缩小点距则应考虑分流而调整参数；工件厚度比大于 2 或连接三个以上零件时，点距应增加 10%~20%。

3. 焊前准备

（1）工件表面清理。焊接前应清除工件表面的油、锈、氧化皮等污物，一般可采用机械打磨方法和化学清洗方法。

（2）工件装配。装配间隙一般为 0.5~0.8mm；采用夹具或夹子将工件夹牢。

（3）电极的分类及特点

① 按电极工作表面形状分为平面电极、球面电极。平面电极用于结构钢的电阻点焊，工作部分的圆锥角为 15°~30°。平面电极倾斜的影响如图 5-54 所示。球面电极用于轻合金的电阻点焊，优点是易散热、易使核心压固，并且当电极稍有倾斜时，不致影响电流和压力的均衡分布，不致引起内部和表面的飞溅。

② 按电极结构形式分为直电极、特殊电极。直电极加压时稳定，通用性好。特殊电极用于直电极难以工作的场合，根据工件的形状、开敞性等因素设计特殊电极。特殊电极如图 5-55 所示。

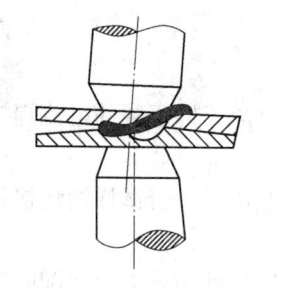

图 5-54 平面电极倾斜的影响

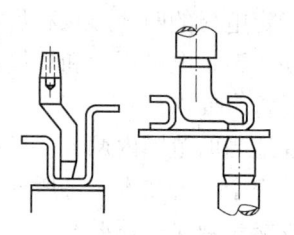

图 5-55 特殊电极

电极直接影响电阻点焊的质量。电阻点焊电极多采用锥体配合，锥度为 1:5 和 1:10。

4. 点焊焊接参数的选择

1）焊接电流

焊接电流是决定热量大小的关键因素，直接影响熔核直径与焊透率，并影响点焊的强度。焊接过程中，若电流过小，则导致无法形成熔核或熔核过小；若电流过大，会容易引起飞溅。因此，应在点焊过程中选择适当大小的焊接电流，以保证焊缝质量。

2）焊接通电时间

焊接通电时间对点焊析热与散热均产生一定的影响。点焊过程中，焊接通电时间内焊接区析出的热量除部分散失外，主要用于对焊接区进行加热，使熔核扩大到要求尺寸。若焊接通电时间过短，则难以形成熔核或熔核过小，因此，点焊过程中，应保持充足的焊接通电时间。

3）电极压力

电极压力是影响焊接区加热程度和塑性变形程度的重要因素。随着电极压力的增大，接触电阻减小，电流密度降低，从而减慢加热速度，导致焊点熔核减小而致使强度降低。若电极压力过小时，将影响焊点质量的稳定性，因此，如在增大电极压力的同时，适当延长焊接时间或增大焊接电流，可使焊点强度的分散性降低，焊点质量较稳定。

4）电极工作面的形状与尺寸

电极头的形状和尺寸对焊接电流密度、散热效果、接触面积和点焊工件的表面质量产生重要影响。在点焊过程中，电极头产生压溃变形的粘损，需要不断地进行修锉。

不等厚度及特殊钢板电阻点焊的焊接参数见表 5-68。

表 5 - 68　　不等厚度及特殊钢板电阻点焊的焊接参数

	一厚一薄	按薄件略增大焊接电流或通电时间
不等厚度	三层，中间厚两边薄	按薄件略增大焊接电流或通电时间
	三层，中间薄两边厚	按厚件略减小焊接电流或通电时间
特殊钢板	涂漆	电极压力增加 20%
	镀铅	焊接电流增加 20%~50% 或通电时间增加 20%
	镀锌	电极压力增加 20%
	镀铜	焊接电流增加 20%~50% 或通电时间增加 20%
	磷化	焊接电流增加 30%~50%

5）点焊焊接参数的选择步骤

（1）确定电极的断面形状和尺寸。

（2）初步选定电极压力和焊接通电时间，再调节焊接电流，以不同的电流焊接试样，直至熔核直径符合要求。

（3）在适当的范围内调节电极压力、焊接通电时间和电流，进行试样的焊接和检验，直至焊点质量完全符合技术条件所规定的要求为止。

选择焊接参数时，还要充分考虑试样和工件受分流、铁磁性物质以及装配间隙差异方面的影响，适当加以调整。

5. 点焊操作技术

（1）所有焊点都应尽量在电流分流值最小的条件下进行点焊。

（2）焊接时应先选择在结构最难以变形的部位（如圆弧上肋条附近等）上进行定位点焊。

（3）尽量减小变形。

（4）当接头的长度较长时，应从中间向两端进行点焊。

（5）对于不同厚度铝合金焊件的点焊，除采用强规范外，还可以在厚件一侧采用球面半径较大的电极，以有利于改善电阻焊点核心偏向厚件的程度。

6. 点焊方法

点焊方法的分类及工艺特点见表 5 - 69。

7. 钢筋电阻点焊

（1）混凝土结构中的钢筋焊接骨架和钢筋焊接网，宜采用电阻点焊制作。

表 5 - 69　　点焊方法及工艺特点

点焊方法	工艺特点	示意图
双面单点焊	两个电极从焊件上、下两侧接近焊件并压紧，进行单点焊接。此种焊接方法能对焊件施加足够大压力，焊接电流集中通过焊接区，减少焊件的受热体积，有利于提高焊点质量	 1、2—电极；3—焊件

续表

点焊方法	工艺特点	示意图
双面双点焊	由两台焊接变压器分别对焊件上、下两面的成对电极供电。两台变压器的接线方向应保证上、下对准电极，并在焊接时间内极性相反。上、下两变压器的二次电压成顺向串联，形成单一的焊接回路。在一次点焊循环中可形成两个焊点。其优点是分流小，主要用于厚度较大，质量要求较高的大型部件的点焊	
单面双点焊	两个电极放在焊件同一面，一次可同时焊成两个焊点。其优点是生产率高，可方便地焊接尺寸本、形状复杂和难以用双面单点焊的焊件，易于保证焊件一个表面光滑、平整，无电极压痕。缺点是焊接时部分电流直接经上面的焊件形成分流，使焊接区的电流密度下降。减小分流的措施是在焊件下面加铜垫板	1、2—电极；3—焊件；4—铜垫板
单面单点焊	两个电极放在焊件的同一面，其中一个电极与焊件接触的工作面很大，仅起导电快的作用，对该电极也不施加压力。这种方法与单面双点焊相似，主要用于不能采用双面单点焊的场合	1、2—电极；3—焊件；4—铜垫板
多点焊	一次可以焊多个焊点的方法。多点焊既可采用数组单面双点焊组合起来，也可采用数组双面单点焊或双面双点焊组成进行点焊。由于这种方法生产率高，在汽车制造工业等大量生产中得到了广泛应用	1—电极；2—焊件；3—铜垫板

（2）钢筋焊接骨架和钢筋焊接网可由 HPB300、HRB335、HRB400、CRB550 钢筋制成。当两根钢筋直径不同时，焊接骨架较小的钢筋直径小于或等于10mm时，大、小钢筋直径之比不宜大于3；当较小钢筋直径为 12～16mm 时，大、小钢筋直径之比不宜大于2。焊接网较小钢筋直径不得小于较大钢筋直径的0.6倍。

（3）电阻点焊的工艺过程中应包括预压、通电、锻压三个阶段。

（4）电阻点焊应根据钢筋牌号、直径及焊接性能等具体情况，选择合适的变压器级数、焊接通电时间和电极压力。

（5）焊点的压入深度应为较小钢筋直径的18%~25%。

（6）钢筋多头点焊机宜用于同规格焊接网的成批生产。当点焊生产时，除符合上述规定外，还应准确调整好各个电极之间的距离、电极压力，并应经常检查各个焊点的焊接电流和焊接通电时间。

当采用钢筋焊接网成型机组进行生产时，应按设备使用说明书中的规定进行安装、调试考核操作，根据钢筋直径选用合适电极压力和焊接通电时间。

（7）在点焊生产中，应经常保持电极与钢筋之间接触面的清洁平整；当电极使用变形时，应及时修整。

（8）钢筋点焊生产过程中应随时检查制品的外观质量，当发现焊接缺陷时，应查找原因并采取措施，及时消除。

三、缝焊工艺技术

1. 缝焊的特点及应用范围

工件装配搭接或对接接头并置于两滚轮之间，滚轮加压工件并转动，连续或断续送电，使之形成一条连续焊缝的电阻焊方法称之为缝焊，如图5-56所示。缝焊实质上是连续进行的点焊。缝焊时接触区的电阻、加热过程，冶金过程和焊点的形成过程都与点焊相似。

缝焊与点焊相比，特点是工件不处在静止的电极压力下，而是处在滚轮旋转的情况下，工件的接触电阻比点焊小，而工件与滚轮之间的接触电阻比点焊时大。前一个焊点对后一个焊点的加热有一定的影响。这种影响主要反映在分流和热作用两个方面。分流即缝焊时有一部分焊接电流流经已经焊好的焊点，削弱了对下一个正在焊接的焊点加热。热作用即由于焊点靠得很近，上一个焊点焊接时，会对下一个焊点有预热作用，有利于加热。

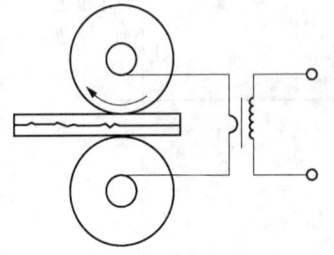

图5-56　缝焊

滚轮连续滚动，在工件各点的停留时间短，工件表面散热条件较差。工件表面易过热，容易与滚轮黏结而影响表面质量。

电阻缝焊广泛用于油桶、罐头桶、暖气片、飞机和汽车油箱等密封容器等的薄板焊接。可焊接低碳钢、合金钢、镀层钢、不锈钢、耐热钢、铝及铝合金、铜及铜合金等金属。

2. 缝焊接头形式和尺寸

如图5-57所示，常用缝焊接头形式是卷边接头和搭接接头。卷边宽度不宜过小，板厚为12mm时，卷边≥12mm；板厚为1.5mm时，卷边≥16mm；板厚为2mm时，卷边≥18mm。搭接接头的应用最广，搭边长度为12~18mm。常用缝焊接头推荐尺寸见表5-70。

3. 缝焊工艺要点

1）焊前准备

（1）焊前清理。焊前应对接头两侧附近宽约20mm处进行清理。清理方法可采用机械清理或化学清理。

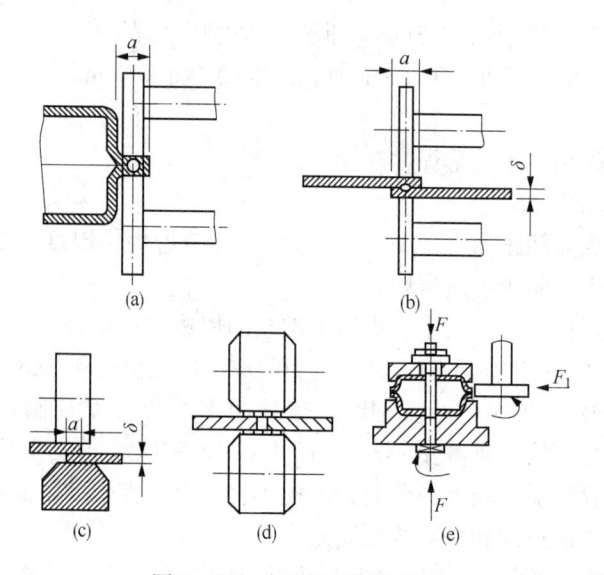

图 5-57　常用缝焊接头形式

表 5-70　常用缝焊接头推荐尺寸　　　　　　　　　　单位：mm

薄件厚度 δ	焊缝宽度 c	最小搭边宽度 b		备　　注
		轻合金	钢、钛合金	
0.3	2.0_0^{+1}	8	6	
0.5	2.5_0^{+1}	10	8	
0.8	3.0_0^{+1}	10	10	
1.0	3.5_0^{+1}	12	12	
1.2	4.5_0^{+1}	14	13	
1.5	5.5_0^{+1}	16	14	
2.0	$6.5_0^{+1.5}$	18	16	
2.5	$7.5_0^{+1.5}$	20	18	
3.0	$8.0_0^{+1.5}$	24	20	

注：① 搭边尺寸不包括弯边圆角半径；缝焊双排焊缝和连接三个以上零件时，搭边应增加 25%~35%。

　　② 压痕深度 $c < 0.15\delta$、焊透率 $A = 30\%~70\%$。

（2）焊件装配。采用定位销或夹具进行装配。

2）定位焊点焊的定位

进行定位焊点焊或在缝焊机上采用脉冲方式进行定位，焊点间距为 75~150mm，定位焊点的数量应能保证焊件足能固定住。定位焊的焊点直径应不大于焊缝的宽度，压痕深度小于焊件厚度的 10%。

3）定位焊后的间隙处理

（1）低碳钢和低合金结构钢。当焊件厚度小于 0.8mm 时，间隙要小于 0.3mm；当焊件厚度大于 0.8mm 时，间隙要小于 0.5mm。重要结构的环形焊缝应小于 0.1mm。

（2）不锈钢。当焊缝厚度小于 0.8mm 时，间隙要小于 0.5mm，重要结构的环形焊缝应小于 0.1mm。

（3）铝及合金。间隙小于较薄焊件厚度的 10%。

4）缝焊焊接参数的选择

（1）焊点间距。焊点间距通常为 1.5~4.5mm，并随着焊件厚度的增加而增大，对于不要求气密性的焊缝，焊点间距可适当增大。

（2）焊接电流。焊接电流的大小，决定了熔核的焊透率和重叠量，焊接电流随着板厚的增加而增加，在缝焊 0.4~3.2mm 钢板时，适用的焊接电接流范围为 8.5~28kA。焊接电流还要与电极压力相匹配。在焊接低碳钢时，熔核的平均焊透率控制在钢板厚度的 45%~50%，有气密性要求的焊接，重叠量不小于 15%~20%，以获得气密性较好的焊缝。缝焊时，由于熔核互相重叠而引起较大的分流，因此焊接电流比点焊的电流提高 15%~30%，但过大的电流，会导致压痕过深和烧穿等缺陷。

（3）电极压力。电极压力对熔核尺寸和接头质量的影响与点焊相同。在各种材料缝焊时，电极压力至少要达到规定的最小值，否则接头的强度会明显下降。压力过低，会使熔核产生缩孔，引起飞溅，并因接触电阻过大而加剧滚轮的烧损；电极压力过高，会导致压痕过深，同时会加速滚轮变形和损耗。所以要根据板厚和选定的焊接电流，确定合适的电极压力。

（4）焊接通电时间和休止时间。缝焊时，熔核的尺寸主要决定于焊接通电时间，焊点的重叠量可由休止时间来控制。因此，焊接通电时间和休止时间应有一个适当的匹配比例。在较低的焊接速度下，焊接通电时间和休止时间的最佳比例为 $(1.25~2):1$。以较高速度焊接时，焊接通电时间与休止时间之比应在 $3:1$ 以上。

（5）焊接速度。焊接速度决定了滚轮与焊件的接触面积和接触时间，也直接影响接头的加热和散热。当焊接速度增加时，为了获得较高的焊接质量必须增加焊接电流，焊接速度过快则会引起表面烧损，电极黏附而影响焊缝质量。

通常，焊接速度根据被焊金属种类、厚度以及对接头强度的要求来选择。在焊接不锈钢、高温合金和有色金属时，为获得致密性高的焊缝、避免飞溅，应采用较低的焊接速度；当对接头质量要求较高时，应采用步进缝焊，使熔核形成的全过程在滚轮停转的情况下完成。缝焊机的焊接速度可在 0.5~3m/min 间调节。

（6）焊轮尺寸的选择与点焊电极尺寸的选择一致。为减小搭边尺寸，减轻结构质量，提高热效率，减少焊机功率，近年来多采用接触面积宽度为 3~5mm 的窄边滚轮。

（7）焊接周期。断续焊接时，一个焊接周期的总时间由式（5-5）确定

$$t = t_{焊} + t_{歇} \qquad\qquad (5-5)$$

式中　t ——焊接周期总时间，s；

$t_{焊}$ ——焊接电流脉冲的时间，s；

$t_{歇}$ ——间歇时间，s。

也可根据式（5-6）的关系推算焊接周期的总时间（s）：

$$a = vt, \quad t = a/v \qquad\qquad (5-6)$$

式中　a ——所给定的焊点间距，mm；

v ——焊接速度，mm/s。

若将 v 换成常用单位 m/min，则 $t = 0.06a/v$。

（8）缝焊焊接参数的选择步骤。缝焊焊接参数的选择步骤与点焊类似，通常是按工件板厚、被焊金属的材质、质量要求及设备能力来选取。可参考已有的推荐数据初步确定，再通过工艺试验加以修正。

4. 缝焊方法

缝焊方法分类及工艺特点见表 5-71。

表 5-71　缝焊方法分类及工艺特点

缝焊方法	工艺特点	示意图
搭接缝焊	搭接缝焊，可用一对滚轮或用一个滚轮和一根芯轴电极进行缝焊。接头的最小搭接量与点焊相同。搭接缝焊又可分为双面缝焊、单面单缝焊、单面双缝缝焊，以及小直径圆周缝焊等	
压平缝焊	两焊件少量地搭接在一起，焊接时将接头压平，压平缝焊时的搭接量一般为焊件厚度的 1~1.5 倍。焊接时可采用圆锥形面的滚轮，其宽度应能覆盖接头的搭接部分。另外，要使用较大焊接压力和连续电流。压平缝焊常用于食品容器和冷冻机衬套等产品的焊接	
垫箔对接缝焊	先将焊件边缘对接，在接头通过滚轮时，不断将两条箔带垫于滚轮与板件之间。由于箔带增加了焊接区的电阻，使散热困难，因而有利于熔核的形成。使用的箔带尺寸为：宽 4~6mm，厚 0.2~0.3mm。这种方法的优点是不易产生飞溅，减小电极压力，焊接后变形小；外观良好等。缺点是装配精度高，焊接时将箔带准确的垫于滚轮和焊件之间也有一定的难度	
铜线电极缝焊	焊拉时，将圆铜线不断地送到滚轮和焊件之间后再连续地盘绕在另一个绕线盘上，使镀层仅黏附在铜线上，不会污染滚轮。由于这种方法焊接成本不高，主要应用于制造食品罐头，如果先将铜线轧成扁平线再送入焊区，搭接接头和压平缝焊一样	

5. 点焊和缝焊常见缺陷及排除方法

点焊和缝焊常见缺陷产生原因及排队方法见表 5-72。

表 5-72　点焊和缝焊常见缺陷产生原因及其排除方法

缺陷名称		产生原因	排除方法	简图
熔核、焊缝尺寸缺陷	未焊透或熔核尺寸小	焊接电流小，通电时间短，电极压力过大	调整焊接参数	
		电极接触面积过大	修整电极	
		表面清理不良	清理表面	

续表

缺陷名称		产生原因	排除方法	简　图
熔核、焊缝尺寸缺陷	焊透率过大	焊接电流过大，通电时间过长，电极压力不足，缝焊速度过快	调整焊接参数	
		电极冷却条件差	加强冷却，改换导热好的电极材料	
	重叠量不够（缝焊）	焊接电流小，脉冲持续时间短，间隔时间长	调整焊接参数	
		焊点间距不当，缝焊速度过快		
外部缺陷	焊点压痕过深及表面过热	电极接触面积过小	修整电极	
		焊接电流过大，通电时间过长，电极压力不足	调整焊接参数	
		电极冷却条件差	加强冷却	
	表面局部烧穿、溢出、表面飞溅	电极修整得太尖锐	修整电极	
		电极或工件表面有异物	清理表面	
		电极压力不足或电极与工件虚接触	提高电极压力、调整行程	
		缝焊速度过快，滚轮电极过热	调整焊接速度，加强冷却	
	表面压痕形状及波纹度不均匀（缝焊）	电极表面形状不正确或磨损不均匀	修整滚轮电极	
		工件与滚轮电极相互倾斜	检查机头刚度，调整滚轮电极倾角	
		焊接速度过快或焊接参数不稳定	调整焊接速度，检查控制装置	
	焊点表面径向裂纹	电极压力不足，顶锻力不足或加得不及时	调整焊接参数	
		电极冷却作用差	加强冷却	
	焊点表面环形裂纹	焊接通电时间过长	调整焊接参数	
	焊点表面粘损	电极材料选择不当	调换合适电极材料	
		电极端面倾斜	修整电极	
	焊点表面发黑，包覆层破坏	电极、工件表面清理不良	清理表面	
		焊接电流过大，焊接通电时间过长，电极压力不足	调整焊接参数	

续表

缺陷名称		产生原因	排除方法	简　图
外部缺陷	接头边缘压溃或开裂	边距过小	改进接头设计	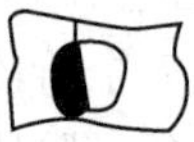
		大量飞溅	调整焊接参数	
		电极未对中	调整电极同轴度	
	焊点脱开	工件刚度大且装配不良	调整板件间隙，注意装配，调整焊接参数	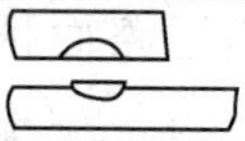
内部缺陷	裂纹缩松、缩孔	焊接通电时间过长，电极压力不足，顶锻力加得不及时	调整焊接参数	
		熔核及近缝区淬硬	选用合适的焊接循环	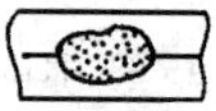
		大量飞溅	清理表面，增大电极压力	
		缝焊速度过快	调整焊接速度	
	核心偏移	热场分布对于贴合面不对称	调整热平衡，如不等电极端面，不同电极材料，改为凸焊等	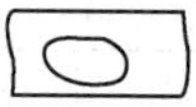
	结合线伸入	表面氧化膜清除不净	应严格清除高熔点氧化膜并防止焊前的再氧化	
	板缝间有金属溢出（内部飞溅）	焊接电流过大、电极压力不足	调整焊接参数	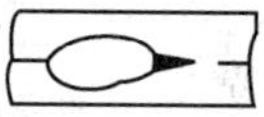
		板间有异物或贴合不紧密	清理表面、提高压力或用调幅电流波形	
		边距过小	改进接头设计	
	脆性接头	熔核及近缝区淬硬	采用合适的焊接循环	
	熔核成分宏观偏析(旋流)	焊接通电时间短	调整焊接参数	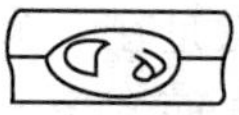
	环形层状花纹(洋葱环)	焊接通电时间过长		
	气孔	表面有异物(镀层，锈等)	清理表面	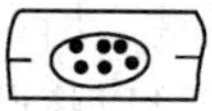
	胡须	耐热合金焊接参数过软	调整焊接参数	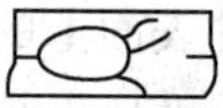

四、凸焊工艺技术

1. 凸焊的特点及应用范围

1）凸焊过程的三个阶段

如图 5-58 所示，凸焊是在一个工件的贴合面上预先加工出一个或多个凸起点，使其与另一个工件表面相接触加压并通电加热，然后压塌，使这些接触点形成焊点的电阻焊方法。

凸点接头的形成过程与点焊、缝焊类似，可划分为预压、通电加热和冷却结晶三个阶段。

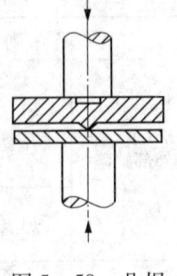

图 5 - 58　凸焊

（1）预压阶段。在电极压力作用下，凸点与下板贴合面增大，使焊接区的导电通路面积稳定，破坏了贴合面上的氧气化膜，形成良好的物理接触。

（2）通电加热阶段。由压溃过程和成核过程组成。凸点压溃、两板贴合后形成较大的加热区，随着加热的进行，由个别接触点的熔化逐步扩大，形成足够尺寸的熔化核心和塑性区。

（3）冷却结晶阶段。切断焊接电流后，熔核在压力作用下开始结晶，其过程与点焊熔核的结晶过程基本相同。

2）凸焊的特点

常见凸焊形式及特点见表 5 - 73。

表 5 - 73　常见凸焊形式及特点

凸焊形式	特　点	应　用
单点凸焊	凸点设计成球面形、圆锥形和方形，并预先压制在薄件或厚件上	应用最广，一般在凸焊机上进行，单点凸焊也可在点焊机上进行
多点凸焊		
环焊	在一个工件上预制出凸环或利用工件原有的型面、倒角构成的锐边，焊后形成一条环焊缝	最好用次级整流焊机焊接，环缝直径 < 25mm 时可用交流焊机
T 形焊	在杆形件上预制出单个或多个球面形、圆锥形、弧面形及齿形等凸点，一次加压通电焊接	可用点焊机或凸焊机焊接
线材交叉焊	利用线材（φ < 10mm）凸起部分相接触进行焊接	主要用于钢筋网焊接，可采用通用点焊机或专用钢筋多点焊机

一般情况下，凸焊可以代替点焊将小零件相互焊接，或将小零件焊到大零件上。凸焊的主要特点是在一个焊接循环内可同时焊接多个焊点，不仅产生率高，而且可在窄小的部位上布置焊点而不受点距的限制。由于电流密集于凸点，电流密度大，能获得可靠、成形较小的熔核。凸焊焊点的位置比点焊焊点更为准确，尺寸一致，而且由于凸点大小均匀，凸焊焊点质量更为稳定。因此，凸焊焊点的尺寸比点焊焊点小。由于在规定凸点的尺寸和位置方面有很大灵活性，所以至少可以焊接 6:1 厚度比的工件。凸点通常设在较厚的零件上。

由于可以将凸点设置于一个零件上，所以，可最大限度地减轻另一个零件外露表面的压痕。工件表面上的任何轻微变形，可用砂纸打磨，使其与母材找平。凸焊采用平面大电极，其磨损程度比点焊电极小得多，因而降低了电极保养费用。在某些情况下，焊接小零件时，可把夹具或定位件与焊接模块或电极结合起来。对油、锈、氧化皮及涂层等的敏感性比点焊小，因为在焊接循环开始阶段，凸点的尖端可将这些外部物质压碎。工件表面干净时，焊缝的质量将会更高。

3）凸焊的应用范围

凸焊主要用于焊接低碳钢和低合金钢的冲压焊。除板材的凸焊外，还有螺母、螺钉、销子、托架和手柄等零件的凸焊，线材的交叉焊、管子的凸焊等。

2. 凸焊的工艺要点

1）焊接前清理焊件，与点焊相同

2）凸点要求

（1）检查凸点的形状、尺寸及凸点有无异常现象。

（2）为保证各点的加热均匀性、凸点的高度差应不超过 ±0.1mm。

（3）各凸点间及凸点到焊件边缘的距离不应小于 $2D$（D 为凸点直径）。

（4）不等厚件凸焊时，凸件应在厚板上。但厚度比超过 1:3 时，凸点应在薄板上。

（5）异种金属凸焊时，凸点应在导电性和导热性好的金属上。

3）电极设计要求

（1）点焊用的圆形平头电极用于单点凸焊时，电极头直径不应小于凸点直径的两倍。

（2）大平头棒状电极适用于局部位置的多点凸焊。

（3）具有一组局部接触面的电极，将电极在接触部位加工出凸起接触面，或将较硬的铜合金嵌块固定在电极的接触部位。

3. 焊接参数的选择

（1）焊接电流。凸焊每一焊点所需的焊接电流比点焊同样的一个焊点时小，在采用合适的电极压力下不至于挤出过多金属作为最大电流。在凸点完全压溃之前电流能使凸点熔化作为最小电流。凸焊时的焊接电流应根据焊件的材质及厚度进行选择。进行多点凸焊时，总的焊接电流为凸点所需电流总和。

（2）电极压力。凸焊时电极压力应满足凸点达到焊接温度时全部压溃，并使两焊件紧密贴合。但应注意电极压力过大会过早地压溃凸点，失去凸焊的作用，同时因电流密度减小而降低接头强度。压力过小又会造成严重的喷溅。电极压力的大小应根据焊件的材质和厚度来确定。

（3）焊接通电时间。凸焊的焊接通电时间比点焊长。缩短通电时间时焊接电流应相应增大，但焊接电流过大会使金属过热和引起喷溅。对于给定的工件材料和厚度，焊接通电时间应根据焊接电流和凸点的刚度来确定。

（4）凸点在工件上的位置。焊接同种金属时，凸点应冲在较厚的焊件上；焊接异种金属时，凸点应冲在导电率较高的焊件上。

4. 凸点位移原因及防止措施

1）凸点位移的原因

一般凸点熔化期电极要相应地跟随着移动，若不能保证足够的电极压力，则凸点之间的收缩效应将引起凸点的位移，凸点位移使焊点强度降低。

2）预防凸点位移的措施

（1）凸点尺寸相对于板厚不应太小。为减小电流密度而使凸点过小，易造成凸点熔化而母材不熔化的现象，难以达到热平衡，甚至出现位移，因而，焊接电流不能低于某一限值。

（2）多点凸焊时凸点高度如不一致，最好先通预热电流使凸点变软。

（3）为达到良好的随动性，最好采用提高电极压力或减小加压系统可动部分量的措施。

（4）凸点的位移与电流的平方成正比，因此在能形成焊核的条件下，最好采用较低的电流值。

（5）尽可能增大凸点间距，但不宜大于板厚的 10 倍。要充分保证凸点尺寸、电极平行度及焊件厚度的精度是较困难的。因此，最好采用可转动电极，即随动电极。

五、对焊工艺技术

1. 对焊的特点及应用范围

对焊可分为电阻对焊和闪光对焊两种。将工件装配成对接接头，使其端面紧密接触，利用电阻加热至塑性状态，然后迅速施加顶锻力使之完成焊接的方法称为电阻对焊。工件装配成对接接头，接通电源，并使其端面逐渐移近达到局部接触；利用电阻加热这些接触点（产生闪光），使端面金属熔化。直至端部在一定深度范围内达到预定温度时，迅速施加顶锻力完成焊接的方法称为闪光对焊，如图 5-59 所示。

对焊的特点及应用范围见表 5-74。

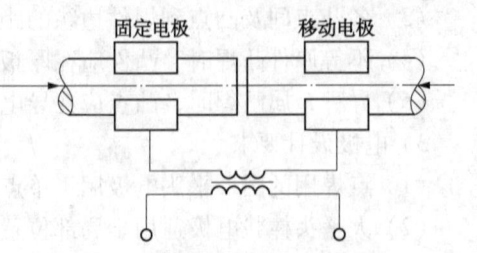

图 5-59　对焊

表 5-74　对焊的特点及应用范围

对焊种类	原理过程图	特　点	所需设备	应用范围
电阻对焊（工频交流）	压力P　电流I　t	工件先接触并加压，后通电，到一定塑性状态时，顶锻完成焊接。焊接面需严格清理干净，焊后接头外形匀称，但接头质量较差，所需电功率很大	最简单，一般为小型。所有对焊机均可	直径 20mm 以下的低碳钢棒料和管子，直径 8mm 以下的非铁金属
连续闪光对焊	功率N　工件移动距离L　P　熔化顶锻留量　熔化留量　熔化　顶锻	先通电，再使两工件接触，首先在接触处形成"过梁"而加热熔化，呈火花射出（闪光），并不断移近，成连续闪光。加热足够时，迅速移近，进行带电顶锻完成焊接。接头质量较高，焊前不需要对工件进行清理，所需电功率较大	小型可手动，大型多采用液压和焊接参数的程序控制	各种材料重要件如棒料、管子、板材、型材、钢筋、钢轨、钻杆、锚链、刀具、汽车轮缘等
预热闪光对焊	顶锻留量　预热压力　N　L　P　熔化留量　预热　熔化　顶锻	先用闪光法或电阻法进行预热，再按连续闪光对焊法焊接，接头质量较高，加热区较大，金属烧化量较少，所需功率较小	小型可手动，大型多采用液压和焊接参数的程序控制	各种材料重要件如棒料、管子、板材、型材、钢筋、钢轨、钻杆、锚链、刀具、汽车轮缘等
储能对焊	—	对接工件以瞬时（毫秒级）大电流产生电弧，结合面的熔化薄层在冲击能的作用下结合成焊缝；电磁储能、电容储能	—	用于同种金属或异种金属；电工接触器或电子元器件触点；杠杆、丝与销、轴，以及引线端与平面导体或端子的连接

2. 对焊接头形式

（1）电阻对焊接头均设计成等断面的对接接头。常用对接接头如图 5 - 60 所示。

（2）闪光对焊常见接头形式如图 5 - 61 所示。对于大断面的工件，为增大电流密度，应激发闪光，将其中一个工件的端部倒角。闪光对焊工件端部倒角尺寸如图 5 - 62 所示。

3. 焊前准备

1）电阻对焊的焊前准备

（1）两工件对接断面的形状和尺寸应基本相同，使表面平整并与夹钳轴线成90°直角。

（2）工件的断面以及与夹具的接触面必须清理干净。与夹具接触的工件表面的氧化物和脏物可用砂布、砂轮、钢丝刷等机械方法清理，也可使用化学清洗方法（如酸洗）。

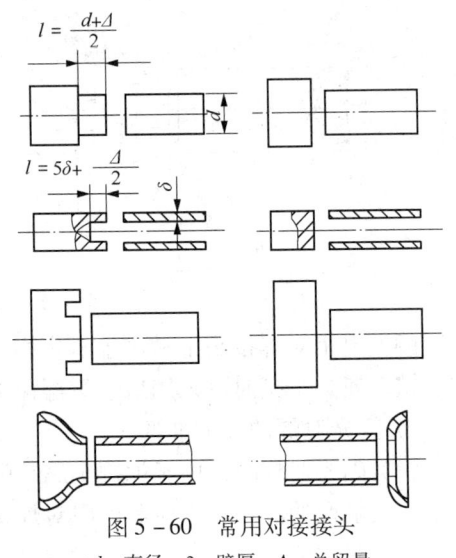

图 5 - 60　常用对接接头

d—直径；δ—壁厚；Δ—总留量

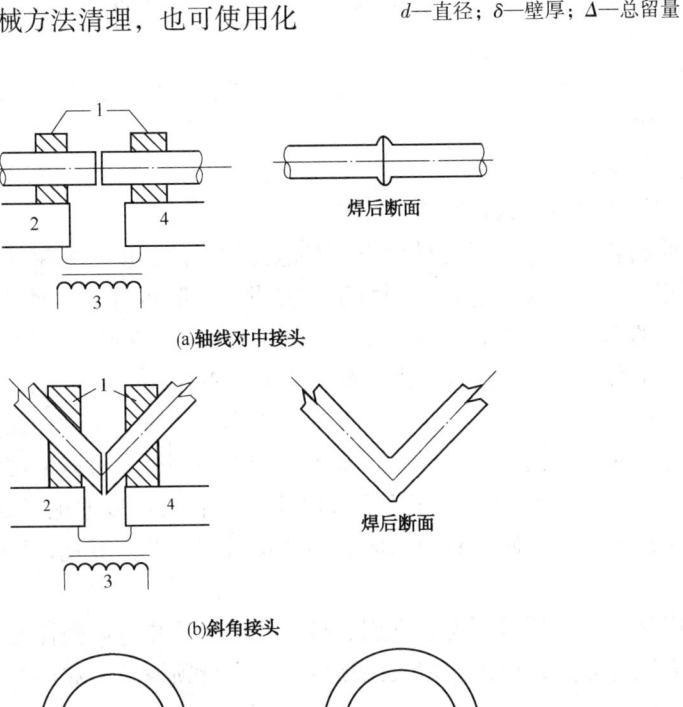

(a)轴线对中接头

(b)斜角接头

(c)圆环接头

图 5 - 61　闪光对焊常见接头形式

1—夹钳；2—固定台面；3—变压器；4—可动台面；

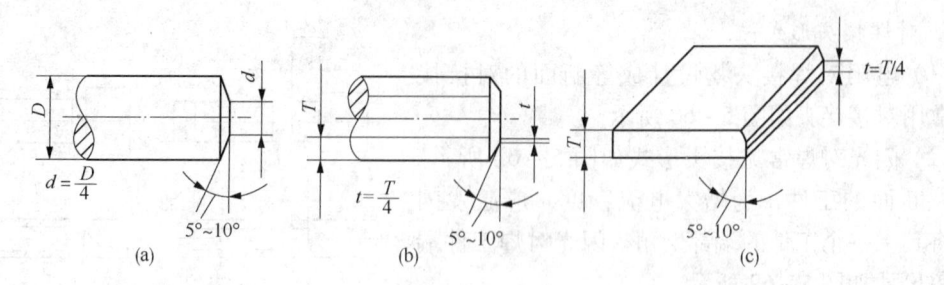

图 5 - 62　闪光对焊工件端部倒角尺寸

（3）电阻对焊接头中易产生氧化物夹杂，对于焊接质量要求高的稀有金属、某些合金钢和非铁金属，焊接时可采用氢、氦等保护气体。

2）闪光对焊的焊前准备

（1）闪光对焊时，由于端部金属在闪光时被烧掉，所以对断面清理要求不高，但对夹具和工件接触面的清理要求应和电阻对焊相同。

（2）对大断面工件进行闪光对焊时，最好将一个工件的端部倒角，使电流密度增大，以利于激发闪光。

（3）两工件断面形状和尺寸应基本相同，其直径之差不应大于 15%，其他形状的差异不应大于 10%。

4. 对焊焊接参数

1）电阻对焊焊接参数

（1）伸出长度。指的是工件伸出夹具电极端面的长度。如果伸出长度过长，则顶锻时工件会失稳侧弯；伸出长度过短，则由于向夹钳口的散热增强，使工件冷却过于强烈，导致产生塑性变形的困难。伸出长度应根据不同金属材质来决定，如低碳钢为 $(0.5 \sim 1)D$，铝为 $(1.2 \sim 2)D$，铜为 $(1.5 \sim 2.5)D$，其中 D 为工件的直径。

（2）焊接电流密度和焊接通电时间。在电阻对焊时，工件的加热主要取决于焊接电流密度和焊接通电时间。两者可以在一定范围内相应地调配，可以采用大焊接电流密度和短焊接通电时间（硬规范），也可以采用小焊接电流密度和长焊接通电时间（软规范）。但是规范过硬时，容易产生未焊透缺陷；过软时，会使接口端面严重氧化，接头区晶粒粗大，影响接头强度。

（3）焊接压力和顶锻压力。它们对接头处产生的热量和塑性变形都有影响。宜采用较小的焊接压力进行加热，而采用较大的顶锻压力进行顶锻。但焊接压力不宜太低，否则会产生飞溅，增加端面氧化。

2）闪光对焊的焊接参数

（1）伸出长度。闪光对焊伸出长度如图 5 - 63 所示，与电阻对焊相同，主要是根据散热和稳定性确定。在一般情况下，棒材和厚壁管材为 $(0.7 \sim 1.0)D$，D 为直径或边长。

（2）闪光留量。选择闪光留量时，应能保证在闪光结束时整个工件端面有一层熔化金属，同时在一定深度上达到塑性变形温度。闪光留量过小，会影响焊接质量，过大会浪费金属材料，降低生产率。另外，在选择闪光留量时，预热闪光对焊比连续闪光对焊小 30% ~ 50%。

（3）闪光电流。闪光对焊时，闪光阶段通过工件的电流，其大小取决于被焊金属的物理

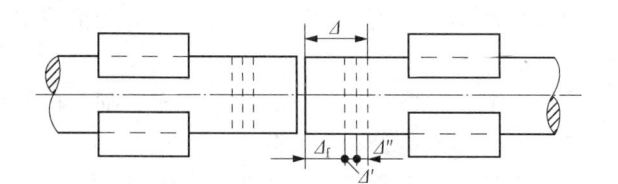

图 5 – 63　闪光对焊伸出长度

2Δ—总留量；2Δ_f—烧化留量；

2Δ'—有电顶锻留量；2Δ"—无电顶锻留量

性能、闪光速度、工件端面的面积和形状以及加热状态。随着闪光速度的增加，闪光电流随之增加。

（4）闪光速度。具有足够大的闪光速度才能保证闪光的强烈和稳定。但闪光速度过大，会使加热区过窄，增加塑性变形的困难。因此，闪光速度应根据被焊材料的特点，以保证端面上获得均匀金属熔化层为标准。一般情况下，导电、导热性好的材料闪光速度较大。

（5）顶锻压力。一般采用顶锻压强来表示。顶锻压强的大小应保证能挤出接口内的液态金属，并在接头处产生一定的塑性变形；同时还取决于金属的性能、温度分布特点、顶锻留量和顶锻速度，工件端面形状等因素。顶锻压强过大则变形量过大，会降低接头冲击韧度；顶锻压强过低则变形不足，接头强度下降。一般情况下，高温强度大的金属需要较大的顶锻压强，导热性好的金属也需要较大的顶锻压强。

（6）顶锻留量。顶锻留量的大小影响到液态金属的排除和塑性变形的大小。顶锻留量过大，降低接头的冲击韧度；过小会使液态金属残留在接口中，易形成疏松、缩孔、裂纹等缺陷。顶锻留量应根据工件断面面积选取，随工件断面的增大而增加。

（7）顶锻速度。一般情况下，顶锻速度应越快越好。顶锻速度取决于工件材料的性能，如焊接奥氏体钢的最小顶锻速度约是珠光体钢的 2 倍。导热性好的金属需要较高的顶锻速度。

（8）夹具夹持刀。必须保证在整个焊接过程中不打滑，它和顶锻压力及工件与夹具间的摩擦力有关。

（9）预热温度。预热温度是根据工件断面的大小和材料的性质来选择。对低碳钢而言，一般不超过 700 ~ 900℃。预热温度太高，因材料过热会使接头的冲击韧度和塑性下降。焊接大断面工件时，预热温度应相应提高。

（10）预热时间。预热时间与焊机功率、工件断面面积和金属的性能有关，预热时间取决于所需的预热温度。

5. 闪光对焊的注意事项及焊后加工

1）闪光对焊的注意事项

（1）低碳钢闪光对焊的接头强度可接近或等于母材的强度。

（2）结构钢因高温强度高，顶锻压力应比碳钢大 25% ~ 50%。为防止低合金钢中的合金元素氧化，对焊时应提高烧化速度和顶锻速度。

（3）焊不锈钢的顶锻压力应比焊低碳钢时大 1 ~ 2 倍，烧化速度和顶锻速度也应较高。

（4）纯铜较难焊，闪光过程不易稳定。但铜合金较易焊接。

（5）异种金属闪光对焊中，铜和钢、黄铜和钢之间，钢烧化量大，伸出长度应较大；铝和铜闪光对焊时要求烧化速度和顶锻速度尽量高，有电顶锻应严格控制。

2）闪光对焊的焊后处理

（1）切除毛刺及多余的金属。通常采用机械方法，如车、刮、挤压等，一般在焊后趁热切除。焊大断面合金钢工件时，多在热处理后切除。

（2）零件的矫形。一些零件，如强轮箍、刀具等，焊后需要矫形，矫形通常在压力机、压胀机及其他专用机械上进行。

（3）焊后热处理。可根据材料性能和工件要求而定。焊接大型零件和刀具，一般焊后要求退火处理；调质钢工件要求回火处理；镍铬奥氏体钢，有时要进行奥氏体化处理。焊后热处理可以在炉中做整体处理，也可以用高频感应加热进行局部热处理，或焊后在焊机上通电加热进行局部热处理，热处理规范根据接头硬度或显微组织来选择。

6. 对焊常见缺陷及预防措施

（1）错位。产生的原因可能是工件装配时未对准或倾斜，工件过热，伸出长度过大，焊机刚度不够大等。预防措施是提高焊机刚度，减小伸出长度及适当限制顶锻留量。错位的允许误差一般 <0.1mm，或 0.5mm 的厚度。

（2）裂纹。产生的原因可能是在堆焊高碳钢和合金钢时淬火倾向大。可采用预热、后热和及时退火措施预防。

（3）未焊透。产生的原因可能是顶锻前接口处温度太低，顶锻留量太小，顶锻压力和顶锻速度低，金属夹杂物太多等。预防措施是采用合适的对焊焊接参数。

（4）白斑。这是对焊特有的一种缺陷。在断口上表现有放射状灰白色斑。这种缺陷极薄，不易在金相磨片中发现，只有在电镜分析中才能发现。白斑对弯较敏感，但对抗拉强度的影响很小，可采取快速及充分顶锻措施消除。

第七节　气焊与气割

一、气焊与气割的基本知识

1. 气焊的原理、特点及应用范围

（1）气焊的原理。气焊是利用可燃气体与助燃气体混合燃烧形成的火焰作为热源的一种焊接方法，如图 5-64 所示。

（2）气焊的特点。优点是火焰的温度比焊条电弧温度低，火焰长度（即火焰温度）与火焰对熔池的压力及热输入调节方便。焊丝和火焰是各自独立的，熔池的温度、形状，以及焊缝尺寸、焊缝背面成形等容易控制，同时便于观察熔池，有利于焊缝成形，确保焊接质量。在焊接过程中利用气体火焰对工件进行预热和缓冷。气焊设备简单，焊炬尺寸小，移动方便，便于无电源场合的焊接。适合焊接薄件及要求背面成形的焊接。

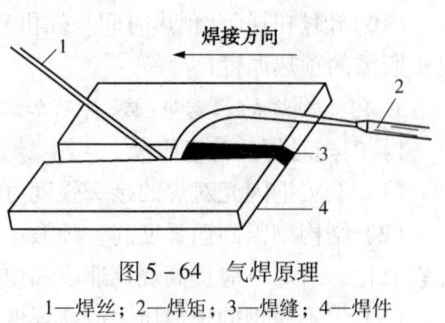

图 5-64　气焊原理
1—焊丝；2—焊炬；3—焊缝；4—焊件

缺点是气焊温度低，加热缓慢。因此，生产率不高，焊接变形较大，过热区较宽，焊接接头的纤维组织较粗大，力学性能也较差。

（3）气焊的应用范围。气焊常用于薄板焊接、熔点较低的金属（如铜、铝、铅等）焊接、壁厚较薄的钢管焊接，需要预热和缓冷的工具钢及铸铁的焊接（焊补）。气焊的应用范围见表 5 - 75。

表 5 - 75　气焊的应用范围

焊件材料	使用厚度/mm	主要接头形式
低碳钢、低合金钢	≤2	对接、搭接、端接、T 形接
铸铁	—	对接、堆焊、补焊
铝、铝合金、铜、黄铜、青铜	≤14	对接、端接、堆焊
硬质合金	—	堆焊
不锈钢	≤2	对接、端接、堆焊

2. 气割的原理、特点及应用范围

（1）气割的原理。如图 5 - 65 所示，气割是利用气体火焰的热能将工件切割处预热到燃烧温度（燃点），再向此处喷射高速切割氧流，使金属燃烧，生成金属氧化物（熔渣），同时放出热量，熔渣在高压切割氧的吹力下被吹掉。所放出的热和预热火焰又将下层金属加热到燃点，这样继续下去逐步将金属切开。所以，气割时一个预热 - 燃烧 - 吹渣的连续过程，其实质是金属在纯氧中的燃烧过程。在气割过程中，切割氧气的作用是使金属燃烧，并吹掉熔渣形成切口。因此，切割氧气的纯度、压力、流速及切割氧流（风线）形状，对切割速度、切割质量和气体消耗量都有较大的影响。

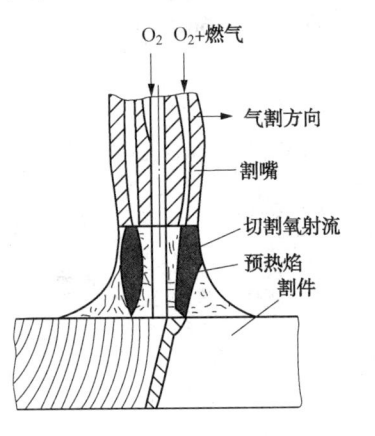

图 5 - 65　气割原理

（2）气割的特点。优点是设备简单，使用灵活，操作方便，生产效率高，成本低。能在各种位置上进行切割，并能在钢板上切割各种形状复杂的零件。

缺点是对切口两侧金属的成分和组织会产生一定影响，以及引起工件的变形等。

常用材料的气割特点见表 5 - 76。

表 5 - 76　常用材料的气割特点

材料名称	气割特点
碳钢	低碳钢的燃点（约1350℃）低于熔点，易于气割，但随着含碳量的增加，燃点趋近熔点，淬硬倾向增大，气割过程恶化
铸铁	碳、硅含量较高，燃点高于熔点；气割时生成的二氧化硅熔点高，黏度大，流动性差；碳燃烧生成的一氧化碳和二氧化碳会降低氧气流的纯度；不能用普通气割方法，可采用振动气割方法切割
高铬钢和铬镍钢	生成高熔点的氧化物（Cr_2O_3，NiO）覆盖在切口表面，阻碍气割过程的进行，不能用普通气割方法，可采用振动气割方法切割
铜、铝及其合金	导热性好，燃点高于熔点，其氧化物熔点很高，金属在燃烧（氧化）时放热量少，不能气割

（3）气割的应用范围。气体火焰切割主要用于切割纯铁，各种碳钢、低合金钢以及钛等，其中淬火倾向大的高碳钢和强度等级高的低合金钢气割时，为了避免切口处淬硬或产生裂纹，应采取适当加大预热火焰功率和放慢切割速度，甚至切割前先对工件进行预热等工艺措施，厚度较大的不锈钢板和铸铁冒口可以采用特种气割方法进行气割。

随着各种自动、半自动气割设备和新型割嘴的应用，特别是数控火焰切割技术的发展，使得气割可以代替部分机械加工。有些焊接坡口可一次直接用气割方法切割出来，切割后直接进行焊接。气体火焰切割的精度和效率大幅度提高，使气体火焰切割的应用领域更加广阔，在各工业部门中，特别在锅炉、压力容器、管道、电力、造船及金属结构制造方面，得到了广泛的应用。

二、气焊操作方法

1. 气焊火焰的种类及其选用

1）气焊火焰的种类

氧乙炔焰按氧与乙炔的混合比不同，可分为中性焰、碳化焰（也称还原焰）和氧化焰3种，如图5-66所示。

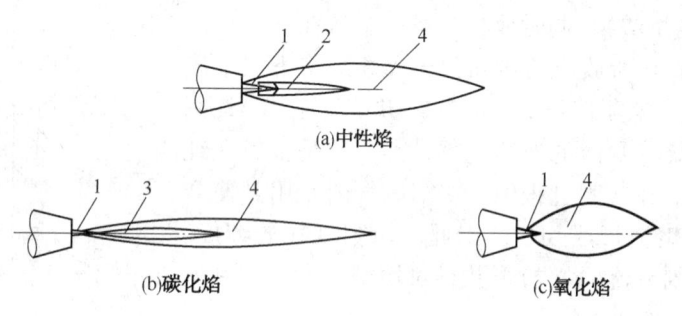

图5-66　氧乙炔焰

1—焰芯；2—闪焰(暗红色)；3—内焰(淡蓝色)；4—外焰

（1）中性焰。在焊炬的混合室内，氧与乙炔的体积比为1:1.1时，可燃气完全燃烧，无过剩的游离碳或氧，这种火焰称为中性焰。中性焰由焰芯、内焰和外焰三部分组成，如图5-66(a)所示。

① 焰芯。中性焰的焰芯呈尖锥形，色白而明亮，轮廓清晰，焰芯的光亮是由焰芯中化学反应所产生的炽热的碳微粒形成。亮度虽高，但温度并不很高，一般只有800～1200℃，而且存在着游离碳，具有很强的渗碳性，所以不能用来焊接。

② 内焰。内焰紧靠焰芯末端，呈杏核形，暗红色并带深蓝色线条，微微闪动。焰芯中的分解碳就在这一区域内与氧化合而剧烈燃烧，并生成一氧化碳，因此，温度很高，尤其离开焰芯末端3mm左右处温度最高，可达3100～3150℃。气焊主要是利用火焰的这一部分。这部分2/3是一氧化碳，所以对熔池具有一定的还原氧化作用，故又称为还原区。

③ 外焰。外焰处在内焰的外部，与内焰没有明显的界限，一般是从颜色上来区分，外焰的颜色从里向外由淡紫色逐渐向橙黄色变化。外焰的温度比焰芯高，为1200～2500℃，具有氧化性，但形成的二氧化碳对熔池具有保护作用。

中性焰的构造和温度分布，如图5-67所示。

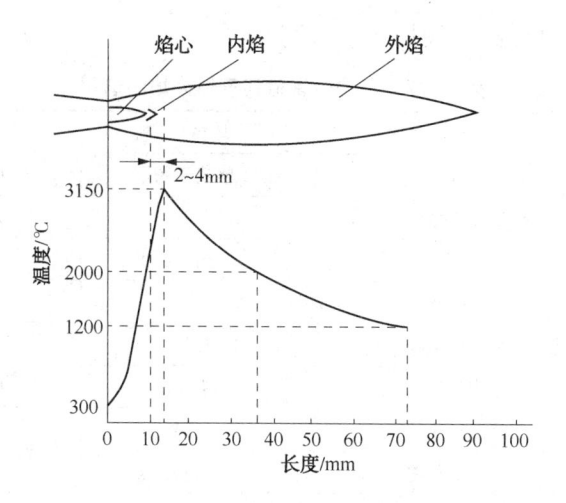

图 5 - 67　中性焰的温度分布图

内焰温度高，且具有还原性，能改善焊缝的力学性能，是气焊中经常使用的火焰。一般低碳钢、低合金钢和非铁金属材料的焊接基本上采用中性焰。

（2）碳化焰。当氧气与乙炔的混合比 <1 时，所得到的火焰为碳化焰，这种火焰的气体中尚有部分乙炔未曾燃烧，其结构和形状如图 5 - 66(b)。

碳化焰是由焰芯、内焰和外焰三部分组成。碳化焰焰芯较长，呈蓝白色，内焰呈淡蓝色。它的长度与碳化焰内乙炔的含量有关。乙炔过剩量较多时，则内焰就较长。乙炔过剩量较少时，内焰就短小。外焰带有橘红色，除了由水蒸气、二氧化碳、氧、氮组成外，还有部分碳素微粒。碳化焰三层火焰之间没有明显轮廓。

碳化焰的最高温度为 2700 ~ 3000℃。由于在碳化焰中有过剩的乙炔，它可以分解为氢气和碳，在焊接碳钢时，火焰中游离状态的碳会渗到熔池中去，增高焊缝的含碳量，使焊缝金属的强度提高而使塑性降低。此外，过多氢会进入熔池，促使焊缝产生气孔和裂纹。因而碳化焰不能用于焊接低碳钢及低合金钢。但微弱的碳化焰应用较广，可用于焊接高碳钢、中合金钢、高合金钢、铸铁、铝和铝合金等材料。

（3）氧化焰。当氧气与乙炔的混合比值 >1.2 时，得到的火焰称为氧化焰。它燃烧后的气体火焰中，仍有部分过剩的氧，在尖形焰芯外面形成了一个有氧化性的富氧区，其构造和形状如图 5 - 66(c)。

氧化焰也是由焰芯、内焰和外焰三部分组成。焰芯短而尖，因为焰芯外围没有碳粒层，所以颜色较淡，轮廓不太明显。内焰很短，几乎看不到，外焰呈蓝色，火焰挺直，燃烧时发出急剧"嘶、嘶"声。氧化焰的长度取决于氧气的压力和火焰中氧气的比例，氧气的比例越大，则整个火焰就越短，声音也就越大。

氧化焰的最高温度可达 3100 ~ 3400℃。由于氧气的供应量较多，使整个火焰具有氧化性。如果焊接一般碳钢时，采用氧化焰就会造成熔化金属的氧化和合金元素的烧损，使焊缝金属氧化物和气孔增多，并增强熔池的沸腾现象，从而较大地降低焊接质量，所以，一般材料的焊接，绝不能采用氧化焰。但在焊接黄铜和锡青铜时，利用微弱的氧化焰的氧化性，生成的氧化物薄膜覆盖在熔池表面，可以阻止锌、锡的蒸发。气割时，通常使用氧化焰。

2）气焊火焰的选用

各种金属材料气焊火焰的选用见表 5 – 77。

表 5 – 77　各种金属材料气焊火焰的选用

焊件材料	应用火焰	焊件材料	应用火焰
低碳钢	中性焰	铬镍不锈钢	中性焰或轻微碳化焰
中性钢	中性焰或轻微碳化焰	纯铜	中性焰
低合金钢	中性焰	锡青铜	轻微氧化焰
高碳钢	轻微碳化焰	黄铜	氧化焰
灰铸铁	碳化焰或轻微碳化焰	铝及其合金	中性焰或轻微碳化焰
高速钢	碳化焰	铅、锡	中性焰或轻微碳化焰
锰钢	轻微氧化焰	镍	碳化焰或轻微碳化焰
镀锌铁皮	轻微氧化焰	蒙乃尔合金	碳化焰
铬不锈钢	中性焰或轻微碳化焰	硬质合金	碳化焰

2. 气焊接头形式与坡口形式及尺寸

（1）板料常用接头　有卷边接头、对接接头、搭接接头及角接头等几种。一般气焊主要采用对接接头形式。各种焊缝的坡口形式、尺寸及使用的焊缝形式见表 5 – 78。

表 5 – 78　气焊焊缝坡口形式、尺寸及适用的焊缝形式

序号	工件厚度/δ/mm	名称	符号	坡口形式	焊缝形式	坡口尺寸/mm α(°)	b	p	δ	R
1	0.5 ~ 1	卷边坡口	丄	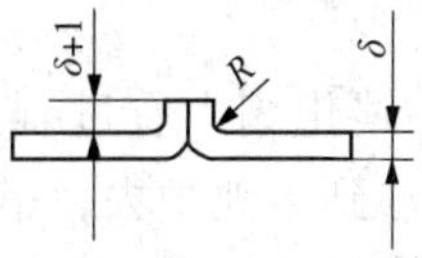		—	—	—	—	1 ~ 2
2	1 ~ 2	卷边坡口	lL	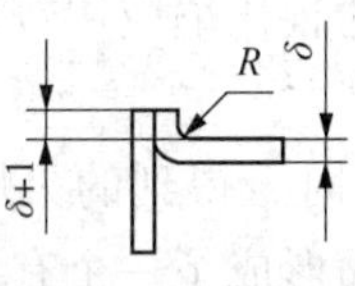	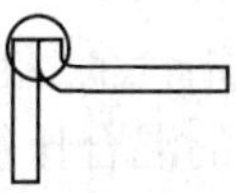	—	—	—	—	1 ~ 2
3	1 ~ 3	I形坡口	‖	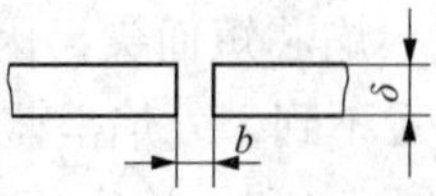	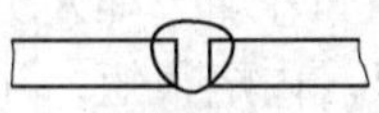	—	0 ~ 0.5			—
4	≥3	Y形坡口	Y	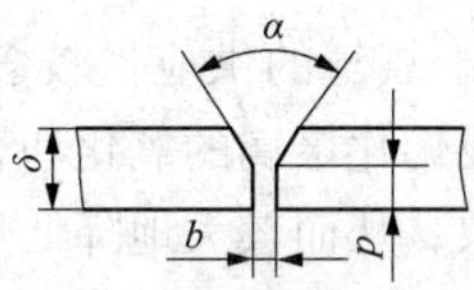	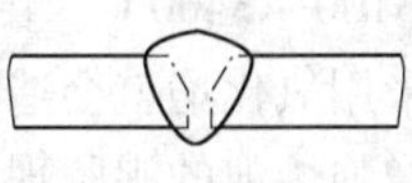	40 ~ 60	2			

（2）棒料气焊的接头形式如图 5 – 68 所示。

（3）管子气焊的坡口形式及尺寸见表 5 – 79。垂直固定管对接接头形式如图 5 – 69 所示。

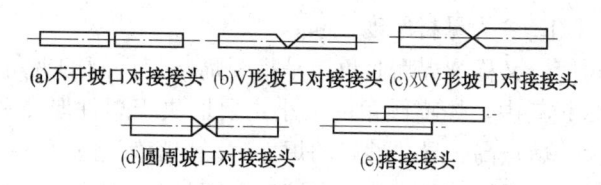

图 5 - 68　棒料气焊的接头形式

表 5 - 79　管子气焊的坡口形式及尺寸

管壁厚度/mm	≤2.5	≤6	6 ~ 10	10 ~ 15
坡口形式	—	V 形	V 形	V 形
坡口角度	—	60° ~ 90°	60° ~ 90°	60° ~ 90°
钝边/mm	—	0.5 ~ 1.5	1 ~ 2	2 ~ 3
间隙/mm	1 ~ 1.5	1 ~ 2	2 ~ 2.5	2 ~ 3

注：采用右焊法时坡口角度为 60° ~ 70°。

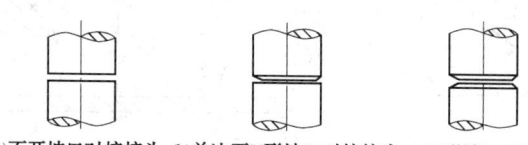

(a)不开坡口对接接头　(b)单边开V形坡口对接接头　(c)V形坡口对接接头

图 5 - 69　垂直固定管对接接头形式

3. 气焊焊接参数的选择

（1）焊丝直径。焊丝直径要根据焊件的厚度和坡口形式来选择。碳钢气焊时采用的焊丝直径可参考表 5 - 80。

表 5 - 80　焊件厚度与选用焊丝直径对照　　　　　　　单位：mm

焊件厚度	1.0 ~ 2.0	2.0 ~ 3.0	3.0 ~ 5.0	5.0 ~ 10	10 ~ 15
焊丝直径	1.0 ~ 2.0 或不用焊丝	2.0 ~ 3.0	3.0 ~ 4.0	3.0 ~ 5.0	4.0 ~ 6.0

（2）火焰种类的选择。氧气与乙炔的混合比比值 β 不同时，其火焰种类、结构和性质都会变化。因此，氧乙炔火焰可分为中性焰、碳化焰（还原焰）和氧化焰等，各种金属材料气焊火焰的选用可参见表 5 - 77。

（3）火焰能率。火焰效率以每小时混合气体的消耗量(L/h)来表示，其大小要根据焊件的厚度、材料性能（如熔点、导热性等）和焊件空间位置等来选择。焊接厚度大、熔点高、导热性好的焊件时，要选用较大的火焰能率；焊接小件、薄件，或立焊、仰焊等，要选用较小的火焰能率。

火焰能率是由焊炬型号及焊嘴号码大小决定的，焊嘴孔径越大，火焰能率也就越大，反之则小。目前我国使用最广的焊炬是射吸式焊炬（型号为 H01 型），其规格和性能见表 4 - 76。

焊接碳钢、低合金钢、铸钢、黄铜、青铜、铝和铝合金时，火焰能率可按下面的经验公式计算。

左焊法　　　　　　　　$V = (100 - 120)\delta, \quad V = (120 - 150)\delta$　　　　　　　(5 - 7)

焊接紫铜时，火焰能率　　　　　$V = (120 - 150)\delta$　　　　　　　(5 - 8)

式中，V 为火焰能率，L/h；δ 为母材厚度，mm。

（4）焊嘴的倾斜角度。又称为焊嘴倾角，是指焊嘴与焊件间的夹角，如图 5-70 所示。焊嘴倾角 α 愈大，热量越集中。焊嘴倾角的大小主要取决于焊件厚度和焊件金属的热物理性能，即在焊接厚度大、熔点高、导热性好的焊件时，焊嘴倾角要大些；焊接厚度小、熔点低、导热性差的焊件时，焊嘴倾角要小些。焊接碳素钢时，焊嘴倾角与焊件厚度的关系如图 5-71 所示。所焊接材料不同，焊嘴倾角不同，如焊接铜材料时 $\alpha = 80°$，焊接铝材料时 $\alpha = 100°$

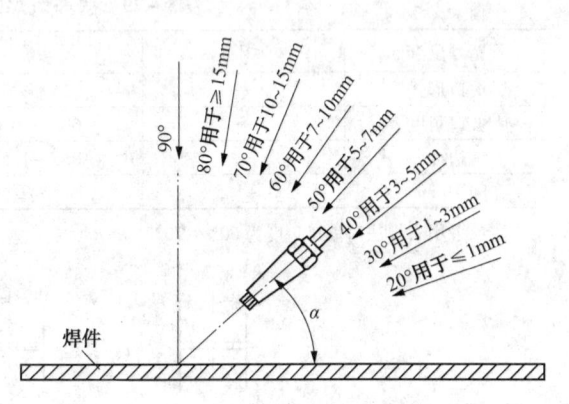

图 5-70　焊嘴倾角　　　　　　图 5-71　焊炬的焊嘴倾斜角与焊件厚度的关系

焊嘴倾角在焊接过程中需要改变，如图 5-72 所示。在气焊过程中，焊丝与焊件表面的倾斜角一般为 30°~40°，它与焊炬中心线的角度为 90°~100°，如图 5-73 所示。

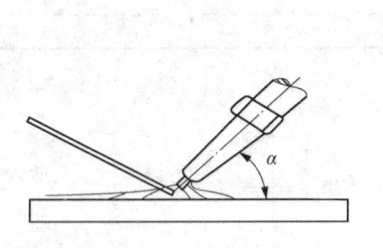

(a)焊前预热　(b)焊接过程中　(c)焊接结果填满弧坑

图 5-72　焊接过程中焊嘴倾斜角度的变化

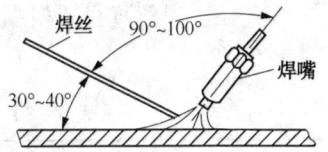

图 5-73　焊丝与焊件表面、焊炬中心线的夹角

（5）焊接速度。应根据焊件的接头形式、焊件厚度、坡口尺寸、材料性能等来选择。在保证质量的前提下，应尽量提高焊接速度，以提高生产率。焊接速度通常以每小时完成的焊缝长度来表示，其经验公式为

$$v = K\delta \tag{5-9}$$

式中，v 为焊接速度，m/h；δ 为焊件厚度，mm；K 为系数，不同材料气焊时 K 值的大小见表 5-81。

表 5-81　不同材料气焊时 K 值的大小

材料名称	碳素钢		铜	黄铜	铝	铸铁	不锈钢
	左向焊	右向焊					
K 值	12	15	24	12	30	10	10

4. 气焊的基本操作方法

1）焊前准备

确定气焊接头形式，制备坡口形式。

（1）焊前清理。气焊前必须清理工件坡口及两侧和焊丝表面的油污、氧化物等脏物。去油污的方法是用汽油、丙酮、煤油等溶剂清洗，也可用火焰烘烤。除氧化膜可用砂纸、钢丝刷、锉刀、刮刀、角向砂轮机等机械方法清理，也可用酸或碱溶液清理金属表面氧化物。清理后用清水冲洗干净，用火焰烘干后再进行焊接。

（2）定位焊和点固焊。为了防止焊接时产生过大的变形，在焊接前，应将焊件在适当位置实施一定间距的点焊定位。对于不同类型的焊件，定位方式略有不同。

薄板类焊件的定位焊从中间向两边进行。定位焊焊缝长为 5 ~ 7mm，间距为 50 ~ 100mm。定位焊的顺序应由中间向两边交替依次点焊，直至整条焊缝布满为止，如图 5 - 74 所示。厚板（$\delta \geqslant 4mm$）定位焊的焊缝长度 20 ~ 30mm，间距 200 ~ 300mm。定位焊顺序从焊缝两端开始向中间进行，如图 5 - 75 所示。

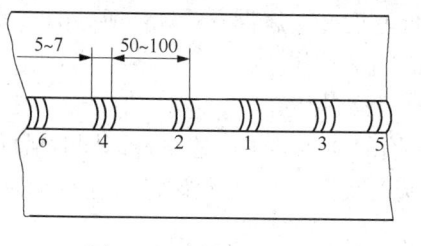

图 5 - 74　薄板定位焊

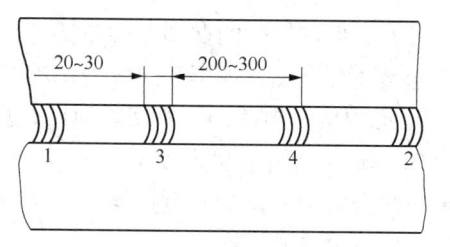

图 5 - 75　厚板定位焊

管子定位焊焊缝长度均为 5 ~ 15mm，管径 < 10mm 时，将管周均分三处，定位焊两处，另一处作为起焊处；管径在 100 ~ 300mm 时，将管周围均分四处，对称定位焊四处，在 1 与 4 之间作为起焊处；管径在 300 ~ 500mm 时，将管周均分八处，对称定位焊七处，另一处作为起焊处。定位焊缝的质量应与正式焊的焊缝质量相同，否则应铲除或修磨后重新定位焊接，如图 5 - 76 所示。

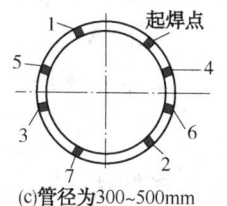

(a)管径<100mm　　(b)管径为100~300mm　　(c)管径为300~500mm

图 5 - 76　管状定位焊

（3）预热。施焊时先对起焊点预热。

2）操作要点及注意事项

（1）焊炬的操作方法。

① 焊炬的握法。一般操作者均用左手拿焊丝，用右手掌及中指、无名指、小指握住焊炬的手柄，把大拇指放在乙炔开关位置，由拇指向伸直方向推动打开乙炔开关，用食指放在氧气开关位置进行拨动，有时也可用拇指来协助打开氧气开关，这样可以随时调节气体的流量。

② 火焰的点燃。先逆时针方向微开氧气开关放出氧气，再逆时针方向旋转乙炔开关放出乙炔，然后将焊嘴靠近火源点火，点火后应立即调整火焰，使火焰达到正常形状。开始练习时，可能出现连续的"放炮"声，原因是乙炔不纯，这时应放出不纯的乙炔，然后重新点火。有时会出现不易点燃的现象，多是因为氧气量过大，这时应重新调整氧气开关。点火

时，拿火源的手不要正对焊嘴，也不要将焊嘴指向他人，以防烧伤。

③ 火焰的调节。开始点燃的火焰多为碳化焰，如要调成中性焰，则要逐渐增加氧气的供给量，直至火焰的内焰与外焰没有明显的界限，即为中性焰。如果再继续增加氧气或减少乙炔，就得到氧化焰；反之增加乙炔或减少氧气，即可得到碳化焰。

④ 火焰的熄灭。焊接工作结束或中途停止时，必须熄灭火焰。正确的熄灭方法是先顺时针方向旋转乙炔阀门，直至关闭乙炔，再顺时针方向旋转氧气阀门关闭氧气。这样可以避免出现黑烟和火焰倒袭。此外，关闭阀门以不漏气即可，不要关得太紧，以防止磨损过快，降低焊炬的使用寿命。

⑤ 回火现象的处理。操作中如遇到回火现象，立即关闭氧气阀门，如果回火严重时，还要拔开乙炔橡胶管。

（2）焊炬和焊丝的摆动方式与幅度。主要与焊件厚度、金属性质、焊件所处的空间位置及焊缝尺寸等有关，焊炬和焊丝的摆动应包括 3 个方向的动作。

① 沿焊接方向移动，不间断地熔化焊件和焊丝，形成焊缝。

② 焊炬沿焊缝做横向摆动，使焊缝边缘得到火焰的加热并很好地熔透，同时借助火焰气体的冲击力把液体金属搅拌均匀，使熔渣浮起，从而获得良好的焊缝成形，同时，还可避免焊缝金属过热或烧穿。

③ 焊丝在垂直于焊缝的方向送进并做上下移动，如在熔池中发现有氧化物和气体时，可用焊丝不断地搅动金属熔池，使氧化物浮出和气体排出。

平焊时常见的焊炬和焊丝的摆动方式如图 5－77 所示。

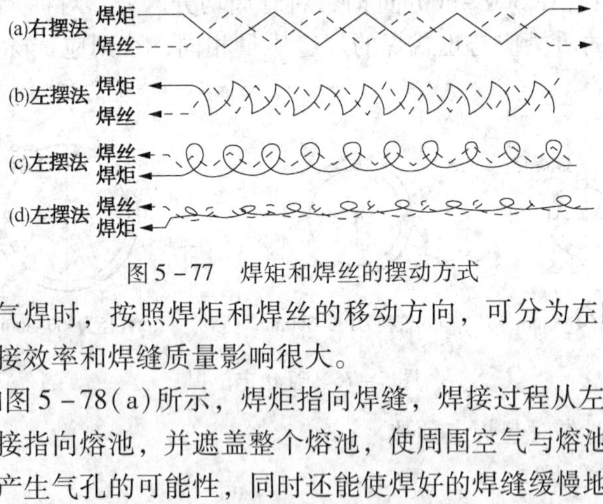

(a)右摆法
焊炬
焊丝
(b)左摆法
焊炬
焊丝
(c)左摆法
焊丝
焊炬
(d)左摆法
焊丝
焊炬

图 5－77　焊矩和焊丝的摆动方式

（3）焊接方向。气焊时，按照焊炬和焊丝的移动方向，可分为左向焊法和右向焊法两种。这两种方法对焊接效率和焊缝质量影响很大。

① 右向焊法。如图 5－78(a)所示，焊炬指向焊缝，焊接过程从左向右，焊炬在焊丝面前移动。焊炬火焰直接指向熔池，并遮盖整个熔池，使周围空气与熔池隔离，所以能防止焊缝金属的氧化和减少产生气孔的可能性，同时还能使焊好的焊缝缓慢地冷却，改善了焊缝组织。由于焰芯距熔池较近及火焰受焊缝的阻挡，火焰的热量较集中，热量的利用率也较高，使熔深增加并提高生产效率。所以右向焊法适合焊接厚度较大以及熔点和热导率较高的焊

焊接方向
焊炬
焊丝
(a)右向焊法
焊接方向
焊炬
焊丝
(b)左向焊法

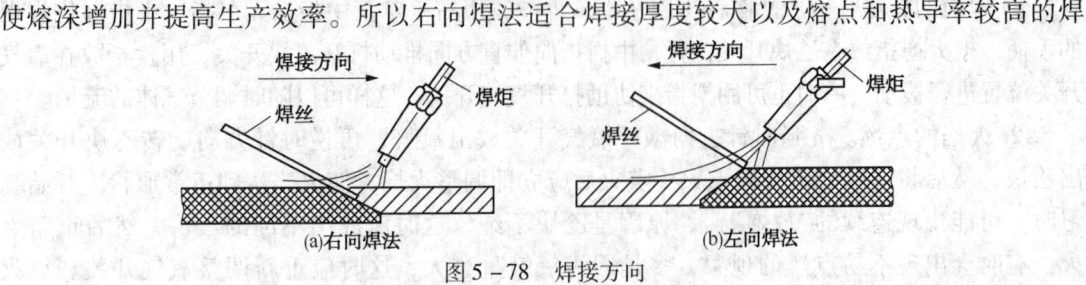

图 5－78　焊接方向

件，但右向焊法不易掌握，一般较少采用。

② 左向焊法。如图 5－78(b)所示，焊炬指向焊件未焊部分，焊接过程自右向左，而且焊炬跟着焊丝走。左向焊法，由于火焰指向焊件未焊部分，对金属有预热作用，因此焊接薄板时生产效率很高，同时这种方法操作简便，容易掌握，是普通应用的方法。但左向焊法缺点是焊缝易氧化，冷却较快，热量利用率低，故适于薄板的焊接。

(4) 焊缝的起头、连接和收尾。

① 焊缝的起头。由于刚开始焊接，焊件起头的温度低，焊炬的倾斜角应大些，对焊件进行预热并使火焰往复移动，保证起焊处加热均匀，一边加热一边观察熔池的形成，待焊件表面开始发红时将焊丝端部置于火焰中进行预热，一旦形成熔池，立即将焊丝伸入熔池，焊丝熔化后即可移动焊炬和焊丝，并相应减少焊炬倾斜角进行正常焊接。

② 焊缝连接。在焊接过程中，因中途停顿又继续施焊时，应用火焰把连接部位 5 ～ 10mm 的焊缝重新加热熔化，形成新的熔池再加少量焊丝或不加焊丝重新开始焊接，连接处应保证焊透和焊缝整体平整及圆滑过渡。

③ 焊缝收尾。当焊到焊缝的收尾处时，应减少焊炬的倾斜角，防止烧穿，同时要增加焊接速度并多添加一些焊丝，直到填满为止。为了防止氧气和氮气等进入熔池，可用外焰对熔池保护一定的时间(如表面已不发红)后再移开。

(5) 焊后处理。焊后残存在焊缝及附近的熔剂和焊渣要及时清理干净，否则会腐蚀焊件。先在 60～80℃ 热水中用硬毛刷洗刷焊接接头，重要构件洗刷后再放入 60～80℃、质量分数为 2%～3% 的铬酐水溶液中浸泡 5～10min，然后再用硬毛刷仔细洗刷，最好用热水冲洗干净。清理后若焊接接头表面无白色附着物可认为合格；或用质量分数为 2% 的硝酸银溶液滴在焊接接头上，若没有产生白色沉淀物，说明清洗干净。

铸造合金补焊后，为消除内应力，可进行 300～350℃ 退火处理。

5. 各种不同焊接位置的施焊要点

各种不同焊接位置的施焊要点见表 5－82。

表5－82　不同焊接位置的施焊要点

焊接位置	简　图	施 焊 要 点
平焊	90°~100°　30°~40°	1. 应将焊件与焊丝烧熔； 2. 焊接某些低合金钢(如 30CrMnSi)时，火焰应穿透熔池； 3. 火焰焰芯的末端与焊件表面应保持在 2～6mm 的距离内； 4. 如熔池温度过高，可采用间断焊以降低熔池温度
立焊	60°~70°　75°~80°	1. 焊炬沿焊接方向向上倾斜一定角度，一般与焊件保持在 75°～80°间，焊炬与焊丝的相对位置与平焊时相似； 2. 应采用比平焊时较小的火焰进行焊接； 3. 严格控制熔池温度，尽量控制熔池的面积不要太大，熔池的深度也应小些； 4. 焊炬一般不做横向摆动，但可做上下移动； 5. 如熔池温度过高，熔化金属即将下淌时，应立即移开火
横焊	30°~40°　65°~75°	1. 焊炬与焊件之间的角度保持在 65°～75°间； 2. 采用比平焊时小的火焰施焊，常用左焊法； 3. 焊炬一般不做摆动，如焊较厚的焊件时，可做弧形摆动，焊丝始终浸在熔池中，并进行斜环形运条，使熔池略带一些倾斜

焊接位置	简　图	施　焊　要　点
仰焊	20°~30°　20°~30°	1. 采用较小的火焰焊接； 2. 严格掌握熔池的温度和大小，使液体金属始终处于较稠的状态，防止下淌； 3. 采用较细的焊丝，以薄层堆敷上去，有利于控制熔池温度； 4. 采用右向焊时，焊缝成形较好； 5. 焊炬可做不间断的移动，焊丝可做月牙形运条，并始终浸在熔池内； 6. 注意操作姿势，防止金属飞溅和下淌的液体金属烫伤人体

6. 管子气焊操作要点

管子气焊操作要点见表 5 – 83。

表 5 – 83　管子气焊操作要点

项目	简　图	操　作　要　求
水平固定管气焊	 图 a　水平固定管全位置焊接分布情况 图 b　吊管的焊接方法 a、d 为先焊半圆的起点和终点； b、c 为后焊半圆的起点和终点	1. 焊嘴与焊丝的夹角一般为 90°，焊嘴、焊丝与管子轴的夹角为 45°； 2. 焊接分成两个半圈进行(图 a)，从仰焊位置起焊，焊完半圈后，再从仰焊位置起焊，焊另外半圈； 3. 焊前半圈时，起点、终点都要超过管子的垂直中心线，其超出长度一般为 5 ~ 10mm； 4. 焊后半圈时，起点和终点都要和前段焊缝搭接一段，以防止起焊点和火口处产生缺陷。搭接长度为 10 ~ 20mm(图 b)
可转动管气焊	 图 c　向左爬坡焊 图 d　向右爬坡焊	1. 若管壁较薄(< 2mm)，最好转到水平位置施焊；对于管壁较厚和开有坡口的管子，不应处于水平位置焊接。通常采用爬坡位置，即半立焊位置施焊； 2. 采用左焊法时，应始终控制在与管子水平中心线成 50° ~ 70°进行焊接(图 c)； 3. 采用右焊法时，为了防止熔化金属被火焰吹成焊瘤，熔池应控制在与管子垂直中心线成 10° ~ 30°施焊(图 d)

续表

项目	简　图	操 作 要 求
垂直固定管气焊	图 e　焊嘴、焊丝与管子轴线的夹角 图 f　焊丝、焊嘴与管子切线方向的夹角 图 g　右焊法双面成形一闪焊满运条法	1. 通常采用右焊法，焊嘴、焊丝与管子的相对位置与夹角见图 e 和图 f； 2. 始焊时，先将被焊处适当加热，然后将熔池烧穿，形成一个熔孔，这个熔孔一直保持到焊接结束，熔孔的大小以控制在等于或稍大于焊丝直径为宜； 3. 熔孔形成后，开始填充焊丝，施焊过程中焊炬不做横向摆动，而只在熔池和熔孔间做前后微摆动，以控制熔池温度，若熔池温度过高时，为使熔池得以冷却，此时火焰不必离开熔池，可将火焰的焰芯朝向熔孔，这时内焰区仍然笼罩着熔池和近缝区，保护液态金属不被氧化； 4. 在施焊过程中，焊丝始终浸在熔池中，不停地以"r"形往上挑钢水，运条范围不要超过管子对口下部坡口的 1/2 处，否则容易造成熔滴下坠现象； 5. 焊缝因一次焊成（图 g），所以焊接速度不可太快，必须将焊缝填满，并有一定的加强高度

三、气割操作方法

1. 气割应用条件

气割的实质是被切割材料在纯氧中燃烧的过程，不是熔化过程。为使切割过程顺利进行，被切割的金属材料一般应满足以下条件。

（1）金属在氧气中的燃点应低于金属的熔点。气割时金属在固态下燃烧，才能保证切口平整。如果燃点高于熔点，则金属在燃烧前已经熔化，切口质量很差，严重时切割无法进行。

（2）金属的熔点应高于其氧化物的熔点，在金属未熔化前，熔渣呈液体状态从切口处被吹走。反之，如果生成的金属氧化物熔点高于金属熔点，则高熔点的金属氧化物将会阻碍着下层金属与切割气流的接触，使下层金属难以氧化燃烧，气割过程就难以进行。高铬或铬镍不锈钢、铝及其合金、高碳钢、灰铸铁等氧化物的熔点均高于材料本身的熔点，所以就不能采用氧气切割的方法进行。如果金属氧化物的熔点较高，则必须采用熔剂来降低金属氧化物的熔点。

常用金属材料及其氧化物的熔点见表 5 - 84。

表 5 - 84　常用金属材料及其氧化物的熔点

金属名称	熔点/℃		金属名称	熔点/℃	
	金属	氧化物		金属	氧化物
纯铁	1535	1300 ~ 1400	铝	657	2050
低碳钢	约 1500	1300 ~ 1500	锌	419	1800
高碳钢	1300 ~ 1400	1300 ~ 1500	铬	1550	约 1900
铸铁	约 1200	1300 ~ 1500	镍	1450	约 1900
紫铜	1083	1236	锰	1250	1560 ~ 1785
黄铜，锡青铜	850 ~ 900	1236			

（3）金属氧化物的黏度低，流动性应较好。否则，会粘在切口上很难吹掉，影响切口边缘的整齐。

（4）金属在燃烧时应能放出大量的热量，用此热量对下层金属起到预热作用，维持切割过程的延续。如低碳钢切割时，预热金属的热量少部分由氧乙炔火焰供给（占30%），而大部分热量则依靠金属在燃烧过程中放出的热量供给（占70%）。金属在燃烧时放出的热量越多，预热作用也就越大，越有利于气割过程的顺利进行。若金属的燃烧不是放热反应，而是吸热反应，则下层金属得不到预热，气割过程就不能进行。

（5）金属的导热性能要差。否则，由于金属燃烧所产生的热量及预热火焰的热量很快地传散，切口处金属的温度很难达到燃点，切割过程就难以进行。铜、铝等导热性较强的非铁金属，不能采用普通的气割方法进行切割。

（6）金属中含阻碍切割过程和提高金属淬硬性的成分及杂质要少。一些合金元素对钢的气割性能的影响见表5-85。

表 5-85　　合金元素对钢的气割性能的影响

元素	影　响
C	$w(C) < 0.25\%$，气割性能良好；$w(C) < 0.4\%$，气割性能尚好；$w(C) < 0.5\%$，气割性能显著变坏；$w(C) > 0.1\%$，则不能气割
Mn	$w(Mn) < 0.4\%$，对气割性能没有明显影响；含量增加，气割性能变坏；当 $w(Mn) \geq 14\%$ 时，不能气割；当钢中 $w(C) > 0.3\%$，且 $w(Mn) > 0.8\%$ 时，淬硬倾向和热影响区的脆性增加，不宜气割
Si	硅的氧化物使熔渣的黏度增加。钢中硅的一般含量，对气割性能没有影响；$w(Si) < 0.4\%$ 时，可以气割；含量增大，气割性能显著变坏
Cr	铬的氧化物熔点高，使熔渣的黏度增加。$w(Cr) \leq 5\%$ 时，气割性能尚可；含量大时，应采用特种气割方法
Ni	镍的氧化物熔点高，使熔渣的黏度增加。$w(Ni) < 7\%$ 时，气割性能尚可；含量较高时，应采用特种气割方法
Mo	钼提高钢的淬硬性；$w(Mo) < 0.25\%$ 时，对气割性能没有影响
W	钨增加钢的淬硬倾向，氧化物熔点高。一般含量对气割性能影响不大；含量接近10%时，气割困难；超过20%时，不能气割
Cu	$w(Cu) < 0.7\%$ 时，对气割性能没有影响
Al	$w(Al) < 0.5\%$，对气割性能影响不大；$w(Al)$ 超过10%，则不能气割
V	含有少量的钒，对气割性能没有影响
S，P	在允许的含量内，对气割性能没有影响

注：w 为质量分数，括号内表示某元素。

当被切割的材料不能满足上述条件时，则应改进气割，如振动气割、氧熔剂切割等；或采用其他切割方法，如等离子弧切割来完成材料的切割任务。

2. 气割工艺参数的选择

（1）预热火焰能率。预热火焰采用中性焰或微弱的氧化焰。预热火焰能率随割件厚度的增加而增大，但预热时火焰能率太高，会使切口上缘产生连续状钢粒，甚至熔化成圆角，并增加割件表面粘渣；若火焰能率太小，热量不足，则气割速度减慢，使切割过程难以进行。

对于易淬硬的高碳钢和低合金高强度钢，应适当加大预热火焰能率和放慢切割速度，必须时采用气割前先对工件进行预热等措施。预热火焰能率的选择见表5-86。

表5-86　预热火焰能率的选择

钢板厚度/mm	3~25	25~50	50~100	100~200	200~300
火焰能率①/(m³/h)	0.3~0.5	0.55~0.75	0.75~1.0	1.0~1.2	1.2~1.3

注：① 指乙炔消耗。

（2）氧气压力。主要根据割件厚度确定。切割氧压力太小，气割过程缓慢，割缝背面易形成粘渣，甚至无法割穿；切割氧压力太大，既浪费氧气，又会使切口变宽，切口表面粗糙，且切割速度反而减慢。另外，随氧气纯度的增高而降低。氧气压力推荐值见表5-87。

表5-87　氧气压力推荐值

工件厚度/mm	3~12	>12~30	>30~50	>50~100
切割氧压力/MPa	0.4~0.5	0.5~0.6	0.5~0.7	0.6~0.8
工件厚度/mm	>100~150		>150~300	
切割氧压力/MPa	0.8~1.2		1.0~1.4	

（3）切割速度。切割速度随割体的厚度增加而减小，且必须与切口内金属的氧化速度相适应。氧化速度快，排渣能力强，则可以提高切割速度。切割速度过慢会降低生产效率，且会造成切口局部熔化，影响割口表面质量；切割速度过快，会形成较大的后拖量，甚至造成切割中断。曲线切割时，切割速度应选择适当，使后拖量尽量减少，另外，切割速度随氧气纯度的增大而增高。

（4）割嘴到切割工件表面的距离 h。h 值应选择恰当，通常 $h = L + 2$（mm）。L 为焰芯长度。h 值过小，飞溅时易堵塞割嘴，造成回火；h 值过大，预热不充分，切割氧流动能下降，使排渣困难，影响切割质量。h 值的选用可参照表5-88。

表5-88　h 值的选用　　　　　　单位：mm

环缝式		多喷口式	
板厚	h	板厚	h
3~10	2~3	3~10	3~6
10~25	3~4	10~25	5~10
25~50	3~5	25~50	7~12
50~100	4~6	50~100	10~15
100~200	5~8	100~200	10~18
200~300	7~10	200~300	15~20
>300	8~12	>300	20~30

（5）切割倾角。割嘴与割件间的切割倾角直接影响气割速度和后拖量，切割倾角的大小主要根据割件厚度而定，气割厚度 <6mm 的钢板时，割嘴应向后倾斜 5°~10°；气割厚度为 6~30mm 的钢板时，割嘴应垂直于割件；气割厚度 >30mm 的钢板时，开始气割应将割嘴向

前倾斜5°~10°，待割穿后割嘴应垂直于割件，当快割完时，割嘴应逐渐向后倾斜5°~10°，割嘴的倾斜角与割件厚度的关系如图5-79所示。

3. 手工气割的基本操作方法

手工气割是运用最普遍的切割方式。这种方式机动灵活、适应性强、效率高。

1）气割前的准备工作

（1）按照零件图样要求放样、号料。放样划线时应考虑留出气割毛坯的加工余量和切口宽度。放样、号料时应采用套裁法，可减少余料的消耗。

（2）根据割件厚度选择割炬、割嘴和气割工艺参数。

（3）气割之前要认真检查工作场所是否符合安全生产的要求。检查乙炔发生器或乙炔瓶、回火防止器等设备是否能保证正常进行工作。检查射吸式割炬的射吸功能是否正常，然后将气割设备按操作规程连接完好，开启乙炔气瓶阀和氧气瓶阀，调节减压器，使氧气和乙炔气达到所需的工作压力。

图5-79　割嘴的倾斜角与割件厚度的关系

1—厚度<6mm时；2—厚度6~30mm时；3—厚度>30mm时

（4）割件应尽量垫平，并使切口处悬空。支点必须放在割件以内，切勿在水泥地面上垫起割件气割。如确需在水泥地面上气割时，则应在割件与底板之间加一块钢板，以防止水泥爆溅伤人。

（5）用钢丝刷或预热火焰清除切割线附近表面上的油漆、铁锈和油污。

（6）点火后，将预热火焰调整适当，然后打开切割阀门，观察风线（即切割氧气流）形状，风线应为笔直和清晰的圆柱形，长度超过厚度的1/3为宜，如图5-80所示。

2）气割基本操作方法

（1）操作姿势。点燃割炬调好火焰之后就可以进行切割，操作姿势如图5-81所示，双脚成外八字形蹲在工件的一侧，右臂靠住右膝盖，左臂放在两腿中间，便于气割时移动。右

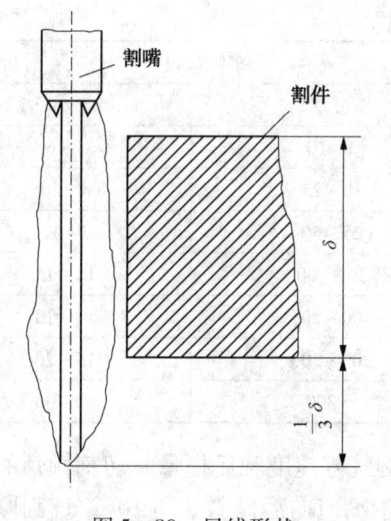

图5-80　风线形状　　　　　　　　　　图5-81　操作姿势

手握住割炬手把并以右手大拇指和食指握住预热氧调节阀，便于调整预热火焰能率，一旦发生回火时能及时切断预热氧。左手的大拇指和食指握住切割氧调节阀，便于切割时调节，其余三指平稳地托住射吸管，使割炬与割件保持垂直。气割时的手势如图 5 - 82 所示。气割过程中，割炬运行要均匀，割炬与割件的距离保持不变。每割一段需要移动身体位置时，应关闭切割氧调节阀，等重新切割时再度开启。

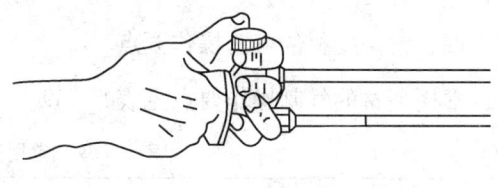

图 5 - 82　气割时的手势

（2）预热。开始气割时，将起割点材料加热到燃烧温度（割件发红）称为预热。起割点预热后，才可以慢慢开启切割氧调节阀进行切割。预热的操作方法，应根据零件的厚度灵活掌握。

① 对于厚度 <50mm 的割件，可采取割嘴垂直于割件表面的方式进行预热。

② 对于厚度 >50mm 的割件，预热分两步进行，如图 5 - 83 所示。开始时将割嘴置于割件边缘，并沿切割方向后倾 10° ~20°加热，如图 5 - 83（a）所示。待割件边缘加热到暗红色时，再将割嘴垂直于割件表面继续加热，如图 5 - 83（b）所示。

③ 气割割件的轮廓时，对于薄件可垂直加热起割点；对于厚件应先在起割点处钻一个孔径约等于切口宽度的通孔，然后再按厚件加热该孔边缘作为起割点预热。

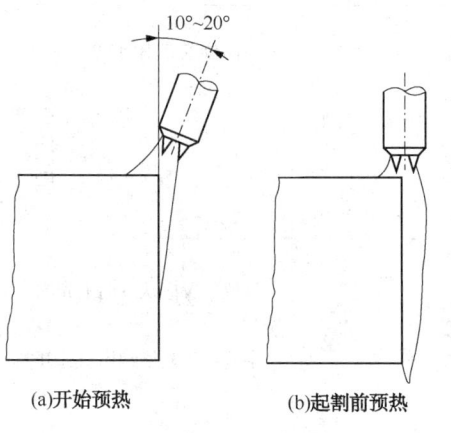

(a)开始预热　　　　(b)起割前预热

图 5 - 83　厚割件的预热

（3）首先应点燃割炬，并随即调整好火焰（中性焰）。火焰的大小，应根据钢板的厚度调整适当。再将起割处的金属表面预热到接近熔点温度（金属呈亮红色或"出汗"状），此时将火焰局部移出割件边缘并慢慢开启切割氧气阀门，当看到钢水被氧射流吹掉，再加大切割气流，待听到"噗、噗"声时，便可按所选择的切割工艺参数进行切割。

（4）在切割过程中，应经常注意调节预热火焰，使之保持中性焰或微弱的氧化焰，焰芯尖端与割件表面距离 3 ~5mm，基本保持熔渣的流动方向与切口垂直，后拖量尽量小。还应注意调整割嘴与割件表面间的距离和割嘴倾角，注意调节切割氧气压力与控制切割速度，防止鸣爆、回火和熔渣溅起、灼伤。

切割厚钢板时，切割速度要慢，以防止切口上边缘产生连续珠状渣。上缘被熔化成圆角和减少背面的粘附挂渣，应采取较弱的火焰能率。注意身体位置的移动，切割长的板材或做曲线形切割时，一般切割长度应每 300 ~500mm 移动一次操作位置。移位时，应先关闭切割氧调节阀，将割炬火焰抬离割件，再移动身体的位置，继续切割时，割嘴一定要对准割透的接割处并预热到燃点，再缓慢开启切割氧调节阀继续切割。若在气割过程中，发生回火而使火焰突然熄灭，应立即将切割氧气阀关闭，同时关闭预热火焰的氧气调节阀，再关乙炔阀，过一段时间再重新点燃火焰进行切割。

（5）气割临近结束时，应将割嘴后倾一定角度，使钢板下部先割透，然后再将钢板割断。切割完毕应及时关闭切割氧调节阀并抬起割炬，再关乙炔调节阀，最后关闭预热氧气调节阀。工作结束（或较长时间停止切割）后应将氧气瓶阀关闭，松开减压器调压螺钉，将氧气橡胶管中的氧气放出，同时关闭乙炔瓶阀，放松减压调节螺钉，将乙炔橡胶管中的乙炔气放出。

四、常用型材的气割操作要点

常用型材的气割操作要点见表 5 - 89。

表 5 - 89　常用型材的气割操作要点

型　　钢	操 作 要 点
角钢的气割	站放位置时原则上先割平面，然后从下往上割垂直边； 扣放位置则应从右往左割，图中点划线是割嘴的倾角方向 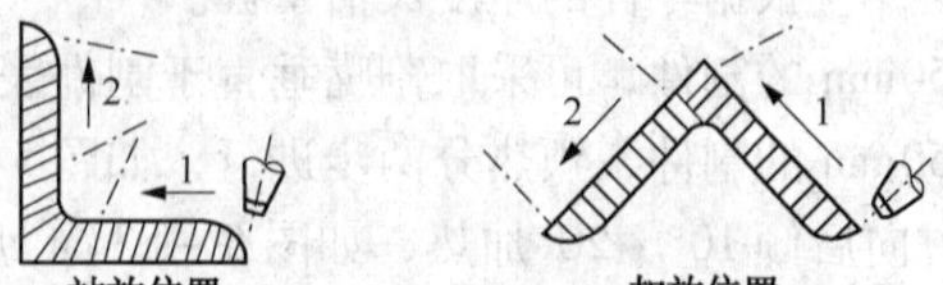 站放位置　　　　　　　　扣放位置
球平钢的气割	不同位置有不同的气割方法，当割嘴割到球头时速度应放慢 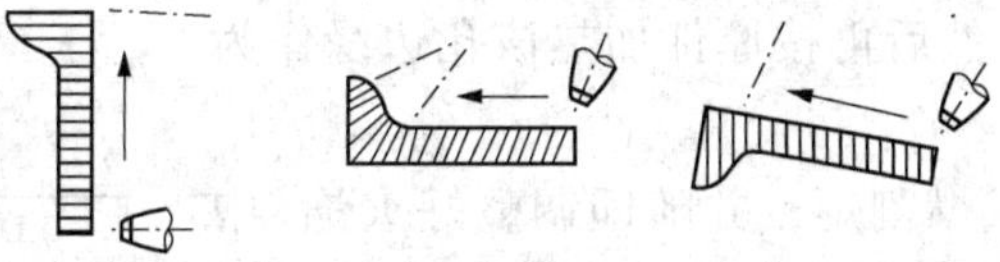
槽钢的气割	站放位置应从下向上先割，然后再从槽钢里面气割 2、3 两处，事先应做好槽钢割断瞬间倾倒的安全防护； 躺放位置从槽钢槽口处开割，按图示路线进行气割 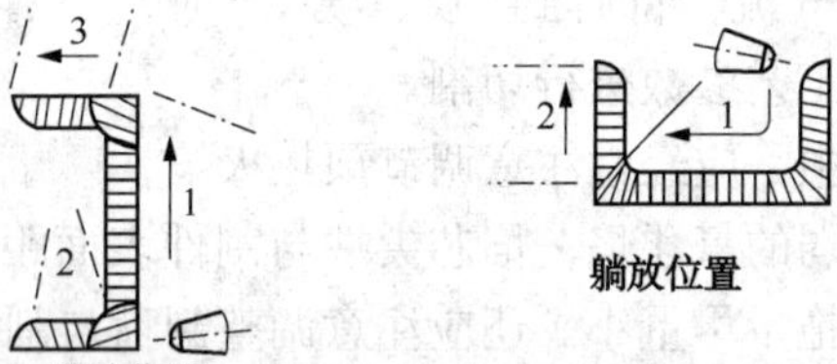 躺放位置 站放位置
工字钢的气割	站放位置从工字钢的下盖板起割，沿图示路线气割，在拐弯处割嘴要稍微抬高一点，不使其产生较深的沟槽； 躺放位置按图示 1、2、3 顺序进行气割 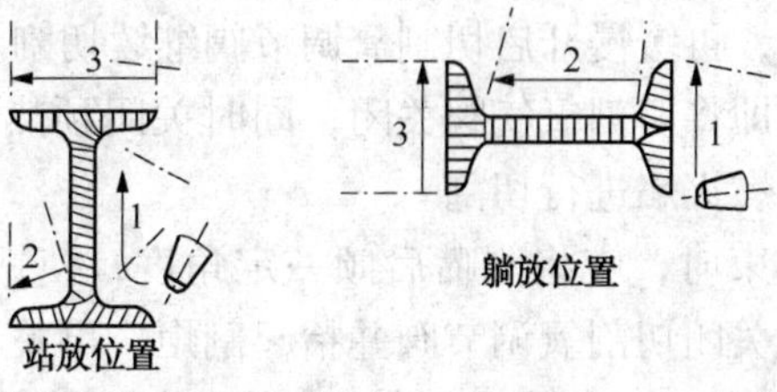 躺放位置 站放位置

续表

型　钢	操　作　要　点
圆钢的气割	直径不大时可一次割断，从一侧向另一侧移动，使侧面被预热到足够的温度，逐渐打开气割氧，同时将割嘴从水平方向转成垂直方向，加大风线，当圆钢被割透就向前移动割嘴，直至全部割断； 　　直径较大时，很难一次割透，这时要采用分成二瓣割、三瓣割的气割法，但分瓣割出的断口质量不如一次割出的好 一次割断　　　　　分两瓣割断　　　　　分三瓣割断

五、气焊与气割的常见缺陷及预防措施

1. 气焊常见缺陷及预防措施

气焊常见缺陷及预防措施见表 5 - 90。

表 5 - 90　气焊常见缺陷及预防措施

缺陷类型	产 生 原 因	预 防 措 施
裂纹	焊缝金属中硫含量过高，焊接应力过大，火焰能率小，焊缝熔合不良等	控制焊缝金属的硫含量，提高火焰能率，降低焊接应力等
气孔	焊丝、工件表面清理不干净，含碳量过高，火焰成分不对，焊接速度太快等	严格清理工件表面及焊丝，控制焊丝与基本金属的成分，合理选择火焰及焊接速度等
焊缝尺寸及形状不符合要求	工件坡口角度不当，装配间隙不均匀，焊接参数选择不当等	严格控制装配间隙，合理加工坡口角度，正确选择焊接参数等
咬边	火焰能率调整过大，焊嘴倾斜角度不正确，焊嘴和焊丝运动方法不适当等	正确选择焊接参数及操作方法等
烧穿	对焊件加热过甚，操作工艺不当，焊接速度慢，在某处停留时间过长等	合理加热工件，调整焊接速度，选用合适的操作工艺等
凹坑	火焰能率过大，收尾未填满熔池等	注意收尾时焊接要领，合理选择火焰能率等
夹渣	焊件边缘及焊层清理不干净，焊接速度过快，焊丝形状系数过小，以及焊丝、焊嘴角度不当等	严格清理焊件边缘及焊层，控制焊接速度，适当增加焊缝形状系数等
未焊接	焊件表面有氧化物，坡口角度太小，间隙太窄，火焰能率不足，焊接速度过快等	严格清理焊件表面，选择合适的坡口角度及焊接间隙，控制焊接速度及火焰能率等
未熔合	火焰能率过低或偏向坡口一侧	选择合适的火焰能率，保证火焰不偏向
焊瘤	火焰能率过大，焊接速度慢，焊件装配间隙过大，焊枪运动方法不正确等	选择合适的焊接速度和火焰能率，调整焊件装配间隙，正确地运用焊枪等

2. 气割常见缺陷及预防措施

1）影响气割质量的因素

（1）工件。工件的材质、厚度、力学性能、平面度、清洁度、气割形状、坡口情况、切

口在工件上的分布、套裁方法以及切口四周的余量情况等。

（2）燃气和氧气。气体的纯度、气体的压力及压力的持久稳定性等。

（3）设备与工装。设备的精度、操作心梗、气割平台的平整度、工件卡紧装置或冷动装置、排渣的方便程度等。

（4）气割工艺。割炬规格和割嘴号的选择、预热火焰的选择、风线的调节、加热时间的控制、割嘴离工件的高度、割嘴的前后倾角和左右垂直度、气割速度、气割顺序及路线等。

（5）工人的操作水平。

2）气割缺陷的产生原因及预防措施（表5－91）。

表5－91　气割缺陷的产生原因及预防措施

缺陷形式	产生原因	预防措施
切口断面纹路粗糙	1. 氧气纯度低； 2. 氧气压力太大； 3. 预热火焰能率过大或过小； 4. 割嘴选用不当或割嘴距离不稳定； 5. 切割速度不稳定或过快	1. 一般气割，氧气纯度不低于98.5%（体积分数）；要求较高时，不低于99.2%（体积分数）或者高达99.5%（体积分数）； 2. 适当降低氧气压力； 3. 采用合适的火焰能率预热； 4. 更换割嘴或稳定割嘴距离； 5. 调整切割速度，检查设备精度及网络电压，适当降低切割速度
切口断面割槽	1. 回火或灭火后重新起割； 2. 割嘴或工件有振动	1. 防止回火和灭火，割嘴不要离工件太近，工件表面要清洁，下部平台不应阻碍熔渣排出； 2. 避免周围环境的干扰
切割面上缘熔塌	1. 气割时预热火焰太强； 2. 切割速度太慢； 3. 割嘴与气割平面距离太近	1. 选用合适的火焰能率预热； 2. 适当提高切割速度； 3. 气割时割嘴与气割平面距离适当加大
气割面直线度偏差过大	1. 切割过程中断多，重新气割时衔接不好； 2. 气割坡口时，预热火焰能率不大； 3. 表面有较厚的氧化皮、铁锈等	1. 提高气割操作水平； 2. 适当提高预热火焰能率； 3. 加强气割前清理被切割表面
气割面垂直度偏差过大	1. 气割时，割炬与割件板面不垂直； 2. 切割氧压力过低； 3. 切割氧流歪斜	1. 改进气割操作； 2. 适当提高切割氧压力； 3. 提高气割操作技术
下缘挂渣不易脱落	1. 氧气纯度低； 2. 预热火焰能率大； 3. 氧气压力低； 4. 切割速度过慢或过快	1. 换用纯度高的氧气； 2. 更换割嘴，调整火焰； 3. 提高切割氧压力； 4. 调整切割速度
下部出现深沟	切割速度太慢	加快切割速度，避免氧气流的扰动产生熔渣旋涡
气割厚度出现喇叭口	1. 切割速度太慢； 2. 风线不好	1. 提高切割速度； 2. 适当增大氧气流速，采用收缩扩散型割嘴

续表

缺陷形式	产生原因	预防措施
后拖量过大	1. 切割速度太快； 2. 预热火焰能率不足； 3. 割嘴选择不合适或割嘴倾角不当； 4. 切割氧压力不足	1. 降低切割速度； 2. 增大火焰能率； 3. 更换合适的割嘴或调整割嘴后倾角度； 4. 适量加大切割氧压力
厚板凹心大	切割速度快或速度不均	降低切割速度，并保持速度平稳
切口不直	1. 钢板放置不平； 2. 钢板变形； 3. 风线不正； 4. 割炬不稳定； 5. 切割机轨道不直	1. 检查气割平台，将钢板放平； 2. 切割前校平钢板； 3. 调整割嘴垂直度； 4. 尽量采用直线导板； 5. 修理或更换轨道
切割面渗碳	1. 割嘴离切割平面太近； 2. 气割时，预热火焰呈碳化焰	1. 适当提高割嘴高度； 2. 气割时，采用中性焰预热
切口过宽	1. 氧气压力过大； 2. 割嘴号码太大； 3. 切割速度太慢； 4. 割炬气割过程行走不稳定	1. 调整氧气压力； 2. 更换小号割嘴； 3. 加快切割速度； 4. 提高气割技术
发生中断割不透	1. 预热火焰能率过小； 2. 切割速度太快； 3. 被切割材料有缺陷； 4. 氧气、乙炔气将要用完； 5. 切割氧压力小	1. 重新调整火焰； 2. 放慢切割速度； 3. 检查夹层、气孔缺陷，试以相反的方向重新气割； 4. 检查氧气、乙炔压力，换用新气瓶； 5. 提高切割氧压力及流量
有强烈变形	切割速度太慢；加热火焰能率过大；割嘴过大；气割顺序不合理	选择合理的工艺，选择正确的气割顺序
产生裂纹	1. 工件含碳量高； 2. 工件厚度大	1. 可采取预热及割后退火处理办法； 2. 预热温度250℃
碳化严重	1. 氧气纯度低； 2. 火焰种类不对； 3. 割嘴距工件近	1. 换纯度高的氧气，保证燃烧充分； 2. 避免加热时产生碳化焰； 3. 适当提高割嘴高度
切口粘渣	1. 氧气压力小，风线太短； 2. 割薄板时切割速度低	1. 增大氧气压力，检查割嘴； 2. 加大切割速度
熔渣吹不掉	氧气压力太小	提高氧气压力，检查减压阀通畅情况
割后变形	1. 预热火焰能率大； 2. 切割速度慢； 3. 气割顺序不合理； 4. 未采取工艺措施	1. 调整火焰； 2. 提高切割速度； 3. 按工艺采用正确的切割顺序； 4. 采用夹具，选用合理起割点等工艺措施

第八节　螺　柱　焊

螺柱焊是将金属螺柱或类似的紧固件(螺栓、螺钉等)焊到工件上的方法。实现螺柱焊的方法有电阻焊、摩擦焊、爆炸焊和电弧焊等,实际上螺柱焊也是一种压力熔焊方法。

一、螺柱焊基础

1. 螺柱焊的分类

螺柱焊可分为电弧螺柱焊、电容放电螺柱焊和短周期螺柱焊三种。工业上应用最广的方法是电弧螺柱焊和电容放电螺柱焊。

螺柱焊在安装螺柱或类似的紧固件方面,可取代铆接、钻孔、焊条电弧焊、电阻焊或钎焊。在船舶、锅炉、压力容器、车辆、航空、石油、建筑等工业领域应用广泛。

螺柱焊的分类如图 5-84 所示。

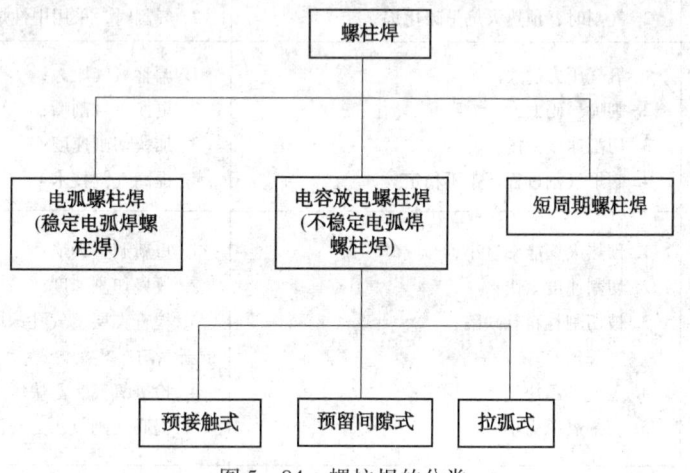

图 5-84　螺柱焊的分类

2. 螺柱焊方法的选用

电弧螺柱焊、电容放电螺柱焊和短周期螺柱焊具有一些共同的特点,选择螺柱焊方法时,应综合考虑下列因素:

(1) 工件的材质和厚度。工件为低碳钢、不锈钢和铝合金时,电弧焊柱焊、电容放电螺柱焊和短周期螺柱焊都可以采用。但还需从工件的厚度考虑,如果工件的厚度 <1.6mm 时,应采用电容放电螺柱焊或短周期螺柱焊,因为用这种方法可以焊接 0.25mm 的工件而不会烧穿;如果采用电弧螺柱焊方法,在有强度要求的条件下,工件厚度至少应等于螺柱焊接端直径的 1/3;而在没有强度要求时,工件厚度也要求达到螺柱焊接端直径的 1/5。对于工件为铜、黄铜和镀锌薄钢板、铝合金应采用电容放电螺柱焊。

推荐电弧螺柱焊钢和铝的最小板厚见表 5-92。

(2) 螺柱直径。电容放电螺柱焊和短周期螺柱焊的方法适用直径范围 3~10mm,电弧螺柱焊方法适用直径范围为 3~25mm。如两种方法均适用时,电容放电螺柱焊主要用于焊接非铁金属、异种金属和要求在工件背面不留焊接痕迹的薄板。除此之外,一般都采用电弧螺柱焊方法。

表 5 – 92　推荐电弧螺柱焊钢和铝的最小板厚　　　　　　　单位：mm

螺柱底端直径	钢（无垫板）	铝 合 金	
		无 垫 板	有 垫 板
4.8	0.9	3.2	3.2
6.4	1.2	3.2.	3.2
7.9	1.5	4.7	3.2
9.5	1.9	4.7	4.7
11.1	2.3	6.4	4.7
12.7	3.0	6.4	4.7
15.9	3.8	—	—
19.1	4.7	—	—
22.2	6.4	—	—
25.4	9.5	—	—

注：加金属垫板是为了防止烧穿。

（3）螺柱焊接端尺寸及形状。电弧螺柱焊接端的形状为圆形、方形、矩形或其他不规则的形状，而电容放电螺柱焊接端的形状则为圆形，且对尺寸有一定的要求。

（4）工件被焊处的清洁度。电容放电螺柱焊对工件被焊处的清洁度要求较高。

3. 螺柱焊的特点

各种螺柱焊方法的特点见表 5 – 93。

表 5 – 93　各种螺柱焊方法的特点

焊 接 方 法	电弧螺柱焊	电容放电螺柱焊			短周期螺柱焊
		预接触式	预留间隙式	拉弧式	
焊接时间/ms	100 ~ 200	1 ~ 3	1 ~ 3	4 ~ 10	20 ~ 100
可焊螺柱直径/mm	3 ~ 25	3 ~ 10	3 ~ 10	3 ~ 10	3 ~ 10
可焊工件厚度/mm	3 ~ 30	0.3 ~ 3.0	0.3 ~ 3.0	0.3 ~ 3.0	0.4 ~ 3.0
熔池深度/mm	2.5 ~ 5	< 0.2	< 0.2	< 0.2	< 0.2
d/δ	3 ~ 4	≤8	≤8	≤8	≤8
生产率/（个/min）	2 ~ 15	2 ~ 15	2 ~ 15	2 ~ 15（手动）40 ~ 60（自动）	2 ~ 15（手动）40 ~ 60（自动）
螺柱端部形状	圆、方、异形等可加工成锥形的螺柱	圆法兰和凸台	圆法兰和凸台	圆法兰、平头钉	圆法兰、平头钉

二、电弧螺柱焊

1. 电弧螺柱焊的原理

电弧螺柱焊又称拉弧式螺柱焊，实质上是电弧焊的一种应用。焊接时螺柱端部与工件表面之间产生稳定的电弧过程，电弧作为热源在工件上形成熔池，螺柱端被加热形成熔化层，在弹簧压力等机械压力作用下，将螺柱端部浸入熔池，并将液态金属全部或部分挤出接头之外，从而形成连接。电弧螺柱焊的电弧放电是持续而稳定的电弧过程，焊接电流不经过调整，焊接过程中基本上是恒定的。

2. 电弧螺柱焊的特点

螺柱焊是一种快速焊接紧固件的方法，焊接时间约为零点几秒到几秒，生产效率高。对焊接接头的质量可进行有效控制，能保证焊接接头的导热性、导电性、密封性和接头强度。在把紧固件（螺柱或螺母等）固定在工件上的方法中，电弧螺柱焊可代替焊条电弧焊、电阻焊和钎焊，也可以代替铆接、钻孔和攻螺纹。可进行平焊、立焊、仰焊等，还可将螺柱焊到平面和曲面上。可使紧固件之间的距离达到最小。

3. 电弧螺柱焊工艺

1）焊前准备

（1）检查与技术交底。

① 焊接前应检查栓钉是否带有油污，两端不得有锈蚀，如有油污或锈蚀应在施工前采用化学或机械方法进行清除。

② 瓷环应保持干燥状态，如受潮应在使用前经 120~150℃烘干 2h。

③ 母材或楼承钢板表面如有积水、氧化皮、锈蚀、非可焊涂层、油污、水泥灰渣等杂质，应清除干净。

④ 检查焊接电缆、导电夹头是否正常，导电回路是否牢固连接。

⑤ 将待焊螺柱装入螺柱焊枪夹头中，并将相配合的陶瓷保护瓷环装入夹头中。

⑥ 采用惰性气体保护时，按要求调整好气体流量。

⑦ 检查螺柱对中及调整好螺柱伸出陶瓷的长度和提离高度。调整好焊机电压输出，确认能够进行正常运行，焊前准备即可结束。

⑧ 施工前应有焊接技术负责人员根据焊接工艺评定结构编制焊接工艺文件，并向有关操作人员进行技术交底。

（2）焊接作业环境要求。

① 焊接作业区域的相对湿度不得大于90%，严禁雨雪天气露天施工。

② 当焊件表面潮湿或有冰雪覆盖时，应采取加热、去湿、除潮措施。

③ 当焊接作业环境温度为 -5℃~0℃时，应将构件焊接区域内大于或等于3倍钢板厚度且不小于100mm 的母材预热到50℃以上。当焊接作业环境温度低于 -5℃时，应单独进行工艺评定。

（3）机具准备。

① 螺柱（栓钉）施工，主要的专用设备为熔焊栓钉机。

② 根据现场条件、供电要求、施焊数量确定台数、一次线长度、稳压电源、把线长度。因焊接电源耗用电流大，故应考虑专路供电。正确接入初级电压后接地要牢靠。此外，还需要经纬仪、游标卡尺、钢尺、盒尺、钢板尺、记号笔、气割枪、烘干箱、电动砂轮等。

③ 焊枪的检查：

a. 焊枪筒的移动要平稳，定期加注硅油。

b. 焊枪拆卸时，应先关掉开关后操作，另外应谨防零件失落。

c. 检查绝缘是否良好。

d. 检查电源线和控制线是否良好。

e. 每班焊前检查，焊后收齐，严禁水泡。施焊中电缆不许打圈，否则电流会降低。

2）焊接参数的选择

焊接参数的选择主要是焊接电流、焊接时间和螺柱伸出长度的确定。当螺柱提离工件的距离确定后，则电弧电压基本上保持不变，因此输入的焊接能量由焊接电流和焊接时间来决定，使用不同的焊接时间与焊接电流的组合，均能得到相同的输入焊接能量。但对应每种尺寸的螺柱，要获得合格焊缝的焊接电流是有一定的范围的，而焊接时间的选择应与此范围相配合。焊接电流和焊接时间的选择是根据螺柱的材质、横断面尺寸大小来确定的。不同直径的低碳钢电弧螺柱焊焊接电流与焊接时间范围如图 5 – 85 所示。对于某一给定的螺柱尺寸，均存在一个参考范围，通常应在此范围内选定最合适的焊接电流和焊接时间。

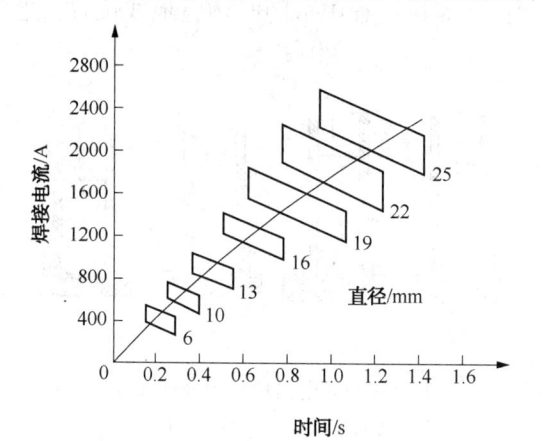

图 5 – 85　不同直径低碳钢电弧螺柱焊焊接电流与焊接时间范围

电弧螺柱焊平焊位置焊接参数见表 5 – 94。横向位置焊接参数见表 5 – 95。仰焊位置焊接参数见表 5 – 96。

表 5 – 94　平焊位置螺柱焊接工艺参数

螺柱规格/mm	电流/A		时间/s		伸出长度/mm	
	非穿透焊	穿透焊	非穿透焊	穿透焊	非穿透焊	穿透焊
Φ13	950	900	0.7	0.9	3 ~ 4	4 ~ 6
Φ16	1250	1200	0.8	1.0	4 ~ 5	4 ~ 6
Φ19	1500	1450	1.0	1.2	4 ~ 5	5 ~ 8
Φ22	1800	—	1.2	—	4 ~ 6	—
Φ25	2200	—	1.3	—	5 ~ 8	—

表 5 – 95　横向位置螺柱焊接工艺参数

螺柱规格/mm	电流/A	时间/s	伸出长度/mm
Φ13	1400	0.4	4.5
Φ16	1600	0.4	4.0
Φ19	1900	1.1 ~ 1.2	3.5
Φ22	2050	1.0	2.5

表 5-96　　仰焊位置螺柱焊接工艺参数

螺柱规格/mm	电流/A	时间/s	伸出长度/mm
$\Phi13$	1200	0.4	2.0
$\Phi16$	1300	0.7	2.0
$\Phi19$	1900	1.0	2.0
$\Phi22$	2050	1.0	2.0

3）操作要点

焊接时将螺柱插入夹头底部，并调整夹持松紧度。长工件焊接时为防止磁偏吹，应采用两根地线，对称与工件相接，焊接过程中可随时调整地线位置。电弧螺柱焊操作顺序如图 5-86 所示。

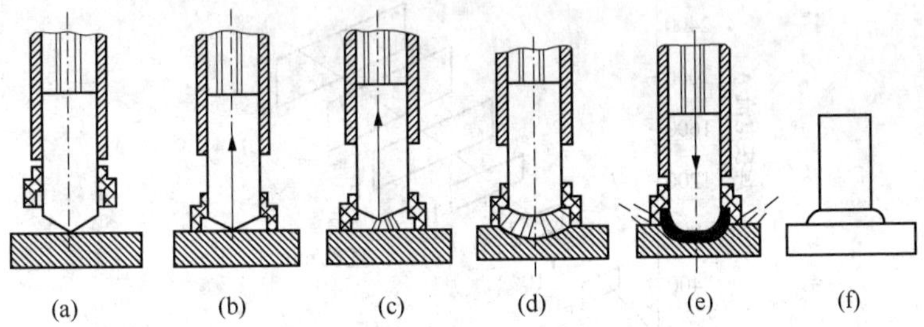

(a)　　　(b)　　　(c)　　　(d)　　　(e)　　　(f)

图 5-86　电弧螺柱焊操作顺序

（箭头表示螺柱运动方向）

（1）将螺柱接触面布置于工件待焊部位，如图 5-86(a) 所示。

（2）利用焊枪上的弹簧压下机构使螺柱与瓷环同时紧贴工件表面，如图 5-86(b) 所示。

（3）打开焊枪上的开关，接通焊接回路使枪体内的电磁线圈激磁，此时螺柱自动提离工件，即可在螺柱与工件之间引弧，如图 5-86(c) 所示。

（4）螺柱处于提离工件位置时，电弧引燃扩展到整个螺柱端面，在电弧热能作用下，使端面少量熔化，同时也使螺柱下方的工件表面熔化而形成熔池，如图 5-86(d) 所示。

（5）电弧燃烧到预定时间时熄灭，同时焊接回路断开，电磁线圈去磁，靠弹簧快速将螺柱熔化端压入熔池，如图 5-86(e) 所示。

（6）弹簧压到一定时间后，将焊枪从焊好的螺柱上抽出，打碎并除去保护瓷环，如图 5-86(f) 所示。

（7）电弧螺柱焊有弧偏吹现象，即电弧周围电磁场不均衡，引起弧柱轴线偏离了螺柱轴线，造成连接面加热不均，对焊接质量产生不利影响。电弧螺柱焊弧偏吹的产生和补救方法如图 5-87 所示。通过改变接线卡或铁磁场物质的位置，使电弧周围电磁场均衡，即可防止弧偏吹。

4. 缺陷修复

施工过程中应对焊接质量随时进行检查，发现缺陷应进行修补，并注意以下几点。

（1）当螺柱焊螺柱的挤出焊脚不足 360°，且缺损长度不超过螺柱直径 1/2 时，可采用电弧焊方法进行修补，修补焊缝长度应超过缺损两端 10mm，且焊脚尺寸不得小于 6mm。

（2）当焊缝中存在明显的裂纹缺陷时，应在距母材表面 5mm 以上处铲除不合格螺柱，

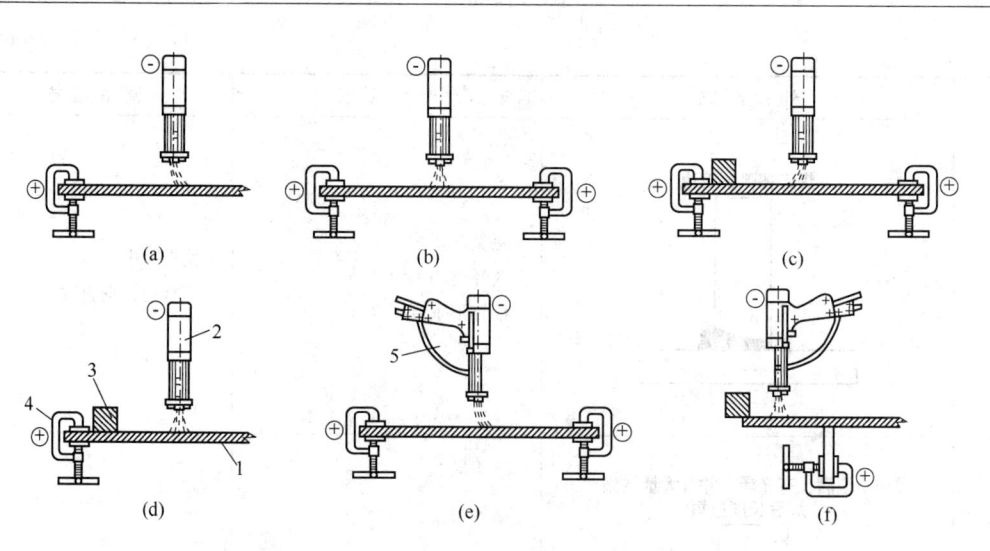

图 5 - 87　电弧螺柱焊弧偏吹的产生和补救方法

（a）、（c）、（e）电弧两侧磁场强度不相等面偏向较弱一侧，产生磁偏吹；

（b）、（d）、（f）通过改变导电线路（接线卡位置）或调整周边铁磁物质，使电弧两侧磁场均衡即可防止磁偏吹

1—工件；2—焊枪；3—铁磁物质；4—接线卡；5—电缆

并将其表面打磨光洁、平整。当母材出现凹坑时，可用电弧焊方法填足修平，然后在原位置重新植焊，且焊接质量应符合"外观检查"的要求。其他缺陷亦按此方法修补，也可铲除不合格螺柱后在原位置重新植焊。

（3）当挤出焊脚立面出现不熔合，或水平面出现溢瘤时，可不进行修补。必要时可用机械方法除去溢瘤。螺柱焊接常见外观缺陷产生的原因和措施，见表 5 - 97。

表 5 - 97　螺柱焊接常见外观缺陷产生的原因和措施

序号	外观缺陷	产生原因	调整措施
1	焊缝处颈缩；焊后长度过长	下送长度或提升高度不够；焊接热输入过多	增加下送长度，检查瓷环的对中度及提升高度；减小焊接电流或时间
2	焊肉不饱满，不规则，表面呈灰色；焊后长度过度	焊接热输入过低；瓷环受潮	增加焊接电流或时间；烘干瓷环

序号	外 观 缺 陷	产 生 原 因	调 整 措 施
3	焊肉偏弧，咬边 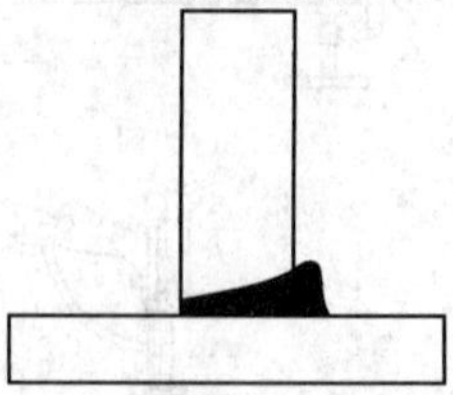	磁偏吹影响； 瓷环中心未对正； 栓钉不垂直	检查对中； 调整栓钉垂直度
4	焊肉不饱满，有光泽，并有大量飞溅； 焊后长度过短 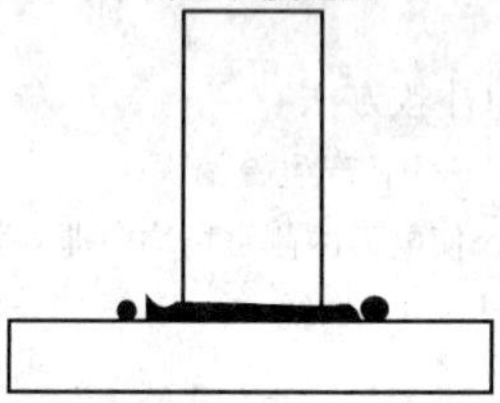	焊接热输入太多； 栓钉下送速度过快	减小焊接电流或时间； 调节下送长度或焊枪阻尼

三、电容放电螺柱焊

1. 电容放电螺柱焊的原理

电容放电螺柱焊的原理与电弧螺柱焊基本相同，不同之处是电容放电螺柱焊由电容器存储电能，电弧由所储电能瞬时放电产生。电容器在螺柱端部与工件表面间的放电过程是不稳定的电弧过程，即电弧电压与焊接电流在随时变化着，焊接过程是不可控的。

除与镀锌或电镀表焊接外，电容放电螺柱焊一般采用直流正接。由于电容放电螺柱焊焊接时间（即电弧燃烧时间）极短，只有 2～3s，空气来不及侵入焊接区，接头就已形成了，所以电容放电螺柱焊一般不用保护措施。

2. 电容放电螺柱焊的特点

电容放电螺柱焊除了具有电弧螺柱焊的一些优点外，还具有由于焊接时间极短（仅为几毫秒），因此焊接时无需加焊剂和瓷环，从而简化了整个焊接工序。与电弧螺柱焊相比较，在电容放电螺柱焊方法中螺柱焊接端的熔化量几乎可以忽略不计，其熔化长度一般只有0.2～0.3mm。

3. 电容放电螺柱焊工艺

电容放电螺柱焊根据引燃电弧的方法不同，可分为预接触式、预留间隙式和拉弧式三种。

1）预接触式电容放电螺柱焊操作要点

预接触式电容放电螺柱焊过程如图 5-88 所示。将螺柱焊接端凸出部位与工件相接触，如图 5-88（a）所示。按下启动开关，使电容器中储存的巨大电能通过小凸端与工件形成焊接放电回路，将小凸端加热熔化后产生电弧，同时在焊枪弹簧力的作用下使螺柱开始向工件运动，如图 5 – 88(b)所示。电弧将整个螺柱焊接端面和相应的工件表面加热熔化，此时螺柱继续向工件运动，如图 5 – 88(c)所示。螺柱向工件运动到使螺柱插入熔池时电弧熄灭，如图 5 – 88(d)所示。稍停留后取出焊枪，焊接过程结束，如图 5 – 88(e)所示。

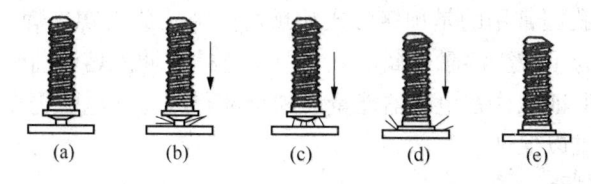

图 5 – 88　预接触式电容放电螺柱焊过程

(箭头表示螺柱运动方向)

2）预留间隙式电容放电螺柱焊操作要点

预留间隙式电容放电螺柱焊过程如图 5 – 89 所示。将螺柱焊接端离开工件一定的距离，如图 5 – 89(a)所示。按下启动开关，在螺柱与工件之间加上放电电压，在焊枪加压机构作用下螺柱开始向工件运动，如图 5 – 89(b)所示。当螺柱向工件运动到小凸端与工件接触时，电容放电使小凸端加热熔化后产生电弧，此时螺柱继续向工件运动，如图 5 – 89(c)所示。在电弧的作用下将整个螺柱焊接端和相应的工件表面加热熔化，同时螺柱仍在继续向工件运动，如图 5 – 89(d)所示。直到螺柱插入熔池时电弧熄灭，如图 5 – 89(e)所示。稍停后焊接过程结束，如图 5 – 89(f)所示。

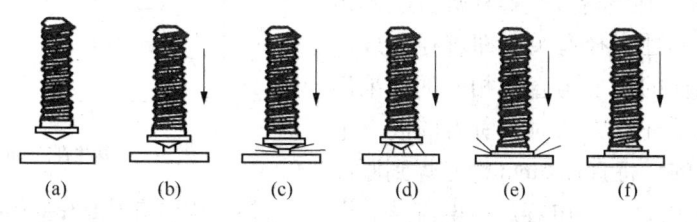

图 5 – 89　预留间隙式电容放电螺柱焊过程

(箭头表示螺柱运动方向)

3）拉弧式电容放电螺柱焊操作要点

拉弧式电容放电螺柱焊焊接过程如图 5 – 90 所示。螺柱待焊端不需小凸端，但需加工成锥形或略呈球面。引弧的方法与电弧螺柱焊相同，需由电子控制器按程序操作，其焊枪与电弧螺柱焊枪相似。

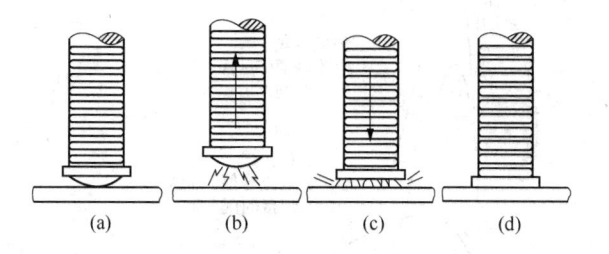

图 5 – 90　拉弧式电容放电螺柱焊焊接过程

操作时，先将螺柱在工件上定位并使之接触，如图 5 – 90(a)所示。按动焊枪开关，接通焊接回路和焊枪体内的电磁线圈，如图 5 – 90(b)所示。当提升线圈断电时，电容器通过电弧放电，大电流将螺柱和工件待焊面熔化，螺柱在弹簧或气缸压力作用下返回并向工件移动，如图 5-90(c) 所示。当插入工件时电弧熄灭，完成焊接，如图 5-90(d) 所示。拉弧式电容放电螺柱焊的特征是接触后拉起引弧，再电容放电完成焊接。

电容放电螺柱焊三种方法相比较，预留间隙式方法焊接时间最短，而拉弧式方法焊接时间略长，为 6~15s。我国常用的是预接触式和预留间隙式放电螺柱焊，而拉弧式用得较少。电容放电螺柱焊时，为了减少熔融金属的氧化及防止螺柱插入熔池前金属发生凝固，必须调整好定时器的时间，保证螺柱在电容器能量尚未全部释放完和电弧仍在燃烧时插入熔池，否则焊接接头的质量就难以保证。

4) 焊接参数的选择

电容放电螺柱焊的焊接能量是由充电电压、放电电流和放电时间来决定的，其中放电时间由设备本身给定，而放电电流则随充电电压变化。

① 充电电压。根据被焊螺柱的材质、螺柱直径和选用的焊接方法确定工艺要求，从而确定充电电压值，充电电压值确定后焊接能量即被确定。螺柱直径越大，需要的放电电流也越大，则需调节的充电电压值就越高。当采用预接触式焊接法时，螺柱直径与充电电压的关系如图 5-91 所示。

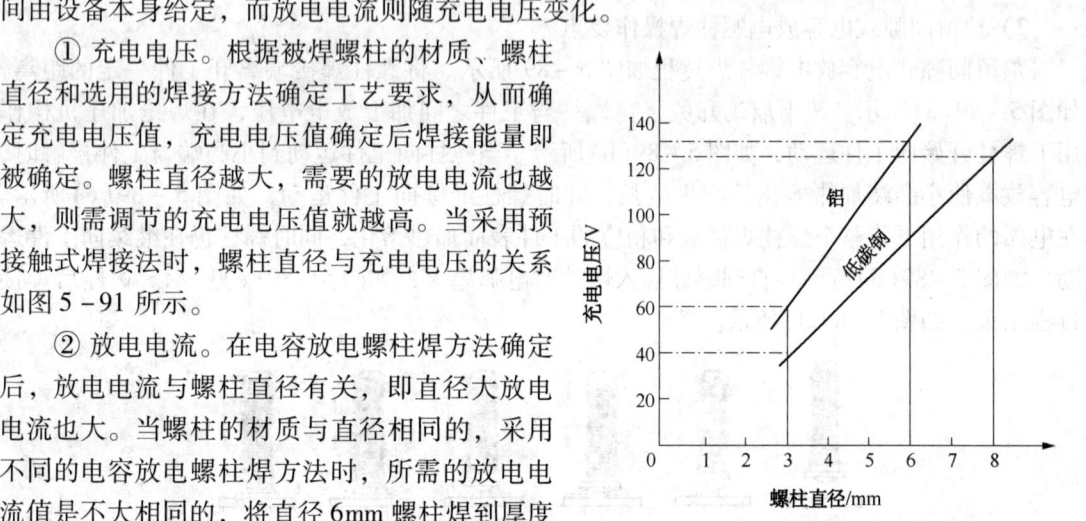

图 5-91　螺柱直径与充电电压的关系

② 放电电流。在电容放电螺柱焊方法确定后，放电电流与螺柱直径有关，即直径大放电电流也大。当螺柱的材质与直径相同的，采用不同的电容放电螺柱焊方法时，所需的放电电流值是不大相同的，将直径 6mm 螺柱焊到厚度为 1.6mm 钢板上时，三种电容放电电流及放电时间的差异如图 5-92 所示。电容放电螺柱焊的焊接电流峰值变化范围为 600~20000A，适用的焊接时间范围为 3~15s。

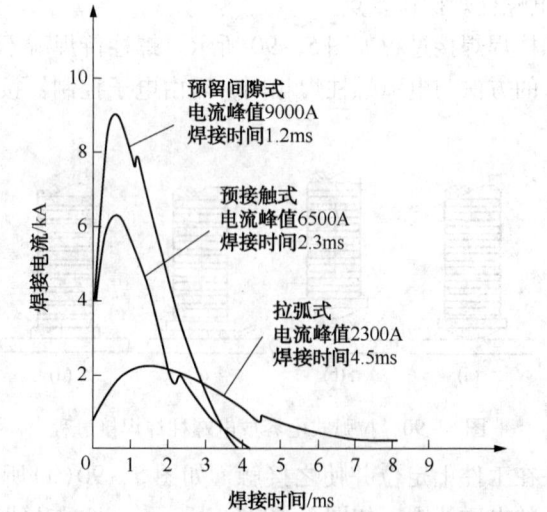

图 5-92　将直径 6mm 螺柱焊到厚度为 1.6mm 钢板上时，
三种电容放电电流及放电时间的差异

四、短周期螺柱焊

1. 特点

焊接时间比瓷环(套圈)保护螺柱焊短，焊接时周围的空气还来不及侵入焊接区，焊接即已完成，故可以不采用瓷环或气体进行保护。螺柱端面一般设计成外凸锥面，且有比螺柱直径略大的肩(法兰)，前者是为了焊接时电弧易发生在端部中心，后者是为了增加结合面积使接头具有较大的承载能力。螺柱直径 d 与被焊工件壁厚 δ 之比(d/δ)可达 $8 \sim 10$，即比瓷环保护螺柱焊法能焊更薄的板，最薄达 0.6mm。由于焊接开始前有小电流电弧清扫工件待焊表面，故可以焊接有涂层的金属板，如镀锌薄板等。焊接电流经过波形调制，其幅值和时间可调，因而适用性广，并容易实现自动化焊接。

2. 焊接过程

短周期拉弧式螺柱焊和保护瓷环(套圈)拉弧螺柱焊一样，焊接时要有短接→提升→焊接→顶锻等操作过程，区别在于焊接时对焊接电流进行了波形控制，使焊接周期大为缩短(< 100ms)，从而不必再用瓷环或气体保护。短周期螺柱焊焊接工作循环如图 5 - 93 所示，图的上方是焊接过程的示意图，下方是对应的焊接时序。

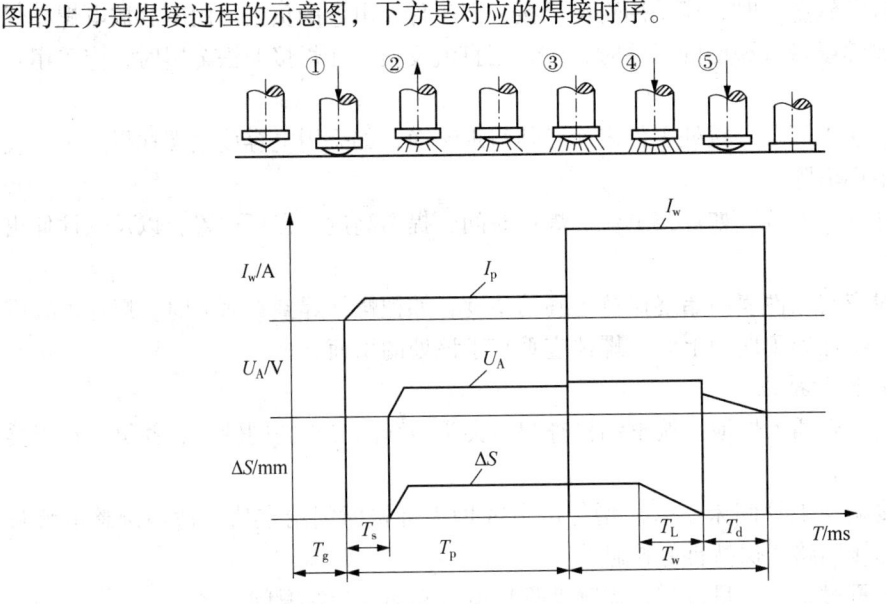

图 5 - 93　短周期螺柱焊焊接工作循环

I_p—先导电流(A)；I_w—焊接电流(A)；U_A—电弧电压(V)；

ΔS—螺柱位移(mm)；T_g—焊枪延时时间(ms)；T_s—短路电流时间(ms)；

T_p—先导电流时间(ms)；T_w—焊接电流时间(ms)；T_L—落钉时间(ms)；T_d—有电顶锻时间(ms)

① 螺柱落下与工件短路。启动焊枪开关，螺柱与工件接触通电，构成短路。

② 螺柱提升，引燃小电弧(拉弧)。此时电流很小，称先导电流 I_p。利用小电弧清扫螺柱端面和工件表面，对待焊面起到预热的作用。

③ 自动接通大电流，焊接电弧燃烧。此大电流称焊接电流 I_w，使螺柱与工件待接面进一步加热达到熔化温度。

④ 螺柱落下浸入熔池(落钉)。焊枪电磁铁释放，螺柱落下与工件短路，电弧熄灭。

⑤ 有电顶锻，形成接头。此时有短路电流，靠焊枪内的弹簧压力使螺柱向工件挤压，完成焊接。

3. 焊接参数

拉弧式螺柱提离高度 ΔS 为 $0.8 \sim 1.5mm$，一般取 $1.2mm$；先导电流 I_p（小电弧的电流）为 $30 \sim 100A$，一般取 $40A$ 左右；而焊接电流 I_w 比先导电流大很多，取决于螺柱直径，通常按 $I_w = 100d$（单位为 A）确定，d 为螺柱焊端直径（单位为 mm）；先导电流时间 T_p（即小电弧燃弧时间）为 $40 \sim 100ms$；焊接时间 T_w（即通大电流时间）为 $5 \sim 100ms$，一般取 $20ms$，其中包括有电顶锻时间 T_d（$5 \sim 10ms$）。焊接一个周期总时间一般不超过 $100ms$，比瓷环保护螺柱焊所需总时间（$100ms$）短，故被称为短周期螺柱焊。

五、螺柱焊质量控制及缺陷预防

1. 质量控制

焊前应对所选的焊接工艺进行评定，按评定合格的焊接工艺进行施焊。

（1）采用正确的电源极性。电弧螺柱焊焊接钢铁材料时，应采用直流正接，即工件接电源的正极；而焊接非铁金属时，应采用直流反接，即工件接电源的负极。用电容放电螺柱焊焊接钢铁材料、镀锌或带有涂层的工件时，应采用直流反接，而焊接非铁金属时，应采用直流正接。

（2）螺柱焊接端表面及焊接处工件表面必须清理干净，如采用电容放电螺柱焊，工件表面的镀层或涂层不用清除。

（3）正确选择焊接参数，如焊接电流、焊接时间、提离高度、瓷环位置，以及螺柱伸出长度等。

（4）螺柱轴线应与工件表面始终保持正确的角度，如把螺柱焊到平面上时，螺柱轴线应垂直于平面；如把螺柱焊到曲面上时，螺柱应垂直于该处的切面。

2. 常见缺陷及预防措施

（1）螺柱悬空、未插入熔池。调整和检查螺柱夹头与套圈夹头的同轴度，并保证在焊接过程中能够移动自如。

（2）螺柱焊接端与工件间未熔合。增加电流或增大焊接时间给定值，适当调整电弧长度，并检查所有焊接回路，保持良好接触。

（3）螺柱熔化量过多。热量过高，需降低焊接电流和缩短焊接时间。

（4）局部熔合。矫正焊枪工作位置，使其垂直于工件表面。电弧偏吹时应改变地线的接法。

第六章 常用金属材料焊接

第一节 碳钢的焊接

碳钢是指含碳量(质量分数,下同)低于 1%,并含有少量 Mn、Si、S、P 等元素的铁合金。按其含碳量不同,碳钢可分为工业纯铁[$w(C) \leq 0.04\%$]、低碳钢[$0.04\% < w(C) \leq 0.25\%$]、中碳钢[$0.25\% < w(C) \leq 0.06\%$]、高碳钢[$0.60\% < w(C) \leq 1.00\%$]。

碳钢的焊接难易程度主要取决于含碳量,随着含碳量的增加,淬硬倾向增加,焊接性逐渐变差。特别是中、高碳钢的焊接,其冷却速度越快,形成裂纹的倾向越大,焊接难度越大。

一、低碳钢的焊接

1. 低碳钢的焊接特点

低碳钢由于含碳量和合金元素低、强度不高、塑性好,具有优良的焊接性。

(1)可以制成各种接头形式,适宜于全位置焊接。

(2)焊缝产生裂纹、气孔的倾向性小,只有当母材、焊接材料成分不合格,如碳、硫、磷含量偏高时,焊缝中才有可能产生热裂纹。在低温条件下焊接,裂纹倾向加大。

(3)低碳钢焊接通常不需要焊前预热、保持层间温度和后热,焊后也不需要热处理,只是在环境温度较低或结构刚度过大时,才考虑采取一定的措施,如焊前预热、保持层间温度、采用低氢焊接材料等。

(4)当空气中的氧和氮侵入焊接熔池时,焊缝金属将被氧化或氮化。氧化亚铁的存在,可能会引起热裂纹。

(5)沸腾钢中含氧量较高,容易产生裂纹。硫和磷的含量偏高,使裂纹倾向增加的重要因素。

2. 低碳钢的焊接工艺

1)低碳钢焊条电弧焊

低碳钢焊条电弧焊适用于板厚在 2~50mm 的对接接头、T 形接头、十字形接头、搭接接头、堆焊等。

(1)焊接材料的选择。焊条选择的主要依据是等强原则,同时也考虑接头形式、板厚和焊接位置等。一般情况下,可选用 E43×× 系列的酸性焊条。特殊情况下,如大厚度工件或大刚度构件以及在低温条件下施焊等情况才考虑采用碱性焊条。低碳钢焊接材料的选用见表 6-1。

表 6 - 1　低碳钢焊接材料的选用

钢号	焊条选用				说　明
	一般结构		承受动载荷、复杂和厚板结构，压力容器和低温下焊接		
	国标型号	牌　号	国标型号	牌　号	
Q235	E4303、E4313、E4301、E4320、E4311	J421、J422、J423、J424、J425	E4316、E4315（E5016、E5015）	J426、J427（J506、J507）	一般不预热
Q275	E5016、E5015	J506、J507	E5016、E5015	J506、J507	厚板结构预热150℃以上
08、10、15、20	E4303、E4301、E4320、E4311	J422、J423、J424、J425	E4316、E4315（E5016、E5015）	J426、J427（J506、J507）	一般不预热
25、30	E4316、E4315	J426、J427	E5016、E5015	J506、J507	厚板结构预热150℃以上
Q245R	E4303、E4301	J422、J423	E4316、E4315（E5016、E5015）	J426、J427（J506、J507）	一般不预热

注：括号内牌号表示可以代用。

焊条要严格按照焊条烘干说明书进行烘干和使用，防止产生气孔和氢致裂纹。烘干温度必须适中，常用焊条烘干温度与时间见表 6 - 2。

表 6 - 2　焊条烘干温度与时间

焊条药皮类型	烘干温度/℃	烘干时间/min
钛铁矿型	70 ~ 100	30 ~ 60
钛钙型	70 ~ 100	30 ~ 60
高氧化钛型	70 ~ 100	30 ~ 60
铁粉氧化铁型	70 ~ 100	30 ~ 60
低氢型	300 ~ 350	30 ~ 60
超低氢型	350 ~ 400	60

（2）焊接工艺要点如下。

① 焊前应清除工件表面铁锈、油污、水分等杂质，焊条必须烘干。

② 为了防止空气侵入焊接区而引起气孔、裂纹，降低接头性能，应尽量采用短弧焊。

③ 热影响区在高温停留时间不宜过长，以免晶粒粗大。

④ 焊接角焊缝时，对接多层焊的第一道焊缝和单层单面焊缝要避免深而窄的坡口形式，以防止未焊透和夹渣等缺陷。

⑤ 多层焊时，应连续焊完最后一层焊缝，每层焊缝金属的厚度≤5mm。

⑥ 当工件的刚度较大、焊缝很长时，为避免在焊接过程中工件的裂纹倾向增加，宜采用焊前预热和焊后消除应力的热处理措施。

⑦ 当母材成分不合格，如硫、磷含量过高，工件刚度过大时，需采取预热措施。在环

境温度低于 - 10℃下焊接厚壁构件时，应采用低氢碱性焊条，并对工件进行预热。

（3）焊接参数。低碳钢、低合金钢焊条电弧焊的焊接参数见表 5 - 4。

2）低碳钢埋弧焊

埋弧焊生产效率比较高，所获得的焊缝光滑、美观，具有良好的综合力学性能。它可以焊接板厚在 3～150mm 之间的低碳钢，接头形式可以是对接接头、T 形接头、十字形接头，尤其适用于焊缝比较规则的构件。

（1）焊接材料的选择。埋弧焊焊接材料包括焊丝和焊剂，两者必须合理配合使用才能获得良好的焊接效果。焊接低碳钢时，翼板选用实心焊丝 H08A 或 H08E 与高猛、高硅低氟熔炼焊剂相配合，这种配合能够保证足够数量的 Mn 和 Si 过渡到熔池，从而保证焊缝脱氧良好和力学性能合格。另外，也可选用中锰、低锰或无锰的焊剂与含锰较高的焊丝（如 H08MnA、H08Mn2 等）相配合。近年来，烧结焊剂应用越来越广泛，可以采用 SJ301、SJ401 等与 H08A 配合焊接低碳钢，以获得优良的焊缝。低碳钢埋弧焊用的焊接材料见表 6 - 3。

表 6 - 3　低碳钢埋弧焊用的焊接材料

钢材牌号	埋弧焊焊接材料选用			
	熔炼焊剂与焊丝配合		烧结焊剂与焊丝配合	
	焊丝	焊剂牌号	焊丝	烧结焊剂
Q235R	H08A	HJ431 HJ430	H08A H08E	SJ401 SJ402（薄板、中等厚度板） SJ403
Q255	H08A	HJ431 HJ430		
Q275	H08MnA	HJ431 HJ430		
15、20	H08A H08MnA	HJ431 HJ430 HJ330	H08A H08E H08MnA	SJ301 SJ302 SJ501 SJ502 SJ503（中等厚度板）
25、30	H08MnA H10Mn2	HJ431 HJ430 HJ330		
Q245R	H08MnA H08MnSi H10Mn2	HJ431 HJ430 HJ330		

（2）焊接工艺要点如下：

① 埋弧焊在焊接前必须做好准备工作，包括坡口及坡口附近 20～50mm 范围内的表面清理、工件的装配、焊丝表面的清理、焊剂的烘干等，否则会影响焊接质量。

a. 装配要求。间隙均匀，高低平整不错边；定位焊焊缝与正式焊缝等强度，定位焊缝一般在第一道焊缝背面，长度 > 30mm，且无气孔、夹渣等缺陷；直缝工件焊缝两端加装引弧板和引出板，焊后割掉。

b. 焊剂的烘干温度和时间见表 6 - 4。

表 6-4　焊剂的烘干温度和时间

焊剂类型	烘干温度/℃	烘干时间/min
熔炼焊剂	>150	60
烧结焊剂	200~300	60

② 焊接场所环境温度低于 0℃时，应将工件预热至 30~50℃。

③ 工件厚度 >70mm 时，应将工件预热至 100~120℃。

④ 定位焊的焊缝长度一般不 <30mm，并应按照对主要焊缝的质量要求检查定位焊缝的质量。

⑤ 第一层焊缝可采用焊条电弧焊或钨极氩弧焊打底。

⑥ 当工件较厚、刚度较大，或重要工件，如锅炉筒，焊后应进行回火处理，回火温度为 500~650℃。保温时间根据板厚确定，一般每毫米板厚保温 1~2min，最短不少于 30s，最长不超过 3h。

⑦ 焊后进行正火或退火热处理（即加热到 920~940℃，在空气中或炉中冷却），强度会明显下降，塑性增加。

⑧ 焊丝 H08A 或 H08MnA 配合 HJ430，焊丝 HM10Mn2 配合 HJ330 可焊接重要的焊接件。

（3）焊接参数。详见第五章第二节埋弧焊所列焊接参数，见表 5-21~表 5-28。其焊接参数不仅适用于低碳钢，对于中碳钢、低合金钢和不锈钢等，也可参照选用。

3）低碳钢电渣焊

（1）焊接材料选择。低碳钢电渣焊焊接材料的选择见表 6-5。

表 6-5　低碳钢电渣焊焊接材料的选择

钢　号	电极材料	焊　剂[①]
Q235	H08MnA	HJ360 HJ431 HJ170[②]
10	H10MnSi	
15、20	H10MnSi	
25	H10Mn2	
Q245R	H10MnSi	
	H08Mn2Si	

注：① 埋弧焊焊剂 HJ250、HJ430、HJ350、HJ431 也广泛用于电渣焊。
　　② HJ170 在固态时具有一定的导电性，多用于电渣焊开始时建立渣池。

一般情况下不采用。

（2）焊接工艺要点如下：

① 为防止产生裂纹和气孔，保证焊缝力学性能，应选用含有一定数量锰和硅元素的电极材料。

② 由于冷却速度慢，焊接接头的熔合线附近和过热区易产生粗晶组织，故焊后应进行正火（900~940℃）加回火（600~650℃）的热处理。

③ 焊剂使用前应在 250℃烘箱内烘焙 1~2h。

④ 焊后热处理：正火 910~940℃，保温 1min/mm；回火 590~650℃，保温 2~3min/mm。

（3）焊接参数。

电渣焊的焊接参数参见表6-6～表6-8。

表6-6　丝极电渣焊的焊接参数

钢号	工件厚度/mm	装配间隙/mm	焊丝根数	焊接电流/A	电弧电压/V	焊接速度（≤）/（m/h）	送丝速度/（m/h）	渣池深度/mm	说　明
Q235 20	70	30	1	650～680	49～51	1.5	360～380	60～70	直焊缝
	120	33	1	770～800	52～56	1.0	440～460	60～70	
25	70	30	1	370～390	46～48	0.8	170～180	45～55	
	120	33	1	560～570	52～56	0.7	300～310	60～70	
	370	36	3	560～570	50～56	0.6	300～310	60～70	
	430	38	3	650～660	52～58	0.6	360～370	60～70	
25	80	33	1	400～420	42～46	0.8	190～200	45～55	环形焊缝，工件外圆直径为600mm
	120	33	1	470～490	50～54	0.7	240～250	55～60	
	120	33	1	520～530	50～54	0.7	270～280	60～65	环形焊缝，工件外圆直径为1200mm
	160	34	2	410～420	46～50	0.7	190～200	45～55	
	200	34	2	450～460	46～52	0.7	220～230	55～60	
	240	35	2	470～490	50～54	0.7	240～250	55～60	
	340	36	3	490～500	50～54	0.7	250～260	60～65	环形焊缝，工件外圆直径为2000mm
	380	36	3	520～530	52～56	0.6	270～280	60～65	
	420	36	3	550～560	52～56	0.6	290～300	60～65	

注：焊丝直径为3.0mm。

表6-7　熔嘴电渣焊的焊接参数

钢号	结　构　形　式	接头形式	工件厚度/mm	装配间隙/mm	熔嘴个数/个	电弧电压/V	焊接速度（≤）/（m/h）	送丝速度/（m/h）	渣池深度/mm
Q235 20	非刚性固定结构	对接	80	30	1	40～41	1	110～120	40～45
			120	32	1	42～46	1	180～190	40～55
		T形接	80	32	1	44～48	0.8	100～110	40～45
			120	34	1	46～52	0.8	160～170	45～55
Q235 20	刚性固定结构	对接	100	32	1	40～44	0.6	75～80.	30～40
			150	32	1	44～50	0.4	90～100	30～40
		T形接	80	32	1	42～46	0.5	60～65	30～40
			120	34	1	44～50	0.4	80～85	30～40

续表

钢号	结构形式	接头形式	工件厚度/mm	装配间隙/mm	熔嘴个数/个	电弧电压/V	焊接速度(≤)/(m/h)	送丝速度/(m/h)	渣池深度/mm
25	非刚性固定结构	对接	80	30	1	38~42	0.6	70~80	30~40
			120	32	1	40~44	0.6	100~110	40~45
			200	32	1	46~54	0.5	150~160	45~55
		T形接	80	32	1	42~46	0.5	60~70	30~40
			120	34	1	44~50	0.5	80~90	30~40
	大断面结构	对接	400	32		38~42	0.4	65~70	30~40
			600	34	4	38~42	0.3	70~75	30~40
			800	34	6	38~42	0.3	65~70	30~40

注：焊丝直径为3mm，熔嘴板厚为10mm，熔嘴管规格为φ10mm×2mm。

表6-8　管极电渣焊的焊接参数

钢号	结构形式	接头形式	工件厚度/mm	装配间隙/mm	管极数/根	电弧电压/V	焊接速度(≤)/(m/h)	送丝速度/(m/h)	渣池深度/mm
Q235 20	非刚性固定结构	对接	40	28	1	42~46	2	230~250	55~60
			60	28	2	42~46	1.5	120~140	40~45
			80	28	2	42~46	1.5	150~170	45~55
			100	30	2	44~48	1.2	170~190	45~55
			120	30	2	46~50	1.2	200~220	55~60
		T形接	60	30	2	46~50	1.5	80~100	30~40
			80	30	2	46~50	1.2	130~150	40~45
			100	32	2	48~52	1.0	150~170	45~55
Q235 20	刚性固定结构	对接	40	28	1	42~46	0.6	60~70	30~40
			60	28	2	42~46	0.6	60~70	30~40
			80	28	2	42~46	0.6	75~80	30~40
			100	30	2	44~48	0.6	85~90	30~40
			120	30	2	46~50	0.5	95~100	30~40
		T形接	60	30	2	46~50	0.5	60~65	30~40
			80	30	2	46~50	0.5	70~75	30~40
			100	32	2	48~52	0.5	80~85	30~40

注：管极采用无缝钢管，规格为φ12mm×3mm或φ14mm×4mm。

二、中碳钢的焊接

1. 中碳钢的焊接特点

（1）焊接中碳钢时，热影响区容易产生低塑性的淬硬组织，含碳量越高，板厚越大，淬硬倾向也越大。当工件刚度较大，冷却速度较快和焊接材料、焊接参数选择不当时，容易在淬硬区产生裂纹。

（2）多层焊时，焊接过程中有一部分母材要熔化到焊缝中去，尤其是第一层焊缝金属中的母材比例可达到30%，使焊缝金属含碳量增高，容易在焊缝金属中产生热裂纹，特别是在收弧时更为敏感。

（3）焊接过程中，焊缝金属中含碳量偏高，产生气孔的倾向性也随之增大，因此，要求焊接材料的脱氧性要好，对坡口的清理和焊接材料的烘干要求更加严格。

（4）焊接街头的塑性与抗疲劳强度较低。

2. 中碳钢的焊接工艺

1）焊条电弧焊

（1）焊条的选用。焊接中碳钢时应尽量选用碱性低轻型焊条，见表6-9。

表6-9　中碳钢焊接焊条的选用

钢　号	焊条牌号		说　　明
	不要求等强构件	要求等强构件	
35　30Mn	E4303（J422） E4301（J423） E4316（J426） E4315（J427）	E5016（J506） E5015（J507） E5516 - G（J556） E5515 - G（J557）	—
35Mn　45	E4303（J422） E4301（J423） E4316（J426） E4315（J427） E5016（J506） E5015（J507）	E5516 - G（J556） E5515 - G（J557） E6016 - D1（J606） E6015 - D1（J607）	1. 采用碱性焊条，也可以不预热进行焊接，但要保证焊后缓冷； 2. 碱性焊条焊前必须烘干； 3. A102、A302、A307、A402、A407也可用于焊接中碳钢
40Mn　50 45Mn	E4303（J422） E4301（J423） E4316（J426） E4315（J427） E5016（J506） E5015（J507）	E6016 - D1（J606） E6015 - D1（J607）	
50Mn	E6016 - D1（J606） E6015 - D1（J607）	J656　J657	

（2）焊接工艺要点如下。

① 焊接坡口形式考虑减少母材金属熔入焊缝中的比例。U形坡口较好，也可开成V形。焊前坡口和附近的油锈要清理干净。

② 焊条使用前烘干，碱性焊条烘干温度一般为250℃，要求高时，烘干温度可提高到350~400℃，时间为1~2h。钨铁型等酸性焊条使用前一般不烘干。

③ 预热。预热可减小冷却速度，降低近缝区的淬硬倾向，防止冷裂纹的产生；还可改善中碳钢焊接接头的塑性，减小焊接的残余应力。预热温度的高低与焊接工件的含碳量、厚度、结构刚度、焊条类型、焊接参数等有关。中碳钢焊接预热和焊后高温回火温度见表6-10。

表 6 – 10　中碳钢焊接预热和焊后高温回火温度

钢　号	板厚/mm	操作工艺			
		预热和层间温度/℃	焊条	消除应力高温回火温度/℃	锤击
30	≤25	>50	低氢型	600 ~ 650	—
35、30Mn、35Mn、40Mn、45、45Mn、50Mn	25 ~ 50	>100	低氢型	600 ~ 650	要
		>150	—	600 ~ 650	要
	50 ~ 100	>150	低氢型	600 ~ 650	要
	≤100	>200	低氢型	600 ~ 650	要

注：局部预热的加热范围为焊口两侧 150 ~ 200mm。

④ 多层焊时，必须仔细清除前一道焊缝表面上的焊渣，多层焊第一层焊接时应采用小直径焊条($\phi3.2 \sim \phi4mm$)、小电流慢速施焊，以免出现裂纹。

⑤ 焊接过程中采用锤击焊缝的方法减小焊接残余应力。

⑥ 焊后缓冷，必要时按表 6 – 7 中推荐的高温回火温度进行消除应力回火。

⑦ 最好采用直流反接，以减少工件的受热量，降低裂纹倾向，减少金属的飞溅和焊缝金属中的气孔。焊接电流应较低碳钢小 10% ~ 15%。

⑧ 焊缝较长时，应采用分段施焊法，焊接过程中宜采用逐步退焊法和短段多层焊法。

⑨ 收弧时电弧应慢慢拉长，一定要填满熔池，以免产生弧坑裂纹。

⑩ 焊补大型中碳钢构件，如预热有困难，为避免产生淬硬组织和冷裂纹，必须在操作上采取相应措施，如将工件置于立焊或半立焊位置，焊条做横向摆动，摆动幅度为焊条直径的 5 ~ 8 倍。

⑪ 如工件预热有困难，也可采用铬 – 镍奥氏体不锈钢焊条，如 A102、A302、A402、A407 等。

⑫ 焊接沸腾钢时，应加入含有足够数量脱氧剂的填充金属，以防止焊缝出现气孔。

⑬ 焊接参数可参考低碳钢的焊接参数下限值，焊接速度应慢。

2）埋弧焊

(1) 焊接材料的选用。中碳钢埋弧焊所用焊丝的含碳量应 ≤0.10%，通常采用焊丝 H08A 或 H10Mn2 和焊剂 HJ431，焊丝 H10Mn2 和焊剂 HJ350 或 HJ351，也可用 SI301。

(2) 焊接工艺要点如下：

① 焊接坡口形式采取 U 形或 V 形，以减少母材金属熔入焊缝金属中的比例。

② 尽量采用小直径焊丝(一般为 3.0mm)，焊接电流比焊接同样厚度的低碳钢时小些。

③ 也可在焊缝坡口边预先用 H08A 焊丝堆焊一层过渡层，然后再进行焊接。

④ 焊前预热和焊后回火与中碳钢焊条电弧焊相同(表 6 – 10)，工件厚度 <30mm 时也可不进行预热处理。

⑤ 焊接参数可参照低碳钢埋弧焊所列焊接参数。

3）电渣焊

(1) 焊接材料的选用。选用含碳量较低或含锰量较高的电极材料。对于 35、45 钢，可选用 H08MnA、H08Mn2SiA、H10Mn2 和 HJ360。

（2）焊接工艺要点如下：

① 焊前进行 150 ~ 250℃ 的预热。

② 焊接过程中操作技术和焊接参数的调节，都应考虑到尽量减少母材金属熔入焊缝金属中的比例。

③ 由于焊缝金属在液态下停留时间较长，焊后要缓冷。

④ 焊后对于 35、45 等中碳钢要进行 880℃ ± 10℃ 的正火或 580℃ ± 20℃ 的回火处理。

（3）焊接参数。电渣焊的焊接参数参见表 6 – 11 与表 6 – 12。

表 6 – 11　中碳钢丝极电渣焊的焊接参数

钢号	工件厚度/mm	装配间隙/mm	焊丝数/根	焊接电流/A	电弧电压/V	焊接速度/(m/h)	送丝速度/(m/h)	渣池深度/mm	说　明
35	50	30	1	320 ~ 340	40 ~ 44	~ 0.7	130 ~ 140	40 ~ 45	直焊缝
	120	33	1	520 ~ 530	52 ~ 56	~ 0.6	270 ~ 280	60 ~ 65	
	370	36	3	470—490	50 ~ 54	~ 0.5	240 ~ 250	55 ~ 60	
	430	38	3	560 ~ 570	50 ~ 55	~ 0.5	300 ~ 310	60 ~ 70	
	50	30	1	300 ~ 320	38 ~ 42	~ 0.7	120 ~ 130	40 ~ 45	环焊缝，外圆直径为600mm
	120	33	1	450 ~ 460	50 ~ 54	~ 0.6	220 ~ 230	55 ~ 60	
	240	35	2	420 ~ 430	50 ~ 54	~ 0.6	200 ~ 210	55 ~ 60	环焊缝，外圆直径为2000mm
	400	36	3	460 ~ 470	52 ~ 56	~ 0.5	230 ~ 240	55 ~ 60	
45	70	30	1	320 ~ 340	42 ~ 46	~ 0.5	130 ~ 140	40 ~ 45	直焊缝
	100	33	1	360 ~ 380	48 ~ 52	~ 0.4	160 ~ 180	45 ~ 50	
	400	36	3	400 ~ 420	50 ~ 54	~ 0.3	190 ~ 210	55 ~ 60	
	450	38	3	470 ~ 490	50 ~ 55	~ 0.3	240 ~ 260	60 ~ 65	
	80	33	1	320 ~ 340	42 ~ 46	~ 0.5	130 ~ 140	40 ~ 45	环焊缝，外圆直径为1200mm
	240	35	2	350 ~ 360	50 ~ 54	~ 0.4	155 ~ 165	45 ~ 55	
	380	36	3	360 ~ 380	52 ~ 56	~ 0.3	160 ~ 170	45 ~ 55	环焊缝，外圆直径为2000mm
	450	38	3	410 ~ 420	52 ~ 56	~ 0.3	190 ~ 200	45 ~ 55	

注：焊丝直径为3.0mm。

表 6 – 12　中碳钢熔嘴电渣焊焊接参数

钢号	结构形式	接头形式	工件厚度/mm	装配间隙/mm	熔嘴数/个	电弧电压/V	焊接速度/(m/h)	送丝速度/(m/h)	渣池深度/mm
35	非刚性固定结构	对接	80	30	1	38 ~ 42	~ 0.5	50 ~ 60	30 ~ 40
			100	32	1	40 ~ 44	~ 0.5	65 ~ 70	30 ~ 40
			120	32	1	40 ~ 44	~ 0.5	75 ~ 80	30 ~ 40
			200	32	1	46 ~ 50	~ 0.4	110 ~ 120	40 ~ 45
		T 形接	80	32	1	44 ~ 48	~ 0.5	50 ~ 60	30 ~ 40
			100	34	1	46 ~ 50	~ 0.4	65 ~ 75	30 ~ 40
			120	34	1	46 ~ 52	~ 0.4	75 ~ 80	30 ~ 40
	大断面结构	对接	400	32	3	38 ~ 42	~ 0.4	65 ~ 70	30 ~ 40
			600	34	4	38 ~ 42	~ 0.3	70 ~ 75	30 ~ 40
			800	34	6	38 ~ 42	~ 0.3	65 ~ 70	30 ~ 40
			1000	34	6	38 ~ 44	~ 0.3	75 ~ 80	30 ~ 40

注：焊丝直径为3.0mm，熔嘴板厚为10mm，熔嘴管规格 ϕ10mm × 2mm。

三、高碳钢的焊接

1. 高碳钢的焊接特点

这类钢的焊接特点与中碳钢相似，由于含碳量更高，使焊后硬化和裂纹倾向更大，焊接性更差。一般这类钢不用于制造焊接结构，这类钢的焊接大多是补焊修理一些损坏件。高碳钢焊接及补焊过程中容易产生的缺陷有焊接接头脆化；焊接接头易产生裂纹；焊缝中易产生气孔；使焊缝与母材金属力学性能完全相同比较困难。

2. 高碳钢焊条电弧焊的焊接工艺

1）焊条的选择

对焊接接头强度要求比较高时，应选用焊条 E7015 - D2（J707）或 E6015 - DI（J607）；接头强度要求较低时，可选用 E5016（J506）、E5015（J507）等焊条，焊前工件要预热，焊后要配合热处理。焊前工件不预热，可选用 E308 - 16、E308 - 15、E309 - 16、E309 - 15、E310 - 16、E310 - 15 焊条，也可以用 E1 - 23 - 13 - 16（A302）或 E1 - 23 - 13 - 15（A307）以及其他不锈钢焊条焊接；气焊时，对性能要求不高的，可采用低碳钢焊丝；要求高的，则采用与母材成分相近的焊丝。

2）焊接工艺要点

（1）应选择合适的坡口形式，焊接坡口形式尽量减少母材金属熔入焊缝中的比例，以降低焊缝金属中的含碳量，提高焊缝金属的韧性，降低产生冷裂的倾向。

（2）高碳钢焊前预热温度较高，一般在 250 ~ 400℃，个别结构复杂、刚度较大、焊缝较长、板厚较厚的工件，预热温度高于 400℃。焊前一般应经过退火处理，以减小冷裂倾向。

（3）仔细清除工件待焊处油、污、锈、垢。

（4）焊接时采用小电流施焊，焊缝熔深要浅。

（5）焊接前注意烘干焊条。

（6）焊接过程中要采用引弧板和引出板。

（7）锤击焊缝以减小焊接应力。

（8）尽可能在坡口上用低碳钢焊条堆焊一层，然后再在堆焊层上进行焊接。

（9）气焊时为了防止过热，焊接速度应尽量快些。焊前先将焊口附近加热到较高温度（预热温度），可以有助于提高气焊速度。

（10）高碳钢多层焊接时，各焊层的层间温度应控制与预热温度等同。施焊结束后，应立即将工件送入加热炉中，加热至 600 ~ 650℃，然后缓冷。

（11）焊接参数基本上同低碳钢焊接，但电流，焊接速度应取下限。

第二节　不锈钢的焊接

耐蚀和耐热高合金钢统称为不锈钢。不锈钢含有 Cr（≥12%）、Ni、Mn、Mo 等元素，具有良好的耐腐蚀性、耐热性能和较好的力学性能。随着科学技术的进步，不锈钢的应用范围越来越广，被广泛应用在石油化工、电力、轻工机械、食品工业、医疗器械、建筑装饰等工业领域。

一、奥氏体不锈钢的焊接

1. 奥氏体不锈钢的焊接性

（1）脆化。奥氏体不锈钢具有良好的塑性，但在焊接工艺不正确时，容易产生脆化而形成裂纹。

（2）晶间腐蚀性。不锈钢具有抗腐蚀能力的必要条件是铬的质量分数大于12%。当铬的质量分数小于12%时，就会失去抗腐蚀的能力。奥氏体不锈钢就是由于晶界处形成贫铬区而造成的。当奥氏体不锈钢处在450~850℃温度下，碳在奥氏体中的扩散速度大于铬在奥氏体中的扩散速度。室温下碳在奥氏体中的溶解度很小，约为0.02%~0.03%质量分数，当碳的质量分数超过0.02%~0.03%时，碳就不断地向奥氏体晶界扩散。但由于铬比碳原子半径大，扩散速度小，来不及向晶界扩散，晶界附近大量的铬和碳化合成碳化铬，形成奥氏体边界的贫铬区，当其铬的质量分数少于12%时，便失去抗腐蚀的能力，在腐蚀介质中使用，即会引起晶间腐蚀。

2. 奥氏体不锈钢焊接材料的选用

奥氏体不锈钢焊接要求按"等成分原则"选择焊材，以满足奥氏体不锈钢特殊的使用性能，填充金属的选择主要考虑所获得的熔敷焊缝的显微组织，根据不同的焊接方法，常用奥氏体不锈钢焊接材料的选用见表6-13，奥氏体不锈钢气焊焊丝选择见表6-14。

表6-13 常用奥氏体不锈钢焊接材料选用

| 钢材牌号 | 焊 条 | | 氩弧焊焊丝 | 埋弧焊材料 | | 使用状态 |
	型 号	牌号		焊丝	焊剂	
06Cr9Ni10N	E0-19-10-16	A102	H0Cr21Ni10	H0Cr21Ni10	HJ260 HJ151	焊态或固溶处理
12Cr18Ni9	E0-19-10-15	A107				
06Cr17Ni2Mo2	E0-18-21-Mo2-16	A202	H0Cr19-Ni12Mo2	H0Cr19-Ni12Mo2		
06Cr19Ni13-Mo3	E0-19-13-Mo2-16	A242	H0Cr20Ni-14Mo3	—		
022Cr19Ni11	E00-19-10-16	A002	H00Cr210Ni10	H00Cr210Ni-10		焊态或消除应力处理
022Cr17Ni12Mo2	E00-18-12-Mo2-16	A022	H00Cr19-Ni2Mo2	H00Cr19-Ni2Mo2		
07Cr19Ni11Ti	E0-19-10-Nb-10	A132	H0Cr20Ni10Ti H0Cr20Ni10Nb	H0Cr20Ni10Ti H0Cr20Ni10Nb	HJ172 HJ151	焊态或稳定化和消除应力处理
06Cr18Ni11Ti						
06Cr18Ni11Nb						
06Cr23Ni13	E1-23-13-16	A302	H1Cr24Ni13	—	—	焊态
16Cr23Ni13				—		
06Cr25Ni20	E2-26-21-16	A402	H0Cr26Ni21	—	—	
20Cr25Ni20			H1Cr21Ni21	—		

表6-14 奥氏体不锈钢气焊焊丝选择

钢材牌号	焊丝牌号	焊丝直径/mm
06Cr18Ni10 06Cr18Ni10Ti	H0Cr19Ni9	1.5~2.0

续表

钢材牌号	焊丝牌号	焊丝直径/mm
07Cr18Ni11Nb	H0Cr20Ni10Nb	1.5～2.0
06Cr18Ni12Mo2Ti 06Cr17Ni12Mo2Ti	H0Cr19Ni11Mo3	1.5～2.0

3. 奥氏体不锈钢的焊接工艺

1）奥氏体不锈钢焊条电弧焊

（1）奥氏体不锈钢焊条电弧焊的操作要点如下：

① 采用小规范焊接可防止晶间腐蚀、热裂纹及变形的产生。焊接电流比低碳钢低20%。

② 焊接电源应采用直流反接，以确保电弧的燃烧。

③ 短弧焊，收弧要慢，填满弧坑。

④ 与腐蚀介质接触的面最后焊接。

⑤ 多层焊时要控制层间温度。

⑥ 焊后可采取强制冷却。

⑦ 不要在坡口以外的地方起弧，地线要接好。

⑧ 焊后变形只能用冷加工矫正。

（2）奥氏体不锈钢焊条电弧焊对接焊缝焊接参数见表6－15。

表6－15　奥氏体不锈钢焊条电弧焊对接焊缝焊接参数

板厚/mm	坡口形式	焊接位置	层数	间隙 c/mm	钝边 f/mm	坡口角度/(°)	焊接电流/A	焊接速度/(mm/min)	焊条直径/mm	备注
2		平焊	2	0～1	—	—	40～60	140～160	2.5	背面清根
		平焊	1	2	—	—	80～110	100～140	3.2	垫板
		平焊	1	0～1	—	—	60～80	100～140	2.5	—
3		平焊	2	2	—	—	80～110	100～140	3.2	背面清根
		平焊	1	3	—	—	110～150	150～200	4	垫板
		平焊	2	2	—	—	90～110	140～160	3.2	—
5		平焊	2	3	—	—	80～110	120～140	3.2	背面清根
		平焊	2	4	—	—	120～150	140～180	4	垫板
		平焊	2	—	—	75	90～110	140～180	3.2	—
6		平焊	4	0	—	80	90～140	160～180	3.2, 4	背面清根
		平焊	2	4	—	60	140～180	140～150	4, 5	垫板
		平焊	3	2	2	75	90～140	140～160	3.2, 4	—

续表

板厚/mm	坡口形式	焊接位置	层数	间隙 c/mm	钝边 f/mm	坡口角度/(°)	焊接电流/A	焊接速度/(mm/min)	焊条直径/mm	备注
9		平焊	4	0	3	80	130~140	140~160	4	背面清根
		平焊	3	4	—	60	140~180	140~160	4,5	垫板
		平焊	4	2	2	75	90~140	140~160	3.2,4	—
12		平焊	5	0	4	80	140~180	120~180	4,5	背面清根
		平焊	4	4	—	60	140~180	120~160	4,5	垫板
		平焊	4	2	2	75	90~140	130~160	3.2,4	—
16		平焊	7	0	6	80	140~180	120~180	4,5	背面清根
		平焊	6	4	—	60	140~180	110~160	4,5	垫板
		平焊	7	2	2	75	90~180	110~160	3.2,4,5	—
22		平焊	7	—	2	60	140~180	130~180	4,5	背面清根
		平焊	9	4	—	60	160~200	110~170	5	垫板
		平焊	10	2	2	45	90~180	110~160	3,2,4,5	—
32		平焊	14	—	2	70	160~200	140~170	5	背面清根

2）奥氏体不锈钢的埋弧焊

（1）焊接工艺要点如下：

① 不锈钢埋弧焊时，由于熔深较浅，坡口钝边宜小。

② 焊接热输入的选择和焊丝伸出长度的确定，均应小于焊接低碳钢时的相应焊接参数。

③ 双面焊时，焊缝反面的清理工作应仔细进行。

④ 其他工艺要点参照焊条电弧焊的工艺要点。

（2）奥氏体不锈钢埋弧焊的焊接参数见表6-16。

表6-16　奥氏体不锈钢埋弧焊焊接参数

工件厚度/mm	焊丝直径/mm	坡口形式	正面焊缝			反面焊缝		
			焊接电流/A	电弧电压/V	焊接速度/(m/h)	焊接电流/A	电弧电压/V	焊接速度/(m/h)
6.0	3.2	I	250~300	32~34	36	450	32~43	36
10	4.0	I	500~550	34~36	40	600	34~36	36

续表

工件厚度/ mm	焊丝直径/ mm	坡口形式	正面焊缝			反面焊缝		
			焊接电流/ A	电弧电压/ V	焊接速度/ (m/h)	焊接电流/ A	电弧电压/ V	焊接速度/ (m/h)
12	4.0	V	450 ~ 500	34 ~ 36	30 ~ 32	600	34 ~ 36	28 ~ 30
14	4.0	双 V 形	550 ~ 580	34 ~ 36	24 ~ 26	550 ~ 580	34 ~ 36	24 ~ 26
16	4.0	双 V 形	550 ~ 600	34 ~ 36	20 ~ 24	550 ~ 600	34 ~ 36	20 ~ 24
20	4.0	双 V 形	550 ~ 600	34 ~ 36	20 ~ 24	550 ~ 600	34 ~ 38	20 ~ 24
32	4.0	双 V 形	550 ~ 600	34 ~ 38	18 ~ 24	550 ~ 600	34 ~ 38	18 ~ 24
65	4.0	U	480 ~ 520	36 ~ 38	26 ~ 30	550 ~ 600	36 ~ 38	25 ~ 26

3）奥氏体不锈钢的氩弧焊

（1）焊接工艺要点如下：

① 钨极氩弧焊适用于厚度 4.0mm 以下的薄板焊接。焊接时，可不加焊丝。

② 钨极氩弧焊也可用于管子接头和较厚板材焊接接头的打底焊。

③ 选用合适的手工钨极氩弧焊接头形式，手工钨极氩弧焊常用的接头形式见表 6 - 17。坡口准备一般采用机械加工方法进行，正面打底焊时应选择较大的坡口角度和较小的钝边以确保焊透。焊前要将接头处定位焊或用夹具夹紧，接头两侧 20 ~ 30mm 内用丙酮或乙醇清洗干净。

表 6 - 17　手工钨极氩弧焊常用的接头形式

工件厚度 s/mm	接头形式	焊接方法
1 ~ 3		填加焊丝
≤1		不填加焊丝

④ 钨极氩弧焊的焊接电源选用直流正接，钨极采用铈钨极。

⑤ 可在工件背面垫铜板或钢板。垫板沿焊缝开槽，通氩气保护，或在焊缝背面涂 CJ101 气焊熔剂。

（2）氩弧焊的焊接参数选择。钨极氩弧焊多用直流电源正接，但也可以用交流电源焊接，工件厚度 >3mm 时，可采用熔化极氩弧焊。

① 奥氏体不锈钢手工钨极氩弧焊对接的焊接参数见表 6 - 18。

表 6 - 18　奥氏不锈钢手工钨极氩弧焊对接焊的焊接参数

板厚/mm	坡口形式	焊接位置	焊接层数	坡口尺寸 间隙 a/mm	坡口尺寸 钝边 b/mm	钨极直径/mm	焊接电流/A	焊接速度/(mm/min)	焊丝直径/mm	氩气流量/(L/min)	喷嘴直径/mm	备注
1		平焊	1	0	—	1.6	50 ~ 80	100 ~ 120	1	4 ~ 6	11	单面焊
		立焊	1	0	—	1.6	50 ~ 80	80 ~ 100	1	4 ~ 6	11	
2.4		平焊	1	0 ~ 1	—	1.6	80 ~ 120	100 ~ 120	1 ~ 2	6 ~ 10	11	单面焊
		立焊	1	0 ~ 1	—	1.6	80 ~ 120	80 ~ 100	1 ~ 2	6 ~ 10	11	
3.2		平焊	2	0 ~ 2		2.4	105 ~ 150	100 ~ 120	2.0 ~ 3.2	6 ~ 10	11	双面焊
		立焊	2	0 ~ 2		2.4	105 ~ 150	80 ~ 120	2.0 ~ 3.2	6 ~ 10	11	
4		平焊	2	0 ~ 2		2.4	150 ~ 200	100 ~ 150	3.2 ~ 4.0	6 ~ 10	11	双面焊
		立焊	2	0 ~ 2		2.4	150 ~ 200	80 ~ 120	3.2 ~ 4.0	6 ~ 10	11	
6		平焊	3(2+1)	0 ~ 2	0 ~ 2	2.4	150 ~ 200	100 ~ 150	3.2 ~ 4.0	6 ~ 10	11	背面清根
		立焊	2(1+1)	0 ~ 2	0 ~ 2	2.4	150 ~ 200	80 ~ 120	3.2 ~ 4.0	6 ~ 10	11	
		平焊	2(1+1)	0 ~ 2	0 ~ 2	2.4	180 ~ 230	100 ~ 150	3.2 ~ 4.0	6 ~ 10	11	垫板
		立焊	2(1+1)	0 ~ 2	0 ~ 2	2.4	150 ~ 200	100 ~ 150	3.2 ~ 4.0	6 ~ 10	11	
		平焊	3	0	2	2.4	140 ~ 160	120 ~ 160	—	6 ~ 10	11	气垫
		立焊	3	0	2	2.4	150 ~ 200 / 150 ~ 200	120 ~ 150 / 80 ~ 120	3.2 ~ 4.0	6 ~ 10 / 6 ~ 10	11 / 11	
8		平焊	3	1.6	1.6 ~ 2.0	1.6 / 2.4	110 ~ 150 / 150 ~ 200	60 ~ 80 / 100 ~ 150	2.6 ~ 3.2	10 ~ 16	6 ~ 8	可熔镶块
		立焊	3	1.6	1.6 ~ 2.0	1.6 / 2.4	110 ~ 150 / 150 ~ 200	60 ~ 80 / 80 ~ 120	2.6 ~ 3.2	6 ~ 10	11	
		平焊	3	3 ~ 5	—	2.4	180 ~ 220	80 ~ 150	3.2 ~ 4.0	6 ~ 10	11	垫板
		立焊	3	3 ~ 5	—	2.4	150 ~ 200	80 ~ 150	3.2 ~ 4.0	6 ~ 10	11	
12		平焊	6(5+1)	0 ~ 2	0 ~ 2	2.4	150 ~ 200	150 ~ 200	3.2 ~ 4.0	6 ~ 10	11	背面清根
		立焊	8(7+1)	0 ~ 2	0 ~ 2	2.4	150 ~ 200	150 ~ 200	3.2 ~ 4.0	6 ~ 10	11	
		平焊	6	0 ~ 2	0 ~ 2	2.4 / 3.2	200 ~ 250	100 ~ 200	3.2 ~ 4.0	6 ~ 10	11 ~ 13	垫板
		立焊	8	0 ~ 2	0 ~ 2	2.4 / 3.2	200 ~ 250	100 ~ 200	3.2 ~ 4.0	6 ~ 10	11 ~ 13	
		平焊	6	3 ~ 5	—	2.4	180 ~ 220	50 ~ 200	3.2 ~ 4.0	6 ~ 10	11	垫板
		立焊	8	3 ~ 5	—	2.4	150 ~ 200	50 ~ 200	3.2 ~ 4.0	6 ~ 10	11	

续表

板厚/mm	坡口形式	焊接位置	焊接层数	间隙 a/mm	钝边 b/mm	钨极直径/mm	焊接电流/A	焊接速度/(mm/min)	焊丝直径/mm	氩气流量/(L/min)	喷嘴直径/mm	备注
22		平焊	10(6+4)	0~1	—	2.4 3.2	200~250	100~200	3.2~4.0	6~10	11~13	背面清根
		立焊	12(8+4)	0~1	—	2.4 3.2	200~250	100~200	3.2~4.0	6~10	11~13	
38		平焊	18(9+9)	0~2	2~3	2.4 3.2	250~300	100~200	4~5	10~15	11~13	背面清根
		立焊	22(11+11)	0~2	2~3	2.4 3.2	250~300	100~200	4~5	10~15	11~13	

② 奥氏体不锈钢手工钨极氩弧焊角焊缝的焊接参数见表6-19。

表6-19 奥氏体不锈钢手工钨极氩弧焊角焊缝焊接参数

板厚/mm	坡口形式	焊脚K/mm	焊接位置	焊接层数	间隙 a/mm	钝边 b/mm	钨极直径/mm	焊接电流/A	焊接速度/(mm/min)	焊丝直径/mm	氩气流量/(L/min)	喷嘴直径/mm	备注
6		6	平焊	1	0~2	—	2.4	180~220	50~100	3.2	6~10	11	—
			立焊	1				180~220	50~100	3.2	6~10	11	
12		10	平焊	2	0~2		2.4	180~220	50~100	3.2	6~10	11	—
			立焊	2				180~220	50~100	3.2	6~10	11	
6		2	平焊	3	0~2	0~3	2.4	180~220	50~100	3.2~4.0	6~10	11	—
			立焊	3				180~220	50~100	3.2~4.0	6~10	11	
12		3	平焊	6~7	0~2	0~3	2.4	200~250	80~200	3.2~4.0	8~12	13	—
			立焊	6~7			3.2	200~250	80~200	3.2~4.0	8~12	13	
22		5	平焊	18~21	0~2	0~3	2.4	200~250	80~200	3.2~4.0	8~12	13	
			立焊	18~21			3.2	200~250	80~200	3.2~4.0	8~12	13	
12		3	平焊	3~4	0~2	2~4	2.4	200~250	80~200	3.2~4.0	8~12	13	
			立焊	3~4			3.2	200~250	80~200	3.2~4.0	8~12	13	
22		5	平焊	6~7	0~2	2~4	2.4	200~250	80~200	3.2~4.0	8~12	13	—
			立焊	6~7			3.2	200~250	80~200	3.2~4.0	8~12	13	
6		3	平焊	2~3	3~6	—	2.4	180~220	80~200	3.2	6~10	13	垫板
			立焊	2~3				180~220	80~200	3.2	6~10	13	
12		4	平焊	6~7	3~6	—	2.4	200~250	80~200	3.2~4.0	8~12	13	垫板
			立焊	6~7			3.2	200~250	80~200	3.2~4.0	8~12	13	
22		6	平焊	25~30	3~6	—	2.4	200~250	80~200	3.2~4.0	8~12	13	垫板
			立焊	25~30			3.2	200~250	80~200	3.2~4.0	8~12	13	

③ 不锈钢薄板手工钨极氩弧焊的焊接参数见表 6 - 20。

表 6 - 20　不锈钢薄板手工钨极氩弧焊的焊接参数

板厚/mm	接头形式	钨极直径/mm	焊丝直径/mm	电流种类①	焊接电流/A	气体流量/(L/mm)	焊接速度/(cm/min)
1.0	对接	2	1.6	交流	35 ~ 75	3 ~ 4	15 ~ 55
1.0	对接	2	1.6	直流正接	7 ~ 28	3 ~ 4	12 ~ 47
1.2	对接	2	1.6	直流正接	15	3 ~ 4	25
1.5	对接	2	1.6	交流	8 ~ 31	3 ~ 4	13 ~ 52
1.5	对接	2	1.6	直流正接	5 ~ 19	3 ~ 4	8 ~ 32
1.0	搭接	2	1.6	交流	6 ~ 8	3 ~ 4	10 ~ 13
1.0	角接	2	1.6	交流	14	3 ~ 4	18
1.5	T 形接	2	1.6	交流	4 ~ 5	3 ~ 4	7 ~ 8

注：① 仅在无直流时采用交流。

④ 不锈钢机械化钨极氩弧焊的焊接参数见表 6 - 21。

表 6 - 21　不锈钢机械化钨极氩弧焊的焊接参数

	电源极性	板厚/mm	钨极直径/mm	焊接电流/A	氩气流量/(L/min)	焊接速度/(mm/min)	焊丝直径/mm	备注
对接不加填充焊丝	直流正接	0.3	1	12 ~ 20	3 ~ 4	500 ~ 800		
		0.4	1	20 ~ 30	3 ~ 4			
		0.5	1.6	30 ~ 40				
		0.7	1.6	50 ~ 65		500 ~ 800		
		0.8	1.6	70 ~ 90	4 ~ 5			
		1	1.6	70 ~ 90				
		1.2	1.6	73				
		1.5	1.6	80 ~ 110	5 ~ 6	300 ~ 580		
		2	1.6	120 ~ 130	7 ~ 8			
对接加填充焊丝	直流正接	0.3	1	30 ~ 45	5 ~ 6	580 ~ 750	0.6	电弧电压：11 ~ 15V
		0.5						
		0.8	1.6	60 ~ 80	6 ~ 8	580 ~ 750		
		1		80 ~ 100	6 ~ 8	580 ~ 750		
		1.5		100 ~ 130	8 ~ 10	400 ~ 600	0.8	
		2		120 ~ 140	10 ~ 12	300 ~ 580		
		3		125 ~ 135	14 ~ 16	300 ~ 400	1.6	

⑤ 钨极自动 TIG 焊接管子和管板的焊接参数见表 6 - 22。

表 6 - 22　钨极自动 T1G 焊接管子和管板的焊接参数

接头形式	管子尺寸/mm	坡口形式	钨极直径/mm	层数	焊接电流/A	电弧电压/(V)	焊接速度/(s/周)	焊丝直径/mm	送丝速度/(mm/min)	氩气流量/(L/min) 喷嘴	氩气流量/(L/min) 管内
管子对接	$\phi18 \times 1.25$	扩口	2	1	60 ~ 62	9 ~ 10	12.5 ~ 13.5	—	—	8 ~ 10	1 ~ 3
管子对接	$\phi32 \times 1.25$	扩口	2	1	54 ~ 59	8 ~ 9	18.5 ~ 22.0	—	—	10 ~ 13	1 ~ 3
管子对接	$\phi32 \times 3$	V型对接	2 ~ 3	1	110 ~ 120	10 ~ 12	24 ~ 28	—	—	8 ~ 10	4 ~ 6
管子对接	$\phi32 \times 3$	V型对接	2 ~ 3	2 ~ 3	110 ~ 120	12 ~ 14	24 ~ 28	0.8	760 ~ 800	8 ~ 10	4 ~ 6
管子管板	$\phi13 \times 1.25$	管子开槽	2	1	65	9.6	14	—	—	7	—
管子管板	$\phi18 \times 1.25$	管子开槽	2	1	90	9.6	19	—	—	7	—

二、马氏体不锈钢的焊接

1. 马氏体不锈钢的焊接性

（1）马氏体不锈钢有强烈的淬硬倾向，焊接时在热影响区易产生粗大的马氏体组织。母材含碳量越高，淬硬倾向越大。

（2）马氏体不锈钢的热导性差，焊接时残余应力大，因此很容易产生冷裂纹。焊接接头中氢的含量增加会加重冷裂纹倾向。

（3）马氏体不锈钢有较大的过热倾向，焊接时在温度超过 1150℃ 的热影响区内，晶粒显著长大。

（4）过快或过慢的冷却都能引起接头脆化。另外，马氏体不锈钢也有 475℃ 脆性，所以在预热和热处理时必须要注意。

（5）马氏体不锈钢晶间腐蚀倾向很小。

2. 马氏体不锈钢的焊接工艺

（1）马氏体不锈钢的焊接材料及预热、焊后热处理规范见表 6 - 23。

表 6 - 23　马氏体不锈钢的焊接材料及预热、焊后热处理规范

钢号	焊接接头性能	焊条	焊丝	焊剂	预热、层间温度/℃	焊后热处理/℃
12Cr13	耐大气腐蚀	G202　G207	H0Cr14	HJ150	300 ~ 350	回火 700 ~ 750
12Cr13 20Cr13	具有良好的塑性、韧性	A102　A107 A202　A207 A302　A307 A402　A407	H1Cr25Ni13 H1Cr25Ni20	HJ260 HJ260	可不预热或预热 200 ~ 300	—
14Cr17 - Ni2	耐蚀、耐热	C302 C307			300 ~ 350	回火 700 ~ 750
14Cr17 - Ni2	具有良好的塑性、韧性	A102　A107 A302　A307 A402　A407	H1Cr25Ni13 H0Cr19Ni9	HJ260 HJ260	200 ~ 300	

注：也可选用与母材成分相类似的焊丝，铬 - 镍奥氏体焊丝或含铬、镍量更高的焊丝。埋弧焊用焊剂为 HJ131。

（2）焊接操作要点如下：

① 焊件应进行预热，焊接过程中应严格控制道间温度。

② 正确选择焊接顺序。

③ 多层焊时必须对每道焊缝进行严格的清渣工作，要保证焊透(厚度大的焊件采用钨极氩弧打底焊)。

④ 焊接材料应按相关技术要求严格进行清理、烘干、贮存和使用，防止产生轻质裂纹。

⑤ 必须填满收弧弧坑，以避免产生弧坑裂纹。

⑥ 为了获得具有足够韧性的细晶粒组织，应在焊缝冷却到 $150 \sim 120℃$ 时，保温 2h，使奥氏体的主要部分转变成马氏体，再进行高温回火处理。

⑦ 定位焊、缝焊可采用软规范进行焊接。定位焊时，还可采用具有二次脉冲电流的焊接参数，使焊点得到及时的回火处理。缝焊时，为避免淬硬而引起的裂纹，一般不用外部水冷。

⑧ 焊接马氏体不锈钢应优先选用氩弧焊或焊条电弧焊。

（3）焊接参数。

① 马氏体不锈钢对接焊缝焊条电弧焊的焊接参数见表 6 – 24。

表 6 – 24 马氏体不锈钢对接焊缝焊条电弧焊的焊接参数

板厚/ mm	层数	坡口尺寸			焊接电流/ A	焊接速度/ (mm/min)	焊条直径/ mm	备注
		间隙/ mm	钝边/ mm	坡口角/ (°)				
3	2	2	—	—	80 ~ 110	100 ~ 140	3.2	反面挑焊根垫板
	1	3	—	—	110 ~ 150	150 ~ 200	4	
	2	2	—	—	90 ~ 110	140 ~ 150	3.2	
5	2	3	—	—	80 ~ 110	120 ~ 140	3.2	反面挑焊根垫板
	2	4	—	—	120 ~ 150	140 ~ 180	4	
	2	2	2	76	90 ~ 110	140 ~ 180	3.2	
6	4	0	2	80	90 ~ 140	160 ~ 180	3.2, 4	反面挑焊根
	2	4	—	60	140 ~ 180	140 ~ 150	4, 5	垫板
	3	2	2	75	90 ~ 140	140 ~ 160	3.2, 4	—
9	—	0	2	80	130 ~ 140	140 ~ 160	4	反面挑焊根
	3	4	—	60	140 ~ 180	140 ~ 160	4, 5	垫板
	4	2	2	75	90 ~ 140	140 ~ 160	3.2, 4	—
12	5	0	4	80	140 ~ 180	120 ~ 180	4, 5	反面挑焊根
	4	4	—	60	140 ~ 180	110 ~ 160	4, 5	垫板
	4	2	2	75	90 ~ 140	110 ~ 160	3.2, 4	—
16	7	0	6	80	140 ~ 180	120 ~ 180	4, 5	反面挑焊根
	6	4	—	60	140 ~ 180	110 ~ 160	4, 5	垫板
	7	2	2	75	90 ~ 180	110 ~ 60	3.2, 4, 5	—
22	7	0	—	—	140 ~ 180	130 ~ 180	4, 5	反面挑焊根
	9	4	—	45	160 ~ 200	110 ~ 170	5	垫板
	10	2	2	45	90 ~ 180	110 ~ 160	3.2, 4, 5	—
32	14	—	—	—	160 ~ 200	140 ~ 170	5	反面挑焊根

② 焊接马氏体不锈钢时，其他焊接参数可参照奥氏体不锈钢焊接时的相关焊接参数进行选定。

三、铁素体不锈钢的焊接

1. 铁素体不锈钢的焊接特点

（1）铁素体型不锈钢在加热和冷却过程中不发生相变，不会产生淬火硬化现象。

（2）被加热到950℃以上的部分（焊缝及热影响区）晶粒长大倾向严重，且不能用焊后热处理的办法使粗大晶粒细化，接头韧性降低，增加冷裂倾向。

（3）焊缝及热影响区如在400～600℃温度区间停留，容易出现475℃脆性。在650～850℃温度区间停留，则易引起 σ 相析出脆化。

（4）焊接时应注意在上述两个温度区间的加热和冷却速度。600℃以上短时加热后空冷可消除475℃脆化；加热至930～980℃急冷，可消除 σ 相析出脆化。

（5）焊前预热可防止裂纹产生。

2. 铁素体不锈钢的焊接工艺

1）焊接材料选择及预热、焊后热处理规范（表6－25）

表6－25　铁素体不锈钢焊接材料选择及预热、焊后热处理规范

钢号	焊接接头性能	焊条	焊丝	焊剂	预热及道间温度/℃	焊后热处理/℃
06Cr13Al	耐蚀、耐热	G302 G307	H0Cr14	HJ150 SJ601	—	回火：700～760
06Cr13Al	具有良好的塑性、韧性	A102 A107 A302 A307 A402 A407	H1Cr25Ni13 HlCr25Ni20 H0Cr19Ni9	HJ50 HJ260 SJ601	—	—
10Cr17	耐蚀、耐热	G302 G307	—	—	70～150	回火：700～760
10Cr17Mo	具有良好的塑性、韧性	A102 A107 A302 A307	H1Cr25Ni13 H1Cr19Ni9	HJ150 HJ260 SJ601	70～150	—
10Cr17 10Cr17Mo2Ti	耐蚀、耐热	G311	—	—	70～150	回火：700～760
	具有良好的塑性、韧性	A102 A107 A302 A307	H1Cr25Ni13 H1Cr19Ni9	HJ150 HJ260 SJ601	—	—

2）焊接工艺要点

（1）普通高铬铁素体不锈钢焊接工艺要点。

①焊接时，采用小电流，快焊接速度，焊条不做横向摆动，尽量采用窄焊道施焊。

②多层焊时，要控制层间温度，待前条焊道冷却到预热温度后，再焊下一焊道。

③焊接厚度较大的工件时，每焊完一道焊缝，采用铁锤轻轻敲击焊缝表面，可改善焊接接头的性能。

（2）高纯铁素体不锈钢的焊接工艺要点。

焊接方法应优先选用氩弧焊。

①增加熔池保护，如采用双层气体保护、用气体透镜、增大喷嘴直径、增加氩气流量（28L/min）等。填充焊丝时，要特别注意防止焊丝高温端离开保护区。

②用尾气保护，这对多层焊尤为必要。

③焊缝背面通氩气保护，最好采用通氩气的水冷铜垫板，减少过热，增加冷却速度。

④尽量减小热输入，多层焊时。控制层间温度低于100℃。

3）焊接参数

（1）铁素体不锈钢对接焊缝焊条电弧焊的焊接参数见表6-26。

表6-26　铁素体不锈钢对接焊缝焊条电弧焊的焊接参数

板厚/ mm	坡口形式	层数	坡口尺寸			焊接电流/ A	焊接速度/ （mm/min）	焊条直径/ mm	备注
			间隙/ mm	钝边/ mm	坡口角/ （°）				
2	对接（不开坡口）	2	0~1	—	—	40~60	140~160	2.6	反面挑焊根
		1	2	—	—	80~110	100~140	3.2	垫板
		1	0~1	—	—	60~80	100~140	2.6	—
3	对接（不开坡口）	2	2	—	—	80~110	100~140	3.2	反面挑焊根
		1	3	—	—	110~150	150~200	4	垫板
		2	2	—	—	90~110	140~160	3.2	—
5	对接（不开坡口）	2	2	—	—	80~110	120~140	3.2	反面挑焊根
	对接（不开坡口，加垫板）	2	4	—	—	120~150	140~180	4	垫板
	对接（开V形坡口）	2	2	2	75	90~110	140~180	3.2	—
6	对接（开V形坡口）	4	0	2	80	90~140	160~180	3.2，4	反面挑焊根
		2	4	—	60	140~180	140~150	4，5	垫板
		3	2	2	75	90~140	140~160	3.2，4	—
9	对接（开V形坡口）	4	0	2	80	130~140	140~160	4	反面挑焊根
		3	4	—	60	140~180	140~160	4，5	垫板
		4	2	2	75	90~140	140~160	3.2，4	—
12	对接（开V形坡口）	5	0	4	80	140~180	120~180	4，5	反面挑焊根
		4	4	—	60	140~180	120~160	4，5	垫板
		5	2	2	75	90~140	130~160	3.2，4	—

续表

板厚/mm	坡口形式	层数	坡口尺寸			焊接电流/A	焊接速度/(mm/min)	焊条直径/mm	备注
			间隙/mm	钝边/mm	坡口角/(°)				
16	对接(开V形坡口)	7	0	6	80	140~180	120~180	4,5	反面挑焊根
		6	4	—	60	140~180	110~160	4,5	垫板
		7	2	2	75	90~180	110~160	3.2,4,5	—
22	对接(开双面V形坡口)	7	—	—	—	140~180	130~180	4,5	反面挑焊根
	对接(开V形坡口)	9	4	—	45	160~200	110~170	5	垫板
	对接(开V形坡口)	10	2	2	45	90~180	110~160	3.2,4,5	—
32	对接(开双面V形坡口)	14	—	—	—	160~200	140~170	5	反面挑焊根

（2）焊接铁素体不锈钢时，其他焊接参数可参照奥氏体不锈钢焊接时的相关焊接参数进行选定。

第三节　铸铁的焊接

铸铁是含碳量＞2％的铁碳合金，它具有成本低、铸造性能好、容易进行切削加工等优点，它在机械制造业中得到广泛应用。铸铁的焊接主要应用于铸造缺陷的焊补、铸铁件损坏以后的焊补及铸铁件与钢件或其他金属材料的焊接。

一、铸铁的焊接特点

1. 易产生热应力裂纹

焊接过程的加热和冷却及不合理的预热，都会使工件不能均匀地膨胀和收缩而产生热应力。当热应力引起的拉伸应变超过材料某薄弱部位的变形能力时就会出现裂纹，即热应力裂纹。铸铁补焊中，热应力裂纹大致有三种表现形式。

① 在升温或焊后冷却过程中，补焊区以外的母材断裂，其部位多发生在铸铁件的薄弱断面和断面形状或壁厚突变处，其主要原因是由不适当的局部预热或过大的焊接加热规范引起。

② 在冷却过程中，焊缝或补焊区产生横向裂缝，其方向与熔合线相垂直。这种裂纹有时只发生在紧邻焊缝的母材上，有的与焊缝热裂纹相通，也有的横贯焊缝及邻近的母材。其主要原因是由不合理的操作引起，特别是焊缝一次焊接过长，或者不适当的局部预热所致。

③ 焊缝金属在冷却过程中产生沿熔合线的裂纹，有时会使焊缝与母材剥离。这种裂纹在采用非铸铁材质焊条冷焊时比较容易出现。焊缝材质强度越高，或铸铁母材强度越低，出现这种裂纹的倾向越大。坡口越深，填充金属越多，越容易产生剥离。因此，适当提高工件整体或焊接环境温度，控制补焊区的温度，短焊道，断续焊，焊后及时充分锤击可避免这种热应力裂纹的产生。

2. 熔合区易产生白口组织

采用铸铁作为填充金属时，应减缓温度（800℃以上）的下降速度，同时增加碳和硅含量，以提高焊缝石墨化的能力，可防止焊缝金属和熔合区产生白口组织。电弧焊冷焊时，采用高镍或纯镍焊条，也可减少熔合区的白口倾向。

3. 焊缝金属的热裂纹倾向

采用非铸铁组织的焊条或焊丝冷焊铸铁时，焊缝热裂纹倾向随着焊缝的材质不同而不同。焊缝中母材熔合比增加和过分延长焊缝处于高温下的停留时间将加大热裂纹倾向。底部圆滑的坡口、小电流、窄焊道以及短焊道、断续焊等能减少热裂纹倾向。

二、铸铁的焊接材料

（1）常用铸铁焊条的牌号和用途见表6-27。

表6-27　常用铸铁焊条的牌号和用途

牌号	焊条型号	药皮类型	焊接电源	焊芯主要成分	主要用途
Z100	EZG-1	氧化铁型	交直流	碳钢	一般用于不预热工艺，灰铸铁件非加工面的补焊
⌐	EZFe-1	—	—	纯铁	
—	EZFe-2	低氢型	直流	低碳钢	
J422	E4303	钛钙型	交直流	低碳钢	
J506	E5016	低氢钾型	交直流	低碳钢	
Z116	EZG-3	低氢钾型	直流	碳钢（高钒药皮）	高强度灰铸铁件与球墨铸铁件的补焊，可加工
Z117	EZG-3	低氢钠型	直流	碳钢（高钒药皮）	
Z112Fe	—	钛钙铁粉型	交直流	碳钢	一般灰铸铁件非加工面的补焊
Z208	EZG-2	石墨型	交直流	碳钢	
Z238	EZG-4	石墨型	交直流	碳钢（药皮加球化剂）	球墨铸铁件补焊
Z248	—	石墨型	交直流	铸铁	灰铸铁件补焊
Z308	EZNi	石墨型	交直流	纯镍	重要灰铸铁薄壁件和需加工面的补焊，切削性能良好
Z408	EZNiFe	石墨型	交直流	镍铁合金	高强度灰铸铁件与球墨铸铁件的补焊，切削性能尚好
Z508	EZNiCu	石墨型	交直流	镍铜合金	强度要求不高的灰铸铁件补焊，切削性能尚好
—	EZNiFeCu	石墨型	交直流	镍铁铜合金	用于不预热工艺焊补重要灰铸铁、球墨铸铁件
Z607	EZCuFe	低氢型	直流	纯铜（药皮内含铁粉）	一般灰铸铁件非加工面的补焊，切削性能较差
Z612	EZCuFe	钛钙型	交直流	铜色铁芯	

（2）铸铁气焊焊丝牌号与成分见表6-28。

表6-28　铸铁气焊焊丝牌号与成分　　　　　　　　单位:%（质量分数）

成分 牌号	C	Si	Mn	S	
HS401-A	3.0~3.6	3.0~3.5	0.5~0.8	≤0.08	≤0.5
HS401-B	3.0~4.0	2.75~3.50	0.5~0.8	≤0.5	≤0.5

（3）铸铁气焊熔剂牌号与组成见表6-29。

表6-29　铸铁气焊熔剂牌号与组成　　　　　　单位:%（质量分数）

成分 牌号	H_3BO_3	Na_2CO_3	$NaHCO_3$	MnO_2	$NaNO_3$
CJ201	18	40	20	7	15

（4）球墨铸铁气焊焊丝牌号与成分见表6-30。

表6-30　球墨铸铁气焊焊丝牌号与成分　　　　单位:%（质量分数）

成分 牌号	C	Si	Mn	S	P	钇基重稀土	稀土（轻）	Mg
HS402	3.8~4.2	3.0~3.6	0.5~0.8	≤0.05	≤0.5	0.08~0.15	—	—
自制	3~4	3.5~4.5	0.5~0.8	≤0.02	≤0.10	—	0.03~0.04	0.035~0.060

（5）铸铁钎焊用钎料牌号与成分见表6-31。

表6-31　铸铁钎焊用钎料牌号与成分　　　　　单位:%（质量分数）

成分 牌号	Cu	Sn	Si	Fe	Mn	Ni	Al	Zn
HL103	52~56	—	—	—	—	—	—	余量
HS221	59~61	0.8~1.2	0.15~0.35	—	—	—	—	余量
HS222	57~59	0.7~1.0	0.05~0.15	0.35~1.20	0.03~0.09	—	—	余量
HS224	61~63	—	0.3~0.7	—	—	—	—	余量
铜锌镍锰	48~50	0.4~06	—	—	9~10	3.5~4.0	0.3~0.4	余量

（6）铸铁钎焊用的熔剂牌号与组成见表6-32。

表6-32　铸铁钎焊用的熔剂牌号与组成　　　　单位:%（质量分数）

成分 牌号（序号）	$Na_2B_4O_7$	H_3BO_3	$AlPO_4$	NaCl	Li_2CO_3	Na_2CO_3	NaCl + NaF （NaCl: NaF = 73: 27）
CJ301	16.5~18.5	76~79	4.0~5.5	—	—	—	—
1	100	—	—	—	—	—	—
2	50	50	—	—	—	—	—
3	70	10	—	20	—	—	—
铜锌镍锰相应熔剂	—	40~45	—	—	16~18	24~27	20~10

三、铸铁焊接的操作要点

1. 灰铸铁的焊接

1）焊接前的准备

（1）焊前铲除缩孔、夹砂、裂纹等缺陷，并加工所需的坡口。

（2）为防止在焊补过程中裂纹的继续扩张，在距裂纹两端 3～5mm 处钻止裂孔（ϕ5～ϕ8mm）。

（3）坡口角度尽量小，母材的熔化量尽量减小，以降低焊接应力和焊缝中的碳、磷、硫含量，防止裂纹产生。

（4）铸件焊补处用碱水洗刷、汽油擦洗或用气焊火焰等方法清除油污等杂质。

2）焊接方法与工艺要点（表 6-33）

表 6-33　焊接方法与工艺要点

焊接方法	焊接材料	预热与焊后热处理	工艺要点
焊条电弧焊	Z248　Z208	600～700℃预热，焊后缓冷	1. 用大电流（约为焊条直径 40～50 倍），长电弧焊接； 2. 焊接时，宜快速进行，不停顿，以免工件变冷
	Z308　Z116　Z408　Z117　Z508	不预热	1. 在保证电弧稳定和焊透情况下，采用最小的电流焊接； 2. 采用分段焊、断续焊、分散焊和焊后锤击焊缝等方法，以降低焊接应力，防止裂纹产生； 3. 裂纹条线多，或铸件厚度大，可采用镶块焊补法或多层焊补
	Z607　Z612	不预热，用于刚度大的非加工面	
	J422　Z100　J426	不预热，用于非加工面刚度不大的工件	
气焊	HS401-A　HS401-B	600～700℃预热，焊后缓冷	1. 使用 CJ201； 2. 根据缺陷位置，采用整体或局部预热
手工电渣焊	与母材成分相近的铸铁棒或铁屑	不预热	1. 使用 HJ230； 2. 连续施焊； 3. 用碳电极加热，或直接用铸铁棒电极加热
CO_2 气体保护焊	H08Mn2SiA	不预热	1. 采用小电流、低电压焊接； 2. 焊接速度 10～12m/h
钎焊	BCu54Zn	不预热	采用硼作为钎剂
	铜锌镍锰钎料	不预热	采用铜锌镍锰相应熔剂

2. 球墨铸铁的焊接

焊接方法与工艺要点见表 6-34。

表 6-34　焊接方法与工艺要点

焊接方法	焊接材料	预热及焊后热处理	工艺要点
电焊补焊	Z238	400～700℃预热，焊后退火或正火	大工件预热为 700℃，小件预热 400～500℃
	钢芯石墨球化通用铸铁焊条 Z268	200～600℃预热，焊后 550～600℃ 消除应力退火	刚度很大的部位应进行预热或采用加热减应区法，刚度不大的部位可采用不预热焊工艺焊较长的焊缝或较大的面积； 热焊后一般铸件缓冷，刚度较大的铸件应在 700℃ 保温或进行相应的热处理

续表

焊接方法	焊接材料	预热及焊后热处理	工艺要点
电焊补焊	Z408 Z116 Z117	不预热	采用严格的电弧冷焊工艺，球墨铸铁应先消除铸造应力后再进行焊接，电弧冷焊后不必进行消除应力退火
	08Mn2Si 焊丝，高钒管状焊丝 CO_2 保护	不预热	高钒管状焊丝的焊接参数为：焊丝直径为 1.52mm，电弧电压为 22～24V，焊接电流为 120～140A，直流反接，焊接速度为 11～12m/h，气体流量为 12L/min
气焊	钇基重稀土球墨铸铁气焊焊丝（HS402）CJ201	200～600℃预热，焊后缓冷	焊后退火，连续焊接时间不宜超过 30min，熔剂采用 CJ201
	稀土镁球墨铸铁气焊焊丝 CJ201		连续焊接时间不宜超过 15min

3. 可锻铸铁补焊

补焊方法与工艺要点见表 6-35。

表 6-35　补焊方法与工艺要点

焊接方法	焊接材料	工艺要点
钎焊	HS221 脱水硼砂 Cu - Zn - Ni - Mg 钎料及相应熔剂	母材不熔化，钎焊温度低于 1000℃，用铜锌锰钎料进行较低温度钎焊，效果良好，主要用于磨损部分恢复尺寸和铸造缺陷焊补
电弧冷焊	J422、J506、Z116 不锈钢焊条、Z408	用小电流、多层焊，主要用于焊后不加工面，如需加工，采用 2mm 直径以下的奥氏体不锈钢焊条或镍基铸铁焊条，进行瞬间点焊辅满坡口底部后再用电弧冷焊填满坡口，Z408 焊条用于加工面焊补
不预热电弧焊	钢芯石墨珠化通用铸铁焊条 Z268	小电流、多层连续焊，可用来焊补铸造缺陷及使用中产生的断裂

4. 白口铸铁的补焊

白口铸铁常采用焊条电弧热焊或气焊，但对于重达几十吨的白口铸铁轧辊，多采用电弧冷焊法焊补白口铸铁。

采用白口铸铁专用焊条及 BT-1 和 BT-2 相互配合使用，可以达到预期的焊补效果。

（1）焊前准备。清理缺陷，要清除干净原有的裂层。制备坡口，裂层较浅的坡口其侧面与底面成约 100°断面坡口，有利于提高抗裂性。对于深度较大的缺陷，坡口斜度不宜太大，以减少表层熔合区产生的裂纹。

（2）焊接顺序。用 BT-1 焊条焊补底层，BT-2 焊条焊补工作层，使整个接头为"硬 - 软 - 硬"，既满足性能要求，又提高抗裂和剥落性能。

（3）焊接时采用"大电流，高温锤击"。用 BT-1 焊条打底时，焊接电流为正常焊接电流的 1.5 倍以上，或以选用焊条不明显发红为准（ϕ4.00mm 的 BT-1 焊条，$I=240A$），形成大熔深，使焊缝底部与母材形成曲折熔合面，增强焊缝与母材的熔合，有利于提高抗裂性和抗剥离能力。焊后必须采用锤击处理消除应力。锤击力一般为传统的铸铁冷焊工艺锤击力的 10~15 倍；锤击时机以在较高温度区间(400~800℃)为宜，温度低于300℃时不宜再锤击，锤击次数应与锤击力大小相互联系，当采用的锤击力大时，应减少锤击次数，以 2 次/s 为宜。

(4) 分块弧立堆焊。将清理后的缺陷用 BT-1 打底层，划分成 40mm×40mm 若干个弧立块，各块之间及弧立块与母材之间的间隙为 7~9mm。用 BT-2 分别在各弧立块内进行补焊，可以跳跃堆焊或分散堆焊，始终保留间隙，并且确保弧立块与母材之间的间隙，以减少焊接过程中的热应力作用于周边母材产生裂纹。每块焊到要求尺寸后，再将各弧立块间隙填满。

(5) 焊缝与周边母材最后焊合。焊缝与周边母材的最后焊合是焊补成功的关键。可以先将周边分成 a、b、c 等若干段，每段长约 40mm，焊补顺序按 a→c→b…跳跃分散进行，层间用扁錾锤击焊缝一侧，切忌锤击在熔合区外的白口铸铁侧，以防止锤裂母材。焊接时采用大电流，电弧向焊缝倾斜，以防止母材过热。

(6) 焊后。整个焊补面应高出周围母材 1~2mm，然后用手动砂轮磨平。

5. 蠕墨铸铁的焊接

1) 蠕墨铸铁的气焊工艺

蠕墨铸铁的气焊工艺与焊接接头性能见表 6-36。采用该工艺可使焊接接头的力学性能与蠕墨铸铁母材相匹配，并获得满意的加工性能。

表 6-36　蠕墨铸铁的气焊工艺与焊接接头性能

方　法	焊　接　材　料	焊接接头性能				
		焊缝蠕墨化率/%	基体组织	HBW	抗拉强度/MPa	伸长率/%
氧乙炔中性焰	铸铁焊丝 + 铸 201 焊剂	70	铁素体 + 珠光体	230	370	1.7

2) 同质焊缝的电弧冷焊工艺

采用 H08 低碳钢芯，外涂强石墨化药皮，并加入适量的蠕墨化剂等元素，在缺陷直径 >40mm、缺陷深度 >8mm 的情况下，配合大电流连续焊工艺，可得到与蠕墨铸铁力学性能相匹配的接头。蠕墨铸铁电弧冷焊工艺与焊接接头性能见表 6-37。

表 6-37　蠕墨铸铁电弧冷焊工艺与焊接接头性能

方　法	焊　接　材　料	焊接接头性能				
		焊缝蠕墨化率/%	基体组织	HBW	抗拉强度/MPa	伸长率/%
电弧冷焊	H08	50	铁素体 + 珠光体	270	390	1.5

3) 异质焊缝的电弧冷焊工艺

采用 Z308 纯镍焊条电弧冷焊铸铁时，具有良好的加工性，但其熔敷金属的抗拉强度仅为 238MPa 左右，达不到蠕墨铸铁力学性能。

四、铸铁的焊接参数

1. 气焊的焊接参数(表 6-38)

表 6-38　气焊的焊接参数

铸件壁厚/mm	20~50	小于20
喷嘴孔径/mm	3	2
氧气压力/MPa	0.6~0.7	0.4~0.6

2. 焊条电弧焊(不预热)的焊接电流(表 6-39)

表 6-39　焊条电弧焊(不预热)的焊接电流　　　　单位：A

焊条类型	焊条直径/mm					
	2.0	2.5	3.2	4.0	5.0	8.0
铜铁焊条	—	—	90~100	100~120	—	—
高钒焊条	40~60	60~80	80~100	120~160	—	—
氧化型钢芯焊条	—	—	80~100	100~120	—	—
镍铁焊条	—	60~80	90~100	120~150	—	—
铸铁芯焊条	—	—	—	—	250~350	380~600

3. 灰铸铁电弧冷焊的焊接电流(表 6-40)

表 6-40　灰铸铁电弧冷焊的焊接电流　　　　单位：A

焊条类型	焊条直径/mm			
	2.0	2.5	3.2	4.0
氧化铁型焊条	—	—	80~100	100~120
高钒铸铁焊条	40~60	60~80	80~120	120~160
镍基铸铁焊条	—	60~80	90~100	120~150
低碳钢焊条	—	—	120~130	—
铜铁焊条	—	90[1]	90~110	—
	—	100[2]	100~120[2]	—

注：[1] 直流反接；[2] 交流。

4. 铜-铁焊条冷焊的焊接电流(表 6-41)

表 6-41　铜-铁焊条冷焊的焊接电流

铜芯直径/mm		2.5	3.0~3.2
焊接电流/A	直接反流	90	90~110
	交流	100	100~120

5. 高钒焊条冷焊的焊接电流(表 6-42)

表 6-42　高钒焊条冷焊的焊接电流

焊条直径/mm	2.0	2.5	3.2	4.0
焊接电流/A	40~60	60~80	80~120	120~160

6. 铸铁芯铸铁焊条不预热焊的焊接电流(表6-43)

表6-43　铸铁芯铸铁焊条不预热焊的焊接电流

焊条直径/mm	5	8
焊接电流/A	250~350	380~600

五、铸铁件的焊补方法及应用范围

机械设备中有些零部件是铸铁材料,当出现缺陷需要进行焊补时,其补焊方法及应用范围见表6-44。

表6-44　铸铁件的焊补方法及应用范围

补焊铸铁件的类别	材　质	补焊要求	基本补焊方法	也可以采用的方法
机床导轨面研伤	灰铸铁	1. 硬度较均匀,可以切削加工 2. 基本上无变形	采用冷焊法,焊条为EZNiCu-1(Z508)、EZNi-1(Z308),或采用预热温度小于200℃的热焊法	
100t冲床床身裂纹	灰铸铁	1. 保证补焊处的强度 2. 消除焊接的内应力	焊前用气焊炬局部预热至100~150℃,预热至EZNiFe-1(Z408)和ENi-1(Z308)焊条交替焊接 每焊好一个焊段,立即进行锤击处理 焊后进行100~150℃的后热处理,然后覆盖石棉布缓冷	为增加焊补区域的强度,焊缝两侧用20mm厚板用螺钉与床相连接,板的四周用EZNiFe-1(Z408)焊条与冲床身焊接
压缩机缸或其他受压力较大的壳体、缸体或容器	灰铸铁、球墨铸铁或合金铸铁	1. 要求承受较大压力的水压试验 2. 可能有切削加工要求	用EZNi-1(Z308)、EZNiFe-1(Z408)、EZV(Z116、Z117)焊件冷焊	奥氏体、铜铁焊条冷焊
受压不大的缸体或容器	灰铸铁	要求承受较小压力的水压试验或煤油渗漏试验	用铜铁铸铁焊条或奥氏体铜铁焊条冷焊 要求切削加工的补焊处用镍基铸铁焊条补焊	
大型立车卡盘裂纹	灰铸铁	焊后局部需切削加工	用EZNiFe-1(Z408)焊条进行冷焊	在受力大的焊缝加工中补强板
1250轧辊辊脖磨损	球墨铸铁	焊后切削加工	用球墨铸铁焊芯焊条或用EZCQ型焊条	也可用EZNiFe-1(Z408)和EZV(Z116、Z117)焊条冷焊
镗床立面导轨研伤	灰铸铁	变形小并能切削加工	用EZNi-1(Z308)焊条冷焊	

续表

补焊铸铁件的类别	材　质	补焊要求	基本补焊方法	也可以采用的方法
龙门刨导轨研伤	灰铸铁	变形小并能切削加工	用 EZNiCu-1(Z508)焊条冷焊	
汽车缸体和缸盖裂纹、穿孔及外形磨损	灰铸铁	焊后不加工	铜铁焊条冷焊	用 EZNi-1(Z308)和 EZV(Z116、Z117)焊条冷焊
		焊后焊缝要求切削加工	用 EZNi-1(Z308)或 EZNiFe-1(Z408)焊条冷焊	用 EZC(Z208)焊条热焊也可以

第四节　铝及铝合金的焊接

铝及铝合金具有优良的物理特性和力学性能,其密度小、比强度高、抗腐蚀性好、电导率及热导率高。因此,在航空、航天、机械制造、化学工业、电工电子等领域都得到广泛的应用。

一、铝及铝合金的焊接特点

(1)铝极易氧化生成氧化铝(Al_2O_3)薄膜,厚度为 $0.1 \sim 0.2 \mu m$,熔点高(约为 2025℃),组织致密。焊接时它对母材与母材之间、母材与填充材料之间的熔合起阻碍作用,影响操作者对熔池金属熔化情况的判断,还会造成焊缝金属夹渣和气孔等缺陷,影响焊接质量。

(2)铝热导率比钢大,要达到与钢相同的焊接速度,焊接热输入应为钢的 2~4 倍。铝的导电性好,电阻焊时比焊钢需更大功率的电源。

(3)铝及铝合金熔点低,高温时强度和塑性低(纯铝在 640~656℃的伸长率<0.69%),高温液态无显著颜色变化,焊接操作不慎时会出现烧穿、焊缝反面焊瘤等缺陷。

(4)铝及铝合金线胀系数(23.5×10^{-6}℃)和结晶收缩率大,焊接时变形较大;对厚度大或刚度较大的结构,大的收缩应力可能会导致焊接接头产生裂纹。

(5)液态铝可大量溶解氢,而固态铝几乎不溶解氢。氢在焊接熔池快速冷却和凝固过程中易在焊缝中聚集形成气孔。

(6)铝及铝合金焊接性良好,可以采用各种熔焊、电阻焊和钎焊等方法进行焊接,只要采取合适的工艺措施,完全能够获得性能良好的焊接产品(表 6-45)。

表 6-45　几种铝和铝合金的焊接性

焊接方法	材料牌号及其相对焊接性					适用厚度范围/mm
	1070A、1060、1050A、1035、1200、8A06(L1~L6)[②]	3A21(LF21)[②]	5A05、(LF5)[②] 5A06、(LF6)[②]	5A02、(LF2)[②] 5A03、(LF3)[②]	2A11(LY11)[②] 2A12(LY12)[②] 2A16(LY16)[②]	
钨极氩弧焊(手工、自动)	好	好	好	好	差	1~25[①]

续表

焊接方法	材料牌号及其相对焊接性					适用厚度范围/mm
	1070A、1060、1050A、1035、1200、8A06（L1～L6）[②]	3A21（LF21）[②]	5A05、（LF5）[②]、5A06、（LF6）[②]	5A02、（LF2）[②]、5A03、（LF3）[②]	2A11（LY11）[②]、2A12（LY12）[②]、2A16（LY16）[②]	
熔化极氩弧焊（半自动、自动）	好	好	好	好	尚可	≥3
熔化极脉冲氩弧焊（半自动、自动）	好	好	好	好	尚可	≥0.8
电阻焊（点焊、缝焊）	较好	较好	好	好	较好	≤4
气焊	好	好	差	尚可	差	0.5～25.0[①]
碳弧焊	较好	较好	差	差	差	1～10
焊条电弧焊	较好	较好	差	差	差	3～8
电子束焊	好	好	好	好	较好	3～75
等离子焊	好	好	好	好	尚可	1～10

注：① 厚度>10mm时，推荐采用熔化极氩弧焊；

② 纯铝牌号，括号内为旧牌号。

（7）冷硬铝和热处理强化铝合金的焊接接头强度低于母材，给焊接生产造成一定困难。

二、铝及铝合金的焊接工艺

1. 焊接材料的选用

铝及铝合金的焊接材料主要指焊丝、焊条和熔剂。

（1）焊丝。焊接铝及铝合金时，一般可选用与母材化学成分相同的同质焊丝，或可从母材金属上截取窄条代用。较为通用的是铝硅合金焊丝 SAISi－1（HS311），该种焊丝一般常用于除铝镁合金以外的其他各种铝合金。在焊接铝镁合金时，考虑到镁在焊接过程中的烧损，可选用含镁量比基本金属要高1%～2%的铝镁焊丝。

常用铝及铝合金焊丝的选择见第三章第二节表3－32。

（2）焊条。铝及铝合金焊条电弧焊用的焊条，其药皮应能溶解氧化物，密度要小，熔渣应具有良好的流动性，其主要组成物是氟盐和氯盐。由于药皮组成为盐类，易吸潮，应放在干燥处，使用前应经150℃烘干1～2h。常用铝及铝合金焊条型号、焊芯化学成分与用途特性见表6－46。

（3）熔剂（铝熔剂、焊剂）。熔剂应具有熔点低、流动性好、能改善熔化金属的流动性、使焊缝成形良好，同时又能去除铝的氧化膜及其他杂质的特性。铝气焊和碳弧焊时，可自行配制熔剂或购买配制好的瓶装熔剂。焊接铝及铝合金用的熔剂组成配方见表6－47。

表6-46 常用铝及铝合金焊条型号、焊芯化学成分与用途特性

型号	牌号	焊芯的化学成分/%（质量分数）							用途、特性
		Cu	Si	Mn	Fe	Zn	Al	其他	
TAl	L109	≤0.20	≤0.5	≤0.05	≤0.5	≤0.1	99.5	≤0.15	焊接纯铝及要求不高的铝合金，耐蚀性较低
TAlSi	L209	≤0.30	4.5~6.0	≤0.05	≤0.8	≤0.1	余量	≤0.15	焊接铝板、铝硅铸件及一般铝合金（除铝镁合金）锻铝、硬铝，抗裂性良好
TAlMn	L309	≤0.20	≤0.5	1.0~1.5	≤0.5	≤0.1	余量	≤0.15	焊接铝板、铝锰铸件及一般铝合金，焊缝强度较纯铝高，耐蚀性与纯铝相当

表6-47 焊接铝及铝合金用的熔剂组成配方　　　单位:%（质量分数）

序号 成分	铝水晶石	氟化钠	氯化钙	氯化钠	氯化钾	氯化钡	氯化锂	特性
1（CJ401）	—	7.5~9.0	—	27~30	49.5~52.0	—	13.5~15.0	熔点约560℃
2	—	8		35	48	—	9	
3	—		4	19	29	48	—	
4	20	—		30	50	—	—	
5	45			40	15			

（4）保护气体。焊接铝及铝合金的惰性气体有氩弧（Ar）和氦气（He）。氩气的技术要求为 Ar <99.9%（体积分数），氧 <0.005%，氢 <0.005%，水分 <0.02mg/L，氮 <0.015%。氧、氮增多，均恶化阴极雾化作用。氧 >0.3%则使钨极烧损加剧，超过 0.1%使焊缝表面无光泽或发黑。

① TIC焊。交流加高频焊接选用纯氩气，适用大厚板；直流正极性焊接选用氩气 + 氦气或纯氦。

② MIG焊。当板厚 <25mm 时，才采用纯氩气。当板厚为 25~50mm 时，采用添加 10%~35%氦气的氩气 + 氦气混合体。当板厚 50~75mm 时，宜采用添加 10%~35%或 50%氦气的氩气 + 氦气混合体。当板厚 >75mm 时，推荐用添加 50%~75%氦气的氩气 + 氦气混合体。

（5）电极。钨极氩弧焊时用的电极材料有纯钨、钍钨、铈钨、锆钨，纯钨极、钍钨极、铈钨的成分和特点见表6-48。锆钨极不易污染基体金属，电极端易保持半球形，适于交流氩弧焊。

表6-48 纯钨极、钍钨极、铈钨的成分和特点

钨极牌号		化学成分/%（质量分数）							特　点
		W	ThO₂	CeO	SiO	Fe₂O₃ + Al₂O₃	MnO	CaO	
纯钨极	W₁	>99.92	—	—	0.03	0.03	0.01	0.01	熔点和沸点高，要求空载电压较高，承载电流能力较小
	W₂	>99.85	—	—	（总含量≤0.15）				

续表

钨极牌号		化学成分/%（质量分数）							特 点
		W	ThO_2	CeO	SiO	$Fe_2O_3 + Al_2O_3$	MnO	CaO	
钍钨极	WTh - 10	余量	1.00 ~ 1.49	—	0.06	0.02	0.01	0.01	加入了氧化钍，可降低空载电压，改善引弧、稳弧性能，增大许用电流范围，但有微量放射性，不推荐使用
	WTh - 15	余量	1.5 ~ 2.0	—	0.06	0.02	0.01	0.01	
铈钨极	WCe - 20	余量	—	2.0	0.06	0.02	0.01	0.01	比钍钨极更易引弧，钨极损耗更小，放射性剂量低，推荐使用

三、铝及铝合金焊接工艺

1. 焊前准备

（1）焊前清理，详见第二章第六节所述。

（2）焊前预热。

铝及铝合金的热导率比较大，焊接热输入会被损失一部分，因此，当厚度超过 5mm 以上的焊件焊接时，为了确保焊接接头达到所需要的温度，保证焊接质量，在焊接前应该对待焊处进行预热。预热温度为 100 ~ 300℃，预热的方法有氧 – 乙炔火焰、电炉或喷灯等。

2. 焊接工艺要点

1）气焊

（1）焊接工艺要点。

① 主要用于焊接纯铝、铝 – 锰合金（3A21）、含镁量较低的铝 – 镁合金（5A02）和铸造铝合金，以及铝合金铸件的焊补。

② 焊接火焰应选用中性焰，严禁使用氧化焰。

③ 焊接薄板零件或较小尺寸的零件时不必预热。当零件厚度 ≥15mm，或结构较复杂时，应进行焊前预热，预热温度为 200 ~ 300℃。

④ 工件厚度 ≤3mm，一般采用左焊法；当工件厚度 ≥4mm 时，可以采用右焊法。

⑤ 长焊缝应进行定位焊，定位焊缝长为 15mm（金属厚度为 1 ~ 1.5mm）和 35 ~ 40mm（金属厚度为 4 ~ 5mm）。

⑥ 焊接薄板结构时，常采用卷边接头及防治翘曲的特殊措施，如沿焊缝方向压成波棱形以提高刚度。

⑦ 焊补铸铝件缺陷时，焊前也要预热到 300℃，并且焊后需要进行退火。

⑧ 喷嘴与工件的夹角一般为 10° ~ 45°。夹角的大小，随材料厚度、工件温度的改变，应做相应的改变。

⑨ 焊丝与喷嘴的夹角一般为 80° ~ 100°。焊接薄板时，焊丝轻划熔池表面；焊接厚板、堆焊或焊补铸件时，焊丝应搅动熔池，以促使液态金属的良好熔合和杂质浮出。

⑩ 整条焊缝应尽量一次焊完。焊缝连接处应重叠 15 ~ 20mm。切忌采用在原焊缝上重熔

一次的办法来改善焊缝外形。

⑪ 焊接非封闭焊缝时,应在距端头 30 ~ 80mm 处开始焊接,然后与原焊缝重叠 15 ~ 20mm 逆向焊完。

(2) 焊接参数。

① 焊枪型号、焊嘴孔径与焊丝直径匹配见表 6 - 49。

表 6 - 49　焊枪型号、焊嘴孔径与焊丝直径匹配

板厚/mm	1.2	1.5 ~ 2.0	3.0 ~ 1.0	5.0 ~ 7.0	7.0 ~ 10.0	10.0 ~ 20.0
焊枪型号	H01 ~ 6	H01 ~ 6	H01 ~ 6	H01 ~ 12	H01 ~ 12	H01 ~ 20
焊嘴号	1	1 ~ 2	3 ~ 4	1 ~ 3	1 ~ 4	4 ~ 5
焊嘴孔径/mm	0.9	0.9 ~ 0.1	1.1 ~ 1.3	1.4 ~ 1.8	1.6 ~ 2.0	3.0 ~ 3.2
焊丝直径/mm	1.5 ~ 2.0	2.0 ~ 2.5	2.0 ~ 2.5	4.0 ~ 5.0	5.0 ~ 6.0	5.0 ~ 6.0
乙炔消耗量/(L/h)	75 ~ 150	150 ~ 300	300 ~ 500	500 ~ 1400	1400 ~ 2000	~ 2500

② 3A21 铝合金气焊的焊接参数见表 6 - 50。

表 6 - 50　3A21 铝合金气焊的焊接参数

板厚/mm	氧气压力/MPa	乙炔耗量/(L/h)	对接焊缝层数
≤1.5	0.15	50 ~ 100	1
1.5 ~ 3.0	0.15 ~ 0.20	100 ~ 200	1
3.0 ~ 5.0	0.20 ~ 0.25	200 ~ 400	1 ~ 2
>5.0	0.25 ~ 0.60	400 ~ 1200	>1

2) 焊条电弧焊

(1) 焊接工艺要点。

① 铝焊条的药皮极易受潮,用前应在 150℃下烘干 1 ~ 2h。

② 采用直流反接,焊时不宜作横向摆动,可沿焊缝方向往返运动,焊条垂直于焊接表面,电弧尽量短。

③ 焊接厚度或尺寸较大的零件时,焊前进行预热,预热温度为 100 ~ 300℃。大厚度工件预热温度为 400℃。

④ 采用对接接头形式,尽量避免搭接和 T 形接头。

⑤ 工件厚度 ≤3mm 时,可采用不开坡口双面焊;当工件厚度 >4mm 时,应开 V 形坡口;当工件厚度 >8mm 时,应开 X 形坡口。

⑥ 其他工艺要点参见铝及铝合金气焊焊接工艺要点。

(2) 焊接参数。

铝及铝合金焊条电弧的焊接参数见表 6 - 51。

3) 氩弧焊

氩弧焊分为钨极氩弧焊(TIG 焊)和熔化极氩弧焊(MZG 焊)。钨极氩弧焊的工艺要点和焊接参数如下。

(1) 钨极氩弧焊工艺要点。

① 手工钨极氩弧焊适用于焊接厚度为 0.5 ~ 5.0mm 的铝及铝合金;机械化钨极氩弧焊

表 6 – 51 铝及铝合金焊条电弧的焊接参数

板厚/mm	焊条直径/mm	焊接电流/A	焊接速度/ （mm/min）	焊 接 层 数	预热温度/℃
2.0	3.2	60 ~ 80	420	1	室温
3.0	3.2	80 ~ 100	370	1	室温
4.0	4.0	110 ~ 130	350	1	100 ~ 200
5.0	4.0	130 ~ 150	330	1	100 ~ 200
6.0	5.0	150 ~ 200	300	1	200 ~ 300
12.0	5.0	270 ~ 320	300	1	200 ~ 300

可焊接厚度为 1 ~ 12mm 规则的环缝和纵缝。厚度 < 3mm 时，通常在钢垫板上用单道焊进行焊接；厚度为 4 ~ 6mm 时，常用双面焊进行焊接；厚度 > 6mm 时，需要开坡口（V 形或 X 形坡口）。

② 采用铈钨棒作为电极，电弧容易点燃，电弧燃烧稳定，且有较大的许用电流，电极损耗小。

③ 工件厚度 > 5mm、体积大的铸件焊补或焊接工作环境温度低于 – 10℃时，焊前应全部或局部（用氧乙炔焰或电弧）预热，预热温度为 150 ~ 250℃，大型或复杂的铸件应预热至 420℃。

④ 采用交流电源，手工钨极氩弧焊焊接厚度 < 5mm 的工件时，应采用直径为 1.5 ~ 5mm 钨极。最大焊接电流由电极直径确定，$I = (60 ~ 65)d$，焊接速度为 8 ~ 12m/h。

⑤ 填充焊丝与电极之间的角度为 90°左右，焊丝以瞬间往复运动方式送进。钨极不能做横向摆动。弧长一般为 1.5 ~ 2.5mm。对接时，钨极伸出喷嘴长度为 1 ~ 1.5mm；T 形接头时，为 4 ~ 8mm。

⑥ 一般采用陶质喷嘴，以免击伤工件。喷嘴圆柱段的长度应不小于直径的 1.5 倍。

⑦ 焊接熔池越小越好，一般采用左焊法，焊接速度应与焊接电流、电弧电压和氩气流量相适应。氩气的压力规定为 0.01 ~ 0.5MPa，引弧时，提前 3 ~ 5s 通入氩气；熄弧时，滞后 6 ~ 7s 停气。

⑧ 焊接厚度 < 10mm 的铝及铝合金时，常采用钨极脉冲氩弧焊进行焊接。

（2）钨极氩弧焊焊接参数。

① 纯铝、铝镁合金手工钨极氩弧焊（对接交流）的焊接参数见表 6 – 52。

表 6 – 52 纯铝、铝镁合金手工钨极氩弧焊（对接交流）的焊接参数

板厚/ mm	坡口形式	焊接层数 （正面/反面）	钨极直径/ mm	焊丝直径/ mm	预热温度/ ℃	焊接电流/ A	氩气流量/ （L/min）	喷嘴孔径/ mm
1	卷边	正1	2	1.6	—	45 ~ 60	7 ~ 9	8
1.5	卷边或I形	正1	2	1.2 ~ 2.0	—	50 ~ 80	7 ~ 9	8

板厚/mm	坡口形式	焊接层数（正面/反面）	钨极直径/mm	焊丝直径/mm	预热温度/℃	焊接电流/A	氩气流量/（L/min）	喷嘴孔径/mm
2	I 形	正1	2 ~ 3	2.0 ~ 2.5	—	90 ~ 120	8 ~ 12	8 ~ 12
3		正1	3	2 ~ 3	—	150 ~ 180	8 ~ 12	8 ~ 12
4		1 ~ 2/1	4	3	—	180 ~ 200	10 ~ 15	8 ~ 12
5		1 ~ 2/1	4	3 ~ 4	—	180 ~ 240	10 ~ 15	10 ~ 12
6		1 ~ 2/1	5	4	—	240 ~ 280	16 ~ 20	14 ~ 16
8	V 形	2/1	5	4 ~ 5	100	260 ~ 320	16 ~ 20	14 ~ 16
10		3 ~ 4/1 ~ 2	5	4 ~ 5	100 ~ 150	280 ~ 340	16 ~ 20	14 ~ 16
12		3 ~ 4/1 ~ 2	5 ~ 6	4 ~ 5	150 ~ 200	300 ~ 360	18 ~ 22	16 ~ 20
14		3 ~ 4/1 ~ 2	5 ~ 6	5 ~ 6	180 ~ 200	340 ~ 380	20 ~ 24	16 ~ 20
16		4 ~ 5/1 ~ 2	6	5 ~ 6	200 ~ 220	340 ~ 380	20 ~ 24	16 ~ 20
18		4 ~ 5/1 ~ 2	6	5 ~ 6	200 ~ 240	360 ~ 400	25 ~ 30	16 ~ 20
16 ~ 20	双 Y 形	2 ~ 3/2 ~ 3	6	5 ~ 6	200 ~ 260	300 ~ 380	25 ~ 30	16 ~ 20
22 ~ 25		3 ~ 4/3 ~ 4	6 ~ 7	5 ~ 6	200 ~ 260	360 ~ 400	30 ~ 35	20 ~ 22

② 薄板铝及铝合金手工钨极氩弧焊直流反接的焊接参数见表 6 - 53。

表 6 - 53　薄板铝及铝合金手工钨极氩弧焊直流反接的焊接参数

板厚/mm	钨极直径/mm	焊接电流/A	焊丝直径/mm	氩气流量/（L/min）
0.5	3 ~ 4	40 ~ 55	0.5	7 ~ 9
0.75	5	50 ~ 65	0.5 ~ 1	7 ~ 9
1	5	60 ~ 80	1	12 ~ 14
1.2	5	70 ~ 80	1 ~ 1.5	12 ~ 14
1.5	5	80 ~ 95	1 ~ 1.5	12 ~ 14

③ 铝合金管对接手工钨极氩弧焊的焊接参数见表 6 - 54。

表 6 - 54　铝合金管对接手工钨极氩弧焊的焊接参数

管子尺寸外径/mm	壁厚/mm	衬环厚度/mm	工件位置	焊接层数	焊接电流/A	钨极直径/mm	焊丝直径/mm	氩气流量/（L/min）	喷嘴直径/mm
25	3	2.0	水平旋转	1 ~ 2	100 ~ 115	3.0	2	10 ~ 12	12
			水平固定		90 ~ 100			12 ~ 16	
			垂直固定		95 ~ 115			10 ~ 12	
50	4	2.5	水平旋转	1 ~ 2	125 ~ 150		3	12 ~ 14	14
			水平固定	1 ~ 2	120 ~ 140			14 ~ 18	
			垂直固定	2 ~ 3	125 ~ 145			12 ~ 14	
60	5	2.5	水平旋转	2	140 ~ 180	3 ~ 4	3	12 ~ 14	16
			水平固定	2	130 ~ 150			14 ~ 18	
			垂直固定	3 ~ 4	135 ~ 155			12 ~ 14	

续表

管子尺寸		衬环厚度/mm	工件位置	焊接层数	焊接电流/A	钨极直径/mm	焊丝直径/mm	氩气流量/(L/min)	喷嘴直径/mm
外径/mm	壁厚/mm								
100	6	3.0	水平旋转	2	170 ~ 210	4.0	4	14 ~ 16	18
			水平固定	2	160 ~ 180			16 ~ 20	
			垂直固定	3 ~ 4	165 ~ 185			14 ~ 16	
150	7	4.5	水平旋转	2	210 ~ 250			14 ~ 16	18
			水平固定	2	195 ~ 205			16 ~ 20	
			垂直固定	3 ~ 5	200 ~ 220			14 ~ 16	
300	10	5.0	水平旋转	2 ~ 3	250 ~ 290	5.0	4 ~ 5	14 ~ 16	20
			水平固定	2 ~ 3	245 ~ 255			16 ~ 20	
			垂直固定	3 ~ 5	250 ~ 270			14 ~ 16	

注：采用交流电。

④ 常用铝及铝合金机械化钨极氩弧焊的焊接参数见表6-55。

表6-55　常用铝及铝合金机械化钨极氩弧焊的焊接参数

板厚/mm	钨极直径/mm	焊接电流/A	焊丝直径/mm	焊接速度/(m/h)	氩气流量/(L/min)	送丝速度/(m/h)
2	3 ~ 4	170 ~ 180	2	19	16 ~ 18	—
3	4 ~ 5	200 ~ 220		15	18 ~ 20	20 ~ 24
4		210 ~ 235		11		
6		230 ~ 260		8		20 ~ 26
6 ~ 8	5 ~ 6	280 ~ 320	3	8 ~ 7	18 ~ 24	22 ~ 28
8 ~ 12	6	300 ~ 340	3 ~ 4	8 ~ 5		24 ~ 32
1.8	3 ~ 3.5	155 ~ 160	2.5	26.6	10	32 ~ 49

熔化极氩弧焊(MIG焊)工艺要点和焊接参数如下：

(1) 熔化极氩弧焊工艺要点。

① 熔化极氩弧焊适用于厚度较大的铝及铝合金制件的焊接，多采用喷射过渡。因电流大、电弧热量集中，故熔深大。

② 熔化极氩弧焊采用直流电源反接，有利于氧化薄膜破碎。

③ 熔化极氩弧焊采用直径大于1.2 ~ 1.5mm的焊丝，可以克服因刚度不足给焊接造成的困难。

④ 氩气工作压力与钨极氩弧焊相同。焊枪喷嘴与工件表面的距离保持5 ~ 15mm。

⑤ 焊接大厚度工件时采用氩气与氦气的混合气体(70% He)。

⑥ 对中厚铝板可不进行焊前预热。当板厚 >25mm或环境温度低于 -10℃时，则应预热工件至100℃，以保证开始焊接时能焊透。

⑦ 使用熔化极脉冲氩弧焊时，可焊接厚度至1mm的薄板。

⑧ 可采用焊丝送进速度达400m/h的普通焊车和焊接机头进行自动焊或半自动焊。

⑨ 为了提高生产率，在焊接厚板时希望使用大电流，即在喷射过渡的基础上，再继续

大大地提高焊接电流密度，以形成大电流熔化极氩弧焊。

（2）熔化极氩弧焊焊接参数。

① 手工熔化极氩弧焊的焊接参数见表 6 - 56。

表 6 - 56　　手工熔化极氩弧焊的焊接参数

板厚/mm	焊丝直径/mm	喷嘴直径/mm	焊接电流/A	电弧电压/V	氩气流量/（L/min）	焊接层数（正面/反面）
8	2.0	20	180 ~ 280	20 ~ 27	25	2/1
10	2.0	20	280 ~ 300	27 ~ 29	25	2/1
12	2.0	20	280 ~ 310	27 ~ 30	25	1/1
14	2.5	20	300 ~ 320	29 ~ 31	30	1/1
16	2.5	20	320 ~ 350	30 ~ 33	30	1/1
18	2.5	20	350 ~ 400	32 ~ 36	40	1/1
20	2.5	20	400 ~ 450	36 ~ 38	50	1/1
22	2.5	20	430 ~ 470	36 ~ 42	50	1/1

注：表列数据适用于纯铝。焊接铝 - 镁、铝 - 锰合金时，电流降低 20 ~ 40A，电压降低 2 ~ 4V，氩气流量增加 10 ~ 15L/min。

② 机械化熔化极氩弧焊的焊接参数见表 6 - 57。

表 6 - 57　　机械化熔化极氩弧焊的焊接参数

板厚/mm	焊丝直径/mm	喷嘴直径/mm	焊接电流/A	电弧电压/V	氩气流量/（L/min）	焊接速度/（m/h）	焊接层数（正面/反面）
8	2.5	22	300 ~ 320	28 ~ 30	30 ~ 33	25 ~ 18	1/1
10	3.0	22	300 ~ 330	25 ~ 27	30 ~ 33	15 ~ 28	1/1
12	3.0	28/17	310 ~ 330	26 ~ 28	30 ~ 33	15 ~ 18	1/1
16	4.0	28/17	380 ~ 420	28 ~ 32	35 ~ 40	15 ~ 20	1/1
20	4.0	28/17	480 ~ 520	28 ~ 32	35 ~ 40	15 ~ 20	1/1
25	4.0	28/17	490 ~ 550	29 ~ 32	40 ~ 60	15 ~ 20	1/1
28	4.0	28 ~ 30	550 ~ 580	30 ~ 32	40 ~ 60	13 ~ 15	1/1

注：表列数据适用于纯铝。焊接铝 - 镁、铝 - 锰合金时，电流增加 20 ~ 40A，氩气流量增加 10 ~ 15L/min；表中"喷嘴直径"栏，分母为分流套直径；坡口形式，厚度 <16mm 时，为 I 形坡口；厚度 >16mm 时，采用大钝边 90° 双 V 形坡口，钝边高约为板材厚度的 1/2。

4）点焊和焊缝

（1）焊接工艺要点。

① 目前点焊或缝焊多用来焊接搭接板总厚度为 4mm 以下的构件。点焊时，焊前所装配的板件应紧密贴合，每 100mm 长之间的间隙不得超过 0.3mm。

② 焊接热处理强化的铝合金和厚度较大的（如 2.0mm + 2.0mm）非热处理强化的铝合金时，为了消除熔核出现裂纹和缩孔的倾向，应选取有锻压和二次脉冲电流的焊接参数。

③ 点焊刚度较大的结构时，应该选有预压力的焊接参数。

④ 铝合金板的焊点最小间距一般大于板厚的 8 倍，铝合金点焊最小的搭边宽度、焊点

间距和排间距离见表 6-58。

表 6-58　铝合金点焊最小的搭边宽度、焊点间距和排间距离　　　单位：mm

板　厚	最小搭边宽度	焊点最小间距	排间最小距离
0.5	9.5	9.5	6
1.0	13	13	8
1.6	19	16	9.5
2.0	22	19	13
3.2	29	32	16

⑤ 缝焊焊接铝及铝合金时，在焊接回路中必须保证通过很大的焊接电流；滚轮电极的压力与焊接同样厚度的低碳钢时的压力相接近；焊接速度比焊接钢的速度低($v=0.5\sim1.0$m/min)，焊接速度随被焊工件厚度的增加而减小。

⑥ 焊接塑性较好的铝及铝合金应采用较小的焊接压力。

⑦ 为防止飞溅，可以适当增加焊接压力和焊接时间（较软的规范）。

（2）点焊和焊缝的焊接参数。

① 铝及铝合金单相交流点焊的焊接参数见表 6-59。

表 5-59　铝及铝合金单相交流点焊的焊接参数

焊接厚度/mm	电极直径/mm	球面电极半径/mm	电极压力/N	焊接电流/kA	通电时间/s	焊点核心直径/mm
0.4+0.4	16	75	1470~1764	15~17	0.06	2.8
0.5+0.5	16	75	1764~2254	16~20	0.06~0.10	3.2
0.7+0.7	16	75	1960~2450	20~25	0.08~0.10	3.6
0.8+0.8	16	100	2254~2842	20~25	0.10~0.12	4.0
0.9+0.9	16	100	2646~2940	22~25	0.12~0.14	4.3
1.0+1.0	16	100	2646~3724	22~26	0.12~0.16	4.6
1.21+1.2	16	100	2744~3920	24~30	0.14~0.16	5.3
1.5+1.5	16	150	3920~4900	27~32	0.14~0.16	6.0
1.6+1.6	16	150	3920~5390	32~40	0.18~0.20	6.4
1.8+1.8	22	200	4018~6860	36~42	0.20~0.22	7.0
2.0+2.0	22	200	4900~6860	38~46	0.20~0.22	7.6
2.3+2.3	22	300	5390~7644	42~50	0.20~0.22	8.4
2.5+2.5	22	200	4900~7840	56~60	0.20~0.24	9.0

② 2A12CZ 和 7A04CZ 铝合金在直流冲击波焊机上的点焊的焊接参数见表 6-60。

表 6-60　2A12CZ 和 7A04CZ 铝合金在直流冲击波焊机上的点焊的焊接参数

板厚/mm	焊接电流/A	通电时间/s	焊接压力/N	锻压力/N	电极球面半径/mm
1.5	38000	0.16	5000~6000	2000	75
2.0	47000	0.22	6500~7000	22500~25000	100

板厚/mm	焊接电流/A	通电时间/s	焊接压力/N	锻压力/N	电极球面半径/mm
3.0	56000	0.30	8000 ~ 8500	25000 ~ 30000	100
3.5	64000	0.35	9000 ~ 9500	30000 ~ 35000	100
4.0	75000	0.35	9500 ~ 11000	40000 ~ 45000	100

注：2A12CZ 和 7A04CZ 为淬火自然时效状态。

③ 3A21 铝合金在交流焊机上缝焊的焊接参数见表 6 – 61。

表 6 – 61　3A21 铝合金在交流焊机上缝焊的焊接参数

板厚/mm	焊接电流/A	通电时间/s	每分钟脉冲数	滚轮压力/N	滚轮边缘球面半径/mm	焊接速度/(m/min)
0.5	21000	0.02 ~ 0.04	500 ~ 750	2500	75	0.8 ~ 1.2
0.8	25000	0.02 ~ 0.04	375 ~ 600	3000	75	0.8 ~ 1.2
1.0	29000	0.04 ~ 0.06	375 ~ 600	3500	75	0.8 ~ 1.2
1.2	33000	0.04 ~ 0.08	300 ~ 500	4000	75	0.8 ~ 1.2
1.5	38000	0.04 ~ 0.08	300 ~ 500	4500	100	0.8 ~ 1.2
2.0	41000	0.06 ~ 0.10	250 ~ 375	5000	100	0.8 ~ 1.2

④ 铝合金在直流脉冲缝焊机上缝焊的焊接参数见表 6 – 62。

表 6 – 62　铝合金在直流脉冲缝焊机上的缝焊的焊接参数

板厚/mm	滚轮圆弧半径/mm	步距(点距)/mm	3A21、5A03、5A06				2A12、7A04			
			电极压力/kN	焊接时间/周	焊接电流/kA	每分钟点数	电极压力/kN	焊接时间/周	焊接电流/kA	每分钟点数
1.0	100	2.5	3.5	3	49.6	120 ~ 150	5.5	4	48	120 ~ 150
1.5	100	2.5	4.2	5	49.6	120 ~ 150	8.5	6	48	100 ~ 120
2.0	150	3.8	5.5	6	51.4	100 ~ 120	9.0	6	51.4	80 ~ 100
3.0	150	4.2	7.0	7	60.0	60 ~ 80	10	7	51.4	60 ~ 80
3.5	150	4.2	—	—	—	—	10	8	51.4	60 ~ 80

⑤ 镀铝钢板缝焊的焊接参数见表 6 – 63。

表 6 – 63　镀铝钢板缝焊的焊接参数

每块板厚/mm	敢接电流/kA	焊接速度/(m/min)	滚轮工作面宽度/mm	电极压力/N	焊接时间/周	
					脉冲	休止
0.9	20	2.2	4.8	3800	2	2
1.2	23	1.5	5.5	5000	2	2
1.6	25	1.3	6.5	6000	3	2

5）铝合金的电渣焊

铝合金的电渣焊主要用于电力工业中的大断面铝线的焊接。铝板板极电渣焊的焊接参数见表 6-64。铝板电渣焊用的焊剂配方见表 6-65。

表 6-64　铝板板极电渣焊的焊接参数[①]

铝板厚度/mm	80	100	120	160	220
电弧电压/V	30~33	30~35	30~35	31~35	32~35
焊接电流/A	3200~3500	4500~5000	5500~6000	8000~8500	10000~11000
板极断面/$\dfrac{A}{mm} \times \dfrac{B}{mm}$	30×60	30×70	30×90	29×140	29×190
装配间隙/mm	50~55	50~60	50~65	55~65	60~65
始焊时加入焊剂量/g	500	700	800	1250	1600
焊接速度/(m/h)	4.00	4.00	3.75	3.75	3.70

注：① 焊接过程中，为补充焊剂损耗，保证渣池深度不变，应不断添加一定量的焊剂。

表 6-65　铝板电渣焊用的焊剂配方　　　　　　　　单位:%（质量分数）

成分	NaCl	KCl	Na_3AlF_6	LiF	SiO_2	NaF	$MgCl_2$	MgF_2	备注
国内	30	50	20	—	—	—	—	—	工业纯
国外	50	—	—	25	—	25	—	—	化学纯
	—	30	—	30	—	—	30	10	
	50	—	—	42	8	—	—	—	
	15~35	35~60	15~30	1~10	—	—	—	—	

3. 铝及铝合金焊后清理

焊后的铝及铝合金焊接接头及其附近区域，会残存焊接熔剂和焊渣，应在焊后 1~6h 之内认真做好清理工作，否则，残存的焊接熔剂和焊渣，在空气中的水分作用下，会加快腐蚀铝及铝合金表面的氧化膜，从而也使铝及铝合金焊缝受到腐蚀性破坏。

铝及铝合金常用的焊后清洗方法见表 6-66，除有特殊要求外，其他焊接方法也适用。

表 6-66　铝及铝合金常用的焊后清洗方法

清洗方案编号	清洗内容与方法
1	在 60~80℃ 热水中用硬毛刷将焊缝正背两面仔细刷洗
2	重要焊接结构：在 60~80℃ 热水中用硬毛刷仔细刷洗焊缝正背两面；用体积分数为 2%~3% 的 60~80℃ 稀铬酸水溶液浸洗 5~10min，热水冲洗并干燥
3	在 60~80℃ 热水中刷洗，用体积分数为 50% 的硝酸和体积分数为 2% 的重铬酸混合液清洗 5min，热水冲洗并干燥
4	用体积分数为 10% 的硝酸溶液，在 15~20℃ 下浸洗 10~20min；用体积分数为 10% 温度为 60~65℃ 的硝酸溶液中浸洗 5~16min，冷水冲洗并干燥

第五节　铜及铜合金的焊接

一、铜及铜合金的焊接特点

（1）铜的热导率大，焊接时有大量的热量被传导损失，容易产生未熔合和未焊透等缺陷，因此，焊接时必须采用大功率热源，工件厚度 >4mm 时，要采取预热措施。

（2）由于线胀系数大，凝固时收缩率也大，焊接构件易产生变形，当工件刚度较大时，则有可能引起焊接裂纹。

（3）铜在液态时易氧化，生成的氧化亚铜（Cu_2O）和铜形成低溶点共晶体分布在晶界，易引起热裂纹。用于焊接的纯铜含氧量一般应≤0.03%，重要件应≤0.01%。

（4）铜在液态时能溶解大量的氢，在凝固冷却过程中，溶解度大大减小，过剩的氢来不及逸出，就在焊缝和熔合区聚集形成气孔。同时氢还能和氧化亚铜反应，生成水气（H_2O），易引起气孔。

（5）由于铜的热导率高，要获得成形均匀的焊缝宜采用对接接头，而 T 形接头和搭接接头不推荐。

（6）焊接黄铜时，由于锌沸点低（906℃），易蒸发和烧损，会使焊缝中的含锌量降低，从而降低接头的强度和耐蚀性。向焊缝中加入硅和锰，可减少锌的损失。

（7）铜及铜合金在熔焊过程中，晶粒会严重长大，使接头塑性和韧性显著下降。

（8）液态铜表面张力小，流动性较大，成型较困难。

（9）焊接过程中会产生锰、锌及氧化亚铜等蒸汽，对工人健康有影响，应严加预防。

（10）铜及铜合金随成分不同，其导热性和导电性差异较大，焊接性也不同，铜及铜合金的相对热导性、导电性与焊接性见表 6 - 67。含铅的铜合金一般不用于焊接。

二、铜及铜合金的焊接工艺

1. 焊接材料的选择

1）不同焊接方法的焊接材料选择

铜及铜合金的焊接材料选择见表 6 - 68。

表 6 - 67　铜及铜合金的相对导热性、导电性与焊接性

名　　称		主要成分（质量分数）/%	相对[①]导热性/%	相对[②]导电性/%	相对焊接性							
					钨极气电焊	熔化极气电焊	焊条电弧焊	埋弧焊	碳弧焊	等离子弧焊	气焊	点焊
纯铜	无氧铜	99.95Cu	100	101	较好	较好	不推荐	较好	尚可	较好	不推荐	差
	电解铜	99.9Cu, 0.04O₂	100	101	尚可	尚可						
	磷脱氧铜	99.9Cu, 0.008P	99	97	好	好				尚可		
		99.0Cu, 0.02P	87	85	好	好						

续表

名　称		主要成分（质量分数）/%	相对[①]导热性/%	相对[②]导电性/%	相对焊接性								
					钨极气电焊	熔化极气电焊	焊条电弧焊	埋弧焊	碳弧焊	等离子弧焊	气焊	点焊
黄铜	低锌黄铜	95Cu，5Zn	60	56	较好	较好				较好		差
		80Cu，20Zn	36	32	较好	较好						尚可
	黄铜	70Cu，30Zn	31	28	尚可	尚可	不推荐	尚可	尚可	尚可	较好	较好
		60Cu，40Zn	31	28								
	锡黄铜	71Cu，28Zn，1Sn	28	25								尚可
	锰黄铜	58.5Cu，39Zn，1.4Fe，1Sn，0.1Mn	27	24								好
	铝黄铜	77.5Cu，20.5Zn，2Al	26	23								尚可
	镍黄铜	65Cu，25Zn，10Ni	12	9								好
青铜	锡磷青铜	98.7Cu，1.3Sn(0.2P)	53	48	较好	较好	尚可	—	—	尚可	不推荐	尚可
		90Cu，10Sn(0.2P)	13	11	较好	较好	尚可	—	—	尚可	—	好
	铝青铜	89Cu，7Al，3.5Fe	14	12	较好	好	较好	—	—	较好	不推荐	—
	硅青铜	98.5Cu，1.5Si	15	12	好	好	尚可	—	—	好	—	好
	高导电铍青铜	96.9Cu，0.6Be，2.5Co	53~56	45	尚可	尚可	尚可	—	—	尚可	—	尚可
	高强度铍青铜	98.1Cu，1.9Be	27~33	22	较好	较好	较好	—	—	较好	—	好
白铜	镍白铜	70Cu，30Ni	8	46	好	好	好	—	—	好	—	好
		88.6Cu，10Ni，1.4Fe，1.0Mn	12	9	好	好	较好	—	—	好	—	尚可

注：① 以无氧铜的导热性为100%计算，碳钢的导热性为13%，可作比较；

② 相对 LACS（国际退火铜标准）的比值。

表6-68　铜及铜合金的焊接材料选择

焊接方法	焊接材料	母　材				
		纯　铜	黄　铜	锡青铜	铝青铜	白铜
气焊	焊丝	HS201、HS202或与母材同	HS221、S222、S224	与母材同	与母材同	—
	熔剂	CJ301	硼砂20%、硼酸80%或硼酸甲酯75%、甲醇25%	CJ301	CJ401	—

焊接方法	焊接材料	母材				
		纯 铜	黄 铜	锡青铜	铝 青 铜	白铜
焊条电弧焊	电焊条	T107、T237、T227、T207	T207、T227、T237	T227	T237	T237
碳弧焊	焊丝	HS201、HS202 或与母材同	HS221、HS222、HS224	—	与母材同	—
	熔剂	CJ301	硼砂 94%、镁粉 4%	—	氯化钠 20%、冰晶石 80%	—
钨极氩弧焊	焊丝	HS201、HS202 或含 Si、P 的纯铜丝	HS221、HS222、HS224 或 QSi3 – 1	与母材同	与母材同	与母材同
熔化极氩弧焊	焊丝	含 Si、P 的纯铜丝	高锌黄铜采用锡青铜为焊丝，低锌黄铜采用硅青铜为焊丝	与母材同	与母材同	与母材同
埋弧焊	焊丝	HS201、HS202 或磷脱氧铜	H62 黄铜采用 QSn4 – 3	—	HSCuAl	—
	焊剂	HJ431、HJ150、HJ260	HJ431、HJ150、J260	—	HJ431 HJ150	—

2）异种铜及铜合金焊接时焊接材料的选择

异种铜及铜合金焊条选择见表 6 – 69。

表 6 – 69　异种铜及铜合金焊条选择

铜及铜合金类别	纯 铜	黄 铜	硅 青 铜	锡 青 铜
铝 青 铜	T207、T227	T207、T227、T237	T207、T237	T227、T237
锡青铜	T107、T227	T227、T237	T207、T227	—
硅青铜	T107、T227	T207、T237	—	—
黄铜	T207、T227	—	—	—

2. 气焊

1）气焊工艺要点

（1）焊前应仔细清除焊丝和被焊工件的氧化膜、水和油污脏物。其他焊接方法也应进行焊前清理，清除方法见第二章第六节一所述。

（2）工件装配时应沿焊接方向每隔 100mm 增大 0.5 ~ 1.0mm 预留根部间隙。

（3）焊接时可在背面放置经预热干燥的石墨或石棉垫板。

（4）一般均采用左焊法施焊，焊接厚度较大的纯铜构件时，也可采用右焊法施焊。

（5）采用大能率的火焰，焊接铜件厚度为 3 ~ 4mm 时，火焰能率按 1mm 厚、气体流量为 150 ~ 175L/h 进行确定；焊接厚度为 8 ~ 10mm 的金属时，火焰能率按每 1mm 厚、气体流量为 175 ~ 225L/h 确定。厚板进行上坡焊，倾斜角度为 7° ~ 8°。

（6）焊接纯铜和青铜用中性焰，火焰应覆盖熔池。焊接纯铜时，焰芯距熔池表面 3 ~

5mm，焊接黄铜时，焰芯距熔池表面 5～10mm，焊接青铜时焰芯距熔池表面 7～10mm。焊接不能中断，尽可能采用最大的焊接速度。不允许重复加热焊缝金属。

（7）薄纯铜件焊缝不预热，焊后立即锤击、中等厚度的纯铜焊缝预热到 500～600℃ 也可进行锤击，锤击后再进行热处理（加热到 500～600℃ 后水冷）可改善焊接接头的力学性能。

（8）气焊铜及铜合金时，气焊火焰性质、预热温度与焊后热处理见表 6－70。

表 6－70　气焊火焰性质、预热温度与焊后热处理

母　　材	火焰性质	预热温度/℃	焊后处理/℃
纯铜	中性	400～500（中、小件） 600～700（厚、大件）	500～600 水韧处理
黄铜	中性或弱氧化性	1. 薄板不预热； 2. 翼板工件预热 400～500； 3. 板厚 >15mm，预热 550	退火：270～560
锡青铜	中性	300～400	焊后缓冷
铝青铜	中性	500～600	焊后锤击或退火

2）焊接参数

纯铜气焊的焊接参数见表 6－71。焊接时采用中性火焰、右焊法，使用 CJ301 气焊溶剂和 HS201 或 HS202 焊丝。

表 6－71　纯铜气焊的焊接参数

板厚/mm	焊丝直径/mm	焊嘴号数	乙炔流量/（L/h）
≤1.5	1.5	H01－2，4.5 号嘴	150
>1.5～2.5	2	H01－6，3.4 号嘴	350
>2.5～4	3	H01－12，1.2 号嘴	500
75>4～8	5	H01－12，2.3 号嘴	750
>8～15	6	H01－12，3.4 号嘴	1000

黄铜气焊的焊接参数见表 6－72。焊接时采用轻微的氧化焰或中性焰，左焊法，在操作中应尽量避免高温焰芯与熔池金属直接接触，以防黄铜中锌的氧化烧损和有害气体的溶解。焊接时应使用 HJ301 气焊熔剂和 HS221、HS222、HS224 焊丝。

表 6－72　黄铜气焊的焊接参数

板厚/mm	焊丝直径/mm	焊枪型号	乙炔流量/（L/h）		焊缝层数
			焊嘴	预热嘴	
1～2.5	2	H01－2	100～150	—	1
3～4	3	H01－2	100～350	—	2
4～5	4	H01－6	225～350	225～350	2
6～10	4	H01－12	500～700	500～750	1
	6～8				1
	8				正面1，反面1

续表

| 板厚/mm | 焊丝直径/mm | 焊枪型号 | 乙炔流量/（L/h） | | 焊缝层数 |
			焊嘴	预热嘴	
>12	6	H01－12	700～1 000	750～1 000	1
	8				2
	8				3
	9				正面2，反面1

3. 焊条电弧焊

1）焊接工艺要点

（1）使用直流反极性进行焊接，采用短弧，焊条一般不做横向摆动，但应做直线往复运动。

（2）焊接对接接头时，需使用金属垫板或石棉垫板。纯铜工件厚度 >3mm，需预热 400～500℃。黄铜工件厚度 >14mm 时，需预热 250～350℃；锡青铜厚件或刚度大的工件需预热 150～200℃；含铝 <7% 的铝青铜厚件需预热温度 <200℃，含铝 >7% 的铝青铜厚件需预热温度 <620℃；硅青铜、白铜不预热。

（3）更换焊条或焊接过程中断时，应尽快恢复焊接，保持焊接区有足够的温度。长焊缝采用快焊接速度分段退焊法施焊，多层焊必须彻底清除焊道间焊渣。

（4）纯铜和青铜焊后也可采用锤击焊缝的方法来改善焊接接头的力学性能。

（5）厚度 <4mm 的铜件，焊接时不开坡口；厚度达 10mm 时，开单面坡口，坡口角度为 60°～70°。钝边为 1.5～3mm；焊接大厚度工件时，开 X 形坡口。

（6）焊条 T207 和 T227 焊前烘干温度为 200～250℃，保温 2h。

（7）对铜和大多数铜合金的焊接，由于其接头性能较差，故一般不推荐采用焊条电弧焊。铜及铜合金焊条电弧焊的预热与焊后热处理见表 6 - 73。

表 6 - 73　铜及铜合金焊条电弧焊的预热与焊后热处理

母　材	预热与焊后热处理
纯铜	母材厚度 >3mm，预热 400～500℃
黄铜	预热 250～350℃，重要工件不推荐采用焊条电弧焊
锡青铜	预热 150～200℃，焊道间温度 <200℃，焊后加热至 480℃，并快速冷却
铝青铜	母材 $w(\mathrm{Al})$ <7%，厚件预热 <200℃，焊后不热处理
	母材 $w(\mathrm{Al})$ >7%，厚件预热 <620℃，焊后可按 620℃ 退火
硅青铜	不预热，焊道间温度 <100℃
白铜	不预热，焊道间温度 <70℃

2）焊条电弧焊焊接参数

铜及铜合金焊条电弧焊的焊接参数见表 6 - 74。

表6-74　铜及铜合金焊条电弧焊的焊接参数

材料	板厚/mm	坡口形式/mm	焊条直径/mm	焊接电流/A	备注
纯铜	2	I	3.2	110~150	
	3	I	3.2~4.0	120~200	
	4	I	4	150~220	
	5	V	4~5	180~300	
	6	V	4~5	200~350	
	8	V	5~7	250~380	
	10	V	5~7	250~380	铜及铜合金焊条电弧焊所选用的电流一般可按公式 $I=(35~45)d$(其中 d 为焊条直径)来确定:
黄铜	2	I	2.5	50~80	
	3	I	3.2	60~90	1. 随着板厚增加,热量损失增大,焊条电流选用高限,甚至可能超过直径5倍;
铝青铜	2	I	3.2	60~90	
	4	I	3.2~4.0	120~150	2. 在一些特殊情况下,工件的预热受限制,也可适当提高焊接电流予以补充
	6	V	5	230~250	
	8	V	5~6	230~280	
	12	V	5~6	280~300	
锡青铜	1.5	I	3.2	60~100	
	3	I	3.2~4.0	80~150	
	4.5	V	3.2~4.0	150~180	
	6	V	4~5	200~300	
	12	V	6	300~350	
白铜	6~7	I	3.2	110~120	平焊
	6~7	V	3.2	100~115	平焊和仰焊

4. 埋弧焊

1）焊接工艺要点

（1）采用直流反接,焊丝伸出长度30~40mm。

（2）被焊接头处和焊丝必须仔细进行清理,直至露出金属光泽。焊接材料,如焊剂、石墨垫板在焊前要烘干。

（3）厚度<2mm的铜及铜合金可不预热和不开坡口进行单面焊或双面焊,大厚度最好开U形坡口,钝边为5~8mm。

（4）为了防止液态金属的流失和获得理想的焊缝反面成形,应采用石墨垫板或焊剂垫。

（5）焊接黄铜时采用青铜丝或黄铜丝作为焊丝。厚度接近20mm的黄铜可不开坡口,采用两面焊进行焊接；厚度<12mm的黄铜,采用单道进行焊接；当厚度>14mm时,应开V形或X形坡口。

（6）焊接青铜时,为了改善焊缝成形消除焊缝表面的缺陷,焊剂层应有一定的厚度,采用大颗粒的焊剂(2.3~3.0mm)。

2）埋弧焊焊接参数

铜及铜合金埋弧焊的焊接参数见表6-75。

表 6 – 75　铜及铜合金埋弧焊的焊接参数

材料	板厚/mm	接头，坡口形式	焊丝直径/mm	焊接电流/A	电弧电压/V	焊接速度/（m/s）	备　注
纯铜	5 ~ 6	对接不开坡口	—	500 ~ 550	38 ~ 42	45 ~ 40	—
	10 ~ 12		—	700 ~ 800	40 ~ 44	20 ~ 15	—
	16 ~ 20		—	850 ~ 1000	45 ~ 50	12 ~ 8	—
	25 ~ 30	对接 U 形坡口	—	1000 ~ 1100	45 ~ 50	8 ~ 6	—
	35 ~ 40		—	1200 ~ 1400	48 ~ 55	6 ~ 4	—
	16 ~ 20	对接单面焊	—	850 ~ 1000	45 ~ 50	12 ~ 8	—
	25 ~ 30		—	1000 ~ 1100	45 ~ 50	8 ~ 6	—
	35 ~ 40	角接 U 形坡口	—	1200 ~ 1400	48 ~ 55	6 ~ 4	—
	45 ~ 60		—	1400 ~ 1600	48 ~ 55	5 ~ 3	—
黄铜	4	—	1.5	180 ~ 200	24 ~ 26	20	单面焊
	4	—	1.5	140 ~ 160	24 ~ 36	25	双面焊
	8	—	1.5	360 ~ 380	36 ~ 38	20	单面焊
	8	—	1.5	260 ~ 300	29 ~ 30	22	封底焊缝
	12	—	2.0	450 ~ 470	30 ~ 32	25	单面焊
	12	—	2.0	360 ~ 375	30 ~ 32	25	封底焊缝
	18	—	3.0	650 ~ 700	32 ~ 34	30	封底焊缝
	18	—	3.0	700 ~ 750	32 ~ 34	30	第二道
铝青铜	10	V 形坡口	焊剂层厚度 25	450	35 ~ 36	25	双面焊
	15	V 形坡口	25	550	35 ~ 36	25	第一道
	15	V 形坡口	30	650	36 ~ 38	20	第一道
	15	V 形坡口	30	650	36 ~ 38	25	封底焊缝
	26	X 形坡口	30	750	36 ~ 38	25	第一道
	26	X 形坡口	30	750	36 ~ 38	20	第二道

5. 氩弧焊

1）焊接工艺要点

（1）钨极氩弧焊（TIC 焊）。

① 厚度 <3mm 的工件，可用 I 形坡口，大厚度的铜件开 V 形或 X 形坡口，坡口角度 60° ~ 70°。

② 电弧的引燃在石墨板或不锈钢板上进行，当电弧稳定燃烧后再移至焊接处。

③ 采用短弧（3 ~ 5mm）焊接，工件反面加垫板，采用左焊法，电极向前倾斜，与工件成 80° ~ 90°角，填充焊丝倾斜角度为 10° ~ 15°。钨极伸出长度为 5 ~ 7mm。

④ 焊嘴不摆动，开始焊接速度应较小，多层焊时第一层焊缝不宜太大。

⑤ 焊接黄铜时，由于锌的蒸发会影响氩气的保护效果，故应适当加大喷嘴直径和氩气流量。

（2）熔化极氩弧焊（MIG 焊）。

① 厚度 >12mm 的工件，一般采用熔化极氩弧焊，工件反面均应加垫板。

② 采用直流反接，铜件最好开 V 形或 X 形坡口。

③ 焊接黄铜时，使用含铝和含磷的青铜作为焊丝，并采用低电压和小电流防止锌蒸发。

④ 流动性较差的铜合金、铝青铜、硅青铜、镍白铜等，可用细丝熔化极氩弧焊，并使焊缝处于立焊或仰焊位置。

2）焊接参数

（1）铜及铜合金钨极氩弧焊的焊接参数见表 6 - 76。

表 6 - 76　铜及铜合金钨氩弧焊的焊接参数

母材	工件厚度/mm	坡口形式	焊丝直径/mm	钨极		焊接电流/A	电源极性	氩气流量/(L/min)
				材料	直径/mm			
纯铜	<1.5	I 形	2.0	铈钨极	2.5	140 ~ 180	直流正接	6 ~ 8
	2.0 ~ 3.0		3.0		2.5 ~ 3.0	160 ~ 280		6 ~ 10
	4.0 ~ 5.0	V 形	3.0 ~ 4.0		4.0	250 ~ 350		8 ~ 12
	6.0 ~ 10.0		4.0 ~ 5.0		5.0	300 ~ 400		10 ~ 14
黄铜锡黄铜	1.2	端接	—		3.2	185	直流正接	7
	2.0	V 形				180		
锡磷青铜	<1.6	I 形	1.6 ~ 4.0		3.2	90 ~ 150	直流正接	7 ~ 14
	1.6 ~ 3.2					100 ~ 220		
铝青铜	<1.6	I 形	1.6		1.6	25 ~ 80	交流	9 ~ 13
	3.2		4.0		4.5	210		
	9.5	V 形				210 ~ 330		13
硅青铜	1.6	I 形	1.6		1.6	100 ~ 120	交流	7
	3.2					130 ~ 150		
	6.4		3.2		3.2	250 ~ 350	直流正接	9
	9.5	V 形				230 ~ 280		
	12.7					250 ~ 300		
镍白铜	<3.2	I 形	3.2		4.7	300 ~ 310	直流正接	12 ~ 14
	3.2 ~ 9.5	V 形						

注：纯铜厚度 4 ~ 5mm，预热 100 ~ 150℃；6 ~ 10mm，预热 300 ~ 500℃。

（2）铜合金机械化钨极氩弧焊的焊接参数见表 6 - 77。

表 6 - 77　铜合金机械化钨极氩弧焊的焊接参数

母材	板厚/mm	电源种类及极性	焊接电流/A	焊接速度/(m/h)	氩气流量/(L/min)	备注
硅青铜	0.3 ~ 1.2	直流正接	80 ~ 140	54 ~ 72	6 ~ 17	—
	1.5 ~ 3.0		90 ~ 210	42 ~ 54		
	3		250	45 ~ 50	6 ~ 17	加填充焊丝
白铜	3	直流正接	310 ~ 320	37 ~ 45	12 ~ 17	加填充焊丝

（3）铜及铜合金熔化极氩弧焊的焊接参数见表6–78。

表6–78　铜及铜合金熔化极氩弧焊的焊接参数

母　材	工件厚度/mm	坡口			焊丝直径/mm	焊接电流(直流反应)/A	电弧电压/V	氩气流量/(L/min)	预热温度/℃
		形式	钝边/mm	间隙/mm					
纯铜	3.2	I形	—	0	1.6	310	27	14	—
	6.4				2.4	460	26		93
	12.7	V形	3~2	0~3.2	1.6	400~425	32~36	14~16	200~260
			0~3.2			425~450	35~40		425~480
			6.4	0	2.4	600	27	14	200
低锌黄铜	3.2~12.7	V形		0	1.6	275~285	25~28	12~13	—
高锌黄铜(锡、镍黄铜等)	3.2	I形		0	1.6	275~280	25~28	14	—
	9.5~12.7	V形	0	3.2					
铝青铜	3.2	I形	—	0	1.6	280~290	27~30	14	—
	9.5~12.7	V形	0	3.2					可稍加热
硅青铜	3.2	I形	—	0	1.6	260~270	27~30	14	—
	9.5~12.7	V形		3.2					
白铜	3.2	I形	—	0	1.6	280	27~30	14	—
	9.5~12.7	V形	0~0.08	3.2~6.4					

第七章 建筑钢结构及其管道的焊接生产

第一节 轻型建筑钢结构的生产工艺

一、建筑钢结构的应用范围

1. 焊接建筑结构的应用范围(表7-1)。

表7-1 焊接建筑结构的应用范围

建筑结构分类	焊接结构或构件
工业建筑	(1)重工业厂房:包括冶金工业的冶炼、轧钢厂房,重型机构制造业的铸钢、水压机、锻压、大型装配厂房;造船业的船体制造及装配车间;飞机制造业的装配车间等,这些建筑的全部或部分承重结构,可以是全钢厂房(钢柱、钢吊车梁、钢屋架及其支撑体系),也可以部分采用钢结构,如采用钢吊车梁、钢屋架及其支撑体系等; (2)平台结构:在上述的厂房、车间中的加料平台结构,化工工业系统中的工作平台结构等; (3)仓库建筑:如大型工业产品散装及原料仓库的全部或部分承重结构; (4)小型货棚:承重结构可以采用轻型刚架、轻钢桁架等; (5)货架:可以采用冷弯薄壁型钢结构
民用建筑	(1)大跨共公建筑:如大、中型体育馆、展览馆、游乐中心、商场、火车站、剧院等建筑的全部或主要承重结构,如采用刚架、平板网架、拱及网壳结构等; (2)多层及高层建筑:高层旅馆、办公楼、公寓、商业贸易中心等建筑,可以采用全钢的多层或高层钢框架结构,也可以采用部分承重钢结构,如这些建筑中的中庭部分的屋盖结构多数采用钢网架等; (3)中小型房屋的屋盖结构。跨度在15~24m的食堂、俱乐部、文化宫等建筑的屋盖可采用钢桁架、平板网架等

2. 不宜采用焊接钢结构的情况

(1)当重级工作制的吊车梁、吊车桁架或类似结构采用 Q235F 钢(3 号沸腾钢)时。

(2)轻中级工作制的吊车梁、吊车桁架或类似结构采用 Q235F 钢,且冬季计算温度等于或低于 -20℃时。

(3)当其他承重结构采用 Q235F 钢且冬季计算温度等于或低于 -30℃时。

二、建筑钢结构的制造工艺

1. 建筑用钢结构的特点

建筑用钢结构是由角钢、槽钢、工字钢、圆管等组装成六面体或多面体的细长框架结构。其中每一面都是由杆件如角钢、槽钢等,通过多次正交刚性节点组合成端面。每个端面均由多个小方框组成平面方框结构。建筑结构主要承受压力和弯曲。因此钢结构的制造精度是主要问题。

2. 钢结构的制作过程

钢结构制作的基本流程如图 7-1 所示，具体方法及设备说明见表 7-2。

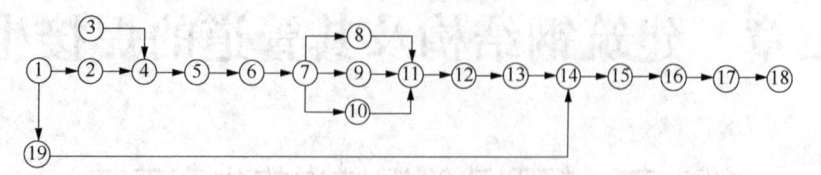

图 7-1 钢结构制作的基本流程

表 7-2 钢结构制作的方法及设备

序号	工序名称	具体方法	所需设备
1	材料验收	化学成分检验、力学试验、几何尺寸测定	化验设备、拉力机、冲击韧性试验机
2	材料堆放	—	吊车
3	材料矫正	调直、校平	校直机
4	放样	以实际尺寸或比例尺划出样板	尺、规、经纬仪
5	号料	按放样在原材料上划出实样	样板
6	切割	冲、剪、锯、气割、等离子切割	冲床、剪板机、锯床、多头切割机、等离子切割机
7	矫正	—	矫正机
8	成形	模衬、热弯	油压机等
9	加工	铣、刨、铲	铣床、刨床、碳弧气刨等
10	制孔	冲、钻	冲床、钻床
11	装配	—	吊车
12	焊接	自动焊、二氧化碳气体保护焊、手工焊	埋弧自动焊接机。二氧化碳保护焊接机，普通交、直流电焊机
13	后处理	—	校直机、千斤顶
14	总体试装	—	吊车
15	除锈	喷砂、喷丸、钢丝刷除锈	喷砂机、喷丸机、电动刷
16	油漆包装	喷漆、刷漆	喷漆机、烘干机
17	库存	—	吊车
18	出厂	—	—
19	辅助材料准备	—	—

1）备料加工

零件加工包括钢材备料、矫正、构件放样、切割、制孔、边缘加工、摩擦面处理和弯曲成形等工序。

（1）钢材备料的技术要求。

① 钢材备料的品种、规格和质量应符合原设计要求和国家现行有关标准规定，应具有质量证明书，钢材的订货长度应考虑构件的长度，减少不必要的拼接和边角料，代用钢材的化学成分和力学性能应满足原设计要求。

② 如钢材在运输过程中产生较大变形，加工前必须进行矫正，使之平直。可采用冷矫正或热矫正，热矫正温度和冷矫正的最小曲率半径及最大弯曲矢高应符合 GB 50205—2001 的规定。

（2）放样、号料和切割。制作轻型钢结构（构件）时，首先需按施工图以 1∶1 放样，有起拱要求的应按规定值起拱，然后求出各型材和板件的尺寸，制作样杆和样板。有较长焊缝的构件或端部需进行机加工的构件以及有特殊要求的构件，号料时均应根据焊接变形和加工需要留有余量。号料余量通常可按下列规定采用：对接焊缝沿焊缝长度方向每米留 0.7mm；对接焊缝垂直于焊缝方向每个对口留 1mm；格构式结构的角焊缝按每米 0.5mm 计；加工余量按工艺要求确定，一般可取 3～5mm。

切割轻型钢或钢板可采用机械切割或气割，通常可根据具体要求和实际条件进行选择（表 7-3）。轻型钢的切割面应垂直于轴线，切割线与号料线的偏差不得大于 2mm；端部的斜度不得大于 2°。切口有毛刺或熔渣时应用砂轮机磨光。气割前应清楚切割区表面的铁锈及污物，气割后应清除熔渣和飞溅物。

表 7-3　轻型钢切割方法分类比较表

类　别	使用设备	特点及使用范围
机械气割	剪板机型钢剪断机	切割速度快，切口整齐，切割成本低，设备投资高，切割型材时，可根据截面形状、尺寸不同更换剪刀
	砂轮锯、无齿锯（摩擦锯）	切割速度快，切口整齐（后者易出毛刺），切割成本低，设备投资少，可切割不同形状、不同尺寸的型材，但噪声高、灰尘大，适于小批量生产
	锯床	切口整齐，效率低，速度慢，设备投资较少
气割	自动切割机	利用氧气或等离子流，按仿形或数控进行切割，切口整齐，速度快，成本较高，设备投资较高。适用于钢板切割
	手工切割	方法简单，操作方便，成本低，切口精度较差。适用于施工现场

（3）矫正和成形。轻型钢通常采用型钢撑直机或锤子自矫直，因其壁较薄，矫直时须加设垫块。矫直后的轻型钢，其弯曲矢高不得大于其长度的 1/1000，且不宜大于 5mm；型钢截面形状畸变值不得大于肢宽的 1/100。

轻型钢弯曲加工时易发生截面形状畸变，故设计时宜尽量避免采用需大角度弯曲加工轻型钢的结构形式。确需采用时，宜切断翼缘和卷边后再弯曲，在成形后将切断的部位重新焊接，必要时还需加连接板对切口补强。

（4）制孔。高强度螺栓应采用钻孔，孔径比螺栓公称直径 d 大 1.5～2.0mm（摩擦型连续）或 1.0～1.5mm（承压型连续）。小直径高强度螺栓（M12～M16）的孔径通常比螺杆公称直径大 1.5mm。

孔的允许偏差应符合有关规定，如孔径 0～1.0mm；圆度 2.0mm；中心线垂直度 ≤ 2.0mm；孔距的允许偏差按表 7-4 的规定。

表 7 - 4　孔距的允许偏差　　　　　　　　单位：mm

项　目	孔　距			
	≤500	500 ~ 1200	1200 ~ 3000	>3000
同一组内相邻两孔间	±0.7	—	—	—
同一组内任意两孔间	±1.0	±1.5	—	—
相邻两组的端孔间	±1.5	±2.0	±2.5	±3.0

注：孔的分组规定如下：

1. 在节点中连接板与一杆件相连的所有连接孔为一组。

2. 平接头以半个拼接板上的孔为一组；阶梯接头以两接头之间的孔为一组。

3. 两相邻节点或接头间的连接孔为一组，但不能包括上述 1、2 所指的孔。

4. 受弯构件翼板上的连接孔，以每 1m 长度范围内的孔为一组。

板上所有的孔，均应采用试孔器检查，其通过率规定如下：用小于孔径 1.0mm 的试孔器检查，通过率应≥85%；用小于孔径 0.2 ~ 0.3mm 的试孔器检查，通过率应为 100%。

（5）采用高强度螺栓连接的构件，必须对连接的摩擦面进行处理，使摩擦系数达到设计要求，可采用喷砂（丸）、酸洗、打磨等方式，必要时可加涂无机富锌漆，处理好的摩擦面不得有飞边和污物。

2）组装和拼装

轻型钢结构（构件）进行组装和工地拼装，一般均应采用胎膜或夹具，组装平台和拼装平台的胎模应测平，并加以固定，使构件重心轴线位于同一水平面内，其误差不得大于 3mm。组装时应按设计图样严格控制几何尺寸：结构的工作线与杆件的重心轴线（或螺栓中心线）应交汇于节点中心，其误差不得大于 3mm；各杆件重心轴线交点的误差不得大于 3mm；杆件长、宽、高度的尺寸误差一般应控制在其公称尺寸的 1/1000 以内，且不得大于 5mm；板之间应密贴；杆件搭接和对接时的错缝或错边均不得大于 0.5mm；构件之间连接孔中心线的位差不得大于 2mm；拼装时应防止杆件弯扭，拼装杆件表面中心线的偏差不大于 3mm。拼装时，有衬垫的接头衬垫应与母材密贴；无衬垫的接头应按设计要求留出接头间隙，以保证焊透。定位焊的位置应在焊缝的内部，不得将钢材烧穿；此外，所用焊接材料应与正式焊接用的相同。

3）焊接

轻型钢结构件的壁较薄，但比较宽，焊接时易烧伤母材，产生咬边、塌陷、烧穿、变形等缺陷；单面焊时易发生焊瘤或未焊透；反复加热或持续加热使过热区的晶粒粗大，导致母材强度降低。因此，焊接轻型钢结构件时必须严格控制热输入，正确使用焊接夹具，采用正确的焊接顺序，选用合适的焊接设备以保证焊缝质量。

轻型钢结构件的焊接，可采用焊条电弧焊、二氧化碳气体保护焊、电阻点焊等，压型钢板间可采用电弧点焊；组合结构中常采用螺栓焊（栓焊）。焊接前应将焊接部位的铁锈、污垢、积水等清除干净。对接焊或沿圆周焊时，不得在同一位置起弧灭弧，而应在盖过起弧处一段距离后方能灭弧，也不得在钢材的非焊接部位和焊缝端部起弧、灭弧，构件上所有焊缝的弧坑必须填满，钢材上不得有肉眼可见的咬边，施焊后必须清除焊缝表面的熔渣。为了保证焊缝质量，宜采用平焊。对接焊缝施焊时，应根据具体情况采用适宜的措施（如预留空隙、垫衬板单面焊及双面焊等），以保证焊透。

（1）焊条电弧焊。焊条电弧焊是所有焊接方法中最基本、历史最久、方便灵活、适用范围广、较常用的一种焊接方法。但焊条电弧焊要经常换焊条，接头多，多出现夹渣、气孔等缺陷，同时要求操作技能高，因此，可采用二氧化碳气体保护焊代替焊条电弧焊。

（2）二氧化碳气体保护焊。二氧化碳气体保护焊是用二氧化碳气体保护电弧区，以阻断空气对熔池的侵害，保证焊缝质量的一种焊接方法。焊接轻型钢结构件时，尽量采用半自动二氧化碳气体保护焊。该焊接方法接头少，连续焊，不用敲焊渣，除具有高效、优质、低成本外，明弧便于观察，机动灵活，已得到广泛应用。

此外，还有电阻点焊、氩弧焊、埋弧焊等。

4）焊接质量检验

电弧焊焊缝质量检验包括外观质量（外观缺陷、焊缝形状及尺寸等）检查和内部质量（如气孔、夹渣、裂纹、未焊透、未熔合等）检验两个方面。电阻点焊的焊点质量主要根据外观检查和试板质量评定结果确定。外观检查主要检验焊点外观缺陷，试板质量评定应对试板进行拉、剪破坏性试验，以测定焊点的承载能力和检验焊点的内部质量。

5）构件验收

轻型钢结构件制作完成后，应按设计图样和有关标准、规范的要求，对构件的尺寸进行检验。轻型钢结构件的尺寸允许偏差，檩条尺寸的允许偏差及组合构件尺寸的允许偏差应符合有关标准要求。轻型钢结构件经检验合格后，按设计要求进行除锈及防腐处理。

三、超高层建筑焊接箱形柱的制造工艺

超高层建筑的柱子约70%采用箱形柱结构。箱形柱由4块板组成，如图7-2所示。四道角焊缝按强度要求分段设计成全焊透坡口和局部焊透坡口两种形式。箱形柱内设有横隔板，主要横隔板与腹板采用熔嘴电渣焊进行焊接，普通横隔板与腹板采用三面焊接。箱形柱外侧与各楼层高度处设有与横梁连接的腹板，柱与柱之间的连接采用焊接和螺栓联接相结合的形式。

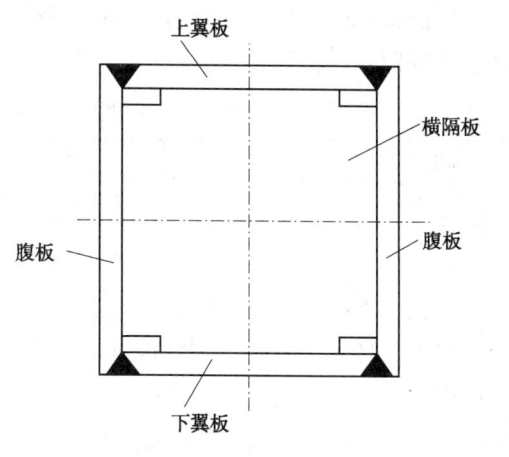

图7-2　箱形柱断面结构示意

1. 箱形柱备料

箱形柱的下料采用自动切割机，开坡口方法为半自动切割V形坡口，下料完成后进行校正。为保证柱板拼装准确，需制备组装胎膜，组装顺序为：首先以上翼板为基准，然后放出横隔板与腹板的装配线，进行U形装配，最后组装下翼板，组装完成后进行焊接。柱身主体焊接采用埋弧焊，横隔板焊接采用焊条电弧焊，箱形柱焊接完成后进行矫正。箱形柱涂装严格按标准除锈、刷油，箱形柱制作完成后由专职检验人员进行检验、编号。其施工工艺流程如下：下料—放样号料—装配、焊接—矫正型钢—除锈—油漆—安装。

（1）号料。根据图样要求合理排料，提高材料利用率。下料时，在长度方向预留切割余量，一般不超过30mm，宽度方向控制在±2mm。

（2）钢板拼接。钢板拼接时应采用引弧板和引出板（其材质、厚度、坡口与焊件相同），并保证焊透。引弧板和引出板切割时，应用砂轮磨平接缝两端的焊疤。焊缝余高不得超过

2mm，不得低于母材表面。焊缝余高超出范围要用角向磨光机进行修磨，焊缝凹陷时要进行焊补，拼接焊缝按一级焊缝要求。钢板拼接焊缝，先用焊条电弧焊进行打底焊接，然后用埋弧焊焊接。焊接完毕，在反面气刨、打磨清根。严禁在焊缝的装配间隙中填加金属条或焊条等。焊接前应将坡口和施焊表面上的熔渣、油污、铁锈和其他影响焊接质量的杂物清理干净，拼接 24h 之后要进行无损探伤检测。钢板拼接时当钢板厚度 $12\text{mm} \leq \delta < 20\text{mm}$ 时采用单面坡口全熔透焊接，坡口的角度为 $60°$，误差为 $\pm 5°$，钝边为 4mm；当钢板厚度 $\delta \geq 20\text{mm}$ 时采用双面 X 形坡口全熔透焊接，坡口的角度为 $60°$，钝边为 4mm。腹板的拼接长度不应小于 600mm，翼板拼接长度应不小于 2 倍的板宽。

（3）切割。切割前，应将钢材表面切割区域内的铁锈、油污等清除干净。钢板切割时要预留气割的切口宽度，一般为板厚 $\leq 10\text{mm}$，切口宽度为 $1 \sim 2\text{mm}$；板厚为 $10\text{mm} \leq \delta < 20\text{mm}$ 时，切口宽度为 2.5mm；板厚为 $20\text{mm} \leq \delta < 40\text{mm}$ 时，切口宽度为 3.0mm。切割后，切口上不得有裂纹和大于 1.0mm 的缺棱，并应清除切口边缘的熔瘤、飞溅物等。对于不等板厚的变截面柱，下料前应将不等厚度的钢板拼接后再进行气割下料。

2. 坡口加工

按图样要求加工腹板、翼板、端板的坡口。坡口采用半自动切割机切割，用磨光机修磨。同一箱形柱的腹板与翼板的坡口角度为 $60°$（厚度小于 20mm 的只在腹板开坡口，坡口角度为 $45° \sim 50°$），柱顶板坡口角度为 $45°$。

不同板厚的钝边要求见表 7 - 5，要求全熔透的焊缝部位为 $0 \sim 2\text{mm}$，部分熔透的部位根据板厚确定。

表 7 - 5　不同板厚的钝边要求　　　　　　　　　　单位：mm

板厚	16	20	22 ~ 25	30	32
钝边	4	8	10	12	14

3. U 形装配

腹板、横隔板与上翼板的组装如图 7 - 3 所示。先检查上翼板的长度、宽度并划出中心线，根据图样划出隔板、端板位置，然后组装隔板、端板，必须保证隔板、端板与上翼板垂直居中。

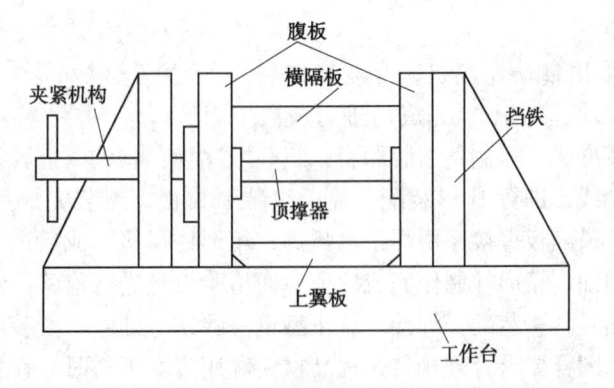

图 7 - 3　U 形组装横截面示意

隔板组装时，在需要熔透的部位（隔板之间、隔板上下各 600mm 范围内），两端部各 100mm 加衬板；腹板与翼板对正，保证箱形柱端面平行。在"牛腿"位置避免钢板拼接焊缝存在。装配时应将钢板矫平后再组装，钢板平面控制在 3mm 以内，腹板及隔板的顶面平面度控制在 2mm 以内；当隔板间距小于 300mm 时，无法实施双面焊，应加衬板并预留 2～5mm 的间隙，并保证焊透。

4. 箱形柱装配

（1）检查上翼板，其弯曲度及平面度应不超过 2mm，同时检查 U 形装配上平面的平面度应不超过 2mm。

（2）箱形柱装配时，翼缘板对接焊缝错开距离宜大于 500mm。装配时翼板腹板必须压紧，不能留间隙。

（3）构件点焊时，点焊高度不宜超过焊缝设计高度的 2/3，点焊间距以 300～500mm 为宜，焊材选择必须与母材匹配。

（4）箱形柱组装允许偏差见表 7-6。

表 7-6　箱形柱组装允许偏差　　　　　　　　　单位：mm

内　　容	允许偏差	内　　容	允许偏差
箱形柱截面高度	±2.0	箱形柱对角线差	3.0
宽度	±2.0	隔板与腹板的错位	1.0
垂直度	$B/150$		

5. 箱形柱电渣焊

（1）熔嘴及焊材选择。当箱形柱材料选 Q345B 时，则熔嘴为 20 钢，规格为 $\phi 12mm \times 3mm$，熔嘴长度比工件长 200mm。焊丝为 H10Mn2，焊丝直径 $\phi 3.2mm$。

（2）焊接参数选择。焊接电流 I 为 480～550A，电弧电压 U 为 33～48V，送丝速度为 1.9cm/min。

（3）焊道两端应加引弧，引出套筒。

（4）同一隔板两侧的电渣焊应同时施焊，电渣焊焊缝简图如图 7-4 所示，熔嘴应保证在焊道的中心位置。焊接过程中，应随时检查熔嘴是否在焊道的中心位置，严禁熔嘴和焊丝过偏，焊接时不得中断。

（5）焊缝收尾时，应适当减小焊接电流，并断续送进焊丝，将焊缝引到引出套筒上收弧。

（6）焊接完成后，必须经过超声波探伤，2级焊缝合格。

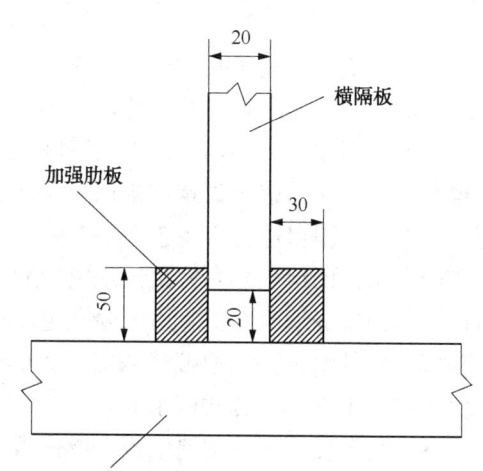

图 7-4　隔板与腹板电渣焊接缝简图

6. 箱形柱埋弧焊

（1）采用埋弧焊时应加引弧板、引出板。引弧板、引出板必须超出构件焊缝 80mm 以上。

（2）焊剂使用前必须按照规定进行烘焙。焊丝不得有锈、油污等污物。

（3）箱形柱主焊缝焊接时以埋弧焊为主，坡口组对间隙过大时可采用气体保护焊打底。

（4）焊接参数：焊丝直径 4.0mm，焊丝 H10Mn2 配合 HJ431，第一层焊接电流 750～

850A，电弧电压 33～35A。第二层焊接电流 600～700A，电弧电压 36～38V，焊接速度为30～70cm/min。

（5）多层施焊时应选择合理顺序，如图 7-5 所示，用龙门焊接辅助装置，采用两台机头，同时同向对称焊接同一侧钢板的两条焊缝 2～3 遍，然后翻转工件焊另一侧的两条焊缝 4～6 层，依次焊满为止。

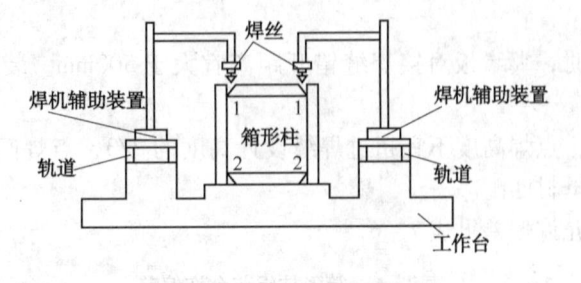

图 7-5　焊接顺序示意

四、建筑钢结构冬期低温焊接工艺

（1）钢结构的制作和安装在冬季施工时应严格依据有关钢结构冬季施工规定执行。

（2）钢构件正温制作负温安装时，应根据环境温度的差异考虑构件收缩量，并在施工中采取调整偏差的技术措施。

（3）参加负温钢结构施工的电焊工应经过负温度焊接工艺培训，考试合格，并取得相应的合格证。

（4）负温下使用的钢材及有关连接材料须附有质量证明书，性能符合设计和产品标准的要求。负温下使用的焊条外露不得超过 2h，超过 2h 重新烘焙。焊条烘焙次数不超过 3 次。

（5）端头为焊接接头的构件下料时，应根据工艺要求预留焊缝收缩量，多层框架和高层钢结构的多节柱还要预留荷载使柱子产生压缩的变形量。

（6）普通碳素结构钢工作地点温度低于 -20℃、低合金钢工作地点温度低于 -15℃时，不得剪切、冲孔。普通碳素结构钢工作地点温度低于 -16℃，低合金结构钢工作地点温度低于 -12℃时，不得进行冷矫正和冷弯曲。

（7）构件的组装必须按工艺规定的顺序进行，由里向外扩展组拼。焊接结构如在负温下组拼时，预留焊缝收缩值宜由试验确定。点焊缝的数量和长度由计算确定。

（8）零件组装必须把接缝两侧各 50mm 内的铁锈、毛刺、泥土、油污、冰雪清理干净，并保持接缝干燥，没有残留水分。

（9）负温度下焊接中厚钢板、厚钢板、厚钢管的预热温度可由试验确定。

（10）在负温度下，构件组装定型后进行焊接时，应严格按焊接工艺规定进行，由于焊接的起始点和收尾点比常温更易产生未焊透和积累各种缺陷，因此，单条焊缝的两端必须设置引弧板和熄弧板。引弧板和熄弧板的材料应和母材一致。严禁在母材上引弧。

（11）负温度下厚度大于 9mm 的钢板应分层焊接，焊缝应由下往上逐层堆焊。为了防止温度降得太低，原则上一条焊缝要一次焊完，不得中断。再次施焊时，应先进行处理，清除焊接缺陷，合格后方可按焊接工艺规定继续施焊。

（12）在负温度下露天焊接钢结构时，宜搭设临时护棚。雨水、雪花严禁飘落在炽热的焊缝上。

（13）在低于0℃的钢构件上涂刷防腐涂层前，应进行涂刷工艺试验。涂刷时必须将构件表面的铁锈、油污、边沿孔洞的飞边毛刺等清除干净，并保持构件表面干燥。为了加快涂层干燥速度，可用热风、红外线照射干燥。干燥温度和时间由试验确定。雨雪天气或构件上有薄冰时不得进行涂刷工作。

第二节　梁、柱结构的制造工艺

一、概述

1. 梁、柱的截面形式

梁和柱是金属结构中的基本元件，是承受载荷的主要构件。其中，受力时承受弯曲的构件称为梁，承受压缩的构件称为柱。

梁和柱均是由钢板和型钢焊接成形的构件。常见的是工字形（或 H 形）和箱形成截面的梁和柱。

1）工字形截面的梁和柱

工字形截面的梁和柱，都是由三块板组成，上、下为翼板，中间为腹板。仅仅在相互位置、薄与厚、宽与窄、有无筋板等方面有所区别，通过 4 条焊缝连接组成了工字形截面的梁和柱。若一根梁上受力情况不同时，可沿梁的长度方向上改变梁的截面，制成变截面梁。

2）箱形截面的梁和柱

箱形梁和柱的截面形状为长方形和正方形，由 4 块板焊接而成。

（1）箱形梁适用于同时受水平、垂直弯矩或力矩的场合，因刚性大，能承受较大的外力作用，箱形梁为封闭形的长方形状。

（2）箱形柱截面多为正方形状，其壁厚较箱形梁厚，也是通过 4 条焊缝连结而成。

为了提高梁和柱的整体和局部刚性以及稳定性，常在其内部设置筋板和隔板来实现稳定性。梁中的筋板设置比较复杂，制造（主要是焊接）较困难。柱中的隔板，由于板较厚，箱体又是封闭的，所以，要想把壁板与筋板焊透，困难较大。

2. 梁、柱焊接接头的坡口形式

根据梁、柱的结构特点和要求，所有拼接接头均为对接接头，胶板与翼板连接为 T 形角接头，方形截面箱形柱 4 块板间连接为 L 形角接接头。

1）拼板焊接坡口

由于大型梁和柱使用的板材均较厚，而且要求全焊透，无论哪种焊接方法，都要保证焊接质量和焊后的平直度。所以一般均选择 X 行坡口，如图 7 - 6 所示，为提高生产效率考虑使用埋弧自动焊。

2）腹板与翼板之间的"T"形角焊坡口

根据受力大小不同，坡口形式有部分焊透和全焊透两种，如图 7 - 7 所示。

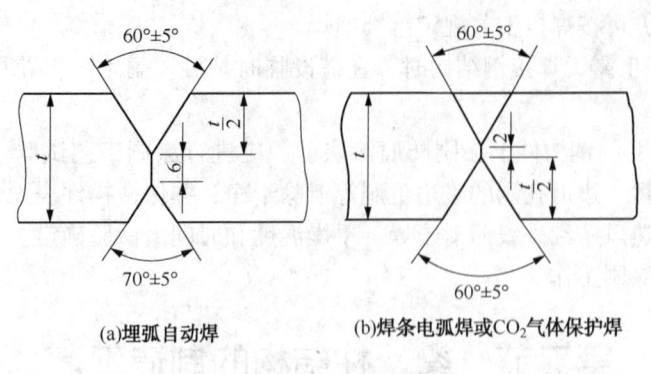

(a)埋弧自动焊　　　　　　(b)焊条电弧焊或CO₂气体保护焊

图 7 – 6　梁、柱拼板焊接坡口

当板厚≤18mm，焊角尺寸≤12mm 时，可不用开坡口，如图 7 – 7(a)所示；当板厚 >18mm，焊角尺寸 >12mm 的角焊缝，可采用部分焊透的角接接头，坡口形式如图 7 – 7(b)所示，焊后引起的角变形较小些。要求全焊透的角接接头坡口形式根据选用的焊接方法不同，可分别采用如图 7 – 7(c)、(d)、(e)所示的坡口。如工字形截面的角接接头采用埋弧自动焊的坡口形式，如图 7 – 7(c)所示。采用焊条电弧焊或 CO₂ 气体保护焊的坡口形式如图 7 – 7(d)所示。对于长方形箱形截面的"T"形角接接头，由于箱形梁内有横向筋板(或隔板等)就不可能采用埋弧自动焊工艺，如果用"K"形坡口，在箱内采用焊条电弧焊或 CO₂ 气体保焊，焊后初应力、初变形都比较大，不利于控制箱梁整体变形，同时还要清根(焊补焊缝时)，劳动强度大，生产效率低。改"K"形坡口为单面 V 形坡口加钢衬垫[图 7 – 7(e)]，可采用埋弧自动焊，既能保证焊接质量，提高生产效率，而且大大减轻了劳动强度，同时又有利于控制焊接变形。

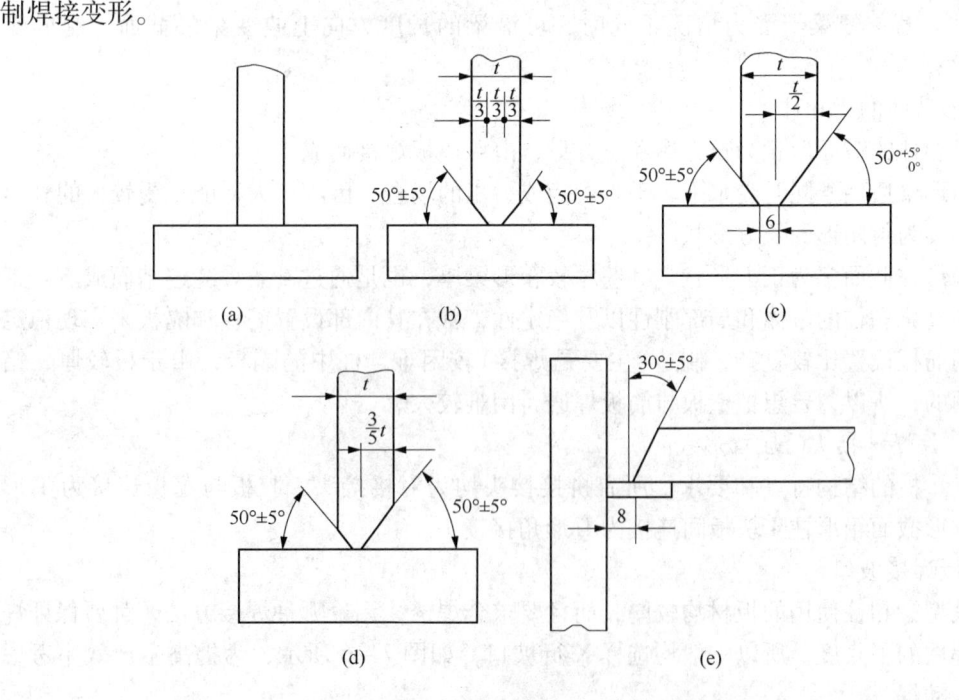

图 7 – 7　T 形角接接头焊接坡口

(a)、(b) 部分焊透；(c)、(d)、(e) 全焊透

对于箱形梁内安装的构件与翼板形成的全焊透 T 形面接头，构件之间的距离小于 400mm 的节点，只能采用焊条电弧焊，其坡口形式如图 7-8(a) 所示。板较厚时，还要进行多层多焊道。如果是低合金高强度钢，焊前还要预热。在这样焊位狭小且高温下操作，很难达到焊接质量要求。此外，外缝焊前还需清根。

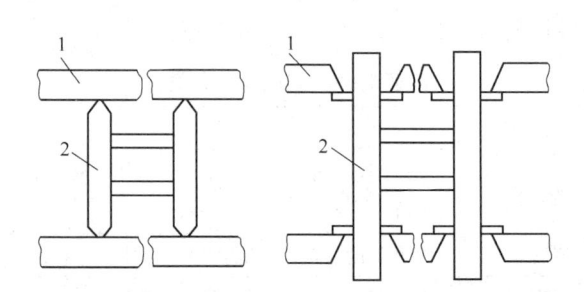

(a)全焊透T形角接头坡口形式　　(b)单V形钢衬垫单面焊坡口形式

图 7-8　狭小位置 T 形节点坡口形式

1—面板；2—腹板

为满足焊透要求，将其坡口改成如图 7-8(b) 所示的单面 V 形坡口加钢衬垫，这样可采用埋弧自动焊工艺，既改善了作业环境，又提高了焊接生产效率，同时也保证焊透的焊接质量。

3）筋板与壁板的焊接坡口

正方形的箱行柱内筋板与壁板的 T 形角焊缝要求全焊透。对于最后一块壁板盖上去后，与筋板形成的一条 T 形角焊缝，无法进行焊条电弧焊，在实际生产中采用熔嘴电渣方法进行焊接，其坡口形式如图 7-9 所示。

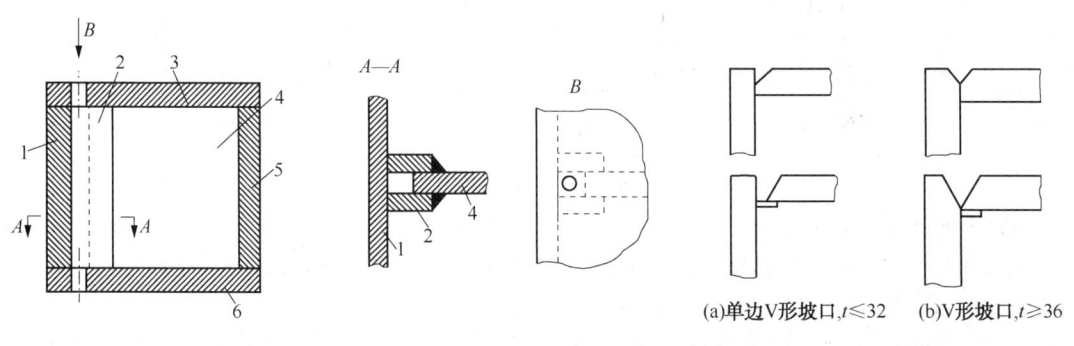

图 7-9　正方形箱柱隔板与壁板熔嘴电渣焊接头形式

1—壁板；2—钢衬垫；3—翼板；4—隔板；

5—壁板；6—翼板

(a)单边V形坡口，$t \leqslant 32$　(b)V形坡口，$t \geqslant 36$

图 7-10　正方形箱柱 L 形角

接接头坡口形式

4）正方形、箱形柱的焊接坡口

正方形箱形柱的结构特点是板厚，内部空间窄小。为防止焊接变形，必须先将箱形柱的 4 块壁板(或称为两块翼板和两块腹板)装配成一封闭的钢体结构后，才能进行 4 条 L 形角接接头的焊接。对于重要节点和有抗震要求的正方形箱形柱焊接接头需全焊透。全焊透和部分焊透的接头坡口形式根据板厚来选取，如图 7-10 所示。当板厚≤32mm 时，坡口形式为单边 V 形，如图 7-10(a) 所示；当板厚≥36mm 时，为防止通过板厚方向来传递力时可能引起层状撕裂，坡口形式选为 V 形坡口，如图 7-10(b) 所示。

二、梁的焊接

1. 梁的分类、构造及其连接

1）梁的分类

根据梁的截面形状和端面形状的不同，梁的分类也不同，见表 7 - 7。

表 7 - 7　梁的外形分类

分类标准	类　别	特　点
根据截面形状分类	工字梁	工字梁由三块板组成，只需焊接 4 条角焊缝，结构简单，焊接工作量小，应用最为广泛
	箱形梁	箱形梁的端面形状为封闭形，整体结构刚度大，可以承受较大外力
根据端面形状分类	等截面梁	等截面梁的结构简单，制造方便
	变截面梁	变截面梁主要是根据梁长度方向上的受力大小不同，通过改变盖板的厚度、腹板的宽度或腹板的外形来达到梁截面尺寸的变化

2）梁的构造

梁的组成方法很多，如利用钢板拼接焊而成的板焊结构梁，利用轧制型材（包括工字钢、槽钢或角钢等）焊接而成的型钢结构梁，还可以利用钢板和型钢焊接成组合梁。图 7 - 11 列举了几种梁的构造。

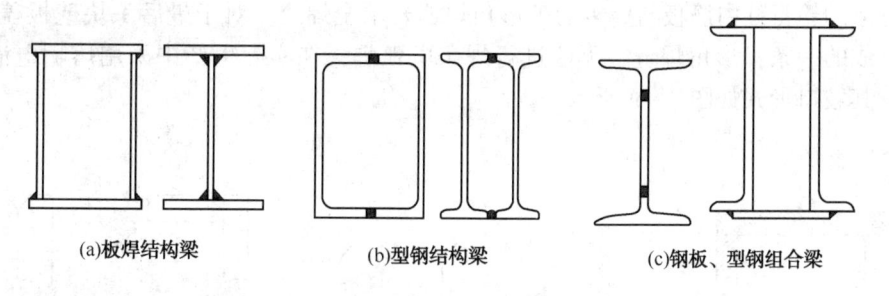

(a)板焊结构梁　　　　　　(b)型钢结构梁　　　　　(c)钢板、型钢组合梁

图 7 - 11　梁的构造

3）梁的腹板、肋板设置

在大断面工字梁和箱形梁上，一般设有腹板纵向加强筋和肋板竖向加强筋，以提高其整体稳定性。在设置竖向加强筋时，应注意以下几点：

（1）在加强筋靠近主角焊缝侧应进行切角，以避免加强筋的角焊缝与主要焊缝重叠相交。

（2）加强筋与受压侧盖板焊接角焊缝。

（3）加强筋与受拉侧盖板应顶紧，并与盖板不进行焊接，为了保证其顶紧，有的设置楔形垫板。

4）梁的连接

（1）梁与梁的对接。梁与梁的对接包括上、下盖板的对接和腹板的对接。一般盖板的对接坡口朝上，平位施焊；腹板的对接焊缝立位施焊，腹板厚度较薄时，开单面坡口，如果腹板厚度较厚，可开双面坡口。

（2）梁与梁的 T 形连接。

① 工字梁与工字梁的 T 形连接包括横梁盖板与主梁盖板的对接，以及横梁腹板与主梁腹板的角接。

工字梁与工字梁的 T 形连接，一般在主梁的两侧都有连接，如果只在主梁的一侧连接时，则需要在主梁的另一侧增加加劲板结构，以增加梁的刚度。

② 箱形梁的 T 形连接包括横梁盖板、腹板与主梁盖板间角焊缝。

箱形梁与箱形梁的 T 形连接时，在正对横梁处的主梁内侧需设置横向加强筋及隔板。

2. 梁的焊接施工

1）工字梁的焊接施工

（1）工字梁的组装。工字梁的组装方法分为卧式组装和立式组装，见表 7-8。

表 7-8　工字梁的组装方法

组装方法	操作要求	适用范围
卧式组装	卧式组装时需制作组装胎具。组装时需要将工字梁的腹板平置，再将两盖板置于腹板两侧，采用顶紧装置将盖板与腹板顶紧，然后进行定位焊接	适于工字形杆件的批量组装
立式组装	立式组装就是将工字梁的一个盖板平置，然后将腹板竖向与盖板组对，形成 T 字形梁后，再将另一个盖板平置，将 T 字形梁翻身后，腹板与盖板组对	适于少量大断面工字形杆件的组装

（2）工字梁的焊接。工字梁焊接时应首先进行 4 条主角焊缝的焊接，一般采用埋弧焊的船位焊接。为了保证梁上的拱度，应先对下盖板侧的角焊缝进行焊接，然后焊接上盖板侧的角焊缝。待工形盖板的焊接变形修整后，再组装腹板上加强筋。可采用 CO_2 气体保护焊焊接加强筋的角焊缝，焊接时应从梁长度方向的中间向两端进行对称焊接，对于有顶紧要求的加劲板，应从顶紧端向另一端焊接。

2）箱形梁的焊接施工

（1）箱形梁的组装（装配）。箱形梁组装时，应先将一侧盖板置于平台上，然后组对隔板，接着组装两侧腹板形成槽形，焊接隔板的三面角焊缝，最后在槽形上组装另一盖板形成箱形。如图 7-12 所示。

（2）箱形梁的焊接。

① 主角焊缝的焊接。箱形杆件组成槽形后，可采用 CO_2 气体保护焊焊接隔板的三面角焊缝，应对称焊接。扣盖组成箱形后，焊接箱形的 4 条主角焊缝，主角焊缝一般采用埋弧焊。为了防止箱形杆件产生扭曲变形，4 条主角焊缝应同向焊接，同一腹板侧两条主角焊缝对称焊接。

② 焊缝坡口根部焊道的焊接。其焊接顺序如图 7-13 所示。为了便于埋弧焊焊接操作，也可以将 2~3 根截面相同的箱形杆

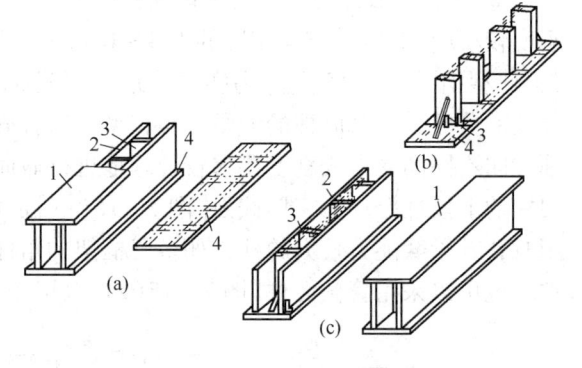

图 7-12　箱形梁的装配
1,4—翼板；2—腹板；3—肋板

件并排在平台上一起顶紧焊接，焊接时可利用刚性固定的方法，有利于控制杆件的扭曲变形。

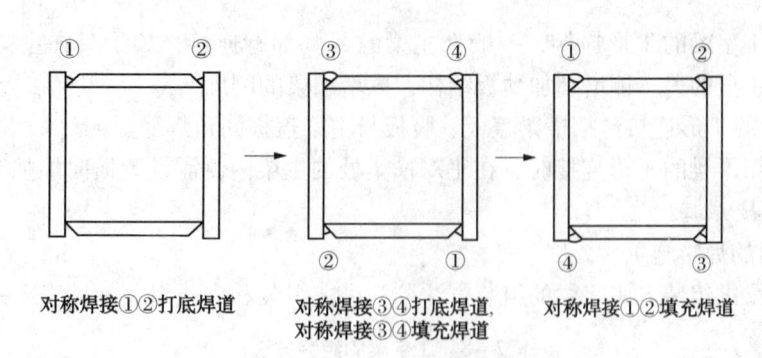

图 7 - 13　箱形梁主角焊缝的焊接顺序

三、柱的焊接

1. 柱的分类与结构组成

1) 柱的分类

(1) 根据柱的截面形状可分为等截面柱、实腹式截面柱和格构式截面柱。

① 等截面柱。等截面柱一般用作工作平台柱，无起重机或起重机起重量 $Q < 15t$、柱距 $l \leqslant 12$ 的轻型厂房中的框架柱等，如图 7 - 14 所示。

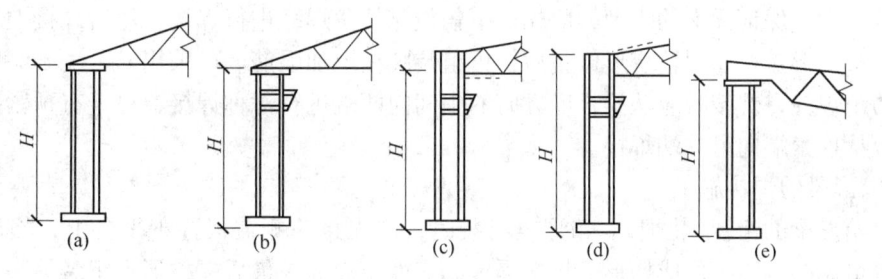

图 7 - 14　等截面柱

② 实腹式截面柱。实腹式截面柱见图 7 - 15。热轧工字钢[图 7 - 15(a)]在弱轴方向的刚度较小(仅为强轴方向刚度的 1/4 ~ 1/7)，适用于轻型平台柱及分离柱柱肢等；焊接(或轧制)H 型钢[图 7 - 15(b)]为实腹柱最常用截面，适用于重型平台柱、框架柱、墙架柱及组合柱的分肢、变截面柱的上段柱等；型钢组合截面[图 7 - 15(c)、(d)、(e)]可按强轴、弱轴方向不同的受力或刚度要求较合理地进行截面组合，适用于偏心受力并荷载较大的厂房框架柱的下段柱等；十字形截面[图 7 - 15(f)]适用于双向均要求较大刚度及双向均有弯矩作用时，其承载能力较大的柱，如多层框架的角柱以及重型平台柱等；当由观感或其他特殊要求时也可以采用管截面柱[图 7 - 15(g)、(h)]。

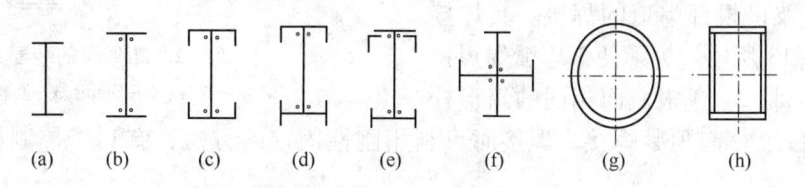

图 7 - 15　实腹式截面柱

③ 格构式截面柱。格构式组合柱截面见图 7-16。当柱承受较大弯矩作用，或要求较大刚度时，为了合理用材宜采用格构式组合截面。

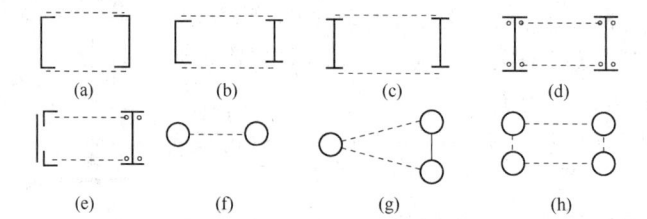

图 7-16　格构式截面柱

格构式组合截面一般由每肢为型钢截面的双肢组成，当采用钢管（包括钢管混凝土）组合柱时，也可采用三肢或四肢组合截面[图 7-16(g)、(h)]。格构柱的柱肢之间均由缀条或缀板相连，以保证组合截面整体工作。

槽钢组合截面[图 7-16(a)]可用于平台柱，轻型钢架柱及墙架柱等；带有 H 型钢或工

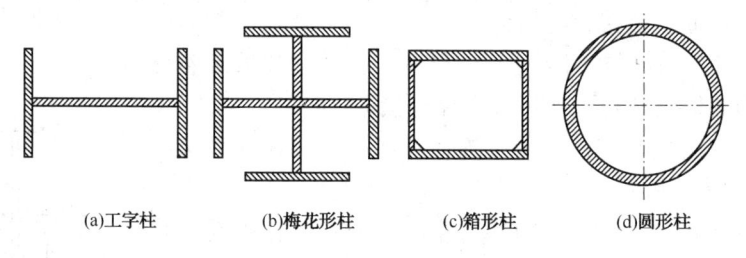

(a)工字柱　　(b)梅花形柱　　(c)箱形柱　　(d)圆形柱

图 7-17　柱的断面形状

字钢的组合截面[图 7-16(b)~(e)]是有起重机厂房阶形变截面格构柱下段柱最常用的截面，图 7-16(b)、(e)为边列柱截面，其双肢分别为支撑屋盖肢及支承起重机肢；图 7-16(c)、(d)为中列柱截面，其双肢均为支撑起重机肢；钢管组合截面[图 7-16(g)、(h)]分别为边列或中列厂房变截面柱所采用截面。

（2）根据断面形状的不同，柱可分为工字柱、梅花形柱、箱形柱和圆形柱等，其断面形状见图 7-17。

（3）根据柱的结构可分为阶形柱和分离式柱。

① 阶形柱。阶形柱为单层工业厂房中的主要柱型，亦可分为实腹式柱[图 7-18(b)]和格构式柱[图 7-18(a)、(c)、(d)、(e)]两种。由于起重机梁（或起重机桁架）支撑在下段柱顶而形成上下段柱的阶形突然变化。其上段

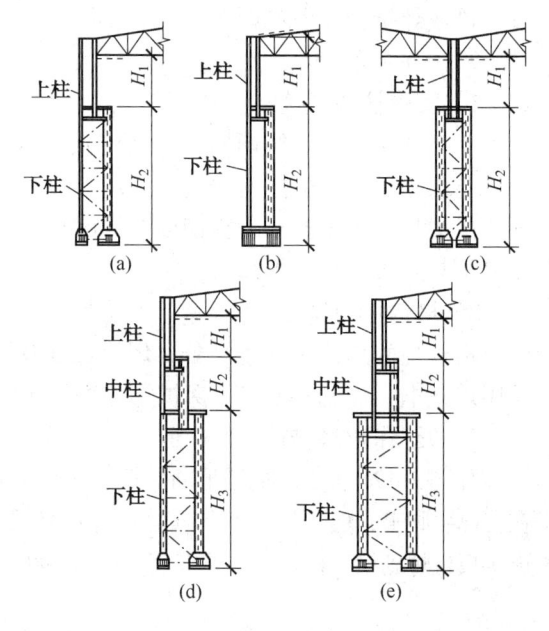

图 7-18　阶梯柱

（a）、（b）、（c）为单阶柱；（d）、（e）为双阶柱

柱一般采用实腹式截面，下段柱当柱高不大（h≤1000mm）时，宜采用实腹式截面；而当柱高较

大($h > 1000mm$)时，为节约用材一般多采用格构式截面。

② 分离式柱。分离式柱(图 7 - 19)，由支撑屋盖结构的厂房框(排)架柱与一侧独立承受起重机梁荷重的分离柱肢相组合而成。二者之间以水平板件铰接。分离式柱具有起重机肢可灵活设置的特点，宜用于下列情况：

a. 邻跨为扩建跨，其起重机柱肢可以在扩建时再设置的情况；

b. 相邻两跨起重机的轨顶标高相差悬殊而低跨起重机起重量又较大时。

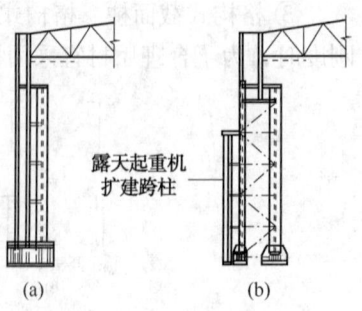

图 7 - 19　分离式柱

2) 柱的结构组成

(1) 柱身。柱身具有支撑和横向连接的作用，工字柱的柱身横向连接主要有螺栓连接和焊接横梁连接两种方式。

① 螺栓连接。螺栓连接时，工字柱在盖板、腹板和加强筋上加工螺栓孔，然后通过拼接板与横梁连接。

② 焊接横梁连接。焊接时，通过在柱身上焊接短横梁，然后横向连接杆件与短横梁进行对接焊或螺栓连接。

(2) 柱头。柱头主要与被支撑梁连接，或与焊接端部封头板焊接。如图 7 - 20(a) 所示。

(3) 柱脚。柱脚主要承受外力和整个柱的质量。柱脚需要具有较大的刚度，一般在柱脚处采用加强筋板补强，柱脚与基础通过螺栓或焊接相连。如图 7 - 20(b) 所示。

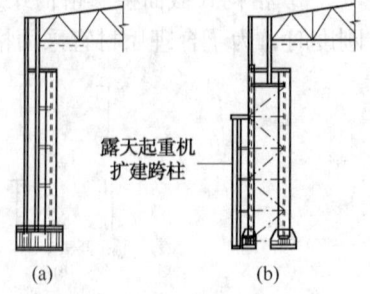

(a)柱头

(b)柱脚

图 7 - 20　典型柱头
与柱脚构造

2. 柱的焊接施工

1) 实腹柱的焊接

工字形实腹柱和箱形实腹柱的焊接要求与工字梁和箱形梁的焊接要求相近，一般主角焊缝采用埋弧焊，加强肋或隔板采用 CO_2 气体保护焊。对于要求隔板四面全焊的箱形柱，最后采用电渣焊焊接隔板与盖板间的角焊缝。

2) 格构柱的焊接

格构柱的焊接一般较简单，焊缝长度较短，组装定位后，主要采用焊条电弧焊或 CO_2 气体保护焊方法焊接，尽可能对称施焊。

3) 梁柱的安装与焊接

如图 7 - 21 所示，把箱形断面梁安装到立柱上，应首先把梁焊在支撑牛腿上，然后把侧面的连接板焊接到梁与柱上，最后把上面的连接板也焊到梁与柱上，主要能使梁贴紧牛腿，不会发生位移和脱空。

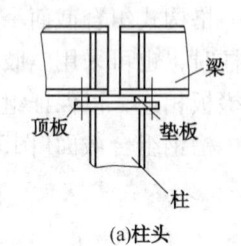

图 7 - 21　梁柱安装的焊接
1—梁；2—连接板；
3—牛腿；4—柱

第三节　型钢屋架的制造工艺

冷弯薄壁型钢简称型钢，是指厚度 $2 \sim 6mm$ 的钢板或钢带经冷弯或冷拔等方式弯曲而成的型钢，其截面形状分开口和闭口两类。钢厂生产的闭口截面是圆管和矩形截面，是冷弯的开口截面用高频焊焊接而成。

一、型钢屋架的种类与结构

型钢屋架应用于一般的生产厂房、动力厂房、仓库、露天防雨棚及民用住宅等结构上。

根据用途和需要，屋架的种类、形状是多种多样的。图 7 - 22 所示为三角形屋架、梯形屋架和球形屋架。

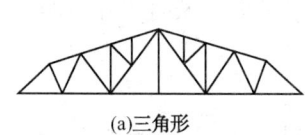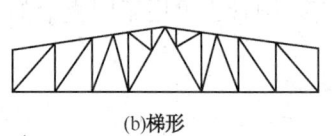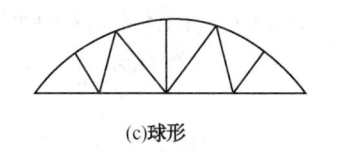

(a)三角形　　　　　　　　(b)梯形　　　　　　　　(c)球形

图 7 - 22　层架种类示意图

根据钢屋架的用途及强度要求不同，所用的型钢也不同，如球形屋架多数用钢管结构，三角形和梯形屋架结构大部分用角钢、槽钢、圆钢和钢板等制成。

图 7 - 23 所示为工业厂房用三角形屋架结构的一半，它由上弦 1、下弦 5、中间立撑 4、基础连接板 6、斜撑 7、大小连接板 3 和檩条 2 等组成。上弦和下弦构成屋架的轮廓，立撑和各种斜撑用来增加屋架的刚度，它们之间用连接板连成一体，屋架由基础连接板固定在基础板上，屋架之间靠檩条来连接。

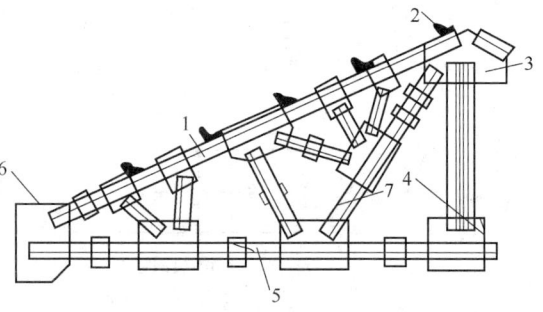

图 7 - 23　三角形层架的结构
1—上弦；2—檩条；3、6—连接板；
4—立撑；5—下弦；7—斜撑

二、型钢屋架的装配

装配屋架时，首先在平台上放样，以 1：1000 预留焊接的收缩量，放样时要划出起拱线。起拱量一般不在图样上标出，只注明立面的方向以免装反。

将放样所得底样上各位置的连接板用电焊定位在平台上，并用若干挡铁来定位型钢，作为第一个单片屋架拼装基准的底模。第二个屋架的制作是将大小连接板按位置放在底模上，所有型钢放到连接板上对正、找齐后，即可用定位焊与连接板固定。待全部定位焊好以后，用吊车翻转 180°。这样就可用该片屋架作为基准进行仿形复制装配焊接。

装配过程应注意以下几点：

（1）装配平台必须稳固，使构件重心线在同一水平面上，高差不大于 3mm。

（2）装配时一般先拼弦杆，保证其位置正确，使弦杆与檩条、支撑连接处的位置正确。

（3）腹杆在节点上可略有偏差，但在构件表面的中心线不宜超过 3mm。

（4）杆件搭接和对接时的错缝或错位，均不得大于 0.5mm。

三角形屋架由三个运输单元组成时，应注意三个单元间连接螺孔位置的正确，以免安装时连接困难。为此，可先把下弦中间一段运输单元固定在胎模的小型钢支架上，随后进行其左右两个半榀屋架的装配。连接左右两个半榀屋架的屋脊节点也应采取措施保证螺孔位置正确。连接孔中心线的误差不得大于 1.5mm。

三、型钢屋架的焊接

为减少冷弯薄壁型钢焊接接头的焊接变形，杆端顶接缝隙控制在1mm左右。

型钢杆件接头，开口截面可采用双面焊的对接接头；用两个槽形截面拼合的矩形管，横缝可用双面焊，纵缝用单面焊，并使横缝错开2倍截面高度，如图7-24所示。

一般管子的接头，受拉杆件最好用有衬垫的单面焊，对接缝接头，衬垫可用厚度大于1.5~2mm左右的薄钢板或薄钢管。圆管也可用于同直径的圆管接头，纵向切开后镶入圆钢管中，如图7-25所示。

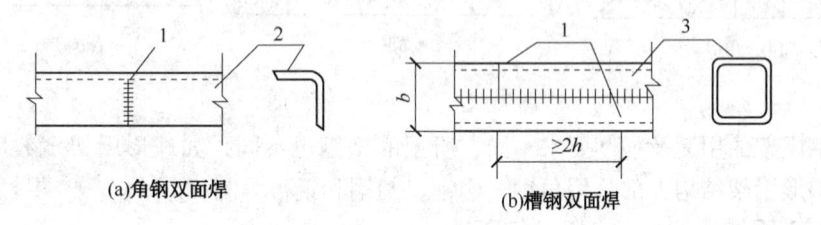

(a)角钢双面焊　　　　　　　　(b)槽钢双面焊

图7-24　杆件接头

1—双面焊；2—角钢；3—槽钢

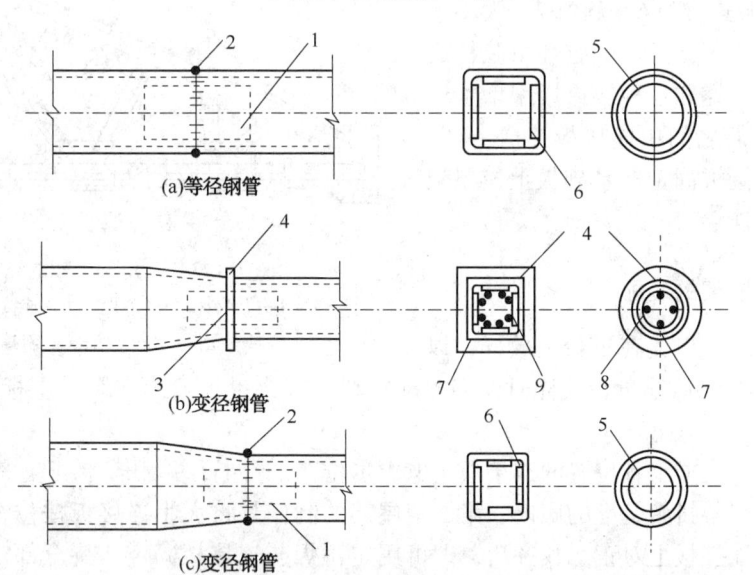

(a)等径钢管

(b)变径钢管

(c)变径钢管

图7-25　有内衬的单面焊接接头

1—垫板或衬管；2—焊缝；3—定位垫板或衬管；4—隔板；

5—衬管；6—垫板；7—点焊；8—定位衬管；9—定位垫板

受压杆件允许用隔板连接，如图7-26所示。杆件的工地连接可用焊接或螺栓连接，如图7-27所示。应特别注意受拉杆件的焊接质量。

杆件装配点焊应严格控制壁厚方向的错位值，不得超过板厚的1/4或0.5mm。

型钢结构的焊接应严格控制质量。焊前应熟悉焊接工艺、焊接程序和技术措施。如缺乏经验可通过试验确定焊接参数。一般可参考表7-9。

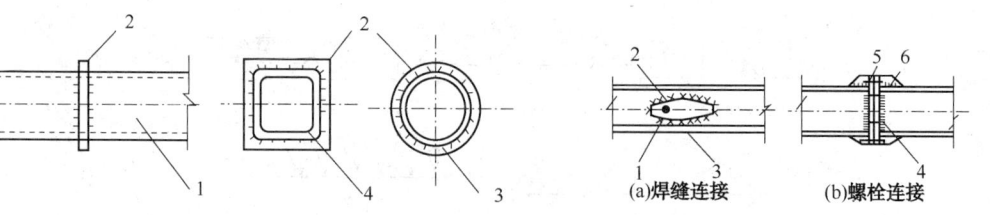

图 7 – 26　隔板焊接接头
1—方管或圆管；2—隔板；
3—圆管；4—方管

图 7 – 27　杆件隔板与螺栓连接
1—定位孔；2—安装焊缝；3—间隙 2mm；
4—螺栓；5—连接板；6—加劲板

表 7 – 9　薄壁型钢结构的焊接参数

名　　称	钢板厚度/mm	焊条直径/mm	电流强度/A
对接焊缝	1.5 ~ 2.0	2.5	60 ~ 100
	2.5 ~ 3.5	3.2	110 ~ 140
	4 ~ 5	4	160 ~ 200
贴角焊缝	1.5 ~ 2.0	2.5 ~ 3.2	80 ~ 140
	2.5 ~ 3.5	3.2	120 ~ 170
	4 ~ 5	4	160 ~ 220

注：1. 表中电流是按平焊考虑的，立焊、横焊和仰焊时的电流可比表中数值减小 10% 左右。
　　2. 焊接 16Mn 钢时，电流要减小 10% ~ 15%。
　　3. 不同厚度钢板焊接时，电流强度按较薄的钢板选择。

为保证焊接质量，对薄壁截面焊接处附近的铁锈、污垢和积水要清除干净，焊条应烘干，并不得在非焊缝处的构件表面起弧或灭弧。

型钢屋架节点的焊接，常因装配间隙不均匀而使一次焊成的焊缝质量较差，故可采用两层焊。尤其对冷弯型钢，因弯角附近的冷加工变形较大，焊后热影响区的塑性较差，所以对主要受力节点宜用两层焊。先焊第一层，待冷却后再焊第二层，不致过热以提高焊缝质量。

第四节　桁架结构的制造工艺

一、桁架组成、结构特点及应用

桁架是指由直杆在节点处通过焊接相互连接组成的承受横向弯曲的格构式结构。桁架结构的组成是由许多长短不一、形状各异的杆件通过直接连接或借助辅助元件（如连接板）焊接而成节点的构造。

桁架的受力状态较为复杂，主要与桁架承受载荷的作用点及其作用方向有着密切的关系。当载荷作用在桁架的各节点位置时，各杆件基本上只承受轴向心力的作用而形成轴心拉杆或轴心压杆；当载荷作用在节点之间位置时，这些杆件除承受轴向心力的作用外，还会承受横向弯曲的作用而形成拉弯杆件或压弯杆件。桁架的组成及受力状态如图 7 – 28 所示。图 7 – 28(a) 属于节点承载状态，图 7 – 28(b) 属于节点间承载状态，图 7 – 28(c)、(d)、(e) 为其他桁架结构的组成方式。

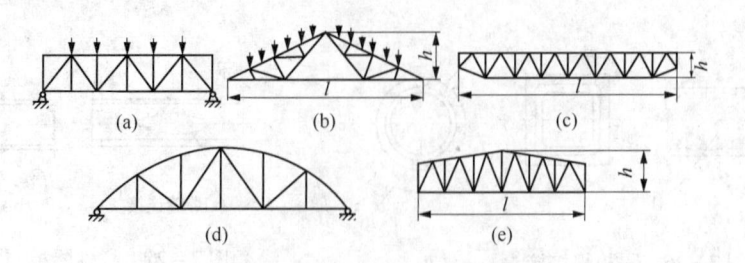

图7-28　桁架的组成及受力特点

桁架在主要承受横向载荷的梁类结构(如桥梁等)、机器的骨架、起重机臂架以及各种支撑塔架上应用非常广泛。如图7-29所示为桁架结构在工程上应用的几种示例。图7-29(a)是龙门起重机臂架,图7-29(b)是拱式桥梁桁架,图7-29(c)是悬挂高压电缆的塔式桁架,图7-29(d)是大跨度悬吊梁组合桁架。

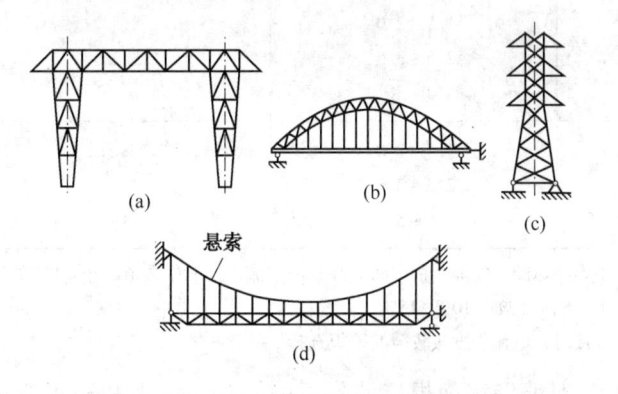

图7-29　桁架的应用示例

二、桁架的装配

桁架的装配方法与其生产规模有关。单件小批生产时,一般采用划线和仿形装配法;大批生产时,一般采用装配模架进行装配,然后定位焊。

三、桁架的焊接

桁架产品的焊缝多为短角焊缝,实现桁架的焊接自动化较困难。因此,主要采用焊条电弧焊和CO_2气体保护焊进行焊接。

桁架焊接工艺的关键一是从工艺上保证桁架能够适应载荷的变化,满足对桁架的强度要求;二是在施焊中按照正确的焊接顺序和焊接方法控制其变形量,满足对桁架的安装和使用的要求。桁架的焊接工艺要点如下:

(1)焊缝的高度和长度应按图样施焊,装配误差要小,接头要清理干净,保证焊接质量。

(2)上、下弦接点的焊接要分散,采取跳焊法,图7-30所示的钢结构房盖应按图中所示结点顺序进行焊接。

(3)由于在结点处焊缝密集,焊接应力集中,应采用分散应力的焊接方法。如图7-30(b)所示,先焊主要焊缝1、2和焊缝3、4,然后再焊斜焊缝5、6和斜焊缝7、8。对于其中较长的焊缝 1、2，应从中间开始向两侧施焊。

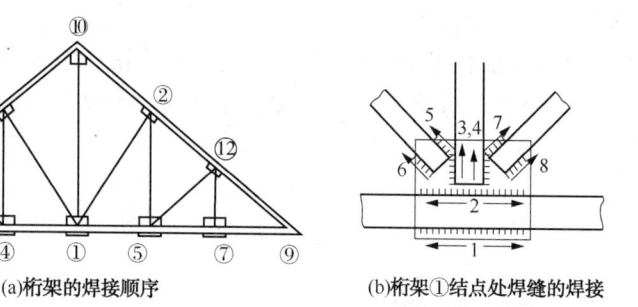

　　　(a)桁架的焊接顺序　　　　　　　　(b)桁架①结点处焊缝的焊接

图 7-30　桁架的焊接

第五节　网架结点的制造工艺

　　网架节点是网架结构的一个重要组成部分，它起着连接汇交杆件，传递杆件内力和载荷的作用。由于网架结构属于空间杆件体系，在节点上往往汇交着许多杆件，一般至少有 6 根（如蜂窝形三角锥网架），多的可达 13 根以上（如三向网架），因而其节点构造比较复杂。节点的用钢量在整个网架中所占比例较大，一般为网架总用钢量的 1/5～1/4。网架的节点形式很多，现介绍焊接空心球节点和焊接钢板节点，如图 7-31 所示。

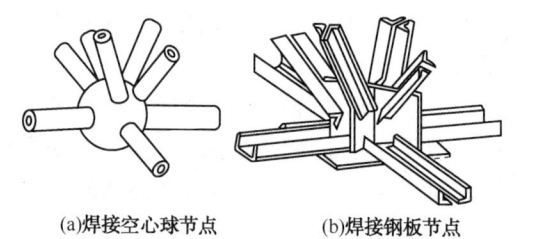

　　　(a)焊接空心球节点　　　　(b)焊接钢板节点

图 7-31　网架节点

一、焊接空心球节点

　　焊接空心球节点是目前应用最为普遍的一种节点形式。焊接空心球体是将两块圆钢板经热压或冷压成两个半球后再对焊而成[图 7-32(a)]。当球径等于或大于 300mm 且杆件内力较大时可在球体内加衬环肋，并与两个半球焊成一体[图 7-32(b)]，以提高节点承载能力。加环肋后，承载能力一般可提高 15%～40%。

　　由于球体没有方向性，可与任意方向的杆件相连。对于圆钢管，只要切割面垂直杆件轴线，杆件就能在空心球体上自然对中而不产生偏心，因此它的适应性强，可用于各种形式的网架结构（包括各种网壳结构）。采用焊接空心球节点时，杆件与球体的连接一般均在现场焊接。仰焊和立焊占有相当的比例，焊接工作量大，杆件长度尺寸要准，质量要求较高，故难度较大。因焊接变形而引起的网格尺寸偏差也往往难以处理，故施工时必须注意。

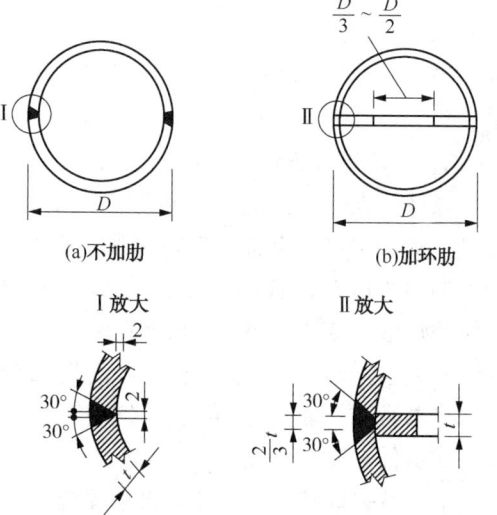

　　(a)不加肋　　　　　　　(b)加环肋

　　　Ⅰ放大　　　　　　　　Ⅱ放大

图 7-32　焊接空心球剖面

1. 空心球的制作焊接

1）球体尺寸、坡口形状及尺寸

（1）空心球外径主要根据构造要求确定。连接于同一球体的各杆件之间的缝隙一般不小于 10 ~ 20mm（图 7 - 32），据此，空心球外径可初步按式（7 - 1）估算，然后再验算其容许承载力（图 7 - 33）。

$$D = 1.03(d_1 + \alpha + d_2)a \qquad\qquad (7 - 1)$$

式中　α——汇集于球节点任意两管的夹角，red，$d = 20$mm 时，$\alpha = 40$red；$d = 10$mm 时，$\alpha = 20$red

　d_1、d_2——组成 α 角的钢管外径，mm。

在一个网架结构中，空心球的规格数不宜超过 4 种。

空心球外径与其壁厚的比值一般取 25 ~ 45，空心球壁厚一般不宜小于 4mm，空心球壁厚应为钢管最大壁厚的 1.2 ~ 2.0 倍。

当选用加环肋的空心球时，其环肋的厚度不应小于球壁厚度，并应使内力较大的杆件置于环肋平面内。

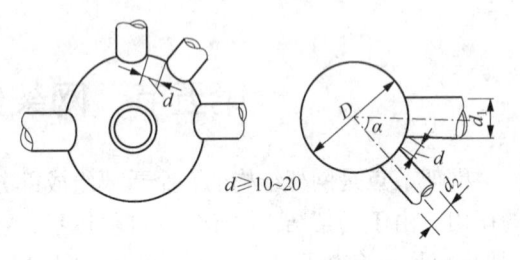

$d \geqslant 10 \sim 20$

图 7 - 33　空心球外径的确定

（2）空心球的外径还应根据节省网架总造价的原则确定。由式（7 - 1）可知，空心球的外径与钢管外径呈线性关系。设计中为提高压杆的承载能力，常选用管径较大、管壁较薄的杆件，而管径的加大势必引起空心球外径的增大。一般国内空心球的造价是钢管造价的 2 ~ 3 倍，因而可能使网架总造价提高。反之，如果选择管径较小、管壁较厚的杆件，空心球的外径虽可减少，但钢管用量增大，总造价也不一定经济。根据研究结果，有关文献给出了合理的压干长度 l 与空心球外径 D 的关系式：

$$D = \frac{l}{k} \qquad\qquad (7 - 2)$$

式中　l——压杆长度，mm；

　k——系数。

当按式（7 - 2）求得空心球外径后（取整数），再由式（7 - 1）便可得到合理的压杆管径。

2）球体焊接方法

球体放在转台上转动，可用药皮焊条手工电弧焊或二氧化碳保护半自动或自动焊焊接。焊接壁厚大于 16mm 的大型空心球时，宜用埋弧自动焊，但可用二氧化碳气体保护焊或手工电弧焊小直径焊条打底，以保证在焊透的同时避免烧穿；然后，再用自动埋弧焊填充、盖面。其焊接参数与平板焊接相近。大规模生产时，还可采用机床式球体自动焊设备。

空心球采取转动手工和半自动焊接时的顺序，一般采用 180° 对称焊法，如图 7 - 34 所示。

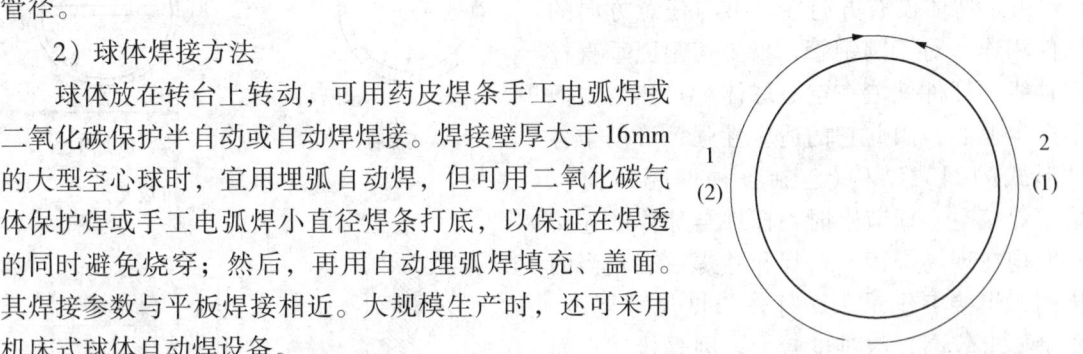

图 7 - 34　无转胎时空心球
对称焊接顺序示意

2. 钢管杆件与空心球的连接

1）坡口形状及尺寸

当钢管壁厚大于4mm时，钢管端面应开坡口，为保证焊缝焊透，并符合焊缝质量标准，钢管端头宜加套管（作衬垫用）与空心球焊接（图7-35），这时焊缝可认为与钢管等强，否则一律按角焊缝计算。当管壁厚度≤4mm时，角焊缝高度不得超过钢管壁厚的1.5倍，当管壁厚度>4mm时，不得超过钢管壁厚的1.2倍。

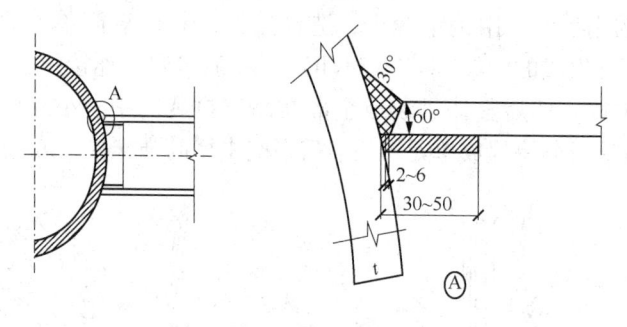

图7-35　钢管加套管的连接

2）节点焊接工艺

节点焊接时应采取对称焊接法，保证杆件的轴线角度和减小焊接应力。图7-36所示为球-管节点焊缝的分区焊接顺序。在地面小拼时，尽量使球体在下、钢管在上，处于俯焊位置。在高空安装焊接时，图7-36中的1、2焊缝则尽可能采取立焊或斜立焊位置。

杆件端部应采用锥头连接[图7-37（a）]，或采用封板连接[图7-37（b）]。其连接焊缝的承载力应不低于连接钢管的。焊缝底部宽度可根据连接钢管壁厚取2~5mm。锥头任何截面的承载力应不低于连接钢管的，封板厚度应按实际受力大小计算确定，封板及锥头底板厚度不应小于表7-10中的数值。

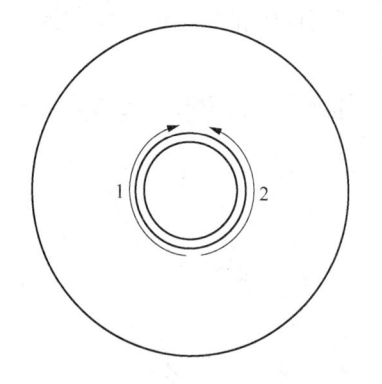

图7-36　球-管节点安装焊
接分区焊接顺序

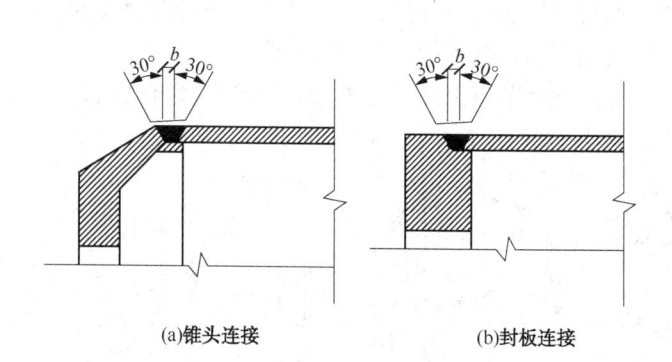

(a)锥头连接　　　　(b)封板连接

图7-37　杆件端部连接焊缝

表7-10　封板及锥头底板厚度

高强度螺栓规格	封板（锥头）底厚/mm	高强度螺栓规格	封板（锥头）底厚/mm
M12、M14	12	M36~M42	30
M16	14	M45~M52	35
M20~M24	16	M56×4~M60×4	40
M27~M33	20	M64×4	45

分片网架的总拼装焊接，一般由 4 名焊工从中心开始，同时向四方辐射进行，以保证整体尺寸精度。

在小拼或顶总拼的焊接之前，应估计出节点焊缝的横向收缩量，采取钢管预留长度的方法，使小拼及总体拼装的尺寸准确。

二、焊接钢板节点

焊接钢板节点的刚度大，用钢量较少，造价较低，制作较简单，适用于两向网架［图 7 - 38(a)］和由四角锥组成的网架［图 7 - 38(b)］，一般多用于连接角钢杆件。图 7 - 38(a)适用于在地面全部焊成，然后整体吊装或全部在高空拼装的中、小跨度的网架；图 7 - 38(b)适用于在地面分片或分块焊成单元体，然后在空中用高强螺栓连成整体的大跨度网架。

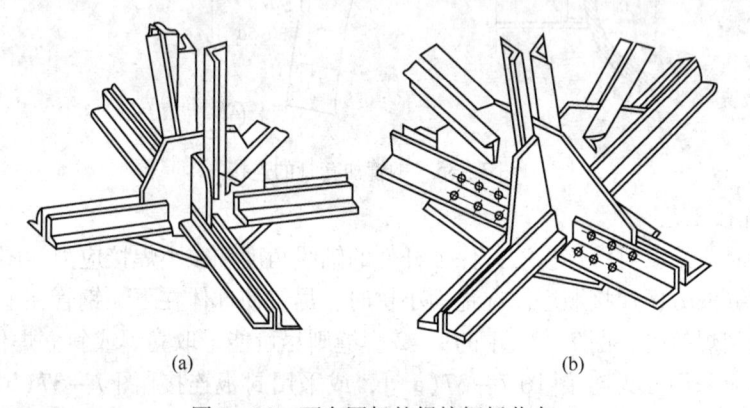

(a)　　　　　　　　　　　　　　(b)

图 7 - 38　两向网架的焊接钢板节点

1. 节点组成及构造要求

焊接钢板节点一般由十字节点板和盖板组成。十字节点板宜由二块带企口的钢板对插焊成，也可由三块钢板焊成（图 7 - 39）。小跨度网架的受拉节点可不设置盖板。十字节点板与盖板所用钢材应与网架杆件钢材一致。

焊接钢板节点上弦杆与腹杆，腹杆与腹杆之间以及弦杆端部与节点板中心线之间的间隙均不宜小于 20mm（图 7 - 40）。

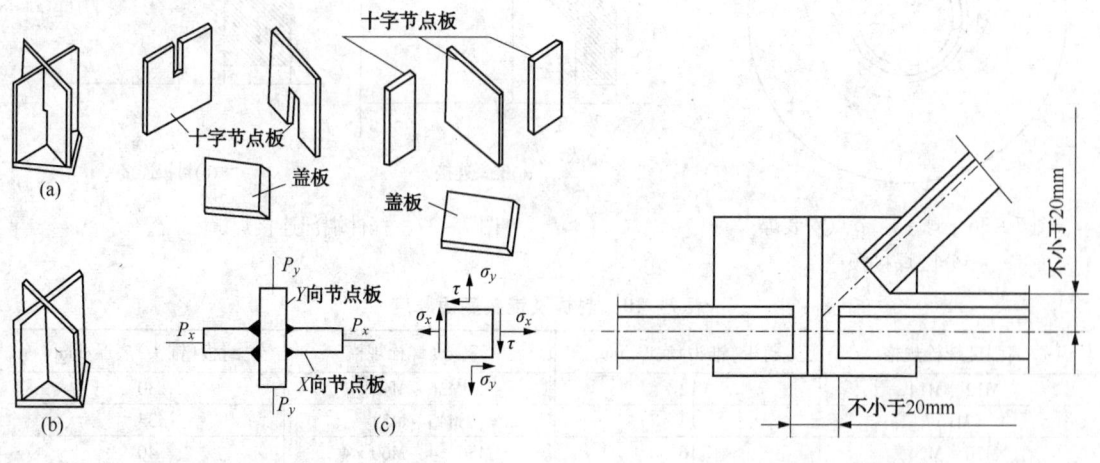

图 7 - 39　焊接钢板节点的组成　　　　图 7 - 40　十字节点板与杆件的连接构造

当网架弦杆内力较大时，网架弦杆应与盖板和十字节点板共同连接，当网架跨度较小时，弦杆也可直接与十字节点板连接。

十字节点板的竖向焊缝应具有足够强度，并宜采用 K 型坡口的对接焊缝。

杆件与十字节点板或盖板应采用角焊缝连接。

2. 节点板的受力特点及其尺寸确定

根据对十字节点板的加载试验研究结果表明，十字节点板在两个方向外力作用下，每个方向节点板中的应力分布只与该方向作用的外力有关。因此对于双向受力的十字节点板，设计时只需考虑自身平面内作用力的影响。当无盖板时，十字节点板可按平截面假定进行设计。当有盖板时，则应考虑十字节点板与盖板的共同工作。

节点板的厚度一般可根据作用于节点上的最大杆力从表 7 - 11 选用。节点板的厚度应比连接杆件的厚度大 2mm，并不得小于 6mm。

节点板的平面尺寸应适当考虑制作和装配的误差。

表 7 - 11　节点板厚度选用表

杆件最大内力/kN	≤150	160 ~ 300	310 ~ 400	410 ~ 600	>600
节点板厚度/mm	8	8 ~ 10	10 ~ 12	12 ~ 14	14 ~ 16

3. 节点的连接焊缝

十字节点板的竖向焊缝主要承受两个方向节点板传来的内力，受力情况比较复杂。对于坡口焊缝，当两个方向节点板传来的应力同为拉（或压）时，焊缝主要受拉或受压，切应力不起控制作用；当两个方向节点板传来的应力一向为拉，另一向为压时，焊缝除受拉、压应力外，还存在较大切应力，其大小随两个方向传来的应力比值而变[图 7 - 39(c)]。

杆件与十字节点板及盖板间的角焊缝主要受剪应力作用，当角焊缝强度不足，节点板尺寸又不宜增大时，可采用槽焊缝与角焊缝相结合并以角焊缝为主的连接方案（图 7 - 41），槽焊缝的强度由试验确定。

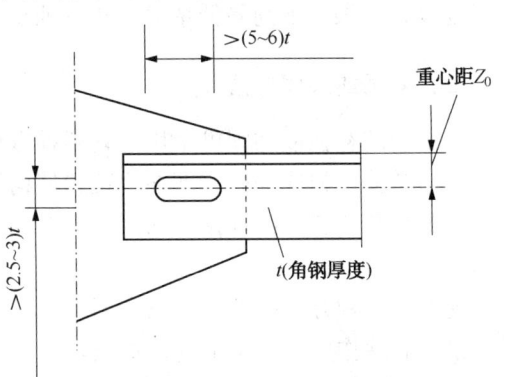

图 7 - 41　杆件与节点板的槽焊缝连接

4. 节点的焊接

节点主要采用焊条电弧焊和 CO_2 气体保护焊进行焊接。

第六节　焊接结构的补强与加固工艺

对于焊接结构的补强和加固设计应符合现行有关金属结构加固技术标准的规定。补强与加固的方案应由设计、施工和业主等共同确定。

一、补强与加固要求

（1）编制补强或加固设计方案时，必须具备下列技术资料：

① 原结构的设计计算书和竣工图，当缺少竣工图时，应测绘结构的现状图。

② 原结构的施工技术档案资料，包括钢材的力学性能、化学成分和有关的焊接性能试验资料，必要时应在原结构构件上截取试件进行试验。

③ 原结构的损坏变形和锈蚀检查记录及其原因分析，并根据损坏及锈蚀情况确定杆件（或零件）的实际有效截面。

④ 现有结构的实际荷载资料。

（2）钢结构的补强或加固设计应考虑时效对钢材塑性的不利影响，不应考虑时效后钢材屈服强度的提高值。在确认原结构钢材具有良好焊接性能后方可焊接。

（3）用于补强或加固的零件及焊缝宜对称布置。加固焊缝不宜密集、交叉布置，不宜与受力方向垂直。在高应力区和应力集中处不宜布置加固焊缝。

（4）用焊接方法补强铆接或普通螺栓连接时，补强后接头的全部荷载应由焊缝承担。

（5）高强度螺栓连接的构件用焊接方法加固时，高强度螺栓摩擦型连接的抗滑力可与焊缝共同工作，但这两种连接各自的计算承载力的比值应在 1.0 ~ 1.5。

（6）补强与加固施焊前应清除待焊区域两侧各 50mm 范围内的灰尘、铁锈、油漆和其他杂物。

（7）补强与加固宜不影响生产，尽可能做到施工方便并应满足安全可靠要求。对于受气相腐蚀介质作用的钢结构构件，当腐蚀削弱平均量超过构件厚度的 25% 时，应根据所处腐蚀环境按现行国家标准《工业建筑防腐蚀设计规范》（GB 50046—2008）进行分类，并对钢材的强度设计值乘以下列降低系数：弱腐蚀 0.95；中等腐蚀 0.9；强腐蚀 0.85。

二、补强或加固方法

钢结构的补强或加固可采用下列两种方法。

（1）卸荷补强或加固，即在原位置使构件完全卸荷，或将构件拆下进行补强或加固。

（2）负荷状态下的补强或加固，即在原位置上未经卸荷或仅部分卸荷状态下进行补强或加固。

现将第二种方法的施工要点介绍于下。

（1）卸除作用于结构上的活荷载。

（2）根据加固时的实际荷载（包括必要的施工荷载），对构件和连接进行承载力验算，尽量卸除结构上的荷载。当原有构件中实际有效截面的名义应力与其所用钢材的强度设计值之间的比值 $\beta \leqslant 0.8$（对承受静态荷载或间接承受动态荷载的构件），或 $\beta \leqslant 0.4$（承受动态荷载的构件）时，方可进行补强或加固。

（3）在受拉构件中，加固焊缝的方向应与构件中拉应力的方向基本一致。

（4）用圆钢、小角钢组成的轻型桁架钢结构不宜在负荷状态下进行焊接补强和加固。

（5）轻钢结构中的受拉构件严禁在负荷状态下进行焊接补强和加固。

（6）在负荷状态下用焊接方法补强或加固时，必须考虑焊接过程中因瞬时受热造成局部范围内钢材力学性能降低的因素。除结构应尽可能卸荷外，尚应根据具体情况采取下列安全措施：

① 做好临时支护。

② 采用合理的焊接工艺。

（7）施工工艺的制定要求。

① 对结构最薄弱的部位或构件应先进行补强或加固。

② 对能立即起到补强或加固作用，且对原结构影响较小的部位或杆件先施焊。

③ 加大焊缝厚度时，必须从原焊缝受力较小的部位开始施焊。每次熔敷的焊缝厚度不宜大于2mm。当需要多道施焊时，层间温度应不高于预热温度。

④ 应根据结构钢材材质，选择相应的低氢型焊条，焊条直径不宜大于4.0mm。

⑤ 焊接电流不宜大于200A。

⑥ 应制定合理的焊接工艺，采取有效控制焊接变形的措施。施焊顺序应尽可能使输入热量对构件的中和热平衡。

（8）施工单位应对施工荷载进行核算并应严格控制，实际施工时的荷载值不超过加固设计时所取的施工荷载值。

（9）焊接补强或加固的施工环境温度不宜低于10℃。

三、焊接修复或补强

对有缺损的钢构件应按钢结构加固技术标准对其承载能力进行评估，并采取相应措施进行修补。当缺损性质严重、影响结构的安全时，应立即采取卸荷加固措施。对一般缺损，可按下列方法进行焊接修复或补强。

（1）当缺损为裂纹时，应精确查明裂纹的起止点，在起止点钻直径为12～16mm的止裂孔，并根据具体情况采用下列方法修补。

① 补焊法。用碳弧气刨或其他方法清除裂纹并加工成侧边大于10°的坡口。当采用碳弧气刨加工坡口时，应磨掉渗碳层，用低氢型焊条按全焊透的要求进行补焊。补焊前宜将焊接处预热至100～150℃。对承受动荷载的结构尚应将补焊焊缝的表面磨平。

② 双面盖板补强法。补强盖板及其连接焊缝应与构件的开裂截面等强，并应采取适当的焊接顺序，以减少焊接残余应力和焊接变形。

（2）对孔洞类缺损的修补，应将孔边修整后采用两面加盖板的方法补强。

（3）当构件的变形不影响其承载能力或正常使用时，可不进行处理；否则应根据变形的大小采用下列方法处理。

① 当变形不大时，应先处理构件的其他缺陷，然后在部分卸载的情况下，宜采用冷加工方法矫正。若采用热加工矫正时，其加热温度对调质钢应不大于590℃，对其他钢种应不大于650℃。钢材的加热温度高于315℃时，应在空气中自然冷却，禁止用浇水的方法加速冷却。

② 当变形较大且难以矫正时，应采取加固措施或更换构件。

四、焊缝的补强与加固

当焊缝缺陷超出允许值时应进行返修。在处理原有结构的焊缝缺陷时，应根据处理方案对结构安全影响的程度，分别采取卸荷补焊或负荷状态下补焊。

角焊缝补强宜采用增加原有焊缝长度（包括增加端焊缝）或增加焊缝计算厚度的方法。

（1）当在负荷状态下采用加大焊缝厚度的方法补强时，被补强焊缝的长度应不小于50mm，同时原有焊缝在加固时的应力应符合式（7-3）要求：

$$\sqrt{\sigma_f^2 + \tau_f^2} \leqslant \eta \cdot f_f^w \qquad (7-3)$$

式中　　σ_f^2，τ_f^2——角焊缝按有效截面($h_e \times l_w$)计算垂直于焊缝长度方向的名义应力和沿焊缝长度方向的名义剪应力；

　　　　　η——焊缝强度折减系数，可按表7-12采用；

　　　　　f_f^w——角焊缝的抗剪强度设计值。

表7-12　焊缝强度折减系数

被加固焊缝的长度/mm	≥600	300	200	100	50
η	1.0	0.9	0.8	0.65	0.25

(2)补强或加固后的焊缝，其长度与厚度均应符合现行国家标准《钢结构设计规范》(GB 50017-2003)的规定。

第七节　管道的焊接工艺

管道种类繁多，用途广泛。按用途可分为长输管道、工业管道和公用管道；按材料可分为碳素钢、合金钢、不锈钢、铸铁、有色金属管道等；按设计压力可分为真空管道、低压管道、中压管道、高压管道和超高压管道。管道的连接除了螺纹连接、法兰连接外，大量采用焊接方法连接。下面简要介绍几种常见焊接方法的管道焊接。

一、小直径管对接接头的焊接

通常将直径 $\phi40 \sim \phi60$mm 的管子称为小直径管。小直径管对接的基本方法是管子转动，焊接机头不动。弯管对接则采用全位置焊或压力焊等方法施焊。近年来，随着新技术的开发和先进的焊接设备的引进，直管对接可采用摩擦焊、自动钨极氩极焊、熔化极气体保护焊、等离子弧焊等焊接方法。弯管对接则采用闪光对焊、全位置下TIG焊、全位置等离子弧焊和中频感应加热压力焊等焊接方法。管子对接方法、特点及其适用范围见表7-13。

表7-13　管子对接方法、特点及其适用范围

焊接方法	焊接位置	特　点	适用范围
自动钨极惰性气体保护焊(水平)	管子转动，焊枪位于平焊位置	焊接质量好，但生产效率不高	$\delta \leqslant 5$mm 的薄壁管的对接及封底焊缝焊接
自动钨极惰性气体保护焊(立位)	管子转动，焊枪位于立焊位置	对 $\delta \leqslant 7$mm 的管不开坡口一次焊成，质量好，效率较高	$\delta \leqslant 7$mm 的直管对接
热丝钨极惰性气体保护焊	管子转动，焊枪位于平焊位置	焊接质量好，效率高于冷丝TIG焊	中等壁厚的直管对接
全位置钨极惰性气体保护焊	管子不动	焊接质量好，但对装配质量要求较高，焊接辅助时间长	主要用于弯管对接，也可用于直管焊接
自动熔化极惰性气体保护焊	管子转动，焊枪位于平焊位置	生产率较高，但起弧处易造成未焊透	适用厚壁大直径焊接

续表

焊接方法	焊接位置	特　点	适用范围
水平位置等离子弧焊接	管子转动，焊枪位于平焊位置	热量集中，生产率高，但焊接参数较难控制，易产生气孔	δ≤5mm 合金钢直管对接
全位置等离子弧焊	管子不动	热量集中，生产率高，但焊接参数较难控制，易产生气孔。有填丝和不填丝两种	δ≤5mm 合金钢及不锈钢弯管对接，不填丝则用于封底焊缝
摩擦焊	管子转动	不开坡口，生产率高，易形成生产线无损探伤	多用于δ≤5mm 碳钢直管焊接
中频感应加热压力焊	—	生产率较高，对坡口加工质量要求高	弯管对接，也可用于直管对接
闪光对接焊	—	生产率高。但断口易出现灰斑	弯管对接

二、常用管道的焊接

1. 气焊

气焊操作简单易行，焊接过程中熔池温度和尺寸较易控制。各种位置的焊缝背面均容易成形，特别适用于焊接厚度较薄的小管径碳钢和耐热钢管的焊接。碳钢、耐热钢焊接宜用中性焰。火焰功率以氧乙炔混合气体每小时的消耗量表示。同一型号的焊炬、焊嘴越大，火焰功率越大。一般工件厚度、焊丝直径和焊嘴的关系可参照表 7 - 14。

表 7 - 14　工件厚度、焊丝直径和焊嘴的关系

焊炬型号	H01 - 6				
焊件厚度/mm	0.5 ~ 1.5	1.5 ~ 2.5	2 ~ 3	3 ~ 5	5 ~ 7
焊丝直径/mm	不加或 1 ~ 2	1 ~ 2	2 ~ 2.5	2.5 ~ 3	3 ~ 4
焊嘴编号	1 ~ 2	2	2 ~ 3	3 ~ 4	4 ~ 5

焊丝的直径应根据工件的厚度来选择。焊丝过细，焊接时会出现焊件未熔化而焊丝快速熔化，造成熔合不良和焊缝高低不平等缺陷；焊丝过粗，则焊丝熔化时间增加，焊件热影响区增大，会造成接头过热，降低质量。

气焊时要兼顾根部质量和外表成形。一次成形有困难可采用一次封底、二次盖面法。收弧时，熔池要填满，然后缓缓提起火焰，使熔池逐渐缩小，避免产生裂纹、缩孔等缺陷。

2. 焊条电弧焊

焊条电弧焊设备简单，适用性强，可以焊接碳钢、低合金钢、耐热钢、低温钢、不锈钢等各种材料，因此，焊条电弧焊的应用十分广泛。

管道焊条电弧焊同样是采用打底焊、层间焊、盖面焊等操作顺序。

酸性和碱性焊条，其操作工艺如下：

（1）酸性焊条的工艺顺序。坡口内引弧→预热起焊点→形成可见熔池→压低焊条断弧→重复引弧并稍做摆动→维持动作至全焊缝→收弧、减小熔池并填满弧坑→焊口打底焊结束→盖面焊。

（2）碱性焊条的工艺顺序。坡口内引弧并适当预热→压低电弧成短弧操作→在坡口两侧摆动运条→注意前面的火口并保证背面熔透→维持操作动作至全焊缝→收弧并填满弧坑→焊口打底焊结束→盖面焊。

碱性焊条打底焊除采用上述介绍的挑弧焊熔孔击穿法外，还可以采用连弧焊接法，连弧焊接法所使用的电流要比桃弧焊法小。表7－15为管道挑弧焊（断弧焊）及连弧焊推荐的焊接参数。

表7－15　管道桃弧焊及连弧焊推荐焊接参数

钢号 管子规格/mm	焊接方法	焊条牌号	焊条直径/mm	焊接电流/A	电压/V	焊接速度/（cm/min）	层次
20 φ159×7	打底（断弧焊）盖面	结507	2.5 3.2	65～80 70～95	24～28	6～8 6～10	1 2～3
20 φ159×7 20 φ159×7	打底（断弧焊）盖面	结507	2.5 3.2	50～65 70～95	24～28	6～9 6～10	1 2～3

焊接电流和焊条直径主要是根据工件厚度、焊接位置、焊接热输入等因素综合考虑和选择。管道的打底焊时要选择合适的焊接电流，焊接电流过大容易烧穿和咬边，飞溅增大，影响焊接和保护效果；焊接电流过小容易产生夹渣、未焊透等。不锈钢焊接时因焊条的电阻值较大，电流过大熔体过热发红，在保证熔透的情况下，宜选用小电流。低温钢焊条焊接时，为保证接头的低温韧性，也应选用较小电流。

盖面焊时，应与打底层熔合良好。接头应错开，保持一定的熔宽和加强高度，外观均匀并圆滑过渡到母材。

3. 手工钨极氩弧焊

手工钨极氩弧焊焊接时，钨极、熔池和邻近区域、填充焊丝端部都处于惰性的氩气保护之中，焊接质量较高，适用于焊接各种钢材和有色金属及合金，并适用于各种位置的焊接。压力管道用钨极氩弧焊打底，可以确保焊缝根部质量。

影响氩气保护效果的主要因素有喷嘴直径、气体流量、喷嘴与工件间的距离、焊接速度、接头形式等。喷嘴直径越大，保护区域越大。但喷嘴直径大，氩气消耗量大，并影响视线和操作。常用的氩气流量应控制在3～25L/min。气体流量大，可增加气流速度，提高抗外界干扰能力；但气体流量过大，保护层气流会产生不规则流动，造成电弧不稳定，并会产生涡流将外部空气卷入保护区。因此，要正确选择气体流量才能保证惰性气体的保护效果。风对氩气的保护效果影响较大，因此焊接时必须注意防风。

手工钨极氩弧焊时，可根据工件厚度来选择焊接电流，焊接电流增大，焊缝表面会产生凹陷，熔深、熔宽相应增大。电流过大时，容易造成焊穿、咬边。焊接电流过小容易产生未焊透。电弧电压增高，熔宽相应增加，表面凹陷，熔深减小，易产生未焊透，熔池保护不好易造成焊缝的表面呈暗灰色和成形不良。焊接时应保证在电弧不短路的情况下，尽量压低电弧进行焊接。

钨极直径和形状是氩弧焊的重要参数，钨极直径根据所采用的焊接电流和钨极允许的电流来选择，焊接电流不允许超过钨极的允许电流，否则会造成钨极过热熔化、蒸发，产生电弧不稳定和焊缝夹钨。钨极棒端头使用前应磨成锥形，磨制时应用装有吸尘装置的专用砂轮，操作人员应带防静电口罩，磨后将手洗净。钨极端部的尺寸和形状如图7-42所示。

手工钨极氩弧焊推荐的焊接参数见表7-16。

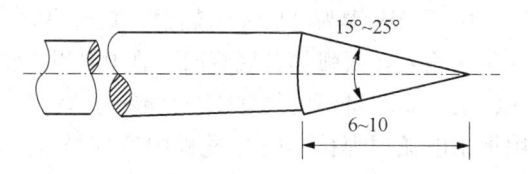

图7-42　钨极端部尺寸和形状

表7-16　手工钨极氩弧焊推荐的焊接参数

管径/mm	钨棒直径/mm	焊丝直径/mm	喷嘴内径/mm	钨极伸出值/mm	氩气流量/(L/min)	焊接电流/A	电弧电压/V
<76	2~2.5	2.5	8~10	5~8	8~10	80~110	12~14
76~159	2~2.5	2.5	8~10	5~8	8~10	80~110	12~14
159~426	2~2.5	2.5	8~10	5~8	8~10	130~150	12~14

用于管道焊接的手工钨极氩弧焊的电源极性须用正接法，即焊枪接负极，焊件接正极。对接焊口点焊前应垫置牢固。施焊时和焊后（封底后）均不得移动和碰撞，以防止产生裂纹。引燃电弧可采用高频和接触引弧。引弧应在坡口内进行，短路接触引弧时，动作要快，以防损伤钨极和造成焊缝夹钨。

带衰减装置的焊机在收弧时，应先将熔池填满，然后按衰减电钮使电弧减弱，最后熄弧。没有电流衰减装置，收弧时速度应稍放慢，增加焊丝的填充量，熔池填满后，慢慢将电弧转移到坡口上再熄弧。

对奥氏体不锈钢管道和中、高合金钢（铬的质量分数≥3%或合金元素的总质量分数＞5%）的管道进行焊接时，还必须在管内充氩，防止背面氧化或过烧。

对马氏体耐热钢，应采用手工TIG焊打底和焊条电弧焊填充、盖面。对于大管径定位焊时，用"定位块"在坡口内定位，如图7-43所示。定位块应用含碳的质量分数小于0.25%的钢材为宜。为防止根部氧化，在氩弧焊打底和焊条填充第一层焊道时，应在管口内壁充氩保护。

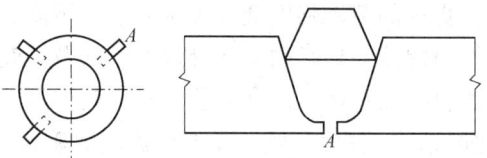

图7-43　定位焊示意图

在焊接过程中，要严格控制热输入，一般在25kJ/cm以下。具体焊接参数见表7-17。对于水平固定位置的焊口表面应焊接一层至少三道的焊缝，中间应有一退火焊道，如图7-44所示。

表7-17　P91管焊接参数

焊接方法	层数	焊条（焊丝）规格/mm	焊道数	焊接电流/A	电弧电压/V	每层填充金属厚度/mm
手工TIG焊	1	φ2.5	1	90~120	12~16	≥3
焊条电弧焊	2	φ2.5	1	80~110	25~30	≤4
	3~4	φ3.2~φ4.0	1	120~160	25~30	≤5
	中间层	φ4.0	2	130~170	25~30	≤6
	盖面层	φ3.2~φ4.0	3	100~150	25~30	≤6

由于 P91 钢为马氏体耐热钢，具有显著的淬硬倾向和冷裂倾向，因此焊接过程中要严格控制热输入。氩弧焊打底焊时，在 0℃ 以上的环境温度，预热 100～150℃。在负温条件下，应设法提高环境温度至 0℃ 以上再预热焊接。氩弧焊打底完毕后，升温至 250～350℃ 后开始用焊条电弧焊焊接，施焊过程中应保持层间温度为 300～350℃。焊条电弧焊焊接完毕后，焊缝冷至 100～120℃ 后（马氏体转变完成），进行焊后热处理。若不能立即焊后热处理，应进行 350℃ 恒温 1h 的后热处理。

焊后热处理的升、降温速度应控制在 150℃/h 以下，恒温温度为 750℃±10℃，恒温时间壁厚每 25mm 按 1h 计算，但最小不得少于 3h，降温至 300℃ 以下，可以不作控制。P91 管的整个焊接过程如图 7-45 所示。

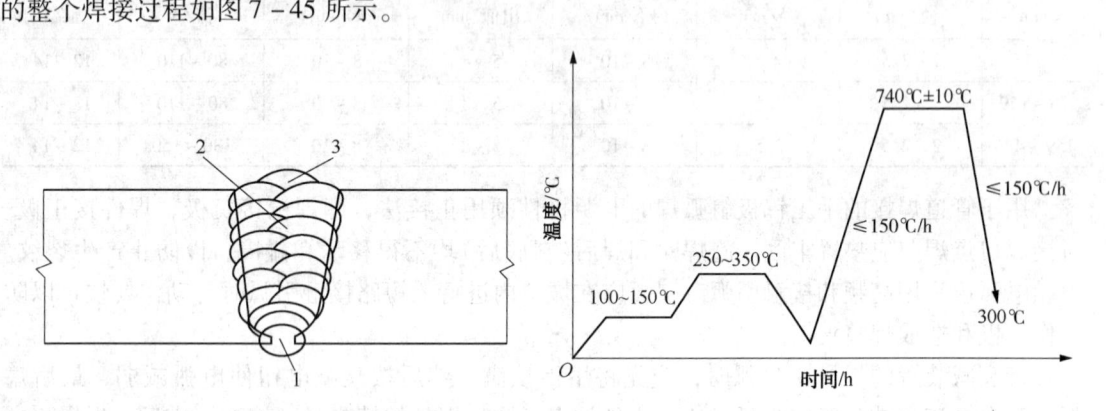

图 7-44　厚壁管道焊接排列示意图　　　　图 7-45　P91 管焊接热过程控制曲线
1—打底焊层；2—填充焊层；3—退火焊道

4. 埋弧焊

埋弧焊生产率高，节约电能，保证焊缝质量，金属用量少，焊接参数和焊缝尺寸容易控制，焊工的劳动强度低、技术要求也不高，因此，在大直径管道焊接上被广泛采用。为能适应管道焊接，还必须配备焊接升降架及滚轮架等附属设备、埋弧焊机放置在升降架上，根据管道直径任意调节高度，管道在滚轮架调速转动，从而完成工件焊接。但管道背面必须用手工焊（或自动焊）打底，或加垫板。埋弧焊选用的焊接参数见表 7-18。

表 7-18　埋弧焊选用的焊接参数

焊接厚度/mm	焊丝直径/mm	电弧电压/V	焊接电流/A	焊接速度/(m/h)
6	2	28～30	375～400	43
8	3	28～32	475～500	40
10	4	30～34	500～650	37
12	5	36～38	700～780	34

三、现场固定管对接焊

现场固定管单面对接的焊接方法主要是焊条电弧焊、TIG 焊以及药芯焊丝自动和半自动焊。

TIG 焊主要用于焊条电弧焊有困难的小口径管以及薄壁管的焊接，尤其适用于低合金钢及不锈钢薄壁管的焊接。

TIG 焊和焊条电弧焊的组合是指用 TIG 焊打底、用焊条电弧焊焊接中间层及盖面层的组合焊接法。常用于使用条件苛刻的设备配管的焊接。

1. 焊条电弧焊

水平固定管或倾斜固定管焊条电弧焊采用上坡焊获得的焊缝致密性比用下坡焊要强一些，但它的生产率太低。下坡焊的焊接电流较大、焊接速度较快，因此效率较高，较适合于薄壁(7~16mm)、大口径(10″以上)钢管的焊接。国外以非常广泛地使用纤维素型焊条对管道进行下坡焊接。国际上公认的关于管道焊接施工标准 API1104《管道及相关设备焊接标准》中，也把采用纤维素型焊条进行下坡焊作为管道焊接基本工艺。

长输管道的铺设通常采用立体施工法，此时影响施工进度的主要问题是根部焊道所需的焊接时间，由于用纤维素型下坡焊时焊速可达 20~50cm/min，因此，下坡焊成为管道焊接的主要方法。

中国石油天然气总公司管道局制定了企业标准 Q/CNPC78 2002《管道下向焊接工艺规程》。一些有关技术规定摘要如下：

（1）管口组对尺寸应符合表7-19的规定。

表7-19　管道立向下焊接管口组对尺寸

		单边坡口角 $\theta/(°)$	钝边高度 f/mm	对口间隙 g/mm	最大错边量/mm	错边长度
纤维素型焊条下向焊接	推荐范围	30~35	1.2~2.0	1.2~2.0	0.8	任何情况下连续长度不超过周长的10%
	容许范围	25~37.5	0.6~2.4	0.8~2.0	1.6	
低氢型焊条下向焊接	推荐范围	30~35	0.8~1.6	2.4~3.2	1.2	
	容许范围	27.5~40	0.8~2.4	2.0~3.6	1.6	

（2）焊条选用要根据管道使用的材质、输送介质及管道运行温度来决定。输水、输油管道可选用纤维素型立向下焊条(表7-20)，输气管道可选用低氢型立向下焊条(表7-21)，死口连接及管子与附件焊接可选用低氢型焊条。国产焊条及相应的某些国外焊条列于表7-22。

表7-20　纤维素型立向下焊条选用

管材等级		焊条选用	
GB 9711-88	相应的 API 等级		
S205 S240 S290	A，B、X42	根焊道	AWS E6010
		其余焊道	
S315 S360 S385	X46 X52 X56	根焊道	AWS E6010、E7010-X
		其余焊道	AWS E6010、E7010-X
S360 S385 S415	X52 X56 X60	根焊道	AWS R6010、E7010-X
		其余焊道	AWS E7010-X
S415 S450	X60 X65	根焊道	AWS R6010、E7010-X
		其余焊道	AW E8010G

表 7 - 21　低氢型立向下焊条选用

管材等级		焊条选用	
GB/T 9711 - 2011	相应的 API 等级		
S205、S240、S290、 S315、S260、S385、S415	A、B、X42、X46、X52、 X56、X60	根焊道	AWS E7048
		其余焊道	
S415、S450	X60、X65	根焊道	AWS E7048
		其余焊道	AWS E8016 - C3

表 7 - 22　国产管道焊接用立向下焊条及相应的国外焊条

标　准	国产焊条型号及牌号	相应国外焊条牌号及型号	化学成分/%					力学性能				主要用途
			C	Mn	Si	S	P	R_m/ MPa	$R_{p0.2}$/ MPa	R_{eL}/ MPa	KV/ (℃/J)	
GB AWS JIS ГОСТ 9466 - 75	E4313 MK，J421X	E6013 D4313 342 型 BCⅡ - 4	0.066	0.41	0.20	0.015	0.018	465	374	24	常温 72	高钛钾型药皮立向下焊条，交直流两用，适用于碳钢立向下焊
GB AWS ГОСТ -9466 - 75	E4300 MK·J420G	E7010·Al УOHИ13/45 342A 型	0.064	0.50	0.20	0.013	0.20	490	372	25	0/78	碳钢管道焊接用，适用于工作温度低于 450℃，工作压力为 18MPa
GB	E4315 MK·J4247X		0.054	0.70	0.30	0.014	0.015	471	397	32	-30/170	低氢钠型药皮立向下焊焊条，直流反极性
GB	E5011 MK·J505		0.150	0.50	0.11	0.017	0.014	537	471	28	-30/71	化学成分中含 0.50% 的纤维素钾型药皮的底层焊条，交直流两用，专用于厚壁容器及钢管的打底焊，可免除铲根和封底工序
GB	E5015 MK·J507X		0.064	1.20	0.35	0.017	0.019	552	466	27	-30/93	低氢钠型药皮立向下焊焊条，直流反接

（3）在下列任何一种焊接环境下，如未采取有效防护措施均不得进行焊接：雨天或雪天；风速超过 8m/s；大气相对湿度超过 90；对于屈服强度超过 390MPa 的管材，当气温高于 30℃，相对湿度超过 85% 时。

（4）壁厚所需焊道数应符合表 7 - 23 的规定。纤维素型立向下焊条的焊接参数见表 7 - 24。低氢型立向下焊条的焊接参数见表 7 - 25。

表 7 - 23　不同壁厚要求的焊道数

壁厚/mm	6	7 ~ 8	9 ~ 10	10 ~ 12
焊道数	4	4 ~ 5	5 ~ 6	6 ~ 8

表 7 - 24　纤维素型立向下焊条焊接参数

层次 项目	焊条直径/ mm	电流极性	电流/A	电压/A	焊接速度/ (cm/min)	运条方法
焊根	3.2	直流反接	70 ~ 130	21 ~ 30	10 ~ 30	直拉
	4.0		120 ~ 160	22 ~ 31	15 ~ 40	

续表

层次	项目	焊条直径/mm	电流极性	电流/A	电压/A	焊接速度/(cm/min)	运条方法
热焊、填充焊及盖面焊	第二层	3.2	直流反接	99~120	24~34	10~30	直接
		4.0		140~190	25~35	15~35	
	第三及以后各层	4.0	直流反接	110~170	25~35	7~35	直拉或摆弧
		4.8		140~220	26~36	10~40	

注：较小直径的焊条适用于焊接壁厚较薄或管径较小的管道。

表 7-25　低氢型立向下焊条焊接参数

层次	项目	焊条直径/mm	电流极性	电流/A	电压/A	焊接速度/(cm/min)	运条方法
焊根		3.2	交流或直流反接	70~120	19~26	6~20	直拉
热焊、填充焊及盖面焊	第二层	3.2	交流或直流反接	90~140	20~37	6~25	直拉或摆弧
		4.0		120~210	21~30	15~35	
	第三及以后各层	4.0	交流或直流反接	90~140	20~37	6~25	
		4.8		120~210	21~30	10~35	

注：较小直径的焊条适用于焊接壁厚较薄或管径较小的管道。

（5）管道焊接的预热条件见表 7-26。层间温度应不低于预热温度。为防止产生冷裂纹，根部焊道完成后应尽快进行热焊道焊接，根焊道与热焊道间隔时间不宜超过 5min。

表 7-26　管材焊接预热条件

钢材种类	允许最低环境温度/℃	预热要求
S205*、S240* 以及同类级别的钢材	-20	环境温度低于 -10℃，预热 100~150℃
S290、S315、S360 以及同类级别的钢材	-10	环境温度低于 0℃ 时，预热 100~150℃
S385、S415 以及同类级别的钢材	-5	环境温度在任何情况下，预热 100~150℃
S450 以及同类级别的钢材	0	环境温度在任何情况下，预热 100~150℃

注：当环境温度低于 0℃ 时，应作适当的干燥处理。

（6）管道立向下焊接宜采用流水作业，同一焊道由两名焊工同时施焊，焊接顺序如图 7-46 所示。当管道直径在 711mm 以上时，同一焊道由三名焊工同时施焊，其焊接顺序如图 7-46 所示。

2. 药芯焊丝半自动和自动焊

在长输管道焊接中已大量采用自保护药芯焊丝，但生产实践表明，其生产率与保护气氛下的自动焊相比没有明显提高。采用水冷铜滑块对焊缝进行强迫成形的自保护药芯焊丝自动焊，既有利于全位置焊接，又可提高焊接电流而增大熔敷系数，因此可提高生产率。前苏联的全苏长输管道建筑研究院与有关单位协作，研制成非旋转口大直径长输管道焊接用的自保护药芯焊丝自动焊机"对接"号系列机组，曾用于焊接 φ420mm 的管道，使工时减少 26%，成本降低 8%。该机组包括焊接设备、电源、移动式工作间三大部分。

焊接设备包括左右各一台焊接小车（小车上装有焊接机头、强迫成形水冷铜滑块、焊丝与滑块位置的调准器及焊丝盘）、刚性导轨、控制箱的焊接小舱。焊接小车由两块 C 形卡板

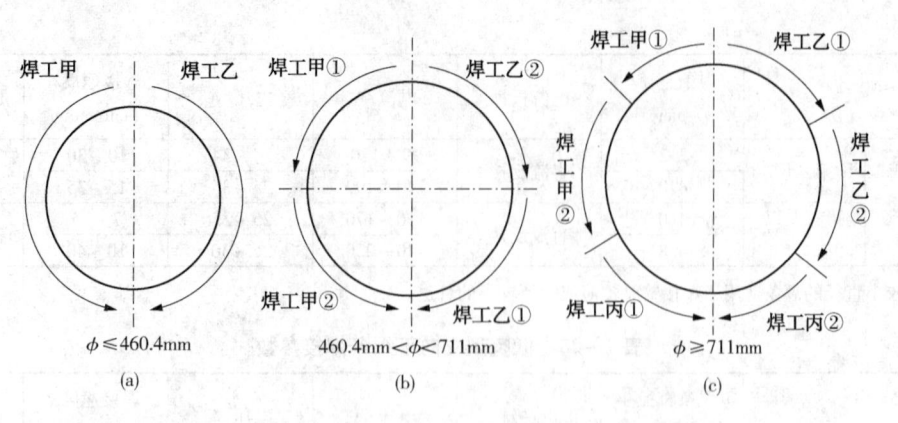

图 7 - 46　根焊道施焊顺序

组成，它通过液压缸铰链式地围在焊管表面的轨道上。以上设备都安置在小舱内。小舱悬挂于铺管机的长臂上，其作用是防止气候不好。

电源部分包括功率为 100kW 的电站、两台型号为 BIIY - 504 的平外特性焊接整流器、长臂液压传动机构、水冷滑块用的独立水站及控制设备。

移动式工作间用来储存和烘干焊接材料，并可进行设备维修，内有干燥炬、缠丝机、压缩机及钳工用的工具和设备。

该机组焊接长输管道的步骤如下：

（1）用对口器组对焊管，并焊好打底缝。

（2）在对接口装上整个焊接小舱，将装有焊接机头的 C 形卡板固定在钢管上。

（3）两个装有水冷滑块的机头同时自上而下焊完一圈焊缝。如管壁厚度小于 14mm，一道焊缝便可焊满；壁厚大于 14mm，则需两道或更多道焊缝。

（4）左右两台机组的技术性能见表 7 - 27。当电弧电压为 24 ~ 30V、电流为 300 ~ 450A、焊丝干伸长为 40 ~ 50mm 时，平均焊速可达 13 ~ 20m/h。

表 7 - 27　对接 - 1 及对接 - 2 型机组技术性能（直流反接）

技术性能　　　　机组型号	对接 - 1	对接 - 2	技术性能　　　　机组型号	对接 - 1	对接 - 2
焊管直径/mm	1220 ~ 1420	630 ~ 1020	焊接电流/A	200 ~ 500	200 ~ 500
每小时焊接对口数	3 ~ 4	2 ~ 3	电弧电压/V	22 ~ 26	22 ~ 26

非旋转口长输管道用自保护药芯焊丝的牌号及性能见表 7 - 28。

表 7 - 28　非旋转口长输管道用自保护药芯焊丝的牌号及性能

焊丝牌号	直径/mm	力学性能（最小值）			
		R_m/MPa	A/%	不同温度下的冲击韧度 a_k/J·cm²	
				20℃	- 40℃
ⅡⅡ - AH19	2.3	590	20	130	35
ⅡⅡ - AH24	2.0、2.3	560	20	130	35
ⅡⅡ - AH24C	2.0、2.3	590	20	150	60
ⅡⅡ - AH30	2.0、2.3	690	20	130	45

美国林肯电气公司 20 世纪 70 年代就开发了自保护药芯焊丝，目前已应用于半自动焊，其

设备由平外特性直流电源(SAM - 400 型柴油驱动电源或 DC - 400 型硅整流器，额定电压为 36V、额定电流为 400A)，电流调节范围为 60~500A、LN - 23P 型便携式管道专用恒速半自动焊送丝机(质量小于 16kg，送丝速度调节范围为 762~4318mm/min，送丝速度不受电弧电压变化的影响)和手提式焊枪组成。焊接时可先在送丝机上设定和调节焊接参数；焊枪上设有双位开关，随时可将焊接电流降至设定值的 83%，这对管道全位置焊尤其是根部焊道特别有利。

适用于 API 5LX42~X70 管线钢的焊丝应满足 API 1104 和其他国际标准的要求，一般使用 E61 - GS 和 E71T8 - K6。按上述工艺焊接与传统的纤维素焊条立向下焊相比有以下优点：

(1)熔敷速度高，一般比焊条电弧焊提高 20%，总的工时可减少 1/2，且随着钢管直径与壁厚的增大，焊接效率的提高更为明显。自保护药芯焊丝半自动焊与手工立向下焊的效率对比见表 7 - 29。

表 7 - 29　管道自保护半自动焊与手工立向下焊效率对比

管径 φ/mm	660				762			
壁厚/mm	15.9				19			
焊接工艺	手工下向焊		自保护半自动焊		手工下向焊		自保护半自动焊	
焊道	根焊道	其他焊道	根焊道	其他焊道	根焊道	其他焊道	根焊道	其他焊道
焊接材料 AWS 等级分类	E6010	E7010 - A1	E61T - GS	E71T8 - K6	E6010	E7010 - A1	E61T - GS	E71T8 - K6
焊接材料商品牌号	—	—	ER - 205	NR - 205	—	—	NR - 205	NR - 207
焊条(焊丝)直径/mm	4.0	4.8	1.7	2.0	4.0	4.8	1.7	2.0
焊接电流/A	145	185	250	280	145	185	250	280
熔敷金属量/(kg/焊口)	0.25	3.12	0.25	3.12	0.29	5.16	0.29	5.16
焊接时间/(h/焊口)	0.62	5.83	0.23	2.80	0.71	9.73	0.26	4.62
焊接材料用量/(kg/焊口)	0.42	5.20	0.29	3.67	0.48	8.60	0.34	6.07
节省时间/(h/焊口)	3.42				5.56			
减少焊接时间/%	53				53			

(2)扩散氢含量 <3.6mL/100g，远比纤维素焊条的扩散氢含量低，因此冷裂纹敏感性低。这对强度级别高的管线钢(如 X60、X65、X70)焊接更为重要。

(3)焊缝金属的低温冲击韧度好。

(4)自保护药芯焊丝的抗风能力强，在 40m/h 的风速下焊接不需采取防风措施。

(5)电弧稳定；焊渣薄且脱渣性好。

四、复合钢管的焊接

复合钢管是由两种或多种具有各自特性的金属，通过特定复合工艺而制定的一种具有综合特性的价廉物美的新型钢管。按覆盖层所处位置可分为外复合管和内复合管以及内外复合管。按覆层与基层的结合状态可分为机械结合复合管(其内复合管中的机械结合复合管又称衬里管)和冶金结合复合管(又称双金属管)。不锈钢、镍基合金、铜、钛、铝等耐腐蚀的金属材料均可作为覆层材料。机械结合的外复合不锈钢管现已广泛用于建筑装饰行业，内复合管作为腐蚀性流体输送用管已在石油化工、能源、民用给水等领域得到越来越广泛的应用。

复合钢管焊接的关键在于不仅要保证接头的力学性能，不产生焊接缺陷，更重要的是要控制好覆层焊缝金属的化学成分，从而保证焊缝的耐腐蚀性。机械结合复合管的基层和覆层间的间隙以及钎焊冶金结合复合管的钎料、覆层太薄等因素都增加了焊接难度。

1. 电弧熔焊法

采用电弧熔焊法焊接中、小直径内覆不锈钢复合钢管不能像焊接不锈钢复合板那样先焊碳钢基层，最后焊不锈钢覆层，而只能是先焊不锈钢覆层，再焊过渡层，最后焊碳钢基层。

（1）机械结合复合管的焊接。机械结合复合管焊接的最大问题是在焊缝中出现大量气孔、产生气孔的原因在于基、覆层间存在锈和油渍，它们是在不锈钢复合管制造前，碳钢内壁未除锈或除锈不净以及制造过程中使用的润滑油浸入基、覆层间隙中。另外，管端未进行基、覆层封焊的复合钢管，在运输储存过程中水汽可能浸入基、覆层间隙中。德国布廷恩公司生产的机械结合不锈钢复合钢管，根据客户要求进行管端焊接加工，可以是密封焊、末端堆焊、实心环、冶金复合衬垫环以及增加厚度的冶金复合衬垫环，图7-47是管端焊接加工图例。

图7-48所示为一种复合钢管环焊坡口设计及焊接顺序。其中打底焊采用手工钨极氩弧焊，其他则采用焊条电弧焊。焊接材料根据覆层来选择。表7-30是典型复合钢管焊接材料。

（2）冶金结合复合钢管的焊接。冶金结合复合钢管的端面不需要封焊，打底焊、过渡焊、填充及盖面焊的焊接方法和焊接材料与机械结合复合钢管一样。

2. 感应扩散钎焊

这种焊接方法的工艺过程是：①机械加工两复合管端连接面成斜对接形式，连接面的斜角为15°～20°，并清洗连接面及邻近管

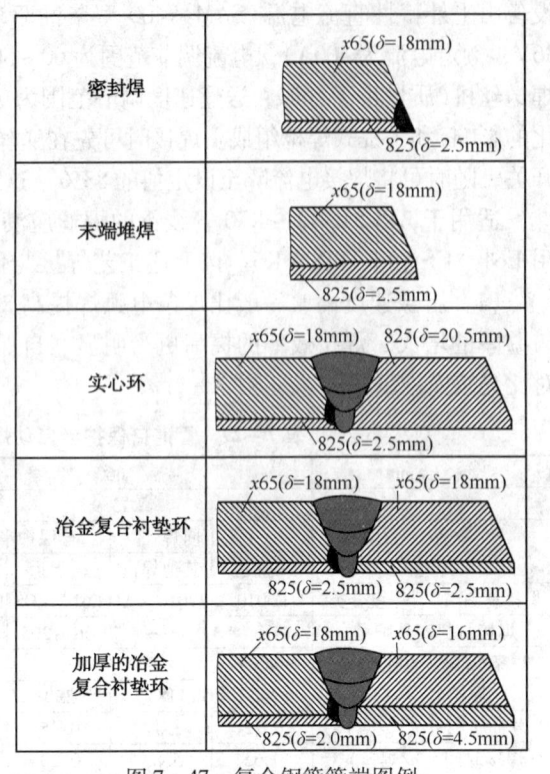

图7-47　复合钢管管端图例

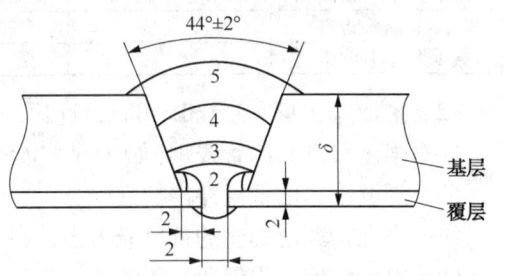

图7-48　复合管环焊坡口设计及焊接次序
1—封焊；2—打底焊；3—过渡焊；
4—填充焊；5—盖面焊

面的油污和氧化物；②在连接面及邻近的管面上放置 Ni－Cr－Si－B 等镍基钎料；③在组装位于不锈钢复合钢管外的夹紧机构上使凸面管端紧插入凹面管端，并在连接面附近放置感应加热线圈后，两管被夹紧，刚性固定在一起；④在连接面附近设置密封机构；⑤引入惰性气体后，启动感应加热线圈，使钎料熔化，在热膨胀力的作用下连接面间完成扩散钎焊焊接；⑥停止感应加热，放松夹紧机构；⑦停止送气，拆除密封机构，将焊接好的管移出焊接装置。采用斜对接，将凸面管端插入凹面管端，自然对准，这使接头组对操作容易，钎料中含 B、Si 等强扩散元素，大大强化了焊接过程中的扩散，也大大提高了接头的连接性能。

表 7 - 30　典型复合钢管焊接材料

复合钢管组合	焊 接 材 料			
	封　焊	打 底 焊	过 渡 层	填充及盖面
06Cr13 + A3	A302	A302	超低碳	E4302
			A302	A302
07Cr18Ni11Ti + A3	A302	A302	超低碳	E4303
			A302	A302
06Cr17Ni12Mo2Ti + A3	A302	A302	超低碳	E4303
			A302	A302
2205 双相不锈钢 + A3	ER – 2209	ER – 2209	超低碳	E4303
			E2209 – 17	E2209 – 17
InCO10Y825 + A3	ERNiCrMo – 3	ERNiCrMo – 3	超低碳	E5003
			E1 – 23 – 13 – 16	E1 – 23 – 13 – 16

第八章 钢筋的焊接工艺

第一节 一般规定

一、焊接材料要求

(1) 当采用低氢型碱性焊条时，应按使用说明书要求烘焙，且宜放入保温筒内保温使用。酸性焊条在运输或存放中受潮，使用前亦应烘焙后方能使用。

(2) 在电渣压力焊和预埋件埋弧压力焊中，可采用 HJ431 焊剂。焊剂应存放在干燥的库房内。当焊剂受潮时，在使用前应经 250 ~ 300℃烘焙 2h。

使用中回收的焊剂应清除熔渣和杂物，并应与新焊剂混合均匀后使用。

(3) 各种焊接材料应分类存放，妥善管理；应采取防止锈蚀、防止受潮变质的措施。

(4) 氧气的质量应符合现行国家标准《工业氧》(GB/T 3863 - 2008)的规定，其纯度应不小于 99.5%。

(5) 乙炔的质量应符合现行国家标准《溶解乙炔》(GB6819 - 2004)的规定，其纯度应不小于 98.0%。

(6) 液化石油气应符合现行国家标准《液化石油气》(GB 11174 - 2011)的规定。

二、焊接方法及适用范围

钢筋的焊接方法及其适用范围见表 8 - 1。

表 8 - 1 钢筋的焊接方法分类及适用范围

焊接方法	接头形式	适用范围	
		钢级牌号	钢筋直径
电阻点焊		HPB300	6 ~ 16
			6 ~ 16
		HRB335 HRBF335	6 ~ 16
		HRB400 HRBF400	6 ~ 16
		HRB500 HRBF500	4 ~ 12
		CRB550 CDW550	3 ~ 8
闪光对焊		HPB300	8 ~ 22
		HRB335 HRBF335	8 ~ 40
		HRB400 HRBF400	8 ~ 40
		HRB500 HRBF500	8 ~ 40
		RRB400W	8 ~ 32

焊接方法		接头形式	适用范围	
			钢级牌号	钢筋直径
电弧焊	帮条双面焊	2d(2.5d) 2~5 d 4d(5d)	HPB300	10 ~ 22
			HRB335　HRBF335	10 ~ 40
			HRB400　HRBF400	10 ~ 40
			HRB500　HRBF500	10 ~ 32
			RRB400W	10 ~ 25
	帮条单面焊	4d(5d) 2.5 d 8d(10d)	HPB300	10 ~ 22
			HRB335　HRBF335	10 ~ 40
			HRB400　HRBF400	10 ~ 40
			HRB500　HRBF500	10 ~ 32
			RRB400W	10 ~ 25
	搭接双面焊	4d(5d) d	HPB300	10 ~ 22
			HRB335　HRBF335	10 ~ 40
			HRB400　HRBF400	10 ~ 40
			HRB500　HRBF500	10 ~ 32
			RRB400W	10 ~ 25
	搭接单面焊	8d(10d) d	HPB300	10 ~ 22
			HRB335　HRBF335	10 ~ 40
			HRB400　HRBF400	10 ~ 40
			HRB500　HRBF500	10 ~ 32
			RRB400W	10 ~ 25
	熔槽帮条焊	10~16 d 80~100	HPB300	20 ~ 22
			HRB335　HRBF335	20 ~ 40
			HRB400　HRBF400	20 ~ 40
			HRB500　HRBF500	20 ~ 32
			RRB400W	20 ~ 25
	坡口平焊		HPB300	8 ~ 22
			HRB335　HRBF335	8 ~ 40
			HRB400　HRBF400	8 ~ 40
			HRB500　HRBF500	8 ~ 32
			RRB400W	8 ~ 25
	坡口立焊		HPB300	8 ~ 22
			HRB335　HRBF335	8 ~ 40
			HRB400　HRBF400	8 ~ 40
			HRB500　HRBF500	8 ~ 32
			RRB400W	8 ~ 25
	钢筋与钢板搭接焊	d 4d(5d)	HPB300	8 ~ 22
			HRB335　HRBF335	8 ~ 40
			HRB400　HRBF400	8 ~ 40
			HRB500　HRBF500	8 ~ 32
			RRB400W	8 ~ 25

续表

焊接方法		接头形式	适用范围	
			钢级牌号	钢筋直径
电弧焊	窄间隙焊		HPB300	16～22
			HRB335　HRBF335	16～25
			HRB400　HRBF400	16～25
			HRB500　HRBF500	18～20
			RRB400W	18～20
	预埋件角焊		HPB300	6～22
			HRB335　HRBF335	6～25
			HRB400　HRBF400	6～25
			HRB500　RRBF500	10～20
			RRB400W	10～20
	预埋件穿孔塞焊		HPB300	20～22
			HRB335　HRBF335	20～32
			HRB400　HRBF400	20～32
			HRB500	20～28
			RRB400W	20～28
电渣压力焊			HPB300	12～22
			HRB335	12～32
			HRB400	12～32
			HRB500	12～32
气压焊		固态 熔态	HPB300	12～22
			HRB335	12～40
			HRB400	12～40
			HRB500	12～32
预埋件埋弧压力焊埋弧螺柱焊			HPB300	
			HRB335	6～22
			HRBF335	6～28
			HRB400	6～28
			HRBF400	

注：1. 电阻点焊时，适用范围的钢筋直径指两根不同直径钢筋交叉叠接中较小钢筋的直径。

2. 电弧焊含焊条电弧焊和二氧化碳气体保护电弧焊两种工艺方法。

3. 在生产中，对于有较高要求的抗震结构用钢筋，在牌号后加 E。焊接工艺可按同级别热轧钢筋施焊；焊条应采用低氢型碱性焊条。

4. 生产中，如果有 HPB235 钢筋需要进行焊接时，可按 HPB300 钢筋的焊接材料和焊接工艺参数，以及接头质量检验与验收的有关规定施焊。

三、焊前准备

（1）在工程开工正式焊接之前，参与施焊的焊工应进行现场条件下的焊接工艺试验，试验合格后，方可正式生产。试验结果应符合质量检验与验收要求。

在工程开工或者每批钢筋正式焊接之前，无论采用何种焊接工艺方法，均须在相同条件下进行焊接工艺试验，以便了解掌握钢筋的焊接性能、最佳焊接参数以及担负生产的焊工的技术水平、各种牌号等。每种规格的钢筋至少做 1 组试件。若第一次未通过，应改进工艺，调整参数，直至合格为止。采用的焊接参数应做好记录，以备查考。

接头试件力学性能试验（拉伸、弯曲、剪切等）结果应符合质量检验与验收时的要求。

（2）钢筋焊接施工之前，为了防止焊接接头产生夹渣、气孔等缺陷，应清除钢筋、钢板焊接部位以及钢筋与电极接触处表面上的锈斑、油污、杂物等；钢筋端部有弯折、扭曲时，应予以矫直或切除。

四、低温焊接工艺措施

当环境温度低于 -20℃时，不宜进行各种焊接。如果在环境温度低于 -5℃条件下施焊时，焊接工艺应符合下列要求。

（1）闪光对焊时，宜采用预热闪光焊或闪光 - 预热闪光焊；可增加调伸长度，采用较低变压器级数，增加预热次数和间歇时间。

（2）电弧焊时，宜增大焊接电流，降低焊接速度。

电弧帮条焊或搭接焊时，第一层焊缝应从中间引弧，向两端施焊；以后各层控温施焊，层间温度控制在 150～350℃。多层施焊时，可采用回火焊道施焊。

钢筋在环境温度低于 -5℃的条件下进行对焊则属低温对焊。在低温条件下焊接时，焊件冷却快，容易产生淬硬现象，内应力也会增大，使接头的力学性能降低。因此在低温条件下焊接时，应掌握好冷却速度。为使加热均匀，增大焊件受热区域，宜采用预热闪光焊或闪光 - 预热 - 闪光焊。其焊接参数与常温相比，调伸长度应增加 10%～20%，变压器级数降低一级或二级，熔化过程中期的速度适当减慢，预热时的接触压力适当提高，预热间歇时间适当延长。可在焊接参数上作以下调整。

（1）预热。在负温条件下进行帮条电弧焊或搭接电弧焊时，从中部引弧，对两端即可起到预热作用。

（2）缓冷。采用多层施焊时，层间温度控制在 150～350℃，使接头热影响区附近的冷却速度减慢 1～2 倍，从而减弱淬硬倾向，改善接头的综合性能。

（3）回火。如果采用上述两种工艺还不能保证焊接质量，则采用"回火焊道施焊法"，其作用是对原来的热影响区产生回火效果，回火温度为 500℃左右。如一旦产生淬硬组织，经回火后将产生回火马氏体、回火索氏体组织，从而改善接头的综合性能。回火焊道施焊法见图 8 - 1。

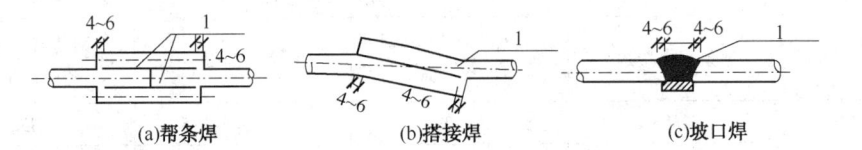

(a)帮条焊　　(b)搭接焊　　(c)坡口焊

图 8 - 1　钢筋负温电弧焊回火焊道示意图

五、注意事项

（1）电渣压力焊适用于柱、墙、构筑物等现浇混凝土结构中竖向受力钢筋的连接。不得在竖向焊接后将钢筋横置于梁、板等构件中作水平钢筋用。

（2）带肋钢筋进行闪光对焊、电弧焊、电渣压力焊和气压焊时，宜将纵肋对纵肋安放和焊接。

（3）进行电阻点焊、闪光对焊、电渣压力焊、埋弧压力焊时，应随时观察电源电压的波动情况，当电源电压下降大于 5% 且小于 8% 时，应采取提高焊接变压器级数的措施；当电源电压波动不小于 8% 时，不得进行焊接。

（4）雨天、雪天不宜在现场进行施焊；必须施焊时，应采取有效遮蔽措施。焊后未冷却接头不得碰到冰雪。

（5）在现场进行闪光对焊或电弧焊时，若风速超过 7.9m/s 应采取挡风措施。进行气压焊时，若风速超过 5.4m/s 应采取挡风措施。

（6）对从事钢筋焊接施工的班组及有关人员应经常进行安全生产教育，执行现行国家标准《焊接与切割安全》（GB 9448—1999）中有关规定，对氧、乙炔、液化石油气等易燃易爆材料应妥善管理。注意周边环境，制定和实施各项安全技术措施，加强焊工的劳动保护，防止发生烧伤、触电、发生火宅、爆炸以及烧坏焊接设备等事故。

第二节　钢筋电弧焊

钢筋电弧焊是以焊条作为一极，钢筋为另一极，利用焊接电流通过产生的电弧热进行焊接的一种熔焊方法。

一、钢筋电弧焊接头形式及焊接要求

钢筋电弧焊包括帮条焊、搭接焊、坡口焊、窄间隙焊和熔槽帮条焊五种接头形式。焊接时应符合下列要求：

（1）应根据钢筋级别、直径、接头形式和焊接位置，选择焊条、焊接工艺和焊接参数。

（2）焊接时，引弧应在垫板、帮条或形成焊缝的部位进行，不得烧伤主筋。

（3）焊接地线与钢筋应接触紧密。

（4）焊接过程中应及时清渣，焊缝表面应光滑，焊缝余高应平缓过渡，弧坑应填满。

电弧焊设备主要采用交流弧焊机。建筑工地常用的交流弧焊机技术性能见第四章表 4 - 2。

表 8 - 2　钢筋电弧焊焊条型号

钢筋牌号	电弧焊接头形式			
	帮条焊搭接焊	坡口焊熔槽帮条焊预埋件穿孔塞焊	窄间隙焊	钢筋与钢板搭接焊预埋件 T 形角焊
HPB300	E4303	E4303	E4316、E4315	E4303
HRB335	E4303	E5003	E5016、E5015	E4303
HRB400	E5003	E5503	E6016、E6015	E5003
RRB400	E5003	E5503	—	—

电弧焊所采用的焊条，其性能应符合现行国家标准 GB 5117 - 1995《碳钢焊条》或 GB 5118—1995《低合金钢焊条》的规定，其型号应根据设计确定；若设计无规定时，可按表 8 - 2

选用。重要结构中钢筋的焊接，应采用低氢型碱性焊条，并应按说明书要求烘焙后使用。施工时，可参考表 8-3 选择焊条直径和焊接电流。

表 8-3　焊条直径和焊接电流选择

搭接焊、帮条焊				坡　口　焊			
焊接位置	钢筋直径/mm	焊条直径/mm	焊接直流/A	焊接位置	钢筋直径/mm	焊条直径/mm	焊接直流/A
平焊	10~12	3.2	90~130	平焊	16~20	3.2	140~170
	14~22	4	130~180		22~25	4	170~90
	25~32	5	180~230		28~40	5	190~220
	36~40	5	190~240			5	200~230
立焊	10~12	3.2	80~110	立焊	16~20	3.2	120~150
	14~22	4	110~150		22~25	4	150~180
	25~32	4	120~170		28~32	4	180~200
	36~40	5	170~220		38~40	5	190~210

二、不同形式钢筋电弧焊的工艺要点

1. 搭接焊

（1）钢筋搭接焊可用于直径为 10~40mm 的热轧光圆及带肋钢筋、直径为 10~25mm 余热处理钢筋。焊接时宜采用双面焊[图 8-2(a)]，不能进行双面焊时，方可采用单面焊[图 8-2(b)]。搭接长度 l 应与表 8-4 的帮条长度相同，见图 8-3。

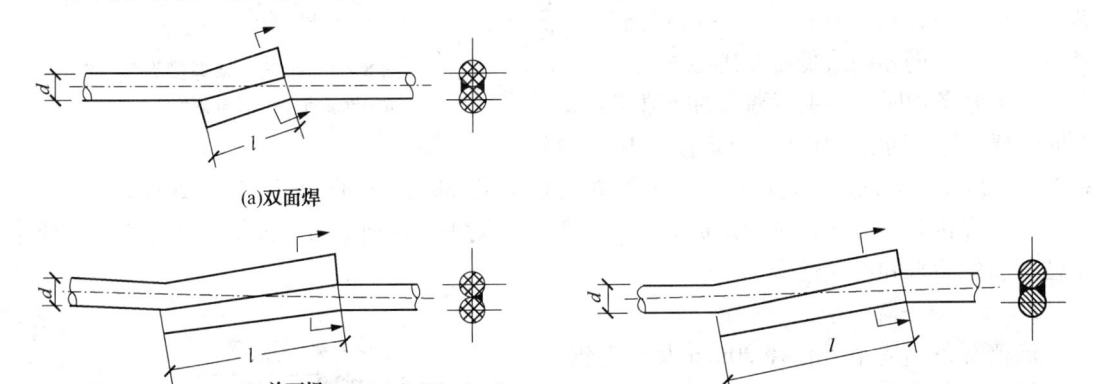

(a)双面焊

(b)单面焊

图 8-2　钢筋搭接焊接头

d—钢筋直筋；l—搭接长度

图 8-3　钢筋搭接长度示意图

表 8-4　钢筋帮条(搭接)长度

钢筋牌号	焊缝形式	帮条长度 l
HPB300	单面焊	≥8d
	双面焊	≥4d
HRB335、HRBF335、HRB400、HRBF400	单面焊	≥10d
HRB500、HRBF500、RRB400W	双面焊	≥5d

注：d 为主筋直径，单位为 mm。

焊条按表 8 - 2 的规定选取，当焊接 HRB335 钢筋时，可以采用不与母材等强度的 E4 303 焊条。

（2）搭接焊接头或帮条焊接头的焊缝厚度 s 不应小于主筋直径的 30%，焊缝宽度 b 不应小于主筋直径的 80%（图 8 - 4）。

（3）搭接焊时，焊接端钢筋应预弯，并应使两钢筋的轴线在同一直线上，使接头受力性能良好。

（4）焊接时，应在搭接焊形成焊缝中引弧；在端头收弧前应填满弧坑，并应使主焊缝与定位焊缝的始端和终端熔合。

2. 帮条焊

帮条焊适用于直径为 10 ~ 40mm 的 HPB300、HRB335、HRB400 钢筋。焊条按表 8 - 2 规定选取。

（1）帮条焊时，宜采用双面焊［图 8 - 5（a）］；当不能进行双面焊时，方可采用单面焊 ［图 8 - 5（b）］。

（2）帮条长度 l 应符合表 8 - 4 规定。当帮条牌号与主筋相同时，帮条直径可与主筋相同或小一个规格；当帮条直径与主筋相同时，帮条牌号可与主筋相同或低一个牌号。

（3）帮条焊时，两主筋端面的间隙应为 2 ~ 5mm，帮条与主筋之间应用四点定位焊固定；搭接焊时，应用两点固定；定位焊缝与帮条端部或搭接端部的距离宜大于或等于20mm。

（4）焊接时，应在帮条焊形成焊缝中引弧；在端头收弧前应填满弧坑，并应使主焊缝与定位焊缝的始端和终端熔合。

3. 熔槽帮条焊

熔槽帮条焊适用于直径 20mm 及以上钢筋的现场安装焊接。焊接时应加角钢作垫板模，焊条按表 8 - 2 规定选取。接头形式见图 8 - 6。角钢尺寸和焊接工艺应符合下列要求。

（1）角钢边长宜为 40 ~ 60mm，长度宜为 80 ~ 100mm。

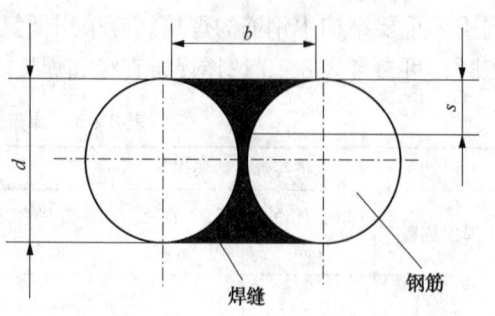

图 8 - 4　焊缝尺寸示意图

b—焊缝宽度；s—焊缝厚度；d—钢筋直径

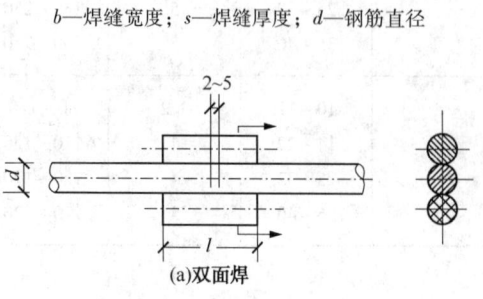

(a)双面焊

(b)单面焊

图 8 - 5　钢筋帮条焊接头

d—钢筋直径；l—帮条长度

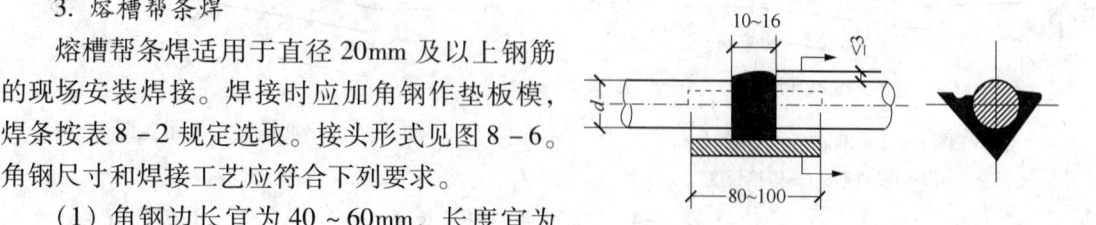

图 8 - 6　钢筋熔槽帮条焊接头

（2）钢筋端头应加工平整；两钢筋断面的间隙应为 10 ~ 16mm。

（3）从接缝处垫板引弧后应连续施焊，并应使钢筋端部熔合，防止未焊透、气孔或夹渣。

（4）焊接过程中应停焊清渣 1 次。焊平后，再进行焊缝余高的焊接，其高度不得大于3mm。

（5）钢筋与角钢垫板之间，应加焊侧面焊缝 1～3 层，焊缝应饱满，表面应平整。

4. 坡口焊

坡口焊适用于装配式框架结构安装时的柱间节点或梁与柱的节点焊接。当进行钢筋坡口焊时，焊条按表 8－2 规定选取，对 HRB335 钢筋进行焊接不仅采用 E5003 型焊条，并且钢筋与钢垫板之间，应加焊 2～3 层侧面焊缝，对接头起到一定加强作用。

1）坡口焊准备

（1）坡口面应平顺，切口边缘不得有裂纹、钝边和缺棱。

（2）坡口平焊时，V 形坡口角度宜为 55°～65°。如图 8－7(a) 所示，坡口立焊时，坡口角度宜为 45°～55°，其中，下钢筋宜为 0°～10°，上钢筋宜为 35°～45°，如图 8－7(b) 所示。

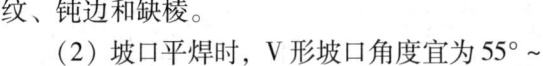

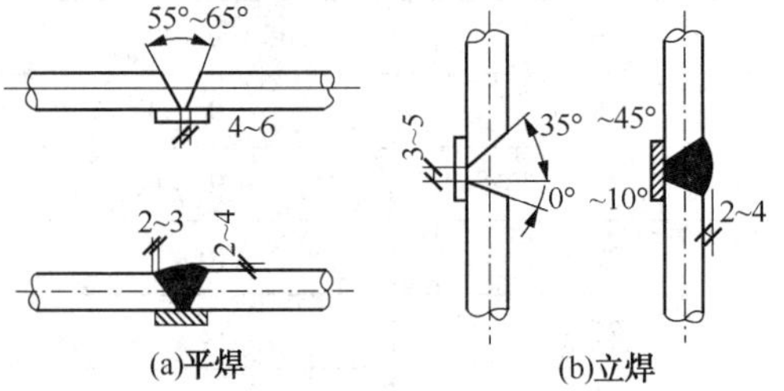

55°~65°
4~6
2~3
2~4
(a)平焊
3~5
35°~45°
0°~10°
2~4
(b)立焊
图 8－7　钢筋坡口焊接头

（3）钢垫板厚度宜为 4～6mm，长度宜为 40～60mm。坡口平焊时，垫板宽度为钢筋直径加 10mm；立焊时，垫板宽度宜等于钢筋直径。

（4）钢筋根部间隙，坡口平焊时宜为 4～6mm，立焊时，宜为 3～5mm。其最大间隙均不宜超过 10mm。

2）坡口焊工艺

（1）焊缝根部、坡口端面以及钢筋与钢板之间均应熔合。焊接过程中应经常清渣。钢筋与钢垫板之间，应加焊 2～3 层侧面焊缝。

（2）宜采用几个接头轮流进行施焊。

3）焊缝的宽度应大于 V 形坡口的边缘 2～3mm，焊缝余高应为 2～4mm。并宜平缓过渡至钢筋表面。

4）当发现接头中有弧坑、气孔及咬边等缺陷时，应立即补焊。注意：钢筋接头冷却后补焊时，应采用氧乙炔焰预热。

5. 窄间隙焊

钢筋窄间隙电弧焊是将两钢筋安放成水平对接形式，并置于铜模内，中间留有少量间隙，用焊条从接头根部引弧，连续向上焊接完成的一种电弧焊方法。

窄间隙焊宜用于直径 16mm 及以上钢筋的现场水平连接。焊接时，钢筋应置于铜模中，并应留出一定间隙，用焊条连续焊接，熔化钢筋端面和使熔敷金属填充间隙形成接头（图 8－8），其成型过程如图 8－9 所示。

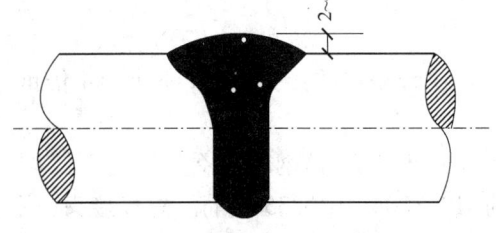

2~4
图 8－8　钢筋窄间隙焊接头

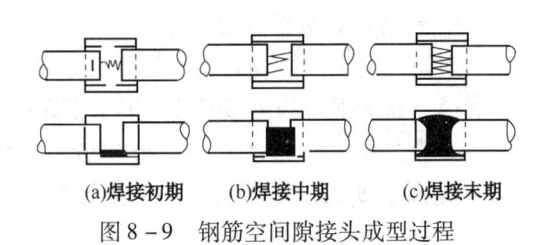

(a)焊接初期
(b)焊接中期
(c)焊接末期
图 8－9　钢筋空间隙接头成型过程

焊接工艺应符合下列要求。

（1）钢筋端面应平整。

（2）应选用低氢型碱性焊条。

（3）端面间隙和焊接参数可按表 8 - 5 选用。

表 8 - 5　窄间隙焊端两面间隙和焊接参数

钢筋直径/mm	端面间隙/mm	焊条直径/mm	焊接电流/A
16	9 ~ 11	3.2	100 ~ 110
18	9 ~ 11	3.2	100 ~ 110
20	10 ~ 12	3.2	100 ~ 110
22	10 ~ 12	3.2	100 ~ 110
25	12 ~ 14	4.0	150 ~ 160
28	12 ~ 14	4.0	150 ~ 160
32	12 ~ 14	4.0	150 ~ 160
36	13 ~ 15	5.0	220 ~ 230
40	13 ~ 15	5.0	220 ~ 230

（4）从焊缝根部引弧后应连续进行焊接，左、右来回运弧，在钢筋端面处电弧应少许停留并使熔合。

（5）当焊至端面间隙的 4/5 高度后，焊缝应逐渐扩宽；当熔池过大时，连续焊改为断续焊，避免过热。

（6）焊缝余高应为 2 ~ 4mm，且应平缓过渡至钢筋表面。

6. 预埋件钢筋电弧焊

预埋件钢筋电弧焊 T 形接头分为角焊和穿孔塞焊（图 8 - 10）。角焊适用于焊接直径为 6 ~ 25mm 的 HPB300、HRB335 钢筋；穿孔塞焊适用于焊接直径为 20 ~ 25mm 的 HPB300、HRB335 钢筋。焊条按表 8 - 2 规定选取。

用穿孔塞焊时，如果需要，可在内侧加焊一圈角焊缝，以提高接头强度，如图 8 - 10（b）所示。施焊中，不得使钢筋咬边和烧伤。

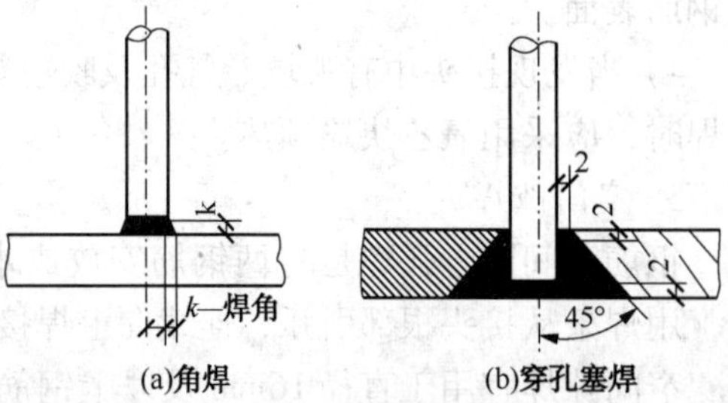

(a)角焊　　(b)穿孔塞焊

图 8 - 10　预埋件钢筋电弧焊 T 形接头

当采用 HPB300 钢筋时，角焊缝焊脚 k 不得小于钢筋直径的 50%；采用其他牌号钢筋，如 HRB335 和 HRB400 等，焊脚 k 不得小于钢筋直径的 60%。

7. 钢筋与钢板搭接焊

钢筋与钢板搭接焊时，接头形式如图 8 - 11 所示。Ⅰ级钢筋的接头长度 l 不小于 4 倍钢筋直径，Ⅱ级钢筋的搭接长度 l 不小于 5 倍钢筋直径。

焊缝宽度 b 不小于 0.5 倍钢筋直径，焊缝厚度 h 不小于 0.35 倍钢筋直径。

钢筋与钢板搭接焊适用于焊接直径 8 ~ 40mm 的 HPB300、HRB335 钢筋。焊接接头（图 8 - 12）应符合下列要求：

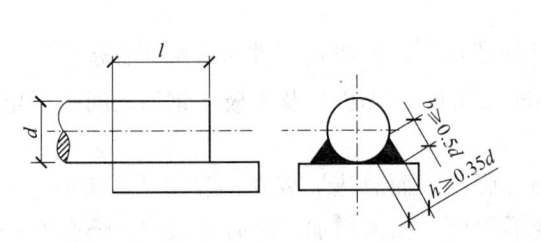

图 8 – 11　钢筋与钢板搭接接头

d—钢筋直径；l—搭接长度；b—焊缝宽度

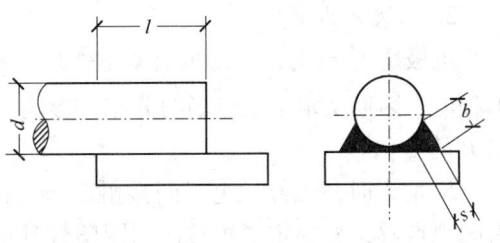
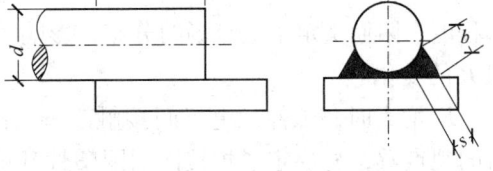

图 8 – 12　钢筋与钢板搭接焊接头

d—钢筋直径；l—搭接长度；b—焊缝宽度；s—焊缝厚度

（1）HPB300 钢筋的搭接长度 l 不得小于 4 倍钢筋直径，其他牌号钢筋搭接长度 l 不得小于 5 倍钢筋直径。

（2）焊缝宽度不得小于钢筋直径的 60%，焊缝厚度不得小于钢筋直径的 35%。

8. 装配式框架结构安装中的钢筋焊接

在装配式框架结构的安装中，钢筋焊接要符合下列要求：

（1）柱间节点采用坡口焊时，当主筋根数为 14 根及以下时，钢筋从混凝土表面伸出长度不应小于 250mm；当主筋为 14 根以上时，钢筋的伸出长度不应小于 350mm。采用搭接焊时其伸出长度宜增加。

（2）两钢筋轴线偏移时，宜采用冷弯矫正，但不得用锤敲打。当冷弯矫正有困难时，可采用氧乙炔焰加热后矫正，钢筋加热部位的温度不应大于 850℃。

（3）焊接中应选择焊接顺序。对于柱间节点，可由两名焊工对称焊接。

第三节　钢筋电阻点焊

钢筋电阻点焊(又称钢筋电阻定位焊)是将两根钢筋安放成交叉叠接形式，压紧于两电极之间，利用电阻热熔化母材金属，加压形成焊点的一种压焊方法。

钢筋骨架或钢筋网中交叉钢筋的焊接宜采用电阻点焊。该点焊适用于直径 6 ~ 15mm 的热轧 HPB300、HRB335 钢筋，直径为 3 ~ 5mm 的冷拔低碳钢丝和直径为 4 ~ 12mm 的冷轧带肋钢筋。采用点焊代替绑扎可提高工效，节约劳动力，而且成品刚性好，便于运输。

一、点焊参数

点焊质量与焊机性能、焊接参数有很大关系。焊接参数指组成焊接循环过程和决定点焊工艺特点的参数，主要有焊接电流 I_w、焊接压力(电极压力)F_w、焊接通电时间 t_w、电极工作端面几何形状与尺寸等。

1. 焊接电流 I_w

当 I_w 很小时，焊接处不能充分加热，始终不能达到熔化温度，增大 I_w 后出现熔化核心，但尺寸过小，仍属未焊透。

当达到规定的最小直径和压入深度时，接头一定强度。随着 I_w 增加，核心尺寸比较大时，电流密度降低，加热速度变缓。当 I_w 增加过大时，加热急剧，就出现飞溅，产生缩孔等缺陷。

2. 电极压力 F_w

电极压力 F_w 对焊点形成有双重作用。从热的观点看，F_w 决定工件间接触面各接点的变形程度，因而决定了电流场的分布，影响着钢筋之间接触电阻 R_c 及电极与钢筋之间接触电阻 R_j 的变化。

F_w 增大时，工件 – 电极间接触改善，散热加强，因而总热量减少，熔核尺寸减小。从力的观点看，F_w 决定了焊接区周围塑性环的变形程度，压力增加，对防止裂纹、缩孔有一定的帮助。

采用 DN5 – 75 型点焊机焊接 HPB300 钢筋和冷拔低碳钢丝时，焊接通电时间和电极压力分别见表 8 – 6 和表 8 – 7。

表 8 – 6　采用 DN$_5$ – 75 型点焊机焊接通电时间　　　　　　　　　　单位：s

变压器级数	较小钢筋直径/mm						
	4	5	6	8	10	12	14
1	0.10	0.12					
2	0.08	0.07					
3			0.22	0.70	1.50		
4			0.20	0.60	1.25	2.50	4.00
5				0.50	1.00	2.00	3.50
6				0.40	0.75	1.50	3.00
7					0.50	1.20	2.50

注：点焊 HRB335、HRBF335、HRB400、HRBF400、HRB500、HRBF500 或 CRB550 钢筋时，焊接通电时间可延长 20%~25%。

表 8 – 7　采用采用 DN$_5$ – 75 型点焊机电极压力

较小钢筋直径/mm	HPB300/N	HRB335、HRBF335、HRB400、HRBF400、HRB500、HRBF500、CRB550、CDW550/N
4	980 ~ 1470	1470 ~ 1960
5	1470 ~ 1960	1960 ~ 2450
6	1960 ~ 2450	2450 ~ 2940
8	2450 ~ 2940	2940 ~ 3430
10	2940 ~ 3920	3430 ~ 3920
12	3430 ~ 4410	4410 ~ 4900
14	3920 ~ 4900	4900 ~ 5880

3. 焊接通电时间 t_w

改变电流通电时间 t_w，与改变 I_w 的影响基本相似，随着 t_w 的增加，焊点尺寸不断增加，当达到一定值时，熔核尺寸比较稳定，t_w 参数较好。

4. 强参数与弱参数

不同的 I_w 与 F_w 可匹配成以加热速度快慢为主要特点的两种不同参数：强参数与弱参数。

(1) 强参数是电流大、时间短，加热速度很快，焊接区温度分布陡、加热区窄、表面质量好、接头过热组织少，接头综合性能好，生产率高。只要参数控制较精确，焊机容量足够（包括电与机械两个方面）便可采用。但又因加热速度快，若控制不当，易出现飞溅等缺陷，所以，必须相应提高电极压力 F_w。

（2）弱参数温度分布平缓，塑性区宽，在压力作用下易变形，这样可消除缩孔，降低内应力。当焊机容量不足，钢筋直径大，变形困难或塑性温度区过窄，并有淬火组织时，可采用长时间加热、较小电流的弱参数。图 8 - 13 为强、弱两种参数定位焊（点焊）时焊接区的温度分布示意图。

二、点焊工艺

点焊过程可分为预压、通电、锻压三个阶段，如图 8 - 14 所示。在通电开始一段时间内，接触点扩大，固态金属因加热膨胀，在焊接压力作用下，焊接处金属产生塑性变形，并挤向工件间隙缝中；继续加热后，开始出现熔化点，铸件扩大成所要求的核心尺寸时，切断电流。

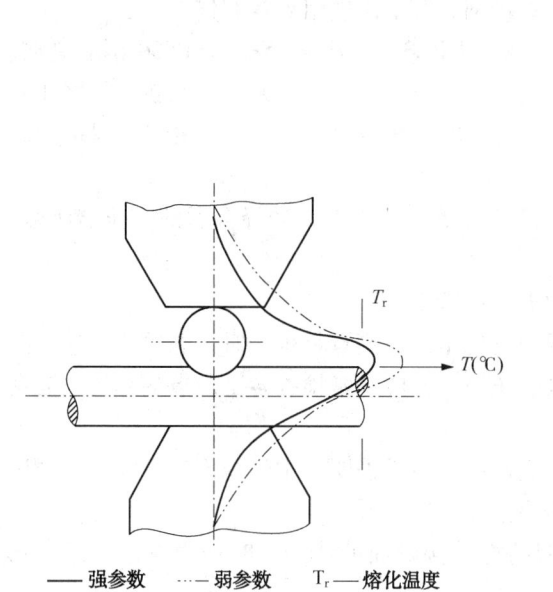

—— 强参数　--- 弱参数　T_r—熔化温度

图 8 - 13　钢筋定位焊时温度分布

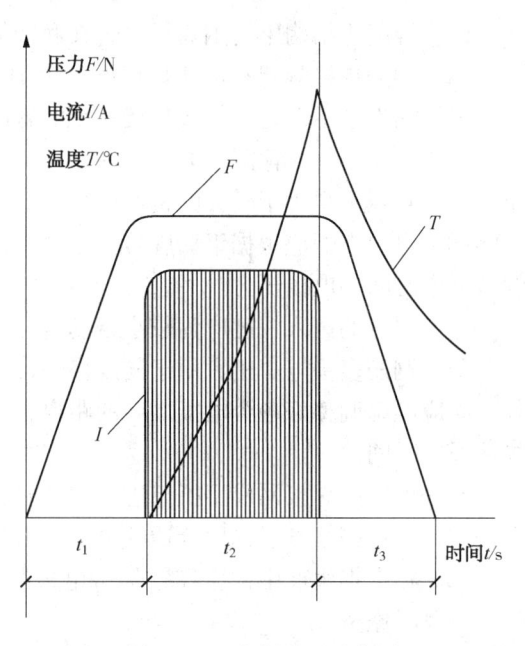

图 8 - 14　点焊过程示意图

t_1—预压时间；t_2—通电时间；t_3—锻压时间

点焊时，将已除锈污的钢筋交叉点放入点焊机的两电极间，使钢筋通电发热至一定温度后，加压使焊点金属焊牢。焊点的压入深度应为较小钢筋直径的 18%~25%。

点焊时，部分电流会通过已焊好的各点而形成闭合电路，这样将使通过焊点的电流减小，这种现象叫电流的分流现象。分流会使焊点强度降低。分流大小随通路的增加而增加，随焊点距离的增加而减小。个别情况下分流可达焊点电流的 40% 以上。为消除这种有害影响，施焊时应合理考虑施焊顺序或适当延长通电时间或增大电流。在焊接钢筋交叉角小于 30° 的钢筋网或骨架时，也需增大电流或延长时间。

焊点应做外观检查和强度试验。合格的焊点应无脱落、漏焊、气孔、裂纹、空洞及明显烧伤。焊点处应挤出饱满而均匀的熔化金属，压入深度符合要求。热轧钢筋焊点应做抗剪试验；冷拔低碳钢丝焊点除做抗剪试验外，还应对钢丝做抗拉试验。轻度指标应符合《钢筋焊接及验收规程》(JGJ 18 – 2012)的规定。

采用点焊的焊接骨架和焊接网片的焊点应符合设计要求。设计未规定时，可按下列要求进行焊接。

(1) 当焊接网片的受力钢筋只有一个方向受力时，两端边缘的两根锚固横向钢筋的相交点必须焊接；若网片为两向受力，则四周边缘的两根钢筋相交点均应焊接；其余相交点可间隔焊接。

(2) 当焊接网片的受力钢筋为冷拔低碳钢丝，另一方向的钢丝间距小于 100mm 时，除两端边缘的两根锚固横向钢丝相交点必须全部焊接外，中间部分焊点距离可增大至 250mm。

(3) 当焊接不同直径的钢筋，其较小钢筋的直径小于 10mm 时，大小钢筋直径之比不宜大于 3；若较小钢筋的直径为 12 ~ 16mm 时，大小钢筋直径之比不宜大于 2。

三、施焊要点

(1) 混凝土结构中的钢筋焊接骨架和钢筋焊接网，宜采用电阻点焊制作。

(2) 钢筋焊接骨架和钢筋焊接网可由 HPB300、HRB335、HRB400、CRB550 钢筋制成。当两根钢筋直径不同时，焊接骨架较小的钢筋直径不大于 10mm 时，大、小钢筋直径之比不宜大于 3；当较小的钢筋直径为 12 ~ 16mm 时，大、小钢筋直径之比不宜大于 2。焊接网较小的钢筋直径不得小于较大的钢筋直径的 60%。

(3) 电阻点焊应根据钢筋牌号、直径及焊机性能等具体情况，选择合适的变压器级数、焊接通电时间和电极压力。

(4) 焊点的压入深度应为较小钢筋直径的 18% ~ 25%。

(5) 钢筋多头电焊机宜用于同规格焊接网的成批生产。当点焊生产时，除符合上述规定外，尚应准确调整好各个电极之间的距离、电极压力，并应经常检查各个焊点的焊接电流和焊接通电时间。

当采用钢筋焊接网成型机组进行生产时，应按设备使用说明书中的规定进行安装、调试和操作，根据钢筋直径选用合适的电极压力和焊接通电时间。

(6) 在点焊生产中，应经常保持电极与钢筋之间接触面的清洁平整；当电极使用变形时，应及时修整。

(7) 钢筋点焊生产过程中，随时检查制品的外观质量，当发现焊接缺陷时，应查找原因并采取措施及时消除。

第四节　钢筋闪光对焊

钢筋对焊过程如下：先将钢筋夹入对焊机的两电极中(钢筋与电极接触处应清除锈污，电极内应通入循环冷却水)，闭合电源，然后使钢筋两端面轻微接触，这时即有电流通过。由于接触轻微，钢筋端面不平，接触面很小，故电流密度和接触电阻很大，因此接触点很快熔化，形成"金属过梁"。过梁被进一步加热，产生金属蒸汽飞溅(火花般的熔化金属微粒自钢筋两端面的间隙中喷出，此过程称为烧化)，形成闪光现象，故也称闪光对焊。通过烧化使钢筋端部温度升高到要求的温度，快速将钢筋挤压(称为顶锻)，然后断电，即形成对焊接头。

一、闪光对焊分类

钢筋闪光对焊按工艺方法来分，可分为连续闪光焊、预热闪光焊、闪光 – 预热闪光焊 3 种，可根据具体情况选择。

钢筋直径较小时，可采用连续闪光焊；钢筋直径较大、端面较平整时，宜采用预热闪光焊；直径较大，且端面不够平整时，宜采用闪光 – 预热闪光焊。RRB400 钢筋必须采用预热闪光焊或闪光 – 预热闪光焊，对 RRB400 钢筋中焊接性较差的钢筋，还应采取焊后通电热处理的方法，以改善接头焊接质量。

1. 连续闪光焊

采用连续闪光焊时，先将工件夹紧在钳口上，然后接通电源，使工件逐渐移近，端面局部接触，如图 8 – 15(a)、(b)所示；工件端面的接触点在高电流密度作用下迅速熔化、蒸发、爆破，呈高温粒状金属，从焊口内高速飞溅出来，如图 8 – 15(c)所示。当旧的接触点爆破后又形成新的接触点，从而形成连续不断地爆破过程，同时伴随着工件金属的烧损，因而称之为烧化或闪光过程。

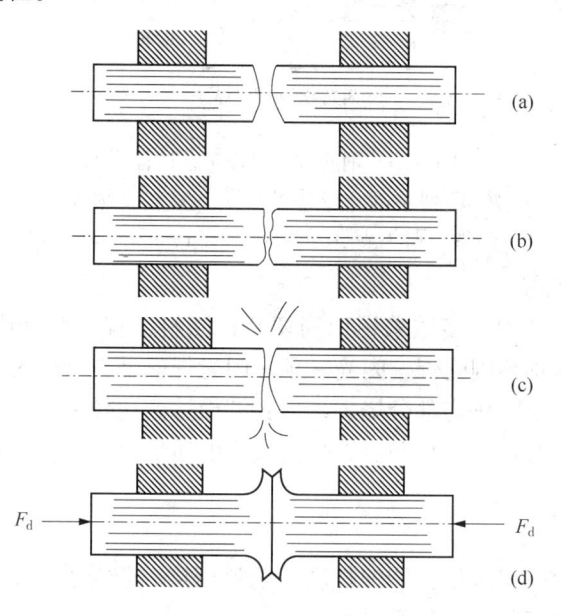

图 8 – 15　闪光对焊法

为了保证连续不断地闪光，随着金属的烧损，工件需要连续不断地缓慢送进，即以一定的送进速度适应其焊接过程的烧化速度。工件经过一定时间的烧化，使其焊口达到所需的温度，并使热量扩散到焊口两边，形成一定宽度的温度区，在撞击式的顶锻压力 F_d 作用下，液态金属排挤在焊口之外，使工件焊合。由于热影响区较窄，故在结合面周围形成较小的凸起，如图 8 – 15(d)所示。

焊接工艺过程如图 8 – 16 所示。当钢筋直径较小，钢筋牌号较低，在表 8 – 8 范围内，宜采用连续闪光焊。

2. 预热闪光焊

预热闪光焊是在连续闪光焊前附加预热阶段，即将夹紧的两个工件，在电源闭合后开始以较小的压力接触，然后又离开，这样不断地断开又接触，每接触一次，由于接触电阻及工件内部电阻使焊接区加热，拉开时产生瞬时的闪光。经上述反复多次，温度会逐渐升高形成预热阶段。焊件达到预热温度后进入闪光阶段，随后以顶锻而结束。钢筋直径较粗，超过表8-8范围，并且端面比较平整时，宜采用预热闪光焊。焊接工艺过程如图8-16(b)所示。

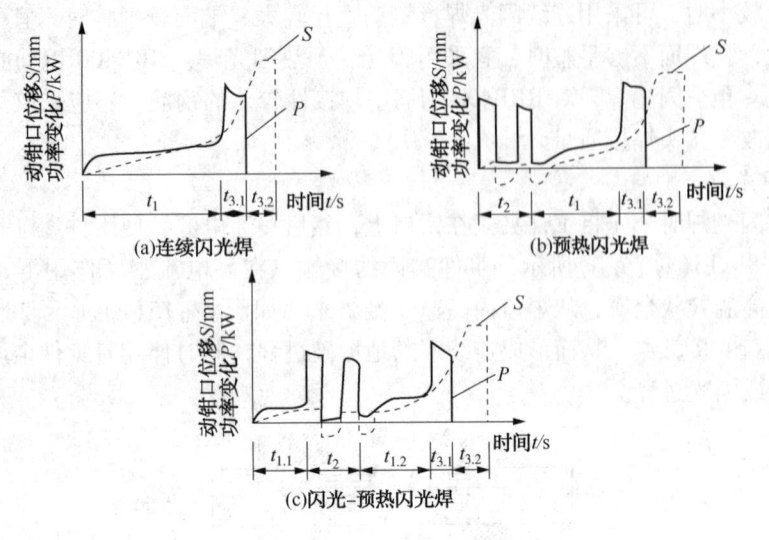

图8-16　钢筋闪光对焊工艺过程图解

t_1—烧化时间；$t_{1,1}$——次烧化时间；$t_{1,2}$—二次烧化时间；

t_2—预热时间；$t_{2,1}$—有电顶锻时间；$t_{3,2}$—无电顶锻时间

3. 闪光-预热闪光焊

在钢筋闪光对焊生产中，多数采用钢筋切断机断料，端部会有压伤痕迹，端面不够平整，这时宜采用闪光-预热闪光焊。闪光-预热闪光焊就是在预热闪光焊之前，预加闪光阶段，其目的就是把钢筋端部压伤部分烧去，使其端面达到比较平整，从而在整个端面上加热温度比较均匀。这样，有利于提高和保证焊接接头的质量。其工艺过程如图8-16(c)所示。

二、闪光对焊参数

钢筋闪光对焊参数主要包括：调伸长度、电流密度、烧化留量、预热留量、顶锻留量、烧化速度、顶锻速度及变压器级数等。

闪光对焊时，应选择合适的调伸长度、烧化留量、顶锻留量以及变压器级数等焊接参数。连续闪光焊时的留量应包括烧化留量、有电顶锻留量和无电顶锻留量；闪光-预热闪光焊时的留量应包括：一次烧化留量、预热留量、二次烧化留量、有电顶锻留量和无电顶锻留量。

连续闪光焊和闪光-预热闪光焊的各项留量图解如图8-17所示。

1. 调伸长度

调伸长度是指焊接前，两钢筋端部从电机钳口伸出的长度。该长度应使接头能均匀加热，并使顶锻时钢筋不致产生侧弯。其选择与钢筋品种和直径有关。

调伸长度的选择，应随着钢筋牌号的提高和钢筋直径的加大而增长，主要是减缓接头的温度梯度，防止热影响区产生淬硬组织。当焊接 HRB400、HRBF400 等牌号钢筋时，调伸长

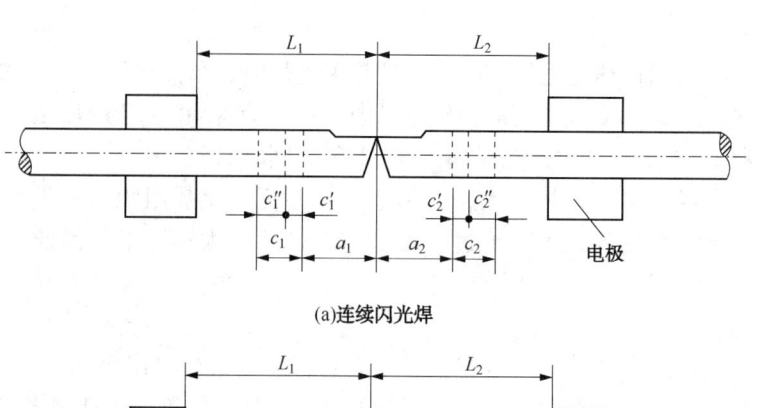

(a)连续闪光焊

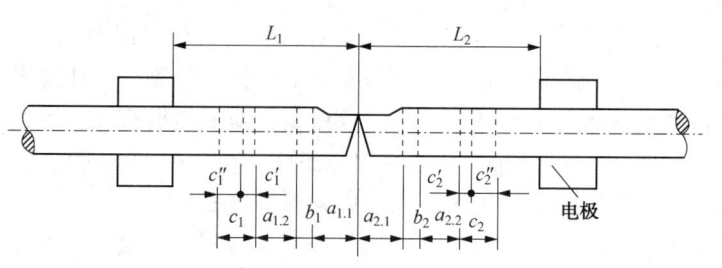

(b)闪光-预热闪光焊

图 8-17　闪光对焊留量图解

L_1、L_2—调伸长度；$a_1 + a_2$—烧化留量；$a_{1.1} + a_{2.1}$—一次烧化留量；

$a_{1.2} + a_{2.2}$—二次烧化留量；$b_1 + b_2$—预热留量；$c_1 + c_2$—顶锻留量；

$c_1' + c_2'$—有电顶锻留量；$c_1'' c_2''$—无电顶锻留量

度宜在 40～60mm 内选用。

2. 电流密度

电流密度通常在较宽范围内变化。采用连续闪光焊时，电流密度取高值；采用预热闪光焊时，取低值。

实际上，在闪光阶段焊接电流并不是常数，而是随着接触电阻的变化而变化。在顶锻阶段电流急剧增大。在生产中，一般是给出次级空载电压 U20。焊接电流的调节也是通过改变次级空载电压，即改变变压器级数来获得。因为 U20 愈大，焊接电流也愈大。比较合理的是在维护闪光稳定、强烈的前提下，采用较小的次级空载电压。不论钢筋直径的粗细，一律采用高的次级空载电压是不合适的。

3. 烧化留量

烧化留量是指钢筋在烧化过程中，由于金属烧化所消耗的钢筋长度。

烧化留量的选择应根据焊接工艺方法而定。连续闪光焊接时，为了获得必要的加热，烧化过程应该较长，烧化留量应等于两钢筋在断料时端面的平整度加切断机刀口严重的压伤部分，再加 8mm。

闪光-预热闪光焊时，应区分一次烧化留量和二次烧化留量。一次烧化留量等于两钢筋在断料时端面的平整度加切断机刀口严重的压伤部分，二次烧化留量不小于 10mm。

预热闪光焊时的烧化留量不小于 10mm。当采用预热闪光焊时，电流密度较大，会加快烧化速度。在烧化留量不变的情况下，提高烧化速度会使加热区不适当地变窄，所需焊机容量增大，并引起爆破后灭口深度的增加。反之，过小的烧化速度对接头的质量也是不利的。

4. 预热留量

预热留量是指采用预热闪光焊或闪光 – 预热闪光焊时，预热过程所烧化的钢筋长度。

在采用预热闪光焊或闪光 – 预热闪光焊中，预热宜采用电阻预热法，预热留量 1 ～ 2mm，预热次数 1 ～ 4 次，每次预热时间 1.5 ～ 2.0s，间歇时间 3 ～ 4s。

预热温度太高或者预热留量太大，会引起接头附近的金属组织晶粒长大，降低接头塑性；预热温度不足，会使闪光困难，过程不稳定，加热区太窄，不能保证顶锻时足够塑性变形。

5. 顶锻留量

顶锻留量是指在闪光结束，将钢筋顶锻压紧时，因接头处挤出金属而缩短的钢筋长度。顶锻包括有电顶锻和无电顶锻两个过程，顶锻留量的选择与控制，应使顶锻过程结束时，接头整个断面能获得紧密接触，并有适当变形。顶锻留量应随钢筋直径的增大和钢筋级别的提高而有所增加，其数值应为 3 ～ 7mm。其中有电顶锻留量约占 1/3，无电顶锻留量约占 2/3。焊接 HRB500 钢筋时，顶锻留量宜稍微增大，以确保焊接质量。

顶锻留量太大，会形成过大的镦粗头，容易产生应力集中；太小又可能使焊缝结合不良而降低强度。

6. 烧化速度

烧化速度是指闪光过程的快慢。烧化速度随钢筋直径的增大而降低。在烧化过程中，烧化速度由慢到快，开始时近于零，而后约为 1mm/s，终止时为 1.5 ～ 2mm/s，这样闪光比较强烈，高热产生的金属蒸汽足以保护焊缝金属免受氧化。

7. 顶锻速度

顶锻速度是指在挤压钢筋接头时的速度。顶锻速度越快越好，特别是在顶锻开始的 0.1s 内应将钢筋压缩 2 ～ 3mm，使焊口迅速闭合以避免空气进入焊接空间导致氧化而后断电，并以 6mm/s 的速度继续顶锻直至终止。

当 HRBF335 钢筋、HRBF400 钢筋、HRBF500 钢筋或 RRB400w 钢筋进行闪光对焊时，与热轧钢筋比较，应减小调伸长度，提高焊接变压器级数，缩短加热时间，快速顶锻，形成快热快冷条件，使热影响区长度控制在钢筋直径的 60% 范围之内。

8. 顶锻压力

顶锻压力的大小应足以保证液体金属和氧化物夹渣全部都挤出。

9. 变压器级数

变压器级数用以调节焊接电流的大小，可根据钢筋牌号、直径、焊机容量以及焊接工艺方法等具体情况选择。钢筋直径较大时，宜采用较高的变压器级数，以产生较高的电压。

焊接时，应合理选择焊接参数，注意使烧化过程稳定、强烈，防止焊缝金属氧化，并使顶锻在足够大的压力下快速完成，以保证焊口闭合良好，且焊接头处有适当的镦粗变形。

三、闪光对焊工艺

钢筋闪光对焊的工艺要点如下：

1. 闪光对焊的加热

闪光对焊是利用焊件内部电阻和接触电阻所产生的电阻热对焊件进行加热来实现焊接的。

闪光对焊时，焊件内部电阻可按钢筋电阻估算，其中某温度下的电阻系数 ρ 可根据闪光对焊时温度分布曲线的规律来确定。

闪光对焊过程中，在焊缝端面上形成连续不断的液体过梁（液体小桥），又连续不断地爆破，因而在焊缝端面上逐渐形成一层很薄的液体金属层。闪光对焊的接触电阻决定于端面形成的液体过梁，即与闪光速度以及钢筋截面有关，钢筋截面积越大，闪光速度越快，电流密度越大，接触电阻越小。

闪光对焊时，接触电阻很大，其电阻变化如图 8 - 18 所示。

闪光对焊过程中，其总电阻略有增加。

如图 8 - 19 所示，在连续闪光焊时，焊件内部电阻所产生的热把焊件加热到温度 T_1，接触电阻所产生的热把焊件加热到温度 T_2，$T_2 \geqslant T_1$。由于连续闪光对焊的热源主要在钢筋接触面处，所以，沿焊件轴向温度分布的特点是梯度大，曲线很陡。

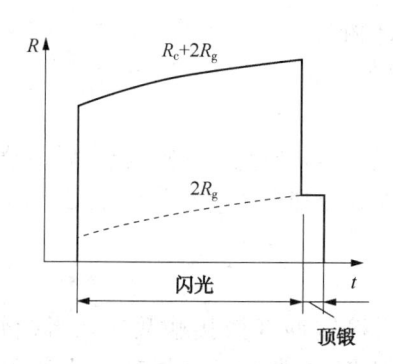

图 8 - 18　闪光过程的电阻变化

R_c—工件（钢筋间）接触电阻；

R_g—工作（钢筋）内部电阻

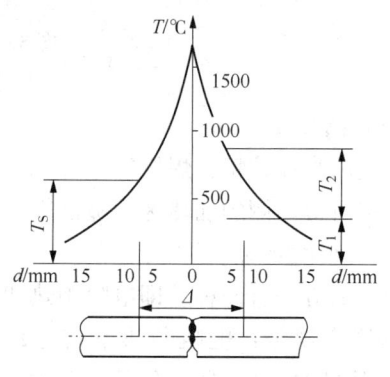

图 8 - 19　连续闪光对焊时，焊件温度场的分布

T_s—塑性温度；Δ—塑性温度区

2. 闪光阶段

焊接开始时，在接通电源后，将两焊件逐渐移迁，在钢筋间形成很多具有很大电阻的小接触点，并很快熔化成一系列液体金属过梁，过梁的不断爆破和不断生成，就形成了闪光。

图 8 - 20 为一个过梁的示意图，其中，图 8 - 20(a) 为作用于过梁上的内力，图 8 - 20(b) 为作用于过梁上的外力。

过梁的形状和尺寸由下述各力来决定。

(1) 液体表面张力 σ 在钢筋移近时力图扩大过梁的内经 d。

(2) 径向压缩效应力 P_y 力图将电流所通过的过梁拉断。

(3) 电磁应力 P_c 力图把几个过梁合并。

(4) 焊接回路的电磁力 P_p 使过梁爆破时以很高速度向与变压器相反方向飞溅出来。

P_o 为 P_y 的轴线分力。

连续不断的闪光使焊接区的温度逐渐均匀，它决定了顶锻前金属塑性变形的条件和氧化物夹杂的排除。

闪光的主要作用：一是析出大量的热，加热工件；二是闪光微粒带走空气中的氧、氮，保护工件端面，免受侵袭。

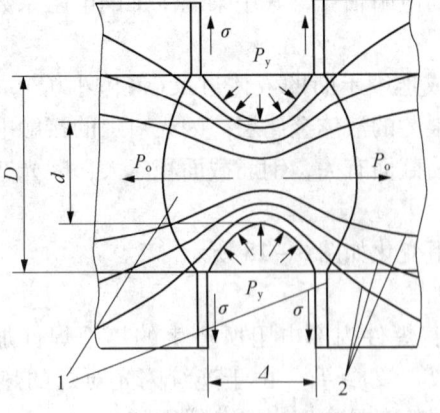
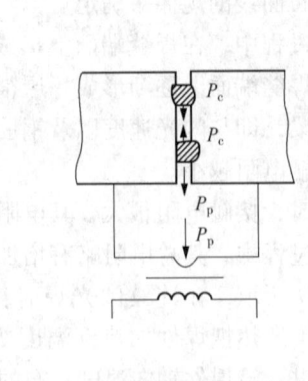
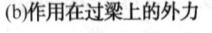

(a)作用在过梁上的内力　　　　　　(b)作用在过梁上的外力

图 8-20　熔化过梁示意图

1—熔化金属；2—电流线

3. 预热阶段

当钢筋直径较粗，焊机容量相对较小时，应采取预热闪光焊。预热可提高瞬时烧化速度，加宽对口两侧的加热区，降低冷却速度，防止接头在冷却中产生淬火组织；缩短闪光时间，减少烧化量。

预热的方法有两种，即电阻预热和闪光预热。

《规程》规定：电阻预热系在连续闪光之前将两根钢筋轻微接触数次。当接触时，接触电阻很大，焊接电流通过产生大量电阻热，使钢筋端部温度提高，达到预热的目的。

4. 顶锻阶段

顶锻为连续闪光焊的第二阶段，也是预热闪光焊的第三阶段。顶锻包括有电顶锻和无电顶锻两部分。

顶锻是在闪光结束前，对焊接处迅速地施加足够大的顶锻压力，使液体金属及可能产生的氧化物夹渣迅速地从钢筋端面间隙中挤出来，以保证接头处产生足够的塑性变形而形成共同晶粒，获得牢固的对焊接头。

顶锻时，焊机动夹具的移动速度突然提高，往往比闪光速度高出十几倍至数十倍。这时接头间隙开始迅速减小，过梁断面增大而不易破坏，最后不再爆破。

闪光截止，钢筋端面同时进入有电顶锻阶段，应注意的是：随着闪光阶段的结束，端头间隙内的气体保护作用也逐渐消失。因为这时间隙尚未完全封闭，故高温下的接头极易氧化。当钢筋端面进一步移进时间隙才完全封闭，将熔化金属从间隙中排挤出对口外围，形成毛刺状。顶锻进行得愈快，金属在未完全封闭的间隙中遭受氧化的时间愈短，所得接头的质量愈高，焊缝表面圆滑。

如果顶锻阶段中电流过早的断开，则同顶锻速度过小时一样，使接头质量降低。这不但是因为气体介质保护作用消失，使间隙缓慢封闭时金属被强烈地氧化，另外，也因为端面上熔化金属已冷却，顶锻时氧化物难以从间隙中挤出而保留在结合面中成为缺陷。

顶锻中的无电流顶锻阶段是在切断电流后进行，所需的单位面积上的顶锻力应保证把全部熔化了的金属及氧化物夹渣从接口内挤出，并使近缝区的金属有适当的塑性变形。

焊接过程中的顶锻力作用如下。

(1) 封闭钢筋端面的间隙和火口。

(2) 排除氧化物夹渣及所有的液体，使接合面的金属紧密接触。

(3) 产生一定的塑性变形，促进焊缝再结晶的进行。

闪光对焊过程中，在接头端面形成了一层很薄的液体层，这是将液体金属排挤掉后在高温塑性变形状态下形成的。

四、施焊要点

(1) 钢筋的对接焊接宜采用闪光对焊，具体选择如下。

① 当钢筋直径较小，钢筋牌号较低，在表 8-8 的规定范围内时，可采用连续闪光焊。

表 8-8 连续闪光焊钢筋上限直径

焊机容量/kV·A	钢 筋 牌 号	钢筋直径/mm
160 (150)	HPB300	22
	HRB335、HRBF335	22
	HRB400、HRBF400	20
100	HPB300	20
	HRB335、HRBF335	20
	HRB400、HRBF400	18
80 (75)	HPB300	16
	HRB335、HRBF335	14
	HRB400、HRBF400	12
40	HPB300 HRB335 HRB400 HRBF400	10

② 当超过表 8-8 的规定，且钢筋端面较平整，宜采用预热闪光焊。

③ 当超过表 8-8 的规定，且钢筋端面不平整，应采用闪光-预热闪光焊。

(2) 连续闪光焊所能焊接的钢筋上限直径，应根据焊机容量、钢筋牌号等具体情况确定，并应符合表 8-8 的规定。

(3) 焊接 HRB500、HRBF500 钢筋时，应采用预热闪光焊或闪光-预热闪光焊工艺。当接头拉伸试验结果发生脆性断裂，或弯曲试验不能达到规定要求时，应在焊机上进行焊后热处理。

通电热处理应待接头稍冷却后进行，过早会使加热不均匀，近焊缝区容易遭受过热。热处理温度与焊接温度有关，焊接温度较低者宜采用较低的热处理温度，反之宜采用较高的热处理温度。

热处理时采用脉冲通电，其频率主要与钢筋直径和电流大小有关。钢筋较细时采用高值，钢筋较粗时采用低值。通电热处理可在对焊机上进行，其过程为：当焊接完毕后，待接头冷却至 300℃（钢筋呈暗黑色）以下时，松开夹具，将电极钳口调到最大距离，把焊好的接头放在两钳口间中心位置，重新夹紧钢筋，采用较低的变压器级数，对接头进行脉冲式通电加热（频率以 0.51s/次为宜）。当加热到 750~850℃（钢筋呈橘红色）时，通电结束，然后让接头在空气中自然冷却。

（4）当螺丝端杆与预应力钢筋对焊时，宜事先对螺丝端杆进行预热，并减小调伸长度；钢筋一侧的电极应垫高，确保两者轴线一致。

（5）采用 UN_2 - 150 型对焊机（电动机凸轮传动）或 UM_7 - 150 - 1 型对焊机（气 - 液压传动）进行大直径钢筋焊接时，宜先采取锯割或气割方式对钢筋端面进行平整处理，然后，采取预热闪光焊工艺。

（6）封闭环式箍筋采用闪光对焊时，钢筋断料宜采用无齿锯切割，断面应平整。当箍筋直径不小于 12mm 时，宜采用 UN_1 - 75 型对焊机和连续闪光焊工艺；当箍筋直径为 6~10mm，可使用 UN_1 - 40 型对焊机，并应选择较大变压器级数。

（7）在闪光对焊生产中，当出现异常现象或焊接缺陷时，应查找原因，采取措施，及时消除。

五、获得优质接头的条件及注意事项

闪光对焊时，接头的温度分布较陡，加热区比较窄。如果焊接参数选择适当，在顶锻时能将全部液态金属和氧化物夹渣挤出来，就能获得优质接头。如果焊接参数不当，液态金属残留在焊口内，接头结晶后就可能产生夹渣、疏松组织等焊接缺陷。

当过梁爆破时，加热到高温的金属微粒被强烈氧化，使间隙中氧的含量降低。另外，过梁爆破所造成的高压也使空气难以进入间隙，这对减少氧化物夹渣都是有利的。对钢筋而言，因为碳的烧损，使间隙内氧的含量减少，并在接头周围的大气中生成 CO、CO_2 保护气体。当闪光过程不稳定时（闪光阶段的稳定指金属微粒爆破的连续，即闪光时不能中断，更不能短路），如闪光速度与钢筋移迁速度不相适应时，就会破坏上述保护条件，影响接头质量。实践证明，闪光过程中，闪光的间断并不影响钢筋的加热和温度的均匀。关键是，应控制好闪光后期至顶锻开始这一瞬间，闪光应强烈而不得中断。

闪光过程中，金属中元素与氧化合产生挥发性气体时，对防止氧化是有利的。但实际上，在闪光过程中绝对防止氧化是困难的。为了保证接头中无氧化物，主要是在顶锻过程中能否将对口中的氧化物全部挤出来。

若产生的氧化物是低熔点的，如氧化铁 FeO，其熔点为 1370℃，比低碳钢的熔点低，顶锻时液态金属虽已凝固，但只要氧化物还有流动性，便可以从对口中排挤出来。

若产生的是高熔点氧化物，如二氧化硅（SiO_2）、三氧化二铝（Al_2O_3）等，必须在熔化金属还处在熔化状态时，方有条件将氧化物排挤出去。因此，焊接操作时，顶锻速度要快而有力。

简单地讲，钢筋闪光对焊的注意事项有以下两点：

（1）在焊接前，钢筋端部要正直、除锈，安装钢筋要放正、夹牢。

（2）在焊接中，闪光要强烈，特别是顶锻前一瞬间；钢筋较粗时，预热要充分；顶锻时一定要快而有力。

第五节　箍筋闪光对焊

一、箍筋闪光对焊的优点及适用范围

1. 优点

闪光对焊的封闭环式箍筋与传统的弯钩箍筋相比，有以下多方面优点。

1）质量可靠

（1）采用闪光对焊箍筋，能准确控制钢筋混凝土梁和柱多排纵向受力主筋的设计位置，确保梁、柱的承载力。

（2）有利于梁、柱节点处钢筋、箍筋的安装。

（3）有利于混凝土的灌筑质量控制。

2）提高工效

方便施工，提高梁、柱安装工效 1.3 ~ 1.5 倍以上，缩短工期。

3）焊接速度快

一个熟练焊工，每个工日可焊接直径 8 ~ 10mm 的封闭箍筋 700 ~ 1200 个；可焊直径 12mm 封闭箍筋 300 ~ 500 个。

4）节约钢材，降低成本

一个矩形闪光对焊箍筋可节省钢筋长度 24 ~ 26d（d 为箍筋直径）。一个圆形闪光对焊箍筋可节省钢筋长度 61d。一个工程少则用几千个箍筋，多则用几万个甚至几十万个箍筋，可节省大量钢材。还可节省运输费、加工费、安装费等。

5）节约资源，利于环保

节约矿藏资源、节约能源、减少污染。

2. 适用范围

闪光对焊箍筋的对焊接头经抗拉强度检验合格，能完全满足轴心受压、偏心受压、受弯、受剪、受扭箍筋要求，能提高混凝土结构的抗震可靠性的安全度。

闪光对焊箍筋适用于房屋建筑工程、市政桥梁工程、公路、铁路桥梁工程、水利、港口工程的混凝土结构工程。

二、待焊箍筋加工

待焊箍筋是指用调直钢筋按箍筋内净空尺寸和角度要求弯曲而成，两个端面垂直于钢筋轴线，且相互对立。在进行箍筋的闪光对焊工艺以前，需要对待焊箍筋进行加工，工艺方法如下：

1. 待焊箍筋加工要求

待焊箍筋必须保持对焊点的弹性压力。如果待焊箍筋的两端头在夹紧前就是分开状态，即使焊接完成，在对焊接头处仍会存在弹性拉力，如图 8 - 21 所示。控制不好会使尚未冷却的对焊接头的液态金属受拉，出现爆花状对焊接头，形成脆断。主要原因是箍筋的四个角中有一个或两个角度≥90°。这种情况在箍筋直径较大、箍筋边长较短时比较明显，因此，箍筋闪光对焊点必须保持一定的弹性压力。严禁出现待焊箍筋两端头分开情况。

2. 待焊箍筋下料长度的确定

（1）待焊箍筋的下料长度，应考虑烧化留量和顶锻留量所需的预留长度（即焊接总留量 $\approx 1d$），见图 8 - 22 和表 8 - 9。

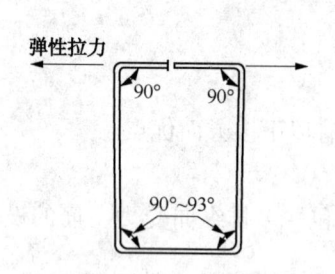

图 8 - 21　对焊前箍筋
两端头不得分开

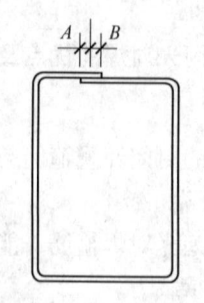

图 8 - 22　闪光对焊箍筋留量示意图
A—烧化留量；B—顶锻留量

（2）待焊箍筋的下料长度可按式（8 - 1）计算

$$L = L_n - d \qquad\qquad (8 - 1)$$

式中　L——箍筋下料长度，mm；

　　　L_n——成品箍筋内周长，mm；

　　　d——箍筋直径，mm。

表 8 - 9　箍筋连续闪光对焊焊接参数

箍筋直径/mm	烧化留量/mm $A = a_1 + a_2$	顶锻留量/mm $C = c_1 + c_2$	焊接总留量/mm $A + C$	调伸长度/mm	
				HPB 235 HRB 335	HRB400
6	4	2	6	30	30
8	5	3	8	30	35
10	7	3	10	35	35
12	8	3	11	35	40
14	9	4	13	40	40
16	10	4	14	40	40
18	12	5	17	40	40
20	14	5	19	40	40

注：1. $A + C$ 为用无齿锯下料情况。其他情况需经试焊确定，适当调整。

　　2. A 和 C 及其他符号的含意详见《钢筋焊接及验收规程》（JGJ 18 - 2003）的条文说明图 7。

待焊箍筋的下料长度通过下料试验和试焊确定，使箍筋闪光对焊后的内净空尺寸符合设计要求。

待焊箍筋的下料长度允许偏差应控制在 ±5mm 范围内。

3. 箍筋切割下料

为保证闪光对焊箍筋的焊接质量，待焊箍筋应用无齿锯切割机（砂轮片）切割，使钢筋端头断面平整且垂直于钢筋轴线，对焊时接头对中好，不易错位。

（1）对直径 6～10mm 的箍筋，应采用 J_3C – 400 型无齿锯切割钢筋。也可采用 GH – 12 型钢筋剪切机剪切，这种剪切机切出的钢筋头斜口较小，工作效率较高。

（2）对直径 12～20mm 的待焊箍筋，宜采用上述无齿锯切割钢筋，也可采用钢筋切断机。当用切断机时，开机前应将刀口调整严密，以减小断口的压伤和斜口。

4. 箍筋接头的设置

（1）对梁用箍筋，应设在梁箍筋的上边或下边上（受力较小的一边）。

（2）对柱用箍筋，应设在柱箍筋的短边上或设在任意一边上（指正方形或正多边形），并应保证安装后的闪光对焊箍筋接头错开 50%。

5. 箍筋弯曲加工

以矩形箍筋为例，其四个角的弯曲角度不同要求，如图 8 – 23(a)、(b) 所示。

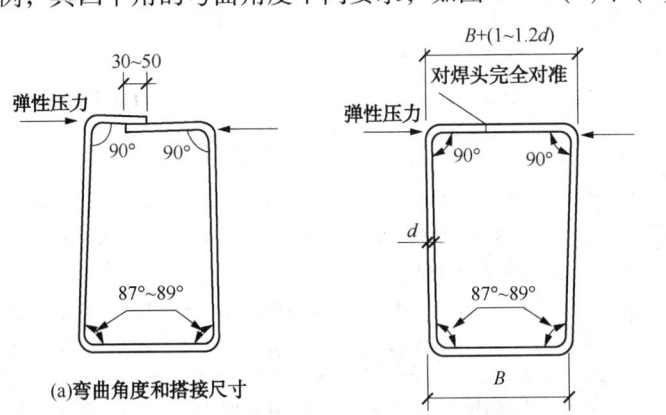

图 8 – 23 待焊箍筋

6. 待焊箍筋质量检验

由施工单位专职质量管理人员组织，并由钢筋工和焊工参加，对待焊箍筋的外观进行检查，要求如下：

（1）箍筋两个端头对准，不错位。

（2）对焊头处保持有弹性压力。

（3）对焊接头边的长度比它的对边长 1～1.2d，控制允许偏差 ±5mm。

（4）外形尺寸及弯曲角度符合图 8 – 23 要求。

检验不合格的待焊箍筋必须剔出来，交钢筋班返修合格后再焊。

三、箍筋闪光对焊工艺

将环形待焊箍筋的两个端头在闪光对焊机上安放成对接形式，利用电阻热使接触点金属熔化，产生强烈飞溅，形成闪光，使箍筋端头产生塑性区及均匀的液体金属层，迅速施加顶锻力完成封闭箍筋的一种压焊方法。这种焊接方法被称为箍筋闪光对焊。封闭的箍筋在梁柱骨架中的应用如图 8 - 24 所示。

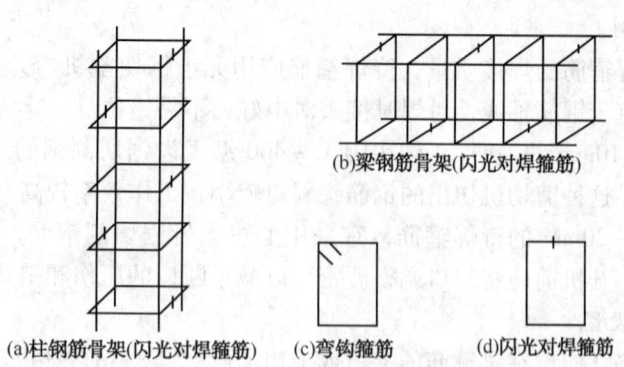

(a)柱钢筋骨架(闪光对焊箍筋)　　(c)弯钩箍筋　　(d)闪光对焊箍筋

(b)梁钢筋骨架(闪光对焊箍筋)

图 8 - 24　封闭箍筋在梁、柱骨架中应用示意图

箍筋闪光对焊工艺要点及注意事项见表 8 - 10。

表 8 - 10　箍筋闪光对焊工艺要点及注意事项

项　　目	操　作　要　点
选择较大变压器级数	箍筋为封闭环式，在闪光对焊时有部分焊接电流通过环状钢筋，产生电流分流，因此要适当提高焊机容量，并应选择较大变压器级数。要求焊工在正式焊接前进行试焊，并选定变压器级数，同时防止变压器级数选择过大
焊接工艺选择	(1) 在表 8 - 11 的焊机容量、钢筋牌号、箍筋直径范围之内，且待焊箍筋的端面平整时，可采用"连续闪光对焊"； 　(2) 当超过表 8 - 11 的范围，且待焊箍筋端面较平整，最好采用"预热闪光对焊"； 　(3) 当超过表 8 - 11 的范围，且待焊箍筋端面不平整，应采用"闪光 - 预热闪光对焊"
焊接参数	闪光对焊箍筋时，应选择合适的调伸长度、烧化留量、顶锻留量以及变压器级数等焊接参数； 　连续闪光对焊时的总留量应包括烧化留量、有电顶锻留量和无电顶锻留量； 　闪光 - 预热闪光对焊时的总留量应包括：一次烧化留量、预热留量、二次烧化留量、有电顶锻留量和无电顶锻留量； 　焊接时，变压器级数应根据钢筋牌号、箍筋直径、焊机容量以及焊接工艺方法等具体情况，通过试焊选择
注意事项	(1) 焊工应将待焊箍筋两端头完全对准，在同一条直线上，有弹性压力存在，再在对焊机的电极钳口上固定； 　(2) 箍筋闪光对焊时，当箍筋直径较粗时，预热要充分；顶锻前瞬间闪光要求要强烈；顶锻快而有力；对焊断电后，让焊缝冷却 3 ~ 5s，再松开夹紧机构； 　(3) 对焊时，焊工应掌握烧化火候，在短时稳定烧化并在闪光强烈时快速顶锻，完成焊接； 　(4) 刚焊好的箍筋，应悬挂在支架上，或搁放在成品箍筋垛上，不得随意乱扔在地上，防止因地面湿润(或积水)使处于高温的焊接接头淬火，接头脆断； 　(5) 当电极铜块的刻槽磨损到不易固定箍筋时，必须及时更换新的电极铜块，或使用修复后的电极铜块

表 8 - 11　连续闪光焊箍筋上限直径

焊机容量/kVA	钢筋牌号	箍筋直径/mm
100	HPB300	16 ~ 20
	HRB335	14 ~ 18
	HRB400	14 ~ 18
75	HPB300	12 ~ 14
	Q235	12 ~ 14
	HRB335	10 ~ 12
	HRB400	10 ~ 12
50	HPB300	6 ~ 12
	Q235	6 ~ 12
	HRB335	6 ~ 10
	HRB400	6 ~ 10
40	HPB300	6 ~ 10
	Q235	6 ~ 10
	HRB335	6 ~ 10
	HRB400	6 ~ 10

第六节　钢筋气压焊

钢筋气压焊采用一定比例的氧气和乙炔焰为热源,对需要连接的两钢筋端部接缝处进行加热,使其达到热塑状态,同时对钢筋施加轴向压力,使钢筋顶锻在一起。

气压焊按加热温度和工艺方法的不同,可分为熔态气压焊(开式)和固态气压焊(闭式)两种。在一般情况下,宜优先采用熔态气压焊。熔态气压焊是将两根钢筋端面稍加离开,加热到熔化温度,加压完成焊接的一种办法。固态气压焊是将两根钢筋端面紧密闭合,加热到 1200 ~ 1250℃,加压完成焊接的一种方法。但常用的方法为闭式气压焊,其机理是在还原性气体的保护下,加热钢筋,使其发生塑性流变后相互紧密接触,促使端面金属晶体相互扩散渗透,再结晶,再排列,进而形成牢固的对焊接头。

钢筋气压焊设备投资少,施工安全,节约钢材和电能。不仅适用于竖向钢筋的连接,也适用于各种方向布置的钢筋连接,适用于直径 14 ~ 40mm 的 HPB300、HRB335 和 HRB400 钢筋(25MnSi 钢筋除外)焊接。当不同直径钢筋焊接时,两钢筋直径差不得大于 7mm。

一、气压焊机具

钢筋气压焊设备主要包括氧气和乙炔供气装置、加热器、加压器及钢筋卡具等。辅助设备包括用于切割钢筋的砂轮锯、磨平钢筋端头的角向磨光机等。

1. 供气装置

供气装置包括氧气瓶、溶解乙炔气瓶(或中压乙炔发生器)、干式回火防止器、减压器、橡胶管等。溶解乙炔气瓶的供气能力必须满足现场最粗钢筋焊接时的供气量要求,若气瓶供气不能满足要求时,可以并联使用多个气瓶。

氧气瓶是用来储存及运输压缩氧(O_2)的钢瓶,常用容积为40L,储存氧气6m^3,瓶内公称压力为14.7MPa。

乙炔气瓶是储存及运输溶解乙炔(C_2H_2)的特殊钢瓶,在瓶内填满浸渍丙酮的多孔性物质,其作用是防止气体爆炸及加速乙炔溶解于丙酮的过程。瓶的容积40L,储存乙炔气为6m^3,瓶内公称压力为1.52MPa。乙炔钢瓶必须垂直放置,当瓶内压力减低到0.2MPa时,应停止使用。氧气瓶和溶解乙炔气瓶的使用,应遵照有关规定执行。

减压器是用于将气体从高压降至低压,其上而设有显示气体压力大小的装置,并有稳压作用。减压器按工作原理分正作用和反作用两种。其使用应符合现行国家标准《焊接、切割及类似工艺用气瓶减压器安全规范》(GB 20262—2006)的有关规定。

回火防止器是装在燃料气体系统防止火焰向燃气管路或气源回烧的保险装置,分水封式和干式两种。其中水封式回火防止器常与乙炔发生器组装成一体,使用时一定要检查水位。

乙炔发生器是利用电石(主要成分为CaC_2)和水相互作用,制取乙炔的一种设备。使用乙炔发生器时,每天工作完毕应放出电石渣,并经常清洗。

2. 加热器

加热器由混合气管和多口火烤钳组成,一般称为多嘴环管焊炬。为使钢筋接头处能均匀加热,多口火烤钳设计成环状钳形,如图8-25所示,并要求多束火焰燃烧均匀,调整方便。其火口数与焊接钢筋直径的关系可参考表8-12。

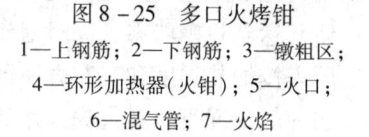

图 8 - 25　多口火烤钳

1—上钢筋;2—下钢筋;3—镦粗区;
4—环形加热器(火钳);5—火口;
6—混气管;7—火焰

表 8 - 12　加热器火口数与焊接钢筋直径的关系

项　　次	焊接钢筋直径/mm	火　口　数
1	$\phi22 \sim \phi25$	6 ~ 8
2	$\phi26 \sim \phi32$	8 ~ 10
3	$\phi33 \sim \phi40$	10 ~ 12

3. 加压器

加压器由液压泵、液压表、液压油管和顶压油缸四部分组成。液压泵分手动式、脚踏式和电动式三种。在钢筋气压焊焊接作业中,加压器作为压力源,通过连接夹具对钢筋进行顶锻,施加所需要的轴向压力。

轴向压力可按式(8-2)计算:

$$p = fF_1 p_o / F_2 \tag{8-2}$$

式中　p——对钢筋实际施加的轴向压力,MPa;

　　f——压力传递接头系数，一般可取 0.85；

　　F_1——顶压油缸活塞截面积，mm^2；

　　p_o——油压表指针读数，MPa；

　　F_2——钢筋截面积，mm^2。

4. 钢筋卡具

钢筋卡具(或称钢筋夹具)，由可动和固定的卡子组成，用于卡紧、调整和压接钢筋用。

焊接夹具应能夹紧钢筋，当钢筋承受最大轴向压力时，钢筋与夹头之间不得产生相对滑移，钢筋头不产生偏心和弯曲，同时不损伤钢筋的表面；应便于钢筋的安装定位，并在施焊过程中保持刚度；动夹头应与定夹头同心，并且当不同直径钢筋焊接时，亦应保持同心；动夹头的位移应大于或等于现场最大直径钢筋焊接时所需要的压缩长度。

连接钢筋夹具，应对钢筋有足够握力，确保夹紧钢筋，并便于钢筋的安装。

二、固态气压焊工艺

掌握固态气压焊工艺，要熟悉以下各方面内容。

1. 焊前准备

(1) 钢筋端面应切平，切割时要考虑钢筋接头的压缩量，一般为 $0.6 \sim 1.0d$。断面应与钢筋的轴线垂直，端面周边毛刺应去掉。钢筋端部若有弯折或扭曲应矫正或切除。切割钢筋应用砂轮锯，不宜用切断机。

(2) 清除压接面上的锈、油污、水泥等附着物，并打磨见新面，使其露出金属光泽，不得有氧化现象。压接端头清除的长度一般为 $50 \sim 100mm$。

(3) 钢筋的压接接头应布置在数根钢筋的直线区段内，不得在弯曲段内布置接头。有多根钢筋压接时，接头位置应按现行国家标准《混凝土结构工程施工质量验收规范》(GB 50204—2002)(2011 年版)的规定错开。

(4) 两钢筋安装于夹具上，应夹紧并加压顶紧。两钢筋轴线要对正，并对钢筋轴向施加 $5 \sim 10MPa$ 的初压力。钢筋之间的缝隙不得大于 3mm，压接面要求见图 8-26。

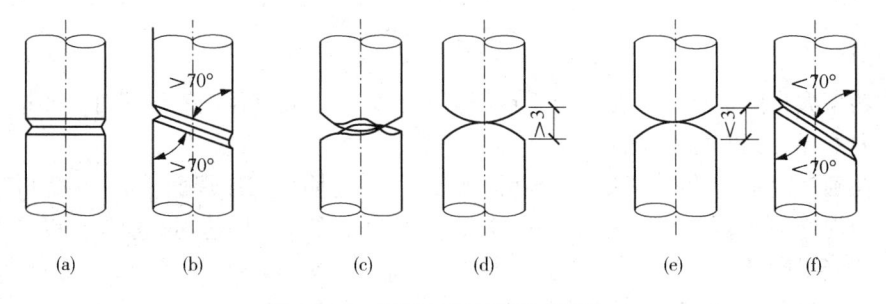

图 8-26　钢筋气压焊压接面要求

(a) 正确；(b)、(e)合格；(c)、(d)、(f) 不合格

2. 焊接工艺过程

气压焊时，应根据钢筋直径和焊接设备等具体条件选用等压法、二次加压或三次加压法焊接工艺。在两钢筋缝隙密合和镦粗过程中，对钢筋施加的轴向压力，按钢筋横截面面积计，应为 $30 \sim 40MPa$。目前应用较多的为三次加压法，如图 8-27 所示。

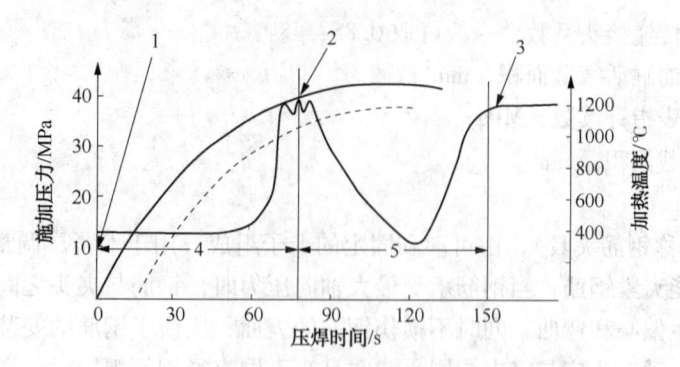

图 8 - 27　钢筋气压焊工艺过程图解(φ32mm 钢筋)

1——一次加压;2——二次加压;3——三次加压;

4—碳化焰集中加热;5—中性焰宽副加热

3. 施焊要点

(1) 气压焊的开始阶段应采用碳化焰,对准两钢筋接缝处集中加热,并使其内焰包住缝隙,防止钢筋端面产生氧化,如图 8 - 28(a)所示。若采用中性焰[图 8 - 28(b)],内焰还原气氛没有包住缝隙,容易使端面氧化,待接缝处钢筋红黄,当压力表针大幅度下降时,随即对钢筋施加顶端压力(初期压力),直到焊口缝隙完全闭合。要注意的是,碳化火焰内焰应呈淡白色,若呈黄色说明乙炔过多,必须适当减少乙炔量。不得使用碳化焰外焰加热,严禁用氧化过剩的氧化焰加热。

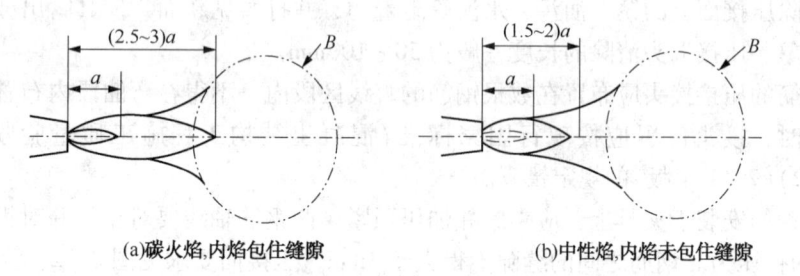

图 8 - 28　火焰的调整

a—焰芯长度　B—钢筋

　　火焰功率大小的选择,主要决定于钢筋直径的大小。大直径钢筋焊接时,要选用较大火焰功率,方能保证钢筋的焊透性。

(2) 在确认两钢筋的缝隙完全黏合后,应改用中性焰。在压焊面中心 1 ~ 2 倍钢筋直径的长度范围内均匀摆动往返加热(图 8 - 29),摆幅由小到大,摆速逐渐加大,以使其迅速达到合适的压接温度。

　　图 8 - 29 中 h,表示对钢筋接头的热输入,h_c 表示热导出,A 表示摆幅宽度,虚线表示等温线。在塑性状态下气压焊接时,等温线总是凸向结合面的方向。图中"横线"区为达到可焊温度的区域,采用宽幅加热,且边加热边加压,可以保证在接触表面所有原子间结合对温度的要求。

　　若减小摆幅 A,如图 8 - 29(b),表示芯部没有达到可焊温度,不能很好焊合。

(3) 钢筋端面的合适加热温度应为 1250 ~ 1350℃;钢筋镦粗区表面的加热温度应稍高于该温度,并随钢筋直径大小而产生的温度梯度差而定,加热温度过低,两端面不能焊合,

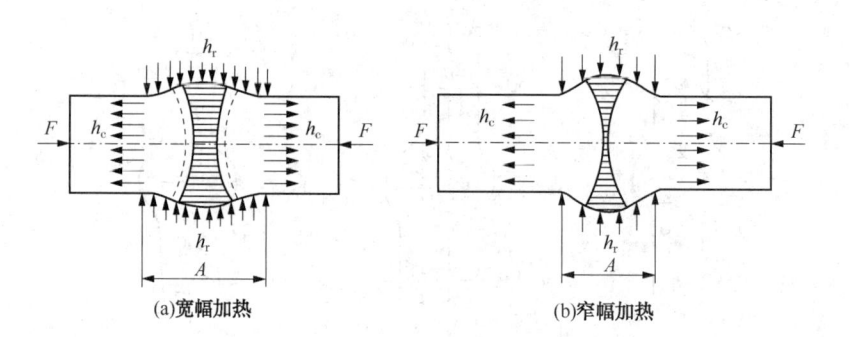

图 8-29 火焰往复宽幅加热

h_r—热输入；h_c—热导出；A—加热摆幅宽度；F—压力

因此，操作者应通过试验。

（4）在气压焊中，通过最终加热加压，使接头的镦粗区形成规定的合适形状；然后停止加热，略微延时，卸除压力，拆下焊接夹具。卸除压力，应在焊缝完全结合之后。过早卸除压力，焊缝区域的残余内应力有可能使已焊成的原子间结合重新断开。另外，焊接夹具内的回位弹簧对接点施加的是拉力。因此，应该在停止加热后，稍微延时，才能卸除压力。

（5）在加热过程中，在钢筋端面缝隙完全密合之前发生灭火中断现象时，应将钢筋取下重新打磨、安装，然后点燃火焰进行焊接。钢筋端面缝隙完全密合之后，可继续加热加压。压接步骤见图 8-30。

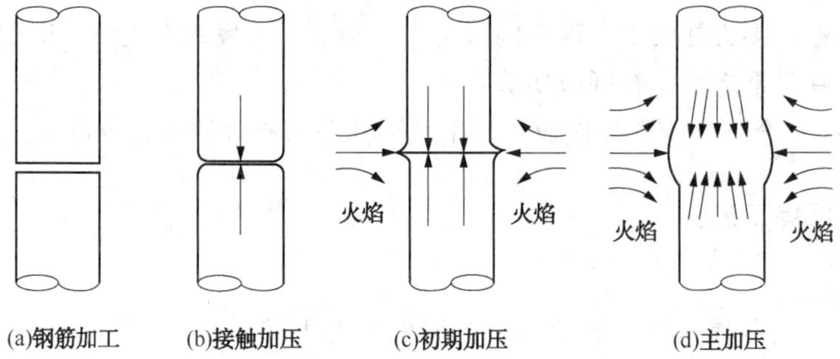

(a)钢筋加工　(b)接触加压　　(c)初期加压　　　(d)主加压

图 8-30 压接步骤

4. 质量控制

（1）压接区两钢筋轴线的相对偏心量（e）不得大于钢筋直径的 1/10，同时不得大于 1mm，如图 8-31 所示。钢筋直径不同相焊时，按小钢筋直径计算，且小直径钢筋不得错出大直径钢筋。当大于上述规定值，但在钢筋直径的 3/10 以下时，可加热矫正；当大于 3/10 时，应切除重焊。

（2）接头部位两钢筋轴线不在同一直线上时，其弯折角不得大于 2°。当大于规定值时，应重新加热矫正。

（3）固态气压焊接头镦粗直径（d_c）不得小于钢筋直径的 1.4 倍，熔态气压焊接头镦粗直径（d_c）不得小于钢筋直径的 1.2 倍；长度（L_c）应为钢筋公称直径的 1.0 倍，且凸起部分平缓圆滑，如图 8-32 所示。否则，应重新加热加压镦粗或镦长。

（4）镦粗区最大直径处应为压焊面，若有偏移，其最大偏移量（d_h）不得大于钢筋公称直径 0.2d，如图 8-33 所示。

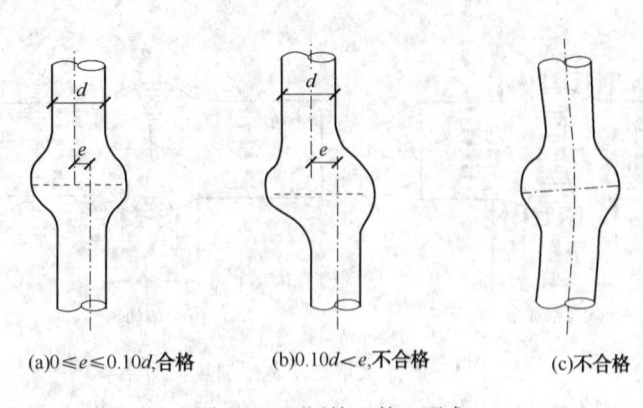

(a)0≤e≤0.10d,合格　　　(b)0.10d<e,不合格　　　(c)不合格

图 8-31　压接区偏心要求

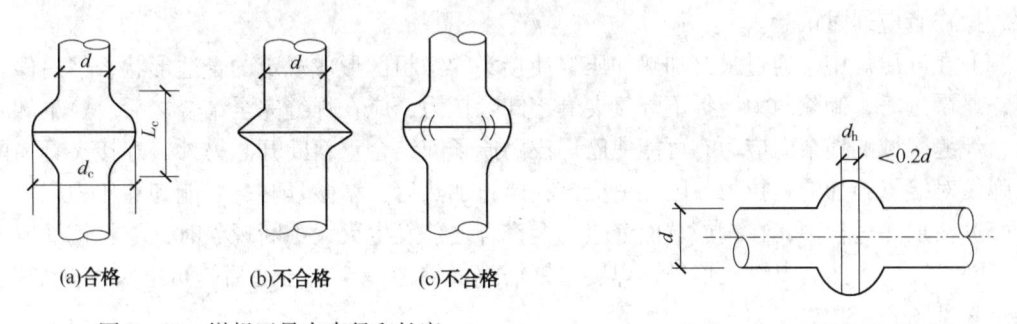

(a)合格　　　　(b)不合格　　　　(c)不合格

图 8-32　镦粗区最大直径和长度

图 8-33　压接面偏移要求

(5) 外观检查:接头处表面不得有肉眼可见的裂纹。若发现有裂纹,应切除重焊。钢筋压焊区表面不得有严重烧伤,否则应切除重焊。

如有 5% 接头不合格,应暂停作业,找出原因并采取有效措施后方可继续作业。

三、液态气压焊工艺

1. 工艺特点

熔态(即开式)气压焊是在钢筋端面表层熔融状态下接合的气压焊工艺,属于熔态压力焊范畴。

(1) 端面通过烧化,把脏物随同熔融金属挤出接口外边。

(2) 加热采用氧乙炔火焰,加热速度及范围灵活掌握。采用氧液化石油气火焰,加热时间稍为长一些。

(3) 结合面保护。焊接过程中结合面高温金属熔滴强烈氧化产生少氧气体介质,减轻了结合面被氧化的可能。另外,采用乙炔过剩的碳化焰加热,造成还原环境,也减少了氧化的可能。

(4) 采用氧液化石油气压焊时,氧气工作压力为 0.08MPa 左右;液化石油气工作压力为 0.04MPa 左右。

2. 工艺过程

钢筋熔态气压焊与固态气压焊相比,简化了焊前对钢筋端面仔细加工的工序,焊接过程如下:

(1) 把焊接夹具固定在钢筋的端头上,端面顶部留间隙 3~5mm,有利于更快加热到熔化温度。

（2）端面不平的钢筋，可将凸部顶紧，不规定间隙，调整焊接夹具的调中螺栓，使对接钢筋同轴后，安装上顶压液压缸，然后进行加热加压顶锻作业。

3. 操作要点

（1）一次加压顶锻成形法。先使用中性火焰以钢筋接口为中心沿钢筋轴向宽幅加热，加热宽幅大约为 1.5 倍钢筋直径加上约 10mm 的烧化间隙，待加热部分达到塑化状态（1100℃左右）时，加热器摆幅逐渐减小，然后集中加热焊口处，在清除接头端面上附着物的同时，将端面熔化，此时迅速把加热焰调成碳化焰，继续加热焊口处并保护其免受氧化。由于接头预先加热，端头在几秒钟内迅速均匀熔化，氧化物及其他脏物随着液态金属从钢筋端头上流出，待钢筋端面形成均匀的、连续的金属熔化层，端头烧成平滑的弧凸状时，再继续加热并在还原焰保护下迅速加压顶锻，钢筋截面压力达 40MPa 以上，挤出接口处液态金属，使接口密合，并在近缝区产生塑性变形，形成接头镦粗，焊接结束。

为了在接口区获得足够的塑性变形，一次加压顶锻成形法顶锻时，钢筋端头的温度梯度要适当加大，因而加热区较窄，液态金属在顶锻时被挤出界面形成毛刺，这种接头外观与闪光相似，但镦粗面积扩大率比闪光焊大。

一次加压顶锻成形法生产效率高，热影响区较窄，适于焊接直径较小（ϕ25mm 以下）的钢筋。

（2）两次加压顶锻成形法。第一次顶锻在较大温度梯度下进行，其主要目的是挤出端面的氧化物及脏物，使接合面密合。第二次加压是在较小温度梯度下进行，其主要目的是破坏固态氧化物，挤走过热的及氧化的金属，产生合理分布的塑性变形，以获得接合牢固、表面平滑、过渡平缓的镦粗接头。

先使用中性焰对着接口处集中加热，直至端面金属开始融化时，迅速地把加热焰调成碳化焰，继续集中加热并保护端面免受氧化，氧化物及其他脏物随同熔化金属流出来，待端头形成均匀连续的液态层，并呈弧凸状时，迅速加压顶锻（钢筋横截面压力约 40MPa），挤出接口处液态金属，并在近缝区形成不大的塑性变形，使接口密合，然后把加热焰调成中性焰，在 1.5 倍钢筋直径范围内沿钢筋轴向往复均匀加热至塑化状态时，施加顶锻压力（钢筋横截面压力达 35MPa 以上），使其接头镦粗，焊接结束。

虽然两次加压顶锻成形法的接头外观与固态气压焊接头的枣核状镦粗相似，但在接口界面处也留有挤出金属毛刺的痕迹。

两次加压顶锻成形法接头由于有较多的热金属，冷却速度较慢，减轻了淬硬倾向，外观平整，镦粗过渡平滑，减少了应力集中，因而适合焊接直径较大（ϕ25mm 以上）的钢筋。

4. 质量控制

参见上述固态气压焊质量控制。

第七节　钢筋电渣压力焊

钢筋电渣压力焊是将两根钢筋安放成竖向对接形式，利用焊接电流通过两根钢筋端面间隙，在焊剂层下形成电弧和电渣，产生电弧热和电阻热，熔化钢筋，加压完成连接的一种焊接方法。

此法具有施工简便、生产效率高、节约电能、节约钢材和接头质量可靠、成本较低的特点，主要用于现浇钢筋混凝土结构中竖向或斜向(倾斜度不大于10°)钢筋的连接。但不得在竖向焊接之后，再将钢筋横置于梁、板等构件中作水平钢筋之用。一般适用于 HPB300、HRB335 级 14 ~ 40mm 钢筋的连接。

钢筋电渣压力焊具有电弧焊、电渣焊和压力焊的特点。其焊接过程可分四个阶段：引弧过程→电弧过程→电渣过程→顶压过程。其中电弧和电渣两过程对对接质量有重要影响，应根据待焊钢筋直径的大小，合理选择焊接参数。

一、焊接机具

钢筋电渣压力焊机按操作方式可分成手动式和自动式两种。一般由焊接电源、焊接机头和控制箱三部分组成，如图8 –34 所示。

1. 焊机

按整机组合方式分为分体式焊机和同体式焊机两种，按操作方式分为手动式焊机和自动式焊机两种。

分体式焊机包括焊接电源(包括电弧焊机)、焊接夹具、控制系统和辅件(焊剂盒，回收工具等)几部分。此外，还有控制电缆、焊接电缆等附件。其特点是便于充分利用现有电弧焊机，节省投资。

同体式焊机将控制系统的电气元件组合在焊接电源内，另配焊接夹具、电缆等。其特点是可以一次投资到位，购入即可使用。

手动式焊机由焊工操作。这种焊机由于装有自动信号装置，又称半自动焊机。

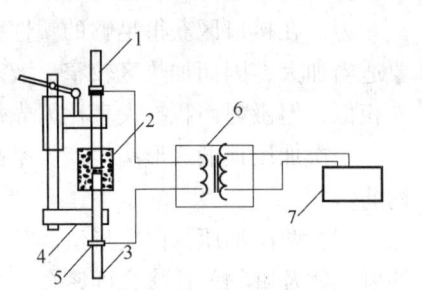

图8 –34　钢筋电渣压力焊
设备示意图

1—上钢筋；2—焊剂盒；3—下钢筋；
4—焊接机头；5—焊钳；
6—焊接电源；7—控制箱

自动式焊机可自动完成电弧、电渣及顶压过程，可以减轻劳动强度，但电气线路较复杂。

2. 焊接电源

可采用额定焊接电源 500A 或 500A 以上的弧焊电源(电弧焊机)，交流或直流均可。焊接电源的次级空载电压应较高，便于引弧。焊机的容量应根据所焊钢筋直径选定。

焊机的配电设备和线路技术要求如下：

(1) 工地供电变压器的容量要大于 $100kV \cdot A$，若与塔吊等用电设备共用时，变压器的容量还要相应加大，以保证焊机工作的正常供电，电源电压波动范围不应超出焊机配电的技术要求。

(2) 从配电盘至电焊机的电源线，其导线截面面积应大于 $16mm^2$；若电源线长度大于 100m 时，其导线截面面积应大于 $20mm^2$，以避免线路压降过大。

(3) 焊钳电缆导线(焊把线)截面面积应大于 $70mm^2$，电源线和焊钳电缆的接线头与导线连接要压实焊牢，并紧固在配电盘和电焊机的接线柱上。

(4) 配电盘上的空气保险开关和漏电保护开关均应大于 150A。

(5) 交流 380V 电源电缆和控制箱至卡具控制电缆的走线位置要选择好，以防止工地上金属模板或其他重物砸坏电缆；若配电盘、电焊机和卡具相距较近时，电缆应拉开放置不能盘成圆盘。

（6）电焊机和控制箱都要接地线，并接地良好。

3. 焊接夹具

由立柱、传动机构、上下夹钳、焊剂（药）盒等组成，并装有监控装置，包括控制开关、次级电压表、时间指示灯（显示器）等。

夹具的主要作用：夹住上下钢筋，使钢筋定位同心；传导焊接电流；确保焊药盒直径与钢筋直径适应，便于装卸焊药；装有便于准确掌握各项焊接参数的监控装置。

4. 控制箱

通过焊工操作（在焊接夹具上揿按钮），使弧焊电源的初级线路接通或断开。

5. 焊剂与焊剂盒

焊剂采用高锰、高硅、低氢型 HJ431 焊剂，其作用是使熔渣形成渣池，使钢筋接头良好的形成，并保护熔化金属和高温金属，避免氧化、氮化作用的发生。焊剂使用前必须经 250℃ 烘烤 2h。落地的焊剂可以回收，并经 5mm 筛子筛去熔渣，再经铜箩底筛筛一遍后烘烤 2h，最后再用铜箩底筛筛一遍，才能与新焊剂各掺半混合使用。

焊剂盒呈圆形，由两半圆形铁皮组成，下口为锥体，如图 8 - 35 所示。锥体口直径（d_2）与所焊钢筋的直径相适应，可按表 8 - 13 选用。

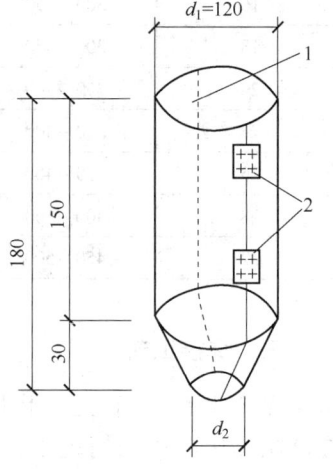

图 8 - 35　焊剂盒
1—张口缝；2—铰链

表 8 - 13　焊剂盒下口尺寸　　　　　　　　单位：mm

钢筋直径	锥体口直径 d_2	钢筋直径	锥体口直径 d_2
40	46	28	32
32	36	—	—

焊剂盒宜与焊接机头分开。当焊接完成后，先拆机头，待焊接接头保温一段时间后再拆焊剂盒。特别是在环境温度较低时，这样做可避免发生冷淬现象。

二、焊接参数

电渣压力焊的主要焊接参数包括焊接电流、焊接电压和焊接通电时间等。

焊接电流根据直径选择，它将直接影响渣池温度、黏度、电渣过程稳定性和钢筋熔化时间。焊接电压影响电渣过程的稳定。电压过低，表示两钢筋间距过小，易产生短路；电压过高，表示两钢筋间距过大，容易产生断路。电压一般宜控制在 40~60V。焊接通电时间和钢筋熔化量均根据钢筋直径大小确定。

采用 HJ431 焊剂时，宜符合表 8 - 14 规定。采用专用焊剂或自动电渣压力焊机时，应根据焊剂或焊机使用说明书中推荐数据，通过试验确定。

表 8 – 14　电渣压力焊焊接参数

钢筋直径/mm	焊接电流/A	焊接电压/V			
		电弧过程 $u_{2.1}$	电渣过程 $u_{2.2}$	电弧过程 t_1	电渣过程 t_2
12	280 ~ 320			12	2
14	300 ~ 350			13	4
16	300 ~ 350			15	5
18	300 ~ 350			16	6
20	350 ~ 400	35 ~ 45	18 ~ 22	18	7
22	350 ~ 400			20	8
25	350 ~ 400			22	9
28	400 ~ 500			25	10
32	450 ~ 500			30	11

三、焊接工艺

　　焊接开始时，首先在上下两钢筋端之间引燃电弧，使电弧周围焊剂熔化形成空穴，随后在监视焊接电压的情况下，进行"电弧过程"的延时，利用电弧热量，一方面使电弧周围的焊剂不断熔化，以使渣池形成必要的深度；另一方面使钢筋端面逐渐烧平，为获得优良接头创造条件。接着将上钢筋端部潜入渣池中，电弧熄灭，进行"渣池过程"的延时，利用电阻热能使钢筋全断面熔化并形成有利于保证焊接质量的断面形状。最后，在断电的同时迅速进行挤压，排除全部熔渣和熔化金属，形成焊接接头，如图 8 – 36 所示。

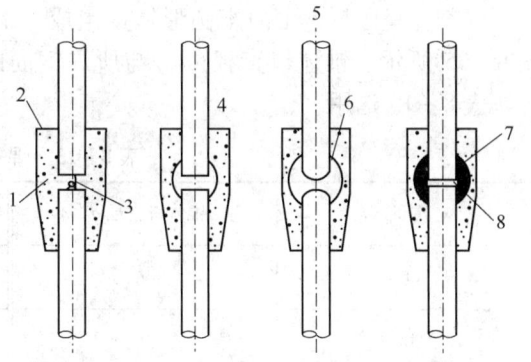

(a)引弧引燃过程　(b)造渣过程　(c)电渣过程　(d)挤压过程

图 8 – 36　电渣压力焊工艺过程
1—焊药；2—漏斗；3—铁丝球；4—焊药熔化；
5—上钢筋潜入渣池；6—渣池；7—渣壳；8—被挤出熔化金属

　　1. 引弧过程

　　宜采用铁丝圈引弧法，也可采用直接引弧法。

　　铁丝圈引弧法是将铁丝圈放在上、下钢筋端头之间，高约 10mm，电流通过铁丝圈与上、下钢筋端面的接触点形成短路引弧。

　　直接引弧法是在通电后迅速将上钢筋提起，使两端头之间的距离为 2 ~ 4mm 引弧，当钢筋端头夹杂不导电物质或过于平滑造成引弧困难时，可以多次把上钢筋移下与下钢筋短接后再提起，达到引弧目的。

　　2. 电弧过程

　　靠电弧的高温作用，将钢筋端头的凸出部分不断烧化；同时将接口周围的焊剂充分熔化，形成一定深度的渣池。

3. 电渣过程

渣池形成一定深度后，将上钢筋缓缓插入渣池中，此时电弧熄灭，进入电渣过程。由于电流直接通过渣池，产生大量的电阻热，使渣池温度升到近2000℃，将钢筋端头迅速而均匀熔化。

4. 顶压过程

当钢筋端头达到全截面熔化时，迅速将上钢筋向下顶压，将熔化的金属、熔渣及氧化物等杂质全部挤出结合面，同时切断电源，焊接即告结束。

接头焊毕，停歇后方可回收焊剂和卸下焊接夹具，并敲去渣壳；四周焊包应均匀，凸出钢筋表面的高度应大于或等于4mm。

四、施焊要点

1. 焊前准备

(1) 焊剂应筛净并烘干(在250℃温度下加温2h)。

(2) 按焊机接线图连接好电缆和导线，确保所用导线截面合适和连接可靠。

(3) 根据所焊钢筋直径，选定焊接参数的数值，调节好电焊机的限制电流。

(4) 将焊机控制箱面板上"自动—手动"的开关置于"自动"电渣焊位置，并选择好"竖向横向"焊接开关。

(5) 给焊机控制箱充电，控制箱面板上电压表指示为电源电压。

(6) 接通焊机控制箱面板上的电源开关，自动焊指示灯亮。

2. 装卡

1) 竖向焊接钢筋装卡

(1) 将卡具的下卡钳可靠地卡紧在钢筋的端部，钢筋的端头应高出卡钳端面50~60mm。

(2) 按压卡具控制盒上的上升按钮，将上卡钳升至起始位置红线，控制盒上绿色起始位置灯亮，或电动机构刚露红色标志线。

(3) 将卡具的上卡钳卡住上钢筋的端部，使两钢筋的端头中筋线相接(必要时可作适当地调整)；然后紧固上卡，确保两钢筋端部可靠地接触并对中。不同直径钢筋焊接时，上下两钢筋轴线应在同一直线上。

2) 横向焊接钢筋装卡

(1) 将卡具的下卡钳顶丝松开两圈。卸掉端盖，取下卡钳，然后插入横焊卡具的立管内，拧紧侧面顶丝。

(2) 将被焊的横向钢筋分别夹紧在横焊工装左、右夹头内，铜模两端钢筋包一层石棉布防漏并使钢筋两端位置在铜模中间，预留间隙。被焊横向钢筋直径25mm预留间隙为8mm；直径28mm预留间隙为14mm；直径32mm预留间隙为25mm(可用附件标尺测量)，如图8-37所示。

(3) 按压手控盒上的上升按钮，将卡具上卡钳上升至红线起始位置后再上升15mm(用附件标尺测量)，夹紧同样材料、直径的填料钢筋(直径可近似横向钢筋)，并使填料钢筋端面紧压在横焊钢筋上，确保上下钢筋可靠接触。

3. 装填焊剂

(1) 固定焊剂盒，塞紧石棉布防止焊剂外漏。

(2) 用焊剂收集铲均匀地装入焊剂盒，并可用铁片(附件标尺)捣紧钢筋周围的焊剂。

4. 施焊要点

（1）将两把焊钳分别卡在上下钢筋或竖－横钢筋上。

（2）将手控盒插在卡具控制盒插座内。

（3）确认准备无误后，按压手控制盒上的启动按钮，焊接过程即自动进行，竖向焊接完成后自动停机，横向焊接完成后，卡具自动提升至上限位置，用手按压应急按钮停机。

为了引弧和保持电渣过程稳定，要求电源电压保持在 380V 以上，次级空载电压达到 80V 左右。正式施焊前，应先做试焊，确定焊接参数后才能进行焊接施工。

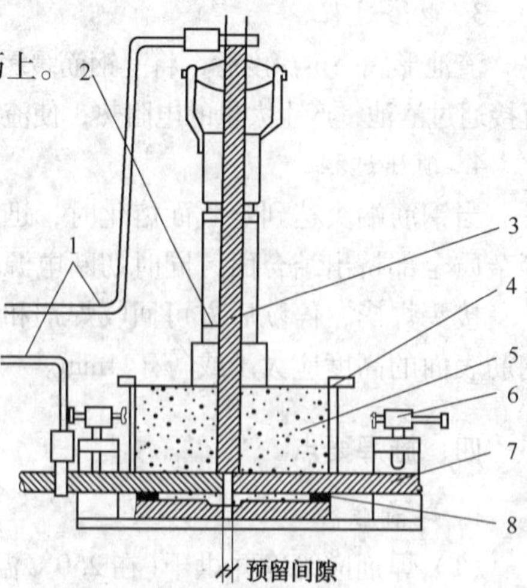

（4）引弧可采用直接引弧法或铁丝圈（焊条芯）引弧法。引燃电弧后，应先进行电弧过程；然后加快上钢筋下送速度，使上钢筋端面插入液态渣池约 2mm，转变为电渣过程；最后在断电的同时，迅速下压上钢筋，挤出熔化金属和熔渣。

（5）接头焊毕，应稍作停歇，方可回收焊剂和卸下焊接夹具；敲去渣壳后，四周焊包凸出钢筋表面的高度，当钢筋直径为 25mm 及以下时不得小于 4mm；当钢筋直径为 28mm 及以上时不得小于 6mm。

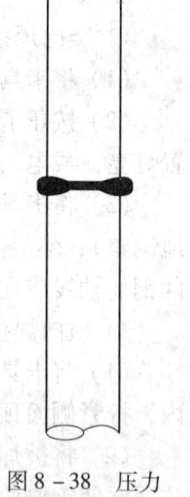

图 8 – 37　横焊接线示意图
1—焊钳线、卡（接电焊机）；
2—起始红刻线标记（上升 10mm）；
3—填料钢筋；4—插板；5—焊剂盒；
6—压紧螺栓；7—横焊钢筋；8—石棉布

5. 卡具拆卸

（1）停机后保温 3min（横向焊接保温 5min），打开焊接盒回收焊剂。冬季施工应适当延长保温时间。

（2）按卡具装卡的相反顺序拆下卡具。

（3）待焊接头完全冷却后轻轻敲打焊包，渣壳即可脱落，至此一个焊头的焊接过程全部结束。其接头外形如图 8 – 38 所示。

6. 注意事项

（1）钢筋焊接的端头要直，端面要平，以免影响接头的成型。焊接前须将上下钢筋端面及钢筋与电极块接触部位的铁锈、污物清除干净。

（2）焊剂使用前，须经 250℃ 左右的温度烘焙 2h，以免发生气孔和夹渣。铁丝圈用 12/14 号铁丝弯成，铁丝上的锈迹应全部清除干净，有镀锌层的铁丝应先经火烧后再清除干净。

图 8 – 38　压力
焊接头

（3）焊接夹具的上下钳口应夹紧于上、下钢筋上，上下钢筋要对正夹紧，夹紧后不得晃动。上下钢筋夹好后，应保持铁丝圈的高度（即两钢筋端部的距离）为 5 ~ 10mm。焊接过程中严禁扳动钢筋，以保证钢筋自由向下正常落下。

（4）下钢筋与焊剂桶斜底板间的缝隙必须用石棉布等填塞好，以防焊剂泄漏，破坏渣池。

（5）正式焊前应进行试焊，并将试件进行试拉，合格后才可正式施工。

（6）在焊接生产中焊工应进行自检，当发现偏心、弯折烧伤等焊接缺陷时，应查找原因和采取措施，及时消除。

（7）焊完后应回收焊药，清除焊渣。

（8）低温焊接时，通电时间应增加 1～3s，增大电流量（要有挡风设施，雨雪天不能焊），停歇时间要长些。拆除卡具后焊壳应稍迟一些敲掉，让接头有一段保温时间。

（9）焊接设备外壳要接地，焊接人员要穿绝缘鞋和戴绝缘手套。

（10）钢筋种类、规格变换或焊机维修后，均需进行焊接前试验。

（11）应组织专业小组，焊接人员要培训，施工中要配专业电工。

第八节　预埋件钢筋埋弧压力焊

预埋件钢筋埋弧压力焊是将钢筋与钢板安放成 T 形连接形式，利用焊接电流在焊剂层下产生电弧，形成熔池，加压完成焊接的一种压焊方法。其对称接地法见图 8－39。这种焊接方法工艺简单，功效高，质量好，成本低。

一、设备要求

（1）根据钢筋直径大小，选用 500 型或 100 型弧焊变压器作为焊接电源。当钢筋直径为 6mm 时，可选用 500 型弧焊变压器作为焊接电源；当钢筋直径为 8mm 及以上时，应选用 100 型弧焊变压器作为焊接电源。

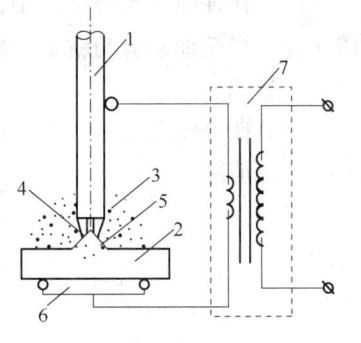

（2）焊接机构应操作方便、灵活；宜装有高频引弧装置；焊接地线宜采取对称接地法，以减少电弧偏移；操作台面上应装有电压表和电流表。

（3）控制系统应灵敏、准确，并应配备时间显示装置或时间继电器，以控制焊接通电时间。

图 8－39　对称接地示意图
1—钢筋；2—钢板；
3—焊剂；4—电弧；
5—熔池；6—铜板电极；
7—焊接变压器

二、焊接参数

埋弧压力焊的焊接参数应包括引弧提升高度、电弧电压、焊接电流、焊接通电时间等。当采用 500 型焊接变压器时，焊接参数应符合表 8－15 规定；当采用 1000 型焊接变压器时，也可选用大电流、短时间的强参数焊接法。

表 8－15　埋弧压力焊焊接参数

钢筋级别	钢筋直径/mm	引弧提升高度/mm	电弧电压/V	焊接电流/A	焊接通电时间/s
HPB300、HRB335、HRBF335、HRB400、HRBF400	6	2.5	30～35	400～450	2
	8	2.5	30～35	500～600	3
	10	2.5	30～35	500～650	5
	12	3.0	30～35	500～650	8
	14	3.5	30～35	500～650	15
	16	3.5	30～40	500～650	22
	18	3.5	30～40	500～650	30
	20	3.5	30～40	500～650	33
	22	4.0	30～40	500～650	36

三、焊接工艺

（1）施焊前，钢筋钢板应清洁，必要时除锈，以保证台面与钢板、钳口与钢筋接触良好，不致起弧。

（2）钢板应放平，并与铜板电极接触紧密。

（3）将锚固钢筋夹于夹钳内并夹牢；放好挡圈，注满焊剂。

（4）接通高频引弧装置和焊接电源后，应立即将钢筋上提，引燃电弧，使电弧稳定燃烧，再渐渐下送。

（5）顶压时，用力应适度。

（6）敲去渣壳，四周焊包凸出钢筋表面的高度为：当钢筋直径为 18mm 及以下时，不得小于 3mm；当钢筋直径为 20mm 及以上时，不得小于 4mm。

（7）在埋弧压力焊生产中，引弧、燃弧（钢筋维持原位或缓慢下送）和顶压等环节应密切配合；焊接地线应与铜板电极接触紧密；应及时消除电极钳口的铁锈和污物，修理电极钳口的形状。

（8）在埋弧压力生产中，焊工应自检，当发现焊接缺陷时，应查找原因和采取措施，将缺陷及时消除。

第九章　焊接安全管理及防火防爆

第一节　焊接作业安全管理

一、一般规定

（1）所有运行使用中的焊接、切割设备应处于正常工作状态，存在安全隐患（如安全性或可靠性不足）时，必须停止使用并由维修人员修理。

（2）所有焊接与切割设备必须按照制造厂提供的操作说明书或规程操作使用，并且必须符合现场施工安全技术交底的要求。

（3）责任管理者、监督者和操作者对焊接及切割的安全实施负有各自的责任。

① 管理者必须对实施焊接及切割操作人员及监督人员进行必要的安全培训。培训内容包括：设备的安全操作、工艺的安全执行及应急措施等。②将焊接、切割可能引起的危害及后果以适当的方式（如安全培训教育、口头或书面说明、警告标志）通告给实施操作的人员。③必须标明允许进行焊接、切割的区域，并采取必要的安全措施。④必须明确在每个区域内单独的焊接及切割操作规则，确保有关人员对危害有清醒的认识，并且了解相应的预防措施。⑤必须保证只使用经过认可并检查合格的设备（焊割机具、调节器、调压阀、焊机、焊钳及人员防护装置等）。

（4）焊接或切割现场应设置现场管理和安全监督人员。这些监督人员必须对设备的安全管理及工艺的安全执行负责。在履行监督职责的同时，他们还可担负其他职责，如现场管理、技术指导、操作协作。监督者必须保证：

① 各类防护用品得到合理使用。

② 在现场适当配置防火灭火设备。

③ 指派火灾警戒人员。

④ 所要求的热工作业规程得到遵循。

在不需要火灾警戒人员的场合，监督者必须在热工作业完成后做最终检查，消灭可能存在的火灾隐患。

（5）操作者必须具备对特种作业人员所要求的基本条件，并懂得将要实施操作时可能产生的危害以及用于控制危害的程序。操作者必须安全地使用设备，使之不会对生命及财产构成危害。操作者只有在规定的安全条件得到满足，并得到现场管理及监督者准许的前提下，才可实施焊接或切割操作。在获得准许的条件没有变化时，操作者可以连续实施焊接或切割。

（6）操作时应穿戴电焊工作服、绝缘鞋、电焊手套、防护面罩等安全防护用品，高处作业时系安全带。

（7）电焊作业现场周围10m内不得堆放易燃易爆物品。

（8）雨、雪、风力六级以上（含六级）天气不得露天作业。雨、雪后清除积水、积雪后方可作业。

（9）操作前应首先检查焊机和工具，如焊钳和焊接电缆绝缘、焊机外壳保护接地和焊机的各接线点，确认安全、合格后方可作业。详见第一章第三节所述。

（10）严禁在易燃易爆气体或液体扩散区域内、运行中的压力管道、装有易燃易爆物品的容器内以及受力构件上焊接和切割。

（11）焊接曾储存易燃易爆物品的容器时，应根据介质进行多次置换及清洗，并打开所有孔口，经检测确认安全后，方可施焊。

（12）在密封容器内施焊时，应采取通风措施。间歇作业时焊工应到外面休息。容器内照明电压不得超过12V。焊工身体应用绝缘材料与焊件隔离。焊接时必须设专人监护，监护人应熟知焊接操作规程和抢救方法。

（13）焊接铜、铝、铅、锌合金金属时，必须穿戴防护用品，在通风良好的地方作业。在有害介质场所进行焊接时，应采取防毒措施，必要时进行强制通风。

（14）施焊地点潮湿或焊工身体出汗使衣服潮湿时，严禁靠在带电钢板或工件上。焊工应在干燥的绝缘板或胶垫上作业，配合人员应穿绝缘鞋或站在绝缘板上。

（15）焊接时临时接地线头严禁浮搭，必须固定、压紧，用胶布包严。

（16）操作时，遇下列情况必须切断电源：

①改变电焊机接头时；

②更换焊件需要改接二次回路时；

③转移工作地点搬动焊机时；

④焊机发生故障需进行检修时；

⑤更换保险装置时；

⑥工作完毕或临时离开操作现场时。

（17）高处焊割作业的安全措施，详见第一章第三节四所述。

（18）其他事项：

①操作时严禁焊钳夹在腋下搬被焊工件或将焊接电缆挂在脖颈上。

②焊接时二次线必须双线到位，严禁借用金属管道、金属脚手架、轨道及结构钢筋作回路地线。焊把线无破损，绝缘良好。焊把线必须加装电焊机触电保护器。

③焊接电缆通过道路时，必须架高或采取其他保护措施。

④焊把线不得放在电弧附近或炽热的焊缝旁，不得碾轧焊把线，防止焊把线被尖利器物损伤。

⑤清除焊渣时应佩戴防护眼镜或面罩，焊条头应集中堆放。

⑥下班后必须拉闸断电，必须将地线和把线分开。确认火已熄灭方可离开现场。

二、设备作业安全要求

除严格遵守本章第二节焊接安全技术操作规程外，还注意下述安全要求：

（1）电焊机必须安放在通风良好、干燥、无腐蚀介质、远离高温高湿和多粉尘的地方。露天使用的焊机应搭设防雨棚，焊机应用绝缘物垫起，垫起高度不得小于20cm，按规定配备消防器材。

（2）电焊机使用前，必须检查绝缘及接线情况。接线部分必须使用绝缘胶布缠严，不得被腐蚀、受潮及松动。

（3）电焊机必须设单独的电源开关、自动断电装置。一次侧电源线长度应不大于5m，二次侧焊把线长度应不大于30m。两侧接线应压接牢固，并安装可靠防护罩。

（4）电焊机的外壳必须设可靠的接零或接地保护。

（5）电焊机焊接电缆线必须使用多股细铜线电缆，其截面应根据电焊机使用规定选用。电缆外皮应完好、柔软，其绝缘电阻不小于1MΩ。

（6）电焊机内部应保持清洁，定期吹净尘土。清扫时必须切断电源。

（7）电焊机启动后，必须空载运行一段时间。调节焊接电流及极性开关应在空载下进行。直流焊机空载电压不得超过90V，交流焊机空载电压不得超过80V。

（8）使用交流电焊机作业应遵守下列规定：

① 多台焊机接线时三相负载应平衡，初级线上必须有开关及熔断保护器。

② 电焊机应绝缘良好。焊接变压器的一次线圈绕组与二次线圈绕组之间、绕组与外壳之间的绝缘电阻不得小于1MΩ。

③ 电焊机的工作负荷应符合设计规定，不得超载运行。作业中应经常检查电焊机的温升，超过A级60℃、B级80℃时必须停止运转。

（9）使用硅整流电焊机作业安全要求：

① 使用硅整流电焊机时，必须开启风扇，运转中应无异响，电压表指示值应正常。

② 应经常清洁硅整流器及各部件，清洁工作必须在停机断电后进行。

（10）使用氩弧焊机作业安全要求：

① 工作前应检查管路，气管、水管不得受压、泄漏。

② 氩气减压阀、管接头不得沾有油脂。安装后应试验，管路应无障碍、不漏气。

③ 水冷型焊机冷却水应保持清洁，焊接中水流量应正常，严禁断水施焊。

④ 高频氩弧焊机必须保证高频防护装置良好，不得发生短路。

⑤ 更换钨极时，必须切断电源。磨削钨极必须戴手套和口罩。磨削下来的粉尘应及时清除。钍、铈钨极必须放置在密闭的铅盒内保存，不得随身携带。

⑥ 氩气瓶内氩气不得用完，压力不得低于98~226kPa。氩气瓶应直立、固定放置，不得倒放。

⑦ 作业后切断电源，管壁水源和气源。焊接人员必须及时脱去工作服，清洁手脸和外露的皮肤。

（11）使用二氧化碳气体保护焊机作业安全要求：

① 作业前预热15min。开气时，操作人员必须站在瓶嘴的侧面。

② 二氧化碳气体预热器端的电压不得高于36V。

③ 二氧化碳气瓶应放在阴凉处，不得靠近热源。最高温度不得超过30℃，并应放置牢靠。

④ 作业前应进行检查，焊丝的进给机构、电源的连接部分、二氧化碳气体的供应系统以及冷却水循环系统均应符合要求。

（12）使用埋弧自动、半自动焊机作业安全要求：

① 作业前应进行检查，送丝滚轮的沟槽及齿纹应完好，滚轮、导电嘴（块）必须接触良

好，减速箱油槽中的润滑油应充足合格。

② 软管式送丝机构的软管槽孔应保持清洁，定期吹洗。

(13) 焊钳和焊接电缆安全要求：

① 焊钳应保证任何斜度都能夹紧焊条，且便于更换焊条。

② 焊钳必须具有良好的绝缘、隔热能力。手柄绝热性能应良好。

③ 焊钳与电缆的连接应简便可靠，导体不得外露。

④ 焊钳弹簧失效应立即更换。钳口处应经常保持清洁。

⑤ 焊接电缆应具有良好的导电能力和绝缘外层。

⑥ 焊接电缆的选择应根据焊接电流的大小和电缆长度，按规定选用较大的截面积。

⑦ 焊接电缆接头应采用铜导体，且接触良好，安装牢固可靠。

三、封闭空间内的安全作业要点

封闭空间是指一种相对狭窄或受限制的空间，例如，箱体、锅炉、容器、舱室等导致通风条件恶劣的场合。

1. 封闭空间内的通风

除了正常的通风要求之外，封闭空间内的通风还要求防止可燃混合气的聚集及大气中富氧。

(1) 封闭空间内在未进行良好的通风之前禁止人员进入。如要进入封闭空间内，操作人员必须佩戴合适的供气呼吸设备并由佩戴有类似设备的他人监护。必要时，对封闭空间要进行毒气、可燃气、有害气、氧量等的测试，确认无害后方可进入。

(2) 封闭空间内适宜的通风不仅必须确保焊工或切割工自身的安全，还要确保区域内所有人员的安全。

(3) 通风所使用的空气，其数量和质量必须保证封闭空间内的有害物质污染浓度低于规定值。供给呼吸器或呼吸设备的压缩空气必须满足正常的呼吸要求。呼吸器的压缩空气管必须是专用管线，不得与其他管路相连接。除了空气之外，氧气、其他气体或混合气不得用于通风。在对生命和健康有直接危害的区域内实施焊接、切割或相关工艺作业时，必须采用强制通风、供气呼吸设备或其他合适的确保操作人员安全的方式。

2. 使用设备的安置

(1) 在封闭空间内实施焊接及切割时，气瓶及焊接电源必须放置在封闭空间的外面。

(2) 用于焊接、切割或相关工艺局部抽气通风的管道，必须由不可燃材料制成。这些管道必须根据需要进行定期检查以保证其功能稳定，其内表面不得有可燃残留物。

3. 相邻区域

在封闭空间邻近处实施焊接或切割作业而使得封闭空间内存在危险时，必须使人们知道封闭空间内的危险后果，在缺乏必要的保护措施条件下严禁进入这样的封闭空间。

4. 紧急信号

当作业人员从人孔或其他开口处进入封闭空间时，必须具备向外部人员提供救援信号的手段。

5. 封闭空间的监护人员

在封闭空间内作业时，如存在着严重危害生命安全的气体，封闭空间外面必须设置监护人员。监护人员必须具有在紧急状态下迅速救出或保护里面作业人员的救护措施；具备实施救援行动的能力。他们必须随时监护里面作业人员的状态并与他们保持联络，备好救护设备。

四、施工照明

（1）施工现场照明应采用高光效、长寿命的照明灯源。工作场所不得只装设局部照明。对于需要大面积照明的场所，应采用高压汞灯、高压钠灯或碘钨灯，灯头与易燃物的净距离不小于 0.3m。流动性碘钨灯采用金属支架安装时，支架应稳固，灯具与金属支架之间必须用小于 0.2m 的绝缘材料隔离。

（2）施工照明灯具露天装设时，应采用防水式灯具，距地面高度不得低于 3m。工作棚、场地的照明灯具可分路控制，每路照明支线上连接灯数不得超过 10 盏，超过 10 盏时，每个灯具上应装设熔断器。

（3）室内照明灯具距地面不得低于 2.4m。每路照明支线上灯具和插座数不宜超过 25 个，额定电流不得大于 15A，并用熔断器或自动开关保护。

（4）一般施工场所宜选用额定电压为 220V 的照明灯具，不得使用带开关的灯头，应选用螺口灯头。相线接在与中心触头相连的一端，零线接在与螺纹口相连的一端。灯头的绝缘外壳不得有损伤和漏点，照明灯具的金属外壳必须做保护接零。单项回路的照明开关箱内必须装设漏点保护开关。

（5）室内抹灰、水磨石地面等潮湿的作业环境，现场局部照明用的工作灯电源电压应不大于 36V。特别潮湿的环境、导电良好的地面以及锅炉或金属容器内等工作场所，照明灯具电源电压不得大于 12V。工作手灯应用胶把和网罩保护。

（6）36V 的照明变压器必须使用双绕组型，二次线圈、铁芯、金属外壳必须有可靠保护接零，一、二次侧应分别装设熔断器，一次线长度不应超过 3m。照明变压器必须有防雨、防砸措施。

（7）照明线路不得拴在金属脚手架、龙门架上，严禁在地面上乱拉、乱拖。灯具需要安装在金属脚手架、龙门架上时，线路和灯具必须用绝缘物与架子隔离开，且距离工作面高度在 3m 以上。控制刀闸应配有熔断器和防雨措施。

（8）施工现场的照明灯具应采用分组控制或单灯控制。

五、三级配电两级保护

1. 三级配电

（1）总配电箱，又称固定式配电箱，用符号"A"表示。总配电箱是控制施工现场全部供电的集中点，应设置在靠近电源地区。电源由施工现场用电变压器低压侧引出的电缆线接入，并装设电流互感器、有功电度表、无功电度表、电流表、电压表、总开关、分开关。总配电箱内的开关均应采用自动空气开关（或漏电保护开关）。引入、引出线应穿管并有防水弯。

（2）分配电箱，又称移动式配电箱，用符号"B"表示。其中 1、2、3 表示序号。分配电箱是总配电箱的一个分支，控制施工现场某个范围的用电集中点，应设在用电设备负荷相对集中的地区。箱内应设总开关和分开关。总开关应采用自动空气开关，分开关可采用漏电开关或刀闸开关并配备熔断器。

(3) 开关箱，直接控制用电设备。开关箱与所控制的固定式用电设备的水平距离不得大于 3m，与分配电箱的距离不得大于 30m。开关箱内安装漏电开关、熔断器及插座。电源线采用橡胶套软电缆线，从分配电引出，接入开关箱上闸口。

(4) 配电箱及其内部开关、器件的安装应端正牢固。安装在建筑物或构筑物上的配电箱为固定式配电箱，其箱底距地面的垂直距离应为 1.3 ~ 1.5m。移动式配电箱不得置于地面上随意拖拉，应固定在支架上，其箱底与地面的垂直距离应为 0.6 ~ 1.5m。

(5) 配电箱内的开关、电器应安装在金属或非木质的绝缘电器安装板上，然后整体紧固在配电箱体内。金属箱体、金属电器安装板以及箱内电器不带电的金属底座、外壳等，必须做保护接零。保护零线必须通过零线端子板连接。

(6) 配电箱和开关箱的进出线口，应设在箱体的下面，并加护套保护。进、出线应分路成束，不得承受外力，并做好防水弯。导线束不得与箱体进、出线口直接接触。

(7) 配电箱内的开关及仪表等电器排列整齐，配线绝缘良好，绑扎成束。熔丝及保护装置按设备容量合理选择，三相设备的熔丝大小应一致。三个及其以上回路的配电箱应设总开关，分开关应标有回路名称。三相胶盖闸刀开关只能作为断路开关使用，不得装设熔丝，应另加熔断器。各开关、触点应灵活，接触良好。配电箱的操作盘面不得有带电体明露。箱内应整洁，不得放置工具等杂物。箱门应有锁，并用红色油漆喷上警示标语和危险标志，喷写配电箱分类编号。箱内应设有线路图。下班后必须拉闸断电，锁好箱门。

(8) 配电箱周围 2m 内不得堆放杂物。电工应经常巡视检查开关、熔断器的接点处是否过热，各接点是否牢固，配线绝缘有无破损，仪表指示是否正常等，发现隐患立即排除。配电箱应经常清扫除尘。

(9) 每台用电设备应有各自专用的开关箱，必须实行"一机一闸一漏一箱"制，严禁同一个开关电器直接控制两台及两台以上用电设备(含插座)。

2. 两级漏电保护

总配电箱和开关箱中两级漏电保护器的额定漏电动作电流和额定漏电动作时间应合理配合，使之具有分级、分段保护功能。

在总配电箱、分配电箱上安装的漏电保护开关的漏电动作电流应为 50 ~ 100mA，开关箱安装的漏电保护开关的漏电动作电流应为 30mA 以下。

漏电保护开关不得随意拆卸和调换零部件，以免改变原有技术参数。应经常检查试验漏电保护开关，发现异常，必须立即查明原因，严禁"带病"使用。

六、环境危险因素识别和反事故措施

危险因素辨识和控制见表 9 - 1。反事故措施见表 9 - 2。

表 9 - 1　危险因素辨识和控制

| 序号 | 作业活动 | 危险因素 | | 可导致的事故 | 控制措施 |
		分　类	具体描述		
1	电弧焊	能造成灼伤的高温物质	电弧灼伤	灼烫	穿戴好防护用品
2	电弧焊	电磁危害	弧光辐射	灼烫	按规定使用面罩和护目镜

续表

| 序号 | 作业活动 | 危 险 因 素 | | 可导致的事故 | 控 制 措 施 |
		分　类	具体描述		
3	电弧焊	易燃易爆物质	易燃易爆物未清理	灼烫、化学性爆炸	作业前应清理周围易燃易爆物
4	电弧焊	有毒物质	通风不良	中毒和窒息	采取通风措施

表9-2　施工安全危险点预测及反事故措施

序号	作业项目	危险点	反事故措施	责任人
1	电焊	焊机漏电及火灾	(1)焊机应放在通风干燥处； (2)检查一、二线绝缘良好； (3)焊钳完好； (4)在潮湿的地方施焊时，应采取防范措施； (5)作业人员必须戴绝缘手套，穿绝缘鞋； (6)不准使用老化或裸露导线； (7)施焊下方不能有易燃物料； (8)严格执行"一机一闸一漏电保护"； (9)工作结束，应切断电源，确认无起火危险后才能离开	焊工
2	电焊	高空作业	(1)高空作业人员必须体检合格； (2)高空作业人员作业时必须挂好安全带； (3)高空作业人员必须穿防滑鞋作业	焊工

第二节　焊接安全技术操作规程

一、焊条电弧焊安全操作要点

(1)电焊设备安全操作要点见表9-3。

表9-3　电焊设备安全操作要点

设备名称	安全操作要点
电焊机	1. 焊机外壳应接地，绝缘应完好，各接点应紧固可靠； 2. 高载电压一般为弧焊电源；直流≤100V，交流≤80V；等离子弧切割电源高达400V，应尽量采用自动切割，并加强防触电措施； 3. 焊机带电的裸露部分和转动部分必须有安全保护罩； 4. 电压≥20kV时(如电子束焊设备)应用铅屏防护或遥控操作； 5. 应防止焊机受到碰撞或剧烈振动； 6. 室外使用时应有防雨、防雪设备； 7. 禁止多台焊机共用一个电源开关； 8. 应平稳地安放在通风良好、干燥的地方，不准靠近高热、易燃、易爆危险的环境； 9. 焊机上禁止放置任何物体；启动前电焊钳与工件不能短路； 10. 焊机发生故障时，必须切断电源后由电工修理

设 备 名 称	安全操作要点
电焊机接线	1. 一次电源线长度一般不超过 3m； 2. 临时需要较长电源线时，应架空用瓷瓶隔离布设，距地必须在 2.5m 以上，不允许拖地使用； 3. 焊接电缆与焊机必须牢固连接，严禁用金属搭接； 4. 禁止以建筑物金属构件或设备作为焊接回路
电源开关	1. 每台焊机必须装有独立专用的电源开关，禁止多台焊机共用一个电源开关； 2. 当焊机超负荷时，电源开关应能自动切断电源； 3. 采用启动器启动的焊机，必须先合上电源开关，再启动焊机
使用	1. 不允许超负荷运行； 2. 启动焊机前，焊钳与工件不能短路； 3. 必须切断电源的操作：①调节焊接电流必须触及带电体时；②改接二次回路线时；③搬动电焊机时；④更换熔丝和检修电焊机时
维护	1. 不在焊机上放置任何物件和工具； 2. 必须经常保持清洁； 3. 经常检查焊接电缆与电焊机接线柱的紧固情况； 4. 工作结束必须切断电源

（2）电焊用具安全操作要点见表 9 – 4。

表 9 – 4　电焊用具安全操作要点

用 具 名 称	安全操作要点
焊钳和焊枪	1. 结构简单，电焊钳的质量不得超过 600g，使用起来操作灵便； 2. 有良好的绝缘性能和隔热性能，电焊钳的手柄要有良好的绝缘层； 3. 电焊钳与电缆的连接必须牢靠，接触良好，不得外露； 4. 焊钳能多方位夹持电焊条，并能安全方便地更换电焊条； 5. 水冷焊枪不得漏水
焊接电缆	1. 电缆必须按规定选用，有良好的导电能力，外皮必须完整、绝缘良好，绝缘电阻不得小于 $1M\Omega$； 2. 轻便柔软，便于操作； 3. 有较好的抗机械损伤能力和耐热性能； 4. 焊机与电焊钳应用软电缆连接，长度一般不超过 20m，且中间不应有接头； 5. 有适当的断面积； 6. 焊接用电缆禁止搭在气瓶、乙炔发生器或其他易燃物品的容器和材料上； 7. 禁止利用厂房金属结构、轨道、管道、暖气设施或其他金属物体搭接起来作为电焊导线电缆； 8. 禁止与油脂等易燃物接触； 9. 用高频引弧或稳弧时，焊接电缆应有铜网编织屏蔽套； 10. 定期检查绝缘性能，一般每半年 1 次

（3）电焊安全操作要点见表 9 – 5。

表 9 - 5　电焊安全操作要点

	安全操作要点
工作前	1. 穿戴好防护用品，如工作服、防护鞋、手套等； 2. 检查设备和工具的安全性能； 3. 固定工位要设置防护屏
开始焊接时	1. 合闸时要先挂起焊钳或将其放在绝缘板上； 2. 预热的工件不焊接部位用石棉板遮盖；
焊接过程中	1. 手或身体某一部分不能触及带电体； 2. 在容器或狭小场所焊接时要设监护人； 3. 更换焊条时要戴电焊手套； 4. 注意防火、防爆
焊接结束	1. 拉闸时必须先停止焊接，戴绝缘手套，站在侧面； 2. 待工件冷却后方可离开现场

二、埋弧焊安全操作要点

除遵守焊条电弧焊的有关要求外，还应注意以下几点：

① 操作者应懂得埋弧焊原理及埋弧焊设备性能，掌握操作技术及有关附属设施的使用方法。

② 埋弧焊机控制箱外壳与接线板上的罩壳必须盖好。

③ 埋弧焊用电缆必须符合焊机额定焊接电流的容量，连接部分要拧紧，并经常检查焊机各部分导线的接触点是否良好，绝缘性是否可靠。焊接设备应有可靠的接地或接零保护线。自动焊车的轮子必须与工件绝缘。

④ 操作前，焊工应穿戴好个人防护用品，如绝缘鞋、橡胶手套、工作服等。

⑤ 在焊接过程中，焊工应防止电弧从焊剂层下暴露出来，以免眼睛受到电弧光的辐射伤害；在敲除覆盖焊道的渣皮时，特别是清除角焊缝的焊渣时，为了防止崩起的渣屑损伤眼睛，焊工应戴上平光眼镜。

⑥ 埋弧焊焊接时，会产生一定数量的有害气体。如在通风不良的舱室或容器内工作，应使用灵活、轻便的通风设备。夜间工作或在自然采光条件不良的地点工作，应当装有照明足够的灯具。在容器内作业，使用行灯的电压不能超过 12V。

⑦ 半自动焊的焊接手把应安放妥当，防止短路。

⑧ 在焊接过程中应保持焊剂连续覆盖，以免焊剂中断，露出电弧。

⑨ 所使用的设备、机具发生电器故障或机械故障时，应立即停机，通知专门的维修工进行修理，不要自行动手拆修。

⑩ 灌装、清扫、回收焊剂应采取防尘措施，防止焊工吸入焊剂粉尘。例如，可采用如图 9 - 1 所示的压缩空气吸压式焊剂回收输送器。

⑪ 在调整送丝机构及焊机工作时，手不得触及送丝机构的滚轮。

⑫ 在转胎上施焊的工件应压紧、卡牢，防止松脱掉下砸伤人。

⑬ 焊接转胎及其他辅助设备或装置的机械传动部分，应加装防护罩。

⑭ 工作结束，必须切断焊接电源，自动焊车要放在平稳的地方；半自动埋弧焊的手把应搁放妥当，特别要防止手把带电部位与其他物件碰靠，造成再次通电时产生短路"放炮"。

三、气体保护焊安全操作要点

除遵守焊条电弧焊的有关规定外，还应注意以下几点：

1. CO_2 气体保护焊安全操作要点

① CO_2 气体保护焊时，电弧的温度为 6000 ~ 10000℃，电弧的光辐射比焊条电弧焊强，而且容易产生飞溅，因此要加强防护。

② CO_2 气体预热器，使用的电压不得大于 36V，外壳要可靠接地，焊接工作结束后，立即切断电源。

③ 装有液态 CO_2 的气瓶，满瓶的压力为 0.5 ~ 0.7MPa。但受到热源加热时，液体 CO_2 就会迅速蒸发为气体，使瓶内气体压力升高，这样就有爆炸的危险。所以 CO_2 气瓶不能靠近热源，同时还要采取防高温的措施。

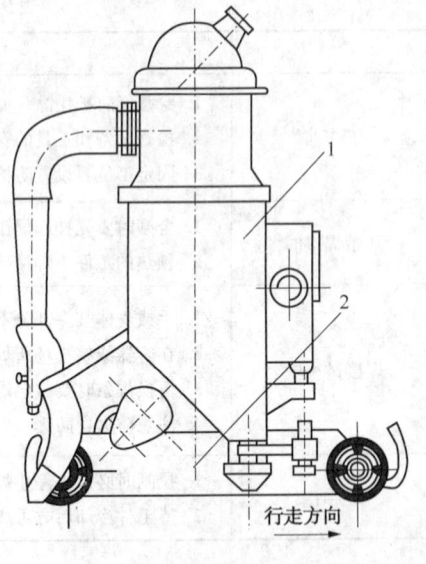
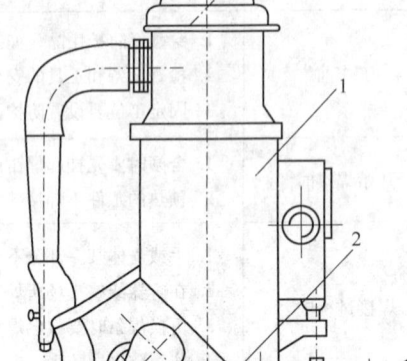
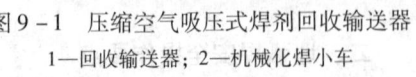

图 9 - 1　压缩空气吸压式焊剂回收输送器
1—回收输送器；2—机械化焊小车

④ 开启 CO_2 气瓶阀门时，操作者应站在阀口的侧面。

⑤ 大电流粗丝 CO_2 气体保护焊时，应防止焊枪的水冷系统漏水而破坏绝缘，发生触电事故。

2. 熔化极气体保护焊安全操作要点

① 焊机内的接触器、断电器的工作元器件，焊枪夹头的夹紧力以及喷嘴的绝缘性能等应该定期进行检查。

② 由于熔化极气体保护焊时，臭氧和紫外线的作用较强烈，对焊工的工作服破坏较大，所以焊工在进行熔化极气体保护焊时，应穿戴非棉布的工作服。

③ 熔化极气体保护焊时，电弧的温度为 6000 ~ 10000℃，电弧的光辐射比焊条电弧焊强，因此要加强防护。

④ 熔化极气体保护焊时，工作现场要有良好的通风装置，以利于排出有害气体及烟尘。

⑤ 焊机在使用前，应检查供气系统、供水系统，不得在漏气漏水的情况下运行，以免发生触电事故。

⑥ 盛装保护气体的高压气瓶，应小心轻放直立固定，防止倾倒。气瓶与热源之间的距离应大于 3m，且不得曝晒。焊接时，气瓶内应留有余气，不能全部用尽。开瓶阀时，应缓慢开启，不要操作过快。

⑦ 移动焊机时，应取出机内的易损电子元器件，以便单独搬运。

3. 钨极气体保护焊安全操作要点

① 钨极气体保护焊应采用高频引弧的焊机或装有高频引弧装置的焊机，所用的焊接电缆都应有铜网编织的屏蔽套并且可靠接地。

② 焊机在使用前应该检查供气系统，供水系统是否完好，不得在漏水、漏气的情况下使用。

③ 钨极氩弧焊时，如果采用高频起弧，所产生高频电磁场的强度应控制在 $60 \sim 110V/m$ 之间。在焊接过程中，如果频繁起弧或把高频振荡器作为稳弧装置持续使用，则会引起焊工头昏、疲乏无力、心悸等症状，对焊工的危害较大。

④ 盛装保护气体的高压气瓶，应小心轻放直立固定，防止倾倒。气瓶与热源之间的距离应大于 $3m$，不得进行曝晒。瓶内气体不可全部用尽，要留有余气。开瓶阀时，应缓慢开启，不要操作过快。

⑤ 焊机内的接触器、断电器等工作元件，焊枪夹头的夹紧力以及喷嘴的绝缘性能等要定期进行检验。为了防止焊机内的电子元器件损坏，在移动焊机时，应取出电子元器件，以便单独搬运。

⑥ 在氩弧焊过程中，会产生对人体有害的臭氧(O_3)和氮氧化物，尤其是臭氧的浓度远远超出卫生标准，所以，焊接现场要采取有效的通风措施。而且臭氧和紫外线的作用较强烈，对焊工的工作服破坏较大，所以，氩弧焊焊工适宜穿戴非棉布的工作服(如：耐酸尼、柞丝绸等)。

⑦ 气体保护焊机焊接作业结束后，禁止立即用手触摸焊枪的导电嘴，避免烫伤。

四、电阻焊安全操作要点

除遵守焊条电弧焊的有关规定外，还应注意以下几点：

① 储能电阻焊机在密封的控制门上，应有联锁机构，当开门时应使电容短路。手动操作开关也应附加电容短路安全措施。

② 工作前应仔细、全面检查电阻焊设备，使冷却水系统、气路系统及电气系统处于正常的状态，并调整焊接参数使之符合工艺要求。

③ 穿戴好个人防护用品，如工作帽、工作服、防护眼镜、绝缘靴及手套等，并调整绝缘胶垫或木站台装置。

④ 启动焊机时，应该先开冷却水阀门，以防焊机烧坏。

⑤ 施焊时，焊机控制装置的柜门必须关闭。

⑥ 控制装置的检修和调整应由专业人员进行。

⑦ 复式、多工位操作的焊机，应在每个工位上装有紧急制动按钮。

⑧ 焊机的脚踏开关应有牢固的防护罩，防止意外启动。

⑨ 手提式焊机的构架，应能经受操作中产生的振动，吊挂的变压器应有防坠落的保险装置，并应经常检查。

⑩ 电阻焊机作业点应设有防止工件火花、飞溅的防护挡板或防护屏。操作者的眼睛应避开火花飞溅方向，以防灼伤眼睛。

⑪ 缝焊作业焊工必须注意电极的转动方向，防止滚动切伤手指。

⑫ 焊机放置的场所应保持干燥，地面应铺防滑板。外水冷式焊机的焊工作业时应穿绝缘靴。

⑬ 在使用设备时，不要用手触摸电极头球面，以免受到灼伤。

⑭ 上、下工件要拿稳，双手应与电极保持一定距离，手指不能置于两待焊工件之间。工件堆放应稳妥、整齐，并留出通道。

⑮ 作业区附近不能有易燃、易爆物品，工作场所应通风良好，保持安全、清洁的环境。

粉尘严重的封闭作业间，应有除尘设备。

⑯ 焊接工作结束后，应关闭电源、气源。冷却水应延长 10min 再关闭。在气温低时还应排除水路内的积水，防止冻结。

五、气焊(割)安全操作要点

(1) 乙炔发生器的安全使用要点见表 9 - 6。

表 9 - 6　乙炔发生器安全使用要点

项　　目	安全使用要点
安全装置	1. 回火防止器(保险器)； 2. 安全阀； 3. 爆破片； 4. 压力表； 5. 温度计(固定式乙炔发生器)
中压乙炔发生器(允许最高工作压力为 0.15MPa)	1. 水要清洁，水量要足够； 2. 装入的电石块应为 50～80mm 块度，禁止使用碎末，装电石时不宜装得过多，应与发生器相适应； 3. 电石分解区最高水温不得超过 95℃，发气室温度不得超过 80℃； 4. 使用中的乙炔发生器与明火、火花点、高压电线等水平距离不得 <10m； 5. 乙炔发生器的发气室、发气压挤室和回火防止器中都应有相应面积的卸压膜，回火防止器应具有逆止阀装置； 6. 禁止超过最高工作压力或超负荷使用； 7. 新装入电石产气后，应先排放掉容器内及管路中留存的混合气； 8. 工作结束，必须排除发生器中的灰渣和积污，清洗干净
移动式乙炔发生器的放置	1. 与明火、火花点、高压电线等的水平距离不 <10m； 2. 禁止放在风机、空气压缩机站、制氧站等的吸气口处； 3. 禁止放在电器回路的轨道或金属构件接地物上
维修	1. 维修前必须严格进行安全处理； 2. 维修后应经主管部门或指定有关单位鉴定合格才能使用

(2) 气瓶、减压器、胶管与焊(割)枪的安全使用要点见表 9 -7。

表 9 -7　气瓶、减压器、胶管与焊(割)枪的安全使用要点

项　　目	安全使用要点
气瓶	1. 气瓶必须在规定的检验周期(三年)内使用，并做到色标明显，瓶帽、防振橡胶圈齐全，气瓶的储存、运输、检验必须符合气瓶安全管理要求； 2. 气瓶有毛病或缺损、阀门螺杆滑丝及压力调节器、压力表不正常、表无铅封或安全阀不可靠等情况下必须停止使用，在查明原因，经有关人员修复后再用。禁止在带压的氧气瓶上以拧紧瓶阀和垫圈螺母的方法来消除泄漏； 3. 气瓶使用前应进行安全状况的检查，对盛装气体进行确认； 4. 气瓶应直立安放在固定支架上使用，以免跌倒发生事故；

续表

项　目	安全使用要点
气瓶	5. 气瓶的放置地点不得靠近热源，距明火 10m 以外，夏季应避免曝晒。氧气瓶与燃气瓶不得放在一起，应相距 5m 以上。盛装易起聚合反应或分解反应气体的气瓶，应避开放射性线源； 6. 不得用行车吊运氧气瓶、燃气瓶等爆炸性气瓶； 7. 气瓶严禁火烤或用沸水加热，冬季可用 40℃ 以下的温水加热； 8. 严禁对瓶体进行挖补和焊接； 9. 气瓶在运输、装卸过程中应轻装、轻卸，严禁抛、滑、滚、碰； 10. 氧气瓶无防振圈或在 -10℃ 以下使用时，禁止用转动方式搬运氧气瓶； 11. 气瓶使用中严禁敲击、碰撞； 12. 气瓶瓶阀及管接头处不得漏气，注意管接头处螺纹的磨损和腐蚀，防止在压力下管接头飞出； 13. 严禁在气瓶上引燃电弧； 14. 气瓶应装设专用的减压器，乙炔或其他燃气气瓶还应装设回火防止器； 15. 氧气瓶及其附件、橡胶软管、工具上不能沾有油脂和泥垢，不准用带有油污的手套去开启氧气瓶； 16. 气瓶中的气体不允许全部用完，氧气瓶至少留有 0.05MPa 的剩余压力。对于燃气瓶，当环境温度 <0℃ 时，余压为 0.05MPa，当环境温度为 0～15℃ 时，余压为 0.1MPa；当环境温度为 25～40℃ 时，余压为 0.3MPa。空瓶应将阀门拧紧，并做好"空瓶"标记； 17. 使用氧气瓶前，应稍打开瓶阀，吹出瓶阀上粘附的细屑或脏物后立即关闭，然后接上减压表再使用； 18. 开启氧气阀门时，要用专用工具，操作者应站在瓶阀气体喷出方向的侧面并缓慢开启，并观察压力表指针是否灵活正常。避免氧气流朝向人体、易燃气体或火源喷出； 19. 开启燃气瓶时，操作者应站在阀门的侧后方，轻缓开启，拧开瓶阀不宜超过 1.5 圈； 20. 工作完毕、工作间歇、工作地点转移之前都应关闭瓶阀，戴上瓶帽； 21. 当氧气瓶在电弧焊工作场地时，瓶底部应垫阻燃绝缘物，防止被串入电焊机回路。严禁将燃气瓶放置在通风不良及有放射性射线的场所； 22. 氧气瓶并联使用的汇流输出总管上应装设单向阀； 23. 液化石油气瓶不得充满液体，必须留出 10%～20% 容积的汽化空间，以防止液体随环境温度升高而膨胀时，导致气瓶破裂；胶管和衬垫材料应用耐油材料； 24. 燃气瓶在使用时必须直立固定，严禁卧放或倾倒，一旦要使用已卧放的燃气瓶，必须先直立静止 20min 后再连接减压表使用； 25. 燃气瓶使用的环境温度超过 40℃ 时应采取降温措施； 26. 燃气瓶使用时，一把焊(割)枪应配置一个岗位回火防止器及减压器； 27. 焊接工作场地燃气瓶的存放量不得超过五只，超时在车间内应有单独的储存间。若超过 20 只气瓶，应放置在气瓶库； 28. 燃气瓶严禁与氯气瓶、氧气瓶、电石及其他易燃、易爆物品同库存放； 29. 严禁铜、银、汞及其制品等与乙炔接触，必须使用铜合金器具时，铜的质量分数应低于 70%； 30. 液化石油气瓶不得自行倒出残渣，以防遇火成灾； 31. 氢气瓶与氢气接触的管道及设备要有良好可靠的接地装置，以防静电造成自燃
气体减压器	1. 减压器必须选用符合各种气体特性的专用减压器，不得使用未经检验合格的减压器，禁止换用、替用； 2. 减压器在专用气瓶上应安装牢固。采用螺纹联接时，应拧足五个螺纹以上。采用专门夹具压紧时，装夹应平稳牢靠； 3. 同时使用两种不同气体进行焊接或切割时，不同气瓶减压器的出口端都应各自装有单向阀，防止相互倒灌；

项　　目	安全使用要点
气体减压器	4. 减压器接通气源后，如发现表盘指针迟滞不动或有误差，应停止使用并由专业部门修理，禁止焊工自行调整； 5. 禁止用棉、麻绳或一般橡胶等易燃物料作为氧气减压器的密封垫圈； 6. 熔解乙炔气瓶、液体二氧化碳气瓶等用的减压器必须保证减压器位于瓶体的最高部位，防止瓶内液体流出； 7. 减压器卸压的顺序是：先关闭高压气瓶的瓶阀，然后放出减压器内的全部余气，放松压力调节杆，使表针降到"0"位； 8. 不准在高压气瓶或集中供气的汇流导管的减压器上挂放任何物件
胶管	1. 焊接、切割用氧气胶管为黑色，能承受 1.5～2MPa 压力；乙炔胶管为红色，能承受 0.5～1MPa 压力。两者不能互换使用； 2. 橡胶软管必须经压力试验合格后方可使用。未经压力试验的以及代用、老化、脆裂、漏气的胶管不准使用，新管使用前应用压缩空气吹净管内的滑石粉或灰屑； 3. 胶管与导管(回火保险器、汇流排)连接时，管径必须互相吻合，并用管卡严密紧固或用退火后的金属丝扎牢； 4. 乙炔胶管管段的连接，应使用含铜70%以下的铜管或不锈钢管； 5. 工作前应吹净胶管内残存的气体，再开始工作； 6. 燃气软管在使用中发生脱落、破裂、着火时，应先将焊枪或割炬的火焰熄灭，然后停止供气。氧气软管着火时应迅速关闭氧气瓶阀门、停止供氧，不准用弯折的办法来消除氧气软管的着火。乙炔软管着火时可用弯折前段胶管的办法来将火熄灭； 7. 禁止把橡胶管放在高温管道和电线上，或把重、热的物件放在软管上，也不准将软管与焊接用的导线敷设在一起。软管经过车行道或人行道时应加护套或盖板； 8. 禁止使用回火烧损的胶管； 9. 胶管上要防止沾上油脂或触及红热金属； 10. 胶管长度不短于5m，以 10～15m 为宜
焊(割)枪	1. 通透焊嘴时，应用铜丝或竹签，禁止使用铁丝。在使用中禁止将焊枪、割炬的嘴头与平面摩擦来消除焊嘴中的堵塞物； 2. 使用前应检查焊枪或割炬的射吸能力。办法是：先接上氧气管，打开焊(割)枪上的燃气阀(此时燃气管与焊枪、割炬应脱开)和氧气阀(此时乙炔管与焊枪、割炬应脱开)，用手指轻轻接触焊枪上的燃气进口处，如有吸力，说明射吸能力良好。接燃气气管时应先检查燃气流是否正常，确认正常后才能接上； 3. 应根据工件的厚度，选择适当的焊枪、割炬、焊嘴、割嘴，避免使用焊枪切割较厚的金属，避免应用小号割嘴切割厚金属； 4. 工作地点备有足够清洁的水，供冷却焊嘴用。当焊枪(或割炬)由于强烈加热而发出"噼啪"声时，必须立即关闭燃气供气阀门，并将焊枪(或割炬)放入水中进行冷却。注意最好不关氧气阀； 5. 短时间休息，必须把焊枪(或割炬)的阀门关闭，不准焊枪放在地上。较长时间休息或离开工作地点时，必须熄灭焊枪，关闭气瓶阀门，除去减压器的压力，放出管中余气。使用乙炔发生器时应停止向乙炔发生器供水，然后收拾好软管和工具； 6. 焊枪(或割炬)的点燃：点火前，急速开启焊枪(或割炬)阀门，用氧吹风，以检查喷嘴的出口，但不要对准操作者的脸部进行试风；无风时不得使用；进入容器内焊接时，点火和熄火都应在容器外进行；对于射吸式焊枪(或割炬)点火时，应先微微开启焊枪(或割炬)上的氧气阀，再开启乙炔阀，然后点燃，再调节把手阀门来控制火焰；使用乙炔切割机时，应先放乙炔气，再放氧气引火；使用氢气切割机时，应先放氢气，后放氧气引火；

项　　目	安全使用要点
焊(割)枪	7. 熄灭火焰时，焊枪应先关燃气阀，再关氧气阀。割炬应先关闭切割氧，再关燃气和预热氧气阀门。当回火发生后，胶管或回火防止器上喷火，应迅速关闭焊枪上的氧气阀和乙炔阀，再关上一级氧气阀和乙炔阀，然后采取灭火措施； 8. 氧氢并用时，先放出乙炔气，再放出氢气，最后放出氧气，再点燃。熄灭时，先关氧气，后关氢气，最后关乙炔； 9. 操作焊枪或割炬时，不准将橡胶软管背在背上操作，禁止使用焊枪(或割炬)的火焰来照明； 10. 使用过程中，如发现气体通路或阀门有漏气现象，应立即停止工作，消除漏气后才能继续使用； 11. 气焊(割)场地必须通风良好，容器内焊(割)时应采用机械通风； 12. 设置在切割机上的电器开关应与切割机头上的割炬气体阀门隔离，以防被电火花引爆； 13. 装在切割机上的燃气开关箱(阀)，应使空气流通并保持气路连接处紧密不泄漏，以防可燃气体积聚引爆

（3）气焊(割)工作地点的安全操作要点见表9-8。

表9-8　气焊(割)工作地点的安全操作要点

	安全操作要点
对工作地点要求	1. 气焊和气割工作地点，必须有防火设备； 2. 气焊和气割工作地点有以下情况时禁止作业：堆存大量易燃物体而又不可能采取防护措施时；可能形成易燃、易爆蒸气或积聚爆炸性粉尘时； 3. 易燃、易爆物料应距工作地点10m以外； 4. 作业场地要注意改善通风和排除有害气体、烟尘，避免发生中毒事故

（4）气焊(割)实际操作的安全操作要点见表9-9。

表9-9　气焊(割)实际操作的安全操作要点

	安全操作要点
实际操作	1. 乙炔最高工作压力禁止超过147kPa； 2. 每个氧气减压器和乙炔减压器上只允许接一把焊枪或一把割炬； 3. 操作前，应检查氧气管、乙炔橡胶管与焊枪或割炬的连接是否有漏气现象，并检查焊嘴或割嘴有无堵塞现象； 4. 气焊或气割盛装过易燃、易爆物、强氧化物或有毒物的各种容器、管道、设备时，必须彻底清洗干净后，方可进行作业； 5. 在狭窄和通风不良的地沟、坑道、管道、容器、半封闭地段等处进行气焊、气割工作，应在地面上进行捍枪和割炬混合气调试，并点好火，禁止在工作地点调试和点火，焊枪和割炬都应随人进出； 6. 在封闭容器、罐、桶、舱室中气焊、气割，应先打开焊、割工作物的孔、洞，使内部空气流通，防止气焊工中毒、烫伤，必要时应有专人监护。工作完毕和暂停时，焊枪、割炬和橡胶管都应随人进出，禁止放在工作地点； 7. 在带压力、电压的或同时带有压力、电压的容器、罐、柜、管道上禁止进行气焊、气割工作。必须先释放压力，切断气源和电源后，才能工作； 8. 登高焊、割，应根据作业高度和环境条件，定出危险区的范围，禁止在作业下方及危险区内存放可燃、易爆物品和停留人员；

续表

	安全操作要点
实际操作	9. 气焊工、气割工必须穿戴规定的工作服、手套和护目镜； 10. 气焊工在高处作业，应备有梯子、工作平台、安全带、安全帽、工具袋等完好的工具和防护用品； 11. 直接在水泥地面上切割金属粉料，可能发生爆炸，应有防止火花喷射造成烫伤的措施； 12. 对悬挂在起重机吊钩上的工件和设备，禁止气焊和气割； 13. 露天作业遇六级大风或下雨时，应停止气焊、气割工作； 14. 在气焊发生回火时，必须立即关闭乙炔调节阀，然后再关闭氧气调节阀；若气割遇到回火时，应先关闭切割氧调节阀，然后再关乙炔和氧气调节阀； 15. 乙炔橡胶管或乙炔瓶的减压阀燃料爆炸时，应立即关闭乙炔瓶或乙炔发生器的总阀门； 16. 氧气橡胶管爆炸燃烧时，应立即关紧氧气瓶总阀门； 17. 乙炔发生器、回火防止器、氧气瓶、减压器等均应采取防冻措施，应用热水解冻，禁止用明火或棒棍敲打解冻； 18. 乙炔系统的检漏，可用涂抹肥皂水的方法进行，严禁用明火检漏； 19. 电石和乙炔混合气着火时，应采用干沙、CO_2或干粉灭火器扑火； 20. 气焊或气割工作结束后，应将氧气瓶阀和乙炔瓶阀关紧，再将减压器调节螺钉拧松

第三节　焊接防火、防爆

一、焊接防火安全要求

焊接防火基本安全要求见表 9 – 10。

表 9 – 10　焊接防火安全要求

	安 全 要 求
不准焊接的场所	1. 企业规定的禁火区； 2. 堆存大量易燃物料，又不可能采取防护措施的场所； 3. 可能形成易燃、易爆蒸气或积聚爆炸性粉尘的场所； 4. 作业点墙体和地面留有各种孔、洞，未经封闭或屏蔽的场所
防止距离	≥10m
安全标准	在易燃、易爆环境中焊接、执行化工企业焊接、切割安全专业标准
灭火器材	1. 车间或工作点必须配有充足的水源、干沙、灭火工具和灭火器材； 2. 灭火器材应经检验合格、有效
安全管理	由专人检查，确认完全消除火灾危险，方可离开

二、消防措施

（1）必须明确焊接操作人员、监督人员及管理人员的防火职责，并建立切实可行的安全防火管理制度。

（2）焊接及切割作业应在为减少火灾隐患而设计、建造（或特殊指定）的区域内进行。

因特殊原因需要在非指定的区域内进行焊接或切割操作时，必须经消防、安全部门检查、核准。

（3）焊接或切割作业只能在无火灾隐患的条件下实施。

① 有条件转移工件时，要将工件移至指定的安全区进行焊接。

② 火源及工件不可移时，应将周围所有可移动物移至安全位置。

③ 工件及火源无法转移时，要采取以下措施限制火源以免发生火灾：

a. 易燃底板要清扫干净，并以洒水、铺盖湿沙、铺盖金属薄板或类似物品方法加以保护；

b. 地板上的所有开口或裂缝应覆盖或封好，或者采取其他措施以防地板下面的易燃物与可能由开口处落下的火花接触。对墙壁上的裂缝或开口、敞开或损坏的门窗亦要采取类似措施。

（4）在进行焊接及切割操作的地方必须配置足够的灭火设备。具体配置取决于现场易燃物品的性质和数量，可以是水池、沙箱、水龙带、消火栓或手提灭火器。在焊接或切割过程中，有喷水器的地方，喷水器必须处于可使用状态。如果焊接地点距自动喷水头很近，可根据需要用不可燃的薄材或潮湿的棉布将喷头临时遮蔽，这种临时遮蔽要便于迅速拆除。

（5）当焊接或切割装有易燃物的容器时，必须采取特殊安全措施，经过严格检查并获批准后，方可开始工作。

三、火灾警戒

1. 火灾警戒人员的设置

在下列焊接或切割的作业点及可能引发火灾的地点，应设置火灾警戒人员。

（1）靠近易燃物之处。建筑结构或材料中的易燃物距作业点 10m 以内。

（2）开口。在墙壁或地板有开口的 10m 半径范围内（包括墙壁或地板内的隐蔽空间）放有外露的易燃物。

（3）金属墙壁。靠近金属壁、墙壁、天花板、屋顶等处操作而另一侧有易受传热或热辐射而引燃的易燃物。

（4）船上作业。在油箱、甲板、顶架和舱壁进行船上作业时，焊接时透过的火花、热传导可能导致隔壁舱室起火。

2. 火灾警戒人员的职责

火灾警戒人员必须经必要的消防训练，并熟知消防紧急处理程序。火灾警戒人员的职责是监视作业区域内的火灾情况；在焊接或切割作业完成后应检查并消灭可能存在的残火。火灾警戒人员可以同时承担其他职责，但不得对其火灾警戒任务有干扰。

四、焊接发生火灾的扑救方法

1. 冷却灭火

往火焰中喷入吸热量大的物质，将反应热除去，燃烧反应速度就会减慢并停止下来。采用冷却灭火最普通和最切实可行的方法是以密集的水流或分散的细小水雾冷却降温灭火，当水变成水蒸气时，可吸收大量的热量，同时具有稀释能力。

2. 稀释灭火

稀释灭火是减低燃烧系统中的可燃物质或助燃物质浓度，抑制燃烧反应的灭火方法。实际应用中往往是降低空气中氧气的浓度或切断空气来源，使燃烧物质得不到足够的氧气而熄灭。用水蒸气或惰性气体充入燃烧系统中，或用液化或压缩二氧化碳及压缩氮气灭火，可达到同时稀释可燃物质和助燃物质浓度的目的。

3. 燃烧抑制（或中断化学反应）灭火

使灭火剂参与到燃烧反应过程中去，使燃烧过程中产生的游离基消失而形成稳定分子或低活性的游离基，从而使燃烧化学反应中断。采用燃烧抑制灭火方法的灭火剂有：二氟二溴甲烷、二氟一氯一溴甲烷、三氟一溴甲烷等，以及钠盐、钾盐粉末灭火剂。

4. 隔离断源灭火

在燃烧系统中除去可燃物质或切断可燃物质的来源，使火熄灭。这种方法在气体或液体火灾中，往往是惟一可行的灭火方法。如将火源附近可燃、易燃、易爆和助燃物品搬走，关闭可燃气体、液体管道的阀门等。

五、灭火物质的选择及注意事项

（1）在一般的焊、切割场所均应设置砂箱、沙袋、水桶、灭火器、草包、铁铲、铁钩等消防器材。

（2）在化工区焊、切割时，须备泡沫灭火器、沙子等防火器材，因为有机溶剂引起的火灾不能用水扑救。

（3）电器设备发生火灾时，须立即切断电源，同时用四氯化碳、二氧化碳灭火。然后用1211灭火器补救，不能用水和泡沫灭火器灭火。

（4）变压器漏油起火时，须用沙土掩埋，或用二氧化碳灭火。

（5）电焊机着火时，首先要拉闸断电，然后再扑救。在未断电以前，不能用水或泡沫灭火器扑救，只能用干粉灭火机、二氧化碳灭火器扑救。因为水和泡沫灭火液能导电，用它扑救，容易触电伤人。

（6）铝热焊剂起火时，无法扑灭，只能将未燃烧的物品搬走，尤其是迅速转移隔离未燃烧的焊剂，也可用沙子隔离。

（7）电石桶、电石库房等着火时，不能用泡沫灭火器、1211灭火器扑救。

（8）乙炔发生器着火时，应立即关紧总阀门停止供气，并使电石与水隔离。只能用二氧化碳灭火器和干粉灭火机扑救。

（9）氧气瓶着火时，应立即关紧气瓶总阀门停止供气，使之自行熄灭。

主要参考文献

1. 张应立. 新编焊工实用手册. 北京：金盾出版社. 2004.
2. 张应立. 焊工便携手册. 北京：中国电力出版社. 2007.
3. 张应立. 电焊工基本技能. 北京：金盾出版社. 2008.
4. 张应立. 特种焊接技术. 北京：金盾出版社，2013.
5. 张应立. 锅炉压力容器焊工基本技能. 北京：金盾出版社，2014.
6. 张应立. 焊接质量管理与控制读本. 北京：化学工业出版社，2010.
7. 张应立. 常用金属材料焊接技术手册. 北京：金盾出版社，2015.
8. 李亚江，刘强，王娟. 焊接质量控制与检验. 北京化学工业出版社，2014.
9. 韩实彬. 电气焊工长. 北京：机械工业出版社，2007.
10. 周丽丽，李秀梅，赵福胜. 电焊工长. 武汉：华中科技大学出版社，2012.